위험물

기능사 필기

시대에듀

합격에 윙크[Win-Q]하다

Win-Q

[위험물기능사] 필기

Always with you

사람이 길에서 우연하게 만나거나 함께 살아가는 것만이 인연은 아니라고 생각합니다.
책을 펴내는 출판사와 그 책을 읽는 독자의 만남도 소중한 인연입니다.
시대에듀는 항상 독자의 마음을 헤아리기 위해 노력하고 있습니다.
늘 독자와 함께하겠습니다.

PREFACE

머리말

위험물 분야의 전문가를 향한 첫 발걸음!

위험물기능사는 석유화학단지, 위험물을 원료로 하는 화장품, 정밀화학 등 화학공장에서 위험물안전관리자로 선임이 되어 위험물을 저장 · 취급 · 제조하고, 일반 작업자를 지시 · 감독하며 각종 설비에 대한 안전점검과 응급조치를 수행하는 업무로서 화학공장에서는 없어서는 안 될 중요한 자격증으로 자리잡았다.

'시간을 덜 들이면서도 시험을 좀 더 효율적으로 대비하는 방법은 없을까?'
'짧은 시간 안에 시험을 준비할 수 있는 방법은 없을까?'
자격증 시험을 앞둔 수험생들이라면 누구나 한 번쯤 들었을 법한 생각이다. 실제로 많은 자격증 관련 카페에서도 빈번하게 올라오는 질문이기도 하다. 이런 질문에 대해 대체적으로 기출문제 분석 → 출제경향 파악 → 핵심이론 요약 → 관련 문제 반복 숙지의 과정을 거쳐 시험을 대비하라는 답변이 꾸준히 올라오고 있다.

윙크(Win - Q) 시리즈는 위와 같은 질문과 답변을 바탕으로 기획한 도서이다.
본 도서는 PART 01 핵심이론과 PART 02 과년도 + 최근 기출복원문제로 구성되었다. PART 01은 과거에 치러왔던 기출문제와 Keyword를 철저히 분석하여 기본부터 심화를 아우르는 내용들로 수록하였다. PART 02에서는 과년도 기출문제와 최근 기출복원문제를 수록하여 PART 01에서 놓칠 수 있는 출제 유형의 문제에 대비할 수 있도록 하였다.

본 도서는 이론에 대해 좀 더 심층적으로 알고자 하는 수험생들에게는 조금 불편한 책이 될 수도 있을 것이다. 하지만 전공자라면 대부분 관련 도서를 구비하고 있을 것이고, 관련 도서를 참고하면서 공부를 한다면 좀 더 효율적으로 시험에 대비할 수 있을 것이다.

자격증 시험의 목적은 높은 점수를 받아 합격하는 것이라기보다는 합격, 그 자체에 있다. 다시 말해 60점만 넘으면 어떤 시험이든 합격이 가능하다. 기존의 부담스러웠던 수험서에서 과감하게 군살을 제거하여 꼭 필요한 공부만 할 수 있도록 한 윙크(Win - Q) 시리즈가 수험생들에게 합격을 선사하는 수험서로서 자리매김하길 바란다.

수험생 여러분의 건승을 진심으로 기원하는 바이다.

편저자 씀

시험안내

개 요

위험물 취급은 위험물안전관리법 규정에 의거하여 위험물을 제조 및 저장하는 취급소에서 각 유별 위험물 규모에 따라 위험물과 시설물을 점검하고, 일반 작업자를 지시 · 감독하며, 재해발생 시 응급조치와 안전관리 업무를 수행한다.

진로 및 전망

- 위험물 제조, 저장, 취급 전문업체, 도료 제조, 고무 제조, 금속제련, 유기합성물 제조, 염료 제조, 화장품 제조, 인쇄잉크 제조 등 지정 수량 이상의 위험물 취급 업체 및 위험물안전관리 대행기관에 종사할 수 있다.
- 상위직으로 승진하기 위해서는 관련 분야의 상위자격을 취득하거나 기능을 인정받을 수 있는 경험이 있어야 한다.
- 유사직종의 자격을 취득하여 독극물 취급, 소방설비, 열관리, 보일러 환경 분야로 전직할 수 있다.

시험일정

구 분	필기원서접수 (인터넷)	필기시험	필기합격 (예정자)발표	실기원서접수	실기시험	최종 합격자 발표일
제1회	1월 초순	1월 하순	1월 하순	2월 초순	3월 중순	4월 중순
제2회	3월 중순	3월 하순	4월 중순	4월 하순	6월 초순	7월 초순
제3회	5월 하순	6월 중순	6월 하순	7월 중순	8월 중순	9월 하순
제4회	8월 중순	9월 초순	9월 하순	9월 하순	11월 초순	12월 중순

※ 상기 시험일정은 시행처의 사정에 따라 변경될 수 있으니, www.q-net.or.kr에서 확인하시기 바랍니다.

시험요강

❶ 시행처 : 한국산업인력공단

❷ 시험과목

㉠ 필기 : 위험물의 성질 및 안전관리

㉡ 실기 : 위험물 취급 실무

❸ 검정방법

㉠ 필기 : 객관식 4지 택일형 60문항(1시간)

㉡ 실기 : 필답형(1시간 30분)

❹ 합격기준

㉠ 필기 : 100점을 만점으로 하여 60점 이상

㉡ 실기 : 100점을 만점으로 하여 60점 이상

검정현황

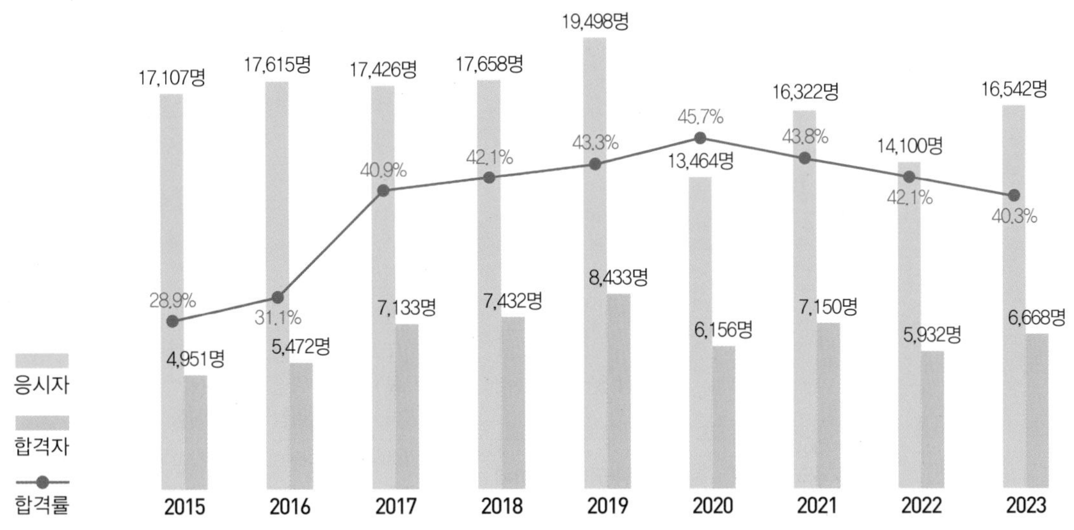

필기시험

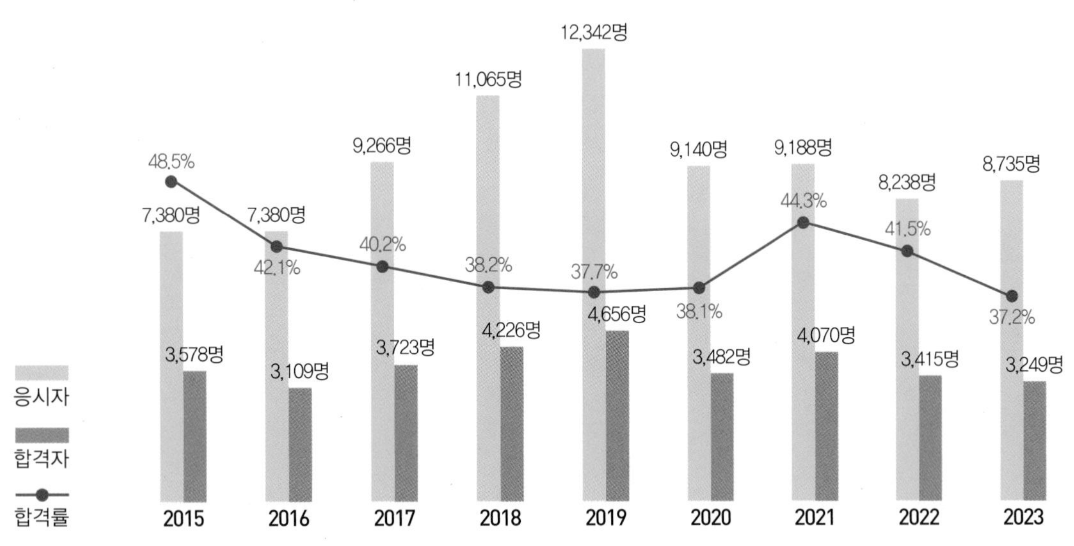

실기시험

시험안내

출제기준

필기 과목명	주요항목	세부항목	세세항목
위험물의 성질 및 안전관리	화재 및 소화	물질의 화학적 성질	• 물질의 상태 및 성질 • 화학의 기초법칙 • 유 · 무기화합물의 특성
		화재 및 소화이론의 이해	• 연소이론의 이해 • 화재분류 및 특성 • 폭발 종류 및 특성 • 소화이론의 이해
		소화약제 및 소방시설의 기초	• 화재예방의 기초 • 화재발생 시 조치방법 • 소화약제의 종류 • 소화약제별 소화원리 • 소화기 원리 및 사용법 • 소화, 경보, 피난설비의 종류 • 소화설비의 적응 및 사용
	제1류~제6류 위험물 취급	성상 및 특성	• 제1류~제6류 위험물의 종류 • 제1류~제6류 위험물의 성상 • 제1류~제6류 위험물의 위험성 · 유해성
		저장 및 취급방법의 이해	• 제1류~제6류 위험물의 저장방법 • 제1류~제6류 위험물의 취급방법
		소화방법	• 제1류~제6류 위험물의 소화원리 • 제1류~제6류 위험물의 화재예방 및 진압대책
	위험물 운송 · 운반	위험물 운송기준	• 위험물 운송자의 자격 및 업무 • 위험물 운송방법 • 위험물 운송 안전조치 및 준수사항 • 위험물 운송차량 위험성 경고 표지
		위험물 운반기준	• 위험물 운반자의 자격 및 업무 • 위험물 용기기준, 적재방법 • 위험물 운반방법 • 위험물 운반 안전조치 및 준수사항 • 위험물 운반차량 위험성 경고 표지
	위험물 제조소 등의 유지관리	위험물 제조소	• 제조소의 위치기준 • 제조소의 구조기준 • 제조소의 설비기준 • 제조소의 특례기준
		위험물 저장소	• 옥내저장소의 위치, 구조, 설비기준 • 옥외탱크저장소의 위치, 구조, 설비기준 • 옥내탱크저장소의 위치, 구조, 설비기준 • 지하탱크저장소의 위치, 구조, 설비기준 • 간이탱크저장소의 위치, 구조, 설비기준 • 이동탱크저장소의 위치, 구조, 설비기준 • 옥외저장소의 위치, 구조, 설비기준 • 암반탱크저장소의 위치, 구조, 설비기준

필기 과목명	주요항목	세부항목	세세항목
위험물의 성질 및 안전관리	위험물 제조소 등의 유지관리	위험물 취급소	• 주유취급소의 위치, 구조, 설비기준 • 판매취급소의 위치, 구조, 설비기준 • 이송취급소의 위치, 구조, 설비기준 • 일반취급소의 위치, 구조, 설비기준
		제조소 등의 소방시설 점검	• 소화난이도 등급 • 소화설비 적응성 • 소요단위 및 능력단위 산정 • 옥내소화전설비 점검 • 옥외소화전설비 점검 • 스프링클러설비 점검 • 물분무소화설비 점검 • 포소화설비 점검 • 불활성가스소화설비 점검 • 할로젠화합물소화설비 점검 • 분말소화설비 점검 • 수동식소화기설비 점검 • 경보설비 점검 • 피난설비 점검
	위험물 저장 · 취급	위험물 저장기준	• 위험물 저장의 공통기준 • 위험물 유별 저장의 공통기준 • 제조소 등에서의 저장기준
		위험물 취급기준	• 위험물 취급의 공통기준 • 위험물 유별 취급의 공통기준 • 제조소 등에서의 취급기준
	위험물 안전관리 감독 및 행정처리	위험물 시설 유지관리 감독	• 위험물 시설 유지관리 감독 • 예방규정 작성 및 운영 • 정기검사 및 정기점검 • 자체소방대 운영 및 관리
		위험물 안전관리법상 행정사항	• 제조소 등의 허가 및 완공검사 • 탱크안전 성능검사 • 제조소 등의 지위승계 및 용도폐지 • 제조소 등의 사용정지, 허가취소 • 과징금, 벌금, 과태료, 행정명령

CBT 응시 요령

기능사 종목 전면 CBT 시행에 따른

CBT 완전 정복!

"CBT 가상 체험 서비스 제공"

한국산업인력공단
(http://www.q-net.or.kr) 참고

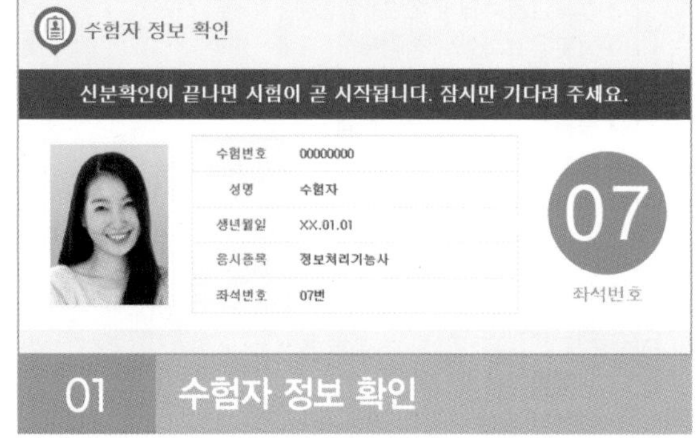

시험장 감독위원이 컴퓨터에 나온 수험자 정보와 신분증이 일치하는지를 확인하는 단계입니다. 수험번호, 성명, 생년월일, 응시종목, 좌석번호를 확인합니다.

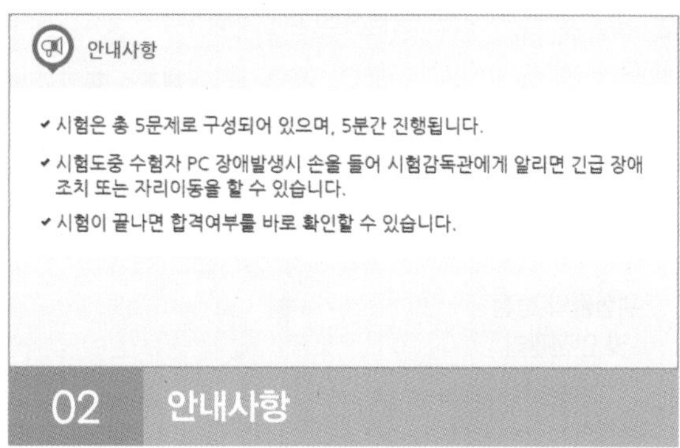

시험에 관한 안내사항을 확인합니다.

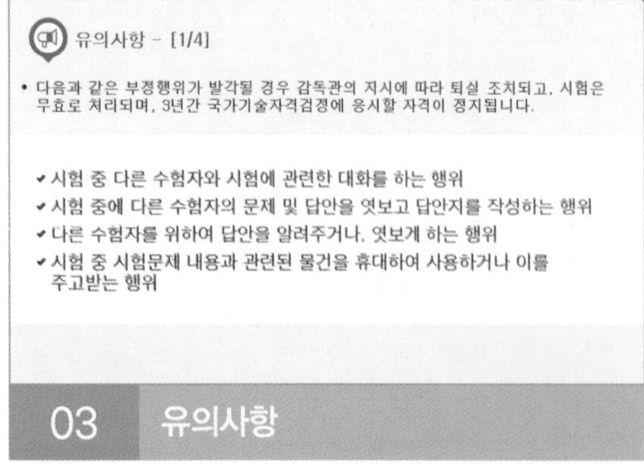

부정행위에 관한 유의사항이므로 꼼꼼히 확인합니다.

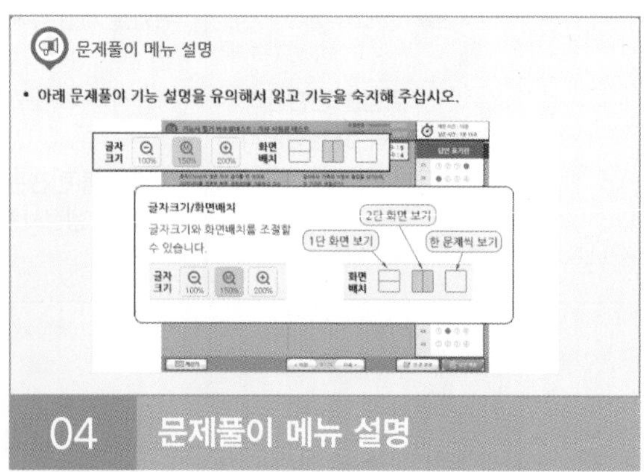

문제풀이 메뉴의 기능에 관한 설명을 유의해서 읽고 기능을 숙지해 주세요.

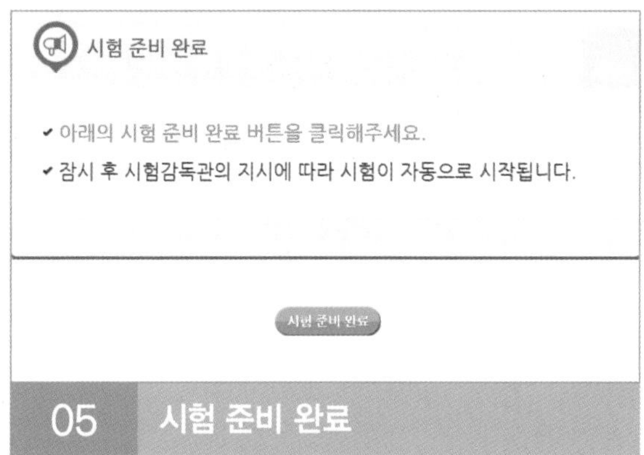

05 시험 준비 완료

시험 안내사항 및 문제풀이 연습까지 모두 마친 수험자는 시험 준비 완료 버튼을 클릭한 후 잠시 대기합니다.

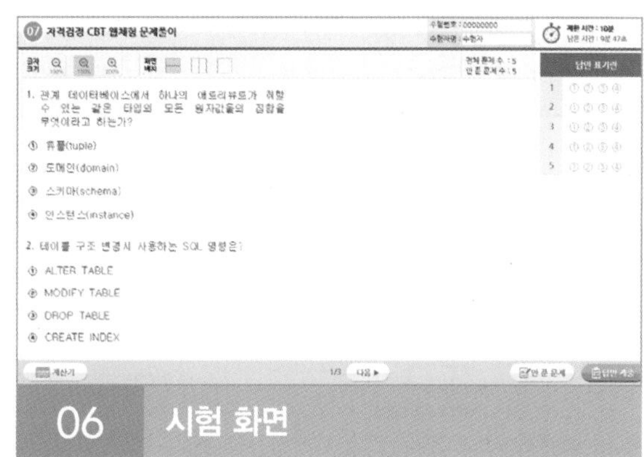

06 시험 화면

시험 화면이 뜨면 수험번호와 수험자명을 확인하고, 글자크기 및 화면배치를 조절한 후 시험을 시작합니다.

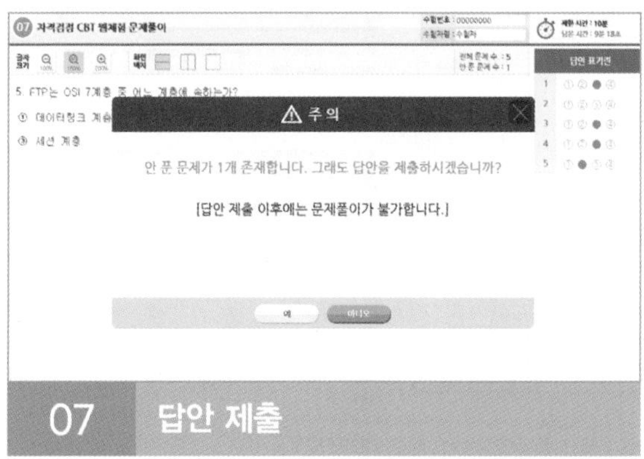

07 답안 제출

[답안 제출] 버튼을 클릭하면 답안 제출 승인 알림창이 나옵니다. 시험을 마치려면 [예] 버튼을 클릭하고 시험을 계속 진행하려면 [아니오] 버튼을 클릭하면 됩니다. 답안 제출은 실수 방지를 위해 두 번의 확인 과정을 거칩니다. [예] 버튼을 누르면 답안 제출이 완료되며 득점 및 합격여부 등을 확인할 수 있습니다.

CBT 완전 정복 Tip

내 시험에만 집중할 것

CBT 시험은 같은 고사장이라도 각기 다른 시험이 진행되고 있으니 자신의 시험에만 집중하면 됩니다.

이상이 있을 경우 조용히 손을 들 것

컴퓨터로 진행되는 시험이기 때문에 프로그램상의 문제가 있을 수 있습니다. 이때 조용히 손을 들어 감독관에게 문제점을 알리며, 큰 소리를 내는 등 다른 사람에게 피해를 주는 일이 없도록 합니다.

연습 용지를 요청할 것

응시자의 요청에 한해 연습 용지를 제공하고 있습니다. 필요시 연습 용지를 요청하며 미리 시험에 관련된 내용을 적어놓지 않도록 합니다. 연습 용지는 시험이 종료되면 회수되므로 들고 나가지 않도록 유의합니다.

답안 제출은 신중하게 할 것

답안은 제한 시간 내에 언제든 제출할 수 있지만 한 번 제출하게 되면 더 이상의 문제풀이가 불가합니다. 안 푼 문제가 있는지 또는 맞게 표기하였는지 다시 한 번 확인합니다.

구성 및 특징

핵심이론

필수적으로 학습해야 하는 중요한 이론들을 각 과목별로 분류하여 수록하였습니다.
시험과 관계없는 두꺼운 기본서의 복잡한 이론은 이제 그만! 시험에 꼭 나오는 이론을 중심으로 효과적으로 공부하십시오.

CHAPTER 01 화재예방과 소화방법

제1절 일반화학

핵심이론 01 | 원자와 주기율표

① 원자번호
㉠ 정의 : 양성자의 수에 따라 고유번호를 붙인 것을 원자번호라 한다.
㉡ 원자번호 = 양성자 수
㉢ 질량수 = 양성자 수 + 중성자 수

② 원자가전자
㉠ 원자의 가장 바깥껍질에 있는 전자이다. 이온의 형성이나 화학 결합 형성에 관여하며 원자가 등의 화학적 성질을 결정한다.
㉡ 1족은 1개, 2족은 2개, 13족은 3개, 14족은 4개, 15족은 5개, 16족은 6개, 17족은 7개, 18족은 0개의 원자가전자를 가진다.

③ 주기율표(가이드 15p 참고)
㉠ 주 기
주기율표의 가로줄로 원자의 전자껍질에 따라 주기를 결정한다.
㉡ 족
주기율표의 세로줄로 같은 족에 속하는 원소들은 비슷한 화학적 성질을 가진다.
• 1족 : +1가의 원소이다. 수소(H)를 제외한 리튬(Li), 나트륨(소듐, Na), 포타슘(칼륨, K), 루비듐(Rb), 세슘(Cs)을 알칼리금속이라 한다.
• 2족 : +2가의 원소이다. 알칼리토금속으로 베릴륨(Be), 마그네슘(Mg), 칼슘(Ca) 등이 있다.
• 17족 : −1가의 또는 +7가의 원소이다. 할로젠 원소라 하며 플루오린(F), 염소(Cl), 브로민(Br), 아이오딘(I) 등이 있다.
• 18족 : 0족 원소로 불활성기체라 부르며 헬륨(He), 네온(Ne), 아르곤(Ar) 등이 있다.

10년간 자주 출제된 문제

다음 중 화학적 성질이 비슷한 것끼리 묶은 것은?

ㄱ. 나트륨	ㄴ. 리 튬
ㄷ. 염 소	ㄹ. 칼 슘
ㅁ. 칼 륨	ㅂ. 네 온

① ㄱ, ㄷ
② ㄱ, ㄹ
③ ㄴ, ㄹ
④ ㄱ, ㄴ, ㅁ

2 ■ PART 01 핵심이론

핵심이론 04 | 물질의 반응식

① 화학식
㉠ 실험식 : 화합물에 포함된 원소의 종류와 원자의 수를 가장 간단한 정수비로 표시한 식이다.
㉡ 분자식 : 분자를 구성하고 있는 원자의 종류와 수를 표시한 식이다.
㉢ 시성식 : 분자 중에 그 물질의 특성을 지닌 라디칼이 있을 경우 라디칼을 이용하여 물질의 특성을 표시한 식이다.
㉣ 구조식 : 한 분자 속 원자 간 결합상태를 원자가와 같은 수의 결합선으로 표시한 식이다.

물 질	아세트산
실험식	CH_2O
분자식	$C_2H_4O_2$
시성식	CH_3COOH
구조식	H–C(H)(H)–C(=O)–O–H

② 화학반응식
㉠ 정의 : 화학반응이 일어날 때 반응하는 물질과 생성되는 물질을 화학식으로 나타낸 것이다.
㉡ 표현 : 반응물을 왼쪽에 생성물을 오른쪽에 놓고 화살표(→ 또는 ⇌)로 반응의 방향을 표시한다. 일반적으로 A + B → C + D로 나타낸다.

예 $2H_2O + O_2 \rightarrow 2H_2O$

㉢ 화학반응식 구하기

화살표를 기준으로 반응물을 왼쪽에 생성물을 오른쪽에 표시	$C_3H_8 + O_2 \rightarrow CO_2 + H_2O$
a, b, c, d로 계수를 표시	$aC_3H_8 + bO_2 \rightarrow cCO_2 + dH_2O$
반응물과 생성물의 C, H, O의 원자수가 같도록 관계식을 세움	C의 원자수 : $3a = c$ H의 원자수 : $8a = 2d$ O의 원자수 : $2b = 2c + d$ a = 1로 놓고 계산하면 $b = 5,\ c = 3,\ d = 4$
계수를 정수로 만들고 물질의 상태를 표시	$C_3H_8 + 5O_2 \rightarrow 3CO_2 + 4H_2O$

㉣ 화학반응식의 양적 관계

계수의 비 = 몰 수의 비 = 분자수의 비 = 부피의 비

10년간 자주 출제된 문제

4-1. 표준상태에서 탄소 1몰이 완전히 연소하면 몇 L의 이산화탄소가 생성되는가?
① 11.2 ② 22.4
③ 44.8 ④ 56.8

4-2. $NH_4H_2PO_4$이 열분해하여 생성되는 물질 중 암모니아와 수증기의 부피 비율은?
① 1 : 1 ② 1 : 2
③ 2 : 1 ④ 3 : 2

4-3. 다음 아세톤의 완전 연소 반응식에서 ( )에 알맞은 계수를 차례대로 옳게 나타낸 것은?

CH_3COCH_3 + ( )O_2 → ( )CO_2 + $3H_2O$

① 3, 4 ② 4, 3
③ 6, 3 ④ 3, 6

해설

4-1
탄소의 완전연소
$C + O_2 \rightarrow CO_2$
• 탄소 1몰이 반응하면, 이산화탄소는 1몰이 생성된다.
• 표준상태에서 1몰은 22.4L의 부피를 가지므로 이산화탄소는 22.4L 생성된다.

4-2
• 제3종 분말소화약제(인산이수소암모늄)의 열분해
$NH_4H_2PO_4 \rightarrow HPO_3 + NH_3\uparrow + H_2O\uparrow$
• 암모니아와 수증기의 부피 비율 = 1 : 1
※ 부피비 = 몰수비 ≠ 질량비

4-3
CH_3COCH_3 + (4)O_2 → (3)CO_2 + $3H_2O$
• C : 3 + 0 = 3 + 0
• H : 6 + 0 = 0 + 6
• O : 1 + 8 = 6 + 3

정답 4-1 ② 4-2 ① 4-3 ②

4 ■ PART 01 핵심이론

10년간 자주 출제된 문제

출제기준을 중심으로 출제 빈도가 높은 기출문제와 필수적으로 풀어보아야 할 문제를 핵심이론당 1~2문제씩 선정했습니다. 각 문제마다 핵심을 찌르는 명쾌한 해설이 수록되어 있습니다.

과년도 기출문제

지금까지 출제된 과년도 기출문제를 수록하였습니다. 각 문제에는 자세한 해설이 추가되어 핵심 이론만으로는 아쉬운 내용을 보충 학습하고 출제 경향의 변화를 확인할 수 있습니다.

2014년 제1회 과년도 기출문제

01 위험물제조소 등에 설치하는 옥외소화전설비의 기준에서 옥외소화전함은 옥외소화전으로부터 보행거리 몇 m 이하의 장소에 설치하여야 하는가?

① 1.5 ② 5
③ 7.5 ④ 10

해설
보행거리 5m 이하의 장소에 설치해야 한다.

02 다음 중 질식소화효과를 주로 이용하는 소화기는?

① 포소화기 ② 강화액소화기
③ 수(물)소화기 ④ 할론소화기

해설
포소화기, 이산화탄소소화기, 분말소화기는 질식소화효과를 이용한 것
소화설비
• 냉각소화설비 : 옥내소화전설비, 스프링클러, 물분무소화설비 등
• 화학적소화설비 : 할론, 분말, 화학포, 강화액소화기 등

03 위험물의 품명·수량 또는 지정수량 배수의 변경신고에 대한 설명으로 옳은 것은?

① 허가청과 협의하여 설치한 군용위험물시설의 경우에도 적용된다.
② 변경신고는 변경한 날로부터 7일 이내에 완공검사합격확인증을 첨부하여 신고하여야 한다.
③ 위험물의 품명이나 수량의 변경을 위해 제조소 등의 위치·구조 또는 설비를 변경하는 경우에 신고한다.
④ 위험물의 품명·수량 및 지정수량의 배수를 모두 변경한 때에는 신고를 할 수 없고 허가를 신청하여야 한다.

해설
① 설치허가
또는 지정
② 변경신고는
인증을 첨
③ 제조소 등
고가 아닌
④ 위험물의
허가신청

136 ■ PART 02 과년도 + 최근 기출복원문제

2024년 제1회 최근 기출복원문제

01 위험물안전관리법령상 전기설비에 대하여 적응성이 없는 소화설비는?

① 물분무소화설비
② 불활성가스소화설비
③ 포소화설비
④ 할로젠화합물소화설비

해설
포소화설비는 거품을 이용하므로 전기화재 시 합선, 누전 등이 발생할 수 있어 사용을 금해야 한다.

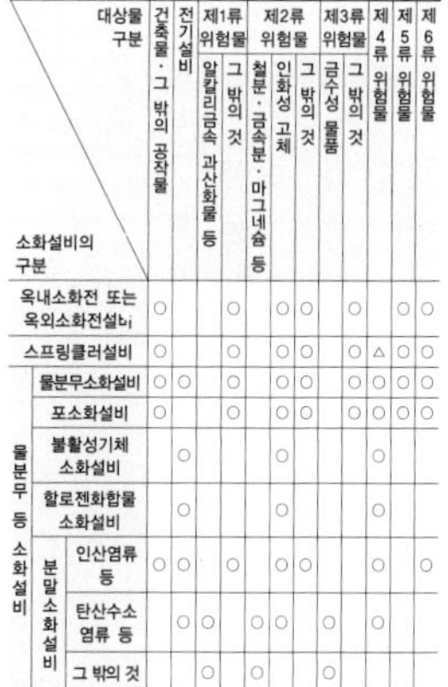

소화설비의 적응성

소화설비의 구분 \ 대상물 구분	건축물·그 밖의 공작물	전기설비	제1류 위험물 알칼리금속 과산화물 등	제1류 위험물 그 밖의 것	제2류 위험물 철분·금속분·마그네슘 등	제2류 위험물 인화성 고체	제2류 위험물 그 밖의 것	제3류 위험물 금수성 물품	제3류 위험물 그 밖의 것	제4류 위험물	제5류 위험물	제6류 위험물
옥내소화전 또는 옥외소화전설비	○			○		○	○		○		○	○
스프링클러설비	○			○		○	○		○	△	○	○
물분무 등 소화설비 — 물분무소화설비	○	○		○		○	○		○	○	○	○
물분무 등 소화설비 — 포소화설비	○			○		○	○		○	○	○	○
물분무 등 소화설비 — 불활성기체 소화설비		○				○				○		
물분무 등 소화설비 — 할로젠화합물 소화설비		○				○				○		
물분무 등 소화설비 — 분말소화설비 — 인산염류 등	○	○		○		○	○			○		○
물분무 등 소화설비 — 분말소화설비 — 탄산수소염류 등		○	○		○	○		○		○		
물분무 등 소화설비 — 분말소화설비 — 그 밖의 것			○		○			○				

02 지하탱크저장소에서 인접한 2개의 지하저장탱크 용량의 합계가 지정수량의 200배일 경우 탱크 상호 간의 최소거리는?

① 0.1m
② 0.3m
③ 0.5m
④ 1m

해설
지하저장탱크를 2 이상 인접해 설치하는 경우에는 그 상호 간에 1m(해당 2 이상의 지하저장탱크의 용량의 합계가 지정수량의 100배 이하인 때에는 0.5m) 이상의 간격을 유지하여야 한다(필답형 유형).

03 위험성 예방을 위해 물속에 저장하는 것은?

① 칠황화인
② 이황화탄소
③ 오황화인
④ 톨루엔

해설
이황화탄소는 비수용성이며 가연성 증기발생을 억제하기 위해 물속에 저장한다.

474 ■ PART 02 과년도 + 최근 기출복원문제

1 ③ 2 ④ 3 ② 정답

최근 기출복원문제

최근에 출제된 기출문제를 복원하여 가장 최신의 출제경향을 파악하고 새롭게 출제된 문제의 유형을 익혀 처음 보는 문제들도 모두 맞힐 수 있도록 하였습니다.

최신 기출문제 출제경향

2020년 1회

- 미정계수법으로 화학반응식 완성과 계산 위주로 일반화학 지식을 묻는 문제 출제
- 제1류~제6류 위험물의 화학적 성질 및 취급방법을 묻는 문제의 비중이 높음. 특히 화학반응식을 이용한 일반화학과 연계한 문제 출제
- 위험물별 지정수량, 등급 및 인화점 등 위험물별 세부 특징을 묻는 문제 출제
- 위험물 저장 · 취급 · 운반 및 운송기준은 평이한 문제 출제
- 화재예방과 소화방법도 소화약제의 화학반응식, 기준과 활용을 묻는 문제 출제

전체적인 경향
- 일반화학(계산) : 10%
- 화재예방과 소화방법 : 15%
- 제1류~제6류 위험물의 화학적 성질 및 취급방법 : 45%
- 위험물 저장 · 취급 · 운반 및 운송기준 : 30%

2020년 2회

- 출제기준에 일반화학 내용이 추가되면서 출제 비중을 조금 높임
- 제1류~제6류 위험물의 화학적 성질 및 취급방법은 가장 출제가 많이 되는 범위로 문제의 비중이 높음. 특히 화학반응식을 이용한 일반화학과 연계한 문제 출제
- 위험물별 지정수량, 등급 및 인화점 등 위험물별 세부 특징을 묻는 문제 출제
- 위험물 저장 · 취급 · 운반 및 운송기준과 관련한 법규 문제 출제
- 화재예방과 소화방법도 소화약제의 화학반응식을 일반화학과 연결하여 출제

전체적인 경향
- 일반화학(계산) : 15%
- 화재예방과 소화방법 : 20%
- 제1류~제6류 위험물의 화학적 성질 및 취급방법 : 42%
- 위험물 저장 · 취급 · 운반 및 운송기준 : 23%

2021년 1회

- 필답형 유형의 문항 출제(일반화학 계산 문제, 법령상 거리 기준 문제 등)
- 제1류~제6류 위험물의 화학적 성질 및 취급방법을 묻는 문제의 비중이 높음. 기존에 출제된 위험물은 심층적 유형으로, 그 외 위험물에서는 예외 규정 등 출제
- 화재예방 및 소화방법의 비중이 위험물의 화학적 성질 및 취급방법을 묻는 문제의 비중과 동일하게 출제
- 위험물 저장 · 취급 · 운반 및 운송기준에서도 계산을 요구하는 문제 출제
- 1회차 복원문제는 다른 연도의 회차에 비해 난이도가 상향됨

전체적인 경향
- 일반화학(계산) : 10%
- 화재예방과 소화방법 : 25%
- 제1류~제6류 위험물의 화학적 성질 및 취급방법 : 35%
- 위험물 저장 · 취급 · 운반 및 운송기준 : 30%

2021년 2회

- 일반화학 계산 문제 출제(이상기체 상태방정식 등)
- 제1류~제6류 위험물의 화학적 성질 및 취급방법을 묻는 문제 최다 출제
- 화재예방 및 소화방법과 관련한 문제 출제 비중 증가 추세(소화약제, 소화방법 및 소화설비 등)
- 위험물 저장 · 취급 · 운반 및 운송기준과 관련한 규정 문제 출제

전체적인 경향
- 일반화학(계산) : 10%
- 화재예방과 소화방법 : 30%
- 제1류~제6류 위험물의 화학적 성질 및 취급방법 : 40%
- 위험물 저장 · 취급 · 운반 및 운송기준 : 20%

2022년 1회

- 단답형 유형의 단순 암기식 문항 출제(수치상 값을 묻는 문제)
- 위험물 취급기준과 일반화학의 계산을 적용한 융합 문제 출제
- 일반화학의 개념과 위험물의 화학적 성질을 연계한 문제 출제
- 예외 기준, 그 밖에 행정안전부령으로 정한 것 등의 문제 출제
- 제1류~제6류 위험물의 화학적 성질 및 취급방법에서는 제3류, 제4류, 제5류의 비중이 높음
- 필답형 유형의 일반화학 계산 문제 출제
- 화재예방 및 소화방법에서는 기존에 출제되었던 소화약제의 개념을 묻는 문제 출제
- 위험물 저장 · 취급 · 운반 및 운송기준 등 법령의 문제 비중 최다 출제

전체적인 경향
- 일반화학(계산) : 12%
- 화재예방과 소화방법 : 18%
- 제1류~제6류 위험물의 화학적 성질 및 취급방법 : 34%
- 위험물 저장 · 취급 · 운반 및 운송기준 : 36%

2022년 2회

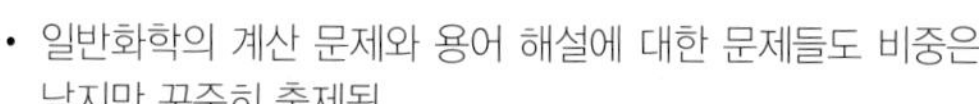

- 일반화학의 계산 문제와 용어 해설에 대한 문제들도 비중은 낮지만 꾸준히 출제됨
- 위험물 저장 · 취급 · 운반 및 운송기준에 관한 법령 문제의 비중이 점점 증가하는 추세
- 제1류~제6류 위험물의 화학적 성질 및 취급방법은 꾸준히 많이 출제되는 분야로 중점적으로 학습해야 할 필요가 있음
- 그 외에 일반적인 위험물 관련 용어 해석과 정의 문제 출제
- CBT 출제 방식에 따라 기출문제에 대한 개념이 다소 없어진 경향이 있으나 꾸준히 출제되는 문제들이 있으므로 기출문제의 반복적 풀이를 통해 전체적인 개념을 이해하는 것이 필요함

전체적인 경향
- 일반화학(계산) : 5%
- 화재예방과 소화방법 : 27%
- 제1류~제6류 위험물의 화학적 성질 및 취급방법 : 35%
- 위험물 저장 · 취급 · 운반 및 운송기준 : 33%

2023년 1회

- 위험물의 취급에 대한 중요성이 높아지면서 안전관리 사항과 행정처분에 관한 법령 문제의 비중이 증가하는 추세
- 화재예방 및 소화방법에 대한 문제 비중이 증가하는 추세
- 위험물의 저장 · 취급 · 운반 및 운송기준에 관한 법령 문제도 꾸준히 출제되고 있음
- 제1류~제6류 위험물의 화학적 성질 및 취급방법은 시험에 빈출되는 분야로 일반적 특성과 소화방법의 연계 학습이 필요
- 일반화학의 계산 문제와 단순 암기식 문항도 난이도의 고른 분배를 위해 지속적으로 출제됨

전체적인 경향
- 일반화학(계산) : 7%
- 화재예방과 소화방법 : 22%
- 제1류~제6류 위험물의 화학적 성질 및 취급방법 : 38%
- 위험물 저장 · 취급 · 운반 및 운송기준 : 33%

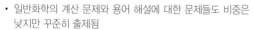

2024년 1회

- '위험물 제조소 등의 유지관리'의 암기식 문제의 출제 빈도가 높아짐(길이, 두께, 용적 등)
- '위험물의 취급'에 대한 중요성이 높아지면서 안전관리 사항과 행정처분, 위험물의 저장 및 취급, 운반 및 운송기준에 관한 법령 문제도 꾸준히 출제되고 있음
- '제1류~제6류 위험물' 중 화학적 성질 및 취급방법은 가장 많이 출제되는 분야로 특히 실기 분야에서도 가장 많은 부분을 차지
- 특정 위험물과 소화 이론의 이해를 연계한 문제 출제됨
- 필답형 유형의 간단한 일반화학적 개념과 계산을 요구하는 문제 출제됨
- '화재예방 및 소화방법'에서 소화약제의 개념을 일반화학과 연계한 화학반응식 문제 출제됨
- 전체적으로 화재예방 및 소화방법과 법령의 출제 빈도가 높아지는 경향과 일반화학의 문제 난이도 또한 높아지는 경향을 보임

전체적인 경향
- 일반화학(계산) : 5%
- 화재예방과 소화방법 : 30%
- 제1류~제6류 위험물의 화학적 성질 및 취급방법 : 35%
- 위험물 저장 · 취급 · 운반 및 운송기준 : 30%

D-20 스터디 플래너

20일 완성!

D-20	D-19	D-18	D-17
CHAPTER 01 화재예방과 소화방법 1. 일반화학 2. 화재예방 및 소화방법	CHAPTER 01 화재예방과 소화방법 3. 소화약제 및 소화기 4. 소방시설의 설치 및 운영	CHAPTER 02 위험물의 화학적 성질 및 취급 1. 제1류 위험물 2. 제2류 위험물	CHAPTER 02 위험물의 화학적 성질 및 취급 3. 제3류 위험물 4. 제4류 위험물

D-16	D-15	D-14	D-13
CHAPTER 02 위험물의 화학적 성질 및 취급 5. 제5류 위험물 6. 제6류 위험물	CHAPTER 02 위험물의 화학적 성질 및 취급 7. 위험물 저장 · 취급 · 운반 · 운송기준	CHAPTER 02 위험물의 화학적 성질 및 취급 8. 제조소 등의 위치 · 구조 및 설비기준	CHAPTER 02 위험물의 화학적 성질 및 취급 9. 제조소 등의 소화설비, 경보설비 및 피난설비기준

D-12	D-11	D-10	D-9
CHAPTER 02 위험물의 화학적 성질 및 취급 10. 제조소 등 설치 및 후속절차	CHAPTER 02 위험물의 화학적 성질 및 취급 11. 행정처분	CHAPTER 02 위험물의 화학적 성질 및 취급 12. 안전관리사항 13. 행정감독	2014~2015년 과년도 기출문제 풀이

D-8	D-7	D-6	D-5
2016년 과년도 기출문제 풀이	2017~2018년 과년도 기출복원문제 풀이	2019~2020년 과년도 기출복원문제 풀이	2021~2022년 과년도 기출복원문제 풀이

D-4	D-3	D-2	D-1
2023년 과년도 기출복원문제 풀이	2024년 최근 기출복원문제 풀이	기출복원문제 오답정리 및 복습	빨리보는 간단한 키워드 점검

표 준 주 기 율 표
Periodic Table of the Elements

표기법:

원자 번호
기호
원소명(국문)
원소명(영문)
일반 원자량
표준 원자량

1	2	3	4	5	6	7	8	9	10	11	12	13	14	15	16	17	18
1 **H** 수소 hydrogen 1.008 [1.0078, 1.0082]																	2 **He** 헬륨 helium 4.0026
3 **Li** 리튬 lithium 6.94 [6.938, 6.997]	4 **Be** 베릴륨 beryllium 9.0122											5 **B** 붕소 boron 10.81 [10.806, 10.821]	6 **C** 탄소 carbon 12.011 [12.009, 12.012]	7 **N** 질소 nitrogen 14.007 [14.006, 14.008]	8 **O** 산소 oxygen 15.999 [15.999, 16.000]	9 **F** 플루오린 fluorine 18.998	10 **Ne** 네온 neon 20.180
11 **Na** 소듐 sodium 22.990	12 **Mg** 마그네슘 magnesium 24.305 [24.304, 24.307]											13 **Al** 알루미늄 aluminium 26.982	14 **Si** 규소 silicon 28.085 [28.084, 28.086]	15 **P** 인 phosphorus 30.974	16 **S** 황 sulfur 32.06 [32.059, 32.076]	17 **Cl** 염소 chlorine 35.45 [35.446, 35.457]	18 **Ar** 아르곤 argon 39.95 [39.792, 39.963]
19 **K** 포타슘 potassium 39.098	20 **Ca** 칼슘 calcium 40.078(4)	21 **Sc** 스칸듐 scandium 44.956	22 **Ti** 타이타늄 titanium 47.867	23 **V** 바나듐 vanadium 50.942	24 **Cr** 크로뮴 chromium 51.996	25 **Mn** 망가니즈 manganese 54.938	26 **Fe** 철 iron 55.845(2)	27 **Co** 코발트 cobalt 58.933	28 **Ni** 니켈 nickel 58.693	29 **Cu** 구리 copper 63.546(3)	30 **Zn** 아연 zinc 65.38(2)	31 **Ga** 갈륨 gallium 69.723	32 **Ge** 저마늄 germanium 72.630(8)	33 **As** 비소 arsenic 74.922	34 **Se** 셀레늄 selenium 78.971(8)	35 **Br** 브로민 bromine 79.904 [79.901, 79.907]	36 **Kr** 크립톤 krypton 83.798(2)
37 **Rb** 루비듐 rubidium 85.468	38 **Sr** 스트론튬 strontium 87.62	39 **Y** 이트륨 yttrium 88.906	40 **Zr** 지르코늄 zirconium 91.224(2)	41 **Nb** 나이오븀 niobium 92.906	42 **Mo** 몰리브데넘 molybdenum 95.95	43 **Tc** 테크네튬 technetium	44 **Ru** 루테늄 ruthenium 101.07(2)	45 **Rh** 로듐 rhodium 102.91	46 **Pd** 팔라듐 palladium 106.42	47 **Ag** 은 silver 107.87	48 **Cd** 카드뮴 cadmium 112.41	49 **In** 인듐 indium 114.82	50 **Sn** 주석 tin 118.71	51 **Sb** 안티모니 antimony 121.76	52 **Te** 텔루륨 tellurium 127.60(3)	53 **I** 아이오딘 iodine 126.90	54 **Xe** 제논 xenon 131.29
55 **Cs** 세슘 caesium 132.91	56 **Ba** 바륨 barium 137.33	57-71 란타넘족 lanthanoids	72 **Hf** 하프늄 hafnium 178.49(2)	73 **Ta** 탄탈럼 tantalum 180.95	74 **W** 텅스텐 tungsten 183.84	75 **Re** 레늄 rhenium 186.21	76 **Os** 오스뮴 osmium 190.23(3)	77 **Ir** 이리듐 iridium 192.22	78 **Pt** 백금 platinum 195.08	79 **Au** 금 gold 196.97	80 **Hg** 수은 mercury 200.59	81 **Tl** 탈륨 thallium 204.38 [204.38, 204.39]	82 **Pb** 납 lead 207.2	83 **Bi** 비스무트 bismuth 208.98	84 **Po** 폴로늄 polonium	85 **At** 아스타틴 astatine	86 **Rn** 라돈 radon
87 **Fr** 프랑슘 francium	88 **Ra** 라듐 radium	89-103 악티늄족 actinoids	104 **Rf** 러더포듐 rutherfordium	105 **Db** 더브늄 dubnium	106 **Sg** 시보귬 seaborgium	107 **Bh** 보륨 bohrium	108 **Hs** 하슘 hassium	109 **Mt** 마이트너륨 meitnerium	110 **Ds** 다름슈타튬 darmstadtium	111 **Rg** 뢴트게늄 roentgenium	112 **Cn** 코페르니슘 copernicium	113 **Nh** 니호늄 nihonium	114 **Fl** 플레로븀 flerovium	115 **Mc** 모스코븀 moscovium	116 **Lv** 리버모륨 livermorium	117 **Ts** 테네신 tennessine	118 **Og** 오가네손 oganesson

57 **La** 란타넘 lanthanum 138.91	58 **Ce** 세륨 cerium 140.12	59 **Pr** 프라세오디뮴 praseodymium 140.91	60 **Nd** 네오디뮴 neodymium 144.24	61 **Pm** 프로메튬 promethium	62 **Sm** 사마륨 samarium 150.36(2)	63 **Eu** 유로퓸 europium 151.96	64 **Gd** 가돌리늄 gadolinium 157.25(3)	65 **Tb** 터븀 terbium 158.93	66 **Dy** 디스프로슘 dysprosium 162.50	67 **Ho** 홀뮴 holmium 164.93	68 **Er** 어븀 erbium 167.26	69 **Tm** 툴륨 thulium 168.93	70 **Yb** 이터븀 ytterbium 173.05	71 **Lu** 루테튬 lutetium 174.97
89 **Ac** 악티늄 actinium	90 **Th** 토륨 thorium 232.04	91 **Pa** 프로트악티늄 protactinium 231.04	92 **U** 우라늄 uranium 238.03	93 **Np** 넵투늄 neptunium	94 **Pu** 플루토늄 plutonium	95 **Am** 아메리슘 americium	96 **Cm** 퀴륨 curium	97 **Bk** 버클륨 berkelium	98 **Cf** 캘리포늄 californium	99 **Es** 아인슈타이늄 einsteinium	100 **Fm** 페르뮴 fermium	101 **Md** 멘델레븀 mendelevium	102 **No** 노벨륨 nobelium	103 **Lr** 로렌슘 lawrencium

참조) 표준 원자량은 2011년 IUPAC에서 결정한 새로운 형식을 따른 것으로 [ ] 안에 표시된 숫자는 2 종류 이상의 안정한 동위원소가 존재하는 경우에 지각 시료에서 발견되는 자연 존재비의 분포를 고려한 표준 원자량의 범위를 나타낸 것임. 자세한 내용은 *https://iupac.org/what-we-do/periodic-table-of-elements/*을 참조하기 바람.

이 책의 목차

빨리보는 간단한 키워드

빨간키

#합격비법 핵심 요약집 #최다 빈출키워드 #시험장 필수 아이템

CHAPTER 01 위험물의 종류별 분류

▌제1류 위험물

유 별	성 질	품 명		지정수량	위험등급	표 시
제1류	산화성 고체	1. 아염소산염류		50kg	Ⅰ	• 알칼리금속의 과산화물 또는 이를 함유한 것 - 화기·충격주의 - 물기엄금 - 가연물 접촉주의 • 그 밖의 것 - 화기·충격주의 - 가연물 접촉주의
		2. 염소산염류				
		3. 과염소산염류				
		4. 무기과산화물				
		5. 브로민산염류		300kg	Ⅱ	
		6. 질산염류				
		7. 아이오딘산염류				
		8. 과망가니즈산염류		1,000kg	Ⅲ	
		9. 다이크로뮴산염류				
		10. 그 밖에 행정안전부령으로 정하는 것	① 과아이오딘산염류	50kg(위험등급Ⅰ) 300kg(위험등급Ⅱ) 또는 1,000kg(위험등급Ⅲ)		
			② 과아이오딘산			
			③ 크로뮴, 납 또는 아이오딘의 산화물			
			④ 아질산염류			
			⑤ 차아염소산염류			
			⑥ 염소화아이소시아누르산			
			⑦ 퍼옥소이황산염류			
			⑧ 퍼옥소붕산염류			
		11. 제1호 내지 제10호에 해당하는 어느 하나 이상을 함유한 것				

▌제2류 위험물

유 별	성 질	품 명	지정수량	위험등급	표 시
제2류	가연성 고체	1. 황화인	100kg	Ⅱ	• 철분·금속분·마그네슘 또는 이들 중 어느 하나 이상을 함유한 것 : 화기주의 및 물기엄금 • 인화성 고체 : 화기엄금 • 그 밖의 것 : 화기주의
		2. 적 린			
		3. 황			
		4. 철 분	500kg	Ⅲ	
		5. 금속분			
		6. 마그네슘			
		7. 그 밖에 행정안전부령으로 정하는 것	100kg(위험등급Ⅱ) 또는 500kg(위험등급Ⅲ)		
		8. 제1호 내지 제7호의 1에 해당하는 어느 하나 이상을 함유한 것			
		9. 인화성 고체	1,000kg	Ⅲ	

▌제3류 위험물

유 별	성 질	품 명	지정수량	위험등급	표 시
제3류	자연발화성 물질 및 금수성 물질	1. 칼 륨	10kg	Ⅰ	• 자연발화성 물질 : 화기엄금 및 공기 접촉엄금 • 금수성 물질 : 물기엄금
		2. 나트륨			
		3. 알킬알루미늄			
		4. 알킬리튬			
		5. 황 린	20kg		
		6. 알칼리금속(칼륨 및 나트륨 제외) 및 알칼리토금속	50kg	Ⅱ	
		7. 유기금속화합물(알킬알루미늄 및 알킬리튬 제외)			
		8. 금속의 수소화물	300kg	Ⅲ	
		9. 금속의 인화물			
		10. 칼슘 또는 알루미늄의 탄화물			
		11. 그 밖에 행정안전부령으로 정하는 것 ① 염소화규소화합물($SiCl_4$, Si_2Cl_6, Si_3Cl_8 등)	10kg(위험등급Ⅰ), 20kg(위험등급Ⅰ), 50kg(위험등급Ⅱ) 또는 300kg(위험등급Ⅲ)		
		12. 제1호 내지 제11호에 해당하는 어느 하나 이상을 함유한 것			

▌제4류 위험물

유 별	성 질	품 명		지정수량	위험등급	표 시
제4류	인화성 액체	1. 특수인화물		50L	Ⅰ	화기엄금
		2. 제1석유류	비수용성	200L	Ⅱ	
			수용성	400L		
		3. 알코올류		400L		
		4. 제2석유류	비수용성	1,000L	Ⅲ	
			수용성	2,000L		
		5. 제3석유류	비수용성	2,000L		
			수용성	4,000L		
		6. 제4석유류		6,000L		
		7. 동식물유류		10,000L		

※ 성질에 의한 품명 분류

특수인화물	1기압에서 발화점이 100℃ 이하인 것 또는 인화점이 -20℃ 이하이고 비점이 40℃ 이하
제1석유류	1기압에서 액체로서 인화점이 21℃ 미만인 것
제2석유류	1기압에서 액체로서 인화점이 21℃ 이상 70℃ 미만인 것(가연성 액체량이 40wt% 이하이면서 인화점이 40℃ 이상인 동시에 연소점이 60℃ 이상인 것은 제외)
제3석유류	1기압에서 액체로서 인화점이 70℃ 이상 200℃ 미만인 것(가연성 액체량이 40wt% 이하인 것은 제외)
제4석유류	1기압에서 액체로서 인화점이 200℃ 이상 250℃ 미만인 것(가연성 액체량이 40wt% 이하인 것은 제외)

▮ 제5류 위험물

유 별	성 질	품 명	지정수량	위험등급	표 시
제5류	자기반응성 물질	1. 유기과산화물	10kg	I	화기엄금 및 충격주의
		2. 질산에스터류			
		3. 나이트로화합물	100kg	II	
		4. 나이트로소화합물			
		5. 아조화합물			
		6. 다이아조화합물			
		7. 하이드라진 유도체			
		8. 하이드록실아민			
		9. 하이드록실아민염류			
		10. 그 밖에 행정안전부령으로 정하는 것 ① 금속의 아지화합물(NaN_3 등) ② 질산구아니딘[$HNO_3 \cdot C(NH)(NH_2)_2$] 11. 제1호 내지 제10호에 해당하는 어느 하나 이상을 함유한 것(다만, 유기과산화물을 함유하는 것 중에서 불활성 고체를 함유하는 것으로서 동법 시행령 별표1. 비고 20호 가목부터 마목에 해당하는 물품은 제외함)	제1종 : 10kg 제2종 : 100kg	I 또는 II	

▮ 제6류 위험물

유 별	성 질	품 명	지정수량	위험등급	표 시
제6류	산화성 액체	1. 과산화수소(36wt% 이상인 것)	300kg	I	가연물 접촉주의
		2. 과염소산			
		3. 질산(비중 1.49 이상인 것)			
		4. 그 밖에 행정안전부령으로 정하는 것 ① 할로젠간화합물(BrF_3, BrF_5, IF_5, ICl, IBr 등)			
		5. 제1호 내지 제4호에 해당하는 어느 하나 이상을 함유한 것			

CHAPTER 02 위험물별 주요 화학반응

황화인과 산소의 반응

- $P_4S_3 + 8O_2 \rightarrow 2P_2O_5 + 3SO_2$
- $2P_2S_5 + 15O_2 \rightarrow 2P_2O_5 + 10SO_2$

무기과산화물과 염산의 반응

- $CaO_2 + 2HCl \rightarrow CaCl_2 + H_2O_2$
- $Na_2O_2 + 2HCl \rightarrow 2NaCl + H_2O_2$

무기과산화물과 물의 반응

- $2K_2O_2 + 2H_2O \rightarrow 4KOH + O_2$
- $2Na_2O_2 + 2H_2O \rightarrow 4NaOH + O_2$

소화약제의 열분해반응

- 제1종 : $2NaHCO_3 \rightarrow Na_2CO_3 + CO_2 + H_2O$
- 제2종 : $2KHCO_3 \rightarrow K_2CO_3 + CO_2 + H_2O$
- 제3종 : $NH_4H_2PO_4 \rightarrow HPO_3 + NH_3 + H_2O$

금속분과 산소의 반응

$4Al + 3O_2 \rightarrow 2Al_2O_3$

칼슘 또는 알루미늄의 탄화물(카바이드)과 물의 반응

- $CaC_2 + 2H_2O \rightarrow Ca(OH)_2 + C_2H_2$
- $Al_4C_3 + 12H_2O \rightarrow 4Al(OH)_3 + 3CH_4$

금속의 반응

- $Mg + 2HCl \rightarrow MgCl_2 + H_2$
- $4K + O_2 \rightarrow 2K_2O$
- $2K + 2H_2O \rightarrow 2KOH + H_2$
- $4K + 3CO_2 \rightarrow 2K_2CO_3 + C$

하이드라진의 반응

$N_2H_4 + 2H_2O_2 \rightarrow N_2 + 4H_2O$

금속의 인화물과 물의 반응

$\underset{\text{인화칼슘}}{Ca_3P_2} + \underset{\text{물}}{6H_2O} \rightarrow \underset{\text{수산화칼슘}}{3Ca(OH)_2} + \underset{\text{인화수소(포스핀)}}{2PH_3}$

이황화탄소의 연소반응

$CS_2 + 3O_2 \rightarrow CO_2 + 2SO_2$

과망가니즈산칼륨의 열분해반응

$2KMnO_4 \rightarrow K_2MnO_4 + MnO_2 + O_2$

벤젠과 염산의 반응

$C_6H_6 + HCl \rightarrow C_6H_5Cl + H_2O$

아이소프로필알코올(2차 알코올)의 산화반응

$\underset{\text{아이소프로필알코올}}{(CH_3)_2CHOH} \xrightarrow{+[O]} \underset{\text{아세톤}}{CH_3COCH_3} + H_2O$

CHAPTER 03 각종 높이 · 길이 · 두께 · 면적

▌ 옥내소화전방수구는 바닥면으로부터 1.5m 이하가 되도록 설치한다.

▌ 이동탱크저장소는 방호틀(두께 : 2.3mm 이상), 방파판(두께 : 1.6mm 이상), 측면틀, 맨홀(두께 : 6mm 이상)이 있으며, 정상부분은 부속장치보다 50mm 이상 높게 설치한다.

▌ **보유공지**

옥외저장소	공지의 너비	옥외탱크저장소
지정수량의 10배 이하	3m 이상	지정수량의 500배 이하
지정수량의 10배 초과 20배 이하	5m 이상	지정수량의 500배 초과 1,000배 이하
지정수량의 20배 초과 50배 이하	9m 이상	지정수량의 1,000배 초과 2,000배 이하
지정수량의 50배 초과 200배 이하	12m 이상	지정수량의 2,000배 초과 3,000배 이하
지정수량의 200배 초과	15m 이상	지정수량의 3,000배 초과 4,000배 이하

※ 단, 제6류 위험물을 저장・취급하는 옥외탱크저장소는 보유공지의 1/3 이상의 너비로 할 수 있다.

▌ **옥외저장탱크 두께** : 3.2mm 이상, 이동탱크저장소 : 칸막이 1개 용량은 4,000L

▌ 다층 건물의 옥내저장소의 저장창고는 바닥면으로부터 처마까지 높이를 6m 미만으로 하여야 한다.

▌ **황 저장 옥외저장소**

- 경계표시 면적
  - 1개일 경우 : 100m^2 이하
  - 2개 이상일 경우 : 1,000m^2 이하
- 경계표시 높이 : 1.5m 이하

▮ **지하저장탱크**

3.2mm 이상 두께, 수압시험은 압력탱크 외의 탱크에 있어서는 70kPa의 압력으로, 압력탱크에 있어서는 최대상용압력의 1.5배의 압력으로 각각 10분간 실시

▮ **제4류 위험물의 수용성 액체** : 20℃, 1기압 기준

▮ **밸브 없는 통기관의 높이** : 지면으로부터 4m 이상(옥내탱크저장소, 지하탱크저장소 기준)

▮ 옥내저장소의 자동화재탐지설비는 지정수량의 100배 이상일 때 설치한다.

▮ 옥외탱크저장소의 방유제 내 계단, 경사로 설치는 약 50m마다, 방유제 내의 면적은 80,000m^2 이하, 방유제의 높이는 0.5m 이상 3.0m 이하로 한다.

▮ **주유취급소의 너비**

너비 15m 이상×길이 6m 이상의 콘크리트 등으로 포장한 공지를 보유(고속국도의 주유취급소의 탱크 용량은 60,000L까지 가능)

▮ **제조소의 보유공지**

10배 이하 → 3m 이상, 10배 초과 → 5m 이상

▮ **지정과산화물을 저장 또는 취급하는 옥내저장소**

저장창고의 외벽은 두께 20cm 이상의 철근콘크리트조나 철골철근콘크리트조 또는 두께 30cm 이상의 보강 콘크리트블록조로 할 것

▮ 간이탱크저장소의 용량은 600L 이하, 두께는 3.2mm 이상

■ **옥외저장탱크의 방유제의 용량 – 인화성 액체위험물(이황화탄소를 제외)의 경우**

- 1개 : 탱크 용량의 110% 이상
- 2개 이상 : 탱크 중 용량이 최대인 것의 용량의 110% 이상

■ **낙구타격감도시험** : 50% 폭점을 낙하높이로 한다.

■ 제조소의 급기구는 급기구가 설치된 실의 바닥면적 150m^{2}마다 1개 이상, 크기는 800cm^2 이상, 인화방지망(불티 등 침입방지로 폭발방지), 집유설비, 배출설비(지상 2m 이상 설치)로 구성

■ **제5류 위험물의 저장용기** : 유리, 플라스틱 - 10L, 금속제 용기 - 30L

■ **제4류 위험물의 저장**

기계하역구조가 아닌 경우 6m, 제3·4석유류 및 동식물유류 저장 시 4m, 그 외 3m를 초과하여 겹쳐 쌓지 아니하여야 한다.

■ 제6류 위험물 드럼통의 부피는 250L, "가연물 접촉주의" 표시

■ **옥내저장소 바닥면적**

- 다음을 저장하는 창고 : 1,000m^2 이하
  - 제1류 위험물(지정수량 50kg, 위험등급 I)
  - 제3류 위험물(지정수량 10kg, 위험등급 I), 황린
  - 제4류 위험물(특수인화물, 제1석유류, 알코올류)
  - 제5류 위험물(지정수량 10kg, 위험등급 I)
  - 제6류 위험물(지정수량 300kg, 위험등급 I)
- 그 외의 위험물을 저장하는 창고 : 2,000m^2 이하
- 위의 위험물을 내화구조의 격벽으로 완전히 구획된 실에 각각 저장하는 창고 : 1,500m^2 이하

■ **옥내소화전 방수량** : 260L/min 이상, 옥외소화전 용량 : 450L/min 이상

CHAPTER 04 기 타

강화액 소화기

물에 탄산칼륨을 녹여 제조(겨울철 사용 용이, 어는점 내림 효과)

제조소의 표지 및 게시판

0.3m 이상×0.6m 이상인 직사각형

주유취급소 표지 및 게시판

- "위험물 주유취급소" : 백색바탕 흑색문자
- "주유 중 엔진정지" : 황색바탕에 흑색문자
- "화기엄금" : 적색바탕에 백색문자

제1류 위험물, 제3류 위험물 중 자연발화성 물질, 제4류 위험물 중 특수인화물, 제5류 위험물 또는 제6류 위험물은 차광성이 있는 피복으로 가릴 것

다이에틸에터(제4류 위험물 특수인화물)

- 인화점 : −40℃
- 연소범위 : 1.7~48%
- 공기 노출 시 과산화물 생성(아이오딘화칼륨 10% 수용액으로 확인)

질산(HNO_3)

비중 1.49 이상일 때 위험물이라고 하며, 잔토프로테인반응이 나타난다(피부접촉 시 노란색).

▌가솔린(휘발유)

- 연소범위 : 1.2~7.6%
- 위험도 = $\frac{7.6 - 1.2}{1.2} = 5.33$
- 옥테인가 = $\frac{\text{아이소옥테인}}{\text{아이소옥테인} - \text{노멀헵테인}} \times 100\%$

▌산화프로필렌(CH_3CH_2CHO)

인화점 −37℃, 비점 35℃

▌수소의 연소 범위

4.0~75%

▌과산화수소(H_2O_2)

36wt% 이상일 때 위험물이라고 한다.

▌제2류 위험물

- 철분은 분말로서 53μm의 표준체를 통과하는 것이 50wt% 미만인 것은 위험물에서 제외한다.
- 황은 순도 60wt% 미만은 위험물에서 제외한다. 불순물이라 함은 불연성 물질(활석)과 수분에 한하며, 연소형태는 증발연소이다.

▌동식물유류

- 유지 100g에 부가되는 아이오딘의 g수
- 건성유(아이오딘값 130 이상), 반건성유(아이오딘값 100 초과 130 미만), 불건성유(아이오딘값 100 이하)

▌알루미늄과 철 등 금속분이 질산과 반응해도 부식되지 않는 원리는 피막이 생겨 부동태가 되기 때문이다.

▌컨테이너식 이동탱크의 하단부에 개폐밸브가 존재한다.

▮ 제6류 위험물 저장소 화재 시

옥내소화전 설비, 포소화설비를 사용한다.

▮ 소화능력단위

소화설비	용 량	능력단위
소화전용물통	8L	0.3
수조(물통 3개 포함)	80L	1.5
수조(물통 6개 포함)	190L	2.5
마른모래(삽 1개 포함)	50L	0.5
팽창질석 또는 팽창진주암(삽 1개 포함)	160L	1.0

▮ 옥내저장소의 벽은 내화구조, 문은 자동폐쇄식 60분+방화문 또는 60분 방화문을 사용한다.

- 60분+방화문 : 연기 및 불꽃차단 60분 이상 and 열차단 30분 이상
- 60분 방화문 : 연기 및 불꽃차단 60분 이상
- 30분 방화문 : 연기 및 불꽃차단 30분 이상

▮ 기계포소화기는 축압식과 가스가압식이 있다.

교육은 우리 자신의 무지를 점차 발견해 가는 과정이다.

– 윌 듀란트 –

PART 01

핵심이론

#출제 포인트 분석 #자주 출제된 문제 #합격 보장 필수이론

CHAPTER 01 화재예방과 소화방법

제1절 일반화학

핵심이론 01 원자와 주기율표

① 원자번호

㉠ 정의 : 양성자의 수에 따라 고유번호를 붙인 것을 원자번호라 한다.

㉡ 원자번호 = 양성자 수

㉢ 질량수 = 양성자 수 + 중성자 수

② 원자가전자

㉠ 원자의 가장 바깥껍질에 있는 전자이다. 이온의 형성이나 화학 결합 형성에 관여하며 원자가 등의 화학적 성질을 결정한다.

㉡ 1족은 1개, 2족은 2개, 13족은 3개, 14족은 4개, 15족은 5개, 16족은 6개, 17족은 7개, 18족은 0개의 원자가전자를 가진다.

③ 주기율표(가이드 15p 참고)

㉠ 주 기

주기율표의 가로줄로 원자의 전자껍질에 따라 주기를 결정한다.

㉡ 족

주기율표의 세로줄로 같은 족에 속하는 원소들은 비슷한 화학적 성질을 가진다.

- 1족 : +1가의 원소이다. 수소(H)를 제외한 리튬(Li), 나트륨(소듐, Na), 포타슘(칼륨, K), 루비듐(Rb), 세슘(Cs)을 알칼리금속이라 한다.
- 2족 : +2가의 원소이다. 알칼리토금속으로 베릴륨(Be), 마그네슘(Mg), 칼슘(Ca) 등이 있다.
- 17족 : −1가의 또는 +7가의 원소이다. 할로젠 원소라 하며 플루오린(F), 염소(Cl), 브로민(Br), 아이오딘(I) 등이 있다.
- 18족 : 0족 원소로 불활성기체라 부르며 헬륨(He), 네온(Ne), 아르곤(Ar) 등이 있다.

10년간 자주 출제된 문제

다음 중 화학적 성질이 비슷한 것끼리 묶은 것은?

ㄱ. 나트륨	ㄴ. 리 튬
ㄷ. 염 소	ㄹ. 칼 슘
ㅁ. 칼 륨	ㅂ. 네 온

① ㄱ, ㄷ
② ㄱ, ㄹ
③ ㄴ, ㄹ
④ ㄱ, ㄴ, ㅁ

정답 ④

핵심이론 02 | 분 자

① 정 의

물질의 특성을 가지는 가장 작은 입자이다. 2개 이상의 비금속 원소가 화학결합에 의해 일정한 형태로 결합하거나 또는 He, Ne, Ar처럼 독립된 입자로 행동할 수 있는 것이다.

② 분자량

분자를 구성하는 성분원자들의 원자량을 모두 합한 값으로 탄소원자를 기준으로 한 상대적 질량이다.

> 예 H_2O의 분자량
> 원자량이 수소(H)는 1, 산소(O)는 16이므로
> $1 \times 2 + 16 = 18$
> 따라서 물(H_2O)의 분자량은 18이다.

핵심이론 03 | 몰(mole)

① 정 의

물질의 입자수를 나타내는 국제단위계의 기본단위이다.

② 아보가드로의 수

1몰의 입자 개수로 6.02×10^{23}개이다.

③ 몰 수

$$\text{몰수} = \frac{\text{질량(g)}}{\text{분자량}} = \frac{\text{분자수}}{6.02 \times 10^{23}}$$

$$= \frac{\text{기체의 부피(L)}}{22.4}\text{(0℃, 1기압)}$$

> **아보가드로의 법칙**
> 표준상태(0℃, 1기압)에서 모든 기체 1몰의 부피는 22.4L이다.
>
> | 예 | | 분자량 | 부 피 |
> |---|---|---|---|
> | O_2 | : | $16 \times 2 = 32$ | 22.4L |
> | H_2O | : | $1 \times 2 + 16 = 18$ | 22.4L |

④ 물질의 양과 몰

1몰의 질량(g)		입자 1몰		1몰의 입자의 수(개수)
분자량에 g	⇔	분자 1몰	⇔	6.02×10^{23}개의 분자
원자량에 g	⇔	원자 1몰	⇔	6.02×10^{23}개의 원자
이온식량에 g	⇔	이온 1몰	⇔	6.02×10^{23}개의 이온

핵심이론 04 | 물질의 반응식

① 화학식

㉠ 실험식 : 화합물에 포함된 원소의 종류와 원자의 수를 가장 간단한 정수비로 표시한 식이다.

㉡ 분자식 : 분자를 구성하고 있는 원자의 종류와 수를 표시한 식이다.

㉢ 시성식 : 분자 중에 그 물질의 특성을 지닌 라디칼이 있을 경우 라디칼을 이용하여 물질의 특성을 표시한 식이다.

㉣ 구조식 : 한 분자 속 원자 간 결합상태를 원자가와 같은 수의 결합선으로 표시한 식이다.

물 질	아세트산
실험식	CH_2O
분자식	$C_2H_4O_2$
시성식	CH_3COOH
구조식	H–C(H)(H)–C(=O)–O–H

② 화학반응식

㉠ 정의 : 화학반응이 일어날 때 반응하는 물질과 생성되는 물질을 화학식으로 나타낸 것이다.

㉡ 표현 : 반응물을 왼쪽에 생성물을 오른쪽에 놓고 화살표(→ 또는 ⇄)로 반응의 방향을 표시한다. 일반적으로 A + B → C + D로 나타낸다.

> 예 $2H_2O + O_2 \rightarrow 2H_2O$

㉢ 화학반응식 구하기

화살표를 기준으로 반응물을 왼쪽에 생성물을 오른쪽에 표시	$C_3H_8 + O_2 \rightarrow CO_2 + H_2O$
a, b, c, d로 계수를 표시	$aC_3H_8 + bO_2 \rightarrow cCO_2 + dH_2O$
반응물과 생성물의 C, H, O의 원자수가 같도록 관계식을 세움	C의 원자수 : $3a = c$ H의 원자수 : $8a = 2d$ O의 원자수 : $2b = 2c + d$ $a = 1$로 놓고 계산하면 $b = 5$, $c = 3$, $d = 4$
계수를 정수로 만들고 물질의 상태를 표시	$C_3H_8 + 5O_2 \rightarrow 3CO_2 + 4H_2O$

㉣ 화학반응식의 양적 관계

> 계수의 비 = 몰 수의 비 = 분자수의 비 = 부피의 비

10년간 자주 출제된 문제

4-1. 표준상태에서 탄소 1몰이 완전히 연소하면 몇 L의 이산화탄소가 생성되는가?

① 11.2　② 22.4
③ 44.8　④ 56.8

4-2. $NH_4H_2PO_4$이 열분해하여 생성되는 물질 중 암모니아와 수증기의 부피 비율은?

① 1 : 1　② 1 : 2
③ 2 : 1　④ 3 : 2

4-3. 다음 아세톤의 완전 연소 반응식에서 (　　)에 알맞은 계수를 차례대로 옳게 나타낸 것은?

> $CH_3COCH_3 + (\quad)O_2 \rightarrow (\quad)CO_2 + 3H_2O$

① 3, 4　② 4, 3
③ 6, 3　④ 3, 6

|해설|

4-1

탄소의 완전연소

$C + O_2 \rightarrow CO_2$

• 탄소 1몰이 반응하면, 이산화탄소는 1몰이 생성된다.
• 표준상태에서 1몰은 22.4L의 부피를 가지므로 이산화탄소는 22.4L 생성된다.

4-2

• 제3종 분말소화약제(인산이수소암모늄)의 열분해
$NH_4H_2PO_4 \rightarrow HPO_3 + NH_3\uparrow + H_2O\uparrow$
• 암모니아와 수증기의 부피 비율 = 1 : 1
※ 부피비 = 몰수비 ≠ 질량비

4-3

$CH_3COCH_3 + (\ 4\ )O_2 \rightarrow (\ 3\ )CO_2 + 3H_2O$
• C : 3 + 0 = 3 + 0
• H : 6 + 0 = 0 + 6
• O : 1 + 8 = 6 + 3

정답 4-1 ② 4-2 ① 4-3 ②

핵심이론 05 화학의 기본 법칙

① 질량보존의 법칙

화학반응 전후에 있어서 반응 물질의 질량의 총합은 생성 물질의 질량의 총합과 같다.

> 예 $2H_2 + O_2 \rightarrow 2H_2O$ 　　 $C + O_2 \rightarrow CO_2$
> 4g + 32g = 36g 　　 12g + 32g = 44g

② 일정성분비의 법칙

한 가지 화합물을 만들 때 반응하는 각 성분 원소들의 질량비는 항상 일정하다.

> 예 $H_2 + O \rightarrow H_2O$ 　　 $2H_2 + O_2 \rightarrow 2H_2O$
> 2g 16g 　　 4g 32g
> 1 : 8 　　 1 : 8

③ 옥텟규칙

원소가 전자를 잃거나 얻어서 비활성 기체와 같이 최외각 전자껍질에 8개의 전자를 가짐으로써 안정된 질서를 가지려는 화학 결합의 원리이다.

> 예 옥텟 규칙에 따라 다음 원소의 원자로부터 생성될 수 있는 이온을 쓰시오.
> ① 마그네슘 　　 ② 산 소
> ③ 포타슘 　　 ④ 염 소
>
> **풀이**
> ① Mg^{2+} 　 ② O^{2-} 　 ③ K^{+} 　 ④ Cl^{-}

④ 보일-샤를의 법칙

일정량의 기체의 부피(V)는 압력(P)에 반비례하고, 절대온도(T)에 비례한다.

$$PV = kT,\ \frac{PV}{T} = k \ \Rightarrow\ \frac{P_1V_1}{T_1} = \frac{P_2V_2}{T_2}$$

> 예 0℃, 1atm에서 어떤 기체의 부피는 2.5L이다. 이 기체가 2.0L의 용기에서 압력이 1.5atm이 되게 하려면 온도를 얼마나 올려주어야 하는가?
>
> **풀이**
> $\frac{1 \times 2.5}{273} = \frac{1.5 \times 2}{T_2} \Rightarrow T_2 = 327.6\text{K}$
> $\therefore T_2 = 54.6℃$

⑤ 이상기체 상태방정식

이상기체란 계를 구성하는 입자의 부피가 거의 0이고 입자 간 상호작용이 거의 없는 기체로 보일법칙, 샤를법칙, 아보가드로의 법칙에 의해 다음과 같은 식이 성립한다.

$$PV = nRT$$

여기서, P : 압력(기압 또는 atm), V : 부피(L),
n : 몰수(mol),
R : 이상기체상수(0.082atm · L/K · mol),
T : 절대온도(273 + 실제온도)(K)

㉠ 분자량의 결정

$$PV = \frac{W}{M}RT$$

여기서, $n = \frac{W}{M}$
W : 질량
M : 분자량

> 예 0.986atm, 289K에서 0.550g의 기체가 차지하는 부피가 0.2L라면 이 기체의 분자량은 얼마인가?
>
> **풀이**
> $0.986\text{atm} \times 0.2\text{L}$
> $= \frac{0.550\text{g}}{M} \times 0.082\text{atm} \cdot \text{L/K} \cdot \text{mol} \times 289\text{K}$
> $\therefore M = 66.09$

㉡ 기체의 밀도

$$\text{밀도} = \frac{\text{질량}}{\text{부피}} \Rightarrow \frac{W}{V} = \frac{PM}{RT}$$ (0℃, 1기압일 때)

핵심이론 06 | 농 도

① 퍼센트 농도

㉠ 질량백분율(wt%)

100g 중에 함유된 용질의 질량을 g수로 나타낸 것이다.

$$\text{wt\%} = \frac{\text{용질의 질량}}{\text{용액의 질량}} \times 100\%$$

㉡ 부피백분율(vol%)

100mL 중에 함유된 용질의 부피. 용매에 액체 성분이 녹아 있는 경우에 이용한다.

$$\text{vol\%} = \frac{\text{용질의 부피}}{\text{용액의 부피}} \times 100\%$$

② 몰분율

어떤 성분의 몰수와 전체 성분의 몰수와의 비를 말한다.

$$\text{물분율 } X_A = \frac{\text{A의 몰수}}{\text{A의 몰수} + \text{B의 몰수} + \text{C의 몰수} + \cdots}$$

> 예 할론 가스 45kg과 함께 기동가스로 질소 가스 2kg을 충전하였다. 이때 질소가스의 몰분율은?(단, 할론가스의 분자량은 149이다)
>
> ① 0.19 ② 0.24
>
> ③ 0.31 ④ 0.39
>
> **풀이**
>
> 할론 몰수 $= \frac{45}{149} = 0.3$
>
> 질소 몰수 $= \frac{2}{28} = 0.07$
>
> ※ 질소(N_2) 분자량 : 28
>
> 질소의 몰분율 $= \frac{0.07}{(0.3+0.07)} \fallingdotseq 0.19$

③ 몰농도(M)

용액 1L 속에 녹아 있는 용질의 몰수

$$\text{몰농도} = \frac{\text{용질의 몰수}}{\text{용액 1L}} \times 100$$

> 예 0.1M NaOH 100mL를 만들 때 필요한 NaOH의 질량은?
>
> **풀이**
>
> $0.1M = \frac{x}{0.1\text{L}}$
>
> $\therefore\ x = 0.01$몰
>
> NaOH 1몰은 40g이므로 0.4g이 필요하다.

④ 당 량

어떤 원소가 수소 1g 또는 산소 8g과 결합 또는 치환할 수 있는 원소의 양

$$\text{원소의 당량} = \frac{\text{원자량}}{\text{원자가}}$$

㉠ 그램당량 : 당량에 g을 붙인 양

㉡ 산 1당량 : H^+ 이온 1몰을 내는 물질의 양

$$\text{산의 당량} = \frac{\text{분자량}}{\text{산의 H 수}}$$

㉢ 염기 1당량 : OH^- 이온 1몰을 내는 물질의 양

$$\text{염기의 당량} = \frac{\text{분자량}}{\text{염기의 H 수}}$$

⑤ 노르말농도(N)

용액 1,000mL에 녹아 있는 용질의 그램당량 수를 나타내는 농도

$$\text{노르말농도} = \frac{\text{용질의 g 당량 수}}{\text{용액의 부피}}$$

> 예 HCl의 당량 $= \frac{36.5}{1} = 36.5$g/당량
>
> H_2SO_4의 당량 $= \frac{98}{2} = 49$g/당량
>
> $Ca(OH)_2$의 당량 $= \frac{74}{2} = 37$g/당량

> 예 황산 1몰 용액 및 1N 용액 100mL를 만드는 데 필요한 황산은 몇 g인가?(단, 황산 분자량은 98이다)
>
> **풀이**
>
> 1몰 ⇒ 98 × 0.1 = 9.8g
>
> 1노르말 ⇒ 1N은 $\frac{98}{2}$ = 49g이므로 49 × 0.1 = 4.9g

핵심이론 07 | 무기화합물

유기화합물을 제외한 탄소 이외의 원소만으로 이루어진 화합물이다. 탄소를 포함하지만 이산화탄소, 일산화탄소, 사이안화칼륨, 탄산나트륨은 무기화합물이다.

① 17족 원소(할로젠 원소)

㉠ 플루오린(F), 염소(Cl), 브로민(Br), 아이오딘(I)이 있다.

㉡ −1가의 음이온이다.

원소	색	상온 상태	녹는점(℃) 끓는점(℃)	반응성	특 징
F	담황색	기 체	↓	증 가 ↑	할로젠 원소 중 반응성이 가장 강함
Cl	노란색	기 체			수소와 결합 시 빛을 쬐면 폭발적으로 반응
Br	적갈색	액 체			주로 해수 속에 존재하며 부식성과 독성이 강함
I	흑자색	고 체	증 가		할로젠 원소 중 반응성이 가장 약함

② 16족 원소

㉠ 산소(O), 황(S)이 대표적이며, 오존(O_3)과 황산(H_2SO_4) 같은 화합물이 있다.

㉡ 오존(O_3)

- 산소(O_2)의 동소체로 독특한 자극성의 냄새를 가진다.
- 저농도에서는 무색이지만 15% 이상의 고농도에서 옅은 푸른색을 띤다.
- 강력한 살균력 및 산화력을 지닌다.

㉢ 황산(H_2SO_4)

- 진한황산은 흡습성이 있어 건조제로 쓰인다.
- 묽은황산은 강산이지만 진한황산은 이온 간의 인력으로 H^+를 내놓지 않아 산성을 나타내지 않는다.

③ 15족 원소

㉠ 질소(N)와 인(P)이 대표적이며, 암모니아(NH_3) 같은 화합물이 있다.

㉡ 암모니아(NH_3)

- 삼각뿔 구조의 극성분자이다.
- 염화수소와 반응하여 염화암모늄 고체를 생성한다.

$$NH_3(g) + HCl \rightarrow NH_4Cl(s)$$

④ 14족 원소

㉠ 탄소(C)와 규소(Si)가 대표적이며, 일산화탄소(CO)와 이산화탄소(CO_2) 같은 화합물이 있다.

㉡ 일산화탄소(CO)

- 무색, 무취의 유독한 기체로 파란 불꽃을 내며 연소한다.
- 환원제로 용광로 내에서 산화철을 환원시켜 철을 제조하는 데 이용된다.
- 메틸알코올 합성 원료, 기체 연료 등에 사용된다.

㉢ 이산화탄소(CO_2)

- 직선형 구조의 무극성 분자이다.
- 공기보다 무겁고 불에 타지 않는 성질이 있어 소화기에 이용된다.

⑤ 1족 원소(알칼리금속) : 제3류 위험물

㉠ 최외각 전자수가 1개인 1가의 양이온이다.

㉡ 리튬(Li), 나트륨(Na), 칼륨(K), 루비듐(Rb), 세슘(Cs) 등이 있다.

㉢ 원자번호가 증가할수록 반응성은 증가하고, 녹는점과 끓는점은 낮아진다.

㉣ 고유의 불꽃색을 가진다(Li : 빨강, Na : 노랑, K : 보라, Rb : 진한빨강, Cs : 파랑).

㉤ 상온에서 물과 격렬히 반응하여 수소 기체를 발생하며, 그 수용액이 염기성을 띤다.

$$2M + 2H_2O \rightarrow 2MOH + H_2 \uparrow$$

(M은 Li, Na, K, Rb, Cs)

핵심이론 08 | 유기화합물(탄소화합물)

생물체의 구성 성분을 이루는 화합물 또는 생물에 의해 만들어지는 화합물이다. 탄소원자(C)를 기본 골격으로 수소(H), 산소(O) 외의 여러 원소들이 결합하여 만들어진 물질이다.

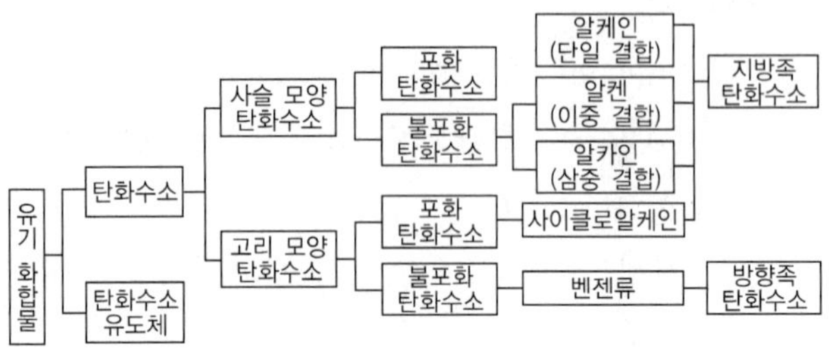

[유기화합물의 분류]

① 알케인(C_nH_{2n+2}) : 파라핀계 또는 메테인계

㉠ 탄소 원자 간 결합이 단일결합(C−C)으로 화학적으로 안정하다.

㉡ 탄소 원자를 중심으로 사면체 구조이며, 탄소수가 증가할수록 녹는점, 끓는점이 높아진다.

㉢ 명명 : 탄소 수를 나타내는 말의 어미에 '−에인(−ane)'을 붙인다.

예 메테인(CH_4), 에테인(C_2H_6), 프로페인(C_3H_8)

[탄소 수에 따른 표현]

탄소 수	1	2	3	4	5	6	7	8	9	10
머리글	metha	etha	propa	buta	penta	hexa	hepta	octa	nana	deca
한 글	메 타	에 타	프로파	뷰 타	펜 타	헥 사	헵 타	옥 타	노 나	데 카

㉣ 햇빛에 의해 할로젠과 치환반응을 한다.

$CH_4 \rightarrow CH_3Cl \rightarrow CH_2Cl_2 \rightarrow CHCl_3 \rightarrow CCl_4$

㉤ 연소 반응 시 이산화탄소와 물을 생성한다.

② 사이클로알케인(C_nH_{2n})

㉠ 고리모양 포화 탄화수소로 화학적 성질이 알케인과 비슷하다.

㉡ 의자 모양과 배 모양의 두 가지 형태로 존재하며, 의자 모양이 좀 더 안정적이다.

㉢ 명명 : 탄소 수가 같은 알케인의 이름 앞에 '사이클로−(cyclo−)'를 붙인다.

③ 알켄(C_nH_{2n}) : 에틸렌계

㉠ 탄소 원자 사이에 이중결합(C=C)을 가진 사슬모양의 불포화 탄화수소이다.

㉡ 명명 : 탄소 수를 나타내는 말의 어미에 '−엔(−ene)'을 붙인다.

㉢ 일반명보다 관용명(에틸렌계)을 더 많이 사용한다.

예 에텐(C_2H_4) → 에틸렌, 프로펜(C_3H_6) → 프로필렌

④ 알카인(C_nH_{2n-2}) : 아세틸렌계

㉠ 탄소 원자 사이에 삼중결합(C≡C)을 가진 사슬모양의 불포화 탄화수소이다.

㉡ 명명 : 탄소 수를 나타내는 말의 어미에 '−아인(−yne)'을 붙인다.

[사슬모양 탄화수소의 분류, 구조식, 국제명 및 관용명]

종 류	분류명	결합상태	분자식	구조식	국제명	관용명
포화 탄화수소	알케인	단일	CH_4	CH_4	메테인	
			C_2H_6	CH_3-CH_3	에테인	
			C_3H_8	$CH_3-CH_2-CH_3$	n-프로페인	
			C_4H_{10}	$CH_3-CH_2-CH_2-CH_3$	n-뷰테인	
			C_5H_{12}	$CH_3-CH_2-CH_2-CH_2-CH_3$	n-펜테인	
불포화 탄화수소	알켄	이중	C_2H_4	$CH_2=CH_2$	에 텐	에틸렌
			C_3H_6	$CH_2=CH-CH_3$	프로펜	프로필렌
			C_4H_8	$CH_2=CH-CH_2-CH_3$	뷰 텐	뷰틸렌
			C_5H_{10}	$CH_2=CH-CH_2-CH_2-CH_3$	펜 텐	펜틸렌
	알카인	삼중	C_2H_2	$CH\equiv CH$	에타인	아세틸렌
			C_3H_4	$CH\equiv C-CH_3$	프로파인	메틸아세틸렌(알릴렌)
			C_4H_6	$CH\equiv C-CH_2-CH_3$	뷰타인	
			C_5H_8	$CH\equiv C-CH_2-CH_2-CH_3$	펜타인	

⑤ 지방족 탄화수소 유도체

작용기	이 름	유도체 일반식	일반명	화합물의 예
—OH	하이드록실기	R－OH	알코올	CH_3OH(메틸알코올) C_2H_5OH(에틸알코올)
—O—	에터	R－O－R′	에터	CH_3OCH_3 (다이메틸에터) $C_2H_5OC_2H_5$ (다이에틸에터)
$-\overset{O}{\overset{\Vert}{C}}-H$	포르밀기	R－CHO	알데하이드	HCHO(폼알데하이드) CH_3CHO (아세트알데하이드)
$-\overset{O}{\overset{\Vert}{C}}-$	카보닐기	R－CO－R′	케 톤	CH_3COCH_3(아세톤) $CH_3COC_2H_5$ (에틸메틸케톤)
$-\overset{O}{\overset{\Vert}{C}}-O-H$	카복실기	R－COOH	카복실산	HCOOH(폼산) CH_3COOH(아세트산)
$-\overset{O}{\overset{\Vert}{C}}-O-$	에스터 결합	R－COO－R′	에스터	$HCOOCH_3$(폼산메틸) $CH_3COOC_2H_5$ (아세트산에틸)
$-NH_2$	아미노기	$R-NH_2$	아 민	CH_3NH_2(메틸아민) $CH_3CH_2NH_2$ (에틸아민)

㉠ 알코올(R－OH) : 제4류 위험물

- 알케인의 수소 원자가 하이드록시기(－OH)로 치환된 화합물이다.
- 명명 : 알케인의 이름 끝에 '－올'을 붙인다.
- 하이드록시기의 수에 따른 분류

분 류	구조식	시성식	국제명(관용명)	성질 및 용도
1가 알코올	H–C(H)(H)–C(H)(H)–OH	C_2H_5OH	에틸알코올(에탄올)	향기나는 액체, 술의 주성분, 의약품 제조 시 용매로 사용, 발효로 얻은 것을 주정이라 하여 사용
2가 알코올	H–C(H)(OH)–C(H)(OH)–H	$C_2H_4(OH)_2$	1, 2－에테인다이올(에틸렌글리콜)	점성이 있는 액체, 자동차의 부동액
3가 알코올	H–C(H)(OH)–C(H)(OH)–C(H)(OH)–H	$C_3H_5(OH)_3$	1, 2, 3－프로페인트라이올(글리세롤)	유지의 성분, 의약품이나 화장품 원료

- 알킬기의 수에 따른 분류

분 류	일반식	－OH가 붙어 있는 C에 결합된 R－의 수	구조식	이 름
1가 알코올	R–C(H)(H)–OH	1	CH_3-CH_2-C(H)(H)–OH	n－프로판올(n－프로필알코올)
2가 알코올	R–C(H)(R′)–OH	2	CH_3-C(H)(CH_3)–OH	iso－프로판올(iso－프로필알코올)
3가 알코올	R′–C(R)(R′)–OH	3	CH_3-C(CH_3)(CH_3)–OH	tert－뷰탄올(tert－뷰틸알코올)

- 알코올의 반응성
  - 알칼리금속과 반응

$$2C_2H_5OH+2Na^+ \rightarrow 2C_2H_5ONa+H_2\uparrow$$

  - 탈수 반응

$$\underset{\text{에틸알코올}}{C_2H_5OH} \xrightarrow{\text{황산}(160\sim170℃)} \underset{\text{에틸렌}}{CH_2=CH_2}+H_2O$$

$$\underset{\text{에틸알코올}}{C_2H_5OH} \xrightarrow{\text{황산}(130\sim140℃)} \underset{\text{다이에틸에터}}{C_2H_5-O-C_2H_5}+H_2O$$

  - 에스터화 반응

$$\underset{\text{아세트산}}{CH_3COOH}+\underset{\text{에틸알코올}}{C_2H_5OH} \xrightarrow{\text{진한 황산}} \underset{\text{아세트산에틸}}{CH_3COOC_2H_5}+\underset{\text{물}}{H_2O}$$

  - 산화반응
    - ⓐ 1차 알코올의 산화

$$\underset{\text{메틸알코올}}{CH_3OH} \rightarrow \underset{\text{폼알데하이드}}{HCHO} \rightarrow \underset{\text{폼산}}{HCOOH}$$

$$\underset{\text{에틸알코올}}{C_2H_5OH} \rightarrow \underset{\text{아세트알데하이드}}{CH_3CHO} \rightarrow \underset{\text{아세트산}}{CH_3COOH}$$

ⓑ 2차 알코올의 산화

$$CH_3-\underset{\underset{CH_3}{|}}{\overset{\overset{H}{|}}{C}}-OH \xrightarrow{\text{산 화}} CH_3-\overset{\overset{O}{\|}}{C}-CH_3$$

iso-프로판올 아세톤

㉡ 에터(R－O－R′)

• 알코올에서 하이드록시기의 수소원자가 다른 알킬기 R′로 치환된 화합물이다.

• 명명 : 2개의 알킬기를 알파벳 순서대로 명명하고 뒤에 '-에터'를 붙인다.

구 분	CH_3OCH_3	$CH_3OC_2H_5$	$CH_3CH_2OCH_2CH_3$
이 름	다이메틸에터	에틸메틸에터	다이에틸에터
구조식	H–C(H)(H)–O–C(H)(H)–H	H–C(H)(H)–O–C(H)(H)–C(H)(H)–H	H–C(H)(H)–C(H)(H)–O–C(H)(H)–C(H)(H)–H
끓는점	-24.8℃	7.4℃	34℃

• 다이에틸에터는 제4류 위험물(특수인화물)에 속한다.

㉢ 알데하이드(R－CHO)

• 사슬모양의 탄화수소의 수소원자가 포르밀기(－CHO)로 치환된 화합물이다.

• 명명 : 알케인의 어미(-e)를 '-알(-al)'로 바꾸어 부른다.

구 분	HCHO	CH_3CHO	CH_3CH_2CHO
국제명	메탄알	에탄알	프로판알
관용명	폼알데하이드	아세트알데하이드	프로피온알데하이드
구조식	H–C(=O)–H	H–C(H)(H)–C(=O)–H	H–C(H)(H)–C(H)(H)–C(=O)–H

• 아세트알데하이드는 제4류 위험물(특수인화물)에 속한다.

⑥ 방향족 탄화수소

㉠ 벤젠(C_6H_6) : 제4류 위험물(제1석유류)

• 원자들 사이의 결합이 단일결합과 이중결합의 공명구조로 평면 정육각형 구조이다.

• 독특한 냄새가 나는 휘발성과 인화성이 강한 액체로 발암성이 있다.

• 무극성 물질로 물에 녹지 않고 알코올, 에터, 아세톤 등에 잘 녹으며 여러 가지 탄소 화합물을 잘 용해하여 유기 용매로 널리 사용된다.

공명 공명

[벤젠의 공명 구조]

㉡ 여러 가지 방향족 탄화수소

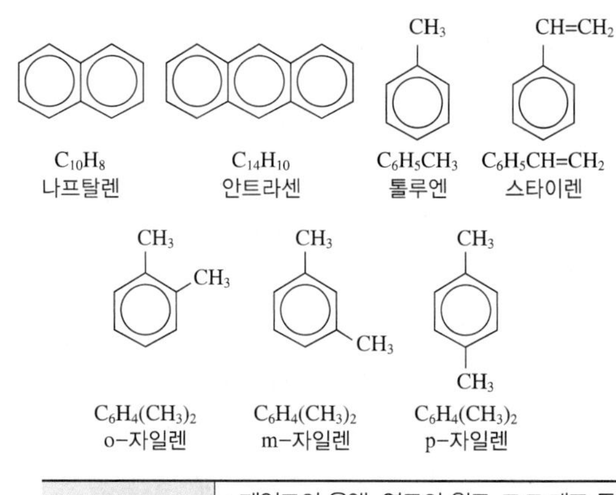

톨루엔 ($C_6H_5CH_3$)	• 페인트의 용액, 염료의 원료, TNT 제조 등에 널리 이용 • 제4류 위험물 제1석유류
자일렌 ($C_6H_4(CH_3)_2$)	• 치환기의 위치에 따라 세 가지 이성질체가 있음 • 옥테인값이 높아 가솔린에 배합하여 자동차 연료로 사용 • 제4류 위험물 제2석유류
나프탈렌 ($C_{10}H_8$)	• 벤젠 고리가 2개 붙은 형태의 방향족 탄화수소 • 흰색의 승화성 있는 고체로 방충제나 염료 등의 원료로 사용
안트라센 ($C_{14}H_{10}$)	• 벤젠 고리가 3개 붙은 형태의 방향족 탄화수소 • 승화성을 갖는 엷은 푸른색의 판상결정

㉢ 방향족 탄화수소 유도체

• 페놀(C_6H_5OH)

– 특유한 냄새가 나는 무색의 결정으로 피부를 상하게 하는 성질이 있다.

- 위험물은 아니나 특수가연물의 가연성 고체로 연소위험성, 저장 및 소화방법이 제4류 위험물과 유사하다.

※ 특수가연물 : 불연성 또는 난연성이 아닌 물질로 위험물보다 화재의 위험성은 낮지만 화재가 발생하면 높은 연소 열량으로 연소 확대가 빠르고 소화가 곤란하다.

• 살리실산($C_6H_4(OH)COOH$)
  - 벤젠의 수소 원자 2개가 하이드록시기(-OH)와 카복실기(-COOH)로 치환된 물질이다.
  - 살리실산과 아세트산이 에스터화 반응하면 해열제인 아세틸살리실산(아스피린)이 생성되고, 메틸알코올과 에스터화 반응하면 파스의 주성분인 살리실산메틸이 제조된다.
  - 살리실산메틸은 제4류 위험물의 제3석유류이다.

• 나이트로벤젠($C_6H_5NO_2$)
  - 벤젠 고리의 수소 원자 1개가 나이트로기($-NO_2$)로 치환된 화합물로 제4류 위험물의 제3석유류이다.

• 트라이나이트로톨루엔($C_6H_2(CH_3)(NO_2)_3$, TNT)
  - 톨루엔에 진한 질산과 황산을 작용시켜 만들며 노란색 결정으로 폭약으로 사용된다.
  - 제5류 위험물 중 나이트로화합물이다.

• 아닐린($C_6H_5NH_2$)
  - 특유한 냄새가 나는 무색의 액체로 물에 잘 녹지 않는 염기성 물질이다.
  - 나이트로벤젠을 환원시켜 제조하며 의약품, 노란색 염료의 제조 원료로 사용된다.
  - 제4류 위험물의 제3석유류이다.

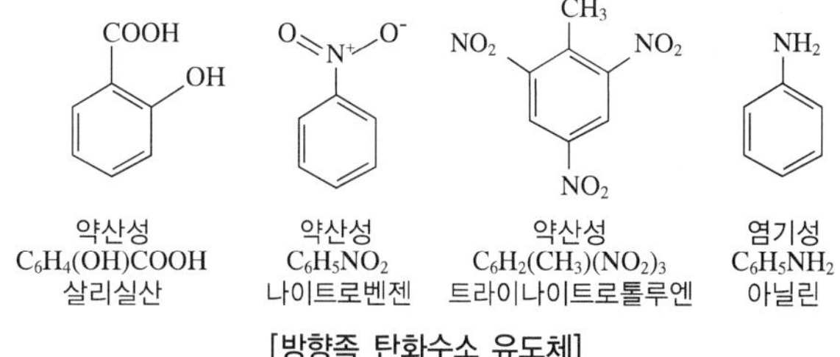

[방향족 탄화수소 유도체]

• 크레졸($C_6H_4(OH)CH_3$)
  - 벤젠 고리의 수소 원자 2개가 각각 하이드록시기(-OH)와 메틸기($-CH_3$)로 치환된 화합물이다.
  - 치환기의 위치에 따라 오쏘(o-), 메타(m-), 파라(p-)의 세 가지의 이성질체가 있다.
  - 메타크레졸은 제4류 위험물의 제3석유류이다.

OH, CH_3 — o-크레졸
OH, CH_3 — m-크레졸
OH, CH_3 — p-크레졸

[크레졸의 이성질체]

제2절 화재예방 및 소화방법

핵심이론 01 | 연소이론

① 연소의 개념

연소(Combustion)란 연료 중의 가연성 성분(탄소, 수소, 황)이 공기 중의 산소와 화합하여 산화되는 현상이다.

② 연소의 종류

㉠ 완전연소 : 산소가 충분한 상태에서 가연물이 완전히 산화되는 반응(이산화탄소 발생)이다.

> **완전연소의 조건**
> - 충분한 연료와 산소
> - 연소가 시작될 만큼 충분한 온도
> - 연소반응이 완결되기 위한 충분한 체류시간
> - 가연물과 산소의 충분한 혼합

㉡ 불완전연소 : 산소가 불충한 상태에서 가연물이 불완전하게 산화되는 반응으로 일산화탄소, 그을음, 알데하이드, 카본 등의 미연소물이 배출되는 현상이다.

㉢ 정상연소 : 충분한 공기가 공급될 때 이루어지는 연소이다. 연소상의 문제점이 발생되지 않고 연소장치·기기 및 기구의 열효율이 높다.

㉣ 비정상연소 : 공기의 공급이 불충분한 경우의 연소로 연소상의 문제점이 많이 발생하므로 연료의 취급·사용하는 연소장치·기기 및 기구의 안전관리에 주의가 요구된다.

③ 연소의 3요소

가연물(환원제), 점화원, 산소공급원(산화제)으로 이중 하나라도 빠지면 연소가 발생하지 않는다.

> **연소의 4요소**
> - 가연물(환원제)
> - 점화원
> - 산소공급원(산화제)
> - 연쇄반응

㉠ 가연물(환원제)

- 산화되기 쉬운 물질로 고체연료(연탄, 나무, 종이, 숯 등), 액체연료(석유, 휘발유, 알코올, 벙커C유 등), 기체연료(천연가스, 수소, 일산화탄소, LPG, LNG 등)가 있다.
- 연소반응성 : 고체 < 액체 < 기체

> **가연물의 구비조건**
> - 발열량이 커야 한다.
> - 열전도도가 작아야 한다.
> - 활성화에너지가 작아야 한다.
> - 연쇄반응을 수반해야 한다.
> - 산소와의 결합력이 커야 한다.

㉡ 점화원

- 점화원(열원, 착화원, 발화원) : 가연물질의 연소반응을 위해 공급되는 에너지이다.
- 종류 : 산화물, 자연발화, 충격 및 마찰, 단열압축, 나화, 고온표면, 정전기, 전기불꽃, 복사열 등이 있다.

㉢ 산소공급원(산화제)

대표적인 것은 공기로, 그 외 물질 자체 분자 내에 산소를 포함하는 산화제와 자기연소성 물질이 있다.

- 산화제 : 제1류 위험물, 제6류 위험물
- 자기연소성 물질 : 제5류 위험물(연소속도가 빠르고 폭발적인 연소현상을 일으킴)

10년간 자주 출제된 문제

1-1. 가연물이 되기 쉬운 조건이 아닌 것은?

① 산소가 친화력이 클 것
② 열전도율이 클 것
③ 발열량이 클 것
④ 활성화에너지가 작을 것

1-2. 다음과 같은 반응에서 5m^{3}의 탄산가스를 만들기 위해 필요한 탄산수소나트륨의 양은 약 몇 kg인가?(단, 표준상태이고 나트륨의 원자량은 23이다)

$$2NaHCO_3 \rightarrow Na_2CO_3 + CO_2 + H_2O$$

① 18.75　② 37.5
③ 56.25　④ 75

1-3. 산화제와 환원제를 연소의 4요소와 연관 지어 연결한 것으로 옳은 것은?

① 산화제-산소공급원, 환원제-가연물
② 산화제-가연물, 환원제-산소공급원
③ 산화제-연쇄반응, 환원제-점화원
④ 산화제-점화원, 환원제-가연물

1-4. 연소의 3요소인 산소의 공급원이 될 수 없는 것은?

① H_2O_2　② KNO_3
③ HNO_3　④ CO_2

|해설|

1-1
열전도율이 크면 자신은 열을 적게 가지므로 가연물의 조건에 부적합하다.

1-2
탄산수소나트륨의 분해에서 이산화탄소의 생성은 2 : 1 반응이므로 이상기체상태방정식을 통해 이산화탄소의 양(kg)을 구하고 2의 배수를 취한다.

$$W = \frac{PVM}{RT} \times 2 = \frac{1 \times 5 \times 84}{0.082 \times (0+273)} \times 2 = 37.52$$

더 알아보기!

표준상태
0℃, 1기압(atm), $NaHCO_3$ 분자량 : 84kg/kmol,
R : 0.082atm · m^3/kmol · K

1-3
산화제는 산소공급원, 환원제는 가연물을 의미한다.
연소의 4요소 : 가연물(환원제), 산소공급원(산화제), 점화원, 순조로운 연쇄반응

1-4
이산화탄소(CO_2)는 불연성 가스로 소화약제로 사용한다.
- 제1류 위험물(산화성 고체) : 질산칼륨(KNO_3)
- 제6류 위험물(산화성 액체) : 과산화수소(H_2O_2), 질산(HNO_3)

정답 1-1 ② 1-2 ② 1-3 ① 1-4 ④

핵심이론 02 연소의 형태

① 고체연소

㉠ 표면연소(직접연소, 무염연소)

- 고체가 연소할 때 불꽃 없이 표면만 타들어가는 현상이다.
- 숯, 목탄, 코크스, 금속(분, 박, 리본 포함) 등이 고체 표면에서 산소와 급격히 산화반응하여 연소하는 현상이다.
- 가열 시 열분해에 의해 증발되는 성분이 없이 물체 표면에서 산소와 직접 반응하여 연소하는 형태로 산화반응에 의해 열과 빛이 발생(휘발분도 없고 열분해반응도 없기 때문에 불꽃이 없음)한다.

㉡ 분해연소

- 목재, 석탄, 종이, 섬유, 플라스틱, 합성수지, 고무류 등이 열분해를 일으켜 나온 분해가스 등이 연소하는 형태이다.
- 고체연료가 가열되면서 열분해반응에 의해 액상의 휘발성 물질을 생성시키고 이 휘발성 물질이 연소된다.

㉢ 증발연소

- 고체 가연물이 점화에너지를 공급받아 발생한 가연성 증기와 공기의 혼합 상태에서 연소하는 형태로 불꽃이 없는 것이 특징이다.
- 황, 나프탈렌, 파라핀(양초), 왁스 등의 연소이다.
- 가연성 액체인 제4류 위험물은 대부분 증발연소한다.

㉣ 자기연소(내부연소)

- 산소공급원을 가진 물질 자체가 연소하는 것이다.
- 나이트로셀룰로스, TNT, 나이트로글리세린, 질산에스테르류 등의 제5류 위험물 등의 연소이다.
- 자체 내에 산소를 함유하여 외부로부터 산소공급이 없어도 연소가 진행되므로 빠른 속도로 연소되며, 폭발적인 연소를 보인다.

② 액체연소

㉠ 증발연소

- 액체 자체의 연소가 아니라 액체 표면에서 발생된 증기가 연소하는 것이다.
- 휘발유, 등유, 경유, 중유, 알코올 등의 가연성 액체의 연소에 있어서는 증발·기화된 액체연료의 증기가 공기와 혼합되면서 연소가 이루어지는 증발연소가 이루어진다.

㉡ 분무연소

- 액체연료를 미세하게 액적화(미립화)하여 표면적을 크게 하고 공기와의 혼합을 좋게 하여 연소하는 것이다.
- 휘발성이 낮고 점도가 높은 중질유 연소에 이용한다.

㉢ 분해연소

액체가 비휘발성인 경우 열분해하여 그 분해가스가 공기와 혼합한 상태에서 연소한다.

③ 기체연소

㉠ 확산연소(발염연소)

- 기체의 일반적 연소형태로 연소버너 주변에 가연성 가스를 확산시켜 산소와 접촉, 연소범위의 혼합가스를 생성하여 연소하는 현상이다.
- LPG가스와 산소, 수소가스와 산소, 아세틸렌가스와 산소의 연소이다.

㉡ 예혼합연소

- 연소시키기 전에 이미 연소 가능한 혼합가스를 만들어 연소시키는 것으로 혼합기로의 역화를 일으킬 위험성이 크다.
- 가솔린엔진의 연소이다.

㉢ 폭발연소

- 가연성 기체와 공기의 혼합가스가 밀폐용기 안에 있을 때 점화되면 연소가 폭발적으로 일어난다.
- 많은 양의 가연성 기체와 산소가 혼합되어 일시에 폭발적인 연소현상을 일으키는 비정상연소이다.
- 가장 큰 특징은 폭발을 수반한다는 것이다.

10년간 자주 출제된 문제

2-1. 액체연료의 연소형태가 아닌 것은?

① 확산연소
② 증발연소
③ 액면연소
④ 분무연소

2-2. 주된 연소형태가 증발연소인 것은?

① 나트륨
② 코크스
③ 양 초
④ 나이트로셀룰로스

2-3. 다음 중 수소, 아세틸렌과 같은 가연성 가스가 공기 중 누출되어 연소하는 형식에 가장 가까운 것은?

① 확산연소
② 증발연소
③ 분해연소
④ 표면연소

|해설|

2-1

연소의 형태

- 기체연소 : 확산연소, 예혼합연소, 폭발연소
- 액체연소 : 증발연소, 액면연소, 분무연소(액적연소)
- 고체연소 : 표면연소, 분해연소, 자기연소(내부연소), 증발연소

2-2, 2-3

- 확산연소 : 메테인, 프로페인(프로판), 수소, 아세틸렌 등의 가연성 가스가 확산하여 생성된 혼합가스가 연소하는 것(발염연소, 불꽃연소)
- 증발연소 : 황, 알코올, 나프탈렌, 파라핀(양초), 왁스 등이 열분해를 일으키지 않고 증발된 증기가 연소하는 현상(가연성 액체인 제4류 위험물은 대부분 증발연소를 함)
- 분해연소 : 목재, 석탄, 종이, 섬유, 플라스틱, 합성수지, 고무류 등이 열분해를 일으켜 나온 분해가스 등이 연소하는 형태
- 표면연소 : 목탄, 코크스, 금속(분, 박, 리본 포함) 등이 고체표면에서 산소와 급격히 산화 반응하여 연소하는 현상
- 자기연소 : 셀룰로이드, TNT, 나이트로글리세린, 질산에틸 등의 제5류 위험물 등이 자체 내에 산소를 함유하여, 열분해 시 가연성가스와 산소를 발생시켜 공기 중의 산소를 필요치 않고 연소하는 현상

정답 2-1 ① 2-2 ③ 2-3 ①

핵심이론 03 | 연소 용어

① 인화점

㉠ 불을 끌어당기는 온도라는 뜻으로 가연물에 불이 붙는 데 충분한 농도의 증기가 발생하는 최저온도이다.

㉡ 액체 가연물의 연소범위(폭발범위)의 하한계 농도를 증발시킬 수 있는 최저온도이다.

② 연소점

㉠ 한 번 발화된 후 외부 점화원을 제거하여도 연소반응이 계속되기 시작하는 최저온도이다.

㉡ 인화점보다 약 5~10℃ 높다.

③ 발화점(발화온도, 착화점, 착화온도)

㉠ 외부 점화원 없이 자체 보유열만으로 가연물이 스스로 연소하기 시작하는 최저온도이다.

㉡ 발화점이 낮아지는 조건

- 압력이 클수록
- 발열량이 클수록
- 화학적 활성이 클수록
- 산소와 친화력이 좋을수록

10년간 자주 출제된 문제

물질의 발화온도가 낮아지는 경우는?

① 발열량이 작을 때
② 산소의 농도가 작을 때
③ 화학적 활성도가 클 때
④ 산소와 친화력이 작을 때

|해설|

발화점(착화점)이 낮아지는 조건

- 압력이 클수록
- 발열량이 클수록
- 화학적 활성이 클수록
- 산소와 친화력이 좋을수록
- 열전도율이 낮을수록
- 습도가 낮을수록

정답 ③

핵심이론 04 | 열의 특성

① 현열(Sensible Heat)

물질의 상의 변화는 없고 온도의 변화만 있을 때 필요한 열량이다. 분자 운동에너지의 증감으로도 나타낸다.

② 잠열(Latent Heat)

물질의 상의 변화는 있고 온도의 변화가 없을 경우 필요한 열량이다.

㉠ 증발잠열 : 액상과 기상 간의 상변화로 물질이 흡수하거나 방출하는 열의 양

㉡ 용융잠열 : 고상과 액상 간의 상변화에 따르는 열의 양

③ 비열(Specific Heat)

1g(kg)의 물체를 1℃만큼 상승시키는 데 필요한 열량 또는 1lb의 물체를 1°F만큼 상승시키는 데 필요한 열량(BTU)이다. 물 이외의 모든 물질은 대체로 비열이 1보다 작다.

10년간 자주 출제된 문제

20℃의 물 100kg이 100℃ 수증기로 증발하면 몇 kcal의 열량을 흡수할 수 있는가?(단, 물의 증발잠열은 540cal/g이다)

① 540
② 7,800
③ 62,000
④ 108,000

|해설|

$Q = mC\Delta t + \gamma m$

여기서, m : 질량, C : 비열, Δt : 온도차, γ : 잠열

총열량 $Q = (100 \times 1 \times 80) + (540 \times 100) = 62{,}000\text{kcal}$

정답 ①

핵심이론 05 | 소화이론

① 소화의 정의

물질이 연소할 때 연소의 3요소(가연물, 산소공급원, 점화원) 중 일부 또는 전부를 제거하여 연소가 계속될 수 없도록 하는 것이다.

② 소화방법

소화방법	구 분	
물리적 소화	질식소화	산소공급원을 차단
	냉각소화	발화점 이하로 온도를 냉각
	제거소화	가연물 제거
화학적 소화	억제소화	연쇄반응차단

㉠ 질식소화 : 산소공급원을 차단한다.

- 소화약제 : CO_2, 포(Foam), 분말, 마른모래, 불활성기체 등
- 개 념
  - 밖으로부터 공급되는 산소를 차단하여 소화하는 방법으로, 위험물 화재 시 가장 적당하다.
  - 공기 중 약 21%의 산소농도를 15% 이하로 낮추면 연소속도, 열발생속도 등이 비례적으로 감소하여 연소가 계속되지 못한다.
- 질식소화의 방법
  - 포말소화기 : 적응화재 A, B급

    ⓐ 화학포소화기 : 모두 전도식으로 약제가 모두 같아 화학반응식이 같다(전도 : 거꾸로 뒤집는 것).

    ⓑ 기계포소화기 : 축압식, 가스가압식

    ⓒ 알코올포소화기 : 알코올 등 수용성인 가연물의 화재에 사용되는 내알코올성 소화기

– 분말소화기 : 적응화재 B, C급 및 A, B, C급

소화약제	화학반응식
탄산수소나트륨 (중탄산나트륨 · 중조)	$2NaHCO_3$ $\rightarrow Na_2CO_3 + CO_2 + H_2O$
탄산수소칼륨 (중탄산칼륨)	$2KHCO_3$ $\rightarrow K_2CO_3 + CO_2 + H_2O$
인산이수소암모늄 (제1인산암모늄)	$NH_4H_2PO_4$ $\rightarrow HPO_3 + NH_3 + H_2O$
탄산수소칼륨 + 요소	$2KHCO_3 + (NH_2)_2CO$ $\rightarrow K_2CO_3 + 2NH_3 + 2CO_2$

– 탄산가스소화기(이산화탄소소화기) : 적응화재 B, C급

– 간이소화제

ⓐ 가격이 비싼 소화기와 대체할 수 있는 가격이 싸고 간단한 소화제이다.

ⓑ 마른모래, 팽창질석, 팽창진주암, 수증기, 중조톱밥 등이 있다.

ⓛ 냉각에 의한 소화 : 발화점 이하로 온도를 냉각한다.

- 소화약제 : 물, 분말, 강화액소화기, 할로젠화합물, 사염화탄소, CO_2 등
- 개 요
  - 타고 있는 물체에 물을 뿌려서 소화하는 가장 일반적인 소화방법이다.
  - 연소 중인 가연물의 온도를 떨어뜨려 연소반응을 정지시키는 소화의 방법이다.
- 냉각소화의 방법

– 물소화기 : 적응화재 A급

장 점	단 점
• 냉각, 질식효과가 매우 큼 • 수소와 산소의 결합으로 인체에 무해 • 변질의 우려가 없고 장기간 보관 가능 • 비압축성유체로 쉽게 펌핑 및 이송 가능 • 구하기 쉽고 가격이 저렴	• 영하에서는 동파, 응고 우려 • 금수성, C급 화재에서는 적응성이 떨어짐 • 물의 낭비가 심함

– 강화액 소화기 : 적응화재 A, B, C급, 물에 탄산칼륨(K_2CO_3)을 강화하여 어는점을 −30~−25℃까지 낮춰 한랭지 또는 겨울철에도 사용이 가능하도록 한 소화기이다.

– 산·알칼리 소화기 : 적응화재 A급

> **반응식**
>
> $2NaHCO_3 + H_2SO_4 \rightarrow Na_2SO_4 + 2CO_2 + 2H_2O$
>
> 탄산수소나트륨 황산 황산나트륨 탄산가스 물

ⓒ 제거소화 : 가연물을 제거한다.

- 개념 : 가연성 물질을 연소부분으로부터 제거함으로서 불의 확산을 저지하거나 가연성 액체의 농도를 희석시켜 연소를 저지시키는 것이다.
- 소화방법의 예
  - 양초화재 : 양초의 가연물(화염)을 불어서 날려 보냄
  - 유류화재 : 유류탱크 화재 시 질소폭탄으로 폭풍을 일으켜 증기를 날려 보냄
  - 가스화재 : 가스가 분출되지 않도록 밸브를 잠금(가연성 가스공급 중지)
  - 산림화재 : 불의 진행방향을 앞질러가서 벌목하여 진화(고체 가연물질 제거)

ⓓ 억제소화 : 연쇄반응을 차단한다(부촉매효과).

- 개념 : 연속적 관계의 차단에 의한 소화로서 연소물의 산화반응을 할로젠 원소의 부촉매 작용으로 차단하는 소화방법이다. 전기화재 및 유류화재에 적응성이 있다.
- 할론소화약제
  - Halon(할론)번호 부여방법 : C-F-Cl-Br의 순서대로 개수를 표시한다. 위치가 바뀌어도 C-F-Cl-Br 순서대로 명명한다.

    예 할론 1301 : CF_3Br
  - 소화효과 : 104 < 1011 < 2402 < 1211 < 1301

10년간 자주 출제된 문제

5-1. 공기 중의 산소농도를 한계산소량 이하로 낮추어 연소를 중지시키는 소화방법은?

① 냉각소화　　② 제거소화
③ 억제소화　　④ 질식소화

5-2. Halon 1001의 화학식에서 수소 원자의 수는?

① 0　　② 1
③ 2　　④ 3

5-3. 다음 중 강화액 소화약제의 주된 소화원리에 해당하는 것은?

① 냉각소화　　② 절연소화
③ 제거소화　　④ 발포소화

|해설|

5-1

소화방법

- 제거소화법 : 가연물의 제거
- 질식소화법 : 산소공급원 차단
- 냉각소화법 : 인화점의 냉각
- 억제소화법 : 연쇄반응을 차단

5-2

할론넘버는 C-F-Cl-Br 순의 개수를 말한다. 탄소원자에는 4개의 할로젠 원소들이 채워져야 하지만 Br만(C 1개, F 0개, Cl 0개, Br 1개) 있으므로 나머지는 수소로 채워져서 CH_3Br이 된다.

5-3

강화액의 주성분은 탄산칼륨(K_2CO_3)으로 물에 용해시켜 사용하며, 냉각소화의 원리에 해당된다.

- 점성을 갖게 된다.
- 알칼리성(pH 12)으로 응고점이 낮아 잘 얼지 않는다.
- 물보다 1.4배 무겁고, 한랭지역에 많이 쓰인다.

정답 5-1 ④　5-2 ④　5-3 ①

핵심이론 06 폭발의 종류 및 특성

① 폭발의 정의

정상연소에 비해 연소속도와 화염전파속도가 매우 빠른 비정상연소로 충격파의 전파속도에 따라 폭연과 폭굉으로 구분한다.

② 폭연과 폭굉

㉠ 차이점

구 분	폭 연	폭 굉
폭발 전달기구	열분자 확산이나 난류 확산에 의존하는 반응	• 충격파에 의한 에너지반응 • 반응성 라디칼에 의한 반응
전파속도	0.1~10m/s	1,000~3,500m/s
압 력	초기압력의 8배 이하	초기압력의 20배 이상(충격파 형성)
발생 가능성	대부분의 폭발 형태	• 수소, 아세틸렌 등 반응성이 큰 연료에서 발생 가능 • 중간 정도의 반응성 연료라도 고밀도 장애물과 밀폐율을 가진 가스 상태와 배관 내에서는 발생 가능

㉡ 폭굉 유도거리(DID) : 완만한 연소가 격렬한 폭굉으로 발전할 때의 거리로 짧을수록 위험하다.

폭굉 유도거리가 짧아지는 경우

- 정상 연소속도가 큰 혼합가스일수록
- 관 속에 장애물이 있거나 관지름이 작을수록
- 고압일수록
- 점화원의 에너지가 강할수록

③ 폭발의 종류

㉠ 공정에 의한 분류

- 핵폭발 : 원자핵의 분열 또는 융합에 동반하여 일어나는 강력한 에너지의 방출현상이다.
- 물리적 폭발 : 고압 생성의 전체 과정이 화학물질의 고유성질에 변화가 없이 일어나며, 단지 물리적 변화에 의해서만 일어나는 것이다. 고압용기의 파열, 탱크의 감압파열, 폭발적 증발 등이다.
- 화학적폭발 : 화학반응의 결과로 가스생성물이 반응에 의해 생성되거나 반응열에 의해 반응에 관여되지 않은 물질이 증발되거나 이미 존재하는 가스가 반응열에 의해 고온이 될 때 일어나는

폭발이다. 산화폭발, 분해폭발, 중합폭발, 물리・화학적 폭발 등이 있다.

- 산화폭발 : 가연성 고체 및 액체에서 증발된 가스 중 가연성 가스가 산소공급원과 혼합되어 점화원의 존재하에 심하게 연소하는 일종의 산화반응이다.
- 분해폭발 : 아세틸렌(C_2H_2), 산화에틸렌, 제5류 위험물 등의 물질은 온도와 압력의 영향을 받아 분해되며, 이때 발생하는 열과 압력에 의해서 폭발하는 것이다.
- 중합폭발 : 사이안화수소(HCN), 산화에틸렌 등의 물질이 중합반응을 일으킬 때 발생하는 중합열에 의해서 일어나는 폭발이다.

㉡ 원인물질의 상태에 의한 분류

• 기상폭발 : 가스폭발(혼합가스폭발), 분무폭발, 분진폭발, 분해폭발 등이 있다.

- 가스폭발 : 가연성 가스가 공기와 일정비율로 혼합되어 있을 때 점화원에 의해 착화되며 가스폭발을 일으킨다.
- 분무폭발 : 가연성 액체가 공기 중에 분출되어 미세한 액적이 되어 공기 중에 부유하고, 착화에너지가 있을 때 발생한다.
- 분진폭발 : 가연성 고체(금속, 플라스틱, 농산물, 석탄)의 미세한 분출이 일정 농도 이상 공기 중에 분산되어 있을 때 점화원에 의하여 연소 폭발되는 현상이다.

• 응상폭발 : 수증기폭발, 증기폭발 등이 있다.

④ 분진폭발

㉠ 분진폭발이 전파되기 위한 조건

• 분진이 가연성이어야 한다.
• 분진이 적당한 공기로 수송할 수 있어야 한다.
• 분진이 화염을 전파할 수 있는 분진크기 분포를 가져야 한다.
• 분진농도가 폭발범위 이내이어야 한다.
• 화염전파를 개시하는 충분한 에너지의 점화원이 존재하여야 한다.
• 충분한 산소가 연소를 지원하고 유지되도록 존재해야 한다.

㉡ 분진폭발의 위험이 많은 것 : 농산 가공품(소맥분, 전분, 사료분 등), 무기약품(황, 탄소 등), 유기화학약품, 섬유류(목분, 종이분 등), 플라스틱 분말, 산화반응열이 큰 금속분말(알루미늄, 마그네슘 등)

㉢ 분진폭발의 위험이 없는 것 : 시멘트가루, 석회분말, 가성소다 등

10년간 자주 출제된 문제

6-1. 폭발 시 연소파의 전파속도 범위에 가장 가까운 것은?

① 0.1~10m/s ② 100~1,000m/s
③ 2,000~3,500m/s ④ 5,000~10,000m/s

6-2. 폭굉유도거리(DID)가 짧아지는 경우는?

① 정상 연소속도가 작은 혼합가스일수록 짧아진다.
② 압력이 높을수록 짧아진다.
③ 관지름이 넓을수록 짧아진다.
④ 점화원 에너지가 약할수록 짧아진다.

6-3. 다음 중 분진폭발의 원인물질로 작용할 위험성이 가장 낮은 것은?

① 마그네슘 분말 ② 밀가루
③ 담배 분말 ④ 시멘트가루

|해설|

6-1

연소파의 전파속도 범위는 0.1~10m/s, 폭굉의 전파속도는 1,000~3,500m/s이다.

6-2

폭굉이 빠르게 발생한다는 의미이다.

폭굉유도거리가 짧아지는 경우

• 압력이 높을수록
• 정상 연소속도가 큰 혼합가스일수록
• 관 속에 방해물이 있거나 관지름이 좁을수록
• 점화원 에너지가 강할수록

6-3

분진폭발 위험이 없는 것 : 시멘트가루, 석회분말, 가성소다

정답 6-1 ① 6-2 ② 6-3 ④

핵심이론 07 화재의 분류 및 특성

[화재의 등급과 종류]

구 분	종 류	소화기 표시
일반화재	A급	백 색
유류화재	B급	황 색
전기화재	C급	청 색
금속화재	D급	무 색

① A급 화재

종이, 나무 등과 같이 타고 나서 재가 남는 일반화재이다.

㉠ 소화대책 : 물을 이용한 냉각소화 또는 분말소화약제를 사용한다.

㉡ 특징 : 가연물질이 폭넓게 존재하므로 화재발생 건수가 많다.

② B급 화재

타고 나서 재가 남지 않는 유류(휘발유, 경유, 알코올 등) 및 가스화재이다.

㉠ 소화대책 : 공기를 차단시켜 질식소화한다. 포소화약제를 이용하거나 할로젠화합물, 이산화탄소, 분말소화약제 등을 사용한다.

㉡ 특징 : 연소열이 크고 연소성이 좋기 때문에 일반화재보다 위험하다.

③ C급 화재

전기설비에서 일어나는 전기화재이다.

㉠ 소화대책 : 이산화탄소, 할로젠화합물, 분말소화약제 등을 사용한다.

㉡ 특징 : 최근 화재의 상당부분을 차지하고, 증가추세이다.

④ D급 화재

금속물질에 의한 화재이다.

㉠ 마그네슘, 리튬, 나트륨과 같은 가연성 금속의 화재이다.

㉡ 주수소화 시 물과 반응하여 가연성 가스를 발생하는 경우가 있다.

㉢ 소화대책 : 팽창질석, 팽창진주암, 마른모래 등을 사용(물과 반응하여 폭발성 가스인 수소를 생성하므로 물에 의한 냉각소화는 금지)한다.

10년간 자주 출제된 문제

7-1. 금속화재를 옳게 설명한 것은?

① C급 화재이고, 표시색상은 청색이다.
② C급 화재이고, 별도의 표시색상은 없다.
③ D급 화재이고, 표시색상은 청색이다.
④ D급 화재이고, 별도의 표시색상은 없다.

7-2. 어떤 소화기에 "ABC"라고 표시되어 있다. 다음 중 사용할 수 없는 화재는?

① 금속화재
② 유류화재
③ 전기화재
④ 일반화재

|해설|

7-1

화재의 등급과 종류

구 분	종 류	소화기 표시
일반화재	A급	백 색
유류화재	B급	황 색
전기화재	C급	청 색
금속화재	D급	무 색

7-2

ABC소화기는 금속화재에 쓸 수 없다.

소화기 화재등급

- 일반화재 : A급 화재(백색)
- 유류화재 : B급 화재(황색)
- 전기화재 : C급 화재(청색)
- 금속화재 : D급 화재(무색)

정답 7-1 ④ 7-2 ①

핵심이론 08 | 유류화재 시 나타나는 현상

① 플래시오버(Flash Over)

㉠ 실내 화재에서 열복사에 노출된 표면이 발화온도에 도달하여 화재가 빠르게 공간 전체로 확산되는 단계이다.

㉡ 실내 화재 시 고온의 가스가 천장으로 올라가서 복사열로 인해 가연성 물질이 발화온도까지 가열되면서 거의 동시에 점화되어 나타난다.

㉢ 플래시오버 발생시점 : 최성기 직전(성장기에서 최성기로 넘어가는 분기점)

㉣ 플래시오버를 촉진시키는 조건

- 열전도율이 작은 내장재를 사용
- 가연재를 사용하고 개구부를 크게 설치
- 두께가 얇은 내장재료를 사용
- 벽보다 천장재가 크게 영향을 받음

② 보일오버(Boil Over)

㉠ 고온층(Hot Zone)이 형성된 유류화재의 탱크 밑면에 물이 고여 있는 경우, 화재의 진행에 따라 바닥의 물이 급격히 증발하여 불붙은 기름을 분출시키는 위험현상이다.

㉡ 연소 중인 탱크로부터 원유(또는 기타 특정 액체)의 작은 입자들이 연소되면서 방출하는 열기가 수분과 접촉하게 될 경우, 탱크 내용물 가운데 일부가 거품의 형태로 격렬하게 방출되는 현상이다.

10년간 자주 출제된 문제

8-1. 플래시오버(Flash Over)에 관한 설명이 아닌 것은?

① 실내화재에서 발생하는 현상
② 순간적인 연소확대 현상
③ 발생시점은 초기에서 성장기로 넘어가는 분기점
④ 화재로 인하여 온도가 급격히 상승하여 화재가 순간적으로 실내 전체에 확산되어 연소되는 현상

8-2. 플래시오버(Flash Over)에 대한 설명으로 옳은 것은?

① 대부분 화재 초기(발화기)에 발생한다.
② 대부분 화재 종기(쇠퇴기)에 발생한다.
③ 내장재의 종류와 개구부의 크기에 영향을 받는다.
④ 산소의 공급이 주요 요인이 되어 발생한다.

|해설|

8-1, 8-2

플래시오버(Flash Over)

- 화재 시 성장기에서 최성기로 넘어갈 때 실내온도가 급격히 상승하여 화염이 실내 전체로 급격히 확대되는 연소 현상이다.
- 축적된 가연성 가스가 착화하면 실내 전체가 화염에 휩싸인다.
- 물체의 표면 또는 전체의 온도가 발화온도에 이르면 전면에 걸쳐 거의 동시에 타오르는 화재의 단계를 말한다.
- 내장재의 종류와 개구부의 크기에 따라 영향을 받는다.

정답 8-1 ③ 8-2 ③

제3절 소화약제 및 소화기

핵심이론 01 소화약제

① 정 의

연소 중인 물질을 냉각시키거나 산소의 공급을 차단 또는 화학적으로 연소를 억제함으로써 화재를 진화하는 물질이다.

② 소화약제의 필요조건

㉠ 소화능력이 뛰어날 것

㉡ 독성이 없어 인체에 무해할 것

㉢ 환경에 대한 오염성이 적을 것

㉣ 저장이 용이할 것

㉤ 가격이 저렴하고 경제적일 것

③ 분 류

구분	종류
물계 소화약제	물
	포소화약제
가스계 소화약제	이산화탄소소화약제
	할로젠화합물소화약제
	분말소화약제

④ 소화약제의 특성 비교

구 분	물계 소화약제		가스계 소화약제		
	물	포	이산화탄소	할로젠 화합물	분 말
주된 소화효과	냉 각	질식, 냉각	질 식	부촉매	부촉매, 질식
소화속도	느 림	느 림	빠 름	빠 름	빠 름
냉각효과	큼	큼	작 음	작 음	극히 작음
재발화 위험성	적 음	적 음	있 음	있 음	있 음
대응하는 화재규모	중형–대형	중형–대형	소형–중형	소형–중형	소형–중형
사용 후의 오염 정도	큼	매우 큼	전혀 없음	극히 작음	작 음
적응화재	A급	A, B급	B, C급	B, C급	A, B, C급

10년간 자주 출제된 문제

다음 중 할로젠화합물소화약제의 주된 소화효과는?

① 부촉매효과 ② 희석효과
③ 파괴효과 ④ 냉각효과

|해설|

할로젠화합물은 부촉매효과(억제작용)를 이용한 소화방법이다.

정답 ①

핵심이론 02 포(거품)소화약제

① 물에 의한 소화방법으로 효과가 적거나 화재가 확대될 우려가 있는 인화성 또는 가연성 액체의 위험물 화재 시 사용하는 설비이다.

② 물과 포소화약제를 일정한 비율로 혼합한 수용액을 공기로 발포시켜 형성된 미세한 기포가 연소생성물을 차단하는 질식효과와 포에 함유된 수분에 의한 냉각효과를 이용한다.

③ 포소화설비의 구분

㉠ 기계포 : 질식, 냉각, 유화, 희석작용

- 포수용액과 공기를 교반 혼합하여 발포한다.
- 단백포, 수성막포, 합성계면활성제포, 플루오린화단백포 등이 있다.

분 류	단백포	수성막포	합성계면활성제포	플루오린화단백포
주성분	동식물 단백질 가수분해 물질 + 제1철염	안정제 + 플루오린계 계면 활성제	안정제 + 계면 활성제	단백포 + 플루오린계 계면 활성제
부 패	○	×	×	×
내열성	○	×	○	○

㉡ 화학포 : 질식, 냉각작용

- 산성액과 알칼리성액의 두 액체의 화학반응에 의해 발생되는 탄산가스를 핵으로 한다.
- 황산알루미늄과 탄산수소나트륨(중조, 사포닌, 중탄산나트륨, $NaHCO_3$)이 혼합되면 화학적으로 포핵이 이산화탄소인 포가 생성되는 현상을 이용한다.
- 유류화재에 대해서 액면을 포로 덮어서 내화성이 강한 층을 형성하기 때문에 우수한 소화 효과를 나타낸다.

$6NaHCO_3 + Al_2(SO_4)_3 \cdot 18H_2O$

$\rightarrow 6CO_2 + 2Al(OH)_3 + 3Na_2SO_4 + 18H_2O$

④ 포소화약제의 조건

㉠ 안정성이 좋을 것

㉡ 내유성과 유동성이 좋을 것

㉢ 소포성이 적을 것

㉣ 유류와의 점착성이 좋고 유류의 표면에 잘 분산될 것

㉤ 독성이 없어 인체에 무해할 것

⑤ 포소화약제의 적응 화재

㉠ 제1류 위험물(알칼리금속 제외), 제2류 위험물(금속분 제외), 제3류 위험물(금수성 제외), 제4류 위험물, 제5류 위험물을 다루는 시설

㉡ 특수가연물을 저장 취급하는 장소

㉢ 주로 기름을 사용하는 장소(자동차 정비공장, 차고 등)

10년간 자주 출제된 문제

2-1. 수성막포소화약제에 사용되는 계면활성제는?

① 염화단백포 계면활성제
② 산소계 계면활성제
③ 황산계 계면활성제
④ 플루오린계 계면활성제

2-2. 포소화약제에 의한 소화방법으로 다음 중 가장 주된 소화효과는?

① 희석소화 ② 질식소화
③ 제거소화 ④ 자기소화

|해설|

2-1

소화약제에 따라 사용되는 계면활성제

- 수성막포소화약제 : 플루오린계
- 합성계면활성제포소화약제 : 탄화수소계
- 단백포소화약제 : 단백질의 가수분해물, 단백질의 가수분해물+플루오린계

2-2

포소화약제는 주된 효과는 질식소화이다.

포소화설비의 구분

- 기계포 : 인공적으로 포(포핵은 공기)를 생성하도록 발포기를 이용하며 단백형 포소화약제, 합성계면활성제 포소화약제, 수성막포소화약제, 특수포(알코올형) 포소화약제가 있음
- 화학포 : 황산알루미늄과 탄산수소나트륨(중조, 사포닌, 중탄산나트륨, $NaHCO_3$)이 혼합되면 화학적으로 포핵이 이산화탄소인 포가 생성되는 현상을 이용한 것

정답 2-1 ④ 2-2 ②

핵심이론 03 이산화탄소소화약제

① 특 징

㉠ 주된 소화효과는 질식효과이며 약간의 냉각효과가 있어 보통 유류화재(B급 화재), 전기화재(C급 화재)에 사용한다. 밀폐상태에서 방출 시 일반화재(A급 화재)에도 사용 가능하다.

㉡ 탄산가스에 의한 소화는 가연물을 둘러싸고 있는 공기 중의 21%의 산소를 15% 이하로 낮추는 질식소화를 한다.

㉢ 불연성 가스(이산화탄소, 질소, 아르곤, 네온, 수증기 등) 중 값이 가장 싸다.

② 장단점

장 점	단 점
• 증발잠열이 커서 증발 시 많은 열량 흡수 • 가스 상태로 분사되므로 침투·확산이 유리 • 진화 후 소화약제에 의한 오손이 없음 • 전기절연성이 있음	• 불연성 가스에 의한 질식 위험 • 기화열에 의한 냉각작용으로 동상 우려 • 대표적 온실가스로 지구온난화 유발물질

10년간 자주 출제된 문제

이산화탄소소화약제에 관한 설명 중 틀린 것은?

① 소화약제에 의한 오손이 없다.
② 소화약제 중 증발잠열이 가장 크다.
③ 전기 절연성이 있다.
④ 장기간 저장이 가능하다.

|해설|

소화약제 중 물의 증발잠열(539kcal/kg)이 이산화탄소의 증발잠열(56.13kcal/kg)보다 크다.

정답 ②

핵심이론 04 | 할론소화약제

① 특 징

㉠ 메테인(CH_4), 에테인(C_2H_6) 등의 수소 일부 또는 전부가 플루오린(F), 염소(Cl), 브로민(Br), 아이오딘(I) 등의 할로젠 원소로 치환된 화합물로 할론이다.

㉡ 연쇄반응을 억제하여 소화하는 부촉매효과를 이용한 것이다(화학적 소화).

㉢ 유류화재(B급), 전기화재(C급)에 많이 사용된다.

㉣ 소화능력 : I > Br > Cl > F의 순서

② 장단점

장 점	단 점
• 약제의 변질 및 분해가 거의 없음 • 소화능력이 우수(부촉매효과) • 소화 후 잔존물이 없어 소화대상물을 오염·손상시키지 않음 • 가스 상태로 분사되므로 침투·확산이 유리	• 오존층 파괴의 원인물 • CO_2에 비해 고가임 • 약제 생산 및 사용이 제한되어 안정적인 수습이 불가능

③ 명명법

㉠ 앞에 할론을 붙인다.

㉡ C – F – Cl – Br의 순서대로 개수를 표시(위치가 바뀌어도 C – F – Cl – Br 순서대로 명명)한다.

㉢ 맨 끝의 숫자가 0으로 끝나면 0을 생략할 수 있다.

명 칭	할론 1102	할론 1211	할론 1301	할론 2402	할론 2422
화학식	$CFBr_2$	CF_2ClBr	CF_3Br	$C_2F_4Br_2$	$C_2F_4Cl_2Br_2$

④ 할론소화약제 종류

㉠ 할론 1301

- 소화효과가 가장 크고 독성이 가장 적다.
- 상온·상압에서 기체로 존재하며 무색·무취의 비전도성으로 공기보다 무겁다.

㉡ 할론 1211

- 상온·상압에서 기체로 존재하며 무색·무취의 비전도성으로 공기보다 무겁다.
- 화재가 발생할 우려가 있는 물체에 직접 분사하여 소화와 냉각효과를 동시에 거두려고 할 때에 사용한다.
- 할론 1301보다 독성이 높아 밀폐된 공간에서는 사용이 제한된다.

㉢ 할론 2402

- 상온·상압에서 액체로 존재하며 주로 국소방출 방식을 사용한다.
- 독성이 있어 주로 사람이 없는 옥외시설물에 국한하여 사용한다.

10년간 자주 출제된 문제

4-1. Halon 1211에 해당하는 물질의 분자식은?

① CBr_2FCl ② CF_2ClBr
③ CCl_2FBr ④ FC_2BrCl

4-2. Halon 1001의 화학식에서 수소 원자의 수는?

① 0 ② 1
③ 2 ④ 3

|해설|

4-1

할론넘버는 C-F-Cl-Br 순의 개수를 말한다. C 1개, F 2개, Cl 1개, Br 1개이므로 CF_2ClBr가 된다.

- 소화효과 : 104 < 1011 < 2402 < 1211 < 1301
- 할론소화약제는 메테인(CH_4)에서 파생된 물질로 할론 1301(CF_3Br), 할론 1211(CF_2ClBr), 할론 2402($C_2F_4Br_2$)가 있다.
- 현재 할론소화약제는 몬트리올 의정서(독성문제와 오존층 파괴)에 의해 산업통상자원부에서 생산 및 수입이 금지된 상태이다. 현재 남아 있는 할론소화약제는 회수 및 대체물질 사용이 권고되고 있다.

4-2

할론넘버는 C-F-Cl-Br 순의 개수를 말한다. 탄소원자에는 4개의 할로젠 원소들이 채워져야 하지만 Br만(C 1개, F 0개, Cl 0개, Br 1개) 있으므로 나머지는 수소로 채워져서 CH_3Br이 된다.

정답 4-1 ② 4-2 ④

핵심이론 05 | 분말소화약제

① 특 징

㉠ 소화에 사용할 수 있는 물질을 미세한 분자로 만들어 유동성을 높인 후 이를 가스압(주로 N_2 또는 CO_2의 압력)으로 분출시켜 소화시키는 약제이다.

㉡ 부촉매, 질식, 냉각작용, 방사열 차단에 의해 유류화재(B급), 전기화재(C급)에 효과적이며, 일반화재(A급)에도 효과가 있다.

㉢ 분말종류에 따라 제1종에서 제4종까지 분류할 수 있다.

② 분말소화약제의 종류

구 분	제1종 분말	제2종 분말	제3종 분말	제4종 분말
주성분	탄산수소 나트륨 (중탄산 나트륨)	탄산수소 칼륨 (중탄산칼륨)	인산이수소 암모늄(제1 인산암모늄, 인산암모늄)	탄산수소 칼륨+요소
분자식	$NaHCO_3$	$KHCO_3$	$NH_4H_2PO_4$	$KHCO_3 + (NH_2)_2CO$
착 색	백 색	보라색	담홍색·황색	회 색
충전비	0.8	1.0	1.0	1.25
적응 화재	B, C, F급	B, C급	A, B, C급 (다목적용)	B, C급
효 과	질식, 냉각, 부촉매효과	질식, 냉각, 부촉매효과	일반화재에 적합	질식, 냉각, 부촉매효과

※ F급 화재 : 식용유화재

③ 금속화재용 분말소화약제

㉠ 금속화재는 가연성 금속(Na, Mg, K, Li 등)이 연소하는 것으로 연소온도가 매우 높고 소화하기 어려운 화재이다. 또한 물로 소화 시 금속과 급격히 반응을 일으켜 위험하다.

㉡ 금속 표면을 덮어 산소의 공급을 차단하거나 온도를 낮추어 소화한다.

㉢ G-1, Met-X, Na-X, Lith-X 등이 있다.

10년간 자주 출제된 문제

5-1. 제1종 분말소화약제의 주성분으로 사용되는 것은?

① $KHCO_3$
② H_2PO_4
③ $NaHCO_3$
④ $NH_4H_2PO_4$

5-2. 철분, 금속분, 마그네슘의 화재에 적응성이 있는 소화약제는?

① 탄산수소염류 분말
② 할로젠화합물
③ 물
④ 이산화탄소

|해설|

5-1

분말소화약제

종 별	주성분
제1종 분말	탄산수소나트륨($NaHCO_3$)
제2종 분말	탄산수소칼륨($KHCO_3$)
제3종 분말	인산이수소암모늄($NH_4H_2PO_4$)
제4종 분말	탄산수소칼륨과 요소의 혼합물[$KHCO_3 + (NH_2)_2CO$]

5-2

제2류 위험물(가연성 고체) 중 철분, 금속분, 마그네슘의 화재에는 탄산수소염류 분말 및 마른모래, 팽창질석 또는 팽창진주암을 사용한다.

더 알아보기!

금속분을 제외하고 주수에 의한 냉각소화를 한다.

정답 5-1 ③ 5-2 ①

핵심이론 06 할로젠화합물 및 불활성기체소화약제

① 할로젠화합물 또는 불활성기체로 화재진화 후 잔사가 남지 않으며 전기적으로 비전도성인 소화약제이다.

㉠ 할로젠화합물 소화약제 : F, Cl, Br, I 중 하나 이상의 원소를 기본성분으로 한다. 냉각, 부촉매 효과로 소화한다.

㉡ 불활성기체소화약제 : He, Ne, Ar, N_2 중 하나 이상의 원소를 기본성분으로 한다. 질식, 냉각효과로 소화한다.

② 할로젠화합물소화약제

소화약제	상품명	화학식
FC-3-1-10	PFC-410	C_4F_{10}
HCFC-124	FE-241	C_2HF_4Cl
HFC-125	FE-25	C_2HF_5
HFC-23	FE-13	CHF_3
FIC-13I1	-	CF_3I

③ 불활성기체소화약제

소화약제	상품명	화학식
IG-01	Argon	Ar
IG-100	Nitrogen	N_2
IG-541	Inergen	N_2 52% + Ar 40% + CO_2 8%
IG-55	Argonite	N_2 50% + Ar 50%

10년간 자주 출제된 문제

6-1. 불활성기체소화약제의 기본 성분이 아닌 것은?

① 헬 륨
② 질 소
③ 플루오린
④ 아르곤

6-2. 질소와 아르곤과 이산화탄소의 용량비가 52 : 40 : 8인 혼합물 소화약제에 해당하는 것은?

① IG-541
② HCFC BLEND A
③ HFC-125
④ HFC-23

|해설|

6-1

불활성기체소화약제(할로젠화합물 및 불활성기체소화약제 소화설비의 화재안전기술기준)

- 헬륨(He)
- 네온(Ne)
- 아르곤(Ar)
- 질소(N)

6-2

불활성기체의 종류별 구성 성분

- IG-100 : 질소
- IG-55 : 질소 50%, 아르곤 50%
- IG-541 : 질소 52%, 아르곤 40%, 이산화탄소 8%

정답 6-1 ③ 6-2 ①

핵심이론 07 간이소화제

① 마른모래(A, B, C, D급 화재 유효)

㉠ 반드시 건조되어 있을 것

㉡ 가연물이 함유되어 있지 않을 것

㉢ 포대 또는 드럼 안에 저장할 것

㉣ 부속기구로 양동이, 삽 등을 상비할 것

② 팽창질석, 팽창진주암

질석을 고온처리(약 1,000~1,400℃)하여 10~15배 팽창시킨 비중이 아주 작은 것으로 발화점이 낮은 알킬알루미늄류 화재에 적합하다.

③ 소화탄

소화액을 유리용기에 봉입한 것으로 소화액은 탄산수소나트륨($NaHCO_3$), 탄산암모니아[$(NH_4)_2CO_3$] 또는 증발성액이 이용되며 투척용 소화제이다.

④ 중조톱밥

중조에 톱밥을 혼합한 것으로 인화성 액체의 화재에 적합하다. 포소화기(포말소화기)가 발명되기 전 응급조치용으로 많이 사용한다.

⑤ 수증기

질식소화 효과를 크게 기대하기 힘드나 보조적인 역할을 한다.

10년간 자주 출제된 문제

다음 중 알칼리금속의 과산화물 저장창고에 화재가 발생하였을 때 가장 적합한 소화약제는?

① 마른모래
② 물
③ 이산화탄소
④ 할론 1211

|해설|

알칼리금속 과산화물의 화재 시 마른모래, 팽창진주암, 팽창질석, 탄산수소염류 분말소화약제만 적응성을 가진다.

정답 ①

핵심이론 08 소화기

① 소화기의 분류

분류방법	종 류
분사방식	가압식, 축압식, 자기방출방식, 자기반응식
약제의 형태	포말소화기, 분말소화기, 할론소화기, 이산화탄소소화기 등

② 가압식 소화기와 축압식 소화기

㉠ 가압식 : 소화기에 별도의 압축가스 봄베를 장착한 형태로 보통 분말소화기에 사용한다.

㉡ 축압식 : 가압식과 달리 약제와 질소 같은 고압가스가 같이 충전된 형태로 압력게이지가 달려 있다.

③ 분말소화기

㉠ 축압식 : 용기에 분말소화약제(인산염류)를 채우고 방출 압력원으로 질소가스가 충전되어 있는 방식이다.

㉡ 가스가압식 : 탄산가스로 충전된 방출 압력원의 봄베가 용기 내부 또는 외부에 설치되어 있는 방식으로, 소화약제는 나트륨(Na), 칼륨(K)을 사용한다.

㉢ 적응화재 : 제1・2종 분말소화기는 B, C급 화재에만 적용되는 데 비해 제3종 분말은 열분해해서 부착성이 좋은 메타인산(HPO_3)을 생성하므로, A, B, C급 화재에 적용된다.

장 점	단 점
• 화재 진화력이 뛰어남 • 사용이 간편하고 가격이 쌈 • 거의 모든 화재에 적용 가능	• 관리를 해야 하는 번거로움이 있음 • 습도와 온도를 잘 맞추어야 오래 사용할 수 있음 • 사용 후 약제 가루가 남아 청소를 해야 함

④ 이산화탄소소화기

㉠ 유류화재(B급), 전기화재(C급)에 사용하며, 일반화재(A급)에는 사용이 불가하다.

㉡ 사용 후 잔여물이 남지 않는다.

㉢ 충전 시 이산화탄소만 충전하므로 재충전비가 적게 든다.

㉣ 화재진압 능력이 뛰어나다(줄-톰슨효과에 의하여 드라이아이스를 방출하는 소화기로 질식 및 냉각효과가 있다).

ⓜ 무게가 무거워 운반하는 데 어려움이 있다.

ⓑ 사용장소 : 전산장비, 통신기기, 보일러실, 주유소 등

ⓢ 금속화재에 사용 시 연소 확대의 우려가 있다.

$2Mg + CO_2 \rightarrow 2MgO + C$

⑤ 할론소화기

㉠ 분말소화기와 함께 가장 많이 사용된다.

㉡ 일반화재(A급), 유류화재(B급), 전기화재(C급)에 적용된다.

㉢ 화재진화력이 뛰어나고 사용이 편리하다.

㉣ 사용 후 소화대상물에 손실과 파손이 없고 잔여물이 남지 않는다.

㉤ 가격이 비싸다.

⑥ 강화액소화기

㉠ 한랭지역 및 겨울철에도 얼지 않도록 물에 탄산칼륨(K_2CO_3)을 첨가하였으며 액성은 강한 알칼리성(pH 12)이다.

㉡ 일반화재(A급), 유류화재(B급)에 적용한다.

㉢ 촉매효과에 의한 화재의 제어작용이 크며 재연을 저지하는 작용(부촉매소화)을 한다.

㉣ 탄산염류와 같은 알칼리금속염류 등을 주성분으로 한 액체를 압축공기 또는 질소가스를 축압하여 만들어진다.

㉤ 액체로 되어 있어 굳을 일이 없고 장기 보관이 가능하다.

㉥ 할론보다 소화능력이 떨어진다.

⑦ 포소화기(포말소화기)

㉠ 종류 및 소화원리

- 종류 : 전도식과 파괴식으로 나뉘는데 대부분이 전도식이다.
- 소화원리 : 연소 시 산소를 포에 의해 차단, 수증기에 의한 질식소화, 포 자체에 함유된 수분에 의한 냉각과 수증기가 기화할 때 잠열에 의한 냉각소화작용을 한다.

㉡ 소화약제

- 내약제(내통액) : 황산알루미늄[$Al_2(SO_4)_3$]
- 외약제(외통액) : 탄산수소나트륨($NaHCO_3$)

㉢ 포말의 조건

- 비중이 작고(기름보다 가벼울 것) 화재면에 부착성이 좋을 것
- 바람에 견디는 응집성과 안정성이 있을 것
- 열에 대해 센 막을 가지며 유동성이 적당할 것

10년간 자주 출제된 문제

8-1. 화재 시 이산화탄소를 방출하여 산소의 농도를 13vol%로 낮추어 소화를 하려면 공기 중의 이산화탄소는 몇 vol%가 되어야 하는가?

① 28.1　② 38.1
③ 42.86　④ 48.36

8-2. 다음 중 강화액 소화약제의 주된 소화원리에 해당하는 것은?

① 냉각소화　② 절연소화
③ 제거소화　④ 발포소화

8-3. 다음 중 탄산칼륨을 물에 용해시킨 강화액 소화약제의 pH에 가장 가까운 값은?

① 1　② 4
③ 7　④ 12

|해설|

8-1

공기 중 21%의 공간을 차지하는 산소 농도를 13vol%로 낮추려면 이산화탄소가 8vol%를 차지해야 한다.

$$\frac{\text{이산화탄소}}{\text{이산화탄소 + 산소}} \times 100 = \frac{8}{8+13} \times 100 = 38.1\text{vol\%}$$

8-2

강화액의 주성분은 탄산칼륨(K_2CO_3)으로 물에 용해시켜 사용하며, 냉각소화의 원리에 해당된다.

강화액 소화기

- 점성을 갖게 된다.
- 알칼리성(pH 12)으로 응고점이 낮아 잘 얼지 않는다.
- 물보다 1.4배 무겁고, 한랭지역에 많이 쓰인다.

8-3

알칼리성(pH 12)으로 응고점이 낮아 잘 얼지 않는다.

정답 8-1 ② 8-2 ① 8-3 ④

제4절 소방시설의 설치 및 운영

핵심이론 01 소화설비의 종류 및 특성

① 소방설비

가연성 물질의 예방, 관리의 초기 방재활동에서부터 화재의 조기발견, 확인, 초기소화작업, 피난, 본격적인 소화활동에 이르는 모든 방화 및 소화설비를 뜻한다.

② 소방시설의 종류(소방시설 설치 및 안전관리에 관한 법률 시행령 별표 1)

구 분	소방시설의 종류
소화설비	• 소화기구 • 자동소화장치 • 옥내소화전설비 • 스프링클러설비 등 • 물분무 등 소화설비 • 옥외소화전설비
경보설비	• 단독경보형 감지기 • 비상경보설비 • 자동화재탐지설비 • 시각경보기 • 화재알림설비 • 비상방송설비 • 자동화재속보설비 • 통합감시시설 • 누전경보기 • 가스누설경보기
피난구조설비	• 피난기구 • 인명구조기구 • 유도등 • 비상조명등 및 휴대용비상조명등
소화용수설비	• 상수도소화용수설비 • 소화수조 · 저수조, 그 밖의 소화용수설비
소화활동설비	• 제연설비 • 연결송수관설비 • 연결살수설비 • 비상콘센트설비 • 무선통신보조설비 • 연소방지설비

③ 소화기구

㉠ 소화기 : 소화약제를 압력에 따라 방사하는 기구로서 사람이 수동으로 조작하여 소화하는 다음의 것을 말한다.

- 소형소화기 : 능력단위가 1단위 이상이고 대형소화기의 능력단위 미만인 소화기를 말한다.
- 대형소화기 : 화재 시 사람이 운반할 수 있도록 운반대와 바퀴가 설치되어 있고 능력단위가 A급 10단위 이상, B급 20단위 이상인 소화기를 말한다.

㉡ 간이소화용구 : 에어로졸식 소화용구, 투척용 소화용구, 소공간용 소화용구 및 소화약제 외의 것을 이용한 간이소화용구를 말한다.

㉢ 자동확산소화기 : 화재를 감지하여 자동으로 소화약제를 방출 확산시켜 국소적으로 소화하는 소화기를 말한다.

> **이산화탄소 또는 할로젠화합물을 방출하는 소화기구(자동확산소화장치를 제외)의 설치 금지 장소(소화기구 및 자동소화장치의 화재안전기술기준)**
> - 지하층
> - 무창층
> - 밀폐된 거실로서 바닥면적 $20m^2$ 미만인 곳

④ 자동소화장치

⑤ 옥내소화전설비(위험물제조소 등 전용)

㉠ 화재 초기에 소방대상물의 거주자가 소화전에 비치되어 있는 호스 및 노즐을 이용하여 소화작업을 하는 설비이다.

㉡ 구조 : 수원, 가압송수장치, 배관, 개폐밸브, 호스 및 노즐

방수량	260L/min 이상
비상전원	45분 이상 작동할 것
방수압력	350kPa 이상
바닥으로부터 방수구까지 높이	1.5m 이하
표시등	적 색

⑥ 옥외소화전설비(위험물제조소 등 전용)

㉠ 화재 시 소방대상물의 방재요원 또는 소방대가 옥외의 지상에 설치되어 있는 소화전의 호스 및 노즐을 이용하여 소화작업을 하는 설비이다.

㉡ 구조 : 수원, 가압송수장치, 배관, 개폐밸브, 옥외소화전 및 옥외소화전함

방수량	450L/min 이상
비상전원	45분 이상 작동할 것
방수압력	350kPa 이상
방수구 구경	650mm
소화전과 소화전함과의 거리	5m 이내

⑦ 스프링클러설비(위험물제조소 등 전용)

㉠ 천장이나 벽에 부착되어 있는 스프링클러헤드의 금속이 화재 발생 시의 열에 의해 녹아 가압되어 있던 물이 헤드로부터 발화점 전체에 뿌려지는 설비이다.

㉡ 소화작용 : 질식작용, 냉각작용, 희석작용

㉢ 구성 : 수원, 펌프, 배관, 밸브, 헤드(개방형, 폐쇄형), 사이렌, 기동장치 등

㉣ 장단점

장 점	단 점
• 초기화재에 적합 • 소화약제가 물이므로 경제적임 • 감지부가 기계적이므로 오보 및 오작동이 적음 • 조작이 쉽고 안전함 • 자동적으로 화재감지 및 소화하므로 사람이 없을 때에도 효과적임 • 화재 진화 후 복구가 용이	• 초기 설비비용이 많이 듦 • 타 설비보다 시공이 복잡함 • 물로 인한 2차 피해가 심함

㉤ 종류 : 폐쇄형과 개방형으로 분류

• 폐쇄형 : 배관 내를 항상 만수 가압해 두는 습식방식과 배관 내에 압축공기를 채워 두고 스프링클러 헤드의 감지에 의해 배관 내의 공기를 배제한 후 소화용수를 공급하는 건식방식이 있다. 일반적 스프링클러설비는 폐쇄형이다.

• 개방형 : 방수구가 항시 개방되어 있는 일제 살수식 설비이다.

방사구역(개방형)		150m^2 이상
수원의 수량	폐쇄형	30(헤드의 설치개수가 30 미만인 방호대상물인 경우에는 해당 설치개수)
	개방형	스프링클러헤드가 가장 많이 설치된 방사구역의 스프링클러헤드 설치개수에 2.4m^3를 곱한 양 이상
방수량		80L/min 이상
방사압력		100kPa 이상
비상전원		45분 이상 작동할 수 있을 것

⑧ 물분무소화설비(위험물제조소 등 전용)

㉠ 물분무 헤드를 통하여 물을 안개와 같은 입자로 방사하여 화재가 더 이상 확산되지 않도록 할 목적으로 설계된 설비이다.

㉡ 화재 시 직선류 또는 나선류의 물을 충돌·확산시켜 미립 상태로 분무한다.

㉢ 물을 분무 상태로 분사하므로 질식 및 유화소화 효과가 있다.

㉣ 적응장소 : 특수가연물, 차고 및 주차장, 변압기, 전기시설 등

㉤ 구성 : 수원, 배관, 밸브, 기동장치, 헤드 등

비상전원	45분 이상 작동할 것
방수압력	350kPa 이상
바닥으로부터 제어밸브 또는 개방밸브까지의 높이	0.8m 이상 1.5m 이하

㉥ 포소화설비

• 포소화설비는 물에 의한 소화방법으로는 효과가 작거나 화재가 확대될 위험성이 있는 가연성 액체 등의 화재에 사용하는 설비이다.

• 물과 포소화약제가 일정한 비율로 혼합된 수용액이 공기에 의하여 발포시켜 형성된 미세한 기포의 집합체가 연소물의 표면을 차단함으로써 질식소화하며 또한 포에 함유된 수분에 의한 냉각소화 효과도 있다.

• 구성 : 수원, 가압송수장치(펌프), 포방출구, 포원액저장탱크, 혼합장치, 배관 및 화재감지장치 등

㉦ 가스소화설비(할론, 할로젠화합물 및 불활성기체 소화약제설비)

• 적응성 있는 가스상태의 소화약제를 실내에 방출함으로서 화재를 진화하는 소화설비이다.

• 주된 소화효과
  - 불활성기체소화설비 : 질식소화, 냉각소화
  - 할로젠화합물소화설비 : 억제소화(부촉매소화)

• 구성 : 저장용기, 기동용기, 선택밸브, 기동장치, 방출표시등, 사이렌, 감지기 등

• 설치방식 : 전역방출방식, 국소방출방식, 호스릴방식

ⓞ 분말소화설비

• 분말약제탱크에 저장된 분말약제를 가압가스용기의 질소가스의 압력으로 밀어내어 배관을 통하여 그 말단에 분사헤드 또는 호스릴로 방호대상물에 방사하여 소화하는 설비이다.

• 장단점

장 점	단 점
• 질식소화효과 • 부촉매효과 • 절연성이 우수하여 전기화재에 효과적 • 소화약제의 수명이 반영구적이어서 경제적 • 가연성 액체의 표면화재 소화에 탁월한 효과가 있음	• 피연소물에 피해를 줌 • 방출할 때 고압을 필요로 함

• 분말소화약제 저장용기의 충전비

소화약제의 종별	충전비
제1종 분말($NaHCO_3$)	0.8
제2종 분말($KHCO_3$)	1.0
제3종 분말(인산염류 · $NH_4H_2PO_4$)	
제4종 분말[$KHCO_3+(NH_2)_2CO$]	1.25

10년간 자주 출제된 문제

1-1. 스프링클러설비의 장점이 아닌 것은?

① 화재의 초기 진압에 효율적이다.
② 사용 약제를 쉽게 구할 수 있다.
③ 자동으로 화재를 감지하고 소화할 수 있다.
④ 다른 소화 설비보다 구조가 간단하고 시설비가 적다.

1-2. 다음 중 스프링클러설비의 소화작용으로 가장 거리가 먼 것은?

① 질식작용 ② 희석작용
③ 냉각작용 ④ 억제작용

|해설|

1-1

다른 소화 설비보다 구조가 복잡하고 시설비가 많이 든다.

1-2

억제작용은 할로젠화합물 소화약제의 주된 소화방법이다.

정답 1-1 ④ 1-2 ④

핵심이론 02 소화설비의 설치기준(위험물안전관리법 시행규칙 별표 17)

① 소화설비의 설치기준

옥내소화전	제조소 등의 건축물의 층마다 해당 층의 각 부분에서 하나의 호스접속구까지의 수평거리가 25m 이하가 되도록 설치할 것
옥외소화전	방호대상물의 각 부분에서 하나의 호스접속구까지의 수평거리가 40m 이하가 되도록 설치할 것
스프링클러설비	스프링클러헤드는 방호대상물의 천장 또는 건축물의 최상부 부근에 설치하되, 방호대상물의 각 부분에서 하나의 스프링클러헤드까지의 수평거리가 1.7m(살수밀도의 기준을 충족하는 경우에는 2.6m) 이하가 되도록 설치할 것
물분무, 포, 불활성가스, 할로젠화합물, 분말소화설비	방호대상물의 모든 표면을 유효하게 소화할 수 있도록 설치할 것
대형수동식 소화기	방호대상물의 각 부분으로부터 하나의 대형수동식 소화기까지의 보행거리가 30m 이하가 되도록 설치할 것. 다만, 옥내소화전설비, 옥외소화전설비, 스프링클러설비 또는 물분무 등 소화설비와 함께 설치하는 경우에는 그러하지 아니하다.
소형수동식 소화기 등	소형수동식소화기 또는 그 밖의 소화설비는 지하탱크저장소, 간이탱크저장소, 이동탱크저장소, 주유취급소 또는 판매취급소에서는 유효하게 소화할 수 있는 위치에 설치하여야 하며, 그 밖의 제조소 등에서는 방호대상물의 각 부분으로부터 하나의 소형수동식소화기까지의 보행거리가 20m 이하가 되도록 설치할 것. 다만, 옥내소화전설비, 옥외소화전설비, 스프링클러설비, 물분무 등 소화설비 또는 대형수동식소화기와 함께 설치하는 경우에는 그러하지 아니하다.

② 소화기구의 소화약제별 적응성(소화기구 및 자동소화장치의 화재안전기술기준)

소화약제 / 구분 / 적응대상	가스			분말		액체				기타			
	이산화탄소소화약제	할론소화약제	할로젠화합물 및 불활성기체소화약제	인산염류소화약제	중탄산염류소화약제	산알칼리소화약제	강화액소화약제	포소화약제	물·침윤소화약제	고체에어로졸화합물	마른모래	팽창질석·팽창진주암	그 밖의 것
일반화재 (A급 화재)	–	○	○	○	–	○	○	○	○	○	○	○	–
유류화재 (B급 화재)	○	○	○	○	○	○	○	○	○	○	○	○	–
전기화재 (C급 화재)	○	○	○	○	○	*	*	*	*	○	–	–	–
주방화재 (K급 화재)	–	–	–	–	*	–	*	*	*	–	–	–	*

[비고]
"*"의 소화약제별 적응성은 소방시설 설치 및 관리에 관한 법률 제37조에 의한 형식승인 및 제품검사의 기술기준에 따라 화재 종류별 적응성에 적합한 것으로 인정되는 경우에 한한다.

③ 주요 소화설비

㉠ 제4류 위험물을 저장 또는 취급하는 소화난이도등급 I 인 옥외탱크저장소 또는 옥내탱크저장소에는 소형수동식소화기 등을 2개 이상 설치하여야 한다.

㉡ 소화난이도등급 II 인 옥외탱크저장소와 옥내탱크저장소는 대형수동식소화기 및 소형수동식소화기 등을 각각 1개 이상 설치할 것

㉢ 소화난이도등급III인 지하탱크저장소는 능력단위의 수치가 3 이상인 소형수동식소화기 등을 2개 이상 설치할 것

㉣ 제조소 등에 전기설비(전기배선, 조명기구 등은 제외한다)가 설치된 경우에는 해당 장소의 면적 $100m^2$마다 소형수동식소화기를 1개 이상 설치할 것

㉤ 주유취급소의 구분

소화난이도 등급 I	주유취급소의 직원 외의 자가 출입하는 주유취급소의 업무를 행하기 위한 사무소, 자동차 등의 점검 및 간이정비를 위한 작업장, 주유취급소에 출입하는 사람을 대상으로 한 점포·휴게음식점 또는 전시장의 용도에 제공하는 부분의 면적의 합이 $500m^2$를 초과하는 주유취급소
소화난이도 등급II	옥내주유취급소로서 소화난이도등급 I 의 제조소 등에 해당하지 아니하는 것
소화난이도 등급III	옥내주유취급소 외의 것으로서 소화난이도등급 I 의 제조소 등에 해당하지 아니하는 것

10년간 자주 출제된 문제

위험물안전관리법령에서 정한 소화설비의 설치기준에 따라 다음 (　)에 알맞은 숫자를 차례대로 나타낸 것은?

> 제조소 등에 전기설비(전기배선, 조명기구 등은 제외한다)가 설치된 경우에는 해당 장소의 면적 (　)m^2마다 소형수동식소화기를 (　)개 이상 설치할 것

① 50, 1
② 50, 2
③ 100, 1
④ 100, 2

|해설|

제조소 등에 전기설비(전기배선, 조명기구 등은 제외한다)가 설치된 경우에는 해당 장소의 면적 $100m^2$마다 소형수동식소화기를 1개 이상 설치하여야 한다.

정답 ③

CHAPTER 02 위험물의 화학적 성질 및 취급

제1절 제1류 위험물

핵심이론 01 산화성 고체

① 정 의

고체[액체(1기압 및 20℃에서 액상인 것 또는 20℃ 초과 40℃ 이하에서 액상인 것을 말한다) 또는 기체(1기압 및 20℃에서 기상인 것을 말한다) 외의 것을 말한다]로서 산화력의 잠재적인 위험성 또는 충격에 대한 민감성을 판단하기 위하여 소방청장이 정하여 고시하는 시험에서 고시로 정하는 성질과 상태를 나타내는 것을 말한다. 이 경우 "액상"이라 함은 수직으로 된 시험관(안지름 30mm, 높이 120mm의 원통형 유리관을 말한다)에 시료를 55mm까지 채운 다음 해당 시험관을 수평으로 하였을 때 시료액면의 선단이 30mm를 이동하는데 걸리는 시간이 90초 이내에 있는 것을 말한다.

② 공통 성질

㉠ 비중이 1보다 큰 무색 또는 백색의 결정이며 수용성인 것이 많다.

㉡ 자기 불연성 및 조해성(주위 수분을 흡수하여 녹는 성질)이 있다.

㉢ 물에 잘 녹고 발열현상을 일으키며, 산소를 발생하여 남의 연소를 돕는다(조연성). 단, 질산암모늄(NH_4NO_3)은 물에 용해 시 흡열반응을 나타낸다.

㉣ 제6류 위험물(산화성 액체) 특성과 거의 같으나 제6류 위험물보다 위험한 산소공급원이다.

㉤ 가열, 마찰, 충격 및 다른 화학물질과 접촉 시 쉽게 분해된다.

㉥ 알칼리금속의 과산화물은 물과 접촉 시 산소를 발생한다.

<table>
<tr><th>유 별</th><th>성 질</th><th colspan="2">품 명</th><th>지정수량</th><th>위험등급</th><th>표 시</th></tr>
<tr><td rowspan="18">제1류</td><td rowspan="18">산화성 고체</td><td colspan="2">1. 아염소산염류</td><td rowspan="4">50kg</td><td rowspan="4">I</td><td rowspan="18">• 알칼리금속의 과산화물 또는 이를 함유한 것
- 화기・충격주의
- 물기엄금
- 가연물 접촉주의
• 그 밖의 것
- 화기・충격주의
- 가연물 접촉주의</td></tr>
<tr><td colspan="2">2. 염소산염류</td></tr>
<tr><td colspan="2">3. 과염소산염류</td></tr>
<tr><td colspan="2">4. 무기과산화물</td></tr>
<tr><td colspan="2">5. 브로민산염류</td><td rowspan="3">300kg</td><td rowspan="3">II</td></tr>
<tr><td colspan="2">6. 질산염류</td></tr>
<tr><td colspan="2">7. 아이오딘산염류</td></tr>
<tr><td colspan="2">8. 과망가니즈산염류</td><td rowspan="2">1,000kg</td><td rowspan="2">III</td></tr>
<tr><td colspan="2">9. 다이크로뮴산염류</td></tr>
<tr><td rowspan="8">10. 그 밖에 행정안전부령으로 정하는 것</td><td>① 과아이오딘산염류</td><td colspan="2" rowspan="9">50kg(위험등급 I),
300kg(위험등급 II)
또는 1,000kg(위험등급 III)</td></tr>
<tr><td>② 과아이오딘산</td></tr>
<tr><td>③ 크로뮴, 납 또는 아이오딘의 산화물</td></tr>
<tr><td>④ 아질산염류</td></tr>
<tr><td>⑤ 차아염소산염류</td></tr>
<tr><td>⑥ 염소화아이소시아누르산</td></tr>
<tr><td>⑦ 퍼옥소이황산염류</td></tr>
<tr><td>⑧ 퍼옥소붕산염류</td></tr>
<tr><td colspan="2">11. 제1호 내지 제10호에 해당하는 어느 하나 이상을 함유한 것</td></tr>
</table>

③ 저장 및 취급방법

㉠ 조해성이 있으므로 습기에 주의한다.

㉡ 용기는 밀폐하여 환기가 좋은 찬 곳에 저장한다.

㉢ 다른 약품류 및 가연물과의 접촉을 피한다.

㉣ 가열, 마찰, 충격을 금한다.

㉤ 산화되기 쉬우므로 산 또는 화재위험이 있는 곳으로부터 멀리 한다.

④ 소화방법

㉠ 다량의 물을 방사하여 냉각소화한다.

㉡ 무기(알칼리금속)과산화물은 금수성 물질(물과의 접촉을 금하는 물질)로 물에 의한 소화는 절대 금지하고 마른모래로 소화한다.

㉢ 자체적으로 산소를 함유하고 있어 질식소화는 효과가 없고, 물을 대량 사용하는 냉각소화가 효과적이다.

10년간 자주 출제된 문제

1-1. 제1류 위험물의 일반적인 성질에 해당하지 않는 것은?

① 고체 상태이다.
② 분해하여 산소를 발생한다.
③ 가연성 물질이다.
④ 산화제이다.

1-2. 다음 위험물 품명 중 지정수량이 나머지 셋과 다른 것은?

① 염소산염류 ② 질산염류
③ 무기과산화물 ④ 과염소산염류

|해설|

1-1

제1류 위험물(산화성 고체)은 불연성 물질로 산소를 많이 함유하여 가연성 물질의 연소를 돕는다.

1-2

제1류 위험물(산화성 고체)

질산염류의 지정수량은 300kg이고, 나머지는 50kg의 지정수량을 갖는다.

※ 핵심이론 01 ① 정의 참고

정답 1-1 ③ 1-2 ②

핵심이론 02 | 제1류 위험물의 이해

제6류 위험물(산화성 액체)의 'H' 대신 'K, Na, NH_4' 즉, 1족 알칼리금속(리튬, 나트륨, 칼륨) 또는 무기화합물(NH_4)로 치환한 물질을 말한다.

① 제6류 위험물인 과염소산에서 파생되는 제1류 위험물 염소산($HClO_3$)의 Cl 대신 17족 할로젠 원소인 Br, I로 치환된 $HBrO_3$(브로민산)과 HIO_3(아이오딘산)의 'H' 대신 'K, Na, NH_4'로 치환된 브로민산염류 및 아이오딘산염류도 제1류 위험물이다.

제6류 위험물 및 기타 산화물		제1류 위험물
제6류 위험물	과염소산($HClO_4$)	과염소산염류 ($KClO_4$, $NaClO_4$, NH_4ClO_4)
기타 산화물	염소산($HClO_3$)	염소산염류 ($KClO_3$, $NaClO_3$, NH_4ClO_3)
	브로민산($HBrO_3$)	브로민산염류 ($KBrO_3$, $NaBrO_3$)
	아이오딘산(HIO_3)	아이오딘산염류 (KIO_3, $Ca(IO_3)_2 \cdot 6H_2O$)
	아염소산($HClO_2$)	아염소산염류 ($KClO_2$, $NaClO_2$)

[주기율표와 성질]

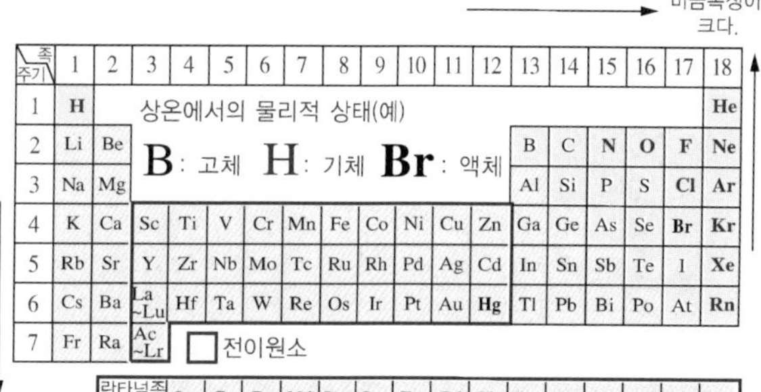

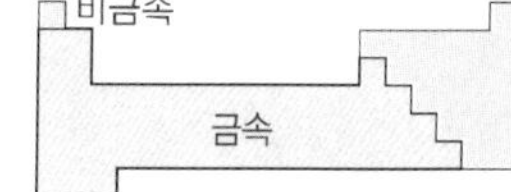

· 1족 : 알칼리금속
· 2족 : 알칼리토금속
· 3족~12족 : 전이금속
· 17족 : 할로겐원소
· 18족 : 비활성기체

② 제6류 위험물인 과산화수소에서 파생되는 제1류 위험물

제6류 위험물	제1류 위험물
과산화수소(H_2O_2)	무기과산화물(K_2O_2, Na_2O_2, BaO_2)

③ 제6류 위험물인 질산에서 파생되는 제1류 위험물

제6류 위험물	제1류 위험물
질산(HNO_3)	질산염류(KNO_3, $NaNO_3$, NH_4NO_3)

④ 기 타

㉠ 무수크로뮴산(CrO_3, 250℃ 분해) : 물과 반응 시 발열이 크고 산소 발생(물기엄금)

㉡ 과망가니즈산염류

㉢ 다이크로뮴산염류

핵심이론 03 아염소산염류(50kg/위험등급 I)

① 아염소산칼륨($KClO_2$)

㉠ 조해성이 있고 무색의 결정성 분말이다.

㉡ 가열, 충격에 의한 폭발 가능성이 있다(조해성 : 고체가 공기 중의 수분을 흡수하여 액체가 되는 것).

② 아염소산나트륨($NaClO_2$)

㉠ 비점은 112℃이며, 수분이 포함될 경우의 분해온도는 120~130℃이다.

㉡ 무색의 결정성 분말로 산을 가할 경우 유독가스(이산화염소, ClO_2)가 발생한다.

㉢ 약하기는 하나 단독으로 폭발한다.

10년간 자주 출제된 문제

아염소산나트륨의 저장 및 취급 시 주의사항으로 가장 거리가 먼 것은?

① 물속에 넣어 냉암소에 저장한다.
② 강산류와의 접촉을 피한다.
③ 취급 시 충격, 마찰을 피한다.
④ 가연성 물질과 접촉을 피한다.

|해설|

아염소산나트륨($NaClO_2$)은 제1류 위험물(산화성 고체)로 공기 중 수분을 흡수하는 성질이 있기 때문에 밀폐용기에 보관해야 한다. 산을 가할 경우 유독가스(이산화염소, ClO_2)가 발생한다.

물속에 보관해야 하는 위험물

- 황린(제3류 위험물)은 포스핀 생성을 방지하기 위해 물은 pH 9로 유지시킨다.
- 이황화탄소(제4류 위험물)

정답 ①

핵심이론 04 | 염소산염류(50kg/위험등급 I)

산화되기 쉬운 물질(황, 목탄, 마그네슘, 알루미늄분말 또는 차아인산염, 유기물질 등)과 혼합되어 있을 경우 급격한 연소 내지는 폭발을 일으키므로 위험성이 크다.

① 염소산칼륨($KClO_3$)

㉠ 비점은 400℃, 비중은 2.32, 융점은 368℃이고, 무색의 단사정계 판상결정 또는 백색 분말이다.

㉡ 인체에 유독하며, 산과 반응하여 유독한 폭발성 이산화염소(ClO_2)를 발생시킨다.

㉢ 온수, 글리세린에는 잘 녹으나 냉수 및 알코올에는 녹기 어렵다.

㉣ 불꽃놀이, 폭약제조, 의약품 등에 사용된다.

㉤ 소화방법은 주수소화가 가장 좋다.

㉥ 분해 반응식

- $2KClO_3 \rightarrow \underset{\text{과염소산칼륨}}{KClO_4} + \underset{\text{염화칼륨}}{KCl} + \underset{\text{산소}}{O_2}\uparrow$
- $KClO_4 \rightarrow \underset{\text{염화칼륨}}{KCl} + \underset{\text{산소}}{2O_2}\uparrow$

② 염소산나트륨($NaClO_3$)

㉠ 비점은 106℃, 비중은 2.5(20℃)이며, 무색 무취의 입방정계 주상결정이다.

㉡ 인체에 유독하며, 산과 반응하여 유독한 폭발성 이산화염소(ClO_2)를 발생시킨다.

㉢ 알코올, 에테르, 물에 잘 녹으며 조해성이 크다(섬유, 먼지, 나무조각에 침투되기 쉬우므로 취급 시 주의할 것).

㉣ 철을 잘 부식시키므로 철제용기에 저장하지 않아야 한다.

㉤ 분해 반응식 : $2NaClO_3 \rightarrow \underset{\text{염화나트륨}}{2NaCl} + \underset{\text{산소}}{3O_2}\uparrow$

③ 염소산암모늄(NH_4ClO_3)

㉠ 대단히 폭발성이 크다.

㉡ 조해성이 있고, 금속부식성이 크다.

㉢ 기타 사항은 염소산칼륨과 비슷하다.

10년간 자주 출제된 문제

다음 중 제1류 위험물에 해당되지 않는 것은?

① 염소산칼륨
② 과염소산암모늄
③ 과산화바륨
④ 질산구아니딘

|해설|

질산구아니딘은 제5류 위험물이다.
① 염소산칼륨 → 염소산염류
② 과염소산암모늄 → 과염소산염류
③ 과산화바륨 → 무기과산화물

정답 ④

핵심이론 05 과염소산염류(50kg/위험등급 Ⅰ)

일반적으로 염소산염류보다 안정하다.

① 과염소산칼륨($KClO_4$)

㉠ 융점 및 발화(착화)점은 400℃이고, 무색 무취의 사방정계 결정이다.

㉡ 물에 녹기 어렵고 알코올, 에터에 불용이며 진한 황산과 접촉 시 폭발한다.

㉢ 인, 황, 탄소, 유기물 등과 혼합 시 가열, 충격, 마찰에 의하여 폭발한다.

㉣ 수산화나트륨과는 안정하고, 400℃에서 분해가 시작되어 600℃에서 완전 분해된다.

㉤ 분해 반응식

$$KClO_4 \rightarrow \underset{\text{염화칼륨}}{KCl} + \underset{\text{산소}}{2O_2} \uparrow$$

② 과염소산나트륨($NaClO_4$)

㉠ 융점은 482℃이고, 무색 무취의 조해되기 쉬운 결정이다.

㉡ 철제용기에 사용을 금한다.

㉢ 물, 에틸알코올, 아세톤에 잘 녹고 에터에 녹지 않는다.

㉣ 분해 반응식 : $NaClO_4 \rightarrow \underset{\text{염화나트륨}}{NaCl} + \underset{\text{산소}}{2O_2} \uparrow$

③ 과염소산암모늄(NH_4ClO_4)

㉠ 비점은 130℃이고, 무색의 수용성 결정이다.

㉡ 약 300℃에서 분해가 급격히 진행된다.

㉢ 충격 및 분해온도 이상에서 폭발성이 있다.

㉣ 분해 반응식

$$2NH_4ClO_4 \rightarrow \underset{\text{질소}}{N_2} + \underset{\text{염소}}{Cl_2} + \underset{\text{산소}}{2O_2} + \underset{\text{물}}{4H_2O}$$

10년간 자주 출제된 문제

다음 물질 중 과염소산칼륨과 혼합했을 때 발화폭발의 위험이 가장 높은 것은?

① 석 면 ② 금

③ 유 리 ④ 목 탄

|해설|

과염소산칼륨($KClO_4$)은 제1류 위험물(산화성 고체)로 가연물인 목탄과 혼재 시 위험하다.

정답 ④

핵심이론 06 | 무기과산화물(50kg/위험등급 I)

무기과산화물 중 알칼리금속의 과산화물은 물과 접촉하여 발열과 함께 산소가스를 발생하므로 주수소화가 적합하지 못하고(다른 제1류 위험물은 주수소화가 일반적이다) 마른모래, 암분, 탄산수소염류 분말소화제 등을 사용한다.

① 과산화나트륨(Na_2O_2)

㉠ 융점은 460℃이고, 순수한 것은 백색의 정방정계 분말이다.

㉡ 일반적인 것은 황백색의 정방정계 분말로 에틸알코올(에탄올)에 잘 녹지 않는다.

㉢ 가연물과 혼합되어 있는 경우 마찰 또는 약간의 물의 접촉으로 발화한다.

㉣ 반응식

- 물과 반응식

$2Na_2O_2 + 2H_2O \rightarrow 4NaOH + O_2 \uparrow$ (수산화나트륨, 산소)

- 가열분해 반응식

$2Na_2O_2 \xrightarrow{\triangle} 2Na_2O + O_2 \uparrow$ (산화나트륨, 산소)

- 탄산가스와 반응식

$2Na_2O_2 + 2CO_2 \rightarrow 2Na_2CO_3 + O_2 \uparrow$ (탄산나트륨, 산소)

- 염산과 반응식

$Na_2O_2 + 2HCl \rightarrow 2NaCl + H_2O_2$ (염화나트륨, 과산화수소)

- 초산과 반응식

$Na_2O_2 + 2CH_3COOH$
$\rightarrow 2CH_3COONa + H_2O_2$ (초산나트륨, 과산화수소)

② 과산화칼륨(K_2O_2)

㉠ 무색 또는 오렌지색의 비정계 분말로 피부와 접촉 시 부식시킨다.

㉡ 공기 중에서 탄산가스를 흡수하여 탄산염이 된다.

㉢ 에틸알코올(에탄올)에 용해되고, 양이 많을 경우 주수에 의하여 폭발 위험이 있다.

㉣ 가연물과 혼합되어 있는 경우 마찰 또는 약간의 물의 접촉으로 발화한다.

㉤ 반응식

- 물과 반응식

$2K_2O_2 + 2H_2O \rightarrow 4KOH + O_2 \uparrow$ (수산화칼륨, 산소)

- 가열분해 반응식

$2K_2O_2 \xrightarrow{\triangle} 2K_2O + O_2 \uparrow$ (산화칼륨, 산소)

- 탄산가스와 반응식

$2K_2O_2 + 2CO_2 \rightarrow 2K_2CO_3 + O_2 \uparrow$ (탄산칼륨, 산소)

- 염산과 반응식

$K_2O_2 + 2HCl \rightarrow 2KCl + H_2O_2$ (염화칼륨, 과산화수소)

- 초산과 반응식

$K_2O_2 + 2CH_3COOH$
$\rightarrow 2CH_3COOK + H_2O_2$ (초산칼륨, 과산화수소)

③ 과산화바륨(BaO_2)

㉠ 비점 및 융점은 450℃이고, 백색의 정방정계 분말로 알칼리토금속의 과산화물 중 제일 안정하다.

㉡ 냉수에 약간 녹고, 더운물에서 분해하여 산소를 발생한다.

㉢ 소화방법은 마른모래를 사용한다.

㉣ 반응식

- 온수와 반응식

$2BaO_2 + 2H_2O \rightarrow 2Ba(OH)_2 + O_2 \uparrow$ (수산화바륨, 산소)

- 가열분해 반응식

$2BaO_2 \rightarrow 2BaO + O_2 \uparrow$ (산화바륨, 산소)

- 탄산가스와 반응식

$2BaO_2 + 2CO_2 \rightarrow 2BaCO_3 + O_2 \uparrow$ (탄산바륨, 산소)

- 산과 반응식

$BaO_2 + H_2SO_4 \rightarrow BaSO_4 + H_2O_2$ (황산바륨, 과산화수소)

10년간 자주 출제된 문제

6-1. 다음 중 주수소화를 하면 위험성이 증가하는 것은?

① 과산화칼륨 ② 과망가니즈산칼륨
③ 과염소산칼륨 ④ 브로민산칼륨

6-2. 과산화나트륨이 물과 반응하면 어떤 물질과 산소를 발생하는가?

① 수산화나트륨 ② 수산화칼륨
③ 질산나트륨 ④ 아염소산나트륨

6-3. 과산화바륨과 물이 반응하였을 때 발생하는 것은?

① 수 소 ② 산 소
③ 탄산가스 ④ 수성가스

|해설|

6-1

과산화칼륨(K_2O_2)은 제1류 위험물 중 알칼리금속 과산화물로 물과 반응하여 산소를 발생한다.

$2K_2O_2 + 2H_2O \rightarrow 4KOH + O_2 \uparrow$

6-2

과산화나트륨이 물과 반응하면 극렬히 반응하여 산소를 내며 수산화나트륨이 되므로 물과의 접촉을 피해야 한다.

$2Na_2O_2 + 2H_2O \rightarrow 4NaOH + O_2 \uparrow$

6-3

제1류 위험물(산화성 고체) 중 무기과산화물은 물과 반응하여 산소를 발생한다.

$2BaO_2 + 2H_2O \rightarrow 2Ba(OH)_2 + O_2 \uparrow$

정답 6-1 ① 6-2 ① 6-3 ②

핵심이론 07 브로민산염류(300kg/위험등급Ⅱ)

염소산염류와 성질이 비슷하고 가열하면 분해하여 산소를 발생한다.

① 브로민산칼륨($KBrO_3$)

㉠ 백색의 능면체의 결정 또는 결정성 분말로 융점은 350℃, 비중은 3.26이다.

㉡ 물에 잘 녹으며, 가연물과 혼합되어 있으면 위험하다.

㉢ 370℃에서 열분해 반응식

$$2KBrO_3 \xrightarrow[\triangle]{} \underset{\text{브로민화칼륨}}{2KBr} + \underset{\text{산소}}{3O_2} \uparrow$$

② 브로민산나트륨($NaBrO_3$)

㉠ 무색결정이며 물에 잘 녹는다.

㉡ 융점은 381℃, 비중은 3.3이다.

10년간 자주 출제된 문제

소화약제로 사용할 수 없는 물질은?

① 이산화탄소
② 인산이수소암모늄(제1인산암모늄)
③ 탄산수소나트륨
④ 브로민산암모늄

|해설|

브로민산암모늄은 제1류 위험물(산화성 고체)인 브로민산염류에 해당하므로 소화약제로 사용할 수 없다.

정답 ④

핵심이론 08 질산염류(300kg/위험등급Ⅱ)

일반적으로 조해성이 풍부하며, 폭약의 원료로 쓰이는 것이 많다.

① 질산칼륨(KNO_3)

㉠ 비점은 400℃이며, 무색 또는 백색결정 또는 분말로 초석이라고 부른다.

㉡ 물, 글리세린에 잘 녹고 알코올에는 난용이나 흡습성은 없다.

㉢ 숯가루, 황가루를 혼합하여 흑색화약제조 및 불꽃놀이 등에 사용한다.

㉣ 소화방법은 주수소화가 좋다.

㉤ 열분해 반응식

$$2KNO_3 \xrightarrow[\triangle]{} \underset{\text{아질산칼륨}}{2KNO_2} + \underset{\text{산소}}{O_2} \uparrow$$

② 질산나트륨($NaNO_3$)

㉠ 비점(분해온도)은 380℃이며, 무색 무취의 투명한 결정 또는 분말로 칠레초석이라고 부른다.

㉡ 조해성이 있고 유기물 또는 차아황산나트륨을 혼합하면 폭발성이 있다.

㉢ 물, 글리세린에 잘 녹고 무수알코올에는 난용성이다.

㉣ 황산에 의해서 분해되어 질산을 유리시킨다.

㉤ 열분해 반응식

$$2NaNO_3 \xrightarrow[\triangle]{} \underset{\text{아질산나트륨}}{2NaNO_2} + \underset{\text{산소}}{O_2} \uparrow$$

③ 질산암모늄(NH_4NO_3)

㉠ 비점은 220℃이고, 무색 무취의 결정으로 조해성 및 흡습성이 크다.

㉡ 물, 알코올에 잘 녹는다(물에 용해 시 흡열 반응을 나타낸다).

㉢ 단독으로 급격한 가열, 충격으로 분해, 폭발한다.

㉣ 반응식

• 열분해 반응식

$$NH_4NO_3 \xrightarrow[\triangle]{} \underset{\text{아산화질소}}{N_2O} + \underset{\text{물}}{2H_2O}$$

• 재가열 반응식

$$2N_2O \xrightarrow[\triangle]{} \underset{\text{질소}}{2N_2} \uparrow + \underset{\text{산소}}{O_2} \uparrow$$

• 분해, 폭발 반응식

$$2NH_4NO_3 \xrightarrow[\triangle]{} \underset{\text{질소}}{2N_2} \uparrow + \underset{\text{물}}{4H_2O} + \underset{\text{산소}}{O_2} \uparrow$$

10년간 자주 출제된 문제

8-1. 질산칼륨에 대한 설명 중 옳은 것은?

① 유기물 및 강산에 보관할 때 매우 안정하다.
② 열에 안정하여 1,000℃를 넘는 고온에서도 분해되지 않는다.
③ 알코올에는 잘 녹으나 물, 글리세린에는 잘 녹지 않는다.
④ 무색, 무취의 결정 또는 분말로서 화약 원료로 사용된다.

8-2. 위험물안전관리법령상 제1류 위험물의 질산염류가 아닌 것은?

① 질산은
② 질산암모늄
③ 질산섬유소
④ 질산나트륨

|해설|

8-1

① 유기물 등 가연물과 접촉 또는 혼합은 위험하다.
② 열분해 온도는 400℃이다.
③ 물, 글리세린에 잘 녹고 알코올에는 난용이나 흡습성은 없다.

8-2

질산은, 질산암모늄, 질산나트륨은 질산염류(제1류 위험물)이고, 질산섬유소(나이트로셀룰로스라고도 하며, 화약에 이용 시 면약(면화약)이라고 한다)는 질산에스테르류(제5류 위험물)이다.

정답 8-1 ④ 8-2 ③

핵심이론 09 | 아이오딘산염류(300kg/위험등급Ⅱ)

염소산염류, 브로민산염류보다 안정하지만 산화력이 강하고 탄소 등 유기물과 섞어서 가열하면 폭발한다.

① 아이오딘산칼륨(KIO_3)

㉠ 융점(560℃) 이상으로 가열하면 산소(O_2)를 방출한다.

㉡ 가연물과 혼합하여 가열하면 폭발한다.

② 아이오딘산칼슘($Ca(IO_3)_2 \cdot 6H_2O$)

㉠ 융점 42℃이며, 무수물의 융점은 575℃이다.

㉡ 조해성 결정으로 물에 녹는다.

10년간 자주 출제된 문제

위험물안전관리법령상 지정수량이 50kg인 것은?

① $KMnO_4$

② $KClO_2$

③ $NaIO_3$

④ NH_4NO_3

|해설|

지정수량

$KMnO_4$	$KClO_2$	$NaIO_3$	NH_4NO_3
과망가니즈산칼륨	아염소산칼륨	아이오딘산나트륨	질산암모늄(질산염류)
1,000kg	50kg	300kg	300kg

정답 ②

핵심이론 10 | 삼산화크로뮴(CrO_3, 300kg/위험등급Ⅱ)

① 무수크로뮴산이라고도 하며, 비점은 250℃이다.

② 암적색의 침상결정으로 물에 잘 녹으며, 독성이 강하다.

③ 알코올, 벤젠, 에터와 접촉시키면 순간적으로 발열 또는 발화한다.

④ 열분해 반응식

$$4CrO_3 \xrightarrow[\Delta]{} \underset{\text{산화크로뮴}}{2Cr_2O_3} + \underset{\text{산소}}{3O_2}\uparrow$$

핵심이론 11 과망가니즈산염류(1,000kg/위험등급Ⅲ)

① 과망가니즈산칼륨($KMnO_4$)

㉠ 분해온도는 240℃, 비중은 2.7이다.

㉡ 물에 녹아 진한 보라색을 띠고 강한 산화력과 살균력(수용액은 무좀 등의 치료제로 쓰인다)을 갖는다.

㉢ 흑자색의 결정으로 염산과 반응 시 유독한 염소(Cl_2)를 발생시킨다.

㉣ 분해 반응식

$$\underset{\text{}}{2KMnO_4} \xrightarrow[\triangle]{} \underset{\text{망가니즈산칼륨}}{K_2MnO_4} + \underset{\text{이산화망가니즈}}{MnO_2} + \underset{\text{산소}}{O_2}\uparrow$$

② 과망가니즈산나트륨($NaMnO_4 \cdot 3H_2O$)・과망가니즈산칼슘($Ca(MnO_4)_2 \cdot 4H_2O$)

과망가니즈산칼륨과 비슷한 성질을 갖는다.

10년간 자주 출제된 문제

과망가니즈산칼륨의 위험성에 대한 설명으로 틀린 것은?

① 황산과 격렬하게 반응한다.
② 유기물과 혼합 시 위험성이 증가한다.
③ 고온으로 가열하면 분해하여 산소와 수소를 방출한다.
④ 목탄, 황 등 환원성 물질과 격리하여 저장해야 한다.

|해설|

과망가니즈산칼륨은 고온으로 가열하면 분해하여 산소를 방출한다.

$$2KMnO_4 \rightarrow K_2MnO_4 + MnO_2 + \underset{\text{산소}}{O_2}$$

정답 ③

핵심이론 12 다이크로뮴산염류(1,000kg/위험등급Ⅲ)

대부분 황적색 또는 적색 계통의 결정으로 대부분 물에 녹으며 가열하면 분해하여 산소를 방출한다.

① 다이크로뮴산칼륨($K_2Cr_2O_7$)

㉠ 비점은 500℃, 융점은 398℃, 비중은 2.69이다.

㉡ 등적색의 판상결정으로 물에 녹고 알코올에 녹지 않는다.

② 다이크로뮴산나트륨($Na_2Cr_2O_7 \cdot 2H_2O$)

㉠ 비점은 400℃이며, 흡습성인 등적색의 결정이다.

㉡ 단독으로 안정하고, 유기물 등 가연물과 혼합되면 가열・마찰로 발화・폭발한다.

③ 다이크로뮴산암모늄($(NH_4)_2Cr_2O_7$)

㉠ 융점(분해온도)은 180℃이며, 적색 침상의 결정(단사정계)으로 가열분해 시 질소가스(N_2)를 발생한다.

㉡ 분해할 때 불을 붙이면 연소와 같은 현상으로 연속적으로 불을 뿜으며 분해한다.

㉢ 그라비아인쇄, 사진제판, 피혁가공, 염료 등에 사용한다.

10년간 자주 출제된 문제

위험물의 지정수량이 틀린 것은?

① 과산화칼륨 : 50kg
② 질산나트륨 : 50kg
③ 과망가니즈산나트륨 : 1,000kg
④ 다이크로뮴산암모늄 : 1,000kg

|해설|

질산나트륨 지정수량 : 300kg

정답 ②

제2절 제2류 위험물

핵심이론 01 가연성 고체

① 정 의

고체로서 화염에 의한 발화의 위험성 또는 인화의 위험성을 판단하기 위하여 고시로 정하는 시험에서 고시로 정하는 성질과 상태를 나타내는 것을 말한다.

유 별	성 질	품 명	지정수량	위험등급	표 시
제2류	가연성 고체	1. 황화인	100 kg	II	• 철분·금속분·마그네슘 또는 이들 중 어느 하나 이상을 함유한 것 : 화기주의 및 물기엄금 • 인화성 고체 : 화기엄금 • 그 밖의 것 : 화기주의
		2. 적 린			
		3. 황			
		4. 철 분	500 kg	III	
		5. 금속분			
		6. 마그네슘			
		7. 그 밖에 행정안전부령으로 정하는 것	100kg (위험등급II) 또는 500kg (위험등급III)		
		8. 제1호 내지 제7호에 해당하는 어느 하나 이상을 함유한 것			
		9. 인화성 고체	1,000 kg	III	

② 공통 성질

㉠ 비교적 낮은 온도에서 착화가 쉬운 가연성(환원성) 고체이다.

㉡ 연소 속도가 빠른 고체(이연성, 속연성)이다.

㉢ 분진폭발의 우려가 있다(하한 25~45mg/L, 상한 80mg/L).

㉣ 연소 시 유독가스를 발생하는 것도 있다.

㉤ 철, 마그네슘, 금속분은 물 또는 산과 접촉 시 발열한다.

※ 분진 폭발의 위험성이 없는 것 : 돌가루, 석회가루, 시멘트 등

③ 저장 및 취급방법

㉠ 점화원으로부터 멀리하고 가열을 피한다.

㉡ 용기의 파손으로 위험물 유출에 주의해야 한다.

㉢ 산화제와 접촉을 피한다.

㉣ 철, 마그네슘, 금속분은 물 또는 산과 접촉을 피한다.

④ 소화방법

㉠ 금속분을 제외하고 주수에 의한 냉각소화를 한다.

㉡ 금속분은 마른모래(건사)로 소화한다.

10년간 자주 출제된 문제

다음 위험물 중 지정수량이 나머지 셋과 다른 하나는?

① 마그네슘
② 금속분
③ 철 분
④ 황

|해설|

황의 지정수량은 100kg이고 마그네슘, 금속분, 철분은 500kg이다.

정답 ④

핵심이론 02 | 제2류 위험물의 이해

연소의 3요소 중 가연물(타는 물질)에 해당하는 환원성 물질로 산화성과 반대 개념이다.

① 황(S)은 순도가 60wt% 이상인 것을 말한다. 이 경우 순도측정에 있어서 불순물은 활석 등 불연성 물질과 수분에 한한다.

② "철분"이라 함은 철의 분말로서 53μm의 표준체를 통과하는 것이 50wt% 미만인 것은 제외한다.

③ "금속분"이라 함은 알칼리금속・알칼리토류금속・철 및 마그네슘 외의 금속의 분말을 말하고, 구리분・니켈분 및 150μm의 체를 통과하는 것이 50wt% 미만인 것은 제외한다.

④ 마그네슘을 함유한 것에 있어서는 다음에 해당하는 것은 제외한다.

㉠ 2mm의 체를 통과하지 아니하는 덩어리 상태의 것

㉡ 지름 2mm 이상의 막대 모양의 것

⑤ 황화인・적린・황 및 철분은 가연성 고체에 의한 성상이 있는 것으로 본다.

⑥ "인화성 고체"라 함은 고형 알코올 그 밖에 1기압에서 인화점이 40℃ 미만인 고체를 말한다.

※ 단위환산[마이크로미터(μm)의 이해]

$1\mu m = 10^{-3}mm = 10^{-6}m$

예 $53\mu m = 0.053mm$

10년간 자주 출제된 문제

분말의 형태로서 150μm의 체를 통과하는 것이 50wt% 이상인 것만 위험물로 취급되는 것은?

① Zn　② Fe

③ Ni　④ Cu

|해설|

제2류 위험물의 금속분(알루미늄, 아연) 중 150μm의 체를 통과하는 것이 50wt% 이상인 것만 위험물로 취급한다.

정답 ①

핵심이론 03 | 황화인(100kg/위험등급Ⅱ)

세 종류가 있으며, 미립자는 기관지 및 눈을 자극한다.

① 삼황화인(P_4S_3)

㉠ 융점은 172.5℃로 황색을 띤다.

㉡ 물, 염산, 황산에 녹지 않으며, 끓는 물에서 분해한다.

㉢ 질산, 알칼리, 이황화탄소에 녹는다.

㉣ 과산화물, 과망가니즈산염, 금속분과 공존하고 있을 때 자연발화한다.

㉤ 연소 반응식

$$P_4S_3 + 8O_2 \rightarrow \underset{\text{오산화인}}{2P_2O_5} + \underset{\text{이산화황}}{3SO_2}$$

② 오황화인(P_2S_5)

㉠ 융점은 290℃이고, 담황색 결정으로 조해성이 있는 물질이다.

㉡ 이황화탄소(CS_2)에 잘 녹는다.

㉢ 물, 알칼리와 분해하여 유독성인 황화수소(H_2S), 인산(H_3PO_4)이 된다.

㉣ 물과 분해 반응식

$$P_2S_5 + 8H_2O \rightarrow \underset{\text{황화수소}}{5H_2S} + \underset{\text{인산}}{2H_3PO_4}$$

③ 칠황화인(P_4S_7)

㉠ 융점은 310℃이고, 담황색 결정으로 조해성이 있는 물질이다.

㉡ 이황화탄소(CS_2)에 약간 녹는다.

㉢ 냉수는 서서히, 온수에서는 급격히 분해하여 유독성인 황화수소(H_2S), 인산(H_3PO_4)을 발생한다.

10년간 자주 출제된 문제

연소 시 발생한 가스를 옳게 나타낸 것은?

① 황린 - 황산가스
② 황 - 무수인산가스
③ 적린 - 아황산가스
④ 삼황화사인(삼황화인) - 아황산가스

|해설|

연소 반응식(필답형 유형)

- 황린(제3류 위험물)
  $P_4 + 5O_2 \rightarrow \underset{\text{오산화인}}{2P_2O_5}$
- 황(제2류 위험물)
  $S + O_2 \rightarrow \underset{\text{아황산가스}}{SO_2}$
- 적린(제2류 위험물)
  $4P + 5O_2 \rightarrow \underset{\text{오산화인}}{2P_2O_5}$
- 삼황화사인(제2류 위험물)
  $P_4S_3 + 8O_2 \rightarrow \underset{\text{아황산가스}}{3SO_2} + \underset{\text{오산화인}}{2P_2O_5}$

정답 ④

핵심이론 04 | 적린(P, 100kg/위험등급Ⅱ)

① 발화(착화)점은 260℃, 융점은 416℃이며 암적색의 분말이다.
② 황린(P_4)의 동소체이고, 황린에 비해 대단히 안전하며 독성이 없다.
③ 산화제인 염소산염류와 혼합을 절대 금한다(낮은 온도에서 자연발화한다).
④ 물, 알칼리, 이황화탄소, 에터, 암모니아에 녹지 않는다.
⑤ 연소 생성물은 오산화인(P_2O_5)이다.
⑥ 연소 반응식 : $4P + 5O_2 \rightarrow \underset{\text{오산화인}}{2P_2O_5}$

10년간 자주 출제된 문제

적린의 성질에 대한 설명 중 옳지 않은 것은?

① 황린과 성분원소가 같다.
② 발화온도는 황린보다 낮다.
③ 물, 이황화탄소에 녹지 않는다.
④ 브로민화인에 녹는다.

|해설|

황린과 적린의 비교

구 분	황 린	적 린
분 류	제3류 위험물	제2류 위험물
외 관	백색 또는 담황색의 자연발화성 고체	암적색 무취의 분말
착화온도	34℃ (pH 9 물속에 저장)	약 260℃ (산화제 접촉금지)

정답 ②

핵심이론 05 | 황(S, 100kg/위험등급Ⅱ)

순도 60% 미만의 것은 위험물에서 제외한다.

① 사방정계

㉠ 인화점은 207℃, 착화점은 232.2℃, 융점은 119℃, 비중은 2.07이다.

㉡ 산화제, 목탄가루와 혼합되었을 때 약간의 충격·가열로 착화폭발한다.

㉢ 물에 녹지 않고 이황화탄소(CS_2)에 녹는다. 전기의 불량도체이다.

② 단사정계

㉠ 비중은 1.96이다.

㉡ 사방정계의 황을 95.5℃로 가열하여 얻는다.

㉢ 물에 녹지 않고 이황화탄소(CS_2)에 녹는다.

㉣ 160℃에서 갈색, 250℃에서는 흑색으로 불투명하게 되며 유동성을 갖는다.

③ 비정계

㉠ 용융황을 물에 넣어 급랭시킨 것이다.

㉡ 물, 이황화탄소(CS_2)에 녹지 않는다.

④ 황의 연소 반응식 : $S + O_2 \rightarrow \underset{\text{아황산가스}}{SO_2}$

아황산가스(이산화황)는 환원성의 유독한 가스이므로 호흡기를 보호해야 한다.

10년간 자주 출제된 문제

위험물의 성질에 대한 설명 중 틀린 것은?

① 황린은 공기 중에서 산화할 수 있다.
② 적린은 $KClO_3$와 혼합하면 위험하다.
③ 황은 물에 매우 잘 녹는다.
④ 황화인은 가연성 고체이다.

|해설|

황은 물에 녹지 않고, 이황화탄소에 잘 녹는다.

정답 ③

핵심이론 06 | 마그네슘(Mg, 500kg/위험등급Ⅲ)

① 착화점은 400℃(불순물 존재 시), 융점은 651℃로, 은백색의 광택이 나는 경금속이다.

② 알루미늄보다 열전도율 및 전기전도도가 낮고, 산 및 더운 물과 반응하여 수소를 발생한다.

③ 산화제 및 할로젠 원소와의 접촉을 피하고, 공기 중 습기에 발열되어 자연발화의 위험성이 있다.

④ 소화는 마른모래나 금속화재용 분말소화약제(탄산수소염류) 등을 사용한다.

⑤ 반응식

㉠ 연소 반응식

$$2Mg + O_2 \rightarrow \underset{\text{산화마그네슘}}{2MgO} + \underset{\text{반응열}}{2 \times 143.7kcal}$$

㉡ 탄산가스와 반응식

$$2Mg + CO_2 \rightarrow \underset{\text{산화마그네슘}}{2MgO} + \underset{\text{탄소}}{C}$$

㉢ 온수와 반응식

$$Mg + 2H_2O \rightarrow \underset{\text{수산화마그네슘}}{Mg(OH)_2} + \underset{\text{수소}}{H_2\uparrow}$$

㉣ 염산과 반응식

$$Mg + 2HCl \rightarrow \underset{\text{염화마그네슘}}{MgCl_2} + \underset{\text{수소}}{H_2\uparrow}$$

10년간 자주 출제된 문제

위험물안전관리법령상 철분, 금속분, 마그네슘에 적응성이 있는 소화설비는?

① 불활성기체소화설비
② 할로젠화합물소화설비
③ 포소화설비
④ 탄산수소염류소화설비

|해설|

제2류 위험물(가연성 고체)의 철분, 금속분, 마그네슘의 화재에는 탄산수소염류분말 및 마른모래, 팽창질석 또는 팽창진주암을 사용한다.
※ 금속분을 제외하고 주수에 의한 냉각소화를 한다.

정답 ④

핵심이론 07 | 철분(Fe, 500kg/위험등급Ⅲ)

① 회백색 금속광택을 띠며, 비교적 연한 금속분말이다.

② 주수소화를 금하고, 마른모래 등으로 피복소화한다.

③ 반응식

㉠ 염산과 반응식

$$Fe + 2HCl \rightarrow \underset{\text{염화제일철}}{FeCl_2} + \underset{\text{수소}}{H_2} \uparrow$$

㉡ 수증기와 반응식

$$3Fe + 4H_2O \rightarrow \underset{\text{사산화삼철}}{Fe_3O_4} + \underset{\text{수소}}{4H_2} \uparrow$$

핵심이론 08 | 금속분(500kg/위험등급Ⅲ)

① 알루미늄분(Al)

㉠ 융점은 66℃이고 황산, 묽은질산, 묽은염산에 침식당한다.

㉡ 진한 질산과 작용하여 금속표면에 다른 산에도 부식되지 않는 수산화물의 얇은 막이 형성된 부동태가 된다(철, 코발트, 니켈, 알루미늄 등).

㉢ 산, 알칼리 수용액에 녹아 수소를 발생한다.

㉣ 산화제와 혼합 시 가열, 충격, 마찰에 의하여 착화된다.

㉤ 분진폭발하면 소화가 곤란하고 할로젠 원소(F, Cl, Br, I)와 접촉 시 자연발화의 위험이 있다.

㉥ 주수소화를 금하고, 마른모래 등으로 피복소화한다.

㉦ 수증기와의 반응식

$$2Al + 6H_2O \rightarrow \underset{\text{수산화알루미늄}}{2Al(OH)_3} + \underset{\text{수소}}{3H_2} \uparrow$$

② 아연분(Zn)

㉠ 은백색의 분말로 공기 중에서 가열 시 쉽게 연소된다.

㉡ 산, 알칼리에 녹아 수소를 발생한다.

㉢ 주수소화를 금하고, 마른모래 등으로 피복소화한다.

10년간 자주 출제된 문제

위험물안전관리법령상 품명이 금속분에 해당하는 것은?(단, 150μm의 체를 통과하는 것이 50wt% 이상인 경우이다)

① 니켈분 ② 마그네슘분

③ 알루미늄분 ④ 구리분

|해설|

금속분이라 함은 알칼리금속, 알칼리토류금속, 철(Fe) 및 마그네슘 외의 금속의 분말을 말하고, 구리분(Cu), 니켈분(Ni) 및 150μm의 체를 통과하는 것이 50wt% 미만인 것은 제외한다.

정답 ③

핵심이론 09 | 인화성 고체(1,000kg/위험등급Ⅲ)

고형알코올 또는 1기압에서 인화점이 40℃ 미만인 고체를 말한다.

10년간 자주 출제된 문제

위험물안전관리법령상 위험등급의 종류가 나머지 셋과 다른 하나는?

① 제1류 위험물 중 다이크로뮴산염류
② 제2류 위험물 중 인화성 고체
③ 제3류 위험물 중 금속의 인화물
④ 제4류 위험물 중 알코올류

|해설|

- 위험등급Ⅱ : 알코올류(400L)
- 위험등급Ⅲ : 다이크로뮴산염류(1,000kg), 인화성 고체(1,000kg), 금속의 인화물(300kg)

정답 ④

제3절 제3류 위험물

핵심이론 01 | 자연발화성 물질 및 금수성 물질

① 정 의

고체 또는 액체로서 공기 중에서 발화의 위험성이 있거나 물과 접촉하여 발화하거나 가연성 가스를 발생하는 위험성이 있는 것을 말한다.

<table>
<tr><th>유별</th><th>성질</th><th>품 명</th><th>지정수량</th><th>위험등급</th><th>표 시</th></tr>
<tr><td rowspan="12">제3류</td><td rowspan="12">자연발화성 물질 및 금수성 물질</td><td>1. 칼 륨</td><td rowspan="4">10kg</td><td rowspan="5">Ⅰ</td><td rowspan="12">• 자연발화성 물질 : 화기엄금 및 공기접촉엄금
• 금수성 물질 : 물기엄금</td></tr>
<tr><td>2. 나트륨</td></tr>
<tr><td>3. 알킬알루미늄</td></tr>
<tr><td>4. 알킬리튬</td></tr>
<tr><td>5. 황 린</td><td>20kg</td></tr>
<tr><td>6. 알칼리금속(칼륨 및 나트륨 제외) 및 알칼리토금속</td><td rowspan="2">50kg</td><td rowspan="2">Ⅱ</td></tr>
<tr><td>7. 유기금속화합물(알킬알루미늄 및 알킬리튬 제외)</td></tr>
<tr><td>8. 금속의 수소화물</td><td rowspan="3">300kg</td><td rowspan="3">Ⅲ</td></tr>
<tr><td>9. 금속의 인화물</td></tr>
<tr><td>10. 칼슘 또는 알루미늄의 탄화물</td></tr>
<tr><td>11. 그 밖에 행정안전부령으로 정하는 것
① 염소화규소화합물 ($SiCl_4$, Si_2Cl_6, Si_3Cl_8 등)</td><td colspan="2" rowspan="2">10kg (위험등급Ⅰ), 20kg (위험등급Ⅰ), 50kg (위험등급Ⅱ) 또는 300kg (위험등급Ⅲ)</td></tr>
<tr><td>12. 제1호 내지 제11호에 해당하는 어느 하나 이상을 함유한 것</td></tr>
</table>

② 공통 성질

㉠ 물과 접촉 시 발열반응 및 가연성 가스를 발생한다.

㉡ 대부분 금수성 및 불연성 물질(황린, 칼슘, 나트륨, 알킬알루미늄 제외)이다.

㉢ 대부분 무기물이며, 고체 상태이다.

③ 저장 및 취급방법

㉠ 용기 파손 및 부식에 주의하며 공기 또는 수분의 접촉을 피한다.

ⓛ 보호액에 저장 시 보호액 표면에 노출되지 않게 한다.

ⓒ 화재 시 소화가 어려우므로 희석제를 혼합하거나 소량 분리(소분)하여 저장한다.

ⓔ 가연성 가스가 발생하는 위험물은 화기에 주의한다.

④ 소화방법

㉠ 물에 의한 주수소화는 절대 금한다. 단, 황린은 금수성이 아니므로 주수소화가 가능하다.

ⓛ 마른모래 또는 금속 화재용 분말약제로 소화한다.

ⓒ 알킬알루미늄 화재는 팽창질석 또는 팽창진주암으로 소화한다.

10년간 자주 출제된 문제

1-1. 위험물안전관리법령의 제3류 위험물 중 금수성 물질에 해당하는 것은?

① 황 린
② 적 린
③ 마그네슘
④ 칼 륨

1-2. [보기]에서 나열한 위험물의 공통 성질을 옳게 설명한 것은?

| 보기 |

나트륨, 황린, 트라이에틸알루미늄

① 상온, 상압에서 고체의 형태를 나타낸다.
② 상온, 상압에서 액체의 형태를 나타낸다.
③ 금수성 물질이다.
④ 자연발화의 위험이 있다.

| 해설 |

1-1, 1-2

- 적린, 마그네슘 : 제2류 위험물
- 황린, 칼륨 : 제3류 위험물
- 제3류 위험물은 황린을 제외하고는 모두 물과 반응하여 가연성 가스가 발생하며, 공기 중에 노출되면 자연발화하거나 물과 접촉하면 발화한다.

정답 1-1 ④ 1-2 ④

핵심이론 02 | 제3류 위험물의 이해

제3류 위험물은 물을 가하면 발열현상이 나타나고, 가연성 가스를 발생하는 물질류이다. 가연성 가스의 종류로는 수소, 메테인, 에테인, 아세틸렌, 포스핀가스 등이 있으나 황화수소는 발생되지 않는다.

① 제3류는 수분 존재 시 연소의 3요소 중 가연물과 점화원 형태가 된다. 자연계에 공기가 있으므로 폭발할 수 있어서 물기엄금이다.

② 자신이 가연되는 형태(제1류, 제6류는 자신이 불연성)이지만 생석회(산화칼슘, CaO)는 발열현상만 있고 가연성 가스를 발생시키지 않는다.

③ 칼륨 · 나트륨 · 알킬알루미늄 및 황린은 자연발화성 물질 및 금수성 물질에 의한 성상이 있는 것으로 본다.

핵심이론 03 포타슘(칼륨, K, 10kg/위험등급 I)

① 불꽃반응 색은 보라색이며, 은백색의 무른 경금속이다.

② 공기 중의 수분과 반응하여 수소를 발생한다.

③ 에틸알코올과 반응하여 칼륨에틸레이트를 만든다.

④ 비중이 작으므로 석유(파라핀 · 경유 · 등유) 속에 저장하고, 피부와 접촉하면 화상을 입는다.

⑤ 마른모래 및 탄산수소염류 분말소화약제가 좋다.

⑥ 주수소화와 사염화탄소(CCl_4) 또는 이산화탄소(CO_2)와는 폭발반응을 하므로 절대 금하고 마른모래 및 탄산수소염류 분말소화약제가 좋다.

⑦ 반응식

㉠ 물과 반응식

$$2K + 2H_2O \rightarrow \underset{\text{수산화칼륨}}{2KOH} + \underset{\text{수소}}{H_2}\uparrow + \underset{\text{반응열}}{92.8kcal}$$

㉡ 에틸알코올과 반응식

$$2K + 2C_2H_5OH \rightarrow \underset{\text{칼륨에틸레이트}}{2C_2H_5OK} + \underset{\text{수소}}{H_2}\uparrow$$

㉢ 공기와 반응식

$$4K + O_2 \rightarrow \underset{\text{산화칼륨}}{2K_2O}$$

10년간 자주 출제된 문제

2가지 물질을 섞었을 때 수소가 발생하는 것은?

① 칼륨과 에틸알코올
② 과산화마그네슘과 염화수소
③ 과산화칼륨과 탄산가스
④ 오황화인과 물

|해설|

① 칼륨과 에틸알코올

$$2K + \underset{\text{에틸알코올}}{2C_2H_5OH} \rightarrow \underset{\text{칼륨에틸레이트}}{2C_2H_5OK} + H_2\uparrow$$

② 과산화마그네슘과 염화수소

$$MgO_2 + 2HCl \rightarrow \underset{\text{염화마그네슘}}{MgCl_2} + \underset{\text{과산화수소}}{H_2O_2}\uparrow$$

③ 과산화칼륨과 탄산가스

$$2K_2O_2 + 2CO_2 \rightarrow \underset{\text{탄산칼륨}}{2K_2CO_3} + O_2\uparrow$$

④ 오황화인과 물

$$P_2S_5 + 8H_2O \rightarrow \underset{\text{황화수소}}{5H_2S} + \underset{\text{인산}}{2H_3PO_4}$$

정답 ①

핵심이론 04 나트륨(금조, 금속소다, Na, 10kg/위험등급 I)

① 불꽃반응색은 노란색이며, 은백색 광택의 무른 경금속이다.

② 금조 또는 금속소다라 하며, 반응식은 칼륨과 비슷하다.

③ 마른모래 및 탄산수소염류 분말소화약제가 좋고, 비중이 작으므로 석유(파라핀 · 경유 · 등유) 속에 저장한다.

④ 피부와 접촉 시 화상을 입으니 주의해야 하고, 주수소화는 절대 금한다.

⑤ 반응식

㉠ 물과 반응식

$$2Na + 2H_2O \rightarrow \underset{\text{수산화나트륨}}{2NaOH} + \underset{\text{수소}}{H_2\uparrow} + \underset{\text{반응열}}{88.2kcal}$$

㉡ 에틸알코올과 반응식

$$2Na + 2C_2H_5OH \rightarrow \underset{\text{나트륨에틸레이트}}{2C_2H_5ONa} + \underset{\text{수소}}{H_2\uparrow}$$

㉢ 공기와 반응식

$$4Na + O_2 \rightarrow \underset{\text{산화나트륨}}{2Na_2O}$$

10년간 자주 출제된 문제

금속칼륨과 금속나트륨은 어떻게 보관하여야 하는가?

① 공기 중에 노출하여 보관
② 물속에 넣어서 밀봉하여 보관
③ 석유 속에 넣어서 밀봉하여 보관
④ 그늘지고 통풍이 잘되는 곳에 산소 분위기에서 보관

|해설|

물과 공기의 접촉을 막기 위하여 등유, 경유 등 보호액 속에 넣어 저장한다.

제3류 위험물의 저장 및 취급방법
- 물과 접촉을 피한다.
- 보호액에 저장 시 보호액 표면의 노출에 주의한다.
- 화재 시 소화가 어려우므로 소량씩 분리하여 저장한다.

정답 ③

핵심이론 05 알킬알루미늄(R_3Al 또는 $(C_nH_{2n+1})_3Al$, 10kg/위험등급 I)

① 알킬기(C_nH_{2n+1})에 알루미늄(Al)이 결합된 화합물로 대부분 무색의 액체이다.

② $C_1 \sim C_4$까지는 자연발화의 위험성을 갖는다.

③ 불활성기체(N_2)를 저장용기 상부에 봉입하여 보관한다.

④ 피부와 접촉 시 화상을 입고, 연소 시 흰 연기가 발생한다.

⑤ 소화방법은 팽창질석, 팽창진주암 등으로 피복소화한다(일반 질식소화기는 효과가 없다).

⑥ 물과 접촉 시 가연성 가스가 발생하므로 주수소화는 절대 금한다.

⑦ 반응식

㉠ 물과 반응식

- 트라이메틸알루미늄

$$(CH_3)_3Al + 3H_2O \rightarrow \underset{\text{수산화알루미늄}}{Al(OH)_3} + \underset{\text{메테인}}{3CH_4\uparrow}$$

- 트라이에틸알루미늄

$$(C_2H_5)_3Al + 3H_2O \rightarrow \underset{\text{수산화알루미늄}}{Al(OH)_3} + \underset{\text{에테인}}{3C_2H_6\uparrow}$$

㉡ 공기와 반응식

$$2(C_2H_5)_3Al + 21O_2 \rightarrow$$

$$\underset{\text{탄산가스}}{12CO_2} + \underset{\text{산화알루미늄}}{Al_2O_3} + \underset{\text{물}}{15H_2O} + \underset{\text{반응열}}{1,470.4kcal}$$

10년간 자주 출제된 문제

5-1. 이동탱크저장소에 의한 위험물의 운송에 있어서 운송책임자의 감독 또는 지원을 받아야 하는 위험물은?

① 금속분
② 알킬알루미늄
③ 아세트알데하이드
④ 하이드록실아민

5-2. 트라이에틸알루미늄의 화재 시 사용할 수 있는 소화약제(설비)가 아닌 것은?

① 마른모래
② 팽창질석
③ 팽창진주암
④ 이산화탄소

|해설|

5-1

운송책임자의 감독·지원을 받아 운송하여야 하는 위험물(위험물안전관리법 시행령 제19조)

- 알킬알루미늄
- 알킬리튬
- 알킬알루미늄 또는 알킬리튬의 물질을 함유하는 위험물

알킬알루미늄 물질을 함유한 위험물	알킬리튬의 물질을 함유하는 위험물
– 트라이메틸알루미늄 : $(CH_3)_3Al$ – 트라이에틸알루미늄 : $(C_2H_5)_3Al$ – 트라이아이소부틸알루미늄 : $(C_4H_9)_3Al$ – 다이에틸알루미늄클로라이드 : $(C_2H_5)_2AlCl$	– 메틸리튬(CH_3Li) – 에틸리튬(C_2H_5Li) – 부틸리튬(C_4H_9Li)

5-2

제3류 위험물의 금수성 물질(주수소화는 절대 금한다)로 탄산수소염류 분말소화약제, 마른모래 및 팽창질석, 팽창진주암 등을 이용한 피복소화한다.

정답 5-1 ② 5-2 ④

핵심이론 06 알킬리튬(RLi 또는 $(C_nH_{2n+1})Li$, 10kg/위험등급 I)

① 알킬기(C_nH_{2n+1})에 리튬(Li)이 결합된 화합물이다.
② 물과 접촉 시 가연성 가스를 발생한다.
③ 소화방법은 주수소화는 절대 금하고 팽창질석, 팽창진주암 등으로 피복소화한다.

10년간 자주 출제된 문제

6-1. 부틸리튬(n-Butyl Lithium)에 대한 설명으로 옳은 것은?

① 무색의 가연성 고체이며 자극성이 있다.
② 증기는 공기보다 가볍고 점화원에 의해 산화의 위험이 있다.
③ 화재발생 시 불활성기체소화설비는 적응성이 없다.
④ 탄화수소나 다른 극성의 액체에 용해가 잘되며 휘발성은 없다.

6-2. 메틸리튬과 물의 반응 생성물로 옳은 것은?

① 메테인, 수소화리튬
② 메테인, 수산화리튬
③ 에테인, 수소화리튬
④ 에테인, 수산화리튬

|해설|

6-1

부틸리튬(n-Butyl Lithium, C_4H_9Li) : 제3류 위험물 중 알킬리튬(10kg/위험등급 I)

- 무색의 맑은 액체이다.
- 물과 탄화수소에 격렬하게 반응한다.
- 팽창질석 또는 팽창진주암으로 소화한다.

6-2

메틸리튬($LiCH_3$)은 제3류 위험물에 속한다.

$LiCH_3 + H_2O \rightarrow \underset{수산화리튬}{LiOH} + \underset{메테인}{CH_4}$

정답 6-1 ③ 6-2 ②

핵심이론 07 황린(백린, P_4, 20kg/위험등급 I)

① 착화점(미분상)은 34℃, 착화점(고형상)은 60℃이고, 융점은 44℃, 비중은 1.82이다(고형상의 황린이 수증기를 포함한 공기 중에서 착화점은 30℃이다).

② 백색 또는 담황색의 고체로 백린이라고도 하며, 어두운 곳에서 인광을 발한다.

③ 독성이 강하며 대인 치사량은 0.02~0.05g이다.

④ 피부와 접촉하면 화상을 입고, 물에 녹지 않으므로 물속에 저장한다. 이때 인화수소(PH_3) 생성을 방지하기 위해 물은 pH 9로 유지시킨다.

⑤ 벤젠, 알코올에는 극히 적게 녹고, 이황화탄소, 염화황, 삼염화인에 잘 녹는다.

⑥ 수산화나트륨(NaOH) 등 강알칼리와 반응하므로 접촉을 피한다.

⑦ 공기를 차단하고 약 250℃로 가열하면 적린(제2류 위험물)이 된다.

⑧ 마른모래 및 주수소화(고압주수는 피할 것) 방법을 이용하고, 소화 시 유독가스(오산화인, P_2O_5)에 대비하여 보호 장구 및 공기호흡기를 착용한다.

⑨ 반응식

㉠ 연소 반응식

$$P_4 + 5O_2 \rightarrow \underset{\text{오산화인}}{2P_2O_5}$$

㉡ 물과 반응식

$$P_4 + 3NaOH + 3H_2O \rightarrow 3NaH_2PO_2 + \underset{\text{인화수소(포스핀)}}{PH_3\uparrow}$$

10년간 자주 출제된 문제

다음 중 물과의 반응성이 가장 낮은 것은?

① 인화알루미늄 ② 트라이에틸알루미늄
③ 오황화인 ④ 황 린

|해설|

황린은 물에 녹지 않으므로 물속에 저장하되 인화수소(PH_3) 생성을 방지하기 위해 물은 pH 9로 유지시킨다.

정답 ④

핵심이론 08 알칼리금속(K, Na 제외) 및 알칼리토금속(50kg/위험등급 II)

① 리튬(Li)

㉠ 융점은 180℃, 불꽃반응은 빨간색이다.

㉡ 은백색에 가벼운 알칼리금속으로 칼륨, 나트륨과 성질이 비슷하다.

㉢ 물과 반응하여 수소를 발생한다.

㉣ 물과 반응식

$$2Li + 2H_2O \rightarrow \underset{\text{수산화리튬}}{2LiOH} + \underset{\text{수소}}{H_2\uparrow} + \underset{\text{반응열}}{105.4kcal}$$

② 칼슘(Ca)

㉠ 융점은 845℃, 불꽃반응은 황적색이다.

㉡ 은백색의 알칼리토금속이며 결합력이 강하다.

㉢ 물과 반응하여 수소를 발생한다.

㉣ 물과 반응식

$$Ca + 2H_2O \rightarrow \underset{\text{수산화칼슘}}{Ca(OH)_2} + \underset{\text{수소}}{H_2\uparrow} + \underset{\text{반응열}}{102kcal}$$

10년간 자주 출제된 문제

금속염을 불꽃반응 실험을 한 결과 노란색의 불꽃이 나타났다. 이 금속염에 포함된 금속은 무엇인가?

① Cu ② K
③ Na ④ Li

|해설|

불꽃반응 시 색상

원 소	불꽃색
나트륨	노란색
칼 륨	보라색
칼 슘	주황색
구 리	청록색
바 륨	황록색
리 튬	빨간색

정답 ③

핵심이론 09 유기금속화합물(알킬알루미늄 및 알킬리튬을 제외, 50kg/위험등급Ⅱ)

취급방법 및 소화방법은 알킬알루미늄에 준한다.

10년간 자주 출제된 문제

위험물안전관리법령에서 정하는 위험등급Ⅱ에 해당하지 않는 것은?

① 제1류 위험물 중 질산염류
② 제2류 위험물 중 적린
③ 제3류 위험물 중 유기금속화합물
④ 제4류 위험물 중 제2석유류

|해설|

제4류 위험물(인화성 액체)

성 질	품 명		지정수량	위험등급	표 시
인화성 액체	1. 특수인화물		50L	Ⅰ	화기엄금
	2. 제1석유류	비수용성	200L	Ⅱ	
		수용성	400L		
	3. 알코올류		400L		
	4. 제2석유류	비수용성	1,000L	Ⅲ	
		수용성	2,000L		
	5. 제3석유류	비수용성	2,000L		
		수용성	4,000L		
	6. 제4석유류		6,000L		
	7. 동식물유류		10,000L		

정답 ④

핵심이론 10 금속의 수소화물(300kg/위험등급Ⅲ)

수소화물은 수소의 화합물로서 지정되어 있는 것은 알칼리금속과 알칼리토금속이며 알칼리토금속에서는 Be(베릴륨), Mg(마그네슘)은 제외된다. 물과 접촉하여 수소와 수산화물을 만든다.

① 수소화리튬(LiH)

㉠ 융점은 680℃이고, 유리 모양의 투명한 고체로 물과 반응하여 수산화리튬과 수소를 발생한다.

㉡ 알코올에 녹지 않으며, 알칼리금속의 수소화물 중 안정성이 가장 크다.

㉢ 물 및 포약제의 소화는 금하고, 마른모래 등으로 피복소화한다.

㉣ 물과의 반응식

$$LiH + H_2O \rightarrow \underset{\text{수산화리튬}}{LiOH} + \underset{\text{수소}}{H_2\uparrow}$$

② 수소화나트륨(NaH)

㉠ 비점은 78℃ 융점은 −50℃, 비중은 1.36이고, 은백색의 결정으로 물과 반응하여 수산화나트륨과 수소를 발생한다.

㉡ 물 및 포약제의 소화는 금하고, 마른모래 등으로 피복소화한다.

㉢ 물과 반응식

$$NaH + H_2O \rightarrow \underset{\text{수산화나트륨}}{NaOH} + \underset{\text{수소}}{H_2\uparrow} + \underset{\text{반응열}}{21kcal}$$

③ 수소화칼슘(CaH_2)

㉠ 비점은 816℃, 융점은 600℃이며, 무색의 결정으로 물과 반응하여 수산화칼슘과 수소를 발생한다.

㉡ 물 및 포약제의 소화는 금하고, 마른모래 등으로 피복소화한다.

㉢ 물과 반응식

$$CaH_2 + 2H_2O \rightarrow \underset{\text{수산화칼슘}}{Ca(OH)_2} + \underset{\text{수소}}{2H_2} + \underset{\text{반응열}}{48kcal}$$

④ 수소화칼륨(KH)

㉠ 회백색의 결정성 분말로 물과 반응하여 수산화칼륨과 수소를 발생한다.

㉡ 암모니아와 고온에서 칼륨아미드를 생성한다.

㉢ 반응식

- 물과 반응식

$KH + H_2O \rightarrow \underset{\text{수산화칼륨}}{KOH} + \underset{\text{수소}}{H_2} \uparrow$

- 암모니아와 고온에서 화학반응

$KH + NH_3 \rightarrow \underset{\text{칼륨아미드}}{KNH_2} + \underset{\text{수소}}{H_2} \uparrow$

⑤ 수소화알루미늄리튬($LiAlH_4$)

㉠ 비점 및 융점인 125℃ 미만에서 분해되고, 회백색의 분말로 물과 반응하여 수소를 발생한다.

㉡ 열분해하여 리튬(Li), 알루미늄(Al), 수소(H_2)로 분해된다.

㉢ 물과 반응식

$LiAlH_4 + 4H_2O \rightarrow LiOH + Al(OH)_3 + 4H_2 \uparrow$

10년간 자주 출제된 문제

위험물의 저장방법에 대한 설명으로 옳은 것은?

① 황화인은 알코올 또는 과산화물 속에 저장하여 보관한다.
② 마그네슘은 건조하면 분진폭발의 위험성이 있으므로 물에 습윤하여 저장한다.
③ 적린은 화재예방을 위해 할로젠 원소와 혼합하여 저장한다.
④ 수소화리튬은 저장용기에 아르곤과 같은 불활성기체를 봉입한다.

|해설|

제2류 위험물인 마그네슘, 적린, 황화인의 취급 주의사항

- 강환원제이므로 산화제와 접촉을 피하며 화기에 주의한다.
- 저장용기를 밀폐하고 위험물의 누출을 방지하며 통풍이 잘되는 냉암소에 저장한다.
- 철분, 마그네슘, 금속분은 물, 습기의 접촉을 피한다.
- 금속분은 할로젠 원소와 접촉하면 발화한다.

정답 ④

핵심이론 11 | 금속의 인화물(300kg/위험등급Ⅲ)

① 인화석회/인화칼슘(Ca_3P_2)

㉠ 적갈색 괴상의 고체이며 수중 조명등으로 사용된다.

㉡ 물 또는 산과 반응하여 유독한 포스핀가스(PH_3)를 발생한다.

㉢ 포스핀은 맹독성 가스이므로 취급 시 방독마스크를 착용한다.

㉣ 물 및 포약제의 소화는 절대 금하고, 마른모래 등으로 피복하여 자연진화를 기다린다.

㉤ 반응식

- 물과 반응식

$Ca_3P_2 + 6H_2O \rightarrow \underset{\text{수산화칼슘}}{3Ca(OH)_2} + \underset{\text{인화수소(포스핀)}}{2PH_3} \uparrow$

- 산과 반응식

$Ca_3P_2 + 6HCl \rightarrow \underset{\text{염화칼슘}}{3CaCl_2} + \underset{\text{인화수소(포스핀)}}{2PH_3} \uparrow$

② 인화알루미늄(AlP)

㉠ 융점이 2,550℃이고, 황색 또는 암회색 결정이다.

㉡ 물과 반응하여 유독한 포스핀가스(PH_3)를 발생한다.

㉢ 물과 반응식

$AlP + 3H_2O \rightarrow \underset{\text{수산화알루미늄}}{Al(OH)_3} + \underset{\text{인화수소(포스핀)}}{PH_3} \uparrow$

10년간 자주 출제된 문제

살충제 원료로 사용되기도 하는 암회색 물질로 물과 반응하여 포스핀가스를 발생할 위험이 있는 것은?

① 인화아연 ② 수소화나트륨
③ 칼 륨 ④ 나트륨

|해설|

물 또는 산과 반응하여 유독한 포스핀가스(PH_3)를 발생하는 것은 금속인화합물(제3류 위험물)이다.

정답 ①

핵심이론 12 | 칼슘 또는 알루미늄의 탄화물(카바이드, 300kg/위험등급Ⅲ)

① 탄화칼슘(CaC_2)

㉠ 융점이 2,370℃이고, 아세틸렌가스의 착화온도는 335℃, 연소범위는 2.5~81%이다.

㉡ 백색 결정이며, 시판품은 회색 또는 흑회색의 불규칙한 괴상으로 카바이드라고 부른다.

㉢ 물과 반응하여 아세틸렌가스를 발생하며, 밀폐용기에 저장하고 불연성 가스(N_2)로 봉입한다.

㉣ 소화는 마른모래, 탄산가스, 소화분말, 사염화탄소로 한다.

㉤ 고온(700℃)에서 질화되어 석회질소(칼슘시아나미드, $CaCN_2$)가 생성된다.

㉥ 반응식

- 물과의 반응식

$$CaC_2 + 2H_2O \rightarrow$$

$$\underset{\text{수산화칼슘}}{Ca(OH)_2} + \underset{\text{아세틸렌}}{C_2H_2}\uparrow + 27.8kcal$$

- 질화 반응(700℃)

$$CaC_2 + N_2 \rightarrow \underset{\text{칼슘시아나미드}}{CaCN_2} + \underset{\text{탄소}}{C} + \underset{\text{반응열}}{74.6kcal}$$

② 탄화알루미늄(Al_4C_3)

㉠ 융점이 2,100℃이고, 황색의 단단한 결정이다.

㉡ 물과 반응하여 메테인가스를 발생한다.

㉢ 물 및 포약제의 소화는 절대 금하고, 마른모래 등으로 피복소화한다.

㉣ 물과 반응식

$$Al_4C_3 + 12H_2O \rightarrow$$

$$\underset{\text{수산화알루미늄}}{4Al(OH)_3} + \underset{\text{메테인}}{3CH_4}\uparrow + 360kcal$$

③ 탄화망가니즈(Mn_3C)

㉠ 물과 반응하면 메테인과 수소를 발생한다.

㉡ 물과 반응식

$$Mn_3C + 6H_2O \rightarrow \underset{\text{수산화망가니즈}}{3Mn(OH)_2} + \underset{\text{메테인}}{CH_4}\uparrow + \underset{\text{수소}}{H_2}\uparrow$$

④ 기타 탄화물의 반응식

㉠ 탄화베릴륨

$$Be_2C + 4H_2O \rightarrow \underset{\text{수산화베릴륨}}{2Be(OH)_2} + \underset{\text{메테인}}{CH_4}\uparrow$$

㉡ 탄화마그네슘

$$Mg_2C_3 + 4H_2O \rightarrow \underset{\text{수산화마그네슘}}{2Mg(OH)_2} + \underset{\text{프로핀}}{C_3H_4}\uparrow$$

10년간 자주 출제된 문제

12-1. 다음 위험물의 저장 창고에 화재가 발생하였을 때 주수(注水)에 의한 소화가 오히려 더 위험한 것은?

① 염소산칼륨
② 과염소산나트륨
③ 질산암모늄
④ 탄화칼슘

12-2. 탄화칼슘의 성질에 대하여 옳게 설명한 것은?

① 공기 중에서 아르곤과 반응하여 불연성 기체를 발생한다.
② 공기 중에서 질소와 반응하여 유독한 기체를 낸다.
③ 물과 반응하면 탄소가 생성된다.
④ 물과 반응하여 아세틸렌가스가 생성된다.

|해설|

12-1

제3류 위험물(자연발화성 물질 및 금수성 물질)인 탄화칼슘은 물과 반응하여 발열하고 아세틸렌가스를 발생한다.

$$CaC_2 + 2H_2O \rightarrow Ca(OH)_2 + \underset{\text{아세틸렌 (가연성가스)}}{C_2H_2}\uparrow + 27.8kcal$$

12-2

탄화칼슘(CaC_2) : 제3류 위험물 중 칼슘 또는 알루미늄의 탄화물(카바이드)(300kg/위험등급Ⅲ)

- 물과 반응식
$CaC_2 + 2H_2O \rightarrow Ca(OH)_2 + C_2H_2\uparrow + 27.8kcal$
- 질소와 반응식
$CaC_2 + N_2 \rightarrow CaCN_2 + C + 74.6kcal$

정답 12-1 ④ 12-2 ④

제4절 제4류 위험물

핵심이론 01 인화성 액체

① 정 의

㉠ 액체(제3석유류, 제4석유류 및 동식물유류에 있어서는 1기압과 20℃에서 액상인 것에 한한다)로서 인화의 위험성이 있는 것을 말한다.

유 별	성 질	품 명		지정수량	위험등급	표 시
제4류	인화성 액체	1. 특수인화물		50L	Ⅰ	화기엄금
		2. 제1석유류	비수용성	200L	Ⅱ	
			수용성	400L		
		3. 알코올류		400L		
		4. 제2석유류	비수용성	1,000L	Ⅲ	
			수용성	2,000L		
		5. 제3석유류	비수용성	2,000L		
			수용성	4,000L		
		6. 제4석유류		6,000L		
		7. 동식물유류		10,000L		

㉡ 성질에 의한 품명 분류

구분	내용
특수인화물	1기압에서 인화점이 -20℃ 이하, 비점이 40℃ 이하 또는 발화점이 100℃ 이하인 것
제1석유류	1기압에서 액체로서 인화점이 21℃ 미만인 것
제2석유류	1기압에서 액체로서 인화점이 21℃ 이상 70℃ 미만인 것(가연성 액체량이 40wt% 이하이면서 인화점이 40℃ 이상인 동시에 연소점이 60℃ 이상인 것은 제외)
제3석유류	1기압에서 액체로서 인화점이 70℃ 이상 200℃ 미만인 것(가연성 액체량이 40wt% 이하인 것은 제외)
제4석유류	1기압에서 액체로서 인화점이 200℃ 이상 250℃ 미만인 것(가연성 액체량이 40wt% 이하인 것은 제외)

② 공통 성질

㉠ 착화온도가 낮은 것은 위험하다.

㉡ 인화되기 대단히 쉬운 액체이다.

㉢ 증기는 공기보다 무거우므로 전기콘센트는 1.5m 이상 높이에 설치해야 한다.

$$\text{증기비중} = \frac{\text{측정물질의 분자량}}{\text{평균대기 분자량}(\fallingdotseq 29)}$$

㉣ 일반적으로 물보다 가볍고 물에 잘 안 녹는다.

㉤ 증기는 공기와 약간 혼합되어도 연소의 우려가 있다.

③ 저장 및 취급방법

㉠ 화기 및 점화원으로부터 멀리 저장한다.

㉡ 증기 및 액체의 누설에 주의하여 저장하고, 증기 발생 시 높은 곳으로 배출한다.

㉢ 액체의 이송 및 혼합 시 정전기 방지를 위한 접지를 한다.

㉣ 증기의 축적을 방지하기 위하여 통풍장치를 하고, 찬 곳에 저장한다.

㉤ 인화점 이상으로 가열하여 취급하지 않는다(제3석유류, 제4석유류의 중질유는 인화점이 높으므로 인화점 이상 가열할 경우 제1석유류와 같은 위험성을 갖게 된다).

④ 소화방법

㉠ 주수소화는 유증기 발생 우려 및 연소면 확대로 절대 금한다.

㉡ 일반적으로 포약제에 의한 소화방법이 가장 적당하다.

㉢ 수용성인 알코올화재는 포약제 중 알코올포를 사용한다.

㉣ 물에 의한 분무소화(질식효과)도 효과적이다.

10년간 자주 출제된 문제

에틸알코올의 증기비중은 약 얼마인가?

① 0.72 ② 0.91
③ 1.13 ④ 1.59

|해설|

- 에틸알코올(C_2H_5OH)의 분자량 : $(12\times2)+(1\times6)+16=46$
- 평균대기 분자량 : N_2 80% : $28\times0.8=22.4$
  O_2 20% : $32\times0.2=6.4$
- 질소와 산소 분자량의 합 $=28.8\fallingdotseq29$
- $\text{증기비중}=\frac{\text{에틸알코올의 분자량}}{\text{평균대기 분자량}}=\frac{46}{29}=1.59$

정답 ④

핵심이론 02 | 제4류 위험물의 이해

제4류 위험물은 증기 발생 시 인화되기 쉬우므로 증기 발생을 억제하는 것이 중요하다.

> **인화** : 점화원 존재 시 가연성 증기가 연소하한에 이르러 불이 당겨 붙는 성질
> **발화(착화)** : 점화원 없이 가연성 증기가 스스로 연소하한에 이르러 불이 붙는 성질

① "알코올류"라 함은 1분자를 구성하는 탄소원자의 수가 1개부터 3개까지인 포화1가 알코올(변성알코올을 포함한다)을 말한다. 다만, 다음에 해당하는 것은 제외한다.

㉠ 1분자를 구성하는 탄소원자의 수가 1개 내지 3개의 포화1가 알코올의 함유량이 60wt% 미만인 수용액

㉡ 가연성 액체량이 60wt% 미만이고, 인화점 및 연소점(태그개방식 인화점측정기에 의한 연소점을 말한다)이 에틸알코올 60wt% 수용액의 인화점 및 연소점을 초과하는 것

② "동식물유류"라 함은 동물의 지육(枝肉 : 머리, 내장, 다리를 잘라 내고 아직 부위별로 나누지 않은 고기를 말한다) 등 또는 식물의 종자나 과육으로부터 추출한 것으로서 1기압에서 인화점이 250℃ 미만인 것을 말한다. 다만, 행정안전부령으로 정하는 용기기준과 수납·저장기준에 따라 수납되어 저장·보관되고 용기의 외부에 물품의 통칭명, 수량 및 화기엄금(화기엄금과 동일한 의미를 갖는 표시를 포함한다)의 표시가 있는 경우를 제외한다.

핵심이론 03 | 특수인화물(50L/위험등급 Ⅰ)

이황화탄소, 다이에틸에터, 그 밖에 1기압에서 발화점이 100℃ 이하 또는 인화점이 −20℃ 이하, 비점이 40℃ 이하인 것을 말한다.

① 이황화탄소(CS_2)

㉠ 인화점은 −30℃, 발화(착화)점은 90℃, 폭발범위는 1.0~50%, 비중은 1.26, 비점은 46℃이다.

㉡ 무색 투명한 액체이나 일광에 쬐이면 황색으로 변색한다.

㉢ 액체는 물보다 무거우며 독성이 있고, 저장 시 수조(물탱크)에 저장한다.

㉣ 비수용성이고, 가연성 증기 발생을 억제하기 위해 물탱크에 저장한다.

㉤ 제4류 위험물 중 착화온도(90℃)가 가장 낮다.

㉥ 화재 시 포말, 분말, CO_2, 할로젠화합물 소화기 등을 사용해 질식소화한다.

㉦ 반응식

- 연소 반응식

$$CS_2 + 3O_2 \rightarrow \underset{\text{이산화탄소}}{CO_2} + \underset{\text{아황산가스(이산화황)}}{2SO_2}$$

- 물과 가열(150℃)

$$CS_2 + 2H_2O \rightarrow \underset{\text{이산화탄소}}{CO_2} + \underset{\text{황화수소}}{2H_2S}$$

② 다이에틸에터($C_2H_5OC_2H_5$, 에틸에터/에터)

일반식	R−O−R′(R은 알킬기)
구조식	(구조식: 지그재그 사슬 중앙에 O)

㉠ 인화점은 −40℃, 발화(착화)점은 160℃, 폭발범위는 1.7~48%, 비점은 34℃, 비중은 0.7이다.

㉡ 무색 투명한 휘발성이 강한 액체이며, 증기는 마취성이 있다.

㉢ 증기는 제4류 위험물 중 인화성이 가장 강하고, 물에 약간 녹으며, 알코올에 잘 녹는다.

㉣ 소화는 이산화탄소(CO_2)에 의한 질식소화가 가장 적당하다.

㉤ 공기와 장시간 접촉하거나 직사일광에 노출되면 분해되어 과산화물을 생성하므로 갈색병에 저장하고, 체적팽창이 크므로 용기의 공간용적을 2% 이상으로 한다.

㉥ 인화성이며, 과산화물이 생성되면 제5류 위험물과 같은 위험성을 갖는다.

- 과산화물 검출시약 : 아이오딘화(요오드화)칼륨(KI) 10% 수용액 → 황색 변화(과산화물 존재)
- 과산화물 제거시약 : $FeSO_4$(황산제일철, 환원철)
- 과산화물 제거조치 : 40mesh 구리망에 넣거나 5% 용량의 물을 넣는다.

㉦ 제조법

$$\underset{\text{에틸알코올}}{C_2H_5OH} + \underset{\text{에틸알코올}}{C_2H_5OH} \xrightarrow[\text{탈수제}]{C-H_2SO_4} \underset{\text{다이에틸에터}}{C_2H_5OC_2H_5} + \underset{\text{물}}{H_2O}$$

③ 아세트알데하이드(CH_3CHO, 초산알데하이드)

일반식	R－CHO(R은 알킬기)
구조식	H－C(H)(H)－C(=O)－H

㉠ 인화점은 −40℃, 발화(착화)점은 185℃, 폭발범위는 4.0~60%, 비점은 21℃(가장 낮음), 비중은 0.78이다.

㉡ 물에 잘 녹고(수용성), 자극성의 과일향을 갖는 무색투명한 액체이다.

㉢ 약간의 압력으로 과산화물을 생성하고, 분무소화(안개모양의 물), 질식소화한다.

㉣ 구리, 마그네슘, 은, 수은 및 이의 합금용기에 저장을 절대 금한다.

㉤ 용기 내부에는 불연성 가스(N_2) 또는 수증기를 봉입시켜야 한다.

㉥ 보냉장치를 사용해 저장실의 온도를 비점(21℃) 이하로 유지시킨다.

㉦ 환원력이 강하므로 은거울반응·펠링반응을 한다.

- 은거울반응 : 환원성 물질에 질산은($AgNO_3$)을 반응시키면 은이 된다.
- 펠링반응 : 환원성 물질에 펠링용액(푸른색)을 반응시키면 산화제일구리(적색)가 침전한다.

④ 산화프로필렌(CH_3CH_2CHO, 프로필렌옥사이드)

구조식	H－C(H)(H)－C(H)－C(H)－H (C–C–O 고리)

㉠ 인화점은 −37℃, 발화(착화)점은 449℃, 폭발범위는 2.8~37%, 비점은 35℃, 비중은 0.82이다.

㉡ 물, 알코올, 에터, 벤젠 등에 잘 녹는 무색 투명한 휘발성 액체이다.

㉢ 증기와 액체는 인체에 해롭다(증기 흡입으로 폐부종, 피부접촉으로 동상 증상을 유발).

㉣ 제4류 위험물 중 증기압(45mmHg)이 가장 크고, 기화되기 쉽다.

㉤ 소화는 CO_2 분말, 할로젠화합물 소화기(포말은 소포되므로 사용하지 못한다)를 사용한다.

㉥ 저장은 구리, 마그네슘, 은, 수은 및 이의 합금용기는 절대 금한다.

㉦ 용기 내부에는 불연성 가스(N_2) 또는 수증기를 봉입시켜야 한다.

⑤ 기 타

㉠ 아이소프렌(인화점 −54℃)

㉡ 아이소펜테인(인화점 −51℃)

㉢ 펜테인(인화점 −57℃)

10년간 자주 출제된 문제

3-1. 다이에틸에테르에 대한 설명 중 틀린 것은?

① 강산화제와 혼합 시 안전하게 사용할 수 있다.
② 대량으로 저장 시 불활성가스를 봉입한다.
③ 정전기 발생방지를 위해 주의를 기울여야 한다.
④ 통풍, 환기가 잘되는 곳에 저장한다.

3-2. 다음 위험물 중 비중이 물보다 큰 것은?

① 다이에틸에터
② 아세트알데하이드
③ 산화프로필렌
④ 이황화탄소

3-3. 다음 위험물 중 착화온도가 가장 높은 것은?

① 이황화탄소
② 다이에틸에터
③ 아세트알데하이드
④ 산화프로필렌

|해설|

3-1

강산화제는 산화력이 매우 크고 단독으로 폭발을 일으킬 수 있는 위험이 있다. 다이에틸에터는 제4류 위험물 중 인화성이 가장 강한 물질로 강산화제와 혼합 시 혼촉발화의 위험을 갖는다.

다이에틸에터

- 연소하면 이산화탄소를 발생하고, 마취제로 사용한다.
- 증기비중은 2.55이며 물에 미량 녹고, 알코올, 에터에 잘 녹는다. 직사일광, 공기와 접촉 시 과산화물이 생성되므로 갈색병에 저장한다.
- $2C_2H_5OH$ (에틸알코올) → $C-H_2SO_4$ (탈수제) → $(C_2H_5)_2O$ (다이에틸에터) + H_2O (물)
- 연소범위는 1.7~48%이다.

3-2

제4류 위험물 중 특수인화물인 이황화탄소(비중 1.26)는 물보다 무겁고 불쾌한 냄새가 나는 무채색 또는 노란색 액체이다.

3-3

착화온도

이황화탄소	다이에틸에터	아세트알데하이드	산화프로필렌
90℃	160℃	185℃	449℃

정답 3-1 ① 3-2 ④ 3-3 ④

핵심이론 04 제1석유류([비수용성]200L, [수용성]400L/위험등급Ⅱ)

1기압에서 액체로서 인화점이 21℃ 미만인 것이다.

① 아세톤(CH_3COCH_3, 다이메틸케톤, [수용성] 400L)

일반식	R－CO－R′(R은 알킬기)
구조식	H－C(H)(H)－C(=O)－C(H)(H)－H

㉠ 인화점은 －18.5℃, 발화(착화)점은 465℃이다. 또한 물에 잘 녹으며 무색 투명하고 독특한 냄새가 나는 액체이다.

㉡ 일광에 분해되고, 보관 중에 황색으로 변한다.

㉢ 피부에 닿으면 탈지작용(피부의 지방층을 녹여 피부에 하얀 분비물이 생긴다)을 일으킨다.

㉣ 소화방법은 수용성이므로 분무소화가 가장 좋으며, 질식소화기도 좋고, 화학포는 소포되므로 알코올포소화기를 사용한다.

㉤ 2차 알코올이 산화되면 케톤이 된다(아세톤은 2차 알코올이 산화된 케톤이다).

㉥ 연소 반응식

$$CH_3COCH_3 + 4O_2 \rightarrow 3CO_2 + 3H_2O$$

② 휘발유(가솔린, [비수용성] 200L)

㉠ 인화점은 －43℃, 발화(착화)점은 280~456℃, 폭발범위는 1.2~7.6%이다.

㉡ 증기비중은 3.0~4.0, 비중은 0.7~0.8, 비점은 32~220℃이다.

㉢ 공업용은 무색, 자동차용은 노란색(무연)이다.

㉣ 포화・불포화 탄화수소가 주성분

- 유연가솔린 첨가물 : 사에틸납[$(CH_2H_5)_4Pb$ － 맹독성(1993년 1월 생산 중지)]
- 무연가솔린 첨가물 : MTBE(메틸터셔리부틸에터) － 옥테인값을 높이는 물질, 메틸알코올

ⓜ 폭발성 측정치 : 옥테인값(옥테인가)

※ 옥테인값 : iso(아이소)옥테인을 100, n(노멀)헵테인을 0으로 하여 가솔린의 품질을 정하는 기준

ⓗ 제조법 : 직류법(분류법), 열분해법(크래킹), 접촉개질법(리포밍)

ⓢ 소화방법은 대량일 경우 포말소화기가 가장 좋고, 질식소화기(CO_2, 분말)도 좋다.

③ 벤젠(C_6H_6, 벤졸, [비수용성] 200L)

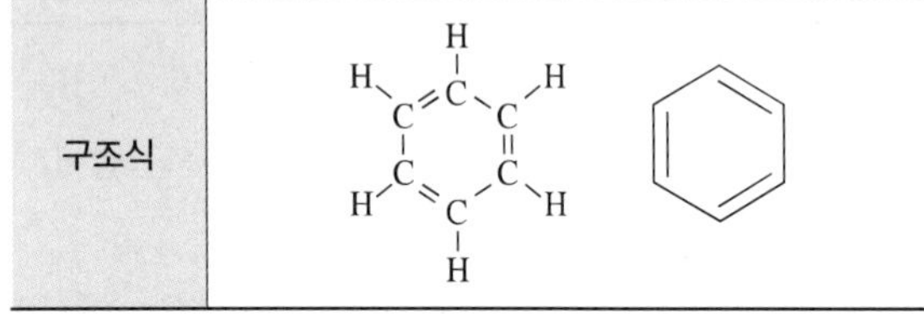

㉠ 인화점은 −11℃, 융점은 7.0℃, 발화(착화)점은 498℃, 폭발범위는 1.4~8.0%, 비점은 79℃이다.

㉡ 겨울철에는 고체 상태이면서 가연성 증기를 발생하므로 취급에 주의해야 한다.

㉢ 비중은 0.95이고, 무색 투명한 방향을 갖는 액체이며 알코올, 에터에 녹고 증기는 독성을 갖는다.

㉣ 고농도의 증기(2%)를 5~10분 흡입 시 치사에 이르며, 유해한도는 100ppm이다.

㉤ 소화방법은 대량일 경우 포말소화기가 가장 좋고, 질식소화기(CO_2, 분말)도 좋다.

㉥ 연소 반응식

$$2C_6H_6 + 15O_2 \rightarrow \underset{\text{이산화탄소}}{12CO_2} + \underset{\text{물}}{6H_2O}$$

④ 톨루엔($C_6H_5CH_3$, 메틸벤젠, [비수용성] 200L)

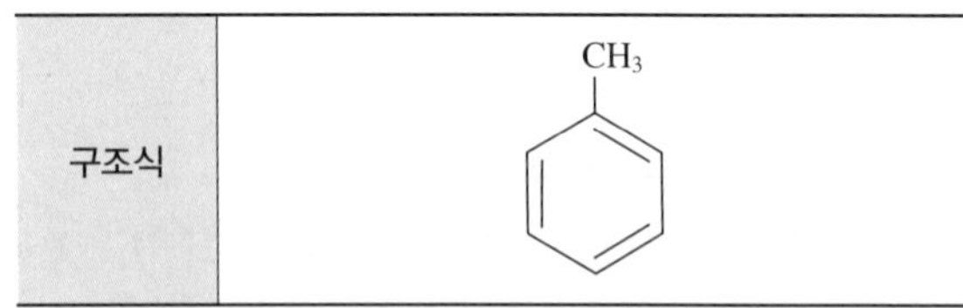

㉠ 인화점은 4℃, 발화(착화)점은 480℃, 비중은 0.86, 무색 투명한 휘발성 액체이다.

㉡ TNT(트라이나이트로톨루엔, 제5류 위험물)의 원료이며, 물에 용해되지 않고 유기용제에 용해된다.

㉢ 벤젠핵의 수소(H)와 메틸기($-CH_3$)가 치환된 것으로 독성은 벤젠의 $\frac{1}{10}$이다.

㉣ 소화방법은 대량일 경우 포말소화기가 가장 좋고 질식소화기(CO_2, 분말)도 좋다.

㉤ TNT : $\underset{\text{톨루엔}}{C_6H_5CH_3} + \underset{\text{질산}}{3HNO_3} \xrightarrow[\text{나이트로화}]{C-H_2SO_4}$

$$\underset{\text{트라이나이트로톨루엔}}{C_6H_2(NO_2)_3CH_3} + \underset{\text{물}}{3H_2O}$$

⑤ 콜로디온([비수용성] 200L)

㉠ 인화점이 −18℃이고, 무색의 점성이 있는 액체이다.

㉡ 연소 시 용제가 휘발한 후에 폭발적으로 연소한다.

㉢ 질화도가 낮은 질화면을 에틸알코올과 다이에틸에터를 3 : 1 비율로 혼합액에 녹인 것이다.

⑥ 메틸에틸케톤($CH_3COC_2H_5$, MEK, [비수용성] 200L)

㉠ 인화점은 −7.0℃, 발화(착화)점은 505℃, 폭발범위는 1.8~10%, 비점은 80℃이다.

㉡ 무색의 액체(비중 0.81)이며 물, 알코올, 에터에 잘 녹는다.

㉢ 탈지작용(피부의 지방층을 녹여 피부에 하얀 분비물이 생김), 직사일광에서 분해한다.

㉣ 화재 시 물 분무 또는 알코올포로 질식 소화한다.

㉤ 저장 시 용기는 밀폐하여 통풍이 양호하고 찬 곳에 저장한다.

※ 메틸에틸케톤(MEK)은 수용성이지만 비수용성으로 분류된다.

⑦ 피리딘(C_5H_5N, 아딘, [수용성] 400L)

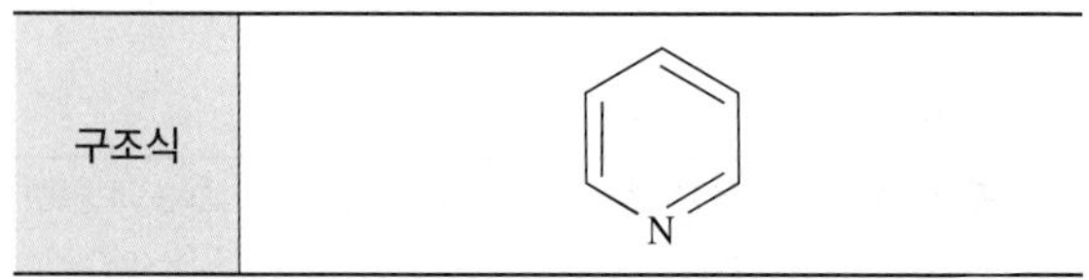

㉠ 인화점은 16℃, 발화(착화)점은 482℃, 폭발범위는 1.8~ 12.4%, 비점은 115℃, 비중은 0.99이다.

㉡ 순수한 것은 무색 투명하고, 불순물이 있으면 황색을 띠며 약 알칼리성을 나타낸다.

㉢ 물, 알코올, 에터에 잘 녹고 흡습성이 강하고 질산과 가열해도 폭발하지 않는다.

㉣ 악취와 독성을 가지고 있으며, 인화점이 상온과 거의 비슷하다.

㉤ 최대허용농도는 5ppm이다.

⑧ 헥세인(헥산, C_6H_{14}, [비수용성] 200L)

무색 투명한 휘발성 액체로 물에 녹지 않고 알코올, 에터에 녹는다.

⑨ 초산에스테르류(아세트산에스테르류)

㉠ 초산메틸(CH_3COOCH_3, 아세트산메틸, [비수용성] 200L)

구조식	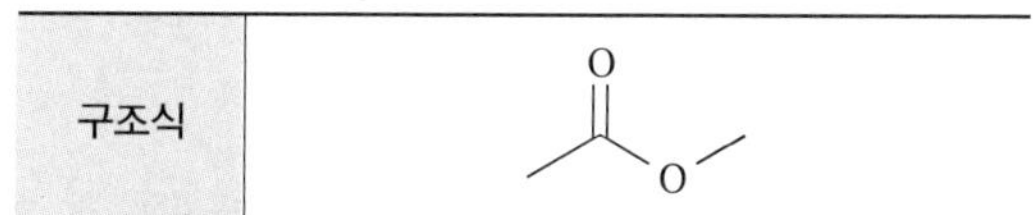

- 인화점은 -10℃, 발화(착화)점은 454℃, 초산에스테르류 중 수용성이 가장 크다.
- 마취성 및 독성에 향기가 있고 물에 녹으며 수지, 유기물을 잘 녹인다.
- 초산과 메틸알코올의 축합물로서 가수분해하면 초산과 메틸알코올이 된다.
- 소화방법은 알코올포를 사용하고, 강산화제와 접촉을 금한다.
- 탈지작용(피부의 지방층을 녹여 피부에 하얀 분비물이 생김)을 한다.

㉡ 초산에틸($CH_3COOC_2H_5$, 아세트산에틸, [비수용성] 200L)

구조식	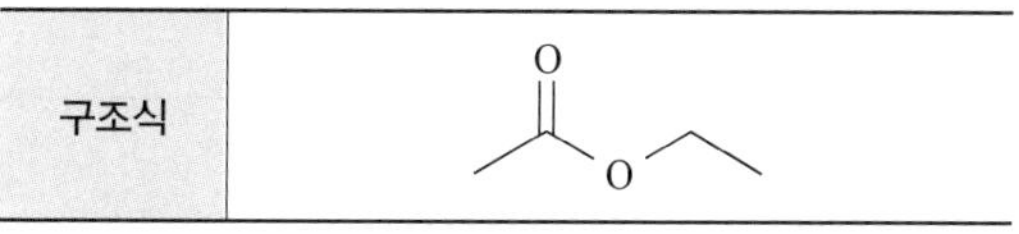

- 인화점은 -3.0℃, 발화(착화)점은 429℃로 수용성이 비교적 적다.
- 과일에센스(파인애플향)로 사용된다.

㉢ 초산아이소프로필($CH_3COOCH(CH_3)_2$, 아세트산아이소프로필, [비수용성] 200L)

- 인화점은 4.0℃, 발화(착화)점은 460℃이다.
- 불용성이다.

⑩ 의산에스테르류(개미산/폼산에스테르류)

㉠ 의산메틸($HCOOCH_3$, 개미산메틸, 폼산메틸, [수용성] 400L)

구조식	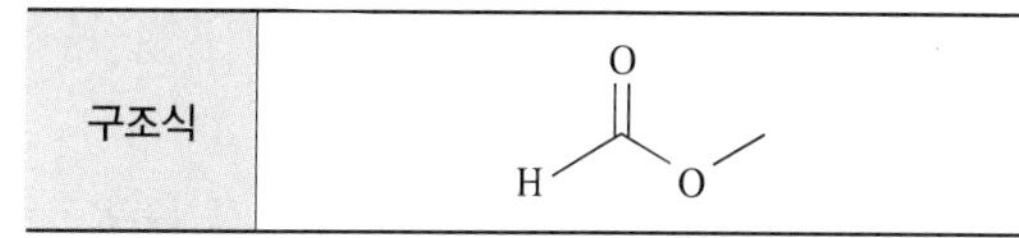

- 인화점은 -19℃, 발화(착화)점은 449℃, 럼주와 같은 냄새가 난다.
- 마취성 및 독성을 가지고 있으며 수용성이다.
- 의산에스테류 중 수용성이 가장 크며, 수용성이므로 소화 시 포는 알코올포를 사용한다.
- 의산과 메틸알코올의 축합물로서 가수분해하여 의산과 메틸알코올이 된다.

㉡ 의산에틸($HCOOC_2H_5$, 개미산에틸, 폼산에틸, [비수용성] 200L)

- 인화점은 -19℃, 발화(착화)점은 440℃이고, 복숭아향을 내며 수용성이다.
- 에터, 벤젠에 잘 녹으며 물에는 약간 녹는다.

10년간 자주 출제된 문제

4-1. 가솔린의 연소범위(vol%)에 가장 가까운 것은?

① 1.2~7.6 ② 8.3~11.4
③ 12.5~19.7 ④ 22.3~32.8

4-2. 위험물의 인화점에 대한 설명으로 옳은 것은?

① 톨루엔이 벤젠보다 낮다.
② 피리딘이 톨루엔보다 낮다.
③ 벤젠이 아세톤보다 낮다.
④ 아세톤이 피리딘보다 낮다.

4-3. 피리딘의 일반적인 성질에 대한 설명 중 틀린 것은?

① 순수한 것은 무색 액체이다.
② 약알칼리성을 나타낸다.
③ 물보다 가볍고, 증기는 공기보다 무겁다.
④ 흡습성이 없고, 비수용성이다.

|해설|

4-1

제4류 위험물(인화성 액체) 중 제1석유류인 가솔린(휘발유)의 연소범위는 1.2~7.6%이다.

4-2

인화점

톨루엔	벤 젠	아세톤	피리딘
4.0℃	-11℃	-18.5℃	16.0℃

4-3

피리딘(C_5H_5N, 아딘)

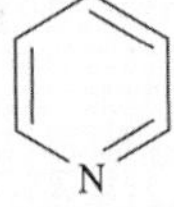

- 제4류 위험물(인화성 액체) 중 제1석유류이다.
- 수용성 물질로 지정수량은 400L이다.
- 약염기성을 나타낸다.

정답 4-1 ① 4-2 ④ 4-3 ④

핵심이론 05 | 알코올류(400L/위험등급Ⅱ)

1분자를 구성하는 탄소원자수가 C_1~C_3인 포화 1가 알코올(변성알코올을 포함)을 말한다.

① 메틸알코올(CH_3OH, 메탄올, 목정)

일반식	R－OH(R은 알킬기)
구조식	H－C(－H)(－H)－O－H

㉠ 인화점은 11℃, 발화(착화)점은 464℃, 비점은 65℃, 폭발범위는 6.0~36%이다.

㉡ 30~100mL 복용 시 실명 또는 치사에 이르며, 수용성이 가장 크다.

㉢ 무색 투명하며 목재 건류의 유출액으로 목정이라고 한다.

㉣ 소화는 각종 소화기를 사용하나 포말소화기를 사용할 때 화학포·기계포는 소포되므로 특수포인 알코올포를 사용한다.

㉤ 연소 시 주간에는 불꽃이 잘 보이지 않지만, 공기 중에서 연소 시 연한 불꽃을 낸다.

㉥ 연소 반응식

$$2CH_3OH + 3O_2 \rightarrow \underset{\text{이산화탄소}}{2CO_2} + \underset{\text{물}}{4H_2O}$$

㉦ 산화·환원반응

$$\underset{\text{메틸알코올}}{CH_3OH} \underset{\text{환원}}{\overset{\text{산화}}{\rightleftarrows}} \underset{\text{폼알데하이드}}{HCHO} \underset{\text{환원}}{\overset{\text{산화}}{\rightleftarrows}} \underset{\text{폼산(개미산)}}{HCOOH}$$

② 에틸알코올(C_2H_5OH, 에탄올, 주정)

일반식	R－OH(R은 알킬기)
구조식	H－C(－H)(－H)－C(－H)(－H)－O－H

㉠ 인화점은 13℃, 발화(착화)점은 423℃, 비점은 80℃, 폭발범위는 3.1~27.7%이다.

㉡ 검출법 : 아이오도폼 반응으로 황색침전이 생성된다.

㉢ 무색 투명하며 술속에 포함되어 있어 주정이라고 한다.

㉣ 물에 아주 잘 녹으며 유기용제로 연소 시 주간에는 불꽃이 잘 보이지 않는다.

㉤ 산화되면 아세트알데하이드를 거쳐 최종적으로 아세트산(초산)이 된다.

㉥ 진한 황산과 혼합하여 140℃에서 가열하면 다이에틸에터와 물이 나오며, 160℃에서 가열하면 에틸렌과 물이 나온다.

㉦ 반응식

- 아이오도폼 반응식 : 황색 침전(CHI_3)

$$\underset{\text{에틸알코올}}{C_2H_5OH} + \underset{\text{수산화칼륨}}{6KOH} + \underset{\text{아이오딘}}{4I_2} \rightarrow$$

$$\underset{\text{아이오도폼}}{CHI_3} + \underset{\text{아이오딘화칼륨}}{5KI} + \underset{\text{폼산칼륨}}{HCOOK} + \underset{\text{물}}{5H_2O}$$

- 산화・환원 반응식

$$\underset{\text{에틸알코올}}{C_2H_5OH} \underset{\text{환원}}{\overset{\text{산화}}{\rightleftarrows}} \underset{\text{아세트알데하이드}}{CH_3CHO} \underset{\text{환원}}{\overset{\text{산화}}{\rightleftarrows}} \underset{\text{아세트산}}{CH_3COOH}$$

- 연소 반응식

$$C_2H_5OH + 3O_2 \rightarrow \underset{\text{이산화탄소}}{2CO_2} + \underset{\text{물}}{3H_2O}$$

- 진한 황산과 반응식(140℃)

$$2C_2H_5OH \xrightarrow[\text{탈수축합}]{C-H_2SO_4} \underset{\text{다이에틸에터}}{C_2H_5OC_2H_5} + \underset{\text{물}}{H_2O}$$

- 진한 황산과 반응식(160℃)

$$C_2H_5OH \xrightarrow[\text{160℃ 탈수}]{C-H_2SO_4} \underset{\text{에틸렌}}{C_2H_4} + \underset{\text{물}}{H_2O}$$

③ 프로필알코올(C_3H_7OH, 프로판올)

구조식	H H H H－C－C－C－H H OH H

㉠ 물에 아주 잘 섞이며 아세톤, 에터 등 유기용제에 잘 녹는다.

㉡ 산화되면 아세톤이 생성되고 탈수하면 프로필렌이 생성된다.

㉢ 각종 소화기를 사용하며 수용성이므로 알코올포를 사용한다.

④ 변성알코올

에틸알코올에 메틸알코올 또는 석유 등이 혼합되어 음료에는 부적당하며 공업용으로 사용되는 값이 싼 알코올이다.

⑤ 퓨젤유

아이소아밀알코올이 주성분이며 알코올을 발효할 때 발생되며 이용가치가 별로 없다.

10년간 자주 출제된 문제

5-1. 위험물안전관리법령상 위험등급의 종류가 나머지 셋과 다른 하나는?

① 제1류 위험물 중 다이크로뮴산염류
② 제2류 위험물 중 인화성 고체
③ 제3류 위험물 중 금속의 인화물
④ 제4류 위험물 중 알코올류

5-2. 에틸알코올의 증기비중은 약 얼마인가?

① 0.72 ② 0.91
③ 1.13 ④ 1.59

|해설|

5-1

- 위험등급Ⅱ : 알코올류(400L)
- 위험등급Ⅲ : 다이크로뮴산염류(1,000kg), 인화성 고체(1,000kg), 금속의 인화물(300kg)

5-2

- 에틸알코올(C_2H_5OH)의 분자량 : (12 × 2) + (1 × 6) + 16 = 46
- 평균대기 분자량 : N_2 80% : 28 × 0.8 = 22.4, O_2 20% : 32 × 0.2 = 6.4

  질소와 산소 분자량의 합은 28.8≒29

$$\therefore \text{ 증기비중} = \frac{\text{에틸알코올의 분자량}}{\text{평균대기 분자량}} = \frac{46}{29} = 1.59$$

정답 5-1 ④ 5-2 ④

핵심이론 06 제2석유류([비수용성]1,000L, [수용성] 2,000L/위험등급Ⅲ)

1기압에서 액체로서 인화점이 21℃ 이상 70℃ 미만인 것(가연성 액체량이 40wt% 이하이면서 인화점이 40℃ 이상인 동시에 연소점이 60℃ 이상은 제외)

① 등유(케로신, [비수용성] 1,000L)

㉠ 인화점은 39℃ 이상, 발화(착화)점은 210℃, 폭발범위는 0.7~5.0vol%이다.

㉡ 증기비중은 4.5(제4류 위험물 중 큰 편에 속한다), 비중 0.79~0.85로 물에 녹지 않고 유기용제에 잘 녹는다.

㉢ 탄소수 C_9~C_{18}가 되는 포화·불포화 탄화수소가 주성분인 혼합물이다.

② 경유(디젤유, [비수용성] 1,000L)

㉠ 인화점은 41℃ 이상, 발화(착화)점은 257℃, 폭발범위는 0.6~7.5vol%이다.

㉡ 증기비중은 1.0 미만, 비중은 0.82~0.84이며, 물에 녹지 않고 유기용제에 잘 녹는다.

㉢ 탄소수 C_{15}~C_{20}가 되는 포화·불포화 탄화수소가 주성분인 혼합물이다.

③ 자일렌($C_6H_4(CH_3)_2$, 크실렌, 크시롤, 다이메틸벤젠, [비수용성] 1,000L)

명 칭	o-자일렌	m-자일렌	p-자일렌
구조식	CH_3, CH_3	CH_3, CH_3	CH_3, CH_3
희랍어	o : ortho(기본)	m : meta(중간)	p : para(반대)
한국어	오쏘자일렌	메타자일렌	파라자일렌
인화점	32℃	27℃	27℃

㉠ 벤젠의 수소원자 2개가 메틸기($-CH_3$)로 치환된 것이다.

㉡ 무색 투명하며 톨루엔과 비슷한 성질을 가지고 있다.

㉢ 소화방법은 대량일 경우 포말소화기가 가장 좋고 질식소화기(CO_2, 분말)도 좋다.

㉣ 물에 용해되지 않고 알코올, 에터 등 유기용제에 용해된다.

④ 의산(HCOOH, 개미산, 폼산, [수용성] 2,000L)

구조식	$H-C(=O)-O-H$

㉠ 인화점은 55℃, 발화(착화)점은 540℃, 비점은 108℃, 비중은 1.2이다.

㉡ 물에 잘 녹으며 물보다 무겁고, 무색 투명한 자극성을 갖는 액체이다.

㉢ 알데하이드와 같은 강한 환원력을 갖고, 피부와 접촉하면 수포상의 화상을 입는다.

㉣ 저장용기는 내산성 용기를 사용하고, 연소 시 푸른 불꽃을 내며 연소한다.

㉤ 은거울반응을 하며, 펠링 용액을 환원시킨다.

㉥ 초산보다 강산이며, 포말소화기는 거품이 터지므로 알코올포소화기를 쓰거나 CO_2, 분말, 할로젠화합물소화기를 사용한다.

⑤ 초산(CH_3COOH, 빙초산, 아세트산, [수용성] 2,000L)

일반식	R-COOH(R은 알킬기)
구조식	$H-CH_2-C(=O)-O-H$

㉠ 인화점은 40℃, 발화(착화)점은 485℃, 폭발범위는 6.0~17%, 융점은 16.2℃이다(융점이 16.2℃이므로 겨울에는 얼음과 같은 상태로 존재하므로 빙초산이라고도 한다).

㉡ 비점은 118℃, 비중은 1.05로 물보다 무겁고, 물에 잘 녹는다.

㉢ 피부와 접촉하면 수포상의 화상을 입고, 저장용기는 내산성 용기를 사용한다.

㉣ 3.0~5.0% 수용액을 식초라 한다.

㉤ 소화에는 알코올포소화기, CO_2, 분말, 할로젠화합물소화기를 사용한다.

⑥ **테레빈유**($C_{10}H_{16}$, 타펜유, 송정유, [비수용성] 1,000L)

소나무의 껍질에 상처를 내서 얻은 나무의 진을 수증기로 증류하여 얻으며 독성을 갖는다.

㉠ 인화점은 35℃, 발화(착화)점은 253℃이고 피넨($C_{10}H_{16}$) 80~90%가 주성분이다.

㉡ 무색 또는 담황색의 액체로 공기 중 산화가 쉽고 독성이 있다.

㉢ 물에 녹지 않으며 헝겊 및 종이 등에 스며들어 자연 발화한다.

㉣ 소화방법은 대량일 경우 포말소화기가 가장 좋고 질식소화기(CO_2, 분말)도 좋다.

⑦ **클로로벤젠**(C_6H_5Cl, 클로로벤졸, 염화페닐, [비수용성] 1,000L)

구조식	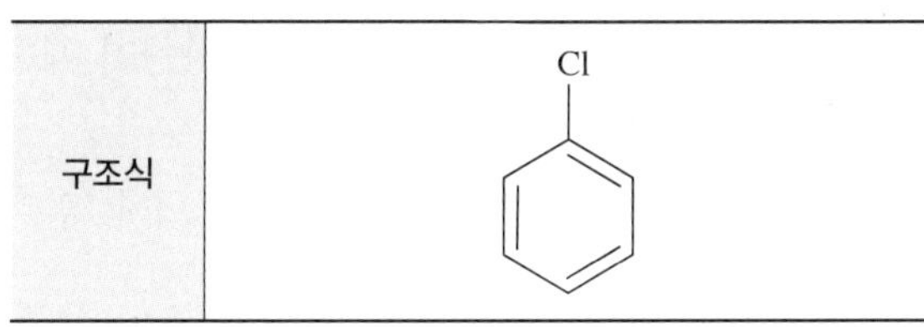

㉠ 인화점은 27℃, 발화(착화)점은 638℃, 폭발범위는 1.3~11%, 비중은 1.11이다.

㉡ 무색의 액체로 물보다 무거우며, 물에는 녹지 않고 유기용제에 녹는다.

㉢ 증기는 공기보다 무겁고 마취성이 있으며, DDT의 원료로 사용된다.

⑧ **장뇌유**(백색유, 적색유, 감색유, [비수용성] 1,000L)

㉠ 장뇌를 분리한 기름이고 방향성 액체이다.

㉡ 정제 분류에 따라서 백색유, 적색유, 감색(곤색)유로 구분한다.

㉢ 물에 녹지 않고 유기용제에 잘 녹는다.

㉣ 백색유 : 방부제, 적색유 : 비누향료, 감색(곤색)유 : 선광유

㉤ 소화방법은 대량일 경우 포말소화기가 가장 좋고 질식소화기(CO_2, 분말)도 좋다.

⑨ **스타이렌**($C_6H_5CHCH_2$, 스티렌, 스티놀, 비닐벤젠, [비수용성] 1,000L)

구조식	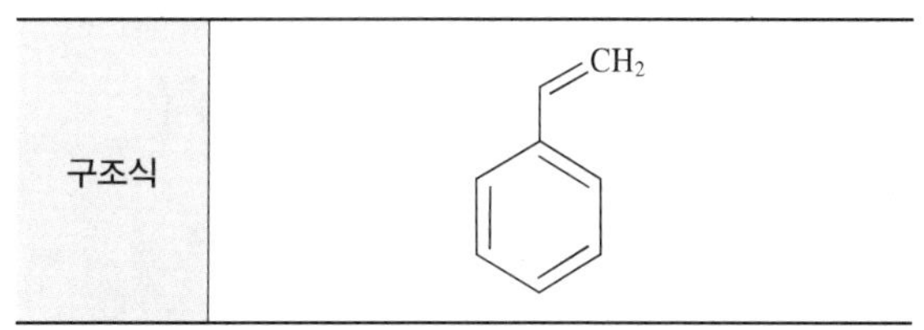

㉠ 인화점은 32℃, 발화(착화)점은 490℃이다. 무색의 액체이며 물에 녹지 않고 유기용제에 녹는다.

㉡ 스타이렌의 중합체를 폴리스타이렌이라 한다.

㉢ 피부와 접촉 시 염증을 일으킬 수 있으며, 증기는 유독성이다.

㉣ 소화방법은 대량일 경우 포말소화기가 가장 좋고 질식소화기(CO_2, 분말)도 좋다.

⑩ **송근유**([비수용성] 1,000L)

인화점은 54~78℃, 발화(착화)점은 약 355℃이며, 황갈색의 독특한 냄새를 갖는 액체이다.

⑪ **에틸셀로솔브**($C_2H_5OCH_2CH_2OH$, [수용성] 2,000L)

㉠ 인화점은 40℃이고, 무색의 수용성 액체로서 용제 및 유리의 청결제로 쓰인다.

㉡ 가수분해하여 에틸알코올 및 에틸렌글리콜을 만든다.

⑫ **메틸셀로솔브**($CH_3OCH_2CH_2OH$, [수용성] 2,000L)

㉠ 무색의 휘발성 액체로 아세톤, 물, 에터에 용해된다.

㉡ 저장용기는 철제 사용을 금하고 스테인리스 용기를 사용한다.

⑬ **하이드라진 모노하이드레이트**([수용성] 2,000L)

㉠ 무색의 맹독성 발연성 액체로 하이드라진 기체가 물에 용해된 것을 말한다.

㉡ 물, 알코올에 잘 용해되고 에터에는 불용성이다.

㉢ 약알칼리성으로 180℃에서 암모니아와 질소로 분해된다.

$$2N_2H_4 \cdot H_2O \rightarrow \underset{\text{암모니아}}{2NH_3} + \underset{\text{질소}}{N_2} + \underset{\text{수소}}{H_2} + \underset{\text{물}}{H_2O}$$

10년간 자주 출제된 문제

6-1. 제2석유류에 해당하는 물질로만 짝지어진 것은?

① 등유, 경유 ② 등유, 중유
③ 글리세린, 기계유 ④ 글리세린, 장뇌유

6-2. 하이드라진에 대한 설명으로 틀린 것은?

① 외관은 물과 같이 무색투명하다.
② 가열하면 분해하여 가스를 발생한다.
③ 위험물안전관리법령상 제4류 위험물에 해당한다.
④ 알코올, 물 등의 비극성 용매에 잘 녹는다.

6-3. 제4류 위험물인 클로로벤젠의 지정수량으로 옳은 것은?

① 200L ② 400L
③ 1,000L ④ 2,000L

|해설|

6-1

등유와 경유는 제2석유류이다.

제4류 위험물

제1석유류	아세톤, 휘발유, 벤젠, 톨루엔, 피리딘, 사이안화수소, 초산메틸 등
제2석유류	등유, 경유, 장뇌유, 테레빈유, 폼산 등
제3석유류	중유, 크레오소트유, 글리세린, 나이트로벤젠 등
제4석유류	기어유, 실린더유, 터빈유, 모빌유, 엔진오일 등

6-2

- 하이드라진은 제4류 위험물(제2석유류)이다.
- 약알칼리성으로 180℃에서 암모니아와 질소로 분해된다.
$2N_2H_4 \cdot H_2O \rightarrow 2NH_3 + N_2 + H_2 + H_2O$
- 물, 알코올 등(극성 용매)에 잘 용해된다.

6-3

클로로벤젠(C_6H_5Cl)은 제2석유류 비수용성으로 지정수량은 1,000L이다.

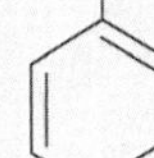

- 무색의 액체로 물보다 무거우며, 유기용제에 녹는다.
- 증기는 공기보다 무겁고 마취성이 있다.
- DDT의 원료로 사용된다.

정답 6-1 ① 6-2 ④ 6-3 ③

핵심이론 07 제3석유류([비수용성]2,000L, [수용성] 4,000L/위험등급Ⅲ)

1기압에서 액체로서 인화점이 70℃ 이상 200℃ 미만인 것(가연성 액체량이 40wt% 이하인 것은 제외)

① 중유(직류중유, 분해중유, [비수용성] 2,000L)

㉠ 직류중유
- 인화점은 60~150℃, 착화점은 254~405℃이다.
- 주로 디젤기관의 연료로 사용되며 분무성이 좋다.

㉡ 분해중유
- 인화점은 70℃ 이상, 발화(착화)점은 400℃ 이상이다.
- 주로 보일러의 연료로 사용되고, 종이 및 헝겊에 스며들면 자연발화 위험이 있다.
- 소화방법은 질식소화기를 사용하며 포말 및 수분 함유 물질의 소화는 시간이 지연되면 좋지 않다.
- 사용 시 약 80℃로 예열하여 사용하기 때문에 인화 위험성이 크다.
- 점도에 따라서 벙커A유, 벙커B유, 벙커C유로 나뉜다.
- 화재 시 보일오버 현상이 발생할 수 있으니 주의해야한다.

탱크화재 시 일어나는 현상
- 보일오버(Boil Over) : 고온층(Hot Zone)이 형성된 유류화재의 탱크 밑면에 물이 고여 있는 경우, 화재의 진행에 따라 바닥의 물이 급격히 증발하여 불붙은 기름을 분출시키는 위험 현상
- 플래시백(Flash Back) : 불꽃이 연소기 내로 전파되어 연소하는 현상으로 가스의 분출속도(공급속도)보다 연소속도가 클 때 발생되는 현상
- 백드래프트(Back Draft) : 산소가 부족하거나 훈소 상태에 있는 실내에 산소가 일시적으로 다량 공급될 때 연소가스가 순간적으로 발화하는 현상
- 블레비(BLEVE) : 가연성 액체 저장탱크 주위의 화재로 탱크 강판의 강도가 약해진 부분의 파열로 인하여 탱크 내부의 가열된 액화가스가 급격히 유출 팽창되어 화구를 형성하여 폭발하는 현상
- 슬롭오버(Slop Over) : 화재 면의 액체가 포말과 함께 혼합되어 기름거품이 되어 넘쳐흐르는 현상

② 크레오소트유(타르유, [비수용성] 2,000L)

㉠ 인화점은 74℃, 발화(착화)점은 336℃, 비중은 1.03이고 황색 내지 암녹색의 액체이다.

㉡ 물보다 무겁고 독성이 있으며, 타르의 증류에 의하여 얻어진 혼합유이다.

㉢ 물에는 녹지 않고 알코올, 에터, 벤젠에는 잘 녹는다.

㉣ 타르산이 함유되어 용기를 부식하므로 내산성 용기에 보관한다.

㉤ 카본블랙 및 목재의 방부제로 사용한다.

㉥ 소화방법은 질식소화기를 사용한다.

③ 에틸렌글리콜($C_2H_4(OH)_2$, [수용성] 4,000L)

구조식	H H I I H− C − C −H I I OH OH

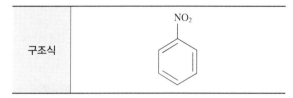

㉠ CH_2OHCH_2OH의 시성식을 갖는 2가 알코올로 독성이 있으며, 단맛이 있다.

㉡ 인화점은 120℃, 발화(착화)점은 398℃, 비중은 1.11이다.

㉢ 무색무취의 끈끈하고 흡습성이 있는 수용성 액체이다.

㉣ 물과 혼합하여 자동차용 부동액으로 사용하고 물, 알코올, 아세톤 등에 잘 녹는다.

④ 글리세린($C_3H_5(OH)_3$, [수용성] 4,000L)

구조식	H H H I I I H− C − C − C −H I I I OH OH OH

㉠ $CH_2OHCHOHCH_2OH$의 시성식을 갖는 3가 알코올로 물보다 무겁다.

㉡ 인화점은 160℃, 발화(착화)점은 370℃, 비중은 1.26이다.

㉢ 무색 무취의 점성과 흡습성이 있는 수용성 액체이다.

㉣ 물과 알코올에 잘 녹고, 단맛이 있어 감유라고도 한다.

㉤ 인체에 독성이 없어 화장품의 원료로 사용된다.

㉥ 소화방법은 질식소화기를 사용한다.

⑤ 나이트로벤젠($C_6H_5NO_2$, 나이트로벤졸, [비수용성] 2,000L)

구조식	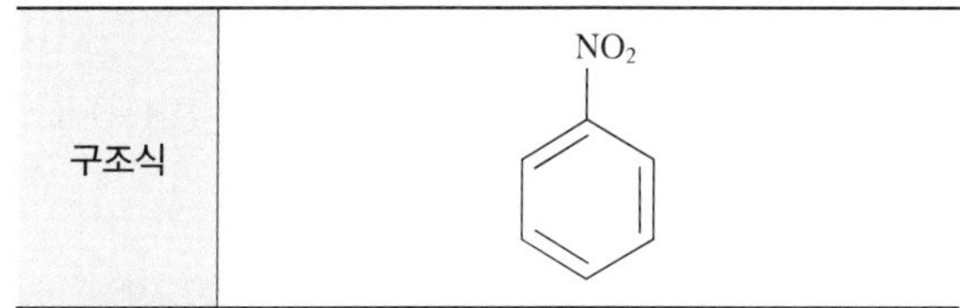

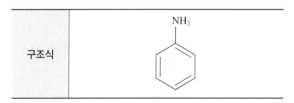

㉠ 인화점은 88℃, 발화(착화)점은 482℃, 비점은 211℃, 비중은 1.2이다.

㉡ 갈색, 암황색을 띠고 물보다 무겁고 독성이 강한 액체이다.

㉢ 알코올, 에터, 벤젠에 녹고, 나이트로화합물이지만 폭발성은 없다.

㉣ 나이트로화 시 황산과 질산이 사용된다.

㉤ 소화방법은 질식소화기를 사용한다.

㉥ 나이트로벤젠의 제조법

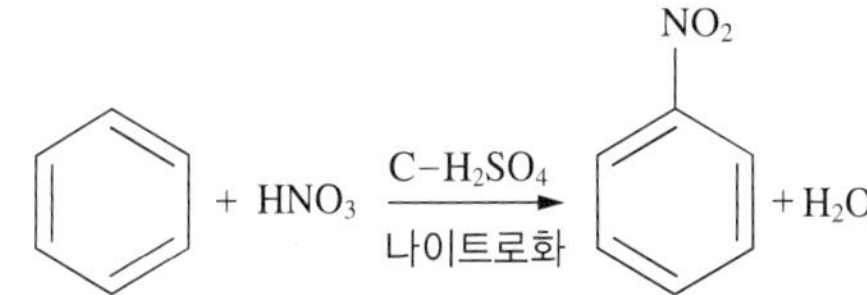

⑥ 아닐린($C_6H_5NH_2$, 아미노벤젠, [비수용성] 2,000L)

구조식	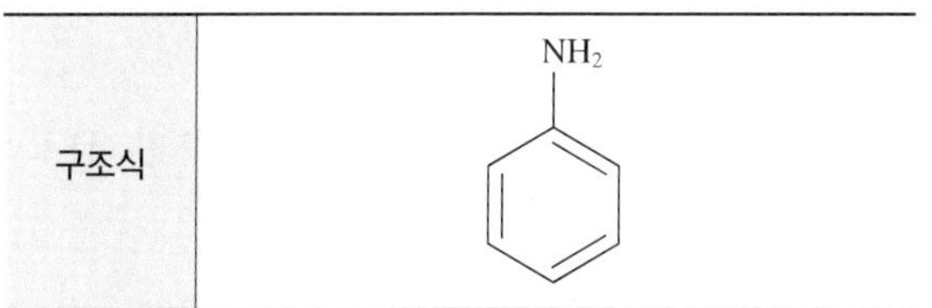

㉠ 인화점은 70℃, 발화(착화)점은 538℃, 비점은 184℃, 비중은 1.02이다.

㉡ 황색 또는 담황색의 액체로 물보다 무겁고 독성이 강하며 점도가 높은 액체이다.

㉢ 물에는 약간 녹고 유기용제에 잘 녹는다.

㉣ 나이트로벤젠을 주석(철)과 염산으로 환원하여 만든다.

㉤ 알칼리금속 및 알칼리토금속과 반응하여 수소(H_2) 및 아닐리드를 발생한다.

㉥ 햇빛 또는 공기와 접촉하면 적갈색으로 변색된다.

⑦ 메타크레졸($C_6H_4CH_3OH$, [비수용성] 2,000L)

㉠ 인화점은 86℃, 융점은 8.0℃이다.

㉡ 크레졸의 이성질체 : 오쏘, 파라는 고체 상태이므로 특수가연물에 해당된다.

10년간 자주 출제된 문제

7-1. 다음 위험물 중 물보다 가벼운 것은?

① 메틸에틸케톤
② 나이트로벤젠
③ 에틸렌글리콜
④ 글리세린

7-2. 아닐린에 대한 설명으로 옳은 것은?

① 특유의 냄새를 가진 기름상 액체이다.
② 인화점이 0℃ 이하여서 상온에서 인화의 위험이 높다.
③ 황산과 같은 강산화제와 접촉하면 중화되어 안정하게 된다.
④ 증기는 공기와 혼합하여 인화, 폭발의 위험이 없는 안정한 상태가 된다.

|해설|

7-1

- 제4류 위험물 중 제3석유류는 중유를 제외하고 대부분 물보다 무겁다.
- 메틸에틸케톤은 제1석유류이며, 비중은 0.81이다.

7-2

아닐린($C_6H_5NH_2$)은 제4류 위험물(인화성 액체) 중 제3석유류에 속한다.

- 비중은 1.02, 비점은 184℃, 융점은 -6℃, 인화점은 70℃, 착화(발화)점은 538℃이다.
- 황색 또는 담황색의 특유의 냄새를 가진 기름상의 액체이다.
- 물에는 약간 녹고 알코올, 벤젠, 에터, 아세톤 등에는 잘 녹는다.

정답 7-1 ① 7-2 ①

핵심이론 08 제4석유류(6,000L/위험등급Ⅲ)

1기압에서 액체로서 인화점이 200℃ 이상 250℃ 미만인 것(가연성 액체량이 40wt% 이하인 것은 제외)

① 윤활유

㉠ 석유계 윤활유, 합성 윤활유, 혼성 윤활유, 지방성 윤활유 등이 있다.

㉡ 석유계 윤활유로는 기어유, 실린더유, 터빈유, 머신유(기계유), 모터유, 스핀들유가 있다.

㉢ 윤활유 : 기계의 마찰을 많이 받는 부분에 사용한다.

㉣ 스핀들유 : 선반의 주축에 사용하며, 윤활유 중 인화점이 가장 낮다(제3석유류).

② 가소제

㉠ DOP : 프탈산디옥틸, DIDP : 프탈산디이소데실, TCP : 프탈산트리크레실

㉡ 인화점은 242℃, 소성을 가능하게 하는 물질이다.

> **소성** : 물질에 힘이 작용하면 상태가 변하며, 힘이 제거되면 변한 상태로 유지되는 성질

㉢ 비교적 휘발성이 적은 용제로 합성수지, 합성고무 등에 가소성을 주는 기름이다.

③ 기타 제4석유류

방청유, 담금질유, 전기절연유, 절삭유

10년간 자주 출제된 문제

위험물의 품명 분류가 잘못된 것은?

① 제1석유류 : 휘발유 ② 제2석유류 : 경유
③ 제3석유류 : 폼산 ④ 제4석유류 : 기어유

|해설|

제4류 위험물

- 제1석유류 : 아세톤, 휘발유, 벤젠, 톨루엔, 피리딘, 사이안화수소, 초산메틸 등
- 제2석유류 : 등유, 경유, 장뇌유, 테레빈유, 폼산 등
- 제3석유류 : 중유, 크레오소트유, 글리세린, 나이트로벤젠 등
- 제4석유류 : 기어유, 실린더유, 터빈유, 모빌유, 엔진오일

정답 ③

핵심이론 09 | 동식물유류(10,000L/위험등급Ⅲ)

1기압에서 인화점이 250℃ 미만인 것

> **아이오딘값(옥소값)** : 유지 100g에 부가되는 아이오딘의 g수(아이오딘값이 크다는 것은 탄소 간의 이중결합이 많고 불포화도가 크다고 볼 수 있다)

① 건성유(아이오딘값 130 이상)
- ㉠ 헝겊, 종이에 흡수되어 공기 중에서 자연발화 위험이 있다.
- ㉡ 공기 중에서 단단한 피막을 만든다.
- ㉢ 오동유, 아마인유, 정어리유, 대구유, 상어유, 해바라기유, 동유, 들기름 등이 있다.

② 반건성유(아이오딘값 100 초과 130 미만)
- ㉠ 건성유보다는 공기 중에서 만드는 피막이 얇다.
- ㉡ 청어유, 쌀겨기름, 면실유, 채종유, 옥수수기름, 참기름, 콩기름 등이 있다.
  ※ 채종유 중 개자유의 인화점 : 46℃

③ 불건성유(아이오딘값 100 이하)
- ㉠ 피막을 만들지 않는 안정된 기름이다.
- ㉡ 쇠기름, 돼지기름, 고래기름, 낙화생유, 올리브유, 팜유, 땅콩기름, 야자유 등이 있다.

10년간 자주 출제된 문제

다음 중 아이오딘값이 가장 낮은 것은?

① 해바라기유
② 오동유
③ 아마인유
④ 낙화생유

|해설|

아이오딘값(옥소값) : 기름 100g에 부가되는 아이오딘의 g수

해바라기유	오동유	아마인유	낙화생유
125~136	145~176	170~204	84~102

정답 ④

제5절 제5류 위험물

핵심이론 01 | 자기반응성 물질

① 정 의

고체 또는 액체로서 폭발의 위험성 또는 가열분해의 격렬함을 판단하기 위하여 고시로 정하는 시험에서 고시로 정하는 성질과 상태를 나타내는 것을 말하며, 위험성 유무와 등급에 따라 제1종 또는 제2종으로 분류한다.

유별	성질	품명	지정수량	위험등급	표시
제5류	자기반응성 물질	1. 유기과산화물	10kg	Ⅰ	화기엄금 및 충격주의
		2. 질산에스터류			
		3. 나이트로화합물	100kg	Ⅱ	
		4. 나이트로소화합물			
		5. 아조화합물			
		6. 다이아조화합물			
		7. 하이드라진 유도체			
		8. 하이드록실아민			
		9. 하이드록실아민염류			
		10. 그 밖에 행정안전부령으로 정하는 것 ① 금속의 아지화합물(NaN_3 등) ② 질산구아니딘[$HNO_3 \cdot C(NH)(NH_2)_2$] 11. 제1호 내지 제10호에 해당하는 어느 하나 이상을 함유한 것(다만, 유기과산화물을 함유하는 것 중에서 불활성 고체를 함유하는 것으로서 동법 시행령 별표1. 비고 20호 가목부터 마목에 해당하는 물품은 제외함)	제1종 : 10kg 제2종 : 100kg	Ⅰ 또는 Ⅱ	

② 위험물의 분류에 따른 지정수량
- ㉠ 소방청장이 고시로 정하는 시험의 결과에 따라 "위험성"과 "등급"을 결정하여 제1종 자기반응성 물질 또는 제2종 자기반응성물질로 분류하고, 그에 따라 종별 지정수량을 정한다(위험물안전관리법 시행령 〈개정 2024.07.31.〉).
- ㉡ "폭발성 판정기준"과 "가열분해성 판정기준"에 따라 1종(지정수량 : 10kg)과 2종(지정수량 : 100kg)으로 분류한다.

※ 위험등급Ⅰ, Ⅱ와 1종, 2종은 다른 개념임을 유의해야 하며 같은 품명이여도 1종, 2종이 다를 수 있음을 유의!!

위험물 분류	물질명	지정수량
질산에스터류(1종)	나이트로셀룰로스	10kg
	나이트로글리세린	
	나이트로글리콜	
	펜타에리트리톨 테트라나이트레이트	
질산에스터류(2종)	셀룰로이드	100kg
유기과산화물(2종)	과산화벤조일 (벤조일퍼옥사이드)	100kg
	과산화메틸에틸케톤 (메틸에틸케톤퍼옥사이드)	
	과산화아세트산	
	다이큐밀퍼옥사이드	
하이드록실아민염류(2종)	황산하이드록실아민	100kg
	염산하이드록실아민	
하이드록실아민(2종)	하이드록실아민	100kg
나이트로화합물(1종)	테트릴	10kg
	트라이나이트로톨루엔(TNT)	
나이트로화합물(2종)	트라이나이트로페놀 [TNP(피크르산)]	100kg
아조화합물(2종)	아조벤젠	100kg
	아조비스이소부티로니트릴	
	아조다이카본아마이드	

③ 공통 성질

㉠ 자기연소(내부연소)성 물질이다.

㉡ 연소속도가 대단히 빠르고 폭발적이다.

㉢ 대부분이 유기질화물이므로 가열, 마찰, 충격에 의하여 폭발의 위험이 있다.

㉣ 물체 자체가 산소를 함유하고 있다.

㉤ 연소 시 소화가 어렵다.

㉥ 시간 경과에 따라 자연발화의 위험성을 갖는다.

④ 저장 및 취급방법

㉠ 가열, 마찰, 충격에 의한 용기의 파손 및 균열에 주의하고 실온, 습기, 통풍에 주의한다.

㉡ 저장 시 소량씩 소분하여 저장한다.

㉢ 점화원 및 분해를 촉진시키는 물질로부터 멀리한다.

㉣ 운반용기 및 저장용기에 "화기엄금 및 충격주의" 표시를 한다.

⑤ 소화방법

㉠ 화재 초기 또는 소형화재 이외에는 소화가 어렵다.

㉡ 화재 초기 다량의 물로 주수소화하고, 소화가 어려울 시 가연물이 다 연소할 때까지 화재의 확산을 막는 데 초점을 맞춘다.

㉢ 물질 자체가 산소를 함유하고 있어 질식소화방법은 효과가 없다.

> **질식소화의 종류** : 물분무소화설비, 포소화설비, 할론소화설비, 할로젠화합물 및 불활성기체소화설비, 분말소화설비 등

10년간 자주 출제된 문제

다음 중 제5류 위험물의 화재 시에 가장 적당한 소화방법은?

① 물에 의한 냉각소화
② 질소에 의한 질식소화
③ 사염화탄소에 의한 부촉매소화
④ 이산화탄소에 의한 질식소화

|해설|

제5류 위험물은 가연물과 산소공급원을 동시에 포함하고 있으므로 다량의 물로 냉각소화를 한다.

제5류 위험물(자기반응성 물질)

• 자기연소(내부연소)성 물질이다.
• 연소속도가 대단히 빠르고 폭발적인 연소를 한다.
• 가열, 마찰, 충격에 의하여 폭발한다.
• 물체 자체가 산소를 함유하고 있다.
• 연소 시 소화가 어렵다.

정답 ①

핵심이론 02 제5류 위험물의 이해

연소의 3요소 중 가연물+산소공급원 형태이므로 점화원만 있으면 외부 산소 없이도 연소가 가능한 물질이다(자기연소성, 내부연소성). 제6류 위험물의 H 대신에 유기물질 C_mH_n로 치환된 것으로, 여기서 유기물질이라 함은 가연성 물질(환원성 물질)을 말한다.

① 유기과산화물

제6류 위험물 중 과산화수소(H_2O_2)에서 파생된 것으로, H 대신에 알킬기(C_nH_{2n+1})가 치환된 것을 말한다.

② 질산에스테르류

제6류 위험물 중 질산(HNO_3)에서 파생된 것으로 H 대신에 알킬기(C_nH_{2n+1})가 치환된 것을 말한다.

제6류 위험물	제5류 위험물(질산에스테르류 10kg/위험등급 I)
질산 (HNO_3)	질산메틸(CH_3NO_3), 액체형태로 특성은 제4류 위험물과 비슷하다.
	질산에틸($C_2H_5NO_3$), 액체형태로 특성은 제4류 위험물과 비슷하다.
	나이트로글리세린(NG)[$C_3H_5(ONO_2)_3$]
	나이트로글리콜[$C_2H_4(ONO_2)_2$]
	나이트로셀룰로스[$C_6H_7O_2(ONO_2)_3]_n$, 질화면, 면화약

③ 나이트로소화합물은 NO기가 1개 이상인 것을 말한다.

④ 나이트로화합물은 NO_2기가 1개 이상인 것을 말한다.

⑤ 제5류 제11호의 물품에 있어서는 유기과산화물을 함유하는 것 중에서 불활성 고체를 함유하는 것으로서 다음의 어느 하나에 해당하는 것은 제외한다.

㉠ 과산화벤조일의 함유량이 35.5wt% 미만인 것으로서 전분가루, 황산칼슘2수화물 또는 인산1수소칼슘2수화물과의 혼합물

㉡ 비스(4-클로로벤조일)퍼옥사이드의 함유량이 30wt% 미만인 것으로서 불활성 고체와의 혼합물

㉢ 과산화지크밀의 함유량이 40wt% 미만인 것으로서 불활성 고체와의 혼합물

㉣ 1,4-비스(2-터셔리부틸퍼옥시아이소프로필)벤젠의 함유량이 40wt% 미만인 것으로서 불활성 고체와의 혼합물

㉤ 사이클로헥사놀퍼옥사이드의 함유량이 30wt% 미만인 것으로서 불활성 고체와의 혼합물

10년간 자주 출제된 문제

2-1. 다음 위험물 중 발화점이 가장 낮은 것은?

① 피크르산 ② TNT
③ 과산화벤조일 ④ 나이트로셀룰로스

2-2. 트라이나이트로톨루엔의 작용기에 해당하는 것은?

① $-NO$ ② $-NO_2$
③ $-NO_3$ ④ $-NO_4$

|해설|

2-1

발화점

피크르산(TNP)	TNT	과산화벤조일	나이트로셀룰로스
300℃	300℃	80℃	160℃

2-2

트라이나이트로톨루엔($C_6H_2CH_3(NO_2)_3$, TNT)

CH₃

O_2N NO_2

NO_2

정답 2-1 ③ 2-2 ②

핵심이론 03 | 유기과산화물(위험등급 I)

① 과산화벤조일[$(C_6H_5CO)_2O_2$, 벤젠퍼옥사이드, 벤조일퍼옥사이드]

구조식	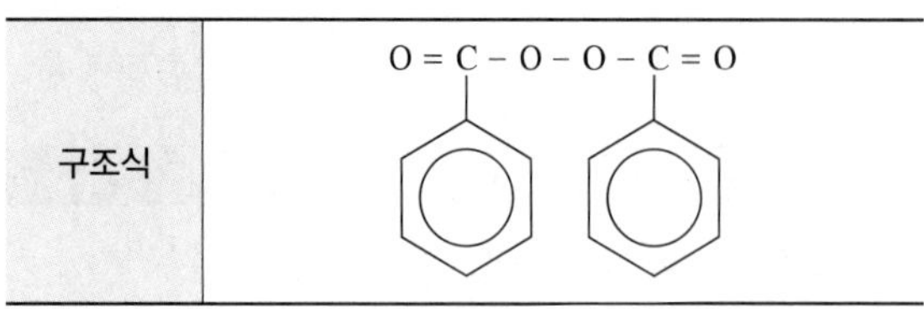

㉠ 인화 및 발화(착화)점이 80℃, 융점은 105℃, 비중은 1.33(25℃에서)이다.

㉡ 무색 무취의 백색분말 또는 결정으로, 상온에서는 안정된 물질로 강한 산화성 물질이다.

㉢ 물에 녹지 않고 알코올에 약간 녹으며, 에터 등 유기용제에 잘 녹는다.

㉣ 건조상태에서 마찰·충격으로 폭발의 위험성이 있다.

㉤ 75~80℃에서 오래 있으면 분해되므로 직사광선을 피하고 냉암소에 보관한다.

㉥ 가열하면 100℃에서 흰 연기를 내며 심하게 분해된다.

㉦ 물에 녹지 않으나, 수분을 함유하거나 희석제(프탈산디메틸, 프탈산디부틸)를 첨가하면 분해·폭발을 억제할 수 있다.

② 과산화메틸에틸케톤[$(CH_3COC_2H_5)_2O_2$, 메틸에틸케톤퍼옥사이드(MEKPO)]

구조식	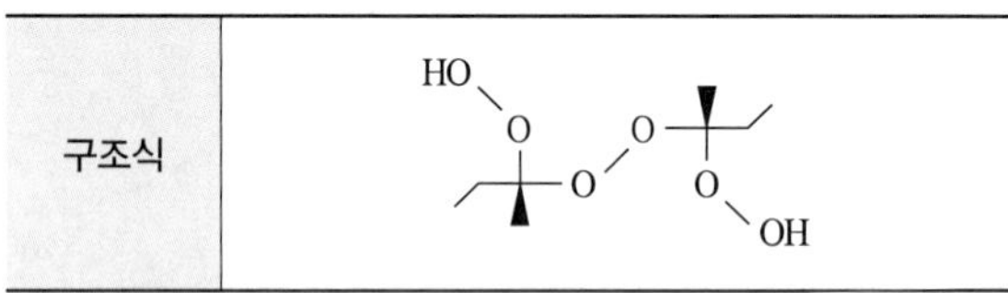

㉠ 비점은 75℃ 이상, 발화(착화)점은 555.5℃, 융점은 20℃이다.

㉡ 무색의 톡쏘는 냄새가 나는 기름 형태의 액체이다.

㉢ 시중에 판매되는 것은 희석제(프탈산디메틸, 프탈산디부틸)로 희석하여 순도가 50~60% 정도이다.

10년간 자주 출제된 문제

3-1. 유기과산화물의 화재예방상 주의사항으로 틀린 것은?

① 직사광선을 피하고 냉암소에 저장한다.
② 불꽃, 불티 등의 화기 및 열원으로부터 멀리한다.
③ 산화제와 접촉하지 않도록 주의한다.
④ 대형화재 시 분말소화기를 이용한 질식소화가 유효하다.

3-2. 위험물안전관리법령상 품명이 "유기과산화물"인 것으로 나열된 것은?

① 과산화벤조일, 과산화메틸에틸케톤
② 과산화벤조일, 과산화마그네슘
③ 과산화마그네슘, 과산화메틸에틸케톤
④ 과산화초산, 과산화수소

|해설|

3-1

유기과산화물은 제5류 위험물(자기반응성 물질)로 자기연소성 물질이기 때문에 화재발생 시 CO_2, 분말, 할론, 포 등에 의한 질식소화는 효과가 없으며, 다량의 물로 냉각소화하는 것이 적당하다.

3-2

- 과산화벤조일, 과산화메틸에틸케톤 : 제5류 위험물 중 유기과산화물
- 과산화벤조일(유기과산화물), 과산화마그네슘(무기과산화물)
- 과산화마그네슘(무기과산화물), 과산화메틸에틸케톤(유기과산화물)
- 과산화초산(유기과산화물), 과산화수소(제6류 위험물)

정답 3-1 ④ 3-2 ①

핵심이론 04 질산에스테르류(위험등급 I)

① 질산메틸(CH_3ONO_2)

㉠ 비점은 65℃, 증기비중은 2.65, 비중은 1.203으로 물에는 녹지 않고 알코올, 에터에 녹는다.

㉡ 무색 투명한 액체이고 비수용성이며 방향성이 있다.

㉢ 비점 이상 가열하면 위험하며, 제4류 위험물과 같은 위험성을 갖는다.

㉣ 용제, 폭약 등에 이용된다.

② 질산에틸($C_2H_5ONO_2$)

㉠ 인화점은 10℃, 융점은 −122℃, 비점은 88℃, 증기비중은 3.14, 비중은 1.11이다.

㉡ 무색 투명한 액체이고 비수용성이며 방향성이 있다.

㉢ 단맛이 있고 알코올, 에터에 녹는다.

㉣ 에틸알코올을 진한 질산에 반응시켜서 얻는다.

㉤ 아질산과 같이 있으면 폭발하며, 제4류 위험물과 같은 위험성을 갖는다.

㉥ 질산과 반응식

$$\underset{\text{에틸알코올}}{C_2H_5OH} + \underset{\text{질산}}{HNO_3} \rightarrow \underset{\text{질산에틸}}{C_2H_5ONO_2} + \underset{\text{물}}{H_2O}$$

③ 나이트로글리세린[NG, $C_3H_5(ONO_2)_3$]

㉠ 비중이 1.6(15℃에서)이고, 상온에서는 액체이지만 겨울철에는 동결한다.

㉡ 무색 투명한 기름 형태의 액체(공업용은 담황색)로 약칭은 NG이다.

㉢ 비수용성이며 메틸알코올, 아세톤에 잘 녹는다.

㉣ 혓바닥을 찌르는 듯한 단맛이 있으며 유독한 물질이므로 피부와 호흡기를 보호해야 한다.

㉤ 가열, 마찰, 충격에 대단히 위험하고, 규조토에 흡수시킨 것을 다이너마이트라 한다.

㉥ 일단 연소가 시작되면 폭발적이므로 소화의 여유가 없으므로 연소위험이 있는 주위의 소화를 생각하는 것이 좋다.

㉦ 분해 반응식

$$\underset{\text{NG}}{4C_3H_5(ONO_2)_3} \xrightarrow{\triangle}$$

$$\underset{\text{이산화탄소}}{12CO_2\uparrow} + \underset{\text{질소}}{6N_2} + \underset{\text{산소}}{O_2\uparrow} + \underset{\text{물}}{10H_2O\uparrow}$$

④ 나이트로글리콜[$C_2H_4(ONO_2)_2$]

㉠ 융점은 −22℃, 비점은 114℃, 비중은 1.5이다.

㉡ 무채색에서 노란색의 기름상태의 액체로 독성이 매우 강하다.

㉢ 나이트로글리세린보다 휘발성이 크고, 연소 시 연기는 독성이 매우 강하다.

㉣ 나이트로글리세린과 혼합하여 다이너마이트의 원료로 사용된다.

⑤ 나이트로셀룰로스[$[C_6H_7O_2(ONO_2)_3]_n$, 질화면, 면화약]

㉠ 비점은 83℃, 융점은 165℃, 착화점(발화점)은 약 160~170℃이다.

㉡ 셀룰로스(섬유소)에 진한 질산과 진한 황산의 혼합액을 작용시켜 만든 것이다.

㉢ 비수용성이며, 초산에틸, 초산아밀, 아세톤에 잘 녹는다.

㉣ 직사광선 및 산과 접촉 시 분해 및 자연발화한다.

㉤ 건조 상태에서는 폭발위험이 크지만 수분을 함유하면 폭발위험이 작어져 운반, 저장이 용이하다.

㉥ 질산섬유소라고도 하며, 화약에 이용 시 면약(면화약)이라 한다.

㉦ 셀룰로이드, 콜로디온에 이용 시 질화면이라 한다.

㉧ 질소함유율(질화도)가 높을수록 폭발성이 크다.

- 강면약 : 에터와 에틸알코올의 혼합액에 녹지 않는 것(질화도N > 12.76%)
- 약면약 : 에터와 에틸알코올의 혼합액에 녹는 것(질화도N < 10.18~12.76%)
  - 나이트로글리세린(NG)과 융합한 것을 교질 다이너마이트라고 한다.

㉧ 분해 반응식

$$\underset{\text{NC}}{2C_{24}H_{29}O_9(ONO_2)_{11}} \xrightarrow[\triangle]{} \underset{\text{일산화탄소}}{24CO\uparrow} + \underset{\text{이산화탄소}}{24CO_2\uparrow}$$

$$+\underset{\text{질소}}{11N_2\uparrow} + \underset{\text{수소}}{17H_2\uparrow} + \underset{\text{물}}{12H_2O\uparrow}$$

10년간 자주 출제된 문제

4-1. 위험물안전관리법령상 품명이 다른 하나는?

① 나이트로글리콜
② 나이트로글리세린
③ 셀룰로이드
④ 테트릴

4-2. 나이트로셀룰로스의 위험성에 대하여 옳게 설명한 것은?

① 물과 혼합하면 위험성이 감소된다.
② 공기 중에서 산화되지만 자연발화의 위험은 없다.
③ 건조할수록 발화의 위험성이 낮다.
④ 알코올과 반응하여 발화한다.

4-3. 상온에서 액체인 물질로만 조합된 것은?

① 질산메틸, 나이트로글리세린
② 피크르산, 질산메틸
③ 트라이나이트로톨루엔, 다이나이트로벤젠
④ 나이트로글리콜, 테트릴

|해설|

4-1

제5류 위험물(자기반응성 물질)

• 질산에스테르류 : 나이트로글리콜, 나이트로글리세린, 셀룰로이드
• 나이트로화합물 : 테트릴

4-2

제5류 위험물(자기반응성 물질)인 나이트로셀룰로스는 건조 상태에서 자연발화의 위험이 있으므로 이동 및 저장 시 물과 알코올을 습윤시킨다(습윤 비율은 물 20% 또는 알코올 30%).

4-3

① 질산메틸, 나이트로글리세린 - 무색 투명한 액체
② 피크르산 - 결정, 질산메틸 - 무색 투명한 액체
③ 트라이나이트로톨루엔, 다이나이트로벤젠 - 결정
④ 나이트로글리콜 - 액체, 테트릴 - 결정

정답 4-1 ④ 4-2 ① 4-3 ①

핵심이론 05 나이트로화합물(위험등급Ⅱ)

① 트라이나이트로톨루엔[TNT, $C_6H_2CH_3(NO_2)_3$]

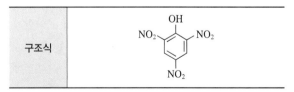

구조식	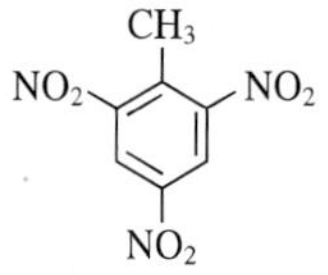

㉠ 발화(착화)점은 약 300℃, 융점은 80.1℃, 비점은 240℃ 폭발, 비중은 1.0, 폭발속도는 6,900m/s이다.

㉡ 담황색의 주상결정이며, 햇빛에 다갈색으로 변한다.

㉢ 강력한 폭약이며 폭발력의 표준으로 사용된다.

㉣ 가열, 강한 타격 등에 폭발하고 피크르산(PA)보다 충격감도가 약간 둔하며, 폭성도 약간 떨어진다.

㉤ 물에 녹지 않으며 아세톤, 벤젠, 알코올, 에터에 잘 녹고, 중금속과는 작용하지 않는다.

㉥ 연소속도가 너무 빨라 소화가 불가능하여 주위 소화를 생각하는 것이 좋다.

㉦ 제조방법은 톨루엔에 나이트로화제(황산과 질산의 혼합)를 혼합하여 만든다.

㉧ 분해 반응식

$$\underset{\text{TNT}}{2C_6H_2CH_3(NO_2)_3} \xrightarrow[\triangle]{}$$

$$\underset{\text{일산화탄소}}{12CO\uparrow} + \underset{\text{질소}}{3N_2} + \underset{\text{수소}}{5H_2\uparrow} + \underset{\text{탄소}}{2C}$$

② 트라이나이트로페놀[TNP(피크르산), $C_6H_2OH(NO_2)_3$]

구조식	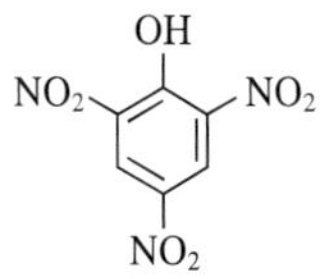

㉠ 발화(착화)점은 약 300℃, 융점은 121℃, 비점은 255℃, 비중은 1.8, 폭발속도는 7,000m/s이다.

㉡ 침상결정으로 피크르산(PA)이라고도 한다.

㉢ 쓴맛이며 독성이 있고 황색염료로 사용한다.

㉣ 단독으로는 마찰・충격에 안정하고, 구리, 납, 아연과 피크르산염을 만든다.

㉤ 연소 시 검은 연기를 내지만 폭발은 하지 않는다.

㉥ 찬물에는 극히 적게 녹으나 더운물, 알코올, 에터, 벤젠에는 잘 녹는다.

㉦ 금속염, 아이오딘, 가솔린, 알코올, 황 등과의 혼합물은 마찰・충격에 폭발한다.

㉧ 제조방법은 페놀을 술폰화한 후 나이트로화한다.

㉨ 분해 반응식

$$\underset{\text{피크르산}}{2C_6H_2OH(NO_2)_3} \xrightarrow[\triangle]{} \underset{\text{일산화탄소}}{6CO\uparrow} + \underset{\text{이산화탄소}}{4CO_2\uparrow} + \underset{\text{질소}}{3N_2\uparrow} + \underset{\text{수소}}{3H_2\uparrow} + \underset{\text{탄소}}{2C}$$

10년간 자주 출제된 문제

5-1. 나이트로셀룰로스, 나이트로글리세린, 트라이나이트로톨루엔, 트라이나이트로페놀을 각각 50kg씩 저장하고 있을 때 지정수량의 배수가 가장 작은 것은?

① 나이트로셀룰로스
② 나이트로글리세린
③ 트라이나이트로톨루엔
④ 트라이나이트로페놀

5-2. 페놀을 황산과 질산의 혼산으로 나이트로화하여 제조하는 제5류 위험물은?

① 아세트산
② 피크르산
③ 나이트로글리콜
④ 질산에틸

|해설|

5-1

각각 50kg 저장 시 지정수량 배수

- 나이트로셀룰로스 : $\frac{50}{10}=5$
- 나이트로글리세린 : $\frac{50}{10}=5$
- 트라이나이트로톨루엔 : $\frac{50}{10}=5$
- 트라이나이트로페놀 : $\frac{50}{100}=0.5$

5-2

황산과 질산에서 나이트로화하면 모노 및 다이나이트로페놀을 거쳐서 트라이나이트로페놀(피크르산)이 된다.

트라이나이트로페놀(TNP)

OH
NO₂ NO₂
NO₂

정답 5-1 ④ 5-2 ②

핵심이론 06 나이트로소화합물(위험등급Ⅱ)

① 파라다이나이트로소벤젠
② 다이나이트로소레조르신

핵심이론 07 | 아조화합물(위험등급Ⅱ)

① 아조벤젠
② 하이드록시아조벤젠
③ 아미노아조벤젠
④ 아족시벤젠

10년간 자주 출제된 문제

위험물안전관리법령상 위험물의 지정수량으로 옳지 않은 것은?

① 나이트로셀룰로스 : 10kg
② 하이드록실아민 : 100kg
③ 아조벤젠 : 50kg
④ 트라이나이트로페놀 : 100kg

|해설|

위험물 분류	물질명	지정수량
질산에스터류(1종)	나이트로셀룰로스	10kg
	나이트로글리세린	
	나이트로글리콜	
	펜타에리트리톨 테트라나이트레이트	
질산에스터류(2종)	셀룰로이드	100kg
유기과산화물(2종)	과산화벤조일(벤조일퍼옥사이드)	100kg
	과산화메틸에틸케톤(메틸에틸케톤퍼옥사이드)	
	과산화아세트산	
	다이큐밀퍼옥사이드	
하이드록실아민염류(2종)	황산하이드록실아민	100kg
	염산하이드록실아민	
하이드록실아민(2종)	하이드록실아민	100kg
나이트로화합물(1종)	테트릴	10kg
	트라이나이트로톨루엔(TNT)	
나이트로화합물(2종)	트라이나이트로페놀[TNP(피크르산)]	100kg
아조화합물(2종)	아조벤젠	100kg
	아조비스이소부티로니트릴	
	아조다이카본아마이드	

정답 ③

제6절 제6류 위험물

핵심이론 01 | 산화성 액체

① 정 의

액체로서 산화력의 잠재적인 위험성을 판단하기 위하여 고시로 정하는 시험에서 고시로 정하는 성질과 상태를 나타내는 것을 말한다.

유별	성 질	품 명	지정수량	위험등급	표 시
제6류	산화성 액체	1. 과산화수소(36wt% 이상인 것)	300kg	Ⅰ	가연물 접촉 주의
		2. 과염소산			
		3. 질산(비중 1.49 이상인 것)			
		4. 그 밖에 행정안전부령으로 정하는 것 ① 할로젠간화합물(BrF_3, BrF_5, IF_5, ICl, IBr 등)			
		5. 제1호 내지 제4호에 해당하는 어느 하나 이상을 함유한 것			

② 공통 성질

㉠ 자신은 불연성이고 산소를 함유한 강산화제(분해에 의한 산소발생으로 다른 물질의 연소를 도움)이다.
㉡ 모두 무기화합물로서 부식성 및 유독성이 강하다.
㉢ 액체 비중은 1보다 크고 물에 잘 녹는다.
㉣ 물과 접촉 시 발열한다.
㉤ 가연물 및 분해를 촉진하는 약품과 접촉하면 분해 폭발한다.

③ 저장 및 취급방법

㉠ 저장용기는 내산성이어야 한다.
㉡ 물, 가연물, 유기물 및 고체의 산화제(제1류 위험물)와 접촉을 피한다.
㉢ 용기는 밀봉하고 파손 및 누설에 주의한다.
㉣ 유출사고에는 마른모래(건사) 및 중화제를 사용한다.

④ 소화방법

㉠ 마른모래 및 탄산가스, 팽창질석으로 소화한다.

㉡ 위급 시에는 다량의 물로 냉각소화한다.

㉢ 이산화탄소, 할로젠 등 질식소화는 부적합하다.

10년간 자주 출제된 문제

다음 중 제6류 위험물이 아닌 것은?

① 할로젠간화합물
② 과염소산
③ 아염소산
④ 과산화수소

|해설|

아염소산은 위험물이 아니다.

더 알아보기!

할로젠간화합물은 행정안전부령이 정한 제6류 위험물이다.

정답 ③

핵심이론 02 제6류 위험물의 이해

연소의 3요소(가연물, 산소공급원, 점화원) 중 산소공급원에 해당하는 물질이다.

① 물에 잘 녹고 녹을 때 용해열이 커서 용기를 파손하고, 비산할 수 있다.

※ 묽은 황산 제조법 : 물에 황산을 저어가면서 붓는다.

② 물보다 무거운 무색의 강산성 액체이다.

③ 연소의 4요소와 소화방법의 연계

㉠ 가연물 : 제거소화

㉡ 산소 : 질식소화

㉢ 점화원 : 냉각소화(물의 기화열 이용)

㉣ 연쇄반응 : 억제소화(부촉매 효과 이용)

부촉매 : 반응속도를 느리게 하는 촉매로서 할로젠화합물소화설비가 여기에 속한다.

10년간 자주 출제된 문제

소화효과에 대한 설명으로 틀린 것은?

① 기화잠열이 큰 소화약제를 사용할 경우 냉각소화 효과를 기대할 수 있다.
② 이산화탄소에 의한 소화는 주로 질식소화로 화재를 진압한다.
③ 할로젠화합물소화약제는 주로 냉각소화를 한다.
④ 분말소화약제는 질식효과와 부촉매효과 등으로 화재를 진압한다.

|해설|

할로젠화합물소화약제는 다른 소화약제와는 달리 연소의 4요소 중의 하나인 연쇄반응을 차단시켜 화재를 소화한다. 이러한 소화를 부촉매소화 또는 억제소화라 하며 이는 화학적 소화에 해당된다.

연소의 4요소

• 가연물(연료)
• 산소공급원(지연물)
• 열(착화온도 이상의 온도)
• 연쇄반응

정답 ③

핵심이론 03 과산화수소(H_2O_2, 하이드로겐퍼옥사이드, 300kg/위험등급Ⅰ)

① 융점은 -17℃, 비점은 152℃, 비중은 1.463으로 순수한 것은 점성이 있는 무색의 액체이다(양이 많을 경우 청색).

② 강산화제이나 환원제로도 사용되고 단독 폭발 농도는 60% 이상, 시판품의 농도는 30~40% 수용액이다.

③ 분해 시 산소(O_2)를 발생하므로 분해 안정제로 인산(H_3PO_4), 요산($C_5H_4N_4O_3$) 등을 사용한다.

④ 피부와 접촉 시 수종(물집)이 생기므로 물로 충분히 씻는다.

⑤ 물, 에터, 알코올에는 용해되나 석유, 벤젠에는 용해되지 않는다.

⑥ 금속의 미립자 및 알칼리성 용액에 의하여 분해된다.

⑦ 용기는 밀전하지 말고 통풍을 위하여 구멍이 뚫린 마개를 사용한다.

⑧ 하이드라진(N_2H_4)과 접촉 시 분해작용으로 폭발 위험이 있다.

⑨ 과산화수소(H_2O_2) 농도가 36wt% 이상의 것만 위험물로 취급한다.

⑩ 약국에서 판매하는 옥시풀(옥시돌)은 3% 수용액이다.

⑪ 분해 촉진제(촉매)는 이산화망가니즈(MnO_2)를 사용한다.

⑫ 무색인 아이오딘칼륨 녹말 종이와 반응하여 청색으로 변화시킨다.

⑬ 소화방법은 다량의 물로 주수소화하는 것이 좋다.

㉠ 분해 반응식

$H_2O_2 \rightarrow H_2O + [O]$ (발생기 산소 : 표백작용)

㉡ 하이드라진 분해 반응식

$N_2H_4 + 2H_2O_2 \rightarrow \underset{물}{4H_2O} + \underset{질소}{N_2} \uparrow$

10년간 자주 출제된 문제

위험물안전관리법령상 산화성 액체에 대한 설명으로 옳은 것은?

① 과산화수소는 농도와 밀도가 비례한다.
② 과산화수소는 농도가 높을수록 끓는점이 낮아진다.
③ 질산은 상온에서 불연성이지만 고온으로 가열하면 스스로 발화한다.
④ 질산을 황산과 일정 비율로 혼합하여 왕수를 제조할 수 있다.

|해설|

- 산화성 액체라 함은 제6류 위험물을 의미한다.
- 과산화수소의 농도와 밀도의 관계는 비례한다.
- 과산화수소의 농도가 높을수록 밀도가 높아지므로 끓는점은 높아진다.
- 질산 자신은 불연성이라 스스로 발화하지 않는다.
- 왕수(질산 : 염산 = 1 : 3)

정답 ①

핵심이론 04 과염소산($HClO_4$, 300kg/위험등급 I)

① 융점은 −112℃, 비점은 39℃, 비중은 1.76이다.
② 무색의 액체로 공기 중에서 강하게 연기를 낸다.
③ 물과 접촉 시 심한 열이 발생하며, 과염소산의 고체 수화물(6종류)을 만든다.

> **과염소산의 고체 수화물(6종)**
> - $HClO_4 \cdot H_2O$
> - $HClO_4 \cdot 2H_2O$
> - $HClO_4 \cdot 2.5H_2O$
> - $HClO_4 \cdot 3H_2O$(2종)
> - $HClO_4 \cdot 3.5H_2O$

④ 종이, 나무 조각 등과 접촉하면 연소하고, 산화력 및 흡습성이 강하다.
⑤ 다량의 물로 분무(안개소화) 또는 주수소화하고, 저장 시 내산성 용기를 사용한다.

10년간 자주 출제된 문제

4-1. 과산화벤조일과 과염소산의 지정수량의 합은 몇 kg인가?

① 310　② 350
③ 400　④ 500

4-2. 위험물안전관리법령상 다음 ( )에 알맞은 수치를 모두 합한 값은?

> - 과염소산의 지정수량은 ( )kg이다.
> - 과산화수소는 농도가 ( )wt% 미만인 것은 위험물에 해당하지 않는다.
> - 질산은 비중이 ( ) 이상인 것만 위험물로 규정한다.

① 349.36　② 549.36
③ 337.49　④ 537.49

|해설|

4-1

지정수량의 합 : 100kg + 300kg = 400kg

구 분	과산화벤조일	과염소산
지정수량	100kg	300kg

4-2

- 과염소산의 지정수량은 300kg이다.
- 과산화수소는 농도 36wt% 이상을 위험물로 규정한다.
- 질산은 비중이 1.49 이상인 것을 위험물로 규정한다.

∴ 300 + 36 + 1.49 = 337.49

정답 4-1 ③ 4-2 ③

핵심이론 05 질산(HNO_3, 300kg/위험등급 I)

① 융점은 −42℃, 비점은 122℃, 비중은 1.49, 융해열은 7.8kcal/mol, 응축결정온도는 −40℃이다.
② 무색의 액체이나 보관 중 담황색으로 되며, 부식성이 강한 강산이지만 금, 백금, 이리듐, 로듐만은 부식시키지 못한다.
③ 진한질산은 Fe(철), Co(코발트), Ni(니켈), Cr(크롬), Al(알루미늄) 등을 부동태화한다.

> **부동태화** : 진한질산이 위 물질의 표면에 다른 산에 의하여 부식되지 않게 수산화물의 얇은 막을 만드는 현상

④ 공기 중에서 또는 직사일광에 분해되어 유독한 갈색 증기인 NO_2(이산화질소)가 발생하므로 갈색병에 넣어 냉암소에 저장한다.
⑤ 액체와 증기, 질소산화물은 인체에 해롭다.
⑥ 질산과 염산을 1 : 3 비율로 제조한 것을 왕수라 한다.
⑦ 탄화수소, 황화수소, 이황화수소, 하이드라진류, 아민류 등 환원성 물질과 혼합하면 발화 및 폭발한다.
⑧ 톱밥, 대패밥, 나무 조각, 나무껍질, 종이, 섬유 등 유기물질과 혼합하면 발화한다.
⑨ 가열된 질산과 황린이 반응하면 인산이 되며, 황과 반응하면 황산이 된다.
⑩ 다량의 질산화재에 소량의 주수소화는 위험하고, 마른 모래 및 CO_2로 소화한다.
⑪ 위급 시에는 다량의 물로 냉각소화한다.
⑫ 단백질과는 잔토프로테인반응을 일으켜 노란색으로 반응한다.

> **잔토프로테인반응(단백질검출법)** : 단백질에 진한질산을 반응시키면 노란색으로 되는 반응

⑬ 구리와 묽은질산이 반응하면 일산화질소(NO)가 발생되고, 진한질산과 반응하면 이산화질소(NO_2)가 발생된다.

㉠ 구리와 묽은질산의 반응식

$$\underset{\text{구리}}{3Cu} + \underset{\text{묽은질산}}{8HNO_3} \rightarrow \underset{\text{질산구리}}{3Cu(NO_3)_2} + \underset{\text{일산화질소}}{2NO} + \underset{\text{물}}{4H_2O}$$

㉡ 구리와 진한질산의 반응식

$$\underset{\text{구리}}{Cu} + \underset{\text{진한질산}}{4HNO_3} \rightarrow \underset{\text{질산구리}}{Cu(NO_3)_2} + \underset{\text{이산화질소}}{2NO_2} + \underset{\text{물}}{2H_2O}$$

㉢ 분해 반응식

$$4HNO_3 \rightarrow \underset{\text{물}}{2H_2O} + \underset{\text{이산화질소}}{4NO_2 \uparrow} + \underset{\text{산소}}{O_2 \uparrow}$$

10년간 자주 출제된 문제

5-1. 질산과 과염소산의 공통성질이 아닌 것은?

① 가연성이며 강산화제이다.
② 비중이 1보다 크다.
③ 가연물과 혼합으로 발화의 위험이 있다.
④ 물과 접촉하면 발열한다.

5-2. HNO_3에 대한 설명으로 틀린 것은?

① Al, Fe은 진한 질산에서 부동태를 생성해 녹지 않는다.
② 질산과 염산을 3 : 1 비율로 제조한 것을 왕수라고 한다.
③ 부식성에 강하고 흡습성이 있다.
④ 직사광선에서 분해하여 NO_2를 발생한다.

5-3. 산화성 액체인 질산의 분자식으로 옳은 것은?

① HNO_2 ② HNO_3
③ NO_2 ④ NO_3

|해설|

5-1

질산과 과염소산은 제6류 위험물로 산소를 함유(산화성 액체)하고 있고, 강산 및 불연성 물질이다.

5-2

질산과 염산을 1 : 3 비율로 제조한 것을 왕수라 한다.

질산의 특성

- 자극적인 냄새가 나는 무색의 액체이다.
- 비중이 1.49 이상인 것을 위험물로 규정한다.
- 공기와의 접촉으로 황, 적색의 증기가 발생한다.
- 물, 알코올, 에터에 잘 녹는다.
- 이온화 경향이 작은 금속(동, 수은, 은)에서는 NO와 NO_2를 생성함과 함께 그 금속의 질산염을 생성한다.
- 금속에 산 및 산화제로 작용한다.
- 이온화 경향이 큰 금속(마그네슘 등)에서는 수소가 발생한다.
- 가열, 빛에 의해 분해되고 이산화질소로 인해 황색 또는 갈색을 띤다.

5-3

HNO_2(아질산), HNO_3(질산), NO_2(이산화질소), NO_3(질산기)

정답 5-1 ① 5-2 ② 5-3 ②

핵심이론 06 | 발연질산($HNO_3 + nNO_2$, 300kg/위험등급 Ⅰ)

① 비중은 1.5이다.

② 진한질산에 이산화질소를 과잉으로 녹인 무색 또는 적갈색의 발연성 액체이다.

③ 공기 중에서 부식성, 질식성으로 인체에 유독한 이산화질소(NO_2)가 발생하며, 진한질산보다 산화력이 세다.

제7절 위험물 저장 · 취급 · 운반 · 운송기준

핵심이론 01 위험물안전관리법 용어정리

① 위험물 : 인화성 또는 발화성 등의 성질을 가지는 것으로서 대통령령이 정하는 물품(시행령 별표 1)을 말한다.

② 지정수량 : 위험물의 종류별로 위험성을 고려하여 대통령령이 정하는 수량(시행령 별표 1)으로서 제조소 등의 설치허가 등에 있어서 최저의 기준이 되는 수량을 말한다.

③ 제조소 : 위험물을 제조할 목적으로 지정수량 이상의 위험물을 취급하기 위하여 허가를 받은 장소를 말한다.

④ 저장소 : 지정수량 이상의 위험물을 저장하기 위한 대통령령이 정하는 장소로서 허가를 받은 장소를 말한다.

⑤ 취급소 : 지정수량 이상의 위험물을 제조 외의 목적으로 취급하기 위한 대통령령이 정하는 장소로서 허가를 받은 장소를 말한다.

⑥ 제조소 등 : 제조소, 저장소 및 취급소를 말한다.

⑦ 복수성상물품 : 위험물 성질을 2가지 이상 포함하는 물품

⑧ 위험물 저장소의 구분 8가지(위험물안전관리법 시행령 별표 2)

지정수량 이상의 위험물을 저장하기 위한 장소	저장소의 구분
1. 옥내(지붕과 기둥 또는 벽 등에 의하여 둘러싸인 곳을 말한다)에 저장(위험물을 저장하는 데 따르는 취급을 포함한다)하는 장소. 다만, 제3호의 장소를 제외한다.	옥내 저장소
2. 옥외에 있는 탱크(제4호 내지 제6호 및 제8호에 규정된 탱크를 제외한다. 이하 제3호에서 같다)에 위험물을 저장하는 장소	옥외탱크 저장소
3. 옥내에 있는 탱크에 위험물을 저장하는 장소	옥내탱크 저장소
4. 지하에 매설한 탱크에 위험물을 저장하는 장소	지하탱크 저장소
5. 간이탱크에 위험물을 저장하는 장소	간이탱크 저장소
6. 차량(피견인자동차에 있어서는 앞차축을 갖지 아니하는 것으로서 해당 피견인자동차의 일부가 견인자동차에 적재되고 해당 피견인자동차와 그 적재물의 중량의 상당부분이 견인자동차에 의하여 지탱되는 구조의 것에 한한다)에 고정된 탱크에 위험물을 저장하는 장소	이동탱크 저장소
7. 옥외에 다음에 해당하는 위험물을 저장하는 장소. 다만, 제2호의 장소를 제외한다. 가. 제2류 위험물 중 황 또는 인화성 고체(인화점이 0℃ 이상인 것에 한한다) 나. 제4류 위험물 중 제1석유류(인화점이 0℃ 이상인 것에 한한다) · 알코올류 · 제2석유류 · 제3석유류 · 제4석유류 및 동식물유류 다. 제6류 위험물 라. 제2류 위험물 및 제4류 위험물 중 특별시 · 광역시 · 특별자치시 · 도 또는 특별자치도의 조례로 정하는 위험물(관세법 제154조에 따른 보세구역 안에 저장하는 경우로 한정한다) 마. 국제해사기구에 관한 협약에 의하여 설치된 국제해사기구가 채택한 국제해상위험물규칙(IMDG Code)에 적합한 용기에 수납된 위험물	옥외 저장소
8. 암반 내의 공간을 이용한 탱크에 액체의 위험물을 저장하는 장소	암반탱크 저장소

⑨ 위험물 취급소의 구분 4가지(위험물안전관리법 시행령 별표 3)

위험물을 제조 외의 목적으로 취급하기 위한 장소	취급소의 구분
1. 고정된 주유설비(항공기에 주유하는 경우에는 차량에 설치된 주유설비를 포함한다)에 의하여 자동차 · 항공기 또는 선박 등의 연료탱크에 직접 주유하기 위하여 위험물(석유 및 석유대체연료 사업법 제29조의 규정에 의한 가짜석유제품에 해당하는 물품을 제외한다. 이하 제2호에서 같다)을 취급하는 장소(위험물을 용기에 옮겨 담거나 차량에 고정된 5,000L 이하의 탱크에 주입하기 위하여 고정된 급유설비를 병설한 장소를 포함한다)	주유 취급소
2. 점포에서 위험물을 용기에 담아 판매하기 위하여 지정수량의 40배 이하의 위험물을 취급하는 장소	판매 취급소
3. 배관 및 이에 부속된 설비에 의하여 위험물을 이송하는 장소. 다만, 다음의 어느 하나에 해당하는 경우의 장소를 제외한다. 가. 송유관 안전관리법에 의한 송유관에 의하여 위험물을 이송하는 경우 나. 제조소 등에 관계된 시설(배관을 제외한다) 및 그 부지가 같은 사업소 안에 있고 해당 사업소 안에서만 위험물을 이송하는 경우 다. 사업소와 사업소의 사이에 도로(폭 2m 이상의 일반교통에 이용되는 도로로서 자동차의 통행이 가능한 것을 말한다)만 있고 사업소와 사업소 사이의 이송배관이 그 도로를 횡단하는 경우	이송 취급소

위험물을 제조 외의 목적으로 취급하기 위한 장소	취급소의 구분
라. 사업소와 사업소 사이의 이송배관이 제3자(해당 사업소와 관련이 있거나 유사한 사업을 하는 자에 한한다)의 토지만을 통과하는 경우로서 해당 배관의 길이가 100m 이하인 경우 마. 해상구조물에 설치된 배관(이송되는 위험물이 별표 1의 제4류 위험물 중 제1석유류인 경우에는 배관의 안지름이 30cm 미만인 것에 한한다)으로서 해당 해상구조물에 설치된 배관이 길이가 30m 이하인 경우 바. 사업소와 사업소 사이의 이송배관이 다목 내지 마목의 규정에 의한 경우 중 2 이상에 해당하는 경우 사. 농어촌 전기공급사업 촉진법에 따라 자가발전시설에 사용되는 위험물을 이송하는 경우	이송 취급소
4. 제1호 내지 제3호 외의 장소(석유 및 석유대체연료 사업법 제29조의 규정에 의한 가짜석유제품에 해당하는 위험물을 취급하는 경우의 장소를 제외한다)	일반 취급소

10년간 자주 출제된 문제

위험물안전관리법에서 정의하는 다음 용어는 무엇인가?

> 인화성 또는 발화성 등의 성질을 가지는 것으로서 대통령령이 정하는 물품을 말한다.

① 위험물
② 인화성 물질
③ 자연발화성 물질
④ 가연물

|해설|

위험물에 대한 정의이다.

정답 ①

핵심이론 02 | 위험물 저장기준

① 위험물의 저장 및 취급의 제한(위험물안전관리법 제5조)

㉠ 저장 등의 원칙과 예외

- 원칙 : 지정수량 이상의 위험물을 저장소가 아닌 장소에서 저장하거나 제조소 등이 아닌 장소에서 취급하여서는 아니된다.
- 예외 : 다음의 어느 하나에 해당하는 경우에는 제조소 등이 아닌 장소에서 지정수량 이상의 위험물을 취급할 수 있다. 이 경우 임시로 저장 또는 취급하는 장소에서의 저장 또는 취급의 기준과 임시로 저장 또는 취급하는 장소의 위치・구조 및 설비의 기준은 시・도의 조례로 정한다.
  - 시・도의 조례가 정하는 바에 따라 관할소방서장의 승인을 받아 지정수량 이상의 위험물을 90일 이내의 기간 동안 임시로 저장 또는 취급하는 경우
  - 군부대가 지정수량 이상의 위험물을 군사목적으로 임시로 저장 또는 취급하는 경우

㉡ 저장 등의 기준

제조소 등에서의 위험물의 저장 또는 취급에 관하여는 다음의 중요기준 및 세부기준에 따라야 한다.

- 중요기준 : 화재 등 위해의 예방과 응급조치에 있어서 큰 영향을 미치거나 그 기준을 위반하는 경우 직접적으로 화재를 일으킬 가능성이 큰 기준으로서 행정안전부령이 정하는 기준
- 세부기준 : 화재 등 위해의 예방과 응급조치에 있어서 중요기준보다 상대적으로 적은 영향을 미치거나 그 기준을 위반하는 경우 간접적으로 화재를 일으킬 수 있는 기준 및 위험물의 안전관리에 필요한 표시와 서류・기구 등의 비치에 관한 기준으로서 행정안전부령이 정하는 기준

② 유별을 달리하는 위험물 저장기준(위험물안전관리법 시행규칙 별표 18)

유별을 달리하는 위험물은 동일한 저장소(내화구조의 격벽으로 완전히 구획된 실이 2 이상 있는 저장소에 있어서는 동일한 실)에 저장하지 아니하여야 한다. 다만, 옥내저장소 또는 옥외저장소에 있어서 다음의 규정에 의한 위험물을 저장하는 경우로서 위험물을 유별로 정리하여 저장하는 한편, 서로 1m 이상의 간격을 두는 경우에는 그러하지 아니하다(중요기준).

㉠ 제1류 위험물(알칼리금속의 과산화물 또는 이를 함유한 것을 제외한다)과 제5류 위험물을 저장하는 경우

㉡ 제1류 위험물과 제6류 위험물을 저장하는 경우

㉢ 제1류 위험물과 제3류 위험물 중 자연발화성 물질(황린 또는 이를 함유한 것에 한한다)을 저장하는 경우

㉣ 제2류 위험물 중 인화성 고체와 제4류 위험물을 저장하는 경우

㉤ 제3류 위험물 중 알킬알루미늄 등과 제4류 위험물(알킬알루미늄 또는 알킬리튬을 함유한 것에 한한다)을 저장하는 경우

㉥ 제4류 위험물 중 유기과산화물 또는 이를 함유하는 것과 제5류 위험물 중 유기과산화물 또는 이를 함유한 것을 저장하는 경우

③ 위험물 저장기준(위험물안전관리법 시행규칙 별표 18)

㉠ 제3류 위험물 중 황린 그 밖에 물속에 저장하는 물품과 금수성 물질은 동일한 저장소에서 저장하지 아니하여야 한다.

㉡ 옥내저장소에서 동일 품명의 위험물이더라도 자연발화 할 우려가 있는 위험물 또는 재해가 현저하게 증대할 우려가 있는 위험물을 다량 저장하는 경우에는 지정수량의 10배 이하마다 구분하여 상호 간 0.3m 이상의 간격을 두어 저장하여야 한다. 다만, 제48조의 규정에 의한 위험물 또는 기계에 의하여 하역하는 구조로 된 용기에 수납한 위험물에 있어서는 그러하지 아니하다.

㉢ 옥내저장소에서는 용기에 수납하여 저장하는 위험물의 온도가 55℃를 넘지 아니하도록 필요한 조치를 강구하여야 한다(중요기준).

④ 알킬알루미늄 등, 아세트알데하이드 등 및 다이에틸에터 등(다이에틸에터 또는 이를 함유한 것을 말한다)의 저장기준(중요기준)

㉠ 옥외저장탱크 또는 옥내저장탱크 중 압력탱크(최대상용압력이 대기압을 초과하는 탱크를 말한다)에 있어서는 알킬알루미늄 등의 취출에 의하여 해당 탱크 내의 압력이 상용압력 이하로 저하하지 아니하도록, 압력탱크 외의 탱크에 있어서는 알킬알루미늄 등의 취출이나 온도의 저하에 의한 공기의 혼입을 방지할 수 있도록 불활성의 기체를 봉입할 것

㉡ 옥외저장탱크·옥내저장탱크 또는 이동저장탱크에 새롭게 알킬알루미늄 등을 주입하는 때에는 미리 해당 탱크 안의 공기를 불활성기체와 치환하여 둘 것

㉢ 이동저장탱크에 알킬알루미늄 등을 저장하는 경우에는 20kPa 이하의 압력으로 불활성의 기체를 봉입하여 둘 것

㉣ 옥외저장탱크·옥내저장탱크·지하저장탱크 또는 이동저장탱크에 새롭게 아세트알데하이드 등을 주입하는 때에는 미리 해당 탱크 안의 공기를 불활성기체와 치환하여 둘 것

㉤ 이동저장탱크에 아세트알데하이드 등을 저장하는 경우에는 항상 불활성의 기체를 봉입하여 둘 것

㉥ 옥외저장탱크·옥내저장탱크 또는 지하저장탱크 중 압력탱크 외의 탱크에 저장하는 다이에틸에터 등 또는 아세트알데하이드 등의 온도는 산화프로필렌과 이를 함유한 것 또는 다이에틸에터 등에 있어서는 30℃ 이하로, 아세트알데하이드 또는 이를 함유한 것에 있어서는 15℃ 이하로 각각 유지할 것

ⓢ 옥외저장탱크・옥내저장탱크 또는 지하저장탱크 중 압력탱크에 저장하는 아세트알데하이드 등 또는 다이에틸에터 등의 온도는 40℃ 이하로 유지할 것

ⓞ 보냉장치가 있는 이동저장탱크에 저장하는 아세트알데하이드 등 또는 다이에틸에터 등의 온도는 해당 위험물의 비점 이하로 유지할 것

10년간 자주 출제된 문제

2-1. 시・도의 조례가 정하는 바에 따라 관할소방서장의 승인을 받아 지정수량 이상의 위험물을 제조소 등이 아닌 장소에서 임시로 저장 또는 취급하는 기간은 최대 며칠 이내인가?

① 30　② 60
③ 90　④ 120

2-2. 이동저장탱크에 알킬알루미늄을 저장하는 경우에 불활성 기체를 봉입하는데 이때의 압력은 몇 kPa 이하이어야 하는가?

① 10　② 20
③ 30　④ 40

|해설|

2-1

위험물 임시 저장 취급 기간 : 90일

2-2

이동탱크저장소의 취급기준

- 알킬알루미늄의 이동탱크로부터 알킬알루미늄을 꺼낼 때에는 동시에 200kPa 이하의 압력으로 불활성기체를 봉입할 것
- 알킬알루미늄의 이동탱크에 알킬알루미늄을 저장할 때에는 20kPa 이하의 압력으로 불활성기체를 봉입해 둘 것

정답 2-1 ③ 2-2 ②

핵심이론 03 위험물의 취급기준(위험물안전관리법 시행규칙 별표 18)

① 주유취급소(항공기주유취급소・선박주유취급소 및 철도주유취급소를 제외한다)에서의 취급기준

㉠ 자동차 등에 주유할 때에는 고정주유설비를 사용하여 직접 주유할 것(중요기준)

㉡ 자동차 등에 인화점 40℃ 미만의 위험물을 주유할 때에는 자동차 등의 원동기를 정지시킬 것. 다만, 연료탱크에 위험물을 주유하는 동안 방출되는 가연성 증기를 회수하는 설비가 부착된 고정주유설비에 의하여 주유하는 경우에는 그러하지 아니하다.

㉢ 이동저장탱크에 급유할 때에는 고정급유설비를 사용하여 직접 급유할 것

㉣ 고정주유설비 또는 고정급유설비에 접속하는 탱크에 위험물을 주입할 때에는 해당 탱크에 접속된 고정주유설비 또는 고정급유설비의 사용을 중지하고, 자동차 등을 해당 탱크의 주입구에 접근시키지 아니할 것

㉤ 고정주유설비 또는 고정급유설비에는 해당 설비에 접속한 전용탱크 또는 간이탱크의 배관 외의 것을 통하여서는 위험물을 공급하지 아니할 것

② 이동탱크저장소(컨테이너식 이동탱크저장소를 제외한다)에서의 취급기준

㉠ 이동저장탱크로부터 위험물을 저장 또는 취급하는 탱크에 액체의 위험물을 주입할 경우에는 그 탱크의 주입구에 이동저장탱크의 주입호스를 견고하게 결합할 것. 다만, 주입호스의 끝부분에 수동개폐장치를 한 주입노즐(수동개폐장치를 개방상태로 고정하는 장치를 한 것을 제외한다)을 사용하여 지정수량 미만의 양의 위험물을 저장 또는 취급하는 탱크에 인화점이 40℃ 이상인 위험물을 주입하는 경우에는 그러하지 아니하다.

㉡ 이동저장탱크로부터 액체위험물을 용기에 옮겨 담지 아니할 것. 다만, 주입호스의 끝부분에 수동개폐장치를 한 주입노즐(수동개폐장치를 개방상태로 고정하는 장치를 한 것을 제외한다)을 사용하여 별표 19 I 의 기준에 적합한 운반용기에 인화점 40℃ 이상의 제4류 위험물을 옮겨 담는 경우에는 그러하지 아니하다.

㉢ 이동저장탱크로부터 위험물을 저장 또는 취급하는 탱크에 인화점이 40℃ 미만인 위험물을 주입할 때에는 이동탱크저장소의 원동기를 정지시킬 것

㉣ 이동저장탱크로부터 직접 위험물을 자동차(자동차관리법 제2조 제1호의 규정에 의한 자동차와 건설기계관리법 제2조 제1항 제1호의 규정에 의한 건설기계 중 덤프트럭 및 콘크리트믹서트럭을 말한다)의 연료탱크에 주입하지 말 것. 다만, 건설산업기본법 제2조 제4호에 따른 건설공사를 하는 장소에서 별표 10 Ⅳ 제3호에 따른 주입설비를 부착한 이동탱크저장소로부터 해당 건설공사와 관련된 자동차(건설기계관리법 제2조 제1항 제1호에 따른 건설기계 중 덤프트럭과 콘크리트믹서트럭으로 한정한다)의 연료탱크에 인화점 40℃ 이상의 위험물을 주입하는 경우에는 그러하지 아니하다.

㉤ 휘발유・벤젠, 그 밖에 정전기에 의한 재해발생의 우려가 있는 액체의 위험물을 이동저장탱크에 주입하거나 이동저장탱크로부터 배출하는 때에는 도선으로 이동저장탱크와 접지전극 등과의 사이를 긴밀히 연결하여 해당 이동저장탱크를 접지할 것

㉥ 휘발유・벤젠, 그 밖에 정전기에 의한 재해발생의 우려가 있는 액체의 위험물을 이동저장탱크의 상부로 주입하는 때에는 주입관을 사용하되, 해당 주입관의 끝부분을 이동저장탱크의 밑바닥에 밀착할 것

㉦ 휘발유를 저장하던 이동저장탱크에 등유나 경유를 주입할 때 또는 등유나 경유를 저장하던 이동저장탱크에 휘발유를 주입할 때에는 기준에 따라 정전기 등에 의한 재해를 방지하기 위한 조치를 할 것

10년간 자주 출제된 문제

3-1. 위험물안전관리법령상 주유취급소에서의 위험물 취급기준으로 옳지 않은 것은?

① 자동차에 주유할 때에는 고정주유설비를 이용하여 직접 주유할 것
② 자동차에 경유 위험물을 주유할 때에는 자동차의 원동기를 반드시 정지시킬 것
③ 고정주유설비에는 해당 주유설비에 접속한 전용탱크 또는 간이탱크의 배관 외의 것을 통하여서는 위험물을 공급하지 아니할 것
④ 고정주유설비에 접속하는 탱크에 위험물을 주입할 때에는 해당 탱크에 접속된 고정주유설비의 사용을 중지할 것

3-2. 다음 중 위험물안전관리법이 적용되는 영역은?

① 항공기에 의한 대한민국 영공에서의 위험물의 저장, 취급 및 운반
② 궤도에 의한 위험물의 저장, 취급 및 운반
③ 철도에 의한 위험물의 저장, 취급 및 운반
④ 자가용승용차에 의한 지정수량 이하의 위험물의 저장, 취급 및 운반

|해설|

3-1

자동차에 위험물을 주유할 때 자동차의 원동기를 정지시켜야 하는 경우 인화점이 40℃ 미만인 위험물을 주유하는 경우이다. 경유의 인화점은 41℃ 이상이므로 반드시 정지시킬 필요는 없다.

3-2

항공기, 선박, 철도 및 궤도에 의한 위험물의 저장・취급 및 운반은 위험물안전관리법의 적용을 받지 않는다(법 제3조).

정답 3-1 ② 3-2 ④

핵심이론 04 위험물의 운반기준(위험물안전관리법 시행규칙 별표 19)

① 위험물의 운반기준 등

㉠ 운반용기

- 운반용기의 재질은 강판·알루미늄판·양철판·유리·금속판·종이·플라스틱·섬유판·고무류·합성섬유·삼·짚 또는 나무로 한다.
- 운반용기는 견고하여 쉽게 파손될 우려가 없고, 그 입구로부터 수납된 위험물이 샐 우려가 없도록 하여야 한다.

㉡ 위험물의 운반·운송

- 위험물의 운반은 그 용기·적재방법 및 운반방법에 관한 중요기준과 세부기준에 따라 행하여야 한다(위험물안전관리법 제20조).
- 이동탱크저장소에 의하여 위험물을 운송하는 자(위험물운송자)는 제20조 제2항 각 호의 어느 하나에 해당하는 요건을 갖추어야 한다(위험물안전관리법 제21조).

② 적재방법

위험물은 규정에 의한 운반용기에 다음의 기준에 따라 수납하여 적재하여야 한다. 다만, 덩어리 상태의 황을 운반하기 위하여 적재하는 경우 또는 위험물을 동일구 내에 있는 제조소 등의 상호 간에 운반하기 위하여 적재하는 경우에는 그러하지 아니하다(중요기준).

㉠ 위험물이 온도변화 등에 의하여 누설되지 아니하도록 운반용기를 밀봉하여 수납할 것. 다만, 온도변화 등에 의한 위험물로부터의 가스의 발생으로 운반용기 안의 압력이 상승할 우려가 있는 경우(발생한 가스가 독성 또는 인화성을 갖는 등 위험성이 있는 경우를 제외한다)에는 가스의 배출구(위험물의 누설 및 다른 물질의 침투를 방지하는 구조로 된 것에 한한다)를 설치한 운반용기에 수납할 수 있다.

㉡ 고체위험물은 운반용기 내용적의 95% 이하의 수납률로 수납할 것

㉢ 액체위험물은 운반용기 내용적의 98% 이하의 수납률로 수납하되, 55℃의 온도에서 누설되지 아니하도록 충분한 공간용적을 유지하도록 할 것

㉣ 제3류 위험물은 다음의 기준에 따라 운반용기에 수납할 것

- 자연발화성 물질에 있어서는 불활성기체를 봉입하여 밀봉하는 등 공기와 접하지 아니하도록 할 것
- 자연발화성 물질 외의 물품에 있어서는 파라핀·경유·등유 등의 보호액으로 채워 밀봉하거나 불활성기체를 봉입하여 밀봉하는 등 수분과 접하지 아니하도록 할 것
- 자연발화성 물질 중 알킬알루미늄 등은 운반용기의 내용적의 90% 이하의 수납률로 수납하되, 50℃의 온도에서 5% 이상의 공간용적을 유지하도록 할 것

③ 적재 위험물의 피복

적재하는 위험물의 성질에 따라 일광의 직사 또는 빗물의 침투를 방지하기 위하여 유효하게 피복하는 등 다음에 정하는 기준에 따른 조치를 하여야 한다(중요기준).

㉠ 제1류 위험물, 제3류 위험물 중 자연발화성 물질, 제4류 위험물 중 특수인화물, 제5류 위험물 또는 제6류 위험물은 차광성이 있는 피복으로 가릴 것

㉡ 제1류 위험물 중 알칼리금속의 과산화물 또는 이를 함유한 것, 제2류 위험물 중 철분·금속분·마그네슘 또는 이들 중 어느 하나 이상을 함유한 것 또는 제3류 위험물 중 금수성 물질은 방수성이 있는 피복으로 덮을 것

㉢ 제5류 위험물 중 55℃ 이하의 온도에서 분해될 우려가 있는 것은 보냉 컨테이너에 수납하는 등 적정한 온도관리를 할 것

㉣ 액체위험물 또는 위험등급Ⅱ의 고체위험물을 기계에 의하여 하역하는 구조로 된 운반용기에 수납하여 적재하는 경우에는 해당 용기에 대한 충격 등을 방지하기 위한 조치를 강구할 것. 다만, 위험등급Ⅱ의 고체위험물을 플렉시블(Flexible)의 운반용기, 파이버판제의 운반용기 및 목제의 운반용기 외의 운반용기에 수납하여 적재하는 경우에는 그러하지 아니하다.

④ 위험물 수납하는 운반용기의 외부에 표시사항(위험물안전관리법 시행규칙 별표 19 적재방법 제8호)

위험물의 종류		주의사항
제1류 위험물	알칼리금속의 과산화물 또는 이를 함유한 것	"화기·충격주의", "물기엄금" 및 "가연물접촉주의"
	그 밖의 것	"화기·충격주의" 및 "가연물접촉주의"
제2류 위험물	철분·금속분·마그네슘 또는 이들 중 어느 하나 이상을 함유한 것	"화기주의" 및 "물기엄금"
	인화성 고체	"화기엄금"
	그 밖의 것	"화기주의"
제3류 위험물	자연발화성 물질	"화기엄금" 및 "공기접촉엄금"
	금수성 물질	"물기엄금"
제4류 위험물		"화기엄금"
제5류 위험물		"화기엄금" 및 "충격주의"
제6류 위험물		"가연물접촉주의"

⑤ 유별을 달리하는 위험물의 혼재기준(위험물안전관리법 시행규칙 별표 19 관련 부표 2)

위험물의 구분	제1류	제2류	제3류	제4류	제5류	제6류
제1류		×	×	×	×	○
제2류	×		×	○	○	×
제3류	×	×		○	×	×
제4류	×	○	○		○	×
제5류	×	○	×	○		×
제6류	○	×	×	×	×	

※ 비고

- "×" 표시는 혼재할 수 없음을 표시한다.
- "○" 표시는 혼재할 수 있음을 표시한다.
- 이 표는 지정수량의 $\frac{1}{10}$ 이하의 위험물에 대하여는 적용하지 아니한다.

10년간 자주 출제된 문제

4-1. 위험물안전관리법령상의 위험물 운반에 관한 기준에서 액체위험물은 운반용기 내용적의 몇 % 이하의 수납률로 수납하여야 하는가?

① 80
② 85
③ 90
④ 98

4-2. 위험물안전관리법령상 위험물 운반 시 방수성 덮개를 하지 않아도 되는 위험물은?

① 나트륨
② 적 린
③ 철 분
④ 과산화칼륨

4-3. 위험물안전관리법령상 위험물을 운반하기 위해 적재할 때 예를 들어 제6류 위험물은 1가지 유별(제1류 위험물)하고만 혼재할 수 있다. 다음 중 가장 많은 유별과 혼재가 가능한 것은? (단, 지정수량의 $\frac{1}{10}$ 을 초과하는 위험물이다)

① 제1류
② 제2류
③ 제3류
④ 제4류

|해설|

4-1

운반용기 수납률

- 고체위험물은 운반용기 내용적의 95% 이하의 수납률로 수납할 것
- 액체위험물은 운반용기 내용적의 98% 이하의 수납률로 수납하되, 55℃의 온도에서 누설되지 아니하도록 충분한 공간용적을 유지하도록 할 것
- 자연발화성 물질 중 알킬알루미늄 등은 운반용기의 내용적의 90% 이하의 수납률로 수납하되, 50℃의 온도에서 5% 이상의 공간용적을 유지하도록 할 것

4-2

적재하는 위험물의 성질에 따라 일광의 직사 또는 빗물의 침투를 방지하기 위하여 유효하게 피복하는 등 다음에 정하는 기준에 따른 조치를 하여야 한다.

- 제1류 위험물, 제3류 위험물 중 자연발화성 물질, 제4류 위험물 중 특수인화물, 제5류 위험물 또는 제6류 위험물은 차광성이 있는 피복으로 가릴 것
- 제1류 위험물 중 알칼리금속의 과산화물 또는 이를 함유한 것, 제2류 위험물 중 철분·금속분·마그네슘 또는 이들 중 어느 하나 이상을 함유한 것 또는 제3류 위험물 중 금수성 물질은 방수성이 있는 피복으로 덮을 것
- 제5류 위험물 중 55℃ 이하의 온도에서 분해될 우려가 있는 것은 보냉컨테이너에 수납하는 등 적정한 온도관리를 할 것
- 액체위험물 또는 위험등급Ⅱ의 고체위험물을 기계에 의하여 하역하는 구조로 된 운반용기에 수납하여 적재하는 경우에는 해당 용기에 대한 충격 등을 방지하기 위한 조치를 강구할 것. 다만, 위험등급Ⅱ의 고체위험물을 플렉시블(Flexible)의 운반용기, 파이버판제의 운반용기 및 목제의 운반용기 외의 운반용기에 수납하여 적재하는 경우에는 그러하지 아니하다.

4-3

혼재 가능한 위험물

- 제1류 위험물(산화성 고체) : 제6류 위험물(산화성 액체)
- 제4류 위험물(인화성 액체) : 제2류 위험물(가연성 고체)
제3류 위험물(자연발화성 물질 및 금수성 물질)
제5류 위험물(자기반응성 물질)
- 제5류 위험물(자기반응성 물질) : 제2류 위험물(가연성 고체)
제4류 위험물(인화성 액체)

정답 4-1 ④ 4-2 ② 4-3 ④

핵심이론 05 | 위험물의 운송기준(위험물안전관리법 시행규칙 별표 21)

① 위험물의 운송(위험물안전관리법 제21조)

㉠ 이동탱크저장소에 의하여 위험물을 운송하는 자(운송책임자 및 이동탱크저장소 운전자를 말하며, 이하 "위험물운송자"라 한다)는 제20조 제2항 각 호의 어느 하나에 해당하는 요건을 갖추어야 한다.

㉡ 대통령령이 정하는 위험물(알킬알루미늄, 알킬리튬 또는 이 두 물질을 함유하는 위험물)의 운송에 있어서는 운송책임자(위험물 운송의 감독 또는 지원을 하는 자를 말한다)의 감독 또는 지원을 받아 이를 운송하여야 한다.

② 운송책임자의 감독 또는 지원의 방법

㉠ 운송책임자가 이동탱크저장소에 동승하여 운송 중인 위험물의 안전확보에 관하여 운전자에게 필요한 감독 또는 지원을 하는 방법. 다만, 운전자가 운반책임자의 자격이 있는 경우에는 운송책임자의 자격이 없는 자가 동승할 수 있다.

㉡ 운송의 감독 또는 지원을 위하여 마련한 별도의 사무실에 운송책임자가 대기하면서 다음의 사항을 이행하는 방법

- 운송경로를 미리 파악하고 관할소방관서 또는 관련업체(비상대응에 관한 협력을 얻을 수 있는 업체를 말한다)에 대한 연락체계를 갖추는 것
- 이동탱크저장소의 운전자에 대하여 수시로 안전확보 상황을 확인하는 것
- 비상시의 응급처치에 관하여 조언을 하는 것
- 그 밖에 위험물의 운송 중 안전확보에 관하여 필요한 정보를 제공하고 감독 또는 지원하는 것

③ 이동탱크저장소에 의한 위험물의 운송 시에 준수하여야 하는 기준

㉠ 위험물운송자는 운송의 개시 전에 이동저장탱크의 배출밸브 등의 밸브와 폐쇄장치, 맨홀 및 주입구의 뚜껑, 소화기 등의 점검을 충분히 실시할 것

㉡ 위험물운송자는 장거리(고속국도에 있어서는 340km 이상, 그 밖의 도로에 있어서는 200km 이상을 말한다)에 걸치는 운송을 하는 때에는 2명 이상의 운전자로 할 것. 다만, 다음에 해당하는 경우에는 그러하지 아니하다.
- ②번의 ㉠ 규정에 의하여 운송책임자를 동승시킨 경우
- 운송하는 위험물이 제2류 위험물·제3류 위험물(칼슘 또는 알루미늄의 탄화물과 이것만을 함유한 것에 한한다) 또는 제4류 위험물(특수인화물을 제외한다)인 경우
- 운송도중에 2시간 이내마다 20분 이상씩 휴식하는 경우

㉢ 위험물운송자는 이동탱크저장소를 휴식·고장 등으로 일시 정차시킬 때에는 안전한 장소를 택하고 해당 이동탱크저장소의 안전을 위한 감시를 할 수 있는 위치에 있는 등 운송하는 위험물의 안전확보에 주의할 것

㉣ 위험물운송자는 이동저장탱크로부터 위험물이 현저하게 새는 등 재해발생의 우려가 있는 경우에는 재난을 방지하기 위한 응급조치를 강구하는 동시에 소방관서 그 밖의 관계기관에 통보할 것

㉤ 위험물(제4류 위험물에 있어서는 특수인화물 및 제1석유류에 한한다)을 운송하게 하는 자는 위험물안전카드를 위험물운송자로 하여금 휴대하게 할 것

10년간 자주 출제된 문제

위험물안전관리법령상 이동탱크저장소에 의한 위험물운송 시 위험물운송자는 장거리에 걸치는 운송을 하는 때에는 2명 이상의 운전자로 하여야 한다. 다음 중 그러하지 않아도 되는 경우가 아닌 것은?

① 적린을 운송하는 경우
② 알루미늄의 탄화물을 운송하는 경우
③ 이황화탄소를 운송하는 경우
④ 운송도중에 2시간 이내마다 20분 이상씩 휴식하는 경우

|해설|

이황화탄소(CS_2)는 제4류 위험물 중 특수인화물로 운전자 1인이 운송할 수 없다.

운전자를 1명으로 할 수 있는 경우
- 운송책임자를 동승시킨 경우
- 제2류 위험물, 제3류 위험물(칼슘 또는 알루미늄이 탄화물에 한함) 또는 제4류 위험물(특수인화물 제외)을 운송하는 경우
- 운송 도중에 2시간 이내마다 20분 이상씩 휴식하는 경우

정답 ③

제8절 제조소 등의 위치 · 구조 설비기준

핵심이론 01 제조소의 위치 · 구조 설비기준(위험물안전관리법 시행규칙 별표 4)

① 위험물제조소의 안전거리

㉠ 건축물, 그 밖의 공작물로서 주거용으로 사용되는 것(제조소가 설치된 부지 내에 있는 것을 제외한다) : 10m 이상

㉡ 학교 · 병원 · 극장(300명 이상 수용), 그 밖에 다수인을 수용하는 시설 : 30m 이상

㉢ 문화재보호법의 규정에 의한 유형문화재와 기념물 중 지정문화재 : 50m 이상

㉣ 고압가스, 액화석유가스 또는 도시가스를 저장 또는 취급하는 시설(다만, 해당 시설의 배관 중 제조소가 설치된 부지 내에 있는 것은 제외한다) : 20m 이상

㉤ 사용전압이 7,000V 초과 35,000V 이하의 특고압가공전선 : 3m 이상

㉥ 사용전압이 35,000V를 초과하는 특고압가공전선 : 5m 이상

> **위험물안전관리법상 안전거리 규제대상이 아닌 것**
> 제6류 위험물을 취급하는 제조소

② 제조소의 보유공지

취급하는 위험물의 최대수량	공지의 너비
지정수량의 10배 이하	3m 이상
지정수량의 10배 초과	5m 이상

제조소의 작업공정이 다른 작업장의 작업공정과 연속되어 있어, 제조소의 건축물 그 밖의 공작물의 주위에 공지를 두게 되면 그 제조소의 작업에 현저한 지장이 생길 우려가 있는 경우 해당 제조소와 다른 작업장 사이에 다음의 기준에 따라 방화상 유효한 격벽을 설치한 때에는 해당 제조소와 다른 작업장 사이에 규정에 의한 공지를 보유하지 아니할 수 있다.

㉠ 방화벽은 내화구조로 할 것. 다만, 취급하는 위험물이 제6류 위험물인 경우에는 불연재료로 할 수 있다.

㉡ 방화벽에 설치하는 출입구 및 창 등의 개구부는 가능한 한 최소로 하고, 출입구 및 창에는 자동폐쇄식의 60분+방화문 또는 60분 방화문을 설치할 것

㉢ 방화벽의 양단 및 상단이 외벽 또는 지붕으로부터 50cm 이상 돌출하도록 할 것

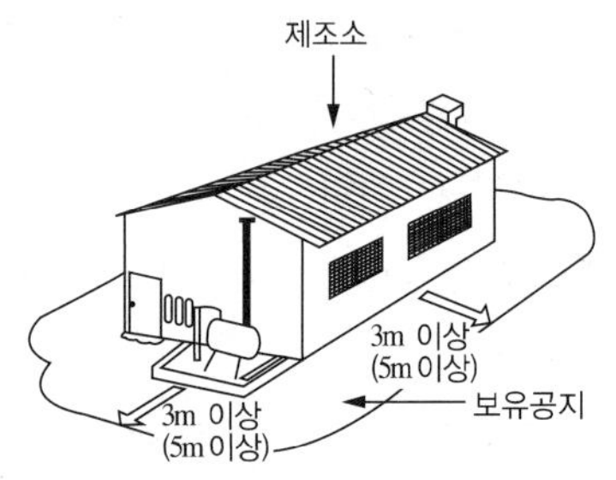

③ 위험물제조소의 표지 및 게시판

위험물의 종류	주의사항	게시판의 색상
제1류 위험물 중 알칼리금속의 과산화물과 이를 함유한 것 제3류 위험물 중 금수성 물질	"물기엄금"	청색바탕에 백색문자
제2류 위험물(인화성 고체를 제외)	"화기주의"	적색바탕에 백색문자
제2류 위험물 중 인화성 고체 제3류 위험물 중 자연발화성 물질 제4류 위험물 제5류 위험물	"화기엄금"	

㉠ 제조소의 표지 및 게시판은 한 변의 길이가 0.3m 이상, 다른 한 변의 길이가 0.6m 이상인 직사각형으로 한다.

㉡ 제조소의 표지 및 게시판의 바탕은 백색으로, 문자는 흑색으로 한다.

㉢ 게시판에 기재할 내용 4가지

- 위험물 유별 · 품명
- 저장최대수량 또는 취급최대수량
- 지정수량의 배수
- 안전관리자의 성명 또는 직명

④ 위험물제조소의 채광·조명 및 환기설비

㉠ 채광설비는 불연재료로 하고, 채광면적을 최소로 할 것

㉡ 조명설비

- 가연성 가스 등이 체류할 우려가 있는 장소의 조명등은 방폭등으로 할 것
- 전선은 내화·내열전선으로 할 것
- 점멸스위치는 출입구 바깥부분에 설치할 것. 다만, 스위치의 스파크로 인한 화재·폭발의 우려가 없을 경우에는 그러하지 아니하다.

㉢ 환기설비

- 환기는 자연배기방식으로 할 것
- 급기구는 해당 급기구가 설치된 실의 바닥면적 $150m^2$마다 1개 이상으로 하되, 급기구의 크기는 $800cm^2$ 이상으로 할 것. 다만, 바닥면적이 $150m^2$ 미만인 경우에는 다음의 크기로 하여야 한다.

바닥면적	급기구의 면적
$60m^2$ 미만	$150cm^2$ 이상
$60m^2$ 이상 $90m^2$ 미만	$300cm^2$ 이상
$90m^2$ 이상 $120m^2$ 미만	$450cm^2$ 이상
$120m^2$ 이상 $150m^2$ 미만	$600cm^2$ 이상

- 급기구는 낮은 곳에 설치하고 가는 눈의 구리망 등으로 인화방지망을 설치할 것
- 환기구는 지붕 위 또는 지상 2m 이상의 높이에 회전식 고정벤틸레이터 또는 루프팬방식(Roof Fan : 지붕에 설치하는 배기장치)으로 설치할 것

> 배출설비가 설치되어 유효하게 환기가 되는 건축물에는 환기설비를 하지 아니 할 수 있고, 조명설비가 설치되어 유효하게 조도가 확보되는 건축물에는 채광설비를 하지 아니할 수 있다.

⑤ 위험물제조소의 배출설비

가연성의 증기 또는 미분이 체류할 우려가 있는 건축물에는 그 증기 또는 미분을 옥외의 높은 곳으로 배출할 수 있도록 다음의 기준에 의하여 배출설비를 설치하여야 한다.

㉠ 배출설비는 국소방식으로 하여야 한다. 다만, 다음에 해당하는 경우에는 전역방식으로 할 수 있다.

- 위험물취급설비가 배관이음 등으로만 된 경우
- 건축물의 구조·작업장소의 분포 등의 조건에 의하여 전역방식이 유효한 경우

㉡ 배출설비는 배풍기(오염된 공기를 뽑아내는 통풍기), 배출덕트(공기배출통로), 후드 등을 이용하여 강제적으로 배출하는 것으로 해야 한다.

㉢ 배출능력은 1시간당 배출장소 용적의 20배 이상인 것으로 하여야 한다. 다만, 전역방식의 경우에는 바닥면적 $1m^2$당 $18m^3$ 이상으로 할 수 있다.

㉣ 배출설비의 급기구 및 배출구는 다음의 기준에 의하여야 한다.

- 급기구는 높은 곳에 설치하고, 가는 눈의 구리망 등으로 인화방지망을 설치할 것
- 배출구는 지상 2m 이상으로서 연소의 우려가 없는 장소에 설치하고, 배출덕트가 관통하는 벽부분의 바로 가까이에 화재 시 자동으로 폐쇄되는 방화댐퍼(화재 시 연기 등을 차단하는 장치)를 설치할 것

㉤ 배풍기는 강제배기방식으로 하고, 옥내덕트의 내압이 대기압 이상이 되지 아니하는 위치에 설치하여야 한다.

⑥ 위험물제조소의 정전기 제거설비

㉠ 접지에 의한 방법

㉡ 공기 중의 상대습도를 70% 이상으로 하는 방법

㉢ 공기를 이온화하는 방법

⑦ 위험물제조소의 옥외에 있는 위험물취급탱크의 방유제 설치

옥외에 있는 위험물취급탱크로서 액체위험물(이황화탄소를 제외한다)을 취급하는 것의 주위에는 다음의 기준에 의하여 방유제를 설치할 것

㉠ 하나의 취급탱크 주위에 설치하는 방유제의 용량은 해당 탱크용량의 50% 이상으로 하고, 2 이상의 취급탱크 주위에 하나의 방유제를 설치하는 경우 그 방유제의 용량은 해당 탱크 중 용량이 최대인 것의 50%에 나머지 탱크용량 합계의 10%를 가산한 양 이상이 되게 할 것. 이 경우 방유제의 용량은 해당 방유제의 내용적에서 용량이 최대인 탱크 외의 탱크의 방유제 높이 이하 부분의 용적, 해당 방유제 내에 있는 모든 탱크의 지반면 이상 부분의 기초의 체적, 간막이 둑의 체적 및 해당 방유제 내에 있는 배관 등의 체적을 뺀 것으로 한다.

㉡ 방유제의 구조 및 설비는 규정에 의한 옥외저장탱크의 방유제의 기준에 적합하게 할 것

⑧ **위험물의 성질에 따른 제조소의 특례**

㉠ 위험물의 성질에 따른 특례기준 대상 위험물

- 제3류 위험물 중 알킬알루미늄·알킬리튬 또는 이 중 어느 하나 이상을 함유하는 것(이하 "알킬알루미늄 등"이라 한다)
- 제4류 위험물 중 특수인화물의 아세트알데하이드·산화프로필렌 또는 이 중 어느 하나 이상을 함유하는 것(이하 "아세트알데하이드 등"이라 한다)
- 제5류 위험물 중 하이드록실아민·하이드록실아민염류 또는 이 중 어느 하나 이상을 함유하는 것(이하 "하이드록실아민 등"이라 한다)

㉡ 알킬알루미늄 등을 취급하는 제조소의 특례

- (알킬알루미늄 등을 취급하는 설비의 주위에는) 누설범위를 국한하기 위한 설비와 누설된 알킬알루미늄 등을 안전한 장소에 설치된 저장실에 유입시킬 수 있는 설비를 갖출 것
- (알킬알루미늄 등을 취급하는 설비의 주위에는) 불활성기체를 봉입하는 장치를 갖출 것

㉢ 아세트알데하이드 등을 취급하는 제조소의 특례

- 사용금지 금속 4가지 : 은, 수은, 동, 마그네슘 또는 이들을 성분으로 하는 합금으로 만들지 아니할 것
- 불활성기체 또는 수증기를 봉입하는 장치를 갖출 것
- 냉각장치 또는 저온을 유지하기 위한 장치(보냉장치) 및 연소성 혼합기체의 생성에 의한 폭발을 방지하기 위한 불활성기체를 봉입하는 장치를 갖출 것. 다만, 지하에 있는 탱크가 아세트알데히드 등의 온도를 저온으로 유지할 수 있는 구조인 경우에는 냉각장치 및 보냉장치를 갖추지 아니할 수 있다.

㉣ 하이드록실아민 등을 취급하는 제조소의 특례

- 안전거리 기준

  $D = 51.1\sqrt[3]{N}$

  (D : 거리(m), N : 해당 제조소에서 취급하는 하이드록실아민 등의 지정수량의 배수)
- 제조소의 주위에는 다음에 정하는 기준에 적합한 담 또는 토제(土堤)를 설치할 것
  - 담 또는 토제는 해당 제조소의 외벽 또는 이에 상당하는 공작물의 외측으로부터 2m 이상 떨어진 장소에 설치할 것
  - 담 또는 토제의 높이는 해당 제조소에 있어서 하이드록실아민 등을 취급하는 부분의 높이 이상으로 할 것
  - 담은 두께 15cm 이상의 철근콘크리트조·철골철근콘크리트조 또는 두께 20cm 이상의 보강콘크리트블록조로 할 것
  - 토제의 경사면의 경사도는 60° 미만으로 할 것
- 온도 및 농도의 상승에 의한 위험한 반응을 방지하기 위한 조치를 강구할 것
- 철이온 등의 혼입에 의한 위험한 반응을 방지하기 위한 조치를 강구할 것

10년간 자주 출제된 문제

1-1. 제3류 위험물을 취급하는 제조소는 300명 이상을 수용할 수 있는 극장으로부터 몇 m 이상의 안전거리를 유지하여야 하는가?

① 5　② 10
③ 30　④ 70

1-2. 제2류 위험물 중 인화성 고체의 제조소에 설치하는 주의사항 게시판에 표시할 내용을 옳게 나타낸 것은?

① 적색바탕에 백색문자로 "화기엄금" 표시
② 적색바탕에 백색문자로 "화기주의" 표시
③ 백색바탕에 적색문자로 "화기엄금" 표시
④ 백색바탕에 적색문자로 "화기주의" 표시

1-3. 위험물안전관리법에서 정한 정전기를 유효하게 제거할 수 있는 방법에 해당하지 않는 것은?

① 위험물 이송 시 배관 내 유속을 빠르게 하는 방법
② 공기를 이온화하는 방법
③ 접지에 의한 방법
④ 공기 중의 상대습도를 70% 이상으로 하는 방법

1-4. 제조소의 옥외에 모두 3기의 휘발유 취급탱크를 설치하고 그 주위에 방유제를 설치하고자 한다. 방유제 안에 설치하는 각 취급탱크의 용량이 5만L, 3만L, 2만L일 때 필요한 방유제의 용량은 몇 L 이상인가?

① 66,000　② 60,000
③ 33,000　④ 30,000

1-5. 위험물안전관리법령에서 정한 아세트알데하이드 등을 취급하는 제조소의 특례에 관한 내용이다. (　) 안에 해당하는 물질이 아닌 것은?

> 아세트알데하이드 등을 취급하는 설비는 (　), (　), (　), (　) 또는 이들을 성분으로 하는 합금으로 만들지 아니할 것

① 동　② 은
③ 금　④ 마그네슘

|해설|

1-1

300명 이상을 수용하는 극장으로부터 30m 이상 안전거리를 유지해야 한다.

위험물제조소의 안전거리

- 주거용 건축물(제조소가 설치된 부지 내에 있는 것은 제외) : 10m 이상
- 학교·병원·극장(300명 이상 수용) 그 밖에 다수인을 수용하는 시설 : 30m 이상
- 유형문화재와 기념물 중 지정문화재 : 50m 이상
- 고압가스, 액화석유가스 또는 도시가스를 저장 또는 취급하는 시설(다만, 해당 시설의 배관 중 제조소가 설치된 부지 내에 있는 것은 제외) : 20m 이상
- 사용전압이 7,000V 초과 35,000V 이하의 특고압가공전선 : 3m 이상
- 사용전압이 35,000V를 초과하는 특고압가공전선 : 5m 이상

1-2

표지 및 게시판

위험물의 종류	주의사항	게시판의 색상
제1류 위험물 중 알칼리금속의 과산화물과 이를 함유한 것 또는 제3류 위험물 중 금수성 물질	"물기엄금"	청색바탕에 백색문자
제2류 위험물(인화성 고체를 제외)	"화기주의"	적색바탕에 백색문자
제2류 위험물 중 인화성 고체 제3류 위험물 중 자연발화성 물질 제4류 위험물 제5류 위험물	"화기엄금"	적색바탕에 백색문자

1-3

정전기 제거설비

- 접지를 한다.
- 공기 중의 상대습도를 70% 이상으로 한다.
- 공기를 이온화한다.

1-4

50,000L×0.5+(30,000L+20,000L)×0.1=30,000L

제조소 옥외 위험물취급탱크 주위에 설치하는 방유제의 용량

- 하나의 위험물취급탱크 주위에 설치하는 방유제의 용량 : 탱크 용량의 50% 이상
- 2개 이상의 위험물취급탱크 주위에 설치하는 방유제의 용량 : 탱크 중 용량이 최대인 것의 50%에 나머지 탱크 용량 합계의 10%를 가산한 양 이상

1-5

아세트알데하이드 등을 취급하는 설비는 은·수은·동·마그네슘 또는 이들을 성분으로 하는 합금으로 만들지 아니할 것

정답 1-1 ③ 1-2 ① 1-3 ① 1-4 ④ 1-5 ③

핵심이론 02 | 옥내저장소의 위치·구조 설비기준 (위험물안전관리법 시행규칙 별표 5)

① 옥내저장소의 안전거리

옥내저장소는 규정에 준하여 안전거리를 두어야 한다. 다만, 다음의 어느 하나에 해당하는 옥내저장소는 안전거리를 두지 아니할 수 있다.

㉠ 제4석유류 또는 동식물유류의 위험물을 저장 또는 취급하는 옥내저장소로서 그 최대수량이 지정수량의 20배 미만인 것

㉡ 제6류 위험물을 저장 또는 취급하는 옥내저장소

㉢ 지정수량의 20배(하나의 저장창고의 바닥면적이 150m^2 이하인 경우에는 50배) 이하의 위험물을 저장 또는 취급하는 옥내저장소로서 다음의 기준에 적합한 것

- 저장창고의 벽·기둥·바닥·보 및 지붕이 내화구조인 것
- 저장창고의 출입구에 수시로 열 수 있는 자동폐쇄방식의 60분+방화문 또는 60분 방화문이 설치되어 있을 것
- 저장창고에 창을 설치하지 아니할 것

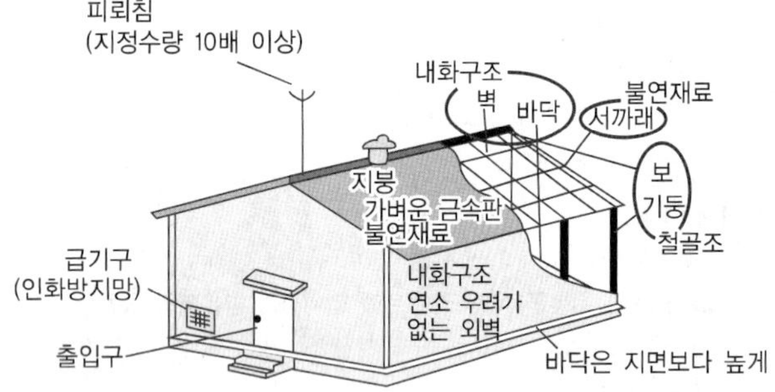

옥내저장소 기준상 제4류 위험물이므로 피뢰침 설치의무, 외벽 출입구 자동폐쇄식 60분+방화문 또는 60분 방화문 벽, 바닥, 기둥은 내화구조이다.

② 옥내저장소의 특례 중 지정과산화물을 저장 또는 취급하는 옥내저장소

㉠ 저장창고의 구획 : 150m^2 이내마다 격벽으로 완전하게 구획할 것. 이 경우 해당 격벽은 두께 30cm 이상의 철근콘크리트조 또는 철골철근콘크리트조로 하거나 두께 40cm 이상의 보강콘크리트블록조로 하고, 해당 저장창고의 양측의 외벽으로부터 1m 이상, 상부의 지붕으로부터 50cm 이상 돌출하게 하여야 한다.

> **지정과산화물** : 제5류 위험물 중 유기과산화물 또는 이를 함유하는 것으로서 지정수량이 10kg인 것

㉡ 저장창고의 외벽 : 두께 20cm 이상의 철근콘크리트조나 철골철근콘크리트조 또는 두께 30cm 이상의 보강콘크리트블록조로 할 것

㉢ 저장창고의 지붕

- 중도리(서까래 중간을 받치는 수평의 도리) 또는 서까래의 간격은 30cm 이하로 할 것
- 지붕의 아래쪽 면에는 한 변의 길이가 45cm 이하의 환강(丸鋼)·경량형강(輕量形鋼) 등으로 된 강제(鋼製)의 격자를 설치할 것
- 지붕의 아래쪽 면에 철망을 쳐서 불연재료의 도리(서까래를 받치기 위해 기둥과 기둥 사이에 설치한 부재)·보 또는 서까래에 단단히 결합할 것
- 두께 5cm 이상, 너비 30cm 이상의 목재로 만든 받침대를 설치할 것
- 저장창고의 출입구 : 60분+방화문 또는 60분 방화문을 설치할 것
- 저장창고의 창 : 바닥면으로부터 2m 이상의 높이에 두되, 하나의 벽면에 두는 창의 면적의 합계를 해당 벽면의 면적의 1/80 이내로 하고, 하나의 창의 면적을 0.4m^2 이내로 할 것

10년간 자주 출제된 문제

지정과산화물을 저장 또는 취급하는 위험물 옥내저장소의 저장창고 기준에 대한 설명으로 틀린 것은?

① 서까래의 간격은 30cm 이하로 할 것
② 저장창고의 출입구에는 60분+방화문 또는 60분 방화문을 설치할 것
③ 저장창고의 외벽을 철근콘크리트조로 할 경우 두께를 10cm 이상으로 할 것
④ 저장창고의 창은 바닥면으로부터 2m 이상의 높이에 둘 것

|해설|

저장창고의 외벽은 두께 20cm 이상의 철근콘크리트조나 철골철근콘크리트조 또는 두께 30cm 이상의 보강콘크리트블록조로 해야 한다.

지정과산화물의 옥내저장소 기준

- 지정과산화물 옥내저장소의 격벽 기준
  - 바닥면적 $150m^2$ 이내마다 격벽 기준
  - 격벽의 두께 : 철근콘크리트조 또는 철골철근콘크리트조는 30cm 이상, 보강콘크리트블록조는 40cm 이상
  - 격벽의 돌출길이 : 창고 양측의 외벽으로부터 1m 이상, 창고 상부의 지붕으로부터 50cm 이상
- 지정과산화물 옥내저장소의 외벽 두께
  - 철근콘크리트조나 철골철근콘크리트조는 20cm 이상, 보강콘크리트블록조는 30cm 이상
- 저장창고의 출입구에는 60분+방화문 또는 60분 방화문을 설치할 것
- 저장창고의 창은 바닥으로부터 2m 이상 높이
- 창 1개의 면적 : $0.4m^2$ 이내
- 벽면에 부착된 모든 창의 면적 : 벽면 면적의 1/80 이내
- 저장창고 지붕의 서까래의 간격은 30cm 이하로 할 것

정답 ③

핵심이론 03 | 옥외탱크저장소의 위치·구조 설비기준 (위험물안전관리법 시행규칙 별표 6)

① 옥외저장탱크의 보유공지

저장 또는 취급하는 위험물의 최대수량	공지의 너비
지정수량의 500배 이하	3m 이상
지정수량의 500배 초과 1,000배 이하	5m 이상
지정수량의 1,000배 초과 2,000배 이하	9m 이상
지정수량의 2,000배 초과 3,000배 이하	12m 이상
지정수량의 3,000배 초과 4,000배 이하	15m 이상
지정수량의 4,000배 초과	해당 탱크의 수평단면의 최대지름(가로형인 경우에는 긴 변)과 높이 중 큰 것과 같은 거리 이상. 다만, 30m 초과의 경우에는 30m 이상으로 할 수 있고, 15m 미만의 경우에는 15m 이상으로 하여야 한다.

② 위험물옥외저장탱크의 통기관

옥외저장탱크 중 압력탱크(최대상용압력이 부압 또는 정압 5kPa을 초과하는 탱크를 말한다) 외의 탱크(제4류 위험물의 옥외저장탱크에 한한다)에 있어서는 밸브 없는 통기관 또는 대기밸브부착 통기관을 다음에 정하는 바에 의하여 설치하여야 하고, 압력탱크에 있어서는 별표 4 Ⅷ 제4호의 규정(압력계 및 안전장치)에 의한 안전장치를 설치하여야 한다.

㉠ 밸브 없는 통기관
- ⓐ 지름은 30mm 이상일 것
- ⓑ 끝부분은 수평면보다 45° 이상 구부려 빗물 등의 침투를 막는 구조로 할 것
- ⓒ 인화점이 38℃ 미만인 위험물만을 저장 또는 취급하는 탱크에 설치하는 통기관에는 화염방지장치를 설치하고, 그 외의 탱크에 설치하는 통기관에는 40메시(mesh) 이상의 구리망 또는 동등 이상의 성능을 가진 인화방지장치를 설치할 것. 다만, 인화점이 70℃ 이상인 위험물만을 해당 위험물의 인화점 미만의 온도로 저장 또는

취급하는 탱크에 설치하는 통기관에는 인화방지장치를 설치하지 않을 수 있다.

ⓓ 가연성의 증기를 회수하기 위한 밸브를 통기관에 설치하는 경우에 있어서는 해당 통기관의 밸브는 저장탱크에 위험물을 주입하는 경우를 제외하고는 항상 개방되어 있는 구조로 하는 한편, 폐쇄하였을 경우에 있어서는 10kPa 이하의 압력에서 개방되는 구조로 할 것. 이 경우 개방된 부분의 유효단면적은 777.15mm^2 이상이어야 한다.

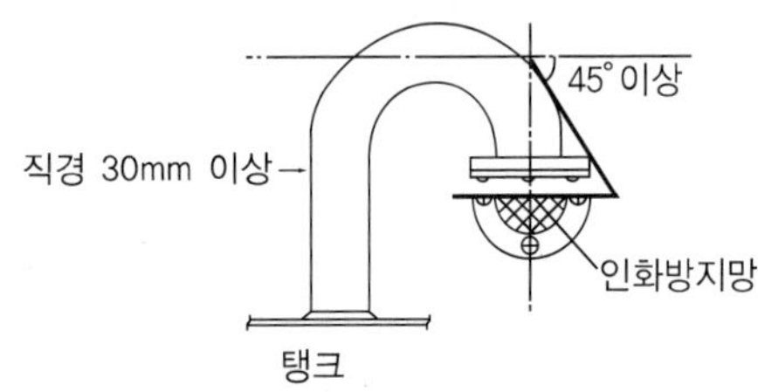

ⓛ 대기밸브부착 통기관

ⓐ 5kPa 이하의 압력 차이로 작동할 수 있을 것

ⓑ ㉠의 ⓒ 기준에 적합할 것

③ 방유제

인화성 액체위험물(이황화탄소를 제외한다)의 옥외탱크저장소의 탱크 주위에는 다음의 기준에 의하여 방유제를 설치하여야 한다.

㉠ 방유제의 용량은 방유제 안에 설치된 탱크가 하나인 때에는 그 탱크 용량의 110% 이상, 2기 이상인 때에는 그 탱크 중 용량이 최대인 것의 용량의 110% 이상으로 할 것. 이 경우 방유제의 용량은 해당 방유제의 내용적에서 용량이 최대인 탱크 외의 탱크의 방유제 높이 이하 부분의 용적, 해당 방유제 내에 있는 모든 탱크의 지반면 이상 부분의 기초의 체적, 간막이 둑의 체적 및 해당 방유제 내에 있는 배관 등의 체적을 뺀 것으로 한다.

ⓛ 방유제는 높이 0.5m 이상 3m 이하, 두께 0.2m 이상, 지하매설깊이 1m 이상으로 할 것. 다만, 방유제와 옥외저장탱크 사이의 지반면 아래에 불침윤성 구조물을 설치하는 경우에는 지하매설깊이를 해당 불침윤성 구조물까지로 할 수 있다.

ⓒ 방유제 내의 면적은 8만m^2 이하로 할 것

ⓡ 방유제 내에 설치하는 옥외저장탱크의 수는 10(방유제 내에 설치하는 모든 옥외저장탱크의 용량이 20만L 이하이고, 해당 옥외저장탱크에 저장 또는 취급하는 위험물의 인화점이 70℃ 이상 200℃ 미만인 경우에는 20) 이하로 할 것. 다만, 인화점이 200℃ 이상인 위험물을 저장 또는 취급하는 옥외저장탱크에 있어서는 그러하지 아니하다.

ⓜ 방유제 외면의 1/2 이상은 자동차 등이 통행할 수 있는 3m 이상의 노면 폭을 확보한 구내도로(옥외저장탱크가 있는 부지 내의 도로를 말한다)에 직접 접하도록 할 것. 다만, 방유제 내에 설치하는 옥외저장탱크의 용량합계가 20만L 이하인 경우에는 소화활동에 지장이 없다고 인정되는 3m 이상의 노면 폭을 확보한 도로 또는 공지에 접하는 것으로 할 수 있다.

ⓑ 방유제는 옥외저장탱크의 지름에 따라 그 탱크의 옆판으로부터 다음에 정하는 거리를 유지할 것. 다만, 인화점이 200℃ 이상인 위험물을 저장 또는 취급하는 것에 있어서는 그러하지 아니하다.

- 지름이 15m 미만인 경우에는 탱크 높이의 1/3 이상
- 지름이 15m 이상인 경우에는 탱크 높이의 1/2 이상

ⓢ 방유제는 철근콘크리트로 하고, 방유제와 옥외저장탱크 사이의 지표면은 불연성과 불침윤성이 있는 구조(철근콘크리트 등)로 할 것. 다만, 누출된 위험물을 수용할 수 있는 전용유조 및 펌프 등의 설비를 갖춘 경우에는 방유제와 옥외저장탱크 사이의 지표면을 흙으로 할 수 있다.

ⓞ 방유제에는 그 내부에 고인 물을 외부로 배출하기 위한 배수구를 설치하고 이를 개폐하는 밸브 등을 방유제의 외부에 설치할 것

ⓩ 높이가 1m를 넘는 방유제 및 간막이 둑의 안팎에는 방유제 내에 출입하기 위한 계단 또는 경사로를 약 50m마다 설치할 것

10년간 자주 출제된 문제

3-1. 저장 또는 취급하는 위험물의 최대수량이 지정수량의 500배 이하일 때 옥외저장탱크의 측면으로부터 몇 m 이상의 보유공지를 유지하여야 하는가?(단, 제6류 위험물은 제외한다)

① 1 ② 2
③ 3 ④ 4

3-2. 위험물안전관리법령상 옥외탱크저장소의 기준에 따라 다음의 인화성 액체위험물을 저장하는 옥외저장탱크 1~4호를 동일의 방유제 내에 설치하는 경우 방유제에 필요한 최소용량으로서 옳은 것은?(단, 암반탱크 또는 특수액체위험물탱크의 경우는 제외한다)

- 1호 탱크 – 등유 1,500kL
- 2호 탱크 – 가솔린 1,000kL
- 3호 탱크 – 경유 500kL
- 4호 탱크 – 중유 250kL

① 1,650kL ② 1,500kL
③ 500kL ④ 250kL

|해설|

3-1

옥외저장탱크의 보유공지

저장 또는 취급하는 위험물의 최대수량	공지의 너비
지정수량의 500배 이하	3m 이상
지정수량의 500배 초과 1,000배 이하	5m 이상
지정수량의 1,000배 초과 2,000배 이하	9m 이상
지정수량의 2,000배 초과 3,000배 이하	12m 이상
지정수량의 3,000배 초과 4,000배 이하	15m 이상
지정수량의 4,000배 초과	해당 탱크의 수평단면의 최대지름(가로형인 경우에는 긴 변)과 높이 중 큰 것과 같은 거리 이상. 다만, 30m 초과의 경우에는 30m 이상으로 할 수 있고, 15m 미만의 경우에는 15m 이상으로 하여야 한다.

3-2

1호 탱크의 용량이 최대이므로 1,500kL×1.1=1,650kL가 된다.

옥외저장탱크(인화성 액체)의 방유제 용량기준

- 하나의 옥외저장탱크 : 탱크 용량의 110% 이상
- 2개 이상의 옥외저장탱크 : 탱크 중 용량이 최대인 것의 110% 이상

정답 ①

핵심이론 04 | 옥내탱크저장소의 위치 · 구조 및 설비기준(위험물안전관리법 시행규칙 별표 7)

① 위험물을 저장 또는 취급하는 옥내탱크(옥내저장탱크)는 단층건축물에 설치된 탱크전용실에 설치할 것

② 옥내저장탱크와 탱크전용실의 벽과의 사이 및 옥내저장탱크의 상호 간에는 0.5m 이상의 간격을 유지할 것. 다만, 탱크의 점검 및 보수에 지장이 없는 경우에는 그러하지 아니하다.

③ 옥내탱크저장소에는 표지 및 게시판의 기준에 따라 보기 쉬운 곳에 "위험물 옥내탱크저장소"라는 표시를 한 표지와 방화에 관하여 필요한 사항을 게시한 게시판을 설치하여야 한다.

④ 옥내저장탱크의 용량(동일한 탱크전용실에 옥내저장탱크를 2 이상 설치하는 경우에는 각 탱크의 용량의 합계를 말한다)은 지정수량의 40배(제4석유류 및 동식물유류 외의 제4류 위험물에 있어서 해당 수량이 20,000L를 초과할 때에는 20,000L) 이하일 것

⑤ 옥내저장탱크의 구조는 옥외저장탱크의 구조의 기준을 준용할 것

⑥ 옥내저장탱크의 외면에는 녹을 방지하기 위한 도장을 할 것. 다만, 탱크의 재질이 부식의 우려가 없는 스테인리스 강판 등인 경우에는 그러하지 아니하다.

10년간 자주 출제된 문제

단층건물에 설치하는 옥내탱크저장소의 탱크전용실에 비수용성의 제2석유류 위험물을 저장하는 탱크 1개를 설치할 경우, 설치할 수 있는 탱크의 최대용량은?

① 10,000L ② 20,000L
③ 40,000L ④ 80,000L

|해설|

옥내저장탱크의 용량(동일한 탱크전용실에 옥내저장탱크를 2 이상 설치하는 경우에는 각 탱크의 용량의 합계를 말한다)은 1층 이하의 층에 있어서는 지정수량의 40배(제4석유류 및 동식물유류 외의 제4류 위험물에 있어서 해당 수량이 2만L를 초과할 때에는 2만L) 이하, 2층 이상의 층에 있어서는 지정수량의 10배(제4석유류 및 동식물유류 외의 제4류 위험물에 있어서 해당 수량이 5천L를 초과할 때에는 5천L) 이하일 것

정답 ②

핵심이론 05 지하탱크저장소의 위치 · 구조 설비기준 (위험물안전관리법 시행규칙 별표 8)

① 위험물을 저장 또는 취급하는 지하탱크는 지면하에 설치된 탱크전용실에 설치하여야 한다. 다만, 제4류 위험물의 지하저장탱크가 다음의 기준에 적합한 때에는 설치하지 않아도 된다.

㉠ 해당 탱크를 지하철 · 지하가 또는 지하터널로부터 수평거리 10m 이내의 장소 또는 지하건축물 내의 장소에 설치하지 아니할 것

㉡ 해당 탱크를 그 수평투영의 세로 및 가로보다 각각 0.6m 이상 크고 두께가 0.3m 이상인 철근콘크리트조의 뚜껑으로 덮을 것

㉢ 뚜껑에 걸리는 중량이 직접 해당 탱크에 걸리지 아니하는 구조일 것

㉣ 해당 탱크를 견고한 기초 위에 고정할 것

㉤ 해당 탱크를 지하의 가장 가까운 벽 · 피트(Pit : 인공지하구조물) · 가스관 등의 시설물 및 대지경계선으로부터 0.6m 이상 떨어진 곳에 매설할 것

② 탱크전용실은 지하의 가장 가까운 벽 · 피트 · 가스관 등의 시설물 및 대지경계선으로부터 0.1m 이상 떨어진 곳에 설치하고, 지하저장탱크와 탱크전용실의 안쪽과의 사이는 0.1m 이상의 간격을 유지하도록 하며, 해당 탱크의 주위에 마른모래 또는 습기 등에 의하여 응고되지 아니하는 입자지름 5mm 이하의 마른자갈분을 채워야 한다.

③ 지하저장탱크의 윗부분은 지면으로부터 0.6m 이상 아래에 있어야 한다.

④ 지하저장탱크를 2 이상 인접해 설치하는 경우에는 그 상호 간에 1m(해당 2 이상의 지하저장탱크의 용량의 합계가 지정수량의 100배 이하인 때에는 0.5m) 이상의 간격을 유지하여야 한다. 다만, 그 사이에 탱크전용실의 벽이나 두께 20cm 이상의 콘크리트 구조물이 있는 경우에는 그러하지 아니하다.

10년간 자주 출제된 문제

위험물안전관리법령상 지하탱크저장소 탱크전용실의 안쪽과 지하저장탱크와의 사이는 몇 m 이상의 간격을 유지하여야 하는가?

① 0.1 ② 0.2
③ 0.3 ④ 0.5

|해설|

지하탱크저장소 탱크전용실의 안쪽과 지하저장탱크 사이는 0.1m 이상의 간격을 유지해야 한다(필답형 유형).

정답 ①

핵심이론 06 간이탱크저장소의 위치 · 구조 설비기준 (위험물안전관리법 시행규칙 별표 9)

① 간이탱크저장소의 설치기준

㉠ 하나의 간이탱크저장소에 설치하는 간이저장탱크는 그 수를 3 이하로 하고, 동일한 품질의 위험물의 간이저장탱크를 2 이상 설치하지 아니하여야 한다.

㉡ 간이탱크저장소에는 보기 쉬운 곳에 "위험물 간이탱크저장소"라는 표시를 한 표지와 방화에 관하여 필요한 사항을 게시한 게시판을 설치하여야 한다.

㉢ 간이저장탱크는 움직이거나 넘어지지 아니하도록 지면 또는 가설대에 고정시키되, 옥외에 설치하는 경우에는 그 탱크의 주위에 너비 1m 이상의 공지를 두고, 전용실 안에 설치하는 경우에는 탱크와 전용실의 벽과의 사이에 0.5m 이상의 간격을 유지하여야 한다.

㉣ 간이저장탱크의 용량은 600L 이하이어야 한다.

㉤ 간이저장탱크는 두께 3.2mm 이상의 강판으로 흠이 없도록 제작하여야 하며, 70kPa의 압력으로 10분간의 수압시험을 실시하여 새거나 변형되지 아니하여야 한다.

② 밸브 없는 통기관 설치기준

㉠ 통기관의 지름은 25mm 이상으로 할 것

㉡ 통기관은 옥외에 설치하되, 그 끝부분의 높이는 지상 1.5m 이상으로 할 것

㉢ 통기관의 끝부분은 수평면에 대하여 아래로 45° 이상 구부려 빗물 등이 침투하지 아니하도록 할 것

㉣ 가는 눈의 구리망 등으로 인화방지장치를 할 것. 다만, 인화점 70℃ 이상의 위험물만을 해당 위험물의 인화점 미만의 온도로 저장 또는 취급하는 탱크에 설치하는 통기관에 있어서는 그러하지 아니하다.

10년간 자주 출제된 문제

6-1. 위험물안전관리법령상 간이탱크저장소에 대한 설명 중 틀린 것은?

① 간이저장탱크의 용량은 600L 이하이어야 한다.
② 하나의 간이탱크저장소에 설치하는 간이저장탱크는 5개 이하이어야 한다.
③ 간이저장탱크는 두께 3.2mm 이상의 강판으로 흠이 없도록 제작하여야 한다.
④ 간이저장탱크는 70kPa의 압력으로 10분간의 수압시험을 실시하여 새거나 변형되지 않아야 한다.

6-2. 위험물옥외저장탱크의 통기관에 관한 사항으로 옳지 않은 것은?

① 밸브 없는 통기관의 지름은 30mm 이상으로 한다.
② 대기밸브부착 통기관은 항시 열려 있어야 한다.
③ 밸브 없는 통기관의 끝부분은 수평면보다 45° 이상 구부려 빗물 등의 침투를 막는 구조로 한다.
④ 대기밸브부착 통기관은 5kPa 이하의 압력 차이로 작동할 수 있어야 한다.

|해설|

6-1

간이저장탱크의 개수 : 3개 이하로 하고, 동일한 품질의 위험물의 간이저장탱크를 2 이상 설치하지 아니하여야 한다.

6-2

대기밸브부착 통기관은 대기밸브라는 장치가 부착되어 있는 통기관으로서 평소에는 닫혀 있지만, 5kPa의 압력 차이로 작동할 수 있어야 한다.

정답 6-1 ② 6-2 ②

핵심이론 07 이동탱크저장소의 위치 · 구조 설비기준 (위험물안전관리법 시행규칙 별표 10)

① 이동저장탱크의 구조

㉠ 이동저장탱크의 구조기준

- 탱크(맨홀 및 주입관의 뚜껑을 포함한다)는 두께 3.2mm 이상의 강철판 또는 이와 동등 이상의 강도 · 내식성 및 내열성이 있다고 인정하여 소방청장이 정하여 고시하는 재료 및 구조로 위험물이 새지 아니하게 제작할 것
- 압력탱크(최대상용압력이 46.7kPa 이상인 탱크를 말한다) 외의 탱크는 70kPa의 압력으로, 압력탱크는 최대상용압력의 1.5배의 압력으로 각각 10분간의 수압시험을 실시하여 새거나 변형되지 아니할 것. 이 경우 수압시험은 용접부에 대한 비파괴시험과 기밀시험으로 대신할 수 있다.

㉡ 이동저장탱크는 그 내부에 4,000L 이하마다 3.2mm 이상의 강철판 또는 이와 동등 이상의 강도 · 내열성 및 내식성이 있는 금속성의 것으로 칸막이를 설치하여야 한다. 다만, 고체인 위험물을 저장하거나 고체인 위험물을 가열하여 액체 상태로 저장하는 경우에는 그러하지 아니하다.

㉢ 칸막이로 구획된 각 부분마다 맨홀과 다음의 기준에 의한 안전장치 및 방파판을 설치하여야 한다. 다만, 칸막이로 구획된 부분의 용량이 2,000L 미만인 부분에는 방파판을 설치하지 아니할 수 있다.

- 안전장치 : 상용압력이 20kPa 이하인 탱크에 있어서는 20kPa 이상 24kPa 이하의 압력에서, 상용압력이 20kPa를 초과하는 탱크에 있어서는 상용압력의 1.1배 이하의 압력에서 작동하는 것으로 할 것
- 방파판 : 두께 1.6mm 이상의 강철판 또는 이와 동등 이상의 강도 · 내열성 및 내식성이 있는 금속성의 것으로 할 것

㉣ 맨홀·주입구 및 안전장치 등이 탱크의 상부에 돌출되어 있는 탱크에 있어서는 다음의 기준에 의하여 부속장치의 손상을 방지하기 위한 측면틀 및 방호틀을 설치하여야 한다. 다만, 피견인자동차에 고정된 탱크에는 측면틀을 설치하지 아니할 수 있다.

- 측면틀 : 탱크상부의 네 모퉁이에 해당 탱크의 전단 또는 후단으로부터 각각 1m 이내의 위치에 설치할 것
- 방호틀 : 두께 2.3mm 이상의 강철판 또는 이와 동등 이상의 기계적 성질이 있는 재료로써 산 모양의 형상으로 하거나 이와 동등 이상의 강도가 있는 형상으로 할 것, 정상부분은 부속장치보다 50mm 이상 높게 하거나 이와 동등 이상의 성능이 있는 것으로 할 것

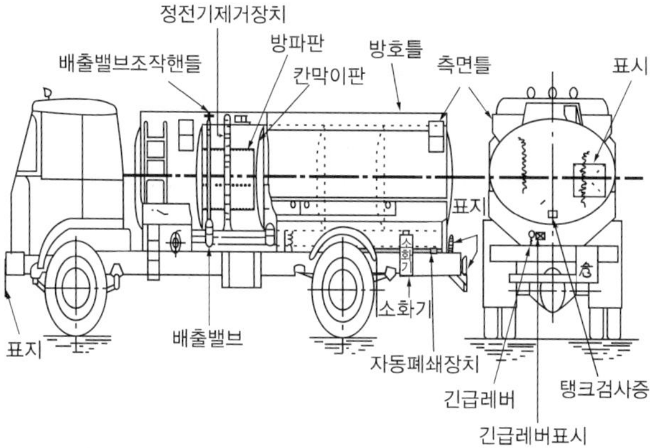

② 이동탱크저장소의 유별 도장색상(위험물안전관리에 관한 세부기준 제109조)

유 별	도장의 색상	비 고
제1류	회 색	• 탱크의 앞면과 뒷면을 제외한 면적의 40% 이내의 면적은 다른 유별의 색상 외의 색상으로 도장하는 것이 가능하다. • 제4류에 대해서는 도장의 색상 제한이 없으나 적색을 권장한다.
제2류	적 색	
제3류	청 색	
제5류	황 색	
제6류	청 색	

10년간 자주 출제된 문제

다음은 위험물안전관리법령에 따른 이동탱크저장소에 대한 기준이다. (   ) 안에 알맞은 수치를 차례대로 나열한 것은?

> 이동저장탱크는 그 내부에 (   )L 이하마다 (   )mm 이상의 강철판 또는 이와 동등 이상의 강도·내열성 및 내식성이 있는 금속성의 것으로 칸막이를 설치하여야 한다.

① 2,500, 3.2
② 2,500, 4.8
③ 4,000, 3.2
④ 4,000, 4.8

|해설|

이동저장탱크는 그 내부에 4,000L 이하마다 3.2mm 이상의 강철판 또는 이와 동등 이상의 강도·내열성 및 내식성이 있는 금속성의 것으로 칸막이를 설치하여야 한다.

정답 ③

핵심이론 08 옥외저장소의 위치·구조 설비기준(위험물안전관리법 시행규칙 별표 11)

① 옥외저장소의 안전거리, 공지의 너비 등

제4류 위험물 중 제4석유류와 제6류 위험물을 저장 또는 취급하는 옥외저장소의 보유공지는 다음 표에 의한 공지의 너비의 1/3 이상의 너비로 할 수 있다.

저장 또는 취급하는 위험물의 최대수량	공지의 너비
지정수량의 10배 이하	3m 이상
지정수량의 10배 초과 20배 이하	5m 이상
지정수량의 20배 초과 50배 이하	9m 이상
지정수량의 50배 초과 200배 이하	12m 이상
지정수량의 200배 초과	15m 이상

② 옥외저장소에 저장할 수 있는 위험물의 종류(위험물안전관리법 시행령 제4조 관련 별표 2)

㉠ 제2류 위험물 중 황 또는 인화성 고체(인화점이 0℃ 이상인 것에 한한다)

㉡ 제4류 위험물 중 제1석유류(인화점이 0℃ 이상인 것에 한한다)·알코올류·제2석유류·제3석유류·제4석유류 및 동식물유류

㉢ 제6류 위험물

㉣ 제2류 위험물 및 제4류 위험물 중 특별시·광역시·특별자치시·도 또는 특별자치도의 조례로 정하는 위험물(관세법 제154조의 규정에 의한 보세구역 안에 저장하는 경우로 한정한다)

㉤ 국제해사기구에 관한 협약에 의하여 설치된 국제해사기구가 채택한 국제해상위험물규칙(IMDG Code)에 적합한 용기에 수납된 위험물

10년간 자주 출제된 문제

8-1. 위험물 옥외저장소에서 지정수량 200배 초과의 위험물을 저장할 경우 경계표시 주위의 보유공지 너비는 몇 m 이상으로 하여야 하는가?(단, 제4류 위험물과 제6류 위험물이 아닌 경우이다)

① 0.5 ② 2.5

③ 10 ④ 15

8-2. 옥외저장소에서 저장 또는 취급할 수 있는 위험물이 아닌 것은?(단, 국제해상위험물 규칙에 적합한 용기에 수납된 위험물의 경우는 제외한다)

① 제2류 위험물 중 황

② 제1류 위험물 중 과염소산염류

③ 제6류 위험물

④ 제2류 위험물 중 인화점이 10℃인 인화성 고체

|해설|

8-1

옥외저장소의 보유공지 기준

저장 또는 취급하는 위험물의 최대수량	공지의 너비
지정수량의 10배 이하	3m 이상
지정수량의 10배 초과 20배 이하	5m 이상
지정수량의 20배 초과 50배 이하	9m 이상
지정수량의 50배 초과 200배 이하	12m 이상
지정수량의 200배 초과	15m 이상

단, 제4류 위험물 중 제4석유류와 제6류 위험물을 저장 또는 취급하는 옥외저장소의 보유공지는 위 표에 의한 공지 너비의 $\frac{1}{3}$ 이상의 너비로 할 수 있다.

8-2

옥외저장소에 저장할 수 있는 위험물의 종류

옥외에 다음에 해당하는 위험물을 저장하는 장소. 다만, 옥외탱크저장소를 제외한다.

- 제2류 위험물 중 황 또는 인화성 고체(인화점이 0℃ 이상인 것에 한한다)
- 제4류 위험물 중 제1석유류(인화점이 0℃ 이상인 것에 한한다)·알코올류·제2석유류·제3석유류·제4석유류 및 동식물유류
- 제6류 위험물
- 제2류 위험물 및 제4류 위험물 중 특별시·광역시·특별자치시·도 또는 특별자치도의 조례로 정하는 위험물(관세법 제154조의 규정에 의한 보세구역 안에 저장하는 경우로 한정한다)
- 국제해사기구에 관한 협약에 의하여 설치된 국제해사기구가 채택한 국제해상위험물규칙(IMDG Code)에 적합한 용기에 수납된 위험물

정답 8-1 ④ 8-2 ②

핵심이론 09 암반탱크저장소의 위치 · 구조 설비기준(위험물안전관리법 시행규칙 별표 12)

① 암반탱크는 암반투수계수가 1초당 1/10만m 이하인 천연암반 내에 설치할 것

② 암반탱크는 저장할 위험물의 증기압을 억제할 수 있는 지하수면 하에 설치할 것

③ 암반탱크의 내벽은 암반균열에 의한 낙반을 방지할 수 있도록 볼트 · 콘크리트 등으로 보강할 것

핵심이론 10 탱크의 내용적 및 공간용적(위험물안전관리에 관한 세부기준 별표 1)

① 탱크의 내용적 : 탱크 전체의 용적(부피)을 말한다.

㉠ 타원형 탱크의 내용적

• 양쪽이 볼록한 것

$$\text{내용적} = \frac{\pi ab}{4}\left(L + \frac{L_1 + L_2}{3}\right)$$

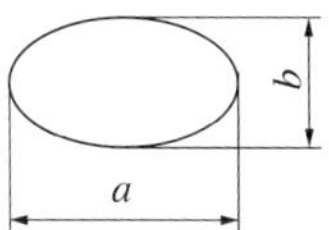

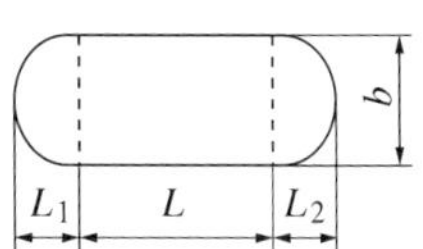

• 한쪽은 볼록하고 다른 한쪽은 오목한 것

$$\text{내용적} = \frac{\pi ab}{4}\left(L + \frac{L_1 - L_2}{3}\right)$$

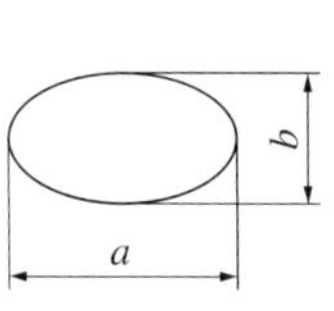

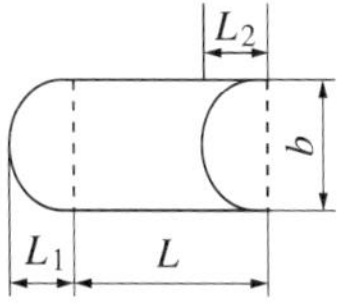

㉡ 원통형 탱크의 내용적

• 횡으로 설치한 것

$$\text{내용적} = \pi r^2\left(L + \frac{L_1 + L_2}{3}\right)$$

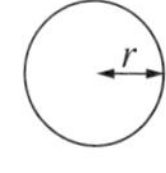

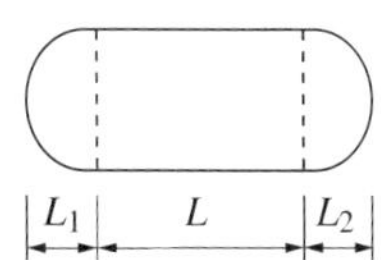

• 종으로 설치한 것

$$\text{내용적} = \pi r^2 L$$

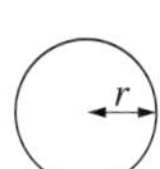

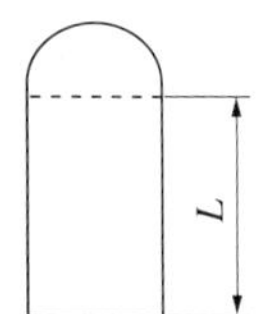

② 탱크의 공간용적

㉠ 탱크의 공간용적은 탱크 내용적의 5/100 이상 10/100 이하로 한다. 다만, 소화설비(소화약제 방출구를 탱크 안의 윗부분에 설치하는 것에 한한다)를 설치하는 탱크의 공간용적은 해당 소화설비의 소화약제 방출구 아래의 0.3m 이상 1m 미만 사이의 면으로부터 윗부분의 용적으로 한다.

㉡ ㉠의 규정에 불구하고 암반탱크에 있어서는 해당 탱크 내에 용출하는 7일간의 지하수 양에 상당하는 용적과 해당 탱크 내용적의 1/100의 용적 중에서 보다 큰 용적을 공간용적으로 한다.

10년간 자주 출제된 문제

10-1. 위험물안전관리법령상 위험물의 탱크 내용적 및 공간용적에 관한 기준으로 틀린 것은?

① 위험물을 저장 또는 취급하는 탱크의 용량은 해당 탱크의 내용적에서 공간용적을 뺀 용적으로 한다.
② 탱크의 공간용적은 탱크의 내용적의 5/100 이상 10/100 이하의 용적으로 한다.
③ 소화설비(소화약제 방출구를 탱크 안의 윗부분에 설치하는 것에 한한다)를 설치하는 탱크의 공간용적은 해당 소화설비의 소화약제방출구 아래의 0.3m 이상 1m 미만 사이의 면으로부터 윗부분의 용적으로 한다.
④ 암반탱크에 있어서는 해당 탱크 내에 용출하는 30일간의 지하수의 양에 상당하는 용적과 해당 탱크의 내용적인 1/100의 용적 중에서 보다 큰 용적을 공간용적으로 한다.

10-2. 그림과 같이 횡으로 설치한 원형탱크의 용량은 약 몇 m^3인가?(단, 공간용적은 내용적의 10/100이다)

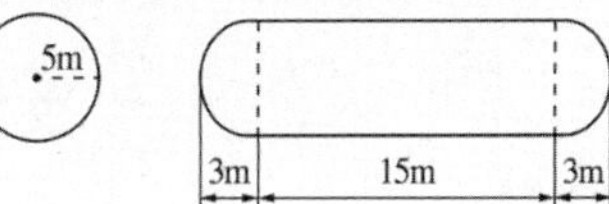

① 1,690.9 ② 1,335.1
③ 1,268.4 ④ 1,201.7

|해설|

10-1

④ 암반탱크에 있어서는 해당 탱크 내에 용출하는 7일간의 지하수의 양에 상당하는 용적과 해당 탱크의 내용적의 1/100의 용적 중에서 보다 큰 용적을 공간용적으로 한다.
① 위험물을 저장 또는 취급하는 탱크의 용량은 해당 탱크의 내용적에서 공간용적을 뺀 용적으로 한다(위험물안전관리법 시행규칙 제5조).

10-2

전체적 $V = \pi r^2\left(L + \frac{L_1 + L_2}{3}\right) = \pi \times 5^2 \times \left(15 + \frac{3+3}{3}\right)$

$= 1,335.2m^3$

위험물저장탱크의 용량 = 탱크의 내용적 − 탱크의 공간용적

$= 1,335.2 - \left(1,335.2 \times \frac{10}{100}\right)$

$= 1,201.68m^3$

정답 10-1 ④ 10-2 ④

핵심이론 11 주유취급소의 위치·구조 설비기준 (위험물안전관리법 시행규칙 별표 13)

① 주유취급소에 설치할 수 있는 위험물탱크

㉠ 자동차 등에 주유하기 위한 고정주유설비에 직접 접속하는 전용탱크로서 50,000L 이하의 것

㉡ 고정급유설비에 직접 접속하는 전용탱크로서 50,000L 이하의 것

㉢ 보일러 등에 직접 접속하는 전용탱크로서 10,000L 이하의 것

㉣ 자동차 등을 점검·정비하는 작업장 등(주유취급소 안에 설치된 것에 한한다)에서 사용하는 폐유·윤활유 등의 위험물을 저장하는 탱크로서 용량(2 이상 설치하는 경우에는 각 용량의 합계를 말한다)이 2,000L 이하인 탱크(폐유탱크 등)

㉤ 고정주유설비 또는 고정급유설비에 직접 접속하는 3기 이하의 간이탱크. 다만, 국토의 계획 및 이용에 관한 법률에 의한 방화지구 안에 위치하는 주유취급소의 경우는 제외한다.

※ 간이저장탱크의 용량은 600L 이하이어야 한다.

② 주유취급소 표지 및 게시판

표지는 한 변의 길이가 0.3m 이상, 다른 한 변의 길이가 0.6m 이상인 직사각형으로 할 것

주유취급소 표지 및 게시판
- "위험물 주유취급소" : 백색바탕 흑색문자
- "주유 중 엔진정지" : 황색바탕에 흑색문자
- "화기엄금" : 적색바탕에 백색문자

③ 고정주유설비 또는 고정급유설비 최대배출량 기준

㉠ 제1석유류의 경우 분당 50L 이하

㉡ 경유의 경우 분당 180L 이하

㉢ 등유의 경우 분당 80L 이하

㉣ 다만, 이동저장탱크에 주입하기 위한 고정급유설비의 펌프기기는 최대배출량이 분당 300L 이하, 분당 배출량이 200L 이상인 것의 경우 배관의 안지름을 40mm 이상

고속국도 주유취급소의 특례 : 고속국도의 도로변에 설치된 주유취급소에 있어서는 탱크의 용량을 60,000L까지 할 수 있다.

10년간 자주 출제된 문제

제4류 위험물을 저장 및 취급하는 위험물제조소에 설치한 "화기엄금" 게시판의 색상으로 올바른 것은?

① 적색바탕에 흑색문자
② 흑색바탕에 적색문자
③ 백색바탕에 적색문자
④ 적색바탕에 백색문자

|해설|

화기엄금 게시판의 색상은 적색바탕에 백색문자로 한다.

정답 ④

핵심이론 12 판매취급소의 위치 · 구조 설비기준 (위험물안전관리법 시행규칙 별표 14)

① 제1종 판매취급소 : 지정수량의 20배 이하인 판매취급소

㉠ 위험물을 배합하는 실은 다음에 의할 것

- 바닥면적은 $6m^2$ 이상 $15m^2$ 이하로 할 것
- 내화구조 또는 불연재료로 된 벽으로 구획할 것
- 바닥은 위험물이 침투하지 아니하는 구조로 하여 적당한 경사를 두고 집유설비를 할 것
- 출입구에는 수시로 열 수 있는 자동폐쇄식의 60분+방화문 또는 60분 방화문을 설치할 것
- 출입구 문턱의 높이는 바닥면으로부터 0.1m 이상으로 할 것
- 내부에 체류한 가연성의 증기 또는 가연성의 미분을 지붕 위로 방출하는 설비를 할 것

② 제2종 판매취급소 : 지정수량의 40배 이하인 판매취급소

10년간 자주 출제된 문제

위험물안전관리법령상 판매취급소에 관한 설명으로 옳지 않은 것은?

① 건축물의 1층에 설치하여야 한다.
② 위험물을 저장하는 탱크시설을 갖추어야 한다.
③ 건축물의 다른 부분과는 내화구조의 격벽으로 구획하여야 한다.
④ 제조소와 달리 안전거리 또는 보유공지에 관한 규제를 받지 않는다.

|해설|

① 제1종 판매취급소는 건축물의 1층에 설치할 것
③ 제1종 판매취급소의 용도로 사용되는 건축물의 부분은 내화구조 또는 불연재료로 하고, 판매취급소로 사용되는 부분과 다른 부분과의 격벽은 내화구조로 할 것

정답 ②

핵심이론 13 이송취급소의 위치 · 구조 설비기준 (위험물안전관리법 시행규칙 별표 15)

① 이송취급소의 교체밸브, 제어밸브 등

㉠ 밸브(교체밸브 · 제어밸브 등)

- 밸브는 원칙적으로 이송기지 또는 전용부지 내에 설치할 것
- 밸브는 그 개폐상태가 해당 밸브의 설치장소에서 쉽게 확인할 수 있도록 할 것
- 밸브는 해당 밸브의 관리에 관계하는 자가 아니면 수동으로 개폐할 수 없도록 할 것

㉡ 위험물의 주입구 및 배출구

- 위험물의 주입구 및 배출구는 화재예방상 지장이 없는 장소에 설치할 것
- 위험물의 주입구 및 배출구는 위험물을 주입하거나 배출하는 호스 또는 배관과 결합이 가능하고 위험물의 유출이 없도록 할 것
- 위험물의 주입구 및 배출구에는 위험물의 주입구 또는 배출구가 있다는 내용과 화재예방과 관련된 주의사항을 표시한 게시판을 설치할 것
- 위험물의 주입구 및 배출구에는 개폐가 가능한 밸브를 설치할 것

② 배관을 지하에 매설하는 경우의 설치기준

㉠ 배관은 그 외면으로부터 건축물 · 지하가 · 터널 또는 수도시설까지 각각 다음의 규정에 의한 안전거리를 둘 것. 다만, 지하가 및 터널 또는 수도법에 의한 수도시설의 공작물에 있어서는 적절한 누설확산방지조치를 하는 경우에 그 안전거리를 1/2의 범위 안에서 단축할 수 있다.

- 건축물(지하가 내의 건축물을 제외한다) : 1.5m 이상
- 지하가 및 터널 : 10m 이상
- 수도법에 의한 수도시설(위험물의 유입우려가 있는 것에 한한다) : 300m 이상

㉡ 배관은 그 외면으로부터 다른 공작물에 대하여 0.3m 이상의 거리를 보유할 것. 다만, 0.3m 이상의 거리를 보유하기 곤란한 경우로서 해당 공작물의 보전을 위하여 필요한 조치를 하는 경우에는 그러하지 아니하다.

㉢ 배관의 외면과 지표면과의 거리는 산이나 들에 있어서는 0.9m 이상, 그 밖의 지역에 있어서는 1.2m 이상으로 할 것. 다만, 해당 배관을 각각의 깊이로 매설하는 경우와 동등 이상의 안전성이 확보되는 견고하고 내구성이 있는 구조물(방호구조물) 안에 설치하는 경우에는 그러하지 아니하다.

㉣ 배관은 지반의 동결로 인한 손상을 받지 아니하는 적절한 깊이로 매설할 것

㉤ 성토 또는 절토를 한 경사면의 부근에 배관을 매설하는 경우에는 경사면의 붕괴에 의한 피해가 발생하지 아니하도록 매설할 것

㉥ 배관의 입상부, 지반의 급변부 등 지지조건이 급변하는 장소에 있어서는 굽은관을 사용하거나 지반개량 그 밖에 필요한 조치를 강구할 것

㉦ 배관의 하부에는 사질토 또는 모래로 20cm(자동차 등의 하중이 없는 경우에는 10cm) 이상, 배관의 상부에는 사질토 또는 모래로 30cm(자동차 등의 하중이 없는 경우에는 20cm) 이상 채울 것

③ 하천 또는 수로를 횡단하여 배관을 설치하는 경우의 기준

㉠ 하천 또는 수로를 횡단하여 배관을 설치하는 경우에는 배관에 과대한 응력이 생기지 아니하도록 필요한 조치를 하여 교량에 설치할 것. 다만, 교량에 설치하는 것이 적당하지 아니한 경우에는 하천 또는 수로의 밑에 매설할 수 있다.

㉡ 하천 또는 수로를 횡단하여 배관을 매설하는 경우에는 배관을 금속관 또는 방호구조물 안에 설치하고, 해당 금속관 또는 방호구조물의 부양이나 선박의 닻 내림 등에 의한 손상을 방지하기 위한 조치를 할 것

㉢ 하천 또는 수로의 밑에 배관을 매설하는 경우에는 배관의 외면과 계획하상(계획하상이 최심하상보다 높은 경우에는 최심하상)과의 거리는 다음의 규정에 의한 거리 이상으로 하되, 호안 그 밖에 하천관리시설의 기초에 영향을 주지 아니하고 하천바닥의 변동·패임 등에 의한 영향을 받지 아니하는 깊이로 매설하여야 한다.

- 하천을 횡단하는 경우 : 4.0m
- 수로를 횡단하는 경우
  - 하수도법의 규정에 따른 하수도(상부가 개방되는 구조로 된 것에 한한다) 또는 운하 : 2.5m
  - 수로에 해당되지 아니하는 좁은 수로(용수로 그 밖에 유사한 것을 제외한다) : 1.2m

10년간 자주 출제된 문제

이송취급소의 배관이 하천을 횡단하는 경우 하천 밑에 매설하는 배관의 외면과 계획하상(계획하상이 최심하상보다 높은 경우에는 최심하상)과의 거리는?

① 1.2m 이상
② 2.5m 이상
③ 3.0m 이상
④ 4.0m 이상

|해설|

하천 등 횡단설치

- 하천을 횡단하는 경우 : 4.0m 이상
- 수로를 횡단하는 경우
  - 하수도 또는 운하 : 2.5m 이상
  - 수로에 해당되지 않는 좁은 수로 : 1.2m 이상

정답 ④

제9절 제조소 등의 소화설비, 경보설비 및 피난설비의 기준

핵심이론 01 제조소 등의 소화난이도등급 및 그에 따른 소화설비(위험물안전관리법 시행규칙 별표 17)

① 소화난이도등급 Ⅰ에 해당하는 제조소 또는 일반취급소

㉠ 연면적 1,000m^2 이상인 것

㉡ 지정수량의 100배 이상인 것(고인화점 위험물만을 100℃ 미만의 온도에서 취급하는 것 및 제48조의 위험물을 취급하는 것은 제외)

㉢ 지반면으로부터 6m 이상의 높이에 위험물 취급설비가 있는 것(고인화점 위험물만을 100℃ 미만의 온도에서 취급하는 것은 제외)

㉣ 일반취급소로 사용되는 부분 외의 부분을 갖는 건축물에 설치된 것(내화구조로 개구부 없이 구획된 것, 고인화점 위험물만을 100℃ 미만의 온도에서 취급하는 것 및 별표 16 X의2의 화학실험의 일반취급소는 제외)

㉤ 소화설비 : 옥내소화전설비, 옥외소화전설비, 스프링클러설비 또는 물분무 등 소화설비(화재발생 시 연기가 충만할 우려가 있는 장소에는 스프링클러설비 또는 이동식 외의 물분무 등 소화설비에 한한다)

> **제조소 및 일반취급소**
> - 소화난이도등급Ⅰ : 연면적 1,000m^2 이상, 지정수량 100배 이상
> - 소화난이도등급Ⅱ : 연면적 600m^2 이상, 지정수량 10배 이상

② 소화난이도등급 Ⅰ 옥외탱크저장소 등

㉠ 옥외탱크저장소

- 액표면적이 40m^2 이상인 것(제6류 위험물을 저장하는 것 및 고인화점 위험물만을 100℃ 미만의 온도에서 저장하는 것은 제외)
- 지반면으로부터 탱크 옆판의 상단까지 높이가 6m 이상인 것(제6류 위험물을 저장하는 것 및 고인화점 위험물만을 100℃ 미만의 온도에서 저장하는 것은 제외)
- 지중탱크 또는 해상탱크로서 지정수량의 100배 이상인 것(제6류 위험물을 저장하는 것 및 고인화점 위험물만을 100℃ 미만의 온도에서 저장하는 것은 제외)
- 고체위험물을 저장하는 것으로서 지정수량의 100배 이상인 것

㉡ 옥내탱크저장소

- 액표면적이 40m^2 이상인 것(제6류 위험물을 저장하는 것 및 고인화점 위험물만을 100℃ 미만의 온도에서 저장하는 것은 제외)
- 바닥면으로부터 탱크 옆판의 상단까지 높이가 6m 이상인 것(제6류 위험물을 저장하는 것 및 고인화점 위험물만을 100℃ 미만의 온도에서 저장하는 것은 제외)
- 탱크전용실이 단층건물 외의 건축물에 있는 것으로서 인화점 38℃ 이상 70℃ 미만의 위험물을 지정수량의 5배 이상 저장하는 것(내화구조로 개구부 없이 구획된 것은 제외한다)

③ 소화난이도등급 Ⅰ의 옥외·옥내탱크저장소에 설치하여야 하는 소화설비

제조소 등의 구분			소화설비
옥외탱크저장소	지중탱크 또는 해상탱크 외의 것	황만을 저장·취급하는 것	물분무소화설비
		인화점 70℃ 이상의 제4류 위험물만을 저장·취급하는 것	물분무소화설비 또는 고정식 포소화설비
		그 밖의 것	고정식 포소화설비(포소화설비가 적응성이 없는 경우에는 분말소화설비)
	지중탱크		고정식 포소화설비, 이동식 이외의 불활성가스소화설비 또는 이동식 이외의 할로젠화합물소화설비
	해상탱크		고정식 포소화설비, 물분무소화설비, 이동식 이외의 불활성가스소화설비 또는 이동식 이외의 할로젠화합물소화설비
옥내탱크저장소	황만을 저장·취급하는 것		물분무소화설비
	인화점 70℃ 이상의 제4류 위험물만을 저장·취급하는 것		물분무소화설비, 고정식 포소화설비, 이동식 이외의 불활성가스소화설비, 이동식 이외의 할로젠화합물소화설비 또는 이동식 이외의 분말소화설비
	그 밖의 것		고정식 포소화설비, 이동식 이외의 불활성가스소화설비, 이동식 이외의 할로젠화합물소화설비 또는 이동식 이외의 분말소화설비

10년간 자주 출제된 문제

1-1. 위험물안전관리법령상 소화난이도 등급 Ⅰ에 해당하는 제조소의 연면적 기준은?

① 1,000m^2 이상
② 800m^2 이상
③ 700m^2 이상
④ 500m^2 이상

1-2. 소화난이도등급 Ⅰ의 옥내저장소에 설치하여야 하는 소화설비에 해당하지 않는 것은?

① 옥외소화전설비
② 연결살수설비
③ 스프링클러설비
④ 물분무소화설비

1-3. 소화난이도등급 Ⅰ에 해당하는 위험물제조소 등이 아닌 것은?(단, 원칙적인 경우에 한하며 다른 조건은 고려하지 않는다)

① 모든 이송취급소
② 연면적 600m^2의 제조소
③ 지정수량의 150배인 옥내저장소
④ 액 표면적이 40m^2인 옥외탱크저장소

|해설|

1-1

제조소 및 일반취급소

- 소화난이도등급Ⅰ : 연면적 1,000m^2 이상, 지정수량 100배 이상
- 소화난이도등급Ⅱ : 연면적 600m^2 이상, 지정수량 10배 이상

1-2

소화난이도등급 Ⅰ의 제조소 등에 설치하여야 하는 소화설비

제조소 등의 구분		소화설비
옥내저장소	처마높이가 6m 이상인 단층건물 또는 다른 용도의 부분이 있는 건축물에 설치한 옥내저장소	스프링클러설비 또는 이동식 외의 물분무 등 소화설비
	그 밖의 것	옥외소화전설비, 스프링클러설비, 이동식 외의 물분무 등 소화설비 또는 이동식 포소화설비(포소화전을 옥외에 설치하는 것에 한한다)

1-3
소화난이도등급 I 에 해당하는 제조소 등

제조소 등의 구분	제조소 등의 규모, 저장 또는 취급하는 위험물의 품명 및 최대수량 등
제조소 일반취급소	연면적 1,000m² 이상인 것
	지정수량의 100배 이상인 것(고인화점 위험물만을 100℃ 미만의 온도에서 취급하는 것 및 제48조의 위험물을 취급하는 것은 제외)
	지반면으로부터 6m 이상의 높이에 위험물 취급설비가 있는 것(고인화점 위험물만을 100℃ 미만의 온도에서 취급하는 것은 제외)
	일반취급소로 사용되는 부분 외의 부분을 갖는 건축물에 설치된 것(내화구조로 개구부 없이 구획된 것, 고인화점 위험물만을 100℃ 미만의 온도에서 취급하는 것 및 별표 16 X의2의 화학실험의 일반취급소는 제외)
주유취급소	별표 13 V 제2호에 따른 면적의 합이 500m²를 초과하는 것
옥내저장소	지정수량의 150배 이상인 것(고인화점 위험물만을 저장하는 것 및 제48조의 위험물을 저장하는 것은 제외)
	연면적 150m²를 초과하는 것(150m² 이내마다 불연재료로 개구부없이 구획된 것 및 인화성고체 외의 제2류 위험물 또는 인화점 70℃ 이상의 제4류 위험물만을 저장하는 것은 제외)
	처마높이가 6m 이상인 단층건물의 것
	옥내저장소로 사용되는 부분 외의 부분이 있는 건축물에 설치된 것(내화구조로 개구부없이 구획된 것 및 인화성고체 외의 제2류 위험물 또는 인화점 70℃ 이상의 제4류 위험물만을 저장하는 것은 제외)
옥외 탱크저장소	액표면적이 40m² 이상인 것(제6류 위험물을 저장하는 것 및 고인화점 위험물만을 100℃ 미만의 온도에서 저장하는 것은 제외)
	지반면으로부터 탱크 옆판의 상단까지 높이가 6m 이상인 것(제6류 위험물을 저장하는 것 및 고인화점 위험물만을 100℃ 미만의 온도에서 저장하는 것은 제외)
	지중탱크 또는 해상탱크로서 지정수량의 100배 이상인 것(제6류 위험물을 저장하는 것 및 고인화점 위험물만을 100℃ 미만의 온도에서 저장하는 것은 제외)
	고체위험물을 저장하는 것으로서 지정수량의 100배 이상인 것
이송취급소	모든 대상

정답 1-1 ① 1-2 ② 1-3 ②

핵심이론 02 위험물의 성질에 따른 소화설비의 적응성 (위험물안전관리법 시행규칙 별표 17)

소화설비의 구분 \ 대상물의 구분			건축물·그 밖의 공작물	전기설비	제1류 위험물		제2류 위험물			제3류 위험물		제4류 위험물	제5류 위험물	제6류 위험물
					알칼리금속과산화물 등	그 밖의 것	철분·금속분·마그네슘 등	인화성고체	그 밖의 것	금수성물품	그 밖의 것			
옥내소화전 또는 옥외소화전설비			○			○		○	○		○		○	○
스프링클러설비			○			○		○	○		○	△	○	○
물분무 등 소화설비	물분무소화설비		○	○		○		○	○		○	○	○	○
	포소화설비		○			○		○	○		○	○	○	○
	불활성가스소화설비			○				○				○		
	할로젠화합물소화설비			○				○				○		
	분말소화설비	인산염류 등	○	○		○		○	○			○		○
		탄산수소염류 등		○	○		○	○		○		○		
		그 밖의 것			○		○			○				
대형·소형 수동식 소화기	봉상수소화기		○			○		○	○		○		○	○
	무상수소화기		○	○		○		○	○		○		○	○
	봉상강화액소화기		○			○		○	○		○		○	○
	무상강화액소화기		○	○		○		○	○		○	○	○	○
	포소화기		○			○		○	○		○	○	○	○
	이산화탄소소화기			○				○				○		△
	할로젠화합물소화기			○				○				○		
	분말소화기	인산염류소화기	○	○		○		○	○			○		○
		탄산수소염류소화기		○	○		○	○		○		○		
		그 밖의 것			○		○			○				
기타	물통 또는 수조		○			○		○	○		○		○	○
	건조사				○	○	○	○	○	○	○	○	○	○
	팽창질석 또는 팽창진주암				○	○	○	○	○	○	○	○	○	○

10년간 자주 출제된 문제

2-1. 제6류 위험물의 화재에 적응성이 없는 소화설비는?

① 옥내소화전설비
② 스프링클러설비
③ 포소화설비
④ 불활성기체소화설비

2-2. 위험물별로 설치하는 소화설비 중 적응성이 없는 것과 연결된 것은?

① 제3류 위험물 중 금수성 물질 이외의 것 – 할로젠화합물소화설비, 불활성기체소화설비
② 제4류 위험물 – 물분무소화설비, 불활성기체소화설비
③ 제5류 위험물 – 포소화설비, 스프링클러설비
④ 제6류 위험물 – 옥내소화전설비, 물분무소화설비

|해설|

2-1
제6류 위험물은 산소공급원이 포함되어 있어 질식소화는 부적합하고, 무상(안개모양) 주수 및 냉각소화가 효과적이다. 불활성기체(가스)소화설비, 할로젠화합물소화설비 등은 적응성이 없다.

2-2
소화설비의 적응성 : 핵심이론 02 표 참고

정답 2-1 ④ 2-2 ①

핵심이론 03 | 소요단위 및 능력단위(위험물안전관리법 시행규칙 별표 17)

① 소화설비의 설치기준

㉠ 전기설비의 소화설비 : 제조소 등에 전기설비(전기배선, 조명기구 등은 제외한다)가 설치된 경우에는 해당 장소의 면적 $100m^2$마다 소형수동식소화기를 1개 이상 설치할 것

㉡ 소요단위 및 능력단위
- 소요단위는 소화설비의 설치대상이 되는 건축물 그 밖의 공작물의 규모 또는 위험물의 양의 기준단위이다.
- 능력단위는 소요단위에 대응하는 소화설비의 소화능력의 기준단위이다.

② 소요단위

㉠ 소요단위(1단위) 규정
- 제조소 또는 취급소의 건축물로 외벽이 내화구조인 것 : 연면적 $100m^2$
- 제조소 또는 취급소의 건축물로 외벽이 내화구조가 아닌 것 : 연면적 $50m^2$
- 저장소의 건축물로 외벽이 내화구조인 것 : 연면적 $150m^2$
- 저장소의 건축물로 외벽이 내화구조가 아닌 것 : 연면적 $75m^2$
- 위험물 : 지정수량의 10배

㉡ 소요단위 $= \dfrac{\text{저장수량}}{\text{지정수량} \times 10}$

③ 소화설비의 능력단위

소화설비	용 량	능력단위
소화전용(轉用)물통	8L	0.3
수조(소화전용물통 3개 포함)	80L	1.5
수조(소화전용물통 6개 포함)	190L	2.5
마른모래(삽 1개 포함)	50L	0.5
팽창질석 또는 팽창진주암(삽 1개 포함)	160L	1.0

10년간 자주 출제된 문제

3-1. 소화설비의 설치기준에서 유기과산화물 1,000kg은 몇 소요단위에 해당하는가?

① 10 ② 20
③ 100 ④ 200

3-2. 위험물안전관리법령상 소화전용물통 8L의 능력단위는?

① 0.3 ② 0.5
③ 1.0 ④ 1.5

3-3. 제조소 등에 전기설비(전기배선, 조명기구 등은 제외)가 설치된 경우에는 면적 몇 m^2마다 소형수동식소화기를 1개 이상 설치하여야 하는가?

① 50 ② 100
③ 150 ④ 200

|해설|

3-1

위험물의 1소요단위는 지정수량의 10배이다.

• 제5류 위험물 : 유기과산화물 10kg, 위험등급 I

• $\frac{1{,}000\text{kg}}{\text{지정수량} \times 10\text{배}} = \frac{1{,}000\text{kg}}{10\text{kg} \times 10\text{배}} = 10\text{소요단위}$

3-2

소화설비의 용량 및 능력단위

소화설비	용 량	능력단위
소화전용(轉用)물통	8L	0.3
수조(소화전용물통 3개 포함)	80L	1.5
수조(소화전용물통 6개 포함)	190L	2.5
마른모래(삽 1개 포함)	50L	0.5
팽창질석 또는 팽창진주암(삽 1개 포함)	160L	1.0

3-3

전기설비의 소화설비

제조소 등에 전기설비(전기배선, 조명기구 등은 제외한다)가 설치된 경우에는 해당 장소의 면적 $100m^2$마다 소형수동식소화기를 1개 이상 설치해야 한다.

정답 3-1 ① 3-2 ① 3-3 ②

핵심이론 04 소화설비의 설치기준(위험물안전관리법 시행규칙 별표 17)

구 분	규정 방수압	규정 방수량	수원의 양	수평거리	배관·호스
옥내 소화전 설비	350kPa 이상	260L/min 이상	$7.8m^3$×개수 (최대 5개)	층마다 25m 이하	40mm
옥외 소화전 설비	350kPa 이상	450L/min 이상	$13.5m^3$×개수 (최대 4개)	40m 이하	65mm
스프링 클러 설비	100kPa 이상	80L/min 이상	$2.4m^3$×개수 (폐쇄형 최대 30개)	헤드간격 1.7m 이하	방사구역은 $150m^2$ 이상
물분무 소화 설비	350kPa 이상	해당 소화 설비의 헤드의 설계 압력에 의한 방사량	$1m^2$당 1분당 20L의 비율로 계산한 양으로 30분간 방사할 수 있는 양	–	–

① 소형수동식소화기 설치기준 : 보행거리 20m 이하

② 대형수동식소화기 설치기준 : 보행거리 30m 이하

10년간 자주 출제된 문제

위험물안전관리법령상 옥내소화전설비의 기준에 따르면 펌프를 이용한 가압송수장치에서 펌프의 토출량은 옥내소화전의 설치개수가 가장 많은 층에 대해 해당 설치개수(5개 이상인 경우에는 5개)에 얼마를 곱한 양 이상이 되도록 하여야 하는가?

① 260L/min
② 360L/min
③ 460L/min
④ 560L/min

|해설|

펌프의 토출량은 옥내소화전의 설치개수가 가장 많은 층에 대해 해당 설치개수(설치개수가 5개 이상인 경우에는 5개로 한다)에 260L/min를 곱한 양 이상이 되도록 한다.

정답 ①

핵심이론 05 | 경보설비의 설치기준

① 비상경보설비 및 단독경보형감지기(NFTC 201)

㉠ 비상벨설비 : 화재발생 상황을 경종으로 경보하는 설비

㉡ 자동식사이렌설비 : 화재발생 상황을 사이렌으로 경보하는 설비

㉢ 단독경보형감지기 : 화재발생 상황을 단독으로 감지하여 자체에 내장된 음향장치로 경보하는 감지기

② 비상방송설비

㉠ 자동화재탐지설비 또는 다른 방법에 의해서 감지된 화재를 신속하게 소방대상물의 내부에 있는 사람에게 방송으로 화재를 알려 피난 또는 초기소화 진압을 용이하게 하기 위한 설비

㉡ 적용범위(소방시설 설치 및 관리에 관한 법률 시행령 별표 4)

- 연면적 3,500m^2 이상인 것은 모든 층
- 층수가 11층 이상인 것은 모든 층
- 지하층의 층수가 3층 이상인 것은 모든 층

③ 자동화재탐지설비(NFTC 203)

㉠ 건축물 내에 발생한 화재의 초기단계에서 발생되는 열 또는 연기를 자동으로 감지하여 건물 내의 관계자에게 벨, 사이렌 등의 음향으로 화재발생을 알리는 설비

㉡ 구 성

- 감지기 : 화재 시 발생하는 열, 연기, 불꽃 또는 연소생성물을 자동적으로 감지하여 수신기에 화재 신호 등을 발신하는 장치
- 수신기 : 감지기나 발신기에서 발하는 화재 신호를 직접 수신하거나 중계기를 통하여 수신하여 화재의 발생을 표시 및 경보하여 주는 장치
- 발신기 : 수동누름버튼 등의 작동으로 화재 신호를 수신기에 발신하는 장치
- 중계기 : 감지기·발신기 또는 전기적인 접점 등의 작동에 따른 신호를 받아 이를 수신기에 전송하는 장치

㉢ 자동화재탐지설비 설치기준(위험물안전관리법 시행규칙 별표 17)

- 제조소 및 일반취급소의 자동화재탐지설비 설치기준
  - 연면적 500m^2 이상인 것
  - 옥내에서 지정수량의 100배 이상을 취급하는 것(고인화점 위험물만을 100℃ 미만의 온도에서 취급하는 것은 제외)
  - 일반취급소로 사용되는 부분 외의 부분이 있는 건축물에 설치된 일반취급소(일반취급소와 일반취급소 외의 부분이 내화구조의 바닥 또는 벽으로 개구부 없이 구획된 것은 제외)
- 옥내저장소의 자동화재탐지설비 설치기준
  - 지정수량의 100배 이상을 저장 또는 취급하는 것(고인화점 위험물만을 저장 또는 취급하는 것은 제외)
  - 저장창고의 연면적이 150m^2를 초과하는 것[해당 저장창고가 연면적 150m^2 이내마다 불연재료의 격벽으로 개구부 없이 완전히 구획된 것과 제2류 또는 제4류의 위험물(인화성 고체 및 인화점이 70℃ 미만인 제4류 위험물은 제외)만을 저장 또는 취급하는 것에 있어서는 저장창고의 연면적이 500m^2 이상의 것에 한한다]
  - 처마높이가 6m 이상인 단층건물의 것
  - 옥내저장소로 사용되는 부분 외의 부분이 있는 건축물에 설치된 옥내저장소[옥내저장소와 옥내저장소 외의 부분이 내화구조의 바닥 또는 벽으로 개구부 없이 구획된 것과 제2류 또는 제4류의 위험물(인화성 고체 및 인화점이 70℃ 미만인 제4류 위험물을 제외)만을 저장 또는 취급 하는 것은 제외]

• 자동화재탐지설비의 경계구역(화재가 발생한 구역을 다른 구역과 구분하여 식별할 수 있는 최소단위의 구역을 말한다)은 건축물 그 밖의 공작물의 2 이상의 층에 걸치지 아니하도록 할 것. 다만, 하나의 경계구역의 면적이 500m^2 이하이면서 해당 경계구역이 2개의 층에 걸치는 경우이거나 계단 · 경사로 · 승강기의 승강로 그 밖에 이와 유사한 장소에 연기감지기를 설치하는 경우에는 그러하지 아니하다.
• 하나의 경계구역의 면적은 600m^2 이하로 하고 그 한 변의 길이는 50m(광전식분리형감지기를 설치할 경우에는 100m) 이하로 할 것. 다만, 해당 건축물 그 밖의 공작물의 주요한 출입구에서 그 내부의 전체를 볼 수 있는 경우에 있어서는 그 면적을 1,000m^2 이하로 할 수 있다.
• 자동화재탐지설비의 감지기(옥외탱크저장소에 설치하는 자동화재탐지설비의 감지기는 제외한다)는 지붕(상층이 있는 경우에는 상층의 바닥) 또는 벽의 옥내에 면한 부분(천장이 있는 경우에는 천장 또는 벽의 옥내에 면한 부분 및 천장의 뒷 부분)에 유효하게 화재의 발생을 감지할 수 있도록 설치할 것
• 자동화재탐지설비에는 비상전원을 설치할 것

④ 자동화재속보설비

화재발생 시 사람의 힘을 빌리지 않고 자동적으로 화재발생장소를 신속하게 소방관서에 통보하여 주는 설비

⑤ 가스누설경보기

가연성 가스 또는 불완전연소가스가 누설되는 것을 탐지하고 이를 경보하여 가스누출로 인한 피해를 예방하기 위한 설비

10년간 자주 출제된 문제

5-1. 위험물안전관리법령상 자동화재탐지설비의 설치기준으로 옳지 않은 것은?

① 경계구역은 건축물의 최소 2개 이상의 층에 걸치도록 할 것
② 하나의 경계구역의 면적은 600m^2 이하로 할 것
③ 감지기는 지붕 또는 벽의 옥내에 면한 부분에 유효하게 화재의 발생을 감지할 수 있도록 설치할 것
④ 비상전원을 설치할 것

5-2. 위험물제조소의 연면적이 몇 m^2 이상이 되면 경보설비 중 자동화재탐지설비를 설치하여야 하는가?

① 400 ② 500
③ 600 ④ 800

|해설|

5-1

자동화재탐지설비의 설치기준

• 자동화재탐지설비의 경계구역은 건축물 그 밖의 공작물의 2 이상의 층에 걸치지 아니하도록 할 것. 다만, 하나의 경계구역의 면적이 500m^2 이하이면서 해당 경계구역이 2개의 층에 걸치는 경우이거나 계단 · 경사로 · 승강기의 승강로 그 밖에 이와 유사한 장소에 연기감지기를 설치하는 경우에는 그러하지 아니하다.
• 하나의 경계구역의 면적은 600m^2 이하로 하고 그 한변의 길이는 50m(광전식분리형 감지기를 설치할 경우에는 100m) 이하로 할 것. 다만, 해당 건축물 그 밖의 공작물의 주요한 출입구에서 그 내부의 전체를 볼 수 있는 경우에 있어서는 그 면적을 1,000m^2 이하로 할 수 있다.
• 자동화재탐지설비의 감지기(옥외탱크저장소에 설치하는 자동화재탐지설비의 감지기는 제외한다)는 지붕(상층이 있는 경우에는 상층의 바닥) 또는 벽의 옥내에 면한 부분(천장이 있는 경우에는 천장 또는 벽의 옥내에 면한 부분 및 천장의 뒷 부분)에 유효하게 화재의 발생을 감지할 수 있도록 설치할 것
• 자동화재탐지설비에는 비상전원을 설치할 것

5-2

자동화재탐지설비를 설치해야 하는 제조소 및 일반취급소

• 연면적 500m^2 이상인 것
• 옥내에서 지정수량의 100배 이상을 취급하는 것

정답 5-1 ① 5-2 ②

핵심이론 06 피난구조설비, 피뢰설비의 설치기준(소방시설 설치 및 관리에 관한 법률 시행령 별표 4)

① 개 요

㉠ 정의 : 피난설비란 재해 시 건축물로부터 피난을 위하여 사용하는 기계기구 또는 설비

㉡ 종류 : 피난기구, 인명구조기구, 유도등 및 유도표지, 비상조명등, 휴대용 비상조명등

② 설치기준

㉠ 피난기구(NFTC 301)

특정소방대상물의 모든 층에 화재안전기준에 적합한 것으로 설치할 것(다만 피난층, 지상 1층, 지상 2층 및 층수가 11층 이상의 층과 가스시설, 터널 및 지하구의 경우 제외)

- 완강기 : 사용자의 몸무게에 따라 자동적으로 내려올 수 있는 기구 중 사용자가 교대하여 연속적으로 사용할 수 있는 것
- 구조대 : 포지 등을 사용하여 자루형태로 만든 것으로서 화재 시 사용자가 그 내부에 들어가서 내려옴으로써 대피할 수 있는 것

㉡ 인명구조기구

- 방열복 또는 방화복(안전모, 보호장갑 및 안전화를 포함한다), 인공소생기 및 공기호흡기를 설치하여야 하는 특정소방대상물 : 지하층을 포함하는 층수가 7층 이상인 관광호텔
- 방열복 또는 방화복(안전모, 보호장갑 및 안전화를 포함한다) 및 공기호흡기를 설치하여야 하는 특정소방대상물 : 지하층을 포함하는 층수가 5층 이상인 병원
- 공기호흡기를 설치하여야 하는 특정소방대상물은 다음의 어느 하나와 같다.
  - 수용인원 100명 이상인 문화 및 집회시설 중 영화상영관
  - 판매시설 중 대규모 점포
  - 운수시설 중 지하역사
  - 지하가 중 지하상가
  - 이산화탄소설비를 설치하여야 하는 특정소방대상물

㉢ 유도등 및 유도표지(NFTC 303)

- 유도등 : 화재 시에 피난을 유도하기 위한 등으로서 정상상태에서는 상용전원에 따라 켜지고 상용전원이 정전되는 경우에는 비상전원으로 자동전환되어 켜지는 등
- 피난구유도등 : 피난구 또는 피난경로로 사용되는 출입구를 표시하여 피난을 유도하는 등
- 통로유도등 : 피난통로를 안내하기 위한 유도등으로 복도통로유도등, 거실통로유도등, 계단통로유도등
- 통로유도표지 : 피난통로가 되는 복도, 계단 등에 설치하는 것으로서 피난구의 방향을 표시하는 유도표지

㉣ 비상조명등

- 화재발생 등에 따른 정전 시에 안전하고 원활한 피난 활동을 할 수 있도록 거실 및 피난통로 등에 설치되어 자동 점등되는 조명등
- 설치기준
  - 지하층을 포함하는 층수가 5층 이상인 건축물로서 연면적 3,000m^2 이상인 것
  - 위에 해당하지 않는 특정소방대상물로서 그 지하층 또는 무창층의 바닥면적이 450m^2 이상인 경우에는 그 지하층 또는 무창층에 설치
  - 지하가 중 터널로서 길이가 500m 이상인 것

㉤ 휴대용 비상조명등

- 화재발생 등으로 정전 시 안전하고 원활한 피난을 위하여 피난자가 휴대할 수 있는 조명등
- 설치기준
  - 숙박시설

- 수용인원 100인 이상의 영화상영관, 판매시설 중 대규모점포, 철도 및 도시철도 시설 중 지하역사, 지하가 중 지하상가

③ 피뢰설비(위험물안전관리법 시행규칙 별표 4)

지정수량의 10배 이상의 위험물을 취급하는 제조소(제6류 위험물을 취급하는 위험물제조소를 제외한다)에는 피뢰침(산업표준화법 제12조에 따른 한국산업표준 중 피뢰설비 표준에 적합한 것을 말한다)을 설치하여야 한다. 다만, 제조소의 주위의 상황에 따라 안전상 지장이 없는 경우에는 피뢰침을 설치하지 아니할 수 있다.

[위험물별 시험종류 및 항목]
(위험물안전관리에 관한 세부기준)

위험물 분류	시험종류	시험항목
제1류 산화성 고체	산화성 시험	연소시험
		대량연소시험
	충격민감성 시험	낙구타격감도시험
		철관시험
제2류 가연성 고체	착화성 시험	작은불꽃착화시험
	인화성 시험	인화점측정시험
제3류 자연발화성 및 금수성 물질	자연발화성 시험	자연발화성 시험
	금수성 시험	물과의 반응성 시험
제4류 인화성 액체	인화성 시험	인화점측정시험(태그밀폐식인화점측정기, 클리블랜드개방컵인화점측정기, 신속평형법인화점측정기)
제5류 자기반응성 물질	폭발성 시험	열분석시험
	가열분해성 시험	압력용기시험
제6류 산화성 액체	산화성 시험	연소시험

10년간 자주 출제된 문제

위험물안전관리법령상 주유취급소 중 건축물의 2층을 휴게음식점의 용도로 사용하는 것에 있어 해당 건축물의 2층으로부터 직접 주유취급소의 부지 밖으로 통하는 출입구와 해당 출입구로 통하는 통로 · 계단에 설치하여야 하는 것은?

① 비상경보설비 ② 유도등
③ 비상조명등 ④ 확성장치

|해설|

주유취급소 중 건축물의 2층 이상의 부분을 점포 · 휴게음식점 또는 전시장의 용도로 사용하는 것에 있어서는 해당 건축물의 2층 이상으로부터 주유취급소의 부지 밖으로 통하는 출입구와 해당 출입구로 통하는 통로 · 계단 및 출입구에 유도등을 설치하여야 한다.

정답 ②

제10절 제조소 등 설치 및 후속절차

핵심이론 01 제조소 등의 허가

① 위험물시설의 설치 및 변경 등(위험물안전관리법 제6조)

㉠ 제조소 등을 설치하고자 하는 자는 대통령령이 정하는 바에 따라 그 설치장소를 관할하는 특별시장·광역시장·특별자치시장·도지사 또는 특별자치도지사(이하 "시·도지사"라 한다)의 허가를 받아야 한다. 제조소 등의 위치·구조 또는 설비 가운데 행정안전부령이 정하는 사항을 변경하고자 하는 때에도 또한 같다.

㉡ 제조소 등의 위치·구조 또는 설비의 변경 없이 해당 제조소 등에서 저장하거나 취급하는 위험물의 품명·수량 또는 지정수량의 배수를 변경하고자 하는 자는 변경하고자 하는 날의 1일 전까지 행정안전부령이 정하는 바에 따라 시·도지사에게 신고하여야 한다.

㉢ 다음의 어느 하나에 해당하는 제조소 등의 경우에는 허가를 받지 아니하고 해당 제조소 등을 설치하거나 그 위치·구조 또는 설비를 변경할 수 있으며, 신고를 하지 아니하고 위험물의 품명·수량 또는 지정수량의 배수를 변경할 수 있다.

- 주택의 난방시설(공동주택의 중앙난방시설을 제외한다)을 위한 저장소 또는 취급소
- 농예용·축산용 또는 수산용으로 필요한 난방시설 또는 건조시설을 위한 지정수량 20배 이하의 저장소

② 이동탱크저장소에 있어서 변경허가를 받아야 하는 경우(위험물안전관리법 시행규칙 별표 1의2)

㉠ 상치장소의 위치를 이전하는 경우(같은 사업장 또는 같은 울 안에서 이전하는 경우는 제외한다)

㉡ 이동저장탱크를 보수(탱크본체를 절개하는 경우에 한한다)하는 경우

㉢ 이동저장탱크의 노즐 또는 맨홀을 신설하는 경우(노즐 또는 맨홀의 지름이 250mm를 초과하는 경우에 한한다)

㉣ 이동저장탱크의 내용적을 변경하기 위하여 구조를 변경하는 경우

㉤ 이동탱크저장소에 주입설비를 설치 또는 철거하는 경우

㉥ 펌프설비를 신설하는 경우

10년간 자주 출제된 문제

제조소 등의 위치·구조 또는 설비의 변경 없이 해당 제조소 등에서 저장하거나 취급하는 위험물의 품명·수량 또는 지정수량의 배수를 변경하고자 하는 자는 변경하고자 하는 날의 며칠 전까지 행정안전부령이 정하는 바에 따라 시·도지사에게 신고하여야 하는가?

① 1일
② 14일
③ 21일
④ 30일

|해설|

제조소 등의 위치·구조 또는 설비의 변경없이 해당 제조소 등에서 저장하거나 취급하는 위험물의 품명·수량 또는 지정수량의 배수를 변경하고자 하는 자는 변경하고자 하는 날의 1일 전까지 행정안전부령이 정하는 바에 따라 시·도지사에게 신고하여야 한다(위험물안전관리법 제6조).

정답 ①

핵심이론 02 | 탱크안전성능검사

탱크안전성능검사는 기초 · 지반검사, 충수 · 수압검사, 용접부검사 및 암반탱크검사로 구분한다(위험물안전관리법 시행령 제8조).

① **기초 · 지반검사** : 옥외탱크저장소의 액체위험물탱크 중 그 용량이 100만L 이상인 탱크

② **충수(充水) · 수압검사** : 액체위험물을 저장 또는 취급하는 탱크. 다만, 다음의 어느 하나에 해당하는 탱크를 제외한다.

㉠ 제조소 또는 일반취급소에 설치된 탱크로서 용량이 지정수량 미만인 것

㉡ 고압가스안전관리법의 규정에 따른 특정설비에 관한 검사에 합격한 탱크

㉢ 산업안전보건법의 규정에 따른 안전인증을 받은 탱크

③ **용접부검사** : ①의 규정에 의한 탱크. 다만, 탱크의 저부에 관계된 변경공사 시에 행하여진 정기검사에 의하여 용접부에 관한 사항이 행정안전부령으로 정하는 기준에 적합하다고 인정된 탱크를 제외한다.

④ **암반탱크검사** : 액체위험물을 저장 또는 취급하는 암반 내의 공간을 이용한 탱크

10년간 자주 출제된 문제

위험물안전관리법령에서 정한 탱크안전성능검사의 구분에 해당하지 않는 것은?

① 기초 · 지반검사
② 충수 · 수압검사
③ 용접부검사
④ 배관검사

|해설|

탱크안전성능검사는 기초 · 지반검사, 충수 · 수압검사, 용접부검사 및 암반탱크검사로 구분한다.

정답 ④

핵심이론 03 | 제조소 등의 지위승계

① **제조소 등 설치자의 지위승계(위험물안전관리법 제10조)**

㉠ 제조소 등의 설치자가 사망하거나 그 제조소 등을 양도 · 인도한 때 또는 법인인 제조소 등의 설치자의 합병이 있는 때에는 그 상속인, 제조소 등을 양수 · 인수한 자 또는 합병 후 존속하는 법인이나 합병에 의하여 설립되는 법인은 그 설치자의 지위를 승계한다.

㉡ 민사집행법에 의한 경매, 채무자의 회생 및 파산에 관한 법률에 의한 환가, 국세징수법 · 관세법 또는 지방세징수법에 따른 압류재산의 매각과 그 밖에 이에 준하는 절차에 따라 제조소 등의 시설의 전부를 인수한 자는 그 설치자의 지위를 승계한다.

㉢ ㉠항 또는 ㉡항의 규정에 따라 제조소 등의 설치자의 지위를 승계한 자는 행정안전부령이 정하는 바에 따라 승계한 날부터 30일 이내에 시 · 도지사에게 그 사실을 신고하여야 한다.

② **지위승계의 신고(위험물안전관리법 시행규칙 제22조)**
제조소 등의 설치자의 지위승계를 신고하고자 하는 자는 신고서(전자문서로 된 신고서를 포함한다)에 제조소 등의 완공검사합격확인증과 지위승계를 증명하는 서류(전자문서를 포함한다)를 첨부하여 시 · 도지사 또는 소방서장에게 제출하여야 한다.

핵심이론 04 | 제조소 등의 용도폐지

① 제조소 등의 폐지(위험물안전관리법 제11조)

제조소 등의 관계인(소유자·점유자 또는 관리자)은 해당 제조소 등의 용도를 폐지(장래에 대하여 위험물 시설로서의 기능을 완전히 상실시키는 것을 말한다)한 때에는 행정안전부령이 정하는 바에 따라 제조소 등의 용도를 폐지한 날부터 14일 이내에 시·도지사에게 신고하여야 한다.

② 용도폐지의 신고(위험물안전관리법 시행규칙 제23조)

㉠ 제조소 등의 용도폐지신고를 하고자 하는 자는 신고서(전자문서로 된 신고서를 포함한다)에 제조소 등의 완공검사합격확인증을 첨부하여 시·도지사 또는 소방서장에게 제출하여야 한다.

㉡ 신고서를 접수한 시·도지사 또는 소방서장은 해당 제조소 등을 확인하여 위험물시설의 철거 등 용도폐지에 필요한 안전조치를 한 것으로 인정하는 경우에는 해당 신고서의 사본에 수리사실을 표시하여 용도폐지신고를 한 자에게 통보하여야 한다.

10년간 자주 출제된 문제

위험물제조소 등의 용도폐지신고에 대한 설명으로 옳지 않은 것은?

① 용도폐지 후 30일 이내에 신고하여야 한다.
② 완공검사합격확인증을 첨부한 용도폐지신고서를 제출하는 방법으로 신고한다.
③ 전자문서로 된 용도폐지신고서를 제출하는 경우에도 완공검사합격확인증을 제출하여야 한다.
④ 신고의무의 주체는 해당 제조소 등의 관계인이다.

|해설|

제조소 등의 관계인(소유자·점유자 또는 관리자)은 해당 제조소 등의 용도를 폐지한 때에는 행정안전부령이 정하는 바에 따라 제조소 등의 용도를 폐지한 날부터 14일 이내에 시·도지사에게 신고하여야 한다(위험물안전관리법 제11조).

정답 ①

제11절 행정처분

핵심이론 01 | 제조소 등 사용정지, 허가취소

① 제조소 등 설치허가의 취소와 사용정지 등(위험물안전관리법 제12조)

시·도지사는 제조소 등의 관계인이 다음의 어느 하나에 해당하는 때에는 행정안전부령이 정하는 바에 따라 규정에 따른 허가를 취소하거나 6월 이내의 기간을 정하여 제조소 등의 전부 또는 일부의 사용정지를 명할 수 있다.

㉠ 변경허가를 받지 아니하고 제조소 등의 위치·구조 또는 설비를 변경한 때
㉡ 완공검사를 받지 아니하고 제조소 등을 사용한 때
㉢ 안전조치 이행명령을 따르지 아니한 때
㉣ 수리·개조 또는 이전의 명령을 위반한 때
㉤ 위험물안전관리자를 선임하지 아니한 때
㉥ 대리자를 지정하지 아니한 때
㉦ 정기점검을 하지 아니한 때
㉧ 정기검사를 받지 아니한 때
㉨ 저장·취급기준 준수명령을 위반한 때

② 제조소 등에 대한 긴급 사용정지명령 등

㉠ 탱크시험자에 대한 명령 : 시·도지사, 소방본부장 또는 소방서장은 탱크시험자에 대하여 해당 업무를 적정하게 실시하게 하기 위하여 필요하다고 인정하는 때에는 감독상 필요한 명령을 할 수 있다(위험물안전관리법 제23조).

㉡ 무허가장소의 위험물에 대한 조치명령 : 시·도지사, 소방본부장 또는 소방서장은 위험물에 의한 재해를 방지하기 위하여 제6조 제1항의 규정에 따른 허가를 받지 아니하고 지정수량 이상의 위험물을 저장 또는 취급하는 자(제6조 제3항의 규정에 따라 허가를 받지 아니하는 자를 제외한다)에 대하여 그 위험물 및 시설의 제거 등 필요한 조치를 명할 수 있다(위험물안전관리법 제24조).

㉢ 제조소 등에 대한 긴급 사용정지명령 등 : 시·도지사, 소방본부장 또는 소방서장은 공공의 안전을 유지하거나 재해의 발생을 방지하기 위하여 긴급한 필요가 있다고 인정하는 때에는 제조소 등의 관계인에 대하여 해당 제조소 등의 사용을 일시정지하거나 그 사용을 제한할 것을 명할 수 있다(위험물안전관리법 제25조).

10년간 자주 출제된 문제

위험물안전관리법상 제조소 등의 허가 취소 또는 사용정지의 사유에 해당하지 않는 것은?

① 안전교육 대상자가 교육을 받지 아니한 때
② 완공검사를 받지 않고 제조소 등을 사용한 때
③ 위험물안전관리자를 선임하지 아니한 때
④ 제조소 등의 정기검사를 받지 아니한 때

|해설|

제조소 등 설치허가의 취소와 사용정지 등(위험물안전관리법 제12조)

- 변경허가를 받지 아니하고 제조소 등의 위치·구조 또는 설비를 변경한 때
- 완공검사를 받지 아니하고 제조소 등을 사용한 때
- 안전조치 이행명령을 따르지 아니한 때
- 수리·개조 또는 이전의 명령을 위반한 때
- 위험물안전관리자를 선임하지 아니한 때
- 대리자를 지정하지 아니한 때
- 규정에 따른 정기점검을 하지 아니한 때
- 제조소 등의 정기검사를 받지 아니한 때
- 저장·취급기준 준수명령을 위반한 때

정답 ①

핵심이론 02 과징금처분(위험물안전관리법 제13조)

① 시·도지사는 제조소 등 설치허가의 취소와 사용정지 등의 어느 하나에 해당하는 경우로서 제조소 등에 대한 사용의 정지가 그 이용자에게 심한 불편을 주거나 그 밖에 공익을 해칠 우려가 있는 때에는 사용정지처분에 갈음하여 2억원 이하의 과징금을 부과할 수 있다.

② 과징금을 부과하는 위반행위의 종별·정도 등에 따른 과징금의 금액 그 밖의 필요한 사항은 행정안전부령으로 정한다.

③ 시·도지사는 ①항의 규정에 따른 과징금을 납부하여야 하는 자가 납부기한까지 이를 납부하지 아니한 때에는 지방행정제재·부과금의 징수 등에 관한 법률에 따라 징수한다.

제12절 안전관리사항

핵심이론 01 | 유지 · 관리

① 안전관리자의 책무(위험물안전관리법 시행규칙 제55조)

㉠ 위험물의 취급작업에 참여하여 해당 작업이 제조소 등에서의 위험물의 저장 또는 취급에 관한 기술기준과 예방규정에 적합하도록 해당 작업자(해당 작업에 참여하는 위험물취급자격자를 포함한다)에 대하여 지시 및 감독하는 업무

㉡ 화재 등의 재난이 발생한 경우 응급조치 및 소방관서 등에 대한 연락업무

㉢ 위험물시설의 안전을 담당하는 자를 따로 두는 제조소 등의 경우에는 그 담당자에게 다음의 규정에 의한 업무의 지시, 그 밖의 제조소 등의 경우에는 다음의 규정에 의한 업무

- 제조소 등의 위치 · 구조 및 설비를 기술기준에 적합하도록 유지하기 위한 점검과 점검상황의 기록 · 보존
- 제조소 등의 구조 또는 설비의 이상을 발견한 경우 관계자에 대한 연락 및 응급조치
- 화재가 발생하거나 화재발생의 위험성이 현저한 경우 소방관서 등에 대한 연락 및 응급조치
- 제조소 등의 계측장치 · 제어장치 및 안전장치 등의 적정한 유지 · 관리
- 제조소 등의 위치 · 구조 및 설비에 관한 설계도서 등의 정비 · 보존 및 제조소 등의 구조 및 설비의 안전에 관한 사무의 관리

㉣ 화재 등의 재해의 방지와 응급조치에 관하여 인접하는 제조소 등과 그 밖의 관련되는 시설의 관계자와 협조체제의 유지

㉤ 위험물의 취급에 관한 일지 작성 · 기록

㉥ 그 밖에 위험물을 수납한 용기를 차량에 적재하는 작업, 위험물설비를 보수하는 작업 등 위험물의 취급과 관련된 작업의 안전에 관하여 필요한 감독의 수행

② 위험물안전관리자(위험물안전관리법 제15조)

㉠ 제조소 등의 관계인은 위험물의 안전관리에 관한 직무를 수행하게 하기 위하여 제조소 등마다 대통령령이 정하는 위험물의 취급에 관한 자격이 있는 자(위험물취급자격자)를 위험물안전관리자(안전관리자)로 선임하여야 한다. 다만, 제조소 등에서 저장 · 취급하는 위험물이 화학물질관리법에 따른 유독물질(인체급성유해성물질, 인체만성유해성물질, 생태유해성물질 [시행일 : 2005. 8. 7.])에 해당하는 경우 등 대통령령이 정하는 경우에는 해당 제조소 등을 설치한 자는 다른 법률에 의하여 안전관리업무를 하는 자로 선임된 자 가운데 대통령령이 정하는 자를 안전관리자로 선임할 수 있다.

㉡ ㉠의 규정에 따라 안전관리자를 선임한 제조소 등의 관계인은 그 안전관리자를 해임하거나 안전관리자가 퇴직한 때에는 해임하거나 퇴직한 날부터 30일 이내에 다시 안전관리자를 선임하여야 한다.

㉢ 제조소 등의 관계인은 ㉠ 및 ㉡에 따라 안전관리자를 선임한 경우에는 선임한 날부터 14일 이내에 행정안전부령으로 정하는 바에 따라 소방본부장 또는 소방서장에게 신고하여야 한다.

㉣ 제조소 등의 관계인이 안전관리자를 해임하거나 안전관리자가 퇴직한 경우 그 관계인 또는 안전관리자는 소방본부장이나 소방서장에게 그 사실을 알려 해임되거나 퇴직한 사실을 확인받을 수 있다.

㉤ ㉠의 규정에 따라 안전관리자를 선임한 제조소 등의 관계인은 안전관리자가 여행 · 질병 그 밖의 사유로 인하여 일시적으로 직무를 수행할 수 없거나 안전관리자의 해임 또는 퇴직과 동시에 다른 안전관리자를 선임하지 못하는 경우에는 국가기술자

격법에 따른 위험물의 취급에 관한 자격취득자 또는 위험물안전에 관한 기본지식과 경험이 있는 자로서 행정안전부령이 정하는 자를 대리자(代理者)로 지정하여 그 직무를 대행하게 하여야 한다. 이 경우 대리자가 안전관리자의 직무를 대행하는 기간은 30일을 초과할 수 없다.

ⓗ 안전관리자는 위험물을 취급하는 작업을 하는 때에는 작업자에게 안전관리에 관한 필요한 지시를 하는 등 행정안전부령이 정하는 바에 따라 위험물의 취급에 관한 안전관리와 감독을 하여야 하고, 제조소 등의 관계인과 그 종사자는 안전관리자의 위험물 안전관리에 관한 의견을 존중하고 그 권고에 따라야 한다.

ⓢ 제조소 등에 있어서 위험물취급자격자가 아닌 자는 안전관리자 또는 ⓜ의 규정에 따른 대리자가 참여한 상태에서 위험물을 취급하여야 한다.

ⓞ 다수의 제조소 등을 동일인이 설치한 경우에는 ㉠의 규정에 불구하고 관계인은 대통령령이 정하는 바에 따라 1인의 안전관리자를 중복하여 선임할 수 있다. 이 경우 대통령령이 정하는 제조소 등의 관계인은 ⓜ의 규정에 따른 대리자의 자격이 있는 자를 각 제조소 등별로 지정하여 안전관리자를 보조하게 하여야 한다.

ⓙ 제조소 등의 종류 및 규모에 따라 선임하여야 하는 안전관리자의 자격은 대통령령으로 정한다.

10년간 자주 출제된 문제

1-1. 위험물안전관리법령상 위험물안전관리자의 책무에 해당하지 않는 것은?

① 화재 등의 재난이 발생한 경우 소방관서 등에 대한 연락업무
② 화재 등의 재난이 발생한 경우 응급조치
③ 위험물의 취급에 관한 일지의 작성・기록
④ 위험물안전관리자의 선임・신고

1-2. 위험물 관련 신고 및 선임에 관한 사항으로 옳지 않은 것은?

① 제조소 등의 위치・구조 변경 없이 위험물의 품명 변경 시는 변경한 날로부터 7일 이내에 신고하여야 한다.
② 제조소 등의 설치자의 지위를 승계한 자는 승계한 날로부터 30일 이내에 신고하여야 한다.
③ 위험물안전관리자가 선임한 경우는 선임한 날부터 14일 이내에 신고하여야 한다.
④ 위험물안전관리자가 퇴직한 경우는 퇴직일로부터 30일 이내에 선임하여야 한다.

|해설|

1-1

위험물안전관리자가 위험물안전관리자의 선임・신고업무를 하는 것은 불가능하다.

1-2

제조소 등의 위치・구조 또는 설비의 변경 없이 해당 제조소 등에서 저장하거나 취급하는 위험물의 품명・수량 또는 지정수량의 배수를 변경하고자 하는 자는 변경하고자 하는 날의 1일 전까지 행정안전부령이 정하는 바에 따라 시・도지사에게 신고하여야 한다(위험물안전관리법 제6조).

정답 1-1 ④ 1-2 ①

핵심이론 02 | 예방규정

① 예방규정(위험물안전관리법 제17조)

㉠ 대통령령이 정하는 제조소 등의 관계인은 해당 제조소 등의 화재예방과 화재 등 재해발생 시의 비상조치를 위하여 행정안전부령이 정하는 바에 따라 예방규정을 정하여 해당 제조소 등의 사용을 시작하기 전에 시·도지사에게 제출하여야 한다. 예방규정을 변경한 때에도 또한 같다.

㉡ 시·도지사는 ㉠의 규정에 따라 제출한 예방규정이 규정에 따른 기준에 적합하지 아니하거나 화재예방이나 재해발생 시의 비상조치를 위하여 필요하다고 인정하는 때에는 이를 반려하거나 그 변경을 명할 수 있다.

㉢ ㉠의 규정에 따른 제조소 등의 관계인과 그 종업원은 예방규정을 충분히 잘 익히고 준수하여야 한다.

㉣ 소방청장은 대통령령으로 정하는 제조소 등에 대하여 행정안전부령으로 정하는 바에 따라 예방규정의 이행 실태를 정기적으로 평가할 수 있다.

② 관계인이 예방규정을 정하여야 하는 제조소 등(위험물안전관리법 시행령 제15조)

"대통령령이 정하는 제조소 등"이라 함은 다음의 하나에 해당하는 제조소 등을 말한다.

㉠ 지정수량의 10배 이상의 위험물을 취급하는 제조소

㉡ 지정수량의 100배 이상의 위험물을 저장하는 옥외저장소

㉢ 지정수량의 150배 이상의 위험물을 저장하는 옥내저장소

㉣ 지정수량의 200배 이상의 위험물을 저장하는 옥외탱크저장소

㉤ 암반탱크저장소

㉥ 이송취급소

㉦ 지정수량의 10배 이상의 위험물을 취급하는 일반취급소. 다만, 제4류 위험물(특수인화물을 제외한다)만을 지정수량의 50배 이하로 취급하는 일반취급소(제1석유류·알코올류의 취급량이 지정수량의 10배 이하인 경우에 한한다)로서 다음의 어느 하나에 해당하는 것을 제외한다.

- 보일러·버너 또는 이와 비슷한 것으로서 위험물을 소비하는 장치로 이루어진 일반취급소
- 위험물을 용기에 옮겨 담거나 차량에 고정된 탱크에 주입하는 일반취급소

10년간 자주 출제된 문제

제조소 등의 관계인이 예방규정을 정하여야 하는 제조소 등에 해당하지 않는 것은?

① 지정수량 100배의 위험물을 저장하는 옥외탱크저장소
② 지정수량 150배의 위험물을 저장하는 옥내저장소
③ 지정수량 10배의 위험물을 취급하는 제조소
④ 지정수량 5배의 위험물을 취급하는 이송취급소

|해설|

예방규정을 정해야 할 제조소 등

- 지정수량의 10배 이상의 위험물을 취급하는 제조소
- 지정수량의 100배 이상의 위험물을 저장하는 옥외저장소
- 지정수량의 150배 이상의 위험물을 저장하는 옥내저장소
- 지정수량의 200배 이상의 위험물을 저장하는 옥외탱크저장소
- 암반탱크저장소
- 이송취급소
- 지정수량의 10배 이상의 위험물을 취급하는 일반취급소. 다만, 제4류 위험물(특수인화물을 제외한다)만을 지정수량의 50배 이하로 취급하는 일반취급소로서 다음의 어느 하나에 해당하는 것을 제외한다.
  - 보일러·버너 또는 이와 비슷한 것으로서 위험물을 소비하는 장치로 이루어진 일반취급소
  - 위험물을 용기에 옮겨 담거나 차량에 고정된 탱크에 주입하는 일반취급소

정답 ①

핵심이론 03 | 정기점검 및 정기검사

① 정기점검의 대상인 제조소 등(위험물안전관리법 시행령 제16조)

㉠ 시행령 제15조의 어느 하나에 해당하는 제조소 등

- 지정수량의 10배 이상의 위험물을 취급하는 제조소
- 지정수량의 100배 이상의 위험물을 저장하는 옥외저장소
- 지정수량의 150배 이상의 위험물을 저장하는 옥내저장소
- 지정수량의 200배 이상의 위험물을 저장하는 옥외탱크저장소
- 암반탱크저장소
- 이송취급소
- 지정수량의 10배 이상의 위험물을 취급하는 일반취급소. 다만, 제4류 위험물(특수인화물을 제외한다)만을 지정수량의 50배 이하로 취급하는 일반취급소(제1석유류・알코올류의 취급량이 지정수량의 10배 이하인 경우에 한한다)로서 다음의 어느 하나에 해당하는 것을 제외한다.
  - 보일러・버너 또는 이와 비슷한 것으로서 위험물을 소비하는 장치로 이루어진 일반취급소
  - 위험물을 용기에 옮겨 담거나 차량에 고정된 탱크에 주입하는 일반취급소

㉡ 지하탱크저장소

㉢ 이동탱크저장소

㉣ 위험물을 취급하는 탱크로서 지하에 매설된 탱크가 있는 제조소・주유취급소 또는 일반취급소

② 정기검사의 대상인 제조소 등(위험물안전관리법 시행령 제17조)

"대통령령이 정하는 제조소 등"이라 함은 액체위험물을 저장 또는 취급하는 50만L 이상의 옥외탱크저장소를 말한다.

10년간 자주 출제된 문제

3-1. 위험물안전관리법령상 정기점검 대상인 제조소 등의 조건이 아닌 것은?

① 예방규정 작성대상인 제조소 등
② 지하탱크저장소
③ 이동탱크저장소
④ 지정수량 5배의 위험물을 취급하는 옥외탱크를 둔 제조소

3-2. 위험물안전관리법령상 제조소 등의 관계인이 정기적으로 점검하여야 할 대상이 아닌 것은?

① 지정수량의 10배 이상의 위험물을 취급하는 제조소
② 지하탱크저장소
③ 이동탱크저장소
④ 지정수량의 100배 이상의 위험물을 저장하는 옥외탱크저장소

|해설|

3-1, 3-2

정기점검의 대상인 제조소 등(위험물안전관리법 시행령 제16조)

- 예방규정대상(영 제15조)에 해당하는 것
- 지하탱크저장소
- 이동탱크저장소
- 위험물을 취급하는 탱크로서 지하에 매설된 탱크가 있는 제조소・주유취급소 또는 일반취급소

정답 3-1 ④ 3-2 ④

핵심이론 04 | 자체소방대

① 자체소방대(위험물안전관리법 제19조)

다량의 위험물을 저장·취급하는 제조소 등으로서 대통령령이 정하는 제조소 등이 있는 동일한 사업소에서 대통령령이 정하는 수량 이상의 위험물을 저장 또는 취급하는 경우 해당 사업소의 관계인은 대통령령이 정하는 바에 따라 해당 사업소에 자체소방대를 설치하여야 한다.

② 자체소방대를 설치하여야 하는 사업소(위험물안전관리법 시행령 제18조)

㉠ 법 제19조에서 '대통령령이 정하는 제조소 등'이란 다음의 어느 하나에 해당하는 제조소 등을 말한다.

ⓐ 제4류 위험물을 취급하는 제조소 또는 일반취급소. 다만, 보일러로 위험물을 소비하는 일반취급소 등 행정안전부령으로 정하는 일반취급소는 제외한다.

ⓑ 제4류 위험물을 저장하는 옥외탱크저장소

㉡ 법 제19조에서 '대통령령이 정하는 수량 이상'이란 다음의 구분에 따른 수량을 말한다.

ⓐ ㉠의 ⓐ에 해당하는 경우 : 제조소 또는 일반취급소에서 취급하는 제4류 위험물의 최대수량의 합이 지정수량의 3,000배 이상

ⓑ ㉠의 ⓑ에 해당하는 경우 : 옥외탱크저장소에 저장하는 제4류 위험물의 최대수량이 지정수량의 50만배 이상

㉢ 자체소방대를 설치하는 사업소의 관계인은 별표 8의 규정에 의하여 자체소방대에 화학소방자동차 및 자체소방대원을 두어야 한다. 다만, 화재 그 밖의 재난발생 시 다른 사업소 등과 상호응원에 관한 협정을 체결하고 있는 사업소에 있어서는 행정안전부령이 정하는 바에 따라 별표 8의 범위 안에서 화학소방자동차 및 인원의 수를 달리할 수 있다.

③ 자체소방대에 두는 화학소방자동차 및 인원(위험물안전관리법 시행령 별표 8)

사업소의 구분	화학소방자동차	자체소방대원의 수
제조소 또는 일반취급소에서 취급하는 제4류 위험물의 최대수량의 합이 지정수량의 3,000배 이상 12만배 미만인 사업소	1대	5인
제조소 또는 일반취급소에서 취급하는 제4류 위험물의 최대수량의 합이 지정수량의 12만배 이상 24만배 미만인 사업소	2대	10인
제조소 또는 일반취급소에서 취급하는 제4류 위험물의 최대수량의 합이 지정수량의 24만배 이상 48만배 미만인 사업소	3대	15인
제조소 또는 일반취급소에서 취급하는 제4류 위험물의 최대수량의 합이 지정수량의 48만배 이상인 사업소	4대	20인
옥외탱크저장소에 저장하는 제4류 위험물의 최대수량이 지정수량의 50만배 이상인 사업소	2대	10인

※ 비고 : 화학소방자동차에는 행정안전부령으로 정하는 소화능력 및 설비를 갖추어야 하고, 소화활동에 필요한 소화약제 및 기구(방열복 등 개인장구를 포함한다)를 비치하여야 한다.

※ 포수용액을 방사하는 화학소방자동차의 대수는 영 제18조 제3항의 규정에 의한 화학소방자동차의 대수의 2/3 이상으로 하여야 한다(위험물안전관리법 시행규칙 제75조 제2항).

④ 화학소방자동차에 갖추어야 하는 소화능력 및 설비의 기준(위험물안전관리법 시행규칙 별표 23)

화학소방자동차의 구분	소화능력 및 설비의 기준
포수용액 방사차	포수용액의 방사능력이 매분 2,000L 이상일 것
	소화약액탱크 및 소화약액혼합장치를 비치할 것
	10만L 이상의 포수용액을 방사할 수 있는 양의 소화약제를 비치할 것
분말 방사차	분말의 방사능력이 매초 35kg 이상일 것
	분말탱크 및 가압용가스설비를 비치할 것
	1,400kg 이상의 분말을 비치할 것
할로젠화합물 방사차	할로젠화합물의 방사능력이 매초 40kg 이상일 것
	할로젠화합물탱크 및 가압용가스설비를 비치할 것
	1,000kg 이상의 할로젠화합물을 비치할 것
이산화탄소 방사차	이산화탄소의 방사능력이 매초 40kg 이상일 것
	이산화탄소저장용기를 비치할 것
	3,000kg 이상의 이산화탄소를 비치할 것
제독차	가성소다 및 규조토를 각각 50kg 이상 비치할 것

⑤ 흡연장소의 지정기준(위험물안전관리법 시행령 제18조의 2 〈신설 2024. 7. 23.〉)

㉠ 제조소 등의 관계인은 제조소 등에서 흡연장소를 지정할 필요가 있다고 인정하는 경우 다음의 기준에 따라 흡연장소를 지정해야 한다.

- 흡연장소는 폭발위험장소 외의 장소에 지정하는 등 위험물을 저장·취급하는 건축물, 공작물 및 기계·기구, 그 밖의 설비로부터 안전 확보에 필요한 일정한 거리를 둘 것
- 흡연장소는 옥외로 지정할 것. 다만, 부득이한 경우에는 건축물 내에 지정할 수 있다.

㉡ 제조소 등의 관계인은 ㉠에 따라 흡연장소를 지정하는 경우에는 다음의 방법에 따른 화재예방 조치를 해야 한다.

- 흡연장소는 구획된 실로 하되, 가연성의 증기 또는 미분이 실내에 체류하거나 실내로 유입되는 것을 방지하기 위한 구조 또는 설비를 갖출 것
- 소형수동식소화기(이에 준하는 소화설비를 포함한다)를 1개 이상 비치할 것

㉢ ㉠항 및 ㉡항에서 규정한 사항 외에 흡연장소의 지정 기준·방법 등에 관한 세부적인 기준은 소방청장이 정하여 고시한다.

10년간 자주 출제된 문제

4-1. 위험물안전관리법령상 사업소의 관계인이 자체소방대를 설치하여야 할 제조소 등의 기준으로 옳은 것은?

① 제4류 위험물을 지정수량의 3,000배 이상 취급하는 제조소 또는 일반취급소
② 제4류 위험물을 지정수량의 5,000배 이상 취급하는 제조소 또는 일반취급소
③ 제4류 위험물 중 특수인화물을 지정수량의 3,000배 이상 취급하는 제조소 또는 일반취급소
④ 제4류 위험물 중 특수인화물을 지정수량의 5,000배 이상 취급하는 제조소 또는 일반취급소

4-2. 취급하는 제4류 위험물의 수량이 지정수량의 30만배인 일반취급소가 있는 사업장에 자체소방대를 설치함에 있어서 전체 화학소방차 중 포수용액을 방사하는 화학소방차는 몇 대 이상 두어야 하는가?

① 필수적인 것은 아니다.
② 1
③ 2
④ 3

|해설|

4-1

자체소방대를 설치해야 하는 기준은 제4류 위험물을 지정수량의 3,000배 이상 취급하는 제조소 또는 일반취급소이다.

4-2

지정수량이 30만배이므로 화학소방자동차가 3대 필요하다. 이 중 포수용액을 방사하는 화학소방차 수는 전체 대수의 2/3 이상이어야 하므로 2대 이상이다.

※ 핵심이론 04 ③ 자체소방대에 두는 화학소방자동차 및 인원 참고

정답 4-1 ① 4-2 ③

제13절 행정감독

핵심이론 01 | 출입 · 검사 등(위험물안전관리법 제22조)

① 소방청장, 시・도지사, 소방본부장 또는 소방서장은 위험물의 저장 또는 취급에 따른 화재의 예방 또는 진압대책을 위하여 필요한 때에는 위험물을 저장 또는 취급하고 있다고 인정되는 장소의 관계인에 대하여 필요한 보고 또는 자료제출을 명할 수 있으며, 관계공무원으로 하여금 해당 장소에 출입하여 그 장소의 위치・구조・설비 및 위험물의 저장・취급상황에 대하여 검사하게 하거나 관계인에게 질문하게 하고 시험에 필요한 최소한의 위험물 또는 위험물로 의심되는 물품을 수거하게 할 수 있다. 다만, 개인의 주거는 관계인의 승낙을 얻은 경우 또는 화재발생의 우려가 커서 긴급한 필요가 있는 경우가 아니면 출입할 수 없다.

② 소방공무원 또는 경찰공무원은 위험물운반자 또는 위험물운송자의 요건을 확인하기 위하여 필요하다고 인정하는 경우에는 주행 중인 위험물 운반 차량 또는 이동탱크저장소를 정지시켜 해당 위험물운반자 또는 위험물운송자에게 그 자격을 증명할 수 있는 국가기술자격증 또는 교육수료증의 제시를 요구할 수 있으며, 이를 제시하지 아니한 경우에는 주민등록증, 여권, 운전면허증 등 신원확인을 위한 증명서를 제시할 것을 요구하거나 신원확인을 위한 질문을 할 수 있다. 이 직무를 수행하는 경우에 있어서 소방공무원과 경찰공무원은 긴밀히 협력하여야 한다.

③ ①의 규정에 따른 출입・검사 등은 그 장소의 공개시간이나 근무시간 내 또는 해가 뜬 후부터 해가 지기 전까지의 시간 내에 행하여야 한다. 다만, 건축물 그 밖의 공작물의 관계인의 승낙을 얻은 경우 또는 화재발생의 우려가 커서 긴급한 필요가 있는 경우에는 그러하지 아니하다.

④ ① 및 ②의 규정에 의하여 출입・검사 등을 행하는 관계공무원은 관계인의 정당한 업무를 방해하거나 출입・검사 등을 수행하면서 알게 된 비밀을 다른 자에게 누설하여서는 아니 된다.

⑤ 시・도지사, 소방본부장 또는 소방서장은 탱크시험자에게 탱크시험자의 등록 또는 그 업무에 관하여 필요한 보고 또는 자료제출을 명하거나 관계공무원으로 하여금 해당 사무소에 출입하여 업무의 상황・시험기구・장부・서류와 그 밖의 물건을 검사하게 하거나 관계인에게 질문하게 할 수 있다.

⑥ ①, ② 및 ⑤의 규정에 따라 출입・검사 등을 하는 관계공무원은 그 권한을 표시하는 증표를 지니고 관계인에게 이를 내보여야 한다.

핵심이론 02 | 벌칙 및 과태료

① 1년 이상 10년 이하의 징역 등(법 제33조)

㉠ 제조소 등 또는 허가를 받지 않고 지정수량 이상의 위험물을 저장 또는 취급하는 장소에서 위험물을 유출·방출 또는 확산시켜 사람의 생명·신체 또는 재산에 대하여 위험을 발생시킨 자는 1년 이상 10년 이하의 징역에 처한다.

㉡ ㉠의 규정에 따른 죄를 범하여 사람을 상해(傷害)에 이르게 한 때에는 무기 또는 3년 이상의 징역에 처하며, 사망에 이르게 한 때에는 무기 또는 5년 이상의 징역에 처한다.

② 7년 이하의 금고 또는 7천만원 이하의 벌금 등(법 제34조)

㉠ 업무상 과실로 제조소 등 또는 허가를 받지 않고 지정수량 이상의 위험물을 저장 또는 취급하는 장소에서 위험물을 유출·방출 또는 확산시켜 사람의 생명·신체 또는 재산에 대하여 위험을 발생시킨 자는 7년 이하의 금고 또는 7천만원 이하의 벌금에 처한다.

㉡ ㉠의 죄를 범하여 사람을 사상(死傷)에 이르게 한 자는 10년 이하의 징역 또는 금고나 1억원 이하의 벌금에 처한다.

③ 5년 이하의 징역 또는 1억원 이하의 벌금(법 제34조의2)

제조소 등 또는 허가를 받지 않고 지정수량 이상의 위험물을 저장 또는 취급하는 장소의 설치허가를 받지 아니하고 제조소 등을 설치한 자는 5년 이하의 징역 또는 1억원 이하의 벌금에 처한다.

④ 3년 이하의 징역 또는 3천만원 이하의 벌금(법 제34조의3)

저장소 또는 제조소 등이 아닌 장소에서 지정수량 이상의 위험물을 저장 또는 취급한 자는 3년 이하의 징역 또는 3천만원 이하의 벌금에 처한다.

⑤ 1년 이하의 징역 또는 1천만원 이하의 벌금(법 제35조)

㉠ 탱크시험자로 등록하지 아니하고 탱크시험자의 업무를 한 자

㉡ 정기점검을 하지 아니하거나 점검기록을 허위로 작성한 관계인으로서 허가를 받은 자

㉢ 정기검사를 받지 아니한 관계인으로서 제6조 제1항의 규정에 따른 허가를 받은 자

㉣ 자체소방대를 두지 아니한 관계인으로서 제6조 제1항의 규정에 따른 허가를 받은 자

㉤ 운반용기에 대한 검사를 받지 아니하고 운반용기를 사용하거나 유통시킨 자

㉥ 명령을 위반하여 보고 또는 자료제출을 하지 아니하거나 허위의 보고 또는 자료제출을 한 자 또는 관계공무원의 출입·검사 또는 수거를 거부·방해 또는 기피한 자

㉦ 제조소 등에 대한 긴급 사용정지·제한명령을 위반한 자

⑥ 1천 500만원 이하의 벌금(법 제36조)

㉠ 위험물의 저장 또는 취급에 관한 중요기준에 따르지 아니한 자

㉡ 변경허가를 받지 아니하고 제조소 등을 변경한 자

㉢ 제조소 등의 완공검사를 받지 아니하고 위험물을 저장·취급한 자

㉣ 안전조치 이행명령을 따르지 아니한 자

㉤ 제조소 등의 사용정지명령을 위반한 자

㉥ 수리·개조 또는 이전의 명령에 따르지 아니한 자

㉦ 안전관리자를 선임하지 아니한 관계인으로서 제6조 제1항의 규정에 따른 허가를 받은 자

㉧ 대리자를 지정하지 아니한 관계인으로서 제6조 제1항의 규정에 따른 허가를 받은 자

㉨ 시·도지사의 업무정지명령을 위반한 자(탱크시험자)

㉩ 탱크안전성능시험 또는 점검에 관한 업무를 허위로 하거나 그 결과를 증명하는 서류를 허위로 교부한 자

㉠ 시·도지사에게 예방규정을 제출하지 아니하거나 변경명령을 위반한 관계인으로서 제6조 제1항의 규정에 따른 허가를 받은 자

㉡ 소방공무원 또는 경찰공무원은 위험물운반자 또는 위험물운송자의 요건을 확인하기 위하여 필요하다고 인정하는 경우에는 주행 중의 위험물의 운반차량 또는 이동탱크저장소를 정지시킬 수 있다. 이때 정지지시를 거부하거나 국가기술자격증, 교육수료증·신원확인을 위한 증명서의 제시요구 또는 신원확인을 위한 질문에 응하지 아니한 사람

㉢ 시·도지사, 소방본부장 또는 소방서장의 탱크시험자에 대하여 필요한 보고 또는 자료제출의 명령을 위반하여 보고 또는 자료제출을 하지 아니하거나 허위의 보고 또는 자료제출을 한 자 및 관계공무원의 출입 또는 조사·검사를 거부·방해 또는 기피한 자

㉣ 시·도지사, 소방본부장 또는 소방서장의 탱크시험자에 대한 감독상 명령에 따르지 아니한 자

㉮ 무허가장소의 위험물에 대한 조치명령에 따르지 아니한 자

㉯ 저장·취급기준 준수명령 또는 응급조치명령을 위반한 자

⑦ 1천만원 이하의 벌금(법 제37조)

㉠ 위험물의 취급에 관한 안전관리와 감독을 하지 아니한 자

㉡ 안전관리자 또는 그 대리자가 참여하지 아니한 상태에서 위험물을 취급한 자

㉢ 변경한 예방규정을 제출하지 아니한 관계인으로서 제조소 등의 설치허가를 받은 자

㉣ 위험물의 운반에 관한 중요기준에 따르지 아니한 자

㉤ 요건을 갖추지 아니한 위험물운반자

㉥ 규정을 위반(위험물운송책임자 없이 운송)한 위험물운송자

㉦ 출입·검사 등을 행하는 관계공무원이 관계인의 정당한 업무를 방해하거나 출입·검사 등을 수행하면서 알게 된 비밀을 누설한 자

⑧ 500만원 이하의 과태료(법 제39조)

㉠ 시·도의 조례가 정하는 바에 따라 관할소방서장의 승인을 받아 지정수량 이상의 위험물을 90일 이내의 기간동안 임시로 저장 또는 취급하는 경우 관할소방서장의 승인을 받지 아니한 자

㉡ 제조소 등에서의 위험물의 저장 또는 취급에 관한 세부기준을 위반한 자

㉢ 위험물의 품명 등의 변경신고를 기간 이내에 하지 아니하거나 허위로 한 자

㉣ 지위승계신고를 기간 이내에 하지 아니하거나 허위로 한 자

㉤ 제조소 등의 폐지신고 또는 안전관리자의 선임신고를 기간 이내에 하지 아니하거나 허위로 한 자

㉥ 사용 중지신고 또는 재개신고를 기간 이내에 하지 아니하거나 거짓으로 한 자

㉦ 중요사항을 변경한 경우 등록사항의 변경신고를 기간 이내(30일 이내)에 하지 아니하거나 허위로 한 자

㉧ 예방규정을 준수하지 아니한 자

㉨ 제조소 등에 대하여 점검결과를 기록·보존하지 아니한 자

㉩ 기간(점검한 날부터 30일) 이내에 점검결과를 제출하지 아니한 자

㉪ 위험물의 운반에 관한 세부기준을 위반한 자

㉫ 위험물의 운송에 관한 기준을 따르지 아니한 자

㉬ 제조소 등에서 지정된 장소가 아닌 곳에서 흡연을 한 자

ⓗ 시 · 도지사의 시정 조치에 따라 일정 기간 안에 금연구역 알림 표지를 설치하지 아니하거나 보완하지 아니한 자(위험물안전관리법 제39조 제1항 7의4 〈개정 2024. 1. 30.〉)

※ 과태료는 대통령령이 정하는 바에 따라 시 · 도지사, 소방본부장 또는 소방서장(부과권자)이 부과 · 징수한다.

※ 법 제4조 및 제5조 제2항 외의 부분 후단의 규정에 따른 조례에는 200만원 이하의 과태료를 정할 수 있다. 이 경우 과태료는 부과권자가 부과 · 징수한다.

10년간 자주 출제된 문제

제조소 등 또는 허가를 받지 않고 지정수량 이상의 위험물을 저장 또는 취급하는 장소에서 위험물을 유출 · 방출 또는 확산시켜 사람의 생명 · 신체 또는 재산에 대하여 위험을 발생시킨 자에 대한 벌칙기준으로 옳은 것은?

① 1년 이상 3년 이하의 징역
② 1년 이상 5년 이하의 징역
③ 1년 이상 7년 이하의 징역
④ 1년 이상 10년 이하의 징역

|해설|

제조소 등 또는 허가를 받지 않고 지정수량 이상의 위험물을 저장 또는 취급하는 장소에서 위험물을 유출 · 방출 또는 확산시켜 사람의 생명 · 신체 또는 재산에 대하여 위험을 발생시킨 자는 1년 이상 10년 이하의 징역에 처한다. 또한 위의 규정에 따른 죄를 범하여 사람을 상해에 이르게 한 때에는 무기 또는 3년 이상의 징역에 처하며, 사망에 이르게 한 때에는 무기 또는 5년 이상의 징역에 처한다.

정답 ④

얼마나 많은 사람들이 책 한권을 읽음으로써

인생에 새로운 전기를 맞이했던가.

– 헨리 데이비드 소로 –

Win-

2014~2016년	과년도 기출문제	회독 CHECK 1 2 3
2017~2023년	과년도 기출복원문제	회독 CHECK 1 2 3
2024년	최근 기출복원문제	회독 CHECK 1 2 3

PART 02

과년도 + 최근 기출복원문제

#기출유형 확인 #상세한 해설 #최종점검 테스트

2014년 제1회 과년도 기출문제

01 위험물제조소 등에 설치하는 옥외소화전설비의 기준에서 옥외소화전함은 옥외소화전으로부터 보행거리 몇 m 이하의 장소에 설치하여야 하는가?

① 1.5 ② 5
③ 7.5 ④ 10

해설

보행거리 5m 이하의 장소에 설치해야 한다.

02 다음 중 질식소화효과를 주로 이용하는 소화기는?

① 포소화기 ② 강화액소화기
③ 수(물)소화기 ④ 할론소화기

해설

포소화기, 이산화탄소소화기, 분말소화기는 질식소화효과를 이용한 것

소화설비

- 냉각소화설비 : 옥내소화전설비, 스프링클러, 물분무소화설비 등
- 화학적소화설비 : 할론, 분말, 화학포, 강화액소화기 등

03 위험물의 품명 · 수량 또는 지정수량 배수의 변경신고에 대한 설명으로 옳은 것은?

① 허가청과 협의하여 설치한 군용위험물시설의 경우에도 적용된다.
② 변경신고는 변경한 날로부터 7일 이내에 완공검사합격확인증을 첨부하여 신고하여야 한다.
③ 위험물의 품명이나 수량의 변경을 위해 제조소 등의 위치 · 구조 또는 설비를 변경하는 경우에 신고한다.
④ 위험물의 품명 · 수량 및 지정수량의 배수를 모두 변경한 때에는 신고를 할 수 없고 허가를 신청하여야 한다.

해설

① 설치허가를 받은 군용위험물시설이라도 위험물의 품명, 수량 또는 지정수량의 배수의 변경신고는 별도로 해야 한다.
② 변경신고는 변경하고자 하는 날의 1일 전까지 완공검사합격확인증을 첨부하여 신고하여야 한다.
③ 제조소 등의 위치, 구조 또는 설비를 변경하는 경우에는 변경신고가 아닌 허가신청을 해야 한다.
④ 위험물의 품명, 수량 및 지정수량의 배수를 모두 변경할 때에는 허가신청이 아닌 변경신고를 해야 한다.

1 ② 2 ① 3 ① 정답

04 제조소에서 취급하는 제4류 위험물의 최대수량의 합이 지정수량의 24만배 이상 48만배 미만인 사업소의 자체소방대에 두는 화학소방자동차수와 소방대원의 인원기준으로 옳은 것은?

① 2대, 4인 ② 2대, 12인
③ 3대, 15인 ④ 3대, 24인

해설

자체소방대에 두는 화학소방자동차 및 인원(위험물안전관리법 시행령 별표 8)

사업소의 구분	화학소방자동차	자체소방대원의 수
제조소 또는 일반취급소에서 취급하는 제4류 위험물의 최대수량의 합이 지정수량의 3천배 이상 12만배 미만인 사업소	1대	5인
제조소 또는 일반취급소에서 취급하는 제4류 위험물의 최대수량의 합이 지정수량의 12만배 이상 24만배 미만인 사업소	2대	10인
제조소 또는 일반취급소에서 취급하는 제4류 위험물의 최대수량의 합이 지정수량의 24만배 이상 48만배 미만인 사업소	3대	15인
제조소 또는 일반취급소에서 취급하는 제4류 위험물의 최대수량의 합이 지정수량의 48만배 이상인 사업소	4대	20인
옥외탱크저장소에 저장하는 제4류 위험물의 최대수량이 지정수량의 50만배 이상인 사업소	2대	10인

05 주유취급소 중 건축물의 2층에 휴게음식점의 용도로 사용하는 것에 있어 해당 건축물의 2층으로부터 직접 주유취급소의 부지 밖으로 통하는 출입구와 해당 출입구로 통하는 통로 · 계단에 설치하여야 하는 것은?

① 비상경보설비 ② 유도등
③ 비상조명등 ④ 확성장치

해설

출입구와 해당 출입구로 통하는 통로 · 계단에 유도등을 설치해야 한다.

06 높이 15m, 지름 20m인 옥외저장탱크에 보유공지의 단축을 위해서 물분무설비로 방호조치를 하는 경우 수원의 양은 약 몇 L 이상으로 하여야 하는가?

① 46,496 ② 58,090
③ 70,259 ④ 95,880

해설

수원의 양 $= \text{원주}(2\pi r) \times 37\text{L/min} \cdot \text{m} \times 20\text{min}$
$= (2 \times \pi \times 10) \times 37 \times 20 = 46,496\text{L}$

옥외탱크저장소의 위치 · 구조 및 설비의 기준

- 탱크의 표면에 방사하는 물의 양은 탱크의 원주길이 1m에 대하여 분당 37L 이상으로 할 것
- 수원의 양은 위의 규정에 의한 수량으로 20분 이상 방사할 수 있는 수량으로 할 것

07 위험물제조소 등에 설치해야 하는 각 소화설비의 설치기준에 있어서 각 노즐 또는 헤드 끝부분의 방사압력기준이 나머지 셋과 다른 설비는?

① 옥내소화전설비
② 옥외소화전설비
③ 스프링클러설비
④ 물분무소화설비

해설

스프링클러설비는 100kPa이며, 나머지 옥내소화전설비, 옥외소화전설비, 물분무소화설비는 350kPa이다.

정답 4 ③ 5 ② 6 ① 7 ③

08 아세톤의 위험도를 구하면 얼마인가?(단, 아세톤의 연소범위는 2.5~12.8vol%이다)

① 0.846 ② 1.23
③ 4.12 ④ 7.5

해설

$$위험도(H) = \frac{연소상한(U) - 연소하한(L)}{연소하한(L)}$$

$$\therefore H = \frac{12.8 - 2.5}{2.5} = 4.12$$

09 위험물제조소 등에 설치하는 불활성기체소화설비의 소화약제 저장용기 설치장소로 적합하지 않은 곳은?

① 방호구역 외의 장소
② 온도가 40℃ 이하이고 온도변화가 적은 장소
③ 빗물이 침투할 우려가 적은 장소
④ 직사일광이 잘 들어오는 장소

해설

직사광선이 들어오는 곳을 피해서 설치해야 한다.
이산화탄소소화약제의 저장용기 설치기준
- 방호구역 외의 장소에 설치할 것
- 온도가 40℃ 이하이고 온도변화가 적은 장소에 설치할 것
- 직사광선 및 빗물이 침투할 우려가 없는 장소에 설치할 것
- 저장용기에는 안전장치를 설치할 것
- 저장용기 외면에 소화약제의 종류와 양, 제조년도 및 제조자를 표시할 것

10 위험물안전관리법령에 따른 옥외소화전설비의 설치기준에 대해 다음 (　　) 안에 알맞은 수치를 차례대로 나타낸 것은?

> 옥외소화전설비는 모든 옥외소화전(설치개수가 4개 이상인 경우는 4개의 옥외소화전)을 동시에 사용할 경우에 각 노즐 끝부분의 방수압력이 (　　)kPa 이상이고, 방수량이 1분당 (　　)L 이상의 성능이 되도록 할 것

① 350, 260 ② 300, 260
③ 350, 450 ④ 300, 450

해설

옥외소화전설비는 모든 옥외소화전(설치개수가 4개 이상인 경우는 4개의 옥외소화전)을 동시에 사용할 경우에 각 노즐 끝부분의 방수압력이 350kPa 이상이고, 방수량이 1분당 450L 이상의 성능이 되도록 할 것

11 알루미늄 분말 화재 시 주수하여서는 안 되는 가장 큰 이유는?

① 수소가 발생하여 연소가 확대되기 때문에
② 유독가스가 발생하여 연소가 확대되기 때문에
③ 산소의 발생으로 연소가 확대되기 때문에
④ 분말의 독성이 강하기 때문에

해설

알루미늄 분말은 물과 반응하여 수소가스를 발생시킨다.
알루미늄과 물의 반응식 : $2Al + 6H_2O \rightarrow 2Al(OH)_3 + 3H_2$

8 ③ 9 ④ 10 ③ 11 ① 정답

12 위험물별로 설치하는 소화설비 중 적응성이 없는 것과 연결된 것은?

① 제3류 위험물 중 금수성 물질 이외의 것 – 할로젠화합물소화설비, 불활성기체소화설비

② 제4류 위험물 – 물분무소화설비, 불활성기체소화설비

③ 제5류 위험물 – 포소화설비, 스프링클러설비

④ 제6류 위험물 – 옥내소화전설비, 물분무소화설비

해설

제3류 위험물 중 금수성 물질 이외의 것은 황린으로 물로 냉각소화해야 한다.

소화설비의 적응성

소화설비의 구분 \ 대상물 구분		건축물·그 밖의 공작물	전기설비	제1류 위험물: 알칼리금속 과산화물 등	제1류 위험물: 그 밖의 것	제2류 위험물: 철분·금속분·마그네슘 등	제2류 위험물: 인화성 고체	제2류 위험물: 그 밖의 것	제3류 위험물: 금수성 물품	제3류 위험물: 그 밖의 것	제4류 위험물	제5류 위험물	제6류 위험물
옥내소화전 또는 옥외소화전설비		○			○		○	○		○		○	○
스프링클러설비		○			○		○	○		○	△	○	○
물분무 등 소화설비	물분무소화설비	○	○		○		○	○		○	○	○	○
물분무 등 소화설비	포소화설비	○			○		○	○		○	○	○	○
물분무 등 소화설비	불활성기체 소화설비		○				○				○		
물분무 등 소화설비	할로젠화합물 소화설비		○				○				○		
물분무 등 소화설비: 분말소화설비	인산염류 등	○	○		○		○	○			○		○
물분무 등 소화설비: 분말소화설비	탄산수소염류 등		○	○		○	○		○		○		
물분무 등 소화설비: 분말소화설비	그 밖의 것			○		○			○				

13 전기화재의 급수와 표시색상을 옳게 나타낸 것은?

① C급 – 백색 ② D급 – 백색

③ C급 – 청색 ④ D급 – 청색

해설

적응화재에 따른 소화기의 표시색상

적응화재	소화기 표시색상
A급(일반화재)	백 색
B급(유류화재)	황 색
C급(전기화재)	청 색
D급(금속화재)	무 색

14 탄화알루미늄이 물과 반응하여 폭발의 위험이 있는 것은 어떤 가스가 발생하기 때문인가?

① 수 소 ② 메테인

③ 아세틸렌 ④ 암모니아

해설

탄화알루미늄은 물과 반응하여 메테인가스를 발생시킨다.

탄화알루미늄과 물의 반응식 : $Al_4C_3 + 12H_2O \rightarrow 4Al(OH)_3 + 3CH_4$

탄화알루미늄 물 수산화알루미늄 메테인

15 과산화리튬의 화재현장에서 주수소화가 불가능한 이유는?

① 수소가 발생하기 때문에

② 산소가 발생하기 때문에

③ 이산화탄소가 발생하기 때문에

④ 일산화탄소가 발생하기 때문에

해설

과산화리튬은 물과 반응하면 발열하여 산소를 방출하므로 마른모래 등에 의한 질식소화가 유효하다.

과산화리튬과 물의 반응식 : $2Li_2O_2 + 2H_2O \rightarrow 4LiOH + O_2\uparrow$

정답 12 ① 13 ③ 14 ② 15 ②

16 위험물제조소에 설치하는 분말소화설비의 기준에서 분말소화약제의 가압용 가스로 사용할 수 있는 것은?

① 헬륨 또는 산소
② 네온 또는 염소
③ 아르곤 또는 산소
④ 질소 또는 이산화탄소

해설

가압용 또는 축압용 가스로 질소 또는 이산화탄소가스를 사용할 수 있다.

17 제6류 위험물을 저장하는 제조소 등에 적응성이 없는 소화설비는?

① 옥외소화전설비
② 탄산수소염류 분말소화설비
③ 스프링클러설비
④ 포소화설비

해설

제6류 위험물은 물을 소화약제로 사용하는 옥내소화전 또는 옥외소화전설비, 스프링클러설비, 포소화설비와 인산염류 분말소화설비가 적응성이 있다.

18 소화난이도등급 I 에 해당하는 위험물제조소 등이 아닌 것은?(단, 원칙적인 경우에 한하며 다른 조건은 고려하지 않는다)

① 모든 이송취급소
② 연면적 $600m^2$의 제조소
③ 지정수량의 150배인 옥내저장소
④ 액표면적이 $40m^2$인 옥외탱크저장소

해설

소화난이도등급 I 에 해당하는 제조소 등(위험물안전관리법 시행규칙 별표 17)

제조소 등의 구분	제조소 등의 규모, 저장 또는 취급하는 위험물의 품명 및 최대수량 등
제조소 일반취급소	연면적 $1,000m^2$ 이상인 것
	지정수량의 100배 이상인 것(고인화점 위험물만을 100℃ 미만의 온도에서 취급하는 것 및 제48조의 위험물을 취급하는 것은 제외)
	지반면으로부터 6m 이상의 높이에 위험물 취급설비가 있는 것(고인화점 위험물만을 100℃ 미만의 온도에서 취급하는 것은 제외)
	일반취급소로 사용되는 부분 외의 부분을 갖는 건축물에 설치된 것(내화구조로 개구부 없이 구획된 것, 고인화점 위험물만을 100℃ 미만의 온도에서 취급하는 것 및 별표 16 X의2의 화학실험의 일반취급소는 제외)
주유취급소	별표 13 V 제2호에 따른 면적의 합이 $500m^2$를 초과하는 것
옥내저장소	지정수량의 150배 이상인 것(고인화점 위험물만을 저장하는 것 및 제48조의 위험물을 저장하는 것은 제외)
	연면적 $150m^2$를 초과하는 것($150m^2$ 이내마다 불연재료로 개구부없이 구획된 것 및 인화성고체 외의 제2류 위험물 또는 인화점 70℃ 이상의 제4류 위험물만을 저장하는 것은 제외)
	처마높이가 6m 이상인 단층건물의 것
	옥내저장소로 사용되는 부분 외의 부분이 있는 건축물에 설치된 것(내화구조로 개구부없이 구획된 것 및 인화성고체 외의 제2류 위험물 또는 인화점 70℃ 이상의 제4류 위험물만을 저장하는 것은 제외)
옥외 탱크저장소	액표면적이 $40m^2$ 이상인 것(제6류 위험물을 저장하는 것 및 고인화점 위험물만을 100℃ 미만의 온도에서 저장하는 것은 제외)
	지반면으로부터 탱크 옆판의 상단까지 높이가 6m 이상인 것(제6류 위험물을 저장하는 것 및 고인화점 위험물만을 100℃ 미만의 온도에서 저장하는 것은 제외)
	지중탱크 또는 해상탱크로서 지정수량의 100배 이상인 것(제6류 위험물을 저장하는 것 및 고인화점 위험물만을 100℃ 미만의 온도에서 저장하는 것은 제외)
	고체위험물을 저장하는 것으로서 지정수량의 100배 이상인 것
이송취급소	모든 대상

16 ④ 17 ② 18 ② **정답**

19 나이트로셀룰로스의 자연발화는 일반적으로 무엇에 기인한 것인가?

① 산화열 ② 중합열

③ 흡착열 ④ 분해열

해설

나이트로셀룰로스는 제5류 위험물로 운반 시 함수알코올에 습면시키는 물질로 분해열에 의해 자연발화한다.

자연발화의 형태

- 산화열에 의한 발화 : 건성유, 원면, 석탄, 고무분말 등
- 분해열에 의한 발화 : 셀룰로이드, 나이트로셀룰로이드 등
- 흡착열에 의한 발화 : 활성탄, 목탄분말
- 미생물에 의한 발화 : 퇴비, 먼지 등

20 인화점 70℃ 이상의 제4류 위험물을 저장하는 암반탱크저장소에 설치하여야 하는 소화설비들로만 이루어진 것은?(단, 소화난이도등급 Ⅰ에 해당한다)

① 물분무소화설비 또는 고정식 포소화설비

② 불활성기체소화설비 또는 물분무소화설비

③ 할로젠화합물소화설비 또는 불활성기체소화설비

④ 고정식 포소화설비 또는 할로젠화합물소화설비

해설

소화난이도등급 Ⅰ에 해당하며 암반탱크저장소에 설치하여야 하는 소화설비

암반탱크저장소	황만을 저장·취급하는 것	물분무소화설비
	인화점 70℃ 이상의 제4류 위험물만을 저장·취급하는 것	물분무소화설비 또는 고정식 포소화설비
	그 밖의 것	고정식 포소화설비(포소화설비가 적응성이 없는 경우에는 분말소화설비)

21 제1종 판매취급소에 설치하는 위험물 배합실의 기준으로 틀린 것은?

① 바닥면적은 $6m^2$ 이상, $15m^2$ 이하일 것

② 내화구조 또는 불연재료로 된 벽으로 구획할 것

③ 출입구는 수시로 열 수 있는 자동폐쇄식의 60분+방화문 또는 60분 방화문으로 설치할 것

④ 출입구 문턱의 높이는 바닥면으로부터 0.2m 이상일 것

해설

출입구 문턱의 높이는 바닥면으로부터 0.1m 이상이어야 한다.

제1종 판매취급소에 설치하는 위험물 배합실의 기준

- 바닥면적은 $6m^2$ 이상, $15m^2$ 이하
- 내화구조 또는 불연재료로 된 벽으로 구획할 것
- 바닥은 위험물이 침투하지 않는 구조로 하여 적당한 경사를 두고 집유설비를 할 것
- 출입구에는 수시로 열 수 있는 자동폐쇄식의 60분+방화문 또는 60분 방화문을 설치할 것
- 출입구 문턱의 높이는 바닥면으로부터 0.1m 이상으로 할 것
- 내부에 체류한 가연성의 증기 또는 가연성의 미분을 지붕 위로 방출하는 설비를 할 것

22 규조토에 흡수시켜 다이너마이트를 제조할 때 사용되는 위험물은?

① 다이나이트로톨루엔

② 질산에틸

③ 나이트로글리세린

④ 나이트로셀룰로스

해설

제5류 위험물인 나이트로글리세린은 충격에 매우 민감하여 폭발을 일으키기 쉬우며 다공질의 규조토에 흡수시키면 다이너마이트가 된다.

정답 19 ④ 20 ① 21 ④ 22 ③

23 $NaClO_2$을 수납하는 운반용기의 외부에 표시하여야 할 주의사항으로 옳은 것은?

① "화기엄금" 및 "충격주의"
② "화기주의" 및 "물기엄금"
③ "화기·충격주의" 및 "가연물접촉주의"
④ "화기엄금" 및 "공기접촉엄금"

해설

제1류 위험물인 아염소산나트륨($NaClO_2$)의 운반용기 외부에는 "화기·충격주의" 및 "가연물접촉주의" 주의사항을 표시하여야 한다.

위험물 수납하는 운반용기의 외부에 표시하여야 하는 주의사항

위험물의 종류		주의사항
제1류 위험물	알칼리금속의 과산화물 또는 이를 함유한 것	"화기·충격주의", "물기엄금" 및 "가연물접촉주의"
	그 밖의 것	"화기·충격주의" 및 "가연물접촉주의"
제2류 위험물	철분·금속분·마그네슘 또는 이들 중 어느 하나 이상을 함유한 것	"화기주의" 및 "물기엄금"
	인화성 고체	"화기엄금"
	그 밖의 것	"화기주의"
제3류 위험물	자연발화성 물질	"화기엄금" 및 "공기접촉엄금"
	금수성 물질	"물기엄금"
제4류 위험물		"화기엄금"
제5류 위험물		"화기엄금" 및 "충격주의"
제6류 위험물		"가연물접촉주의"

24 이황화탄소 저장 시 물속에 저장하는 이유로 가장 옳은 것은?

① 공기 중 수소와 접촉하여 산화되는 것을 방지하기 위하여
② 공기와 접촉 시 환원하기 때문에
③ 가연성 증기의 발생을 억제하기 위해서
④ 불순물을 제거하기 위하여

해설

이황화탄소(CS_2)는 가연성 증기의 발생을 억제하기 위하여 물속에 저장한다.

25 알루미늄분의 위험성에 대한 설명 중 틀린 것은?

① 할로젠 원소와 접촉 시 자연발화의 위험성이 있다.
② 산과 반응하여 가연성 가스인 수소를 발생한다.
③ 발화하면 다량의 열이 발생한다.
④ 뜨거운 물과 격렬히 반응하여 산화알루미늄을 발생한다.

해설

뜨거운 물과 반응하면 수소를 발생시킨다.

26 위험물제조소에서 다음과 같이 위험물을 취급하고 있는 경우 각각의 지정수량 배수의 총합은 얼마인가?

- 브로민산나트륨 300kg
- 과산화나트륨 150kg
- 다이크로뮴산나트륨 500kg

① 3.5　② 4.0
③ 4.5　④ 5.0

해설

지정수량 : 브로민산나트륨(300kg), 과산화나트륨(50kg), 다이크로뮴산나트륨(1,000kg)

$$\text{지정수량의 배수} = \frac{\text{저장수량}}{\text{지정수량}}$$

$$\therefore \frac{300}{300} + \frac{150}{50} + \frac{500}{1,000} = 4.5$$

27 오황화인과 칠황화인이 물과 반응했을 때 공통으로 나오는 물질은?

① 이산화황　② 황화수소
③ 인화수소　④ 삼산화황

해설

오황화인과 칠황화인은 제2류 위험물로 물과 반응 시 황화수소(H_2S)를 발생시킨다.

23 ③ 24 ③ 25 ④ 26 ③ 27 ② 정답

28 **과산화벤조일의 일반적인 성질로 옳은 것은?**

① 비중은 약 0.33이다.

② 무미, 무취의 고체이다.

③ 물에는 잘 녹지만 다이에틸에터에는 녹지 않는다.

④ 녹는점은 약 300℃이다.

해설

과산화벤조일은 무색, 무미, 무취의 고체상태이다.

과산화벤조일의 특성

- 비중 1.33(25℃에서), 융점 105℃, 발화점 80℃
- 물에 녹지 않으나 쉽게 연소하고, 화재나 강산과 접촉 시 폭발할 수 있다.
- 산화성이 강하여 유기물 또는 산화되기 쉬운 물질 등과 접촉하면 화재 또는 폭발을 일으킨다.
- 건조상태인 것은 마찰, 충격에 의해 폭발할 수 있다.
- 희석제로 프탈산디메틸, 프탈산디부틸을 사용한다.
- 수분을 함유한 것은 비교적 안정하나 가열하면 열분해한다.
- 가연성 물질과 접촉하면 발화의 위험이 높다.

29 **메틸알코올의 위험성에 대한 설명으로 틀린 것은?**

① 겨울에는 인화의 위험이 여름보다 작다.

② 증기밀도는 가솔린보다 크다.

③ 독성이 있다.

④ 폭발범위는 에틸알코올보다 넓다.

해설

메틸알코올의 증기밀도는 1.1로 증기밀도가 3~4인 가솔린보다 작다.

30 **위험물안전관리법령은 위험물의 유별에 따른 저장·취급상의 유의사항을 규정하고 있다. 이 규정에서 특히 과열, 충격, 마찰을 피하여야 할 류(類)에 속하는 위험물 품명을 옳게 나열한 것은?**

① 하이드록실아민, 금속의 아지화합물

② 금속의 산화물, 칼슘의 탄화물

③ 무기금속화합물, 인화성 고체

④ 무기과산화물, 금속의 산화물

해설

제5류 위험물인 하이드록실아민, 금속의 아지화합물은 모두 유기화합물이므로 과열, 충격, 마찰 등으로 인한 폭발의 위험이 있다.

31 **제3류 위험물에 대한 설명으로 옳지 않은 것은?**

① 황린은 공기 중에 노출되면 자연발화하므로 물속에 저장하여야 한다.

② 나트륨은 물보다 무거우며 석유 등의 보호액 속에 저장하여야 한다.

③ 트라이에틸알루미늄은 상온에서 액체상태로 존재한다.

④ 인화칼슘은 물과 반응하여 유독성의 포스핀을 발생한다.

해설

나트륨은 물보다 가볍고 석유(등유, 경유, 유동파라핀 등)의 보호액 속에 저장한다.

정답 28 ② 29 ② 30 ① 31 ②

32 과산화벤조일 1,000kg을 저장하려 한다. 지정수량의 배수는 얼마인가?

① 5배 ② 7배
③ 10배 ④ 15배

해설

과산화벤조일의 지정수량 : 100kg

$$\text{지정수량의 배수} = \frac{\text{저장수량}}{\text{지정수량}}$$

$$\therefore \frac{1,000}{100} = 10$$

33 순수한 것은 무색, 투명한 기름상의 액체이고 공업용은 담황색인 위험물로 충격, 마찰에는 매우 예민하고 겨울철에는 동결할 우려가 있는 것은?

① 펜트라이트
② 트라이나이트로벤젠
③ 나이트로글리세린
④ 질산메틸

해설

제5류 위험물인 나이트로글리세린에 대한 설명이다.

34 과산화칼륨이 물 또는 이산화탄소와 반응할 경우 공통적으로 발생하는 물질은?

① 산 소 ② 과산화수소
③ 수산화칼륨 ④ 수 소

해설

제1류 위험물인 과산화칼륨은 물 또는 이산화탄소와 반응 시 산소를 발생시킨다.

35 위험물안전관리법령에서 정한 물분무소화설비의 설치기준으로 적합하지 않은 것은?

① 고압의 전기설비가 있는 장소에는 해당 전기설비와 분무헤드 및 배관과 사이에 전기절연을 위하여 필요한 공간을 보유한다.
② 스트레이너 및 일제개방밸브는 제어밸브의 하류측 부근에 스트레이너, 일제개방밸브의 순으로 설치한다.
③ 물분무소화설비에 2 이상의 방사구역을 두는 경우에는 화재를 유효하게 소화할 수 있도록 인접하는 방사구역이 상호 중복되도록 한다.
④ 수원의 수위가 수평회전식펌프보다 낮은 위치에 있는 가압송수장치의 물올림장치는 타설비와 겸용하여 설치한다.

해설

- 물분부소화설비의 기준 : 가압송수장치, 물올림장치, 비상전원, 조작회로의 배선 및 배관 등은 옥내소화전설비의 예에 준하여 설치할 것
- 수원의 수위가 펌프(수평회전식의 것에 한한다)보다 낮은 위치에 있는 가압송수장치는 다음에 의하여 물올림장치를 설치할 것
  - 물올림장치에는 전용의 물올림탱크를 설치할 것
  - 물올림탱크의 용량은 가압송수장치를 유효하게 작동할 수 있도록 할 것
  - 물올림탱크에는 감수경보장치 및 물올림탱크에 물을 자동으로 보급하기 위한 장치가 설치되어 있을 것

36 과산화수소의 운반용기 외부에 표시하여야 하는 주의사항은?

① 화기주의 ② 충격주의
③ 물기엄금 ④ 가연물접촉주의

해설

제6류 위험물로 운반용기 외부에 "가연물접촉주의" 주의사항을 표시한다.

32 ③ 33 ③ 34 ① 35 ④ 36 ④ 정답

37 액체위험물을 운반용기에 수납할 때 내용적의 몇 % 이하의 수납률로 수납하여야 하는가?

① 95　② 96

③ 97　④ 98

해설

액체위험물은 운반용기 내용적의 98% 이하의 수납률로 수납한다.

운반용기 수납률의 기준

- 고체위험물 : 운반용기 내용적의 95% 이하
- 액체위험물 : 운반용기 내용적의 98% 이하(55℃에서 누설되지 않도록 공간용적을 유지)
- 알킬알루미늄 등 : 운반용기의 내용적의 90% 이하(50℃에서 5% 이상의 공간용적을 유지)

38 다음 중 위험물안전관리법령에서 정한 지정수량이 500kg인 것은?

① 황화인　② 금속분

③ 인화성 고체　④ 황

해설

지정수량

황화인	금속분	인화성 고체	황
100kg	500kg	1,000kg	100kg

39 건성유에 해당되지 않는 것은?

① 들기름　② 동 유

③ 아마인유　④ 피마자유

해설

아이오딘값에 따른 동식물유의 구분

구 분	아이오딘값	종 류
건성유	130 이상	아마인유, 들기름, 오동유, 해바라기유, 정어리기름, 상어유
반건성유	100~130	채종유, 목화씨유, 참기름, 콩기름, 옥수수기름, 면실유
불건성유	100 이하	피마자유, 올리브유, 야자유, 동백유, 돼지기름, 고래기름, 쇠기름

40 위험물안전관리법령상 제5류 위험물의 위험등급에 대한 설명 중 틀린 것은?

① 유기과산화물과 질산에스테르류는 위험등급 I 에 해당한다.

② 하이드록실아민과 하이드록실아민염류는 위험등급 II 에 해당한다.

③ 지정수량 200kg에 해당되는 품명은 모두 위험등급III에 해당한다.

④ 나이트로화합물은 위험등급 II 에 해당한다.

해설

제5류 위험물의 지정수량 200kg의 법적근거가 명확하지 않아 지정수량 구분에서 200kg을 삭제하고 지정수량의 판정기준도 위험성 유무와 등급에 따라 10kg, 100kg으로 결정(위험물안전관리법 시행령 〈개정 2024.4.30.〉)

41 제5류 위험물에 관한 내용으로 틀린 것은?

① $C_2H_5ONO_2$: 상온에서 액체이다.

② $C_6H_2OH(NO_2)_3$: 공기 중 자연분해가 매우 잘 된다.

③ $C_6H_3(NO_2)_2CH_3$: 담황색의 결정이다.

④ $C_3H_5(ONO_2)_3$: 혼산 중에 글리세린을 반응시켜 제조한다.

해설

$C_6H_2OH(NO_2)_3$(피크르산)은 마찰·충격에 둔감하여 공기 중에서 자연분해되지 않아 장기간 저장이 가능하다.

정답 37 ④ 38 ② 39 ④ 40 ③ 41 ②

42 **다음 중 제4류 위험물에 대한 설명으로 가장 옳은 것은?**

① 물과 접촉하면 발열하는 것
② 자기연소성 물질
③ 많은 산소를 함유하는 강산화제
④ 상온에서 액상인 가연성 액체

해설
제4류 위험물은 상온에서 액상인 가연성의 액체이다.
위험물의 분류
- 제1류 : 산화성 고체
- 제2류 : 가연성 고체
- 제3류 : 자연발화성 및 금수성 물질
- 제4류 : 인화성 액체
- 제5류 : 자기연소성(자기반응성) 물질
- 제6류 : 산화성 액체

43 **위험물운송책임자의 감독 또는 지원의 방법으로 운송의 감독 또는 지원을 위하여 마련한 별도의 사무실에 운송책임자가 대기하면서 이행하는 사항에 해당하지 않는 것은?**

① 운송 후에 운송경로를 파악하여 관할 경찰관서에 신고하는 것
② 이동탱크저장소의 운전자에 대하여 수시로 안전확보상황을 확인하는 것
③ 비상 시의 응급처치에 관하여 조언을 하는 것
④ 위험물의 운송 중 안전확보에 관하여 필요한 정보를 제공하고 감독 또는 지원하는 것

해설
운송경로를 미리 파악하여 관할소방서 또는 관련업체(비상대응에 관한 협력을 얻을 수 있는 업체)에 대한 연락체계를 갖추는 것

44 **제조소 등에 있어서 위험물의 저장하는 기준으로 잘못된 것은?**

① 황린은 제3류 위험물이므로 물기가 없는 건조한 장소에 저장하여야 한다.
② 덩어리상태의 황은 위험물 용기에 수납하지 않고 옥내저장소에 저장할 수 있다.
③ 옥내저장소에서는 용기에 수납하여 저장하는 위험물의 온도가 55℃를 넘지 아니하도록 필요한 조치를 강구하여야 한다.
④ 이동저장탱크에는 저장 또는 취급하는 위험물의 유별・품명・최대수량 및 적재중량을 표시하고 잘 보일 수 있도록 관리하여야 한다.

해설
제3류 위험물인 황린은 자연발화성 물질로 물속에 저장해야 한다.

45 **아이오딘산 아연의 성질에 대한 설명으로 가장 거리가 먼 것은?**

① 결정성 분말이다.
② 유기물과 혼합 시 연소 위험이 있다.
③ 환원력이 강하다.
④ 제1류 위험물이다.

해설
제1류 위험물인 아이오딘(요오드)은 산화성 고체로 산화력이 강하다.

42 ④ 43 ① 44 ① 45 ③ 정답

46 1몰의 에틸알코올이 완전연소하였을 때 생성되는 이산화탄소는 몇 몰인가?

① 1몰 ② 2몰

③ 3몰 ④ 4몰

해설

에틸알코올 연소반응 : $C_2H_5OH + 3O_2 \rightarrow 2CO_2 + 3H_2O$
1몰의 에틸알코올 연소 시 2몰의 이산화탄소를 생성한다.

47 이송취급소의 교체밸브, 제어밸브 등의 설치기준으로 틀린 것은?

① 밸브는 원칙적으로 이송기지 또는 전용부지 내에 설치할 것

② 밸브는 그 개폐상태를 설치장소에서 쉽게 확인할 수 있도록 할 것

③ 밸브를 지하에 설치하는 경우에는 점검상자 안에 설치할 것

④ 밸브는 해당 밸브의 관리에 관계하는 자가 아니면 수동으로만 개폐할 수 있도록 할 것

해설

밸브는 해당 밸브의 관리에 관계하는 자가 아니면 수동으로 개폐할 수 없다.

48 과염소산에 대한 설명으로 틀린 것은?

① 물과 접촉하면 발열한다.

② 불연성이지만 유독성이 있다.

③ 증기비중은 약 3.5이다.

④ 산화제이므로 쉽게 산화할 수 있다.

해설

과염소산은 산화제로, 자신은 환원하고 다른 물질을 산화시킨다.

49 알킬알루미늄의 저장 및 취급방법으로 옳은 것은?

① 용기는 완전 밀봉하고 CH_4, C_3H_8 등을 봉입한다.

② C_6H_6 등의 희석제를 넣어 준다.

③ 용기의 마개에 다수의 미세한 구멍을 뚫는다.

④ 통기구가 달린 용기를 사용하여 압력상승을 방지한다.

해설

알킬알루미늄은 희석제로 벤젠(C_6H_6), 헥세인, 톨루엔 등을 사용한다.

알킬알루미늄의 저장방법

- 공기, 물 등의 접촉을 피하고 용기의 상부는 불연성 가스(N_2)로 밀봉한다.
- 유리용기에 의한 장기간 보관은 분해에 의해 내부압력이 올라가므로 위험하다.
- 주변에 가연성 물질, 물 등 알킬알루미늄과 격렬하게 반응하는 물질을 저장하면 안 된다.
- 직사광선이나 온도상승을 가능한 피한다.
- 증기의 누설을 피하고 점화원으로부터 멀리한다.
- 전기설비는 방폭설비로 한다.

50 제조소 등 또는 허가를 받지 않고 지정수량 이상의 위험물을 저장 또는 취급하는 장소에서 위험물을 유출시켜 사람의 생명·신체 또는 재산에 대하여 위험을 발생시킨 자에 대한 벌칙기준으로 옳은 것은?

① 1년 이상 3년 이하의 징역

② 1년 이상 5년 이하의 징역

③ 1년 이상 7년 이하의 징역

④ 1년 이상 10년 이하의 징역

해설

제조소 등 또는 허가를 받지 않고 지정수량 이상의 위험물을 저장 또는 취급하는 장소에서 위험물을 유출·방출 또는 확산시켜 사람의 생명·신체 또는 재산에 대하여 위험을 발생시킨 자는 1년 이상 10년 이하의 징역에 처함. 또한 위의 규정에 따른 죄를 범하여 사람을 상해에 이르게 한 때에는 무기 또는 3년 이상의 징역에 처하며, 사망에 이르게 한 때에는 무기 또는 5년 이상의 징역에 처한다.

정답 46 ② 47 ④ 48 ④ 49 ② 50 ④

51 고정 지붕 구조를 가진 높이 15m의 원통종형 옥외위험물저장탱크 안의 탱크 상부로부터 아래로 1m 지점에 고정식 포 방출구가 설치되어 있다. 이 조건의 탱크를 신설하는 경우 최대허가량은 얼마인가?(단, 탱크의 내부 단면적은 100m²이고, 탱크 내부에는 별다른 구조물이 없으며, 공간용적 기준은 만족하는 것으로 가정한다)

① 1,400m^3 ② 1,370m^3
③ 1,350m^3 ④ 1,300m^3

해설

탱크의 공간용적은 탱크 내용적의 5/100 이상 10/100 이하의 용적으로 한다. 다만, 소화설비를 설치하는 탱크의 공간용적은 해당 소화설비의 소화약제방출구 아래로 0.3m 이상 1m 미만 사이의 면으로부터 윗부분의 용적으로 한다.
탱크용량은 높이×단면적이므로
• 최대 : (15 − 1 − 0.3) × 100 = 1,370m^3
• 최소 : (15 − 1 − 1) × 100 = 1,300m^3

52 염소산나트륨의 저장 및 취급 시 주의할 사항으로 틀린 것은?

① 철제용기에 저장은 피해야 한다.
② 열분해 시 이산화탄소가 발생하므로 질식에 유의한다.
③ 조해성이 있으므로 방습에 유의한다.
④ 용기에 밀전(密栓)하여 보관한다.

해설

열분해 시 산소가 발생한다.
염소산나트륨 열분해 반응식 : $2NaClO_3 \rightarrow 2NaCl + 3O_2 \uparrow$

53 제4류 위험물의 옥외저장탱크에 대기밸브부착 통기관을 설치할 때 몇 kPa 이하의 압력차이로 작동하여야 하는가?

① 5kPa 이하
② 10kPa 이하
③ 15kPa 이하
④ 20kPa 이하

해설

옥외저장탱크에 설치하는 대기밸브부착 통기관은 5kPa 이하의 압력차이로 작동 가능해야 한다.

54 비중은 0.86이고 은백색의 무른 경금속으로 보라색 불꽃을 내면서 연소하는 제3류의 위험물은?

① 칼 슘
② 나트륨
③ 칼 륨
④ 리 튬

해설

불꽃반응 색상

원 소	나트륨	칼 륨	칼 슘	구 리	바 륨	리 튬
불꽃색	노란색	보라색	주황색	청록색	황록색	빨간색

55 위험물안전관리법령상 제3류 위험물에 속하는 담황색의 고체로서 물속에 보관해야 하는 것은?

① 황 린
② 적 린
③ 황
④ 나이트로글리세린

해설

황린은 자연발화를 방지하기 위해 물속에 보관해야 한다.

51 ② 52 ② 53 ① 54 ③ 55 ① 정답

56 이황화탄소에 관한 설명으로 틀린 것은?

① 비교적 무거운 무색의 고체이다.
② 인화점이 0℃ 이하이다.
③ 약 90℃에서 발화할 수 있다.
④ 이황화탄소의 증기는 유독하다.

해설

이황화탄소는 물보다 무거운 무채색 또는 노란색의 액체이다.

57 다음은 위험물안전관리법령에 따른 이동탱크저장소에 대한 기준이다. ( ) 안에 알맞은 수치를 차례대로 나열한 것은?

> 이동저장탱크는 그 내부에 ( )L 이하마다 ( ) mm 이상의 강철판 또는 이와 동등 이상의 강도·내열성 및 내식성이 있는 금속성의 것으로 칸막이를 설치하여야 한다.

① 2,500, 3.2　② 2,500, 4.8
③ 4,000, 3.2　④ 4,000, 4.8

해설

이동저장탱크는 그 내부에 4,000L 이하마다 3.2mm 이상의 강철판 또는 이와 동등 이상의 강도·내열성 및 내식성이 있는 금속성의 것으로 칸막이를 설치하여야 한다.

58 위험물안전관리법령에서 규정하고 있는 사항으로 틀린 것은?

① 법정의 안전교육을 받아야 하는 사람은 안전관리자로 선임된 자, 탱크시험자의 기술인력으로 종사하는 자, 위험물운송자로 종사하는 자이다.
② 지정수량의 150배 이상의 위험물을 저장하는 옥내저장소는 관계인이 예방규정을 정하여야 하는 제조소 등에 해당한다.
③ 정기검사의 대상이 되는 것은 액체위험물을 저장 또는 취급하는 10만L 이상의 옥외탱크저장소, 암반탱크저장소, 이송취급소이다.
④ 법정의 안전관리자교육이수자와 소방공무원으로 근무한 경력이 3년 이상인 자는 제4류 위험물에 대한 위험물 취급 자격자가 될 수 있다.

해설

액체위험물을 저장 또는 취급하는 50만L 이상의 옥외탱크저장소의 관계인은 행정안전부령이 정하는 바에 따라 소방본부장 또는 소방서장으로부터 해당 제조소 등이 규정에 따른 기술기준에 적합하게 유지되고 있는지의 여부에 대하여 정기적으로 검사를 받아야 한다.

59 인화점이 상온 이상인 위험물은?

① 중 유　② 아세트알데하이드
③ 아세톤　④ 이황화탄소

해설

인화점

중 유	아세트알데하이드	아세톤	이황화탄소
60~150℃	-40℃	-18.5℃	-30℃

60 위험물제조소의 연면적이 몇 m^2 이상이 되면 경보설비 중 자동화재탐지설비를 설치하여야 하는가?

① 400　② 500
③ 600　④ 800

해설

자동화재탐지설비를 설치해야 하는 제조소 및 일반취급소

- 연면적 $500m^2$ 이상인 것
- 옥내에서 지정수량의 100배 이상을 취급하는 것

정답 56 ① 57 ③ 58 ③ 59 ① 60 ②

2014년 제2회 과년도 기출문제

01 화재 원인에 대한 설명으로 틀린 것은?

① 연소대상물의 열전도율이 좋을수록 연소가 잘 된다.
② 온도가 높을수록 연소 위험이 높아진다.
③ 화학적 친화력이 클수록 연소가 잘 된다.
④ 산소와 접촉이 잘 될수록 연소가 잘 된다.

해설

열전도율이 크면 열이 축적되지 않아 자연발화가 일어나기 어렵다.

02 다음 고온체의 색깔을 낮은 온도부터 옳게 나열한 것은?

① 암적색 < 황적색 < 백적색 < 휘적색
② 휘적색 < 백적색 < 황적색 < 암적색
③ 휘적색 < 암적색 < 황적색 < 백적색
④ 암적색 < 휘적색 < 황적색 < 백적색

해설

고온체는 온도가 낮을수록 어두운 색을 온도가 높을수록 밝은 색을 띤다.

고온체의 색깔과 온도

담암적색	암적색	적 색	휘적색
522℃	700℃	850℃	950℃
황적색	**백적색**	**휘백색**	
1,100℃	1,300℃	1,500℃	

03 화재 시 이산화탄소를 사용하여 공기 중 산소의 농도를 21vol%에서 13vol%로 낮추려면 공기 중 이산화탄소의 농도는 몇 vol%가 되어야 하는가?

① 34.3　　② 38.1
③ 42.5　　④ 45.8

해설

공기 중 21%의 공간을 차지하는 산소 농도를 13vol%로 낮추려면 이산화탄소가 8vol%를 차지해야 한다.

$$\frac{\text{이산화탄소}}{\text{이산화탄소}+\text{산소}}\times 100 = \frac{8}{8+13}\times 100 = 38.1\text{vol\%}$$

04 [보기]에서 소화기의 사용방법을 옳게 설명한 것을 모두 나열한 것은?

보기
㉠ 적응화재에만 사용할 것
㉡ 불과 최대한 멀리 떨어져서 사용할 것
㉢ 바람을 마주보고 풍하에서 풍상 방향으로 사용할 것
㉣ 양옆으로 비로 쓸 듯이 골고루 사용할 것

① ㉠, ㉡　　② ㉠, ㉢
③ ㉠, ㉣　　④ ㉠, ㉢, ㉣

해설

㉡ 불과 최대한 가깝게 접근하여 사용할 것
㉢ 바람을 등지고 풍상에서 풍하 방향으로 사용할 것

05 폭발 시 연소파의 전파속도 범위에 가장 가까운 것은?

① 0.1~10m/s　　② 100~1,000m/s
③ 2,000~3,500m/s　　④ 5,000~10,000m/s

해설

연소파의 전파속도 범위는 0.1~10m/s, 폭굉의 전파속도는 1,000~3,500m/s이다.

정답 1 ① 2 ④ 3 ② 4 ③ 5 ①

06 위험물제조소의 안전거리기준으로 틀린 것은?

① 초・중등교육법 및 고등교육법에 의한 학교 – 20m 이상
② 의료법에 의한 병원급 의료기관 – 30m 이상
③ 문화재보호법 규정에 의한 지정문화재 – 50m 이상
④ 사용전압이 35,000V를 초과하는 특고압가공전선 – 5m 이상

해설

학교와 병원 등은 30m 이상이어야 한다.

위험물제조소의 안전거리

- 주거용 건축물(제조소가 설치된 부지 내에 있는 것은 제외) : 10m 이상
- 학교・병원・극장(300명 이상 수용) 그 밖에 다수인을 수용하는 시설 : 30m 이상
- 유형문화재와 기념물 중 지정문화재 : 50m 이상
- 고압가스, 액화석유가스 또는 도시가스를 저장 또는 취급하는 시설(다만, 해당 시설의 배관 중 제조소가 설치된 부지 내에 있는 것은 제외) : 20m 이상
- 사용전압이 7,000V 초과 35,000V 이하의 특고압가공전선 : 3m 이상
- 사용전압이 35,000V를 초과하는 특고압가공전선 : 5m 이상

07 위험물안전관리법령상 위험물제조소 등에서 전기설비가 있는 곳에 적응하는 소화설비는?

① 옥내소화전설비
② 스프링클러설비
③ 포소화설비
④ 할로젠화합물소화설비

해설

전기설비의 화재 시에는 할로젠화합물소화설비를 사용한다.

08 제5류 위험물의 화재 시 소화방법에 대한 설명으로 옳은 것은?

① 가연성 물질로서 연소속도가 빠르므로 질식소화가 효과적이다.
② 할로젠화합물소화기가 적응성이 있다.
③ CO_2 및 분말소화기가 적응성이 있다.
④ 다량의 주수에 의한 냉각소화가 효과적이다.

해설

제5류 위험물은 자기반응성 물질로 이산화탄소, 분말, 포소화약제 등에 의한 질식소화는 효과가 없으며, 다량의 냉각주수소화가 효과적이다.

09 Halon 1301 소화약제에 대한 설명으로 틀린 것은?

① 저장 용기에 액체상으로 충전한다.
② 화학식은 CF_3Br이다.
③ 비점이 낮아서 기화가 용이하다.
④ 공기보다 가볍다.

해설

Halon 1301 소화약제는 분자량이 149로 공기보다 무겁다.

10 스프링클러설비의 장점이 아닌 것은?

① 화재의 초기 진압에 효율적이다.
② 사용 약제를 쉽게 구할 수 있다.
③ 자동으로 화재를 감지하고 소화할 수 있다.
④ 다른 소화설비보다 구조가 간단하고 시설비가 적다.

해설

다른 소화설비보다 구조가 복잡하고 시설비가 많이 든다.

스프링클러설비의 장단점

장 점	단 점
• 초기 진화에 절대적인 효과가 있다. • 경제적이고 소화 후 복구가 용이하다. • 오동작이나 오보가 적다. • 조작이 간편하여 안전하다. • 완전 자동으로 사람이 없는 야간이라도 자동적으로 화재를 감지하여 소화 및 경보를 해준다.	• 초기 시설비가 많이 든다. • 시공이 다른 시설보다 복잡하다. • 물로 인한 피해가 심하다.

정답 6 ① 7 ④ 8 ④ 9 ④ 10 ④

11 다음의 위험물 중에서 이동탱크저장소에 의하여 위험물을 운송할 때 운송책임자의 감독 · 지원을 받아야 하는 위험물은?

① 알킬리튬
② 아세트알데하이드
③ 금속의 수소화물
④ 마그네슘

해설

알킬리튬과 알킬알루미늄은 운송책임자의 감독 · 지원을 받아 운송해야 한다.

12 산화제와 환원제를 연소의 4요소와 연관지어 연결한 것으로 옳은 것은?

① 산화제 – 산소공급원, 환원제 – 가연물
② 산화제 – 가연물, 환원제 – 산소공급원
③ 산화제 – 연쇄반응, 환원제 – 점화원
④ 산화제 – 점화원, 환원제 – 가연물

해설

산화제는 산소공급원, 환원제는 가연물을 의미한다.
연소의 4요소 : 가연물(환원제), 산소공급원(산화제), 점화원, 순조로운 연쇄반응

13 포소화약제에 의한 소화방법으로 다음 중 가장 주된 소화효과는?

① 희석소화 ② 질식소화
③ 제거소화 ④ 자기소화

해설

포소화약제는 주된 효과는 질식소화이다.
포소화설비의 구분

- 기계포 : 인공적으로 포(포핵은 공기)를 생성하도록 발포기를 이용하며 단백형 포소화약제, 합성계면 활성제 포소화약제, 수성막포소화약제, 특수포(알코올형) 포소화약제가 있다.
- 화학포 : 황산알루미늄과 탄산수소나트륨(중조, 사포닌, 중탄산나트륨, $NaHCO_3$)이 혼합되면 화학적으로 포핵이 이산화탄소인 포가 생성되는 현상을 이용한 것이다.

14 다음 중 증발연소를 하는 물질이 아닌 것은?

① 황 ② 석 탄
③ 파라핀 ④ 나프탈렌

해설

석탄은 분해연소하며 황, 파라핀, 나프탈렌은 증발연소를 한다.

15 위험물안전관리법령상 옥내주유취급소의 소화난이도 등급은?

① Ⅰ ② Ⅱ
③ Ⅲ ④ Ⅳ

해설

옥내주유취급소는 소화난이도등급Ⅱ에 해당한다.
주유취급소의 소화난이도등급

- 소화난이도등급Ⅰ : 주유취급소의 직원 외의 자가 출입하는 부분의 면적 합이 $500m^2$를 초과하는 것
- 소화난이도등급Ⅱ : 옥내주유취급소로서 소화난이도등급Ⅰ의 제조소 등에 해당하지 아니하는 것
- 소화난이도등급Ⅲ : 옥내주유취급소 외의 것으로서 소화난이도등급Ⅰ의 제조소 등에 해당하지 아니하는 것

11 ① 12 ① 13 ② 14 ② 15 ② **정답**

16 위험물안전관리법령의 소화설비 설치기준에 의하면 옥외소화전설비의 수원의 수량은 옥외소화전 설치개수(설치개수가 4 이상인 경우에는 4)에 몇 m^3을 곱한 양 이상이 되도록 하여야 하는가?

① $7.5m^3$ ② $13.5m^3$
③ $20.5m^3$ ④ $25.5m^3$

해설

수원의 수량은 옥외소화전의 설치개수(설치개수가 4개 이상인 경우는 4)에 $13.5m^3$를 곱한 양 이상이 되도록 설치한다.

17 1몰의 이황화탄소와 고온의 물이 반응하여 생성되는 독성 기체물질의 부피는 표준상태에서 얼마인가?

① 22.4L ② 44.8L
③ 67.2L ④ 134.4L

해설

이황화탄소와 물의 반응식 : $CS_2 + 2H_2O$(50℃ 이상) → $2H_2S + CO_2$

반응식에 의해 1몰의 이황화탄소에 고온의 물이 반응하면 2몰의 황화수소가 생성되므로 2×22.4L = 44.8L이다.

18 알킬리튬에 대한 설명으로 틀린 것은?

① 제3류 위험물이고 지정수량은 10kg이다.
② 가연성의 액체이다.
③ 이산화탄소와는 격렬하게 반응한다.
④ 소화방법으로는 물로 주수는 불가하여 할로젠화합물소화약제를 사용하여야 한다.

해설

알킬리튬은 제3류 위험물로 마른모래, 팽창진주암, 팽창질석, 탄산수소염류 소화약제를 사용한다.

※ 알킬리튬은 물과 만나면 심하게 발열하며 수소가스를 발생하므로 주수소화해서는 안 된다.

19 국소방출방식의 불활성기체소화설비의 분사헤드에서 방출되는 소화약제의 방사기준은?

① 10초 이내에 균일하게 방사할 수 있을 것
② 15초 이내에 균일하게 방사할 수 있을 것
③ 30초 이내에 균일하게 방사할 수 있을 것
④ 60초 이내에 균일하게 방사할 수 있을 것

해설

국소방출방식의 불활성가스소화설비는 30초 이내로 방사해야 한다. 전역방출방식인 경우 60초 이내로 방사해야 한다.

20 다음 위험물의 화재 시 주수소화가 가능한 것은?

① 철 분 ② 마그네슘
③ 나트륨 ④ 황

해설

황은 다량의 물로 주수소화가 가능하며 소규모 화재 시에는 마른모래로 질식소화한다.

※ 제2류 위험물인 철분, 마그네슘, 나트륨은 물과 반응 시 수소가 발생하므로 주수소화가 불가능하다.

21 황화인에 대한 설명 중 옳지 않은 것은?

① 삼황화인은 황색 결정으로 공기 중 약 100℃에서 발화할 수 있다.
② 오황화인은 담황색 결정으로 조해성이 있다.
③ 오황화인은 물과 접촉하여 유독성 가스를 발생할 위험이 있다.
④ 삼황화인은 연소하여 황화수소가스를 발생할 위험이 있다.

해설

삼황화인은 연소하여 아황산가스(이산화황)와 오산화인을 발생시킨다.

삼황화인의 연소 반응식 : $P_4S_3 + 8O_2$ → $3SO_2$ (이산화황) + $2P_2O_5$ (오산화인)

22 위험물안전관리법령상 제조소 등의 정기점검 대상에 해당하지 않는 것은?

① 지정수량 15배의 제조소

② 지정수량 40배의 옥내탱크저장소

③ 지정수량 50배의 이동탱크저장소

④ 지정수량 20배의 지하탱크저장소

해설

정기점검의 대상인 제조소 등

- 예방규정을 정해야 하는 제조소 등
  - 지정수량의 10배 이상의 위험물을 취급하는 제조소
  - 지정수량의 100배 이상의 위험물을 저장하는 옥외저장소
  - 지정수량의 150배 이상의 위험물을 저장하는 옥내저장소
  - 지정수량의 200배 이상의 위험물을 저장하는 옥외탱크저장소
  - 암반탱크저장소
  - 이송취급소
  - 지정수량의 10배 이상의 위험물을 취급하는 일반취급소
  - 다만, 제4류 위험물(특수인화물을 제외한다)만을 지정수량의 50배 이하로 취급하는 일반취급소(제1석유류 · 알코올류의 취급량이 지정수량의 10배 이하인 경우에 한한다)로서 다음의 어느 하나에 해당하는 것은 제외
    - ⓐ 보일러 · 버너 또는 이와 비슷한 것으로서 위험물을 소비하는 장치로 이루어진 일반취급소
    - ⓑ 위험물을 용기에 옮겨 담거나 차량에 고정된 탱크에 주입하는 일반취급소
- 지하탱크저장소
- 이동탱크저장소
- 위험물을 취급하는 탱크로서 지하에 매설된 탱크가 있는 제조소 · 주유취급소 또는 일반취급소

23 제조소 등의 소화설비설치 시 소요단위 산정에 관한 내용으로 다음 (　　) 안에 알맞은 수치를 차례대로 나열한 것은?

> 제조소 또는 취급소의 건축물은 외벽이 내화구조인 것은 연면적 (　　)m^2를 1소요단위로 하며, 외벽이 내화구조가 아닌 것은 연면적 (　　)m^2를 1소요단위로 한다.

① 200, 100　　② 150, 100

③ 150, 50　　④ 100, 50

해설

제조소 또는 취급소의 건축물은 외벽이 내화구조인 것은 연면적 100m^2를 1소요단위로 하며, 외벽이 내화구조가 아닌 것은 연면적 50m^2를 1소요단위로 한다.

소요단위

구 분	내화구조 외벽	비내화구조 외벽
위험물제조소 및 취급소	연면적 100m^2	연면적 50m^2
위험물저장소	연면적 150m^2	연면적 75m^2
위험물	지정수량의 10배	

24 탄화칼슘의 취급방법에 대한 설명으로 옳지 않은 것은?

① 물, 습기와의 접촉을 피한다.

② 건조한 장소에 밀봉 · 밀전하여 보관한다.

③ 습기와 작용하여 다량의 메테인이 발생하므로 저장 중에 메테인가스의 발생 유무를 조사한다.

④ 저장용기에 질소가스 등 불활성가스를 충전하여 저장한다.

해설

습기와 작용하면 아세틸렌가스가 발생한다.

탄화칼슘과 물의 반응식 : $CaC_2 + 2H_2O \rightarrow Ca(OH)_2 + C_2H_2$
(탄화칼슘　물　수산화칼슘　아세틸렌)

22 ② 23 ④ 24 ③ 정답

25 등유의 지정수량에 해당하는 것은?

① 100L ② 200L

③ 1,000L ④ 2,000L

해설

등유는 제4류 위험물의 제2석유류로 지정수량이 1,000L이다.

26 위험물저장소에 해당하지 않는 것은?

① 옥외저장소

② 지하탱크저장소

③ 이동탱크저장소

④ 판매저장소

해설

판매저장소는 위험물저장소에 해당하지 않는다.

27 벤젠 1몰을 충분한 산소가 공급되는 표준상태에서 완전연소시켰을 때 발생하는 이산화탄소의 양은 몇 L인가?

① 22.4 ② 134.4

③ 168.8 ④ 224.0

해설

벤젠의 연소 반응식 : $C_6H_6 + 7.5O_2 \rightarrow 6CO_2 + 3H_2O$

반응식에서 벤젠 1몰 연소 시 이산화탄소 6몰이 생성되므로 총 $6 \times 22.4L = 134.4L$가 생성된다.

28 지정과산화물을 저장 또는 취급하는 위험물 옥내저장소의 저장창고 기준에 대한 설명으로 틀린 것은?

① 서까래의 간격은 30cm 이하로 할 것

② 저장창고의 출입구에는 60분+방화문 또는 60분 방화문을 설치할 것

③ 저장창고의 외벽을 철근콘크리트조로 할 경우 두께를 10cm 이상으로 할 것

④ 저장창고의 창은 바닥면으로부터 2m 이상의 높이에 둘 것

해설

저장창고의 외벽은 두께 20cm 이상의 철근콘크리트조나 철골철근콘크리트조 또는 두께 30cm 이상의 보강콘크리트블록조로 해야한다.

지정과산화물의 옥내저장소 기준

- 지정과산화물 옥내저장소의 격벽기준
  - 바닥면적 150m^2 이내마다 격벽기준
  - 격벽의 두께 : 철근콘크리트조 또는 철골철근콘크리트조는 30cm 이상, 보강콘크리트블록조는 40cm 이상
  - 격벽의 돌출길이 : 창고 양측의 외벽으로부터 1m 이상, 창고 상부의 지붕으로부터 50cm 이상
- 지정과산화물 옥내저장소의 외벽 두께
  - 철근콘크리트조나 철골철근콘크리트조는 20cm 이상, 보강콘크리트블록조는 30cm 이상
- 저장창고의 출입구에는 60분+방화문 또는 60분 방화문을 설치할 것
- 저장창고의 창은 바닥으로부터 2m 이상 높이
- 창 1개의 면적 : 0.4m^2 이내
- 벽면에 부착된 모든 창의 면적 : 벽면 면적의 1/80 이내
- 저장창고 지붕의 서까래의 간격은 30cm 이하로 할 것

29 물과 접촉 시, 발열하면서 폭발 위험성이 증가하는 것은?

① 과산화칼륨

② 과망가니즈산나트륨

③ 아이오딘산칼륨

④ 과염소산칼륨

해설

제1류 위험물인 무기과산화물(과산화칼륨, 과산화나트륨, 과산화리튬)은 물과 접촉 시 발열과 함께 산소가스를 발생하므로 폭발 위험이 있다.

정답 25 ③ 26 ④ 27 ② 28 ③ 29 ①

30 다음 중 벤젠 증기의 비중에 가장 가까운 값은?

① 0.7　　② 0.9

③ 2.7　　④ 3.9

해설

벤젠(C_6H_6) : 분자량 78

$$증기비중 = \frac{분자량}{공기의\ 평균분자량(29)} = \frac{78}{29} = 2.69$$

31 다음 중 나이트로글리세린을 다공질의 규조토에 흡수시켜 제조한 물질은?

① 흑색화약

② 나이트로셀룰로스

③ 다이너마이트

④ 연화약

해설

제5류 위험물인 나이트로글리세린은 충격에 매우 민감하여 폭발을 일으키기 쉬우며 다공질의 규조토에 흡수시키면 다이너마이트가 된다.

32 아염소산염류의 운반용기 중 적응성 있는 내장용기의 종류와 최대용적이나 중량을 옳게 나타낸 것은?(단, 외장용기의 종류는 나무상자 또는 플라스틱상자이고, 외장용기의 최대중량은 125kg으로 한다)

① 금속제 용기 : 20L

② 종이 포대 : 55kg

③ 플라스틱 필름 포대 : 60kg

④ 유리용기 : 10L

해설

아염소산은 제1류 위험물로 지정수량이 50kg이므로 위험등급 I에 해당한다. 문제의 조건에서 외장용기의 종류는 나무상자 또는 플라스틱상자이고, 외장용기의 최대중량은 125kg이므로 내장용기로는 유리용기 또는 플라스틱용기가 사용 가능하며 최대용적은 10L이다.

고체위험물 운반용기의 기준

운반용기				수납 위험물의 종류									
내장용기		외장용기		제1류			제2류		제3류			제5류	
용기의 종류	최대 용적 또는 중량	용기의 종류	최대 용적 또는 중량	I	II	III	II	III	I	II	III	I	II
유리용기 또는 플라스틱용기	10L	나무상자 또는 플라스틱상자	125kg	○	○	○	○	○	○	○	○	○	○
			225kg		○	○		○		○	○		○
		파이버판상자	40kg	○	○	○	○	○	○	○	○	○	○
			55kg		○	○		○		○	○		○
금속제용기	30L	나무상자 또는 플라스틱상자	125kg	○	○	○	○	○	○	○	○	○	○
			225kg		○	○		○		○	○		○
		파이버판상자	40kg	○	○	○	○	○	○	○	○	○	○
			55kg		○	○		○		○	○		○
플라스틱필름포대 또는 종이포대	5kg	나무상자 또는 플라스틱상자	50kg	○	○	○	○	○		○	○	○	○
	50kg		50kg	○	○	○	○	○					○
	125kg		125kg		○	○	○	○					
	225kg		225kg			○		○					
	5kg	파이버판상자	40kg	○	○	○	○	○		○	○	○	○
	40kg		40kg	○	○	○	○	○					○
	55kg		55kg			○		○					

정답 30 ③ 31 ③ 32 ④

33 아세트알데하이드의 저장 · 취급 시 주의사항으로 틀린 것은?

① 강산화제와의 접촉을 피한다.
② 취급설비에는 구리합금의 사용을 피한다.
③ 수용성이기 때문에 화재 시 물로 희석소화가 가능하다.
④ 옥외저장탱크에 저장 시 조연성 가스를 주입한다.

해설

옥외저장탱크 · 옥내저장탱크 또는 이동저장탱크에 아세트알데하이드 등을 저장하는 경우에는 그 탱크 안에 불활성 기체(질소, 이산화탄소)를 봉입하여야 한다.

34 위험물 분류에서 제1석유류에 대한 설명으로 옳은 것은?

① 아세톤, 휘발유 그 밖에 1기압에서 인화점이 21℃ 미만인 것
② 등유, 경유 그 밖의 액체로서 인화점이 21℃ 이상 70℃ 미만인 것
③ 중유, 도료류로서 인화점이 70℃ 이상 200℃ 미만의 것
④ 기계유, 실린더유 그 밖의 액체로서 인화점이 200℃ 이상 250℃ 미만인 것

해설

② 제2석유류에 대한 설명
③ 제3석유류에 대한 설명
④ 제4석유류에 대한 설명

35 제2류 위험물의 일반적 성질에 대한 설명으로 가장 거리가 먼 것은?

① 가연성 고체물질이다.
② 연소 시 연소열이 크고 연소속도가 빠르다.
③ 산소를 포함하여 조연성 가스의 공급이 없이 연소가 가능하다.
④ 비중이 1보다 크고 물에 녹지 않는다.

해설

산소를 포함하여 조연성 가스의 공급이 없이 연소가 가능한 것은 제5류 위험물이다.

36 위험물안전관리법령상 동식물유류의 경우 1기압에서 인화점은 몇 ℃ 미만으로 규정하고 있는가?

① 150℃ ② 250℃
③ 450℃ ④ 600℃

해설

동식물유류는 동물의 지육(枝肉 : 머리, 내장, 다리를 잘라 내고 아직 부위별로 나누지 않은 고기를 말한다) 등 또는 식물의 종자나 과육으로부터 추출한 것으로서 1기압에서 인화점이 250℃ 미만인 것을 말한다.

37 과염소산칼륨과 아염소산나트륨의 공통 성질이 아닌 것은?

① 지정수량이 50kg이다.
② 열분해 시 산소를 방출한다.
③ 강산화성 물질이며 가연성이다.
④ 상온에서 고체의 형태이다.

해설

둘 다 제1류 위험물로서 강산화성 물질이지만 불연성이다.

정답 33 ④ 34 ① 35 ③ 36 ② 37 ③

38 제5류 위험물의 일반적 성질에 관한 설명으로 옳지 않은 것은?

① 화재발생 시 소화가 곤란하므로 적은 양으로 나누어 저장한다.
② 운반용기 외부에 충격주의, 화기엄금의 주의사항을 표시한다.
③ 자기연소를 일으키며 연소속도가 대단히 빠르다.
④ 가연성 물질이므로 질식소화하는 것이 가장 좋다.

해설

제5류 위험물은 자기반응성 물질로 질식소화는 효과가 없으며 주수소화가 효과적이다.

제5류 위험물의 저장 및 취급방법

- 점화원, 열기 및 분해를 촉진시키는 물질로부터 멀리한다.
- 용기의 파손 및 균열방지와 함께 실온, 습기, 통풍에 주의한다.
- 화재발생 시 소화가 곤란하므로 소분하여 저장한다.
- 용기는 밀전, 밀봉하고 포장외부에 화기엄금, 충격주의 등 주의사항 표시를 한다.
- 다른 위험물과 같은 장소에 저장하지 않도록 한다.
- 눈이나 피부에 접촉 시 비누액 또는 다량의 물로 씻는다.
- 유기과산화물이 새거나 오염한 것 또는 낡은 것은 질석이나 진주암 같은 불연성 물질을 사용하여 흡수 또는 혼합해서 제거한다. 유기과산화물을 흡수한 흡수제를 모을 경우에 강철제의 공구를 사용해서는 안 된다.

39 다음 중 자연발화의 위험성이 가장 큰 물질은?

① 아마인유 ② 야자유
③ 올리브유 ④ 피마자유

해설

아마인유는 건성유로 자연발화의 위험이 있다. 야자유, 올리브유, 피마자유는 불건성유이다.

40 운반을 위하여 위험물을 적재하는 경우에 차광성이 있는 피복으로 가려주어야 하는 것은?

① 특수인화물 ② 제1석유류
③ 알코올류 ④ 동식물유류

해설

제1류 위험물, 제3류 위험물 중 자연발화성 물질, 제4류 위험물 중 특수인화물, 제5류 위험물 또는 제6류 위험물은 차광성이 있는 피복으로 가려야 한다.

방수성 피복을 해야 하는 것

제1류 위험물 중 알칼리금속의 과산화물, 제2류 위험물 중 철분, 금속분, 마그네슘, 제3류 위험물 중 금수성 물질

41 위험물제조소 등에 옥내소화전설비를 설치할 때 옥내소화전이 가장 많이 설치된 층의 소화전의 개수가 4개일 때 확보하여야 할 수원의 수량은?

① $10.4m^3$ ② $20.8m^3$
③ $31.2m^3$ ④ $41.6m^3$

해설

옥내소화전에 필요한 수원의 양 : $7.8m^3 \times 4개 = 31.2m^3$

42 황린의 저장방법으로 옳은 것은?

① 물속에 저장한다.
② 공기 중에 보관한다.
③ 벤젠 속에 저장한다.
④ 이황화탄소 속에 보관한다.

해설

황린은 자연발화성 물질로 물속에 저장한다.

38 ④ 39 ① 40 ① 41 ③ 42 ① 정답

43 위험물안전관리법령상 지정수량이 다른 하나는?

① 인화칼슘
② 루비듐
③ 칼 슘
④ 차아염소산칼륨

해설

지정수량

구 분	인화칼슘	루비듐	칼 슘	차아염소산칼륨
지정수량	300kg	50kg	50kg	50kg

44 과염소산나트륨에 대한 설명으로 옳지 않은 것은?

① 가열하면 분해하여 산소를 방출한다.
② 환원제이며 수용액은 강한 환원성이 있다.
③ 수용성이며 조해성이 있다.
④ 제1류 위험물이다.

해설

과염소산나트륨은 산화제이며 강한 산화성이 있다.

과염소산나트륨($NaClO_4$)의 특성

- 분자량 122, 융점 482℃, 비중 2.02
- 무색 또는 백색의 결정으로서 조해성이 있다.
- 물, 아세톤, 알코올에는 용해, 에터에는 불용

45 질산메틸의 성질에 대한 설명으로 틀린 것은?

① 비점은 약 65℃이다.
② 증기는 공기보다 가볍다.
③ 무색 투명한 액체이다.
④ 자기반응성 물질이다.

해설

질산메틸은 증기비중이 약 2.65로 공기보다 무겁다.

46 옥외탱크저장소의 소화설비를 검토 및 적용할 때에 소화난이도등급 I 에 해당되는지를 검토하는 탱크높이의 측정기준으로서 적합한 것은?

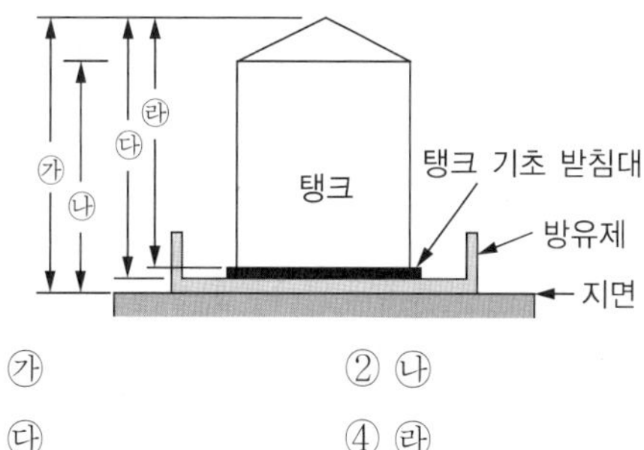

① ㉮ ② ㉯
③ ㉰ ④ ㉱

해설

종원통형탱크는 일반적으로 우산모양의 지붕이 일반적인 형태인데 지붕 부분은 위험물을 수용하지 않으므로 이 부분을 빼고 계산한다.

47 다음에서 설명하는 위험물에 해당하는 것은?

- 지정수량은 300kg이다.
- 산화성 액체위험물이다.
- 가열하면 분해하여 유독성 가스를 발생한다.
- 증기비중은 약 3.5이다.

① 브로민산칼륨 ② 클로로벤젠
③ 질 산 ④ 과염소산

해설

제6류 위험물인 과염소산에 대한 설명이다.

정답 43 ① 44 ② 45 ② 46 ② 47 ④

48 금속나트륨에 대한 설명으로 옳지 않은 것은?

① 물과 격렬히 반응하여 발열하고 수소가스를 발생한다.

② 에틸알코올과 반응하여 나트륨에틸라이트와 수소가스를 발생한다.

③ 할로젠화합물소화약제는 사용할 수 없다.

④ 은백색의 광택이 있는 중금속이다.

해설

은백색의 광택이 있는 경금속으로 칼날로 자를 수 있을 만큼 무르다.

49 옥내저장소의 저장창고에 150m^2 이내마다 일정 규격의 격벽을 설치하여 저장하여야 하는 위험물은?

① 제5류 위험물 중 지정과산화물

② 알킬알루미늄 등

③ 아세트알데하이드 등

④ 하이드록실아민 등

해설

제5류 위험물 중 지정과산화물은 저장창고에 150m^2 이내마다 일정 규격의 격벽을 설치해야 한다(문제 28번 해설 참고).

50 염소산나트륨의 저장 및 취급방법으로 옳지 않은 것은?

① 철제용기에 저장한다.

② 습기가 없는 찬 장소에 보관한다.

③ 조해성이 크므로 용기는 밀전한다.

④ 가열, 충격, 마찰을 피하고 점화원의 접근을 금한다.

해설

염소산나트륨은 제1류 위험물로 철제용기를 부식시킨다.

염소산나트륨($NaClO_3$)의 특성

- 분자량 106, 분해온도 300℃, 융점 248℃, 비중 2.5
- 무색 무취의 결정 또는 분말이다.
- 산과 반응하면 이산화염소(ClO_2)의 유독가스가 발생한다.
  $2NaClO_3 + 2HCl \rightarrow 2NaCl + 2ClO_2 + H_2O_2 \uparrow$
- 물, 알코올, 에터에 용해된다.
- 조해성이 강하므로 수분과의 접촉을 피하고 밀폐, 밀봉하여 저장한다.
- 분해방지를 위해 암모니아를 넣어 저장하고, 소화방법은 주수소화한다.

51 위험물제조소 등의 허가에 관계된 설명으로 옳은 것은?

① 제조소 등을 변경하고자 하는 경우에는 언제나 허가를 받아야 한다.

② 위험물의 품명을 변경하고자 하는 경우에는 언제나 허가를 받아야 한다.

③ 농예용으로 필요한 난방시설을 위한 지정수량 20배 이하의 저장소는 허가대상이 아니다.

④ 저장하는 위험물의 변경으로 지정수량의 배수가 달라지는 경우는 언제나 허가대상이 아니다.

해설

다음에 해당하는 제조소 등의 경우에는 허가를 받지 아니하고 해당 제조소 등을 설치하거나 그 위치·구조 또는 설비를 변경할 수 있으며, 신고를 하지 아니하고 위험물의 품명·수량 또는 지정수량의 배수를 변경할 수 있다.

- 주택의 난방시설(공동주택의 중앙난방시설을 제외한다)을 위한 저장소 또는 취급소
- 농예용·축산용 또는 수산용으로 필요한 난방시설 또는 건조시설을 위한 지정수량 20배 이하의 저장소

48 ④ 49 ① 50 ① 51 ③ 정답

52 황의 성질에 대한 설명 중 틀린 것은?

① 물에 녹지 않으나 이황화탄소에 녹는다.
② 공기 중에서 연소하여 아황산가스를 발생한다.
③ 전도성 물질이므로 정전기 발생에 유의하여야 한다.
④ 분진폭발의 위험성에 주의하여야 하다.

해설

황은 비전도성 물질이다.

53 다음 중 증기의 밀도가 가장 큰 것은?

① 다이에틸에터
② 벤 젠
③ 가솔린(옥테인 100%)
④ 에틸알코올

해설

$$증기밀도 = \frac{1g당\ 분자량(g/mol)}{22.4(L/mol)}$$

다이에틸에터 ($C_2H_5OC_2H_5$)	벤 젠 (C_6H_6)	가솔린(옥테인 100%, C_8H_{18})	에틸알코올 (C_2H_5OH)
$\frac{74}{22.4}=3.3$	$\frac{78}{22.4}=3.5$	$\frac{114}{22.4}=5.1$	$\frac{46}{22.4}=2.1$

54 과산화수소의 위험성으로 옳지 않은 것은?

① 산화제로서 불연성 물질이지만 산소를 함유하고 있다.
② 이산화망가니즈 촉매하에서 분해가 촉진된다.
③ 분해를 막기 위해 하이드라진을 안정제로 사용할 수 있다.
④ 고농도의 것은 피부에 닿으면 화상의 위험이 있다.

해설

하이드라진과 혼촉 발화하므로 접촉을 피해야 한다. 분해를 막기 위해 인산, 요산 등의 분해 방지제를 사용한다.

55 위험물안전관리법령상 제조소 등에 대한 긴급 사용정지 명령 등을 할 수 있는 권한이 없는 자는?

① 시・도지사
② 소방본부장
③ 소방서장
④ 소방방재청장

해설

시・도지사, 소방본부장 또는 소방서장은 공공의 안전을 유지하거나 재해의 발생을 방지하기 위하여 긴급한 필요가 있다고 인정하는 때에는 제조소 등의 관계인에 대하여 해당 제조소 등의 사용을 일시정지하거나 그 사용을 제한할 것을 명할 수 있다(위험물안전관리법 제25조).

56 위험물제조소 등에서 위험물안전관리법령상 안전거리 규제대상이 아닌 것은?

① 제6류 위험물을 취급하는 제조소를 제외한 모든 제조소
② 주유취급소
③ 옥외저장소
④ 옥외탱크저장소

해설

주유취급소는 안전거리 규제대상에서 제외된다.
안전거리를 제외할 수 있는 장소 : 제6류 위험물을 취급하는 제조소, 취급소 또는 저장소, 옥내탱크저장소, 지하탱크저장소, 간이탱크저장소, 이동탱크저장소, 암반탱크저장소, 주유취급소, 판매취급소, 이송취급소, 일반취급소

정답 52 ③ 53 ③ 54 ③ 55 ④ 56 ②

57 위험물안전관리법에서 규정하고 있는 사항으로 옳지 않은 것은?

① 위험물저장소를 경매에 의해 시설의 전부를 인수한 경우에는 30일 이내에, 저장소의 용도를 폐지한 경우에는 14일 이내에 시·도지사에게 그 사실을 신고하여야 한다.

② 제조소 등의 위치·구조 및 설비기준을 위반하여 사용한 때에는 시·도지사는 허가취소, 전부 또는 일부의 사용정지를 명할 수 있다.

③ 경유 20,000L를 수산용 건조시설에 사용하는 경우에는 위험물법의 허가는 받지 아니하고 저장소를 설치할 수 있다.

④ 위치·구조 또는 설비의 변경 없이 저장소에서 저장하는 위험물 지정수량의 배수를 변경하고 하는 경우에는 변경하고자 하는 날의 1일 전까지 시·도지사에게 신고하여야 한다.

해설

시·도지사, 소방본부장 또는 소방서장은 해당 제조소 등의 위치·구조 및 설비의 유지·관리의 상황이 규정에 따른 기술기준에 부적합하다고 인정하는 때에는 그 기술기준에 적합하도록 제조소 등의 위치·구조 및 설비의 수리·개조 또는 이전을 명할 수 있다(위험물안전관리법 제14조).

58 제5류 위험물의 나이트로화합물에 속하지 않은 것은?

① 나이트로벤젠

② 테트릴

③ 트라이나이트로톨루엔

④ 피크르산

해설

나이트로벤젠은 제4류 위험물의 제3석유류에 속한다.

59 과산화나트륨 78g과 충분한 양의 물이 반응하여 생성되는 기체의 종류와 생성량을 옳게 나타낸 것은?

① 수소, 1g

② 산소, 16g

③ 수소, 2g

④ 산소, 32g

해설

과산화나트륨과 물의 반응식 : $Na_2O_2 + H_2O \rightarrow 2NaOH + 0.5O_2$

과산화나트륨의 분자량은 78이므로 0.5몰의 산소가 생성된다.

∴ $32 \times 0.5 = 16$g의 산소가 생성된다.

60 옥내탱크저장소 중 탱크전용실을 단층건물 외의 건축물에 설치하는 경우 탱크전용실을 건축물의 1층 또는 지하층에만 설치하여야 하는 위험물이 아닌 것은?

① 제2류 위험물 중 덩어리 황

② 제3류 위험물 중 황린

③ 제4류 위험물 중 인화점이 38℃ 이상인 위험물

④ 제6류 위험물 중 질산

해설

제4류 위험물 중 인화점이 38℃ 이상인 위험물의 탱크전용실은 단층 건물 외의 건축물의 모든 층수에 관계없이 설치 가능하다.

57 ② 58 ① 59 ② 60 ③ 정답

2014년 제4회 과년도 기출문제

01 다음 중 화재발생 시 물을 이용한 소화가 효과적인 물질은?

① 트라이메틸알루미늄
② 황 린
③ 나트륨
④ 인화칼슘

해설

제3류 위험물인 황린은 물속에 보관하며 화재발생 시 물로 소화가 가능하다.

02 위험물안전관리법령에 따른 대형수동식소화기의 설치기준에서 방호대상물의 각 부분으로부터 하나의 대형수동식소화기까지의 보행거리는 몇 m 이하가 되도록 설치하여야 하는가?(단, 옥내소화전설비, 옥외소화전설비, 스프링클러설비 또는 물분무 등 소화설비와 함께 설치하는 경우는 제외한다)

① 10　　② 15
③ 20　　④ 30

해설

방호대상물의 각 부분으로부터 하나의 수동식소화기까지의 보행거리

- 대형수동식소화기 : 30m 이하
- 소형수동식소화기 : 20m 이하

03 위험물안전관리법령상 스프링클러설비가 제4류 위험물에 대하여 적응성을 갖는 경우는?

① 연기가 충만할 우려가 없는 경우
② 방사밀도(살수밀도)가 일정수치 이상인 경우
③ 지하층의 경우
④ 수용성 위험물인 경우

해설

제4류 위험물의 화재에는 스프링클러를 사용할 수 없으나, 취급장소의 살수기준면적에 따라 스프링클러설비의 살수밀도가 일정기준 이상이면 사용 가능하다.

04 위험물안전관리법령상 위험물의 품명이 다른 하나는?

① CH_3COOH　　② C_6H_5Cl
③ $C_6H_5CH_3$　　④ C_6H_5Br

해설

③ $C_6H_5CH_3$: 톨루엔(제4류 위험물 제1석유류)
① CH_3COOH : 아세트산(제4류 위험물 제2석유류)
② C_6H_5Cl : 클로로벤젠(제4류 위험물 제2석유류)
④ C_6H_5Br : 브로모벤젠(제4류 위험물 제2석유류)

05 어떤 소화기에 "ABC"라고 표시되어 있다. 다음 중 사용할 수 없는 화재는?

① 금속화재　　② 유류화재
③ 전기화재　　④ 일반화재

해설

ABC소화기는 금속화재에 쓸 수 없다.

소화기 화재등급

- 일반화재 : A급 화재(백색)
- 유류화재 : B급 화재(황색)
- 전기화재 : C급 화재(청색)
- 금속화재 : D급 화재(무색)

정답 1 ② 2 ④ 3 ② 4 ③ 5 ①

06 **위험물안전관리법령에서 정한 소화설비의 소요단위 산정방법에 대한 설명 중 옳은 것은?**

① 위험물은 지정수량의 100배를 1소요단위로 한다.

② 저장소용 건축물로 외벽이 내화구조인 것은 연면적 $100m^2$를 1소요단위로 한다.

③ 제조소용 건축물로 외벽이 내화구조가 아닌 것은 연면적 $50m^2$를 1소요단위로 한다.

④ 저장소용 건축물로 외벽이 내화구조가 아닌 것은 연면적 $25m^2$를 1소요단위로 한다.

해설

제조소의 외벽이 내화구조가 아닌 것은 연면적 $50m^2$를 1소요단위로 한다.

소요단위 계산방법

- 제조소 또는 취급소의 건축물
  - 외벽이 내화구조 : 연면적 $100m^2$를 1소요단위
  - 외벽이 내화구조가 아닌 것 : 연면적 $50m^2$를 1소요단위
- 저장소의 건축물
  - 외벽이 내화구조 : 연면적 $150m^2$를 1소요단위
  - 외벽이 내화구조가 아닌 것 : 연면적 $75m^2$를 1소요단위
  - 위험물은 지정수량의 10배 : 1소요단위

07 **다음 중 기체연료가 완전 연소하기에 유리한 이유로 가장 거리가 먼 것은?**

① 활성화에너지가 크다.

② 공기 중에서 확산되기 쉽다.

③ 산소를 충분히 공급 받을 수 있다.

④ 분자의 운동이 활발하다.

해설

기체는 분자운동이 활발해 활성화에너지가 작다.

08 **위험물의 소화방법으로 적합하지 않은 것은?**

① 적린은 다량의 물로 소화한다.

② 황화인의 소규모 화재 시에는 모래로 질식소화한다.

③ 알루미늄은 다량의 물로 소화한다.

④ 황의 소규모 화재 시에는 모래로 질식소화한다.

해설

알루미늄은 물과 반응 시 수소를 발생하므로 물로 소화를 해서는 안 되며, 마른모래 등으로 질식소화해야 한다.

09 **위험물안전관리법령에서 정한 위험물의 유별 성질을 잘못 나타낸 것은?**

① 제1류 : 산화성

② 제4류 : 인화성

③ 제5류 : 자기반응성

④ 제6류 : 가연성

해설

④ 제6류 : 산화성 액체

위험물의 분류

제1류	산화성 고체	제4류	인화성 액체
제2류	가연성 고체	제5류	자기연소성 (자기반응성) 물질
제3류	자연발화성 및 금수성 물질	제6류	산화성 액체

6 ③ 7 ① 8 ③ 9 ④ 정답

10 주된 연소의 형태가 나머지 셋과 다른 하나는?

① 아연분 ② 양 초

③ 코크스 ④ 목 탄

해설

아연분(금속분), 코크스, 목탄은 표면연소하며, 양초는 증발연소한다.

고체연소의 형태

- 표면연소 : 가스발생 없이 연소물의 표면에서 산소와 접촉하여 연소하는 반응
  예 코크스, 목탄, 금속분 등
- 분해연소 : 고체 가연물에서 열분해반응이 일어날 때 발생된 가연성 증기가 공기와 혼합되면서 발생된 혼합기체가 연소하는 형태
  예 종이, 목재, 섬유, 플라스틱, 합성수지, 석탄 등
- 증발연소 : 고체 가연물이 액체형태로 상태변화를 일으키면서 가연성 증기를 증발시켜 공기와 혼합하여 연소하는 형태
  예 황, 양초(파라핀), 나프탈렌 등
- 자기연소 : 자체적으로 산소공급원을 가진 고체 가연물의 연소이며, 연소속도가 폭발적이다.
  예 제5류 위험물(TNT, 나이트로글리세린, 나이트로셀룰로스 등)

11 금속은 덩어리상태보다 분말상태일 때 연소위험성이 증가하기 때문에 금속분을 제2류 위험물로 분류하고 있다. 연소위험성이 증가하는 이유로 잘못된 것은?

① 비표면적이 증가하여 반응면적이 증대되기 때문에

② 비열이 증가하여 열의 축적이 용이하기 때문에

③ 복사열의 흡수율이 증가하여 열의 축적이 용이하기 때문에

④ 대전성이 증가하여 정전기가 발생되기 때문에

해설

비열이 증가하면 온도를 올리는 데 많은 열이 필요하므로 연소위험성이 낮아진다.

12 영하 20℃ 이하의 겨울철이나 한랭지에서 사용하기에 적합한 소화기는?

① 분무주수소화기

② 봉상주소소화기

③ 물주수소화기

④ 강화액소화기

해설

강화액소화기는 한랭지나 겨울철에도 얼지 않도록 물에 탄산칼륨(K_2CO_3)을 첨가하였으며 강한 알칼리성(pH 12)의 액성을 가진다.

13 다음 중 알칼리금속의 과산화물 저장창고에 화재가 발생하였을 때 가장 적합한 소화약제는?

① 마른모래

② 물

③ 이산화탄소

④ 할론 1211

해설

알칼리금속 과산화물의 화재 시 마른모래, 팽창진주암, 팽창질석, 탄산수소염류 분말소화약제만 적응성을 가진다.

14 위험물안전관리법령상 제5류 위험물에 적응성이 있는 소화설비는?

① 포소화설비

② 불활성기체소화설비

③ 할로젠화합물소화설비

④ 탄산수소염류소화설비

해설

제5류 위험물은 자기연소성을 지닌 물질로 질식소화가 불가능하며 물로 냉각소화해야 한다. 포소화설비는 수분을 포함하므로 제5류 위험물의 화재에 적응성이 있다.

정답 10 ② 11 ② 12 ④ 13 ① 14 ①

15 화재 시 이산화탄소를 방출하는 산소의 농도를 13vol%로 낮추어 소화를 하려면 공기 중의 이산화탄소는 몇 vol%가 되어야 하는가?

① 28.1 ② 38.1
③ 42.86 ④ 48.36

해설

공기 중 21%의 공간을 차지하는 산소 농도를 13vol%로 낮추려면 이산화탄소가 8vol%를 차지해야 한다.

$\therefore \frac{\text{이산화탄소}}{\text{이산화탄소}+\text{산소}} \times 100 = \frac{8}{8+13} \times 100 = 38.1\text{vol\%}$

16 소화전용물통 3개를 포함한 수조 80L의 능력단위는?

① 0.3 ② 0.5
③ 1.0 ④ 1.5

해설

기타 소화설비의 능력단위(위험물안전관리법 시행규칙 별표 17)

소화설비	용 량	능력단위
소화전용물통	8L	0.3
수조(소화전용물통 3개 포함)	80L	1.5
수조(소화전용물통 6개 포함)	190L	2.5
마른모래(삽 1개 포함)	50L	0.5
팽창질석 또는 팽창진주암(삽 1개 포함)	160L	1.0

17 탄화칼슘과 물이 반응하였을 때 발생하는 가연성 가스의 폭발범위에 가장 가까운 것은?

① 2.1~9.5vol%
② 2.5~81vol%
③ 4.1~74.2vol%
④ 15.0~28vol%

해설

탄산칼슘은 물과 반응 시 폭발범위 2.5~81vol%의 아세틸렌가스를 발생시킨다.

탄산칼슘과 물의 반응식 : $CaC_2 + 2H_2O \rightarrow Ca(OH)_2 + C_2H_2$
탄산칼슘 물 수산화칼슘 아세틸렌

18 위험물제조소 등에 옥외소화전을 6개 설치할 경우 수원의 수량은 몇 m^3 이상이어야 하는가?

① $48m^3$ 이상
② $54m^3$ 이상
③ $60m^3$ 이상
④ $81m^3$ 이상

해설

옥외소화전의 수에 $13.5m^3$를 곱한 양을 수원의 양으로 하는데 소화전의 수가 4개 이상인 경우 4개의 옥외소화전 수만 곱해준다.

$\therefore 13.5m^3 \times 4 = 54m^3$

옥외소화전설비의 설치기준

- 옥외소화전은 방호대상물의 각 부분(건축물의 경우에는 해당 건축물의 1층 및 2층의 부분에 한한다)에서 하나의 호스접속구까지의 수평거리가 40m 이하가 되도록 설치할 것. 이 경우 그 설치개수가 1개일 때는 2개로 하여야 한다.
- 수원의 수량은 옥외소화전의 설치개수(설치개수가 4개 이상인 경우는 4개의 옥외소화전)에 $13.5m^3$를 곱한 양 이상이 되도록 설치할 것
- 옥외소화전설비는 모든 옥외소화전(설치개수가 4개 이상인 경우는 4개의 옥외소화전)을 동시에 사용할 경우에 각 노즐 끝부분의 방수압력이 350kPa 이상이고, 방수량이 1분당 450L 이상의 성능이 되도록 할 것
- 옥외소화전설비에는 비상전원을 설치할 것

19 위험물안전관리법령상 제조소 등의 관계인은 제조소 등의 화재예방과 재해발생 시의 비상조치에 필요한 사항을 서면으로 작성하여 허가청에 제출하여야 한다. 이는 무엇에 관한 설명인가?

① 예방규정
② 소방계획서
③ 비상계획서
④ 화재영향평가서

해설

제조소 등의 화재예방과 재해발생 시의 비상조치에 필요한 사항을 서면으로 작성하여 허가청에 제출하는 서류를 예방규정이라 한다.

15 ② 16 ④ 17 ② 18 ② 19 ① 정답

20 위험물안전관리법령상 압력수조를 이용한 옥내소화전설비의 가압송수장치에서 압력수조의 최소압력(MPa)은?(단, 소방용 호스의 마찰손실수두압은 3MPa, 배관의 마찰손실수두압은 1MPa, 낙차의 환산수두압은 1.35MPa이다)

① 5.35　　② 5.70
③ 6.00　　④ 6.35

해설

$P = p_1 + p_2 + p_3 + 0.35\text{MPa}$

여기서, P : 필요한 압력(MPa)

p_1 : 소방용 호스의 마찰손실수두압(MPa)

p_2 : 배관의 마찰손실수두압(MPa)

p_3 : 낙차의 환산수두압(MPa)

0.35MPa : 노즐 끝부분의 방출압력

$\therefore\ P = 3 + 1 + 1.35 + 0.35 = 5.70\text{MPa}$

21 등유의 성질에 대한 설명 중 틀린 것은?

① 증기는 공기보다 가볍다.
② 인화점이 상온보다 높다.
③ 전기에 대한 불량도체이다.
④ 물보다 가볍다.

해설

등유의 증기비중은 4.5로 공기보다 무겁다.

22 다음 위험물 중 지정수량이 가장 작은 것은?

① 나이트로글리세린
② 과산화수소
③ 벤조일퍼옥사이드
④ 피크르산

해설

구 분	지정수량
나이트로글리세린	10kg
과산화수소	300kg
벤조일퍼옥사이드	100kg
피크르산	100kg

23 적린의 일반적인 성질에 대한 설명으로 틀린 것은?

① 비금속 원소이다.
② 암적색의 분말이다.
③ 승화온도가 약 260℃이다.
④ 이황화탄소에 녹지 않는다.

해설

적린의 특성

- 황린의 동소체이며, 암적색, 무취의 분말이다.
- 물, 알코올, 에터, CS_2, 암모니아에 녹지 않는다.
- 강알칼리와 반응하여 포스핀가스를 발생시킨다.
- 이황화탄소, 황, 질산, 질산나트륨, 암모니아와 접촉하면 발화한다.
- 자연발화는 안 되지만 260℃ 이상 가열하면 발화하고 400℃ 이상에서 승화한다.
- 연소하면 오산화인을 생성한다.

24 이황화탄소 기체는 수소 기체보다 20℃ 1기압에서 몇 배 더 무거운가?

① 11　　② 22
③ 32　　④ 38

해설

$$\text{증기비중} = \frac{\text{물질의 분자량}}{\text{공기의 분자량(29)}}$$

- 이황화탄소의 증기비중 $= \frac{12+32\times 2}{29} = \frac{76}{29}$
- 수소의 증기비중 $= \frac{2}{29}$
- $\frac{\text{이황화탄소의 증기비중}}{\text{수소의 증기비중}} = \frac{\frac{76}{29}}{\frac{2}{29}} = 38$

∴ 이황화탄소 기체는 수소 기체보다 38배 더 무겁다.

정답 20 ② 21 ① 22 ① 23 ③ 24 ④

25 다음 중 물과 반응하여 가연성 가스를 발생하지 않는 것은?

① 리 튬　② 나트륨
③ 황　④ 칼 슘

해설

황은 물과 반응하지 않는다. 리튬, 나트륨, 칼슘은 물과 반응하여 수소를 발생한다.

26 벤젠에 대한 설명으로 옳은 것은?

① 휘발성이 강한 액체이다.
② 물에 매우 잘 녹는다.
③ 증기의 비중은 1.5이다.
④ 순수한 것의 융점은 30℃이다.

해설

벤 젠

- 제4류 위험물로 휘발성과 독성이 강하다.
- 물에 잘 안 녹는다.
- 증기비중은 약 2.80이다.
- 순수한 것의 융점은 7.0℃이다.

27 위험물안전관리법에서 정의하는 다음 용어는 무엇인가?

인화성 또는 발화성 등의 성질을 가지는 것으로서 대통령령이 정하는 물품을 말한다.

① 위험물　② 인화성 물질
③ 자연발화성 물질　④ 가연물

해설

위험물에 대한 정의이다.

28 다음 물질 중에서 위험물안전관리법상 위험물의 범위에 포함되는 것은?

① 농도가 40wt%인 과산화수소 350kg
② 비중이 1.40인 질산 350kg
③ 지름 2.5mm의 막대모양인 마그네슘 500kg
④ 순도가 55wt%인 황 50kg

해설

① 농도가 36wt% 이상의 과산화수소는 제6류 위험물의 기준에 해당하며 지정수량은 300kg이다. 따라서, 농도 40wt%인 과산화수소 350kg은 지정수량 이상의 위험물이다.
② 비중이 1.49 이상의 질산은 제6류 위험물의 기준이며 지정수량은 300kg이다.
③ 지름 2mm 이상의 막대모양인 마그네슘은 제2류 위험물에서 제외된다.
④ 순도가 60wt% 이상인 황은 제2류 위험물의 기준이며 지정수량은 100kg이다.

29 질화면을 강면약과 약면약으로 구분하는 기준은?

① 물질의 경화도　② 수신기의 수
③ 질산기의 수　④ 탄소 함유량

해설

질산기의 수에 따라 강면약과 약면약으로 구분한다.

질화도 : 나이트로셀룰로스의 질소함유량

- 강면약 : 질화도 N > 12.76%
- 약면약 : 질화도 N < 10.18~12.76%

25 ③　26 ①　27 ①　28 ①　29 ③　**정답**

30 **위험물 운반에 관한 사항 중 위험물안전관리법령에서 정한 내용과 틀린 것은?**

① 운반용기에 수납하는 위험물이 다이에틸에터라면 운반용기 중 최대용적이 1L 이하라 하더라도 규정에 따른 품명, 주의사항 등 표시사항을 부착하여야 한다.

② 운반용기에 담아 적재하는 물품이 황린이라면 파라핀, 경유 등 보호액으로 채워 밀봉한다.

③ 운반용기에 담아 적재하는 물품이 알킬알루미늄이라면 운반용기의 내용적의 90% 이하의 수납률을 유지하여야 한다.

④ 기계에 의하여 하역하는 구조로 된 경질플라스틱제 운반용기는 제조된 때로부터 5년 이내의 것이어야 한다.

해설

황린은 자연발화성 물질로 물속에 넣어 보관한다.

31 **비스코스레이온 원료로서, 비중이 약 1.3, 인화점이 약 -30℃이고, 연소 시 유독한 아황산가스를 발생시키는 위험물은?**

① 황 린 ② 이황화탄소
③ 테레빈유 ④ 장뇌유

해설

이황화탄소(CS_2)의 성질

- 제4류 위험물의 특수인화물로 실을 만드는 비스코스레이온의 원료이다.
- 물보다 무겁고 인화점은 -30℃이다.
- 연소 시 이산화탄소(CO_2)와 아황산가스(SO_2)가 발생한다.

32 **위험물안전관리법령상 위험물 운송 시 제1류 위험물과 혼재 가능한 위험물은?(단, 지정수량의 10배를 초과하는 경우이다)**

① 제2류 위험물 ② 제3류 위험물
③ 제5류 위험물 ④ 제6류 위험물

해설

제1류 위험물은 제6류 위험물만 혼재 가능하다.

33 **위험물 옥외저장탱크 중 압력탱크에 저장하는 다이에틸에터 등의 저장온도는 몇 ℃ 이하이어야 하는가?**

① 60 ② 40
③ 30 ④ 15

해설

옥외저장탱크 중 압력탱크에 저장하는 경우 다이에틸에터와 아세트알데하이드는 40℃ 이하에 저장해야 한다.

탱크에 저장할 때의 위험물의 저장온도

- 옥외저장탱크, 옥내저장탱크 또는 지하저장탱크 중 압력탱크 외의 탱크에 저장하는 경우
  - 아세트알데하이드 : 15℃ 이하
  - 산화프로필렌과 다이에틸에터 : 30℃ 이하
- 옥외저장탱크, 옥내저장탱크 또는 지하저장탱크 중 압력탱크에 저장하는 경우
  - 아세트알데하이드와 다이에틸에터 : 40℃ 이하
- 보냉장치가 있는 이동저장탱크에 저장하는 경우
  - 아세트알데하이드와 다이에틸에터 : 비점 이하
- 보냉장치가 없는 이동저장탱크에 저장하는 경우
  - 아세트알데하이드와 다이에틸에터 : 40℃ 이하

34 **주유취급소의 고정주유설비에서 펌프기기의 주유관 끝부분에서 최대배출량으로 틀린 것은?**

① 휘발유는 분당 50L 이하
② 경유는 분당 180L 이하
③ 등유는 분당 80L 이하
④ 제1석유류(휘발유 제외)는 분당 100L 이하

해설

제1석유류(휘발유 제외)의 최대배출량은 분당 50L 이하이다.

정답 30 ② 31 ② 32 ④ 33 ② 34 ④

35 에틸렌글리콜의 성질로 옳지 않은 것은?

① 갈색의 액체로 방향성이 있고 쓴맛이 난다.
② 물, 알코올 등에 잘 녹는다.
③ 분자량은 약 62이고, 비중은 약 1.1이다.
④ 부동액의 원료로 사용된다.

해설
무색의 액체로 방향성이 있고 단맛이 난다.

36 제2류 위험물의 종류에 해당되지 않는 것은?

① 마그네슘
② 고형알코올
③ 칼 슘
④ 안티모니분

해설
칼슘은 제3류 위험물 중 알칼리토금속에 속한다.

37 위험물저장소에서 다음과 같이 제3류 위험물을 저장하고 있는 경우 지정수량의 몇 배가 보관되어 있는가?

- 칼륨 : 20kg
- 황린 : 40kg
- 칼슘의 탄화물 : 300kg

① 4 ② 5
③ 6 ④ 7

해설
지정수량 : 칼슘(10kg), 황린(20kg), 칼슘의 탄화물(300kg)
$\therefore \frac{20}{10}+\frac{40}{20}+\frac{300}{300}=5$배

38 다음 중 제5류 위험물이 아닌 것은?

① 나이트로글리세린
② 나이트로톨루엔
③ 나이트로글리콜
④ 트라이나이트로톨루엔

해설
나이트로톨루엔은 제4류 위험물의 제3석유류에 속한다.

39 위험물을 저장할 때 필요한 보호물질을 옳게 연결한 것은?

① 황린 – 석유
② 금속칼슘 – 에틸알코올
③ 이황화탄소 – 물
④ 금속나트륨 – 산소

해설
① 황린 – 물
② 금속칼슘 – 밀폐용기에 보관
④ 금속나트륨 – 석유류(등유, 경유)

35 ① 36 ③ 37 ② 38 ② 39 ③ 정답

40 다음 중 "인화점 50℃"의 의미를 가장 옳게 설명한 것은?

① 주변의 온도가 50℃ 이상이 되면 자발적으로 점화원 없이 발화한다.
② 액체의 온도가 50℃ 이상이 되면 가연성 증기를 발생하여 점화원에 의해 인화한다.
③ 액체를 50℃ 이상으로 가열하면 발화한다.
④ 주변의 온도가 50℃일 경우 액체가 발화한다.

해설

가연성 액체의 인화점은 공기 중에서 그 액체의 표면 부근에서 불꽃의 전파가 일어나기에 충분한 농도의 증기가 발생하는 최저의 온도를 말한다. 인화점 50℃의 의미는 액체의 온도가 50℃ 이상이 되면 가연성 증기가 발생하여 점화원에 의해 인화한다는 것이다.

41 제1류 위험물 중의 과산화칼륨을 다음과 같이 반응시켰을 때 공통적으로 발생되는 기체는?

> ㉠ 물과 반응을 시켰다.
> ㉡ 가열하였다.
> ㉢ 탄산가스와 반응시켰다.

① 수 소 ② 이산화탄소
③ 산 소 ④ 이산화황

해설

㉠ 물과 반응 : $2K_2O_2 + 2H_2O \rightarrow 4KOH + O_2$(산소)

㉡ 가열(열분해) : $2K_2O_2 \xrightarrow[\triangle]{} 2K_2O + O_2$(산소)

㉢ 탄산가스와 반응 : $2K_2O_2 + 2CO_2 \rightarrow 2K_2CO_3 + O_2$(산소)

42 위험물 이동저장탱크의 외부도장 색상으로 적합하지 않은 것은?

① 제2류 – 적색 ② 제3류 – 청색
③ 제5류 – 황색 ④ 제6류 – 회색

해설

제6류의 외부도장 색상은 청색이다.

43 과망가니즈산칼륨의 위험성에 대한 설명 중 틀린 것은?

① 진한 황산과 접촉하면 폭발적으로 반응한다.
② 알코올, 에터, 글리세린 등 유기물과 접촉을 금한다.
③ 가열하면 약 60℃에서 분해하여 수소를 방출한다.
④ 목탄, 황과 접촉 시 충격에 의해 폭발할 위험성이 있다.

해설

가열하면 약 240℃에서 산소가 발생한다.
열분해 반응식 : $2KMnO_4 \rightarrow K_2MnO_4 + MnO_2 + O_2$(산소)

44 다음 중 제1류 위험물에 속하지 않는 것은?

① 질산구아니딘
② 과아이오딘산
③ 납 또는 아이오딘의 산화물
④ 염소화아이소시아누르산

해설

질산구아니딘은 제5류 위험물에 속한다.

정답 40 ② 41 ③ 42 ④ 43 ③ 44 ①

45 질산의 비중이 1.5일 때, 1소요단위는 몇 L인가?

① 150 ② 200

③ 1,500 ④ 2,000

해설

위험물의 1소요단위 = 지정수량의 10배

밀도 $= \frac{질량}{부피}$ → 부피 $= \frac{질량}{밀도}$

∴ 질산 지정수량(300kg) × 10배 ÷ 1.5(비중) = 2,000L

46 질산메틸에 대한 설명 중 틀린 것은?

① 액체 형태이다.

② 물보다 무겁다.

③ 알코올에 녹는다.

④ 증기는 공기보다 가볍다.

해설

질산메틸의 증기 비중은 약 2.65로 공기보다 무겁다.

47 삼황화인의 연소 시 발생하는 가스에 해당하는 것은?

① 이산화황

② 황화수소

③ 산 소

④ 인 산

해설

삼황화인의 연소 반응식 : $P_4S_3 + 8O_2 \rightarrow 2P_2O_5 + 3SO_2$ (이산화황)

48 다음 위험물 중 발화점이 가장 낮은 것은?

① 피크르산

② TNT

③ 과산화벤조일

④ 나이트로셀룰로스

해설

발화점

피크르산	TNT	과산화벤조일	나이트로셀룰로스
300℃	300℃	80℃	160℃

45 ④ 46 ④ 47 ① 48 ③ **정답**

49 건축물 외벽이 내화구조이며 연면적 300m^2인 위험물 옥내저장소의 건축물에 대하여 소화설비의 소화능력단위는 최소한 몇 단위 이상이 되어야 하는가?

① 1단위 ② 2단위
③ 3단위 ④ 4단위

해설

저장소의 건축물은 외벽이 내화구조인 것은 연면적 150m^2를 1소요단위로 하므로 300 ÷ 150 = 2단위이다.

50 위험물안전관리법령상 위험물의 운반에 관한 기준에 따르면 알코올류의 위험등급은 얼마인가?

① 위험등급 I
② 위험등급 II
③ 위험등급 III
④ 위험등급 IV

해설

제4류 위험물의 위험등급

- 위험등급 I : 특수인화물
- 위험등급 II : 제1석유류, 알코올류
- 위험등급 III : 제2석유류, 제3석유류, 제4석유류, 동식물유류

51 다음 (   ) 안에 알맞은 수치를 차례대로 옳게 나열한 것은?

> 위험물 암반탱크의 공간용적은 해당 탱크 내에 용출하는 (   )일간의 지하수 양에 상당하는 용적과 해당 탱크 내용적의 100분의 (   )의 용적 중에서 보다 큰 용적을 공간용적으로 한다.

① 1, 1 ② 7, 1
③ 1, 5 ④ 7, 5

해설

위험물 암반탱크의 공간 용적은 해당 탱크 내에 용출하는 7일간의 지하수 양에 상당하는 용적과 해당 탱크 내용적의 1/100의 용적 중에서 보다 큰 용적을 공간용적으로 한다.

52 HNO_3에 대한 설명으로 틀린 것은?

① Al, Fe은 진한 질산에서 부동태를 생성해 녹지 않는다.
② 질산과 염산을 3 : 1 비율로 제조한 것을 왕수라고 한다.
③ 부식성에 강하고 흡습성이 있다.
④ 직사광선에서 분해하여 NO_2를 발생한다.

해설

질산과 염산을 1 : 3 비율로 제조한 것을 왕수라 한다.

질산의 특성

- 자극적인 냄새가 나는 무색의 액체이다.
- 비중이 1.49 이상이면 위험물로 규정한다.
- 공기와의 접촉으로 황, 적색의 증기가 발생한다.
- 물, 알코올, 에터에 잘 녹는다.
- 이온화 경향이 작은 금속(동, 수은, 은)에서는 NO와 NO_2를 생성함과 함께 그 금속의 질산염을 생성한다.
- 금속에 산 및 산화제로 작용한다.
- 이온화 경향이 큰 금속(마그네슘 등)에서는 수소가 발생한다.
- 가열, 빛에 의해 분해되고 이산화질소로 인해 황색 또는 갈색을 띤다.

정답 49 ② 50 ② 51 ② 52 ②

53 지정수량 20배 이상의 제1류 위험물을 저장하는 옥내저장소에서 내화구조로 하지 않아도 되는 것은?(단, 원칙적인 경우에 한한다)

① 바 닥 ② 보
③ 기 둥 ④ 벽

해설

보와 서까래, 계단, 지붕 등은 불연재료로 해야 한다.

54 위험물안전관리법령상 다음 ( ) 안에 알맞은 수치는?

> 옥내저장소에서 위험물을 저장하는 경우 기계에 의하여 하역하는 구조로 된 용기만을 겹쳐 쌓는 경우에 있어서는 ( )m 높이를 초과하여 용기를 겹쳐쌓지 아니하여야 한다.

① 2 ② 4
③ 6 ④ 8

해설

기계에 의하여 하역하는 구조로 된 용기만을 겹쳐쌓는 경우는 6m 이하로 한다.

55 칼륨의 화재 시 사용 가능한 소화제는?

① 물 ② 마른모래
③ 이산화탄소 ④ 사염화탄소

해설

칼륨은 제3류 위험물로 화재 시 마른모래, 팽창질석, 팽창진주암, 탄산수소염류 분말소화약제에 적응성이 있다.

56 위험물안전관리법령에 따른 제3류 위험물에 대한 화재예방 또는 소화의 대책으로 틀린 것은?

① 이산화탄소, 할로젠화합물, 분말소화약제를 사용하여 소화한다.
② 칼륨은 석유, 등유 등의 보호액 속에 저장한다.
③ 알킬알루미늄은 헥세인, 톨루엔 등 탄화수소용제를 희석제로 사용한다.
④ 알킬알루미늄, 알칼리튬을 저장하는 탱크에는 불활성가스의 봉입장치를 설치한다.

해설

제3류 위험물 중 금수성 물질의 화재 시에는 마른모래, 팽창질석, 팽창진주암, 탄산수소염류 분말소화약제만 적응성이 있다.

53 ② 54 ③ 55 ② 56 ① 정답

57 위험물안전관리법령에 따라 위험물 운반을 위해 적재하는 경우 제4류 위험물과 혼재가 가능한 액화석유가스 또는 압축천연가스의 용기 내용적은 몇 L 미만인가?

① 120 ② 150
③ 180 ④ 200

해설

위험물과 혼재 가능한 고압가스의 내용적은 120L 미만이다.

58 위험물을 유별로 정리하여 상호 1m 이상의 간격을 유지하는 경우에도 동일한 옥내저장소에 저장할 수 없는 것은?

① 제1류 위험물(알칼리금속의 과산화물 또는 이를 함유한 것을 제외한다)과 제5류 위험물
② 제1류 위험물과 제6류 위험물
③ 제1류 위험물과 제3류 위험물 중 황린
④ 인화성 고체를 제외한 제2류 위험물과 제4류 위험물

해설

인화성 고체를 제외한 제2류 위험물과 제4류 위험물은 동일한 옥내저장소에 저장이 불가하다.

유별이 다른 위험물끼리 동일한 저장소에 저장할 수 있는 경우(단, 1m 이상 간격 유지)

- 제1류 위험물(알칼리금속의 과산화물 또는 이를 함유한 것을 제외)과 제5류 위험물
- 제1류 위험물과 제6류 위험물
- 제1류 위험물과 제3류 위험물 중 자연발화성 물질(황린 또는 이를 함유한 것)
- 제2류 위험물 중 인화성 고체와 제4류 위험물
- 제3류 위험물 중 알킬알루미늄 등과 제4류 위험물(알킬알루미늄 또는 알킬리튬을 함유한 것)
- 제4류 위험물 중 유기과산화물 또는 이를 함유하는 것과 제5류 위험물 중 유기과산화물 또는 이를 함유한 것

59 위험물의 지정수량이 틀린 것은?

① 과산화칼륨 : 50kg
② 질산나트륨 : 50kg
③ 과망가니즈산나트륨 : 1,000kg
④ 다이크로뮴산암모늄 : 1,000kg

해설

질산나트륨 지정수량 : 300kg

60 공기 중에서 산소와 반응하여 과산화물을 생성하는 물질은?

① 다이에틸에터
② 이황화탄소
③ 에틸알코올
④ 과산화나트륨

해설

다이에틸에터는 공기 중의 산소와 반응하여 과산화물을 생성한다.

다이에틸에터($(C_2H_5)_2O$)의 특성

- 달콤한 냄새가 나는 무색의 휘발성 액체이다.
- 액체비중 0.7, 증기비중 2.6, 녹는점 −116℃, 끓는점 34℃
- 인화점 −40℃, 발화점 160℃
- 물에 미량 녹고, 알코올, 에터에 잘 녹는다.
- 공기 중에서 산화하여 알데하이드 및 과산화물을 생성하여 폭발할 수 있다.

정답 57 ① 58 ④ 59 ② 60 ①

2014년 제5회 과년도 기출문제

01 다음 중 분말소화약제를 방출시키기 위해 주로 사용되는 가압용 가스는?

① 산 소　　② 질 소
③ 헬 륨　　④ 아르곤

해설

분말소화기는 주로 축압식을 이용하며 가압용 가스로 질소(N)를 사용한다.

02 제2류 위험물인 마그네슘에 대한 설명으로 옳지 않은 것은?

① 2mm의 체를 통과한 것만 위험물에 해당된다.
② 화재 시 이산화탄소소화약제로 소화가 가능하다.
③ 가연성 고체로 산소와 반응하여 산화반응을 한다.
④ 주수소화를 하면 가연성의 수소가스가 발생한다.

해설

마그네슘은 화재 시 마른모래, 팽창질석, 팽창진주암, 탄산수소염류 등으로 질식소화한다.

03 다음 중 알킬알루미늄의 소화방법으로 가장 적합한 것은?

① 팽창질석에 의한 소화
② 알코올포에 의한 소화
③ 주수에 의한 소화
④ 산알칼리 소화약제에 의한 소화

해설

알킬알루미늄(제3류 위험물)의 화재 시 마른모래, 팽창질석, 팽창진주암, 탄산수소염류 등으로 소화한다.

04 다음은 어떤 화합물의 구조식인가?

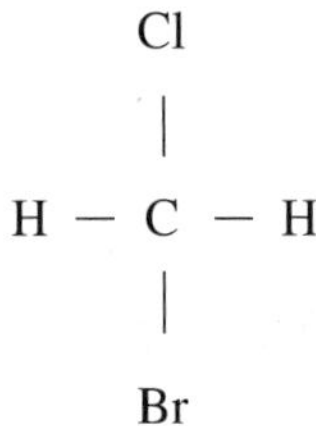

① 할론 1301
② 할론 1201
③ 할론 1011
④ 할론 2402

해설

할론은 C－F－Cl－Br의 순서대로 개수를 표시하며, H의 개수는 할론번호에 포함하지 않는다.

1 ② 2 ② 3 ① 4 ③ 정답

05 제조소 등의 소요단위 산정 시 위험물은 지정수량의 몇 배를 1소요단위로 하는가?

① 5배 ② 10배
③ 20배 ④ 50배

해설

소요단위의 계산방법

- 제조소 또는 취급소의 건축물
  - 외벽이 내화구조 : 연면적 $100m^2$를 1소요단위
  - 외벽이 내화구조가 아닌 것 : 연면적 $50m^2$를 1소요단위
- 저장소의 건축물
  - 외벽이 내화구조 : 연면적 $150m^2$를 1소요단위
  - 외벽이 내화구조가 아닌 것 : 연면적 $75m^2$를 1소요단위
  - 위험물은 지정수량의 10배 : 1소요단위

06 양초, 고급알코올 등과 같은 연료의 가장 일반적인 연소형태는?

① 분무연소 ② 증발연소
③ 표면연소 ④ 분해연소

해설

양초와 고급알코올은 증발연소를 한다.

고체연소의 형태

- 표면연소 : 가스 발생 없이 연소물의 표면에서 산소와 접촉하여 연소하는 반응
  예 코크스, 목탄, 금속분 등
- 분해연소 : 고체 가연물에서 열분해반응이 일어날 때 발생된 가연성 증기가 공기와 혼합되면서 발생된 혼합기체가 연소하는 형태
  예 종이, 목재, 섬유, 플라스틱, 합성수지, 석탄 등
- 증발연소 : 고체 가연물이 액체형태로 상태변화를 일으키면서 가연성 증기를 증발시켜 공기와 혼합하여 연소하는 형태
  예 황, 양초(파라핀), 나프탈렌 등
- 자기연소 : 자체적으로 산소공급원을 가진 고체 가연물의 연소이며, 연소속도가 폭발적임
  예 제5류 위험물(TNT, 나이트로글리세린, 나이트로셀룰로스 등)

07 다음은 위험물안전관리법령에 따른 판매취급소에 대한 정의이다. (   )에 알맞은 말은?

> 판매취급소라 함은 점포에서 위험물을 용기에 담아 판매하기 위하여 지정수량의 (㉮)배 이하의 위험물을 (㉯)하는 장소

① ㉮ : 20, ㉯ : 취급
② ㉮ : 40, ㉯ : 취급
③ ㉮ : 20, ㉯ : 저장
④ ㉮ : 40, ㉯ : 저장

해설

위험물을 제조 외의 목적으로 취급하기 위한 장소와 그에 따른 취급소의 구분

위험물을 제조 외의 목적으로 취급하기 위한 장소	취급소의 구분
고정된 주유설비(항공기에 주유하는 경우에는 차량에 설치된 주유설비를 포함한다)에 의하여 자동차·항공기 또는 선박 등의 연료탱크에 직접 주유하기 위하여 위험물(석유 및 석유대체연료 사업법 제29조의 규정에 의한 가짜석유제품에 해당하는 물품을 제외한다)을 취급하는 장소(위험물을 용기에 옮겨 담거나 차량에 고정된 5천L 이하의 탱크에 주입하기 위하여 고정된 급유설비를 병설한 장소를 포함한다)	주유취급소
점포에서 위험물을 용기에 담아 판매하기 위하여 지정수량의 40배 이하의 위험물을 취급하는 장소	판매취급소

정답 5 ② 6 ② 7 ②

08 위험물안전관리법령상 위험등급 I 의 위험물로 옳은 것은?

① 무기과산화물

② 황화인, 적린, 황

③ 제1석유류

④ 알코올류

해설

위험물의 위험등급(위험물안전관리법 시행규칙 별표 19)

- 위험등급 I 의 위험물
  - 제1류 위험물 중 아염소산염류, 염소산염류, 과염소산염류, 무기과산화물, 그 밖에 지정수량이 50kg인 위험물
  - 제3류 위험물 중 칼륨, 나트륨, 알킬알루미늄, 알킬리튬, 황린, 그 밖에 지정수량이 10kg 또는 20kg인 위험물
  - 제4류 위험물 중 특수인화물
  - 제5류 위험물 중 지정수량이 10kg인 위험물
  - 제6류 위험물
- 위험등급Ⅱ의 위험물
  - 제1류 위험물 중 브로민산염류, 질산염류, 아이오딘산염류, 그 밖에 지정수량이 300kg인 위험물
  - 제2류 위험물 중 황화인, 적린, 황, 그 밖에 지정수량이 100kg 인 위험물
  - 제3류 위험물 중 알칼리금속(칼륨 및 나트륨을 제외한다) 및 알칼리토금속, 유기금속화합물(알킬알루미늄 및 알킬리튬을 제외한다), 그 밖에 지정수량이 50kg인 위험물
  - 제4류 위험물 중 제1석유류 및 알코올류
  - 제5류 위험물 중 제1호 라목에 정하는 위험물 외의 것
- 위험등급Ⅲ의 위험물 : 제1호 및 제2호에 정하지 아니한 위험물

09 위험물안전관리법령상 자동화재탐지설비를 설치하지 않고 비상경보설비로 대신할 수 있는 것은?

① 일반취급소로서 연면적 $600m^2$인 것

② 지정수량 20배를 저장하는 옥내저장소로서 처마높이가 8m인 단층건물

③ 단층건물 외에 건축물이 설치된 지정수량 15배의 옥내탱크저장소로서 소화난이도등급Ⅱ에 속하는 것

④ 지정수량 20배를 저장·취급하는 옥내주유취급소

해설

옥내탱크저장소로써 소화난이도등급 I 에 해당하는 경우 자동화재탐지설비를 설치한다.

③은 등급Ⅱ로써 비상경보설비로 대체 가능하다.

제조소 등의 경보설비 설치기준(위험물안전관리법 시행규칙 별표 17)

제조소 등의 구분	제조소 등의 규모, 저장 또는 취급하는 위험물의 종류 및 최대수량 등	경보설비
가. 제조소 및 일반취급소	• 연면적이 $500m^2$ 이상인 것 • 옥내에서 지정수량의 100배 이상을 취급하는 것(고인화점 위험물만을 100℃ 미만의 온도에서 취급하는 것은 제외)	자동화재탐지설비
나. 옥내저장소	• 지정수량의 100배 이상을 저장 또는 취급하는 것(고인화점 위험물만을 저장 또는 취급하는 것은 제외) • 저장창고의 연면적이 $150m^2$를 초과하는 것[연면적 $150m^2$ 이내마다 불연재료의 격벽으로 개구부 없이 완전히 구획된 저장창고와 제2류 위험물(인화성 고체는 제외) 또는 제4류 위험물(인화점이 70℃ 미만인 것은 제외)만을 저장 또는 취급하는 저장창고는 그 연면적이 $500m^2$ 이상인 것에 한한다] • 처마 높이가 6m 이상인 단층 건물의 것 • 옥내저장소로 사용되는 부분 외의 부분이 있는 건축물에 설치된 옥내저장소[옥내저장소와 옥내저장소 외의 부분이 내화구조의 바닥 또는 벽으로 개구부 없이 구획된 것과 제2류(인화성 고체는 제외한다) 또는 제4류의 위험물(인화점이 70℃ 미만인 것은 제외한다)만을 저장 또는 취급하는 것은 제외한다]	
다. 옥내탱크 저장소	단층건물 외의 건축물에 설치된 옥내탱크저장소로서 소화난이도등급 I 에 해당하는 것	
라. 주유취급소	옥내주유취급소	

8 ① 9 ③ 정답

제조소 등의 구분	제조소 등의 규모, 저장 또는 취급하는 위험물의 종류 및 최대수량 등	경보설비
마. 옥외탱크 저장소	특수인화물, 제1석유류 및 알코올류를 저장 또는 취급하는 탱크의 용량이 1,000만L 이상인 것	• 자동화재 탐지설비 • 자동화재 속보설비
바. 가목부터 마목까지의 규정에 따른 자동화재탐지설비 설치 대상 제조소 등에 해당하지 않는 제조소 등(이송취급소는 제외)	지정수량의 10배 이상을 저장 또는 취급하는 것	자동화재탐지설비, 비상경보설비, 확성장치 또는 비상방송설비 중 1종 이상

10 위험물안전관리법령상 제5류 위험물의 화재발생 시 적응성이 있는 소화설비는?

① 분말소화설비

② 물분무소화설비

③ 불활성기체소화설비

④ 할로젠화합물소화설비

해설

제5류 위험물은 자체적으로 산소를 공급하므로 물로 냉각소화한다. 따라서 수분을 포함한 물분무소화설비가 적응성이 있다.

11 BCF(Bromo Chlorodi Fluoromethane) 소화약제의 화학식으로 옳은 것은?

① CCl_4

② CH_2ClBr

③ CF_3Br

④ CF_2ClBr

해설

BCF의 의미 : 탄소를 포함하면서 B(Br), C(Cl), F를 모두 포함하는 것

12 다음 중 제4류 위험물의 화재에 적응성이 없는 소화기는?

① 포소화기 ② 봉상수소화기

③ 인산염류소화기 ④ 이산화탄소소화기

해설

제4류 위험물은 질식소화를 해야하므로 포소화기, 분말소화기, 이산화탄소소화기, 할로젠화합물소화기 등을 사용한다.

13 위험물안전관리법령상 자동화재탐지설비의 경계구역 하나의 면적은 몇 m^2 이하이어야 하는가?(단, 원칙적인 경우에 한한다)

① 250 ② 300

③ 400 ④ 600

해설

자동화탐지설비의 경계구역

- 건축물 그 밖의 공작물의 2 이상의 층에 걸치지 아니하도록 할 것(경계구역의 면적이 500m^2 이하이면 그러하지 아니하다)
- 하나의 경계구역의 면적은 600m^2 이하로 할 것
- 한 변의 길이는 50m(광전식 분리형 감지기의 경우에는 100m) 이하로 할 것
- 건축물 그 밖의 공작물의 주요한 출입구에서 그 내부 전체를 볼 수 있는 경우는 면적을 1,000m^2 이하로 할 것
- 자동화재탐지설비의 감지기는 지붕 또는 벽의 옥내에 면한 부분에 화재발생을 감지할 수 있도록 설치할 것
- 자동화재탐지설비에는 비상전원을 설치할 것

14 플래시오버(Flash Over)에 대한 설명으로 옳은 것은?

① 대부분 화재 초기(발화기)에 발생한다.

② 대부분 화재 종기(쇠퇴기)에 발생한다.

③ 내장재의 종류와 개구부의 크기에 영향을 받는다.

④ 산소의 공급이 주요 요인이 되어 발생한다.

해설

플래시오버(Flash Over)

- 화재 시 성장기에서 최성기로 넘어갈 때 실내온도가 급격히 상승하여 화염이 실내 전체로 급격히 확대되는 연소현상
- 축적된 가연성 가스가 착화하면 실내 전체가 화염에 휩싸인다.
- 물체의 표면 또는 전체의 온도가 발화온도에 이르면 전면에 걸쳐 거의 동시에 타오르는 화재의 단계
- 내장재의 종류와 개구부의 크기에 따라 영향을 받는다.

정답 10 ② 11 ④ 12 ② 13 ④ 14 ③

15 연소의 연쇄반응을 차단 및 억제하여 소화하는 방법은?

① 냉각소화 ② 부촉매소화
③ 질식소화 ④ 제거소화

해설

부촉매소화(억제소화) : 연쇄반응의 속도를 빠르게 하는 정촉매의 역할을 억제시키는 것으로 화학적 소화방법이다. 억제소화약제의 종류로는 할로젠화합물(증발성 액체) 소화약제와 제3종 분말소화약제 등이 있다.

16 취급하는 제4류 위험물의 수량이 지정수량의 30만배인 일반취급소가 있는 사업장에 자체소방대를 설치함에 있어서 전체 화학소방차 중 포수용액을 방사하는 화학소방차는 몇 대 이상 두어야 하는가?

① 필수적인 것은 아니다.
② 1
③ 2
④ 3

해설

지정수량이 30만배이므로 화학소방자동차가 3대 필요하다. 이 중 포수용액을 방사하는 화학소방차 수는 전체 대수의 2/3 이상이어야 하므로 2대 이상이다.

자체소방대에 두는 화학소방자동차 및 인원(위험물안전관리법 시행령 별표 8)

사업소의 구분	화학소방자동차	자체소방대원의 수
제조소 또는 일반취급소에서 취급하는 제4류 위험물의 최대수량의 합이 지정수량의 3천배 이상 12만배 미만인 사업소	1대	5인
제조소 또는 일반취급소에서 취급하는 제4류 위험물의 최대수량의 합이 지정수량의 12만배 이상 24만배 미만인 사업소	2대	10인
제조소 또는 일반취급소에서 취급하는 제4류 위험물의 최대수량의 합이 지정수량의 24만배 이상 48만배 미만인 사업소	3대	15인
제조소 또는 일반취급소에서 취급하는 제4류 위험물의 최대수량의 합이 지정수량의 48만배 이상인 사업소	4대	20인
옥외탱크저장소에 저장하는 제4류 위험물의 최대수량이 지정수량의 50만배 이상인 사업소	2대	10인

17 충격이나 마찰에 민감하고 가수분해 반응을 일으키는 단점을 가지고 있어 이를 개선하여 다이너마이트를 발명하는 데 주원료로 사용한 위험물은?

① 셀룰로이드
② 나이트로글리세린
③ 트라이나이트로톨루엔
④ 트라이나이트로페놀

해설

액체상태의 나이트로글리세린(제5류 위험물)은 충격에 매우 민감하며, 규조토에 흡수시켜 다이너마이트 제조에 사용한다.

18 위험물안전관리법령상 제4류 위험물을 지정수량의 3,000배 초과 4,000배 이하로 저장하는 옥외탱크저장소의 보유공지는 얼마인가?

① 6m 이상 ② 9m 이상
③ 12m 이상 ④ 15m 이상

해설

옥외저장 탱크의 보유공지

저장 또는 취급하는 위험물의 최대수량	공지의 너비
지정수량의 500배 이하	3m 이상
지정수량의 500배 초과 1,000배 이하	5m 이상
지정수량의 1,000배 초과 2,000배 이하	9m 이상
지정수량의 2,000배 초과 3,000배 이하	12m 이상
지정수량의 3,000배 초과 4,000배 이하	15m 이상
지정수량의 4,000배 초과	탱크의 수평단면의 최대지름(가로형인 경우에는 긴 변)과 높이 중 큰 것과 같은 거리 이상. 다만, 30m 초과의 경우에는 30m 이상으로 할 수 있고, 15m 미만의 경우에는 15m 이상으로 하여야 한다.

15 ② 16 ③ 17 ② 18 ④ 정답

19 다음 물질 중 분진폭발의 위험이 가장 낮은 것은?

① 마그네슘가루
② 아연가루
③ 밀가루
④ 시멘트가루

해설

시멘트가루, 석회분말, 가성소다는 분진폭발의 위험성이 없다.

20 소화기 속에 압축되어 있는 이산화탄소 1.1kg을 표준상태에서 분사하였다. 이산화탄소의 부피는 몇 m^3가 되는가?

① 0.56 ② 5.6
③ 11.2 ④ 24.6

해설

이산화탄소(CO_2)의 분자량은 44g이므로 1.1kg의 몰수는

$$몰수 = \frac{질량}{분자량} = \frac{1,100}{44} = 25몰$$

기체 1몰의 부피는 22.4L이므로
$22.4L \times 25 = 560L = 0.56m^3$

21 위험물의 품명이 질산염류에 속하지 않는 것은?

① 질산메틸 ② 질산칼륨
③ 질산나트륨 ④ 질산암모늄

해설

질산메틸은 질산에스테르류이다.

22 질산암모늄의 일반적 성질에 대한 설명 중 옳은 것은?

① 불안정한 물질이고 물에 녹을 때는 흡열반응을 나타낸다.
② 물에 대한 용해도 값이 매우 작아 물에 거의 불용이다.
③ 가열 시 분해하여 수소를 발생한다.
④ 과일향의 냄새가 나는 적갈색 비결정체이다.

해설

② 물과 알코올에 쉽게 잘 녹으며, 물에 용해 시 흡열반응을 한다.
③ 가열 시 분해하여 산소를 발생한다.
④ 무색 무취의 결정이다.

23 다음 중 황 분말과 혼합했을 때 가열 또는 충격에 의해서 폭발할 위험이 가장 높은 것은?

① 질산암모늄
② 물
③ 이산화탄소
④ 마른모래

해설

질산암모늄은 산소공급원으로 가연성 고체인 황과 혼합 시 폭발의 위험성이 있다.

정답 19 ④ 20 ① 21 ① 22 ① 23 ①

24 제2석유류에 해당하는 물질로만 짝지어진 것은?

① 등유, 경유

② 등유, 중유

③ 글리세린, 기계유

④ 글리세린, 장뇌유

해설

등유와 경유는 제2석유류에 속한다.

제4류 위험물(인화성 액체)

제1석유류	아세톤, 휘발유, 벤젠, 톨루엔, 피리딘, 사이안화수소, 초산메틸 등
제2석유류	등유, 경유, 장뇌유, 테레빈유, 폼산 등
제3석유류	중유, 크레오소트유, 글리세린, 나이트로벤젠 등
제4석유류	기어유, 실린더유, 터빈유, 모빌유, 엔진오일 등

25 삼황화인의 연소 생성물을 옳게 나열한 것은?

① P_2O_5, SO_2　② P_2O_5, H_2S

③ H_3PO_4, SO_2　④ H_3PO_4, H_2S

해설

연소 반응식 : $P_4S_3 + 8O_2 \rightarrow 2P_2O_5 + 3SO_2$

삼황화인 산소　오산화인 이산화황

26 아염소산염류 500kg과 질산염류 3,000kg을 함께 저장하는 경우 위험물의 소요단위는 얼마인가?

① 2　② 4

③ 6　④ 8

해설

아염소산염류 지정수량은 50kg, 질산염류 지정수량은 300kg이므로 각각 1소요단위로 총 2소요단위이다.

27 경유에 대한 설명으로 틀린 것은?

① 물에 녹지 않는다.

② 비중은 1 이하이다.

③ 발화점이 인화점보다 높다.

④ 인화점은 상온 이하이다.

해설

경유의 인화점은 41℃ 이상으로 상온 이상이다.

28 위험물의 저장 및 취급방법에 대한 설명으로 틀린 것은?

① 적린은 화기와 멀리하고 가열, 충격이 가해지지 않도록 한다.

② 이황화탄소는 발화점이 낮으므로 물속에 저장한다.

③ 마그네슘은 산화제와 혼합되지 않도록 취급한다.

④ 알루미늄분은 분진폭발의 위험이 있으므로 분무주수하여 저장한다.

해설

알루미늄은 분진폭발의 위험이 있어 밀폐용기에 넣어 건조한 곳에 저장해야 한다.

알루미늄분의 저장

• 용기의 파손으로 인한 위험물의 누설에 주의

• 산화제와 혼합하지 않음

• 물 또는 산과의 접촉을 피할 것

24 ①　25 ①　26 ①　27 ④　28 ④ **정답**

29 다음 (　　) 안에 적합한 숫자를 차례대로 나열한 것은?

> 자연발화성 물질 중 알킬알루미늄 등은 운반용기의 내용적의 (　　)% 이하의 수납률로 수납하되, 50℃의 온도에서 (　　)% 이상의 공간용적을 유지하도록 할 것

① 90, 5　　② 90, 10
③ 95, 5　　④ 95, 10

해설

알킬알루미늄 등은 운반용기의 내용적의 90% 이하의 수납률로 수납하되, 50℃의 온도에서 5% 이상의 공간용적을 유지하도록 한다.

운반용기의 수납률

- 고체위험물 : 운반용기 내용적의 95% 이하
- 액체위험물 : 운반용기 내용적의 98% 이하(55℃에서 누설되지 않도록 공간용적을 유지)

30 위험물안전관리법령에서 정한 제5류 위험물 이동저장탱크의 외부도장 색상은?

① 황 색　　② 회 색
③ 적 색　　④ 청 색

해설

이동저장탱크의 외부도장 색상

제1류	회 색	제4류	제한없음(적색권장)
제2류	적 색	제5류	황 색
제3류	청 색	제6류	청 색

31 다음 중 위험물안전관리법령에서 정한 제3류 위험물 금수성 물질의 소화설비로 적응성이 있는 것은?

① 불활성기체소화설비
② 할로젠화합물소화설비
③ 인산염류 등 분말소화설비
④ 탄산수소염류 등 분말소화설비

해설

제3류 위험물 금수성 물질의 소화설비로는 탄산수소염류 분말소화설비, 마른모래, 팽창질석, 팽창진주암 등을 사용한다.

32 자기반응성 물질인 제5류 위험물에 해당하는 것은?

① $CH_3(C_6H_4)NO_2$
② CH_3COCH_3
③ $C_6H_2(NO_2)_3OH$
④ $C_6H_5NO_2$

해설

③ $C_6H_2(NO_2)_3OH$: 트라이나이트로페놀, 제5류 위험물의 나이트로 화합물
① $CH_3(C_6H_4)NO_2$: 나이트로톨루엔, 제4류 위험물의 제3석유류
② CH_3COCH_3 : 아세톤, 제4류 위험물의 제1석유류
④ $C_6H_5NO_2$: 나이트로벤젠, 제4류 위험물의 제3석유류

33 나이트로셀룰로스 5kg과 트라이나이트로페놀을 함께 저장하려고 한다. 이때 지정수량 1배로 저장하려면 트라이나이트로페놀을 몇 kg 저장하여야 하는가?

① 5　　② 10
③ 50　　④ 100

해설

지정수량 : 나이트로셀룰로스(10kg), 트라이나이트로페놀(100kg)

$$\frac{\text{저장수량}}{\text{지정수량}} = \frac{5}{10} + \frac{x}{100} = 1$$

$\therefore x = 50\text{kg}$

정답 29 ① 30 ① 31 ④ 32 ③ 33 ③

34 위험물안전관리법령상 염소화아이소시아누르산은 제 몇 류 위험물인가?

① 제1류　② 제2류
③ 제5류　④ 제6류

해설

행정안전부령이 정하는 제1류 위험물에 해당한다.

35 나이트로셀룰로스의 저장방법으로 올바른 것은?

① 물이나 알코올로 습윤시킨다.
② 에틸알코올과 에터 혼액에 침윤시킨다.
③ 수은염을 만들어 저장한다.
④ 산에 용해시켜 저장한다.

해설

나이트로셀룰로스의 성질

- 물에 잘 안 녹고, 알코올, 에터에 녹는 고체상태의 물질이다.
- 셀룰로스에 질산과 황산을 반응시켜 제조한다.
- 건조하면 발화위험이 있으므로 함수알코올에 적셔서 보관한다.
- 일광에서 자연발화할 수 있다.

36 과망가니즈산칼륨의 위험성에 대한 설명으로 틀린 것은?

① 황산과 격렬하게 반응한다.
② 유기물과 혼합 시 위험성이 증가한다.
③ 고온으로 가열하면 분해하여 산소와 수소를 방출한다.
④ 목탄, 황 등 환원성 물질과 격리하여 저장해야 한다.

해설

고온으로 가열하면 분해되어 산소를 방출한다.

분해 반응식 : $2KMnO_4 \rightarrow K_2MnO_4 + MnO_2 + \underset{\text{산소}}{O_2}$

37 유별을 달리하는 위험물을 운반할 때 혼재할 수 있는 것은?(단, 지정수량의 1/10을 넘는 양을 운반하는 경우이다)

① 제1류와 제3류
② 제2류와 제4류
③ 제3류와 제5류
④ 제4류와 제6류

해설

제2류와 제4류는 혼재 가능

위험물 혼재기준

위험물의 구분	제1류	제2류	제3류	제4류	제5류	제6류
제1류		×	×	×	×	○
제2류	×		×	○	○	×
제3류	×	×		○	×	×
제4류	×	○	○		○	×
제5류	×	○	×	○		×
제6류	○	×	×	×	×	

38 과산화벤조일(벤조일퍼옥사이드)에 대한 설명 중 틀린 것은?

① 환원성 물질과 격리하여 저장한다.
② 물에 녹지 않으나 유기용매에 녹는다.
③ 희석제로 묽은 질산을 사용한다.
④ 결정성의 분말형태이다.

해설

희석제로 프탈산메틸과 프탈산디부틸을 사용한다.

34 ① 35 ① 36 ③ 37 ② 38 ③ 정답

39 황에 대한 설명으로 옳지 않은 것은?

① 연소 시 황색불꽃을 보이며 유독한 이황화탄소를 발생한다.
② 미세한 분말상태에서 부유하면 분진폭발의 위험이 있다.
③ 마찰에 의해 정전기가 발생할 우려가 있다.
④ 고온에서 용융된 황은 수소와 반응한다.

해설

연소 시 푸른색불꽃과 함께 유독한 이산화황(SO_2)을 발생한다.

40 정전기로 인한 재해방지대책 중 틀린 것은?

① 접지를 한다.
② 실내를 건조하게 유지한다.
③ 공기 중의 상대습도를 70% 이상으로 유지한다.
④ 공기를 이온화한다.

해설

실내가 건조하면 전기저항치가 감소하여 정전기 발생률이 높아진다.

41 제4류 위험물에 속하지 않는 것은?

① 아세톤
② 실린더유
③ 트라이나이트로톨루엔
④ 나이트로벤젠

해설

트라이나이트로톨루엔은 제5류 위험물의 나이트로화합물에 속한다.

42 제5류 위험물 중 피크르산의 지정수량을 옳게 나타낸 것은?

① 10kg ② 100kg
③ 150kg ④ 200kg

해설

피크르산(TNP)의 지정수량은 100kg이다.

43 다음 중 지정수량이 나머지 셋과 다른 물질은?

① 황화인 ② 적 린
③ 칼 슘 ④ 황

해설

구 분	황화인	적 린	칼 슘	황
지정수량	100kg	100kg	50kg	100kg

정답 39 ① 40 ② 41 ③ 42 ② 43 ③

44 **과염소산칼륨의 성질에 대한 설명 중 틀린 것은?**

① 무색, 무취의 결정으로 물에 잘 녹는다.

② 화학식은 $KClO_4$이다.

③ 에틸알코올, 에터에는 녹지 않는다.

④ 화약, 폭약, 섬광제 등에 쓰인다.

해설

과염소산칼륨은 무색 무취의 결정으로 물에 잘 녹지 않으며, 알코올과 에터에도 잘 녹지 않는다.

45 **경유 2,000L, 글리세린 2,000L를 같은 장소에 저장하려 한다. 지정수량의 배수의 합은 얼마인가?**

① 2.5 ② 3.0

③ 3.5 ④ 4.0

해설

지정수량 : 경유(1,000L), 글리세린(4,000L)

지정수량의 배수 $= \frac{2,000}{1,000} + \frac{2,000}{4,000} = 2.5$배

46 **0.99atm, 55℃에서 이산화탄소의 밀도는 약 몇 g/L인가?**

① 0.62 ② 1.62

③ 9.65 ④ 12.65

해설

이상기체 상태방정식

$$PV = \frac{W}{M}RT$$

여기서, P : 압력(atm)

V : 부피(L)

W : 질량(g)

M : 분자량(g, CO_2=44)

R : 기체상수

T : 절대온도

$$밀도 = \frac{질량}{부피} = \frac{W}{V}$$

$$\therefore \frac{W}{V} = \frac{PM}{RT} = \frac{0.99 \times 44}{0.082 \times (273+55)} = 1.62\text{g/L}$$

47 **다음 중 인화점이 0℃보다 작은 것은 모두 몇 개인가?**

$C_2H_5OC_2H_5$, CS_2, CH_3CHO

① 0개 ② 1개

③ 2개 ④ 3개

해설

구 분	$C_2H_5OC_2H_5$ (다이에틸에터)	CS_2 (이황화탄소)	CH_3CHO (아세트알데하이드)
인화점	−40℃	−30℃	−40℃

48 **다음은 위험물안전관리법령상 이동탱크저장소에 설치하는 게시판의 설치기준에 관한 내용이다. ( ) 안에 해당하지 않는 것은?**

이동저장탱크의 뒷면 중 보기 쉬운 곳에는 해당 탱크에 저장 또는 취급하는 위험물의 ( ) 및 적재중량을 게시한 게시판을 설치하여야 한다.

① 최대수량 ② 품 명

③ 유 별 ④ 관리자명

해설

이동저장탱크의 뒷면 중 보기 쉬운 곳에는 해당 탱크에 저장 또는 취급하는 위험물의 유별·품명·최대수량 및 적재중량을 게시한 게시판을 설치하여야 한다. 이 경우 표시문자의 크기는 가로 40mm, 세로 45mm 이상(여러 품명의 위험물을 혼재하는 경우에는 적재품명별 문자의 크기를 가로 20mm 이상, 세로 20mm 이상)으로 하여야 한다.

44 ① 45 ① 46 ② 47 ④ 48 ④ **정답**

49 위험물과 그 보호액 또는 안정제의 연결이 틀린 것은?

① 황린 – 물
② 인화석회 – 물
③ 금속칼륨 – 등유
④ 알킬알루미늄 – 헥세인

해설
인화석회는 물과 반응 시 포스핀이라는 가연성이고 독성인 가스를 발생한다.

50 다음 설명 중 제2석유류에 해당하는 것은?(단, 1기압 상태이다)

① 착화점이 21℃ 미만인 것
② 착화점이 30℃ 이상 50℃ 미만인 것
③ 인화점이 21℃ 이상 70℃ 미만인 것
④ 인화점이 21℃ 이상 90℃ 미만인 것

해설
제4류 위험물 제2석유류는 인화점 21℃ 이상 70℃ 미만인 것을 말한다.

51 위험물안전관리법령상 제5류 위험물의 공통된 취급방법으로 옳지 않은 것은?

① 용기의 파손 및 균열에 주의한다.
② 저장 시 과열, 충격, 마찰을 피한다.
③ 운반용기 외부에 주의사항으로 "화기주의" 및 "물기엄금"을 표기한다.
④ 불티, 불꽃, 고온체와의 접근을 피한다.

해설
운반용기 외부에 주의사항으로 "화기엄금" 및 "충격주의"를 표기해야 한다.

52 위험물안전관리법령상 옥내소화전설비의 설치기준에서 옥내소화전은 제조소 등의 건축물의 층마다 해당 층의 각 부분에서 하나의 호스접속구까지의 수평거리가 몇 m 이하가 되도록 설치하여야 하는가?

① 5 ② 10
③ 15 ④ 25

해설
옥내소화전은 건축물의 층마다 해당 층의 각 부분에서 하나의 호스접속구까지의 수평거리가 25m 이하가 되도록 설치하여야 한다.

정답 49 ② 50 ③ 51 ③ 52 ④

53 위험물안전관리법령에 따른 위험물의 운송에 관한 설명 중 틀린 것은?

① 알킬리튬과 알킬알루미늄 또는 이 중 어느 하나 이상을 함유한 것은 운송책임자의 감독・지원을 받아야 한다.

② 이동탱크저장소에 의하여 위험물을 운송할 때의 운송책임자에는 법정의 교육을 이수하고 관련 업무에 2년 이상 경력이 있는 자도 포함된다.

③ 서울에서 부산까지 금속의 인화물 300kg을 1명의 운전자가 휴식 없이 운송해도 규정위반이 아니다.

④ 운송책임자의 감독 또는 지원 방법에는 동승하는 방법과 별도의 사무실에서 대기하면서 규정된 사항을 이행하는 방법이 있다.

해설

위험물운송자는 다음의 경우 2명 이상의 운전자로 해야 한다.
- 고속국도에 있어서 340km 이상에 걸치는 운송을 하는 때
- 일반도로에 있어서 200km 이상에 걸치는 운송을 하는 때

54 다음은 위험물안전관리법령에서 정한 내용이다. (   ) 안에 알맞은 용어는?

> (   )라 함은 고형알코올 그 밖에 1기압에서 인화점이 40℃ 미만인 고체를 말한다.

① 가연성 고체 ② 산화성 고체
③ 인화성 고체 ④ 자기반응성 고체

해설

① "가연성 고체"라 함은 고체로서 화염에 의한 발화의 위험성 또는 인화의 위험성을 판단하기 위하여 고시로 정하는 시험에서 고시로 정하는 성질과 상태를 나타내는 것을 말한다.
② "산화성 고체"라 함은 고체 또는 기체로서 산화력의 잠재적인 위험성 또는 충격에 대한 민감성을 판단하기 위하여 소방청장이 정하여 고시하는 시험에서 고시로 정하는 성질과 상태를 나타내는 것을 말한다.
④ "자기반응성 물질"이라 함은 고체 또는 액체로서 폭발의 위험성 또는 가열분해의 격렬함을 판단하기 위하여 고시로 정하는 시험에서 고시로 정하는 성질과 상태를 나타내는 것을 말한다.

55 유기과산화물의 저장 또는 운반 시 주의사항으로서 옳은 것은?

① 일광이 드는 건조한 곳에 저장한다.

② 가능한 한 대용량으로 저장한다.

③ 알코올류 등 제4류 위험물과 혼재하여 운반할 수 있다.

④ 산화제이므로 다른 강산화제와 같이 저장해도 좋다.

해설

제5류 위험물인 유기과산화물은 제2류 위험물과 제4류 위험물과 혼재 가능하다.

56 제3류 위험물에 해당하는 것은?

① 황
② 적 린
③ 황 린
④ 삼황화인

해설

황, 적린, 삼황화인은 제2류 위험물이다.

53 ③ 54 ③ 55 ③ 56 ③ 정답

57 제조소 등의 관계인이 예방규정을 정하여야 하는 제조소 등이 아닌 것은?

① 지정수량 100배의 위험물을 저장하는 옥외탱크저장소
② 지정수량 150배의 위험물을 저장하는 옥내저장소
③ 지정수량 10배의 위험물을 취급하는 제조소
④ 지정수량 5배의 위험물을 취급하는 이송취급소

해설

예방규정을 정하여야 하는 제조소 등

- 지정수량의 10배 이상의 위험물을 취급하는 제조소
- 지정수량의 100배 이상의 위험물을 저장하는 옥외저장소
- 지정수량의 150배 이상의 위험물을 저장하는 옥내저장소
- 지정수량의 200배 이상의 위험물을 저장하는 옥외탱크저장소
- 암반탱크저장소
- 이송취급소
- 지정수량의 10배 이상의 위험물을 취급하는 일반취급소

58 황린의 위험성에 대한 설명으로 틀린 것은?

① 공기 중에서 자연발화의 위험성이 있다.
② 연소 시 발생되는 증기는 유독하다.
③ 화학적 활성이 커서 CO_2, H_2O와 격렬히 반응한다.
④ 강알칼리 용액과 반응하여 독성 가스를 발생한다.

해설

황린은 물속에 저장하는 물질로 물과 격렬히 반응하지 않는다.

59 그림의 원통형 종으로 설치된 탱크에서 공간용적을 내용적의 10%라고 하면 탱크용량(허가용량)은 약 얼마인가?

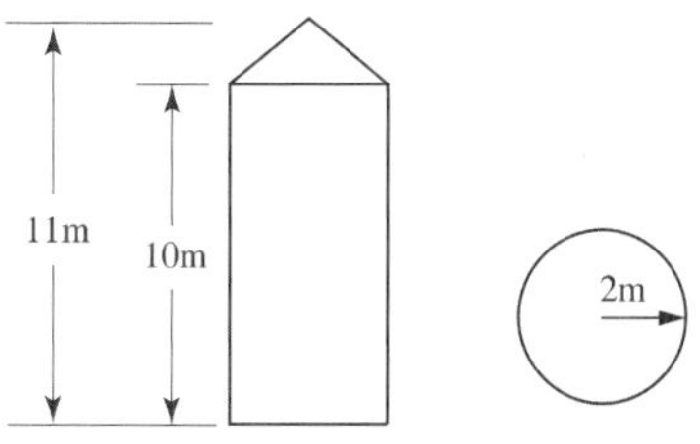

① 113.04　　② 124.34
③ 129.06　　④ 138.16

해설

탱크 내용적 $= \pi r^2 L$
공간용적이 10%이므로 탱크용량은 90%이다.
∴ 탱크용량 $= 3.14 \times 2^2 \times 10 \times 0.9 = 113.04\text{m}^3$

60 지하탱크저장소에 대한 설명으로 옳지 않은 것은?

① 탱크전용실 벽의 두께는 0.3m 이상이어야 한다.
② 지하저장탱크의 윗부분은 지면으로부터 0.6m 이상 아래에 있어야 한다.
③ 지하저장탱크와 탱크전용실 안쪽과의 간격은 0.1m 이상의 간격을 유지한다.
④ 지하저장탱크에는 두께 0.1m 이상의 철근콘크리트조로 된 뚜껑을 설치한다.

해설

탱크의 세로 및 가로보다 각각 0.6m 이상 크고, 두께가 0.3m 이상의 철근콘크리트조로 된 뚜껑을 설치한다.

정답 57 ① 58 ③ 59 ① 60 ④

2015년 제1회 과년도 기출문제

01 제3종 분말 소화약제의 열분해 반응식을 옳게 나타낸 것은?

① $NH_4H_2PO_4 \rightarrow HPO_3 + NH_3 + H_2O$

② $2KNO_3 \rightarrow 2KNO_2 + O_2$

③ $KClO_4 \rightarrow KCl + 2O_2$

④ $2CaHCO_3 \rightarrow 2CaO + H_2CO_3$

해설

분말 소화약제의 열분해 반응식

- 제1종 분말 : $2NaHCO_3 \rightarrow Na_2CO_3 + H_2O + CO_2\uparrow$
- 제2종 분말 : $2KHCO_3 \rightarrow K_2CO_3 + H_2O\uparrow + CO_2\uparrow$
- 제3종 분말 : $NH_4H_2PO_4 \rightarrow HPO_3 + NH_3\uparrow + H_2O\uparrow$
- 제4종 분말 : $2KHCO_3 + (NH_2)_2CO \rightarrow K_2CO_3 + 2NH_3\uparrow + 2CO_2\uparrow$

제3종 분말 소화약제의 효과

- HPO_3 : 메타인산의 방진효과
- NH_3 : 불연성 가스에 의한 질식효과
- H_2O : 냉각효과
- 열분해 시 유리된 암모늄이온과 분말 표면의 흡착에 의한 부촉매 효과

02 위험물안전관리법령상 제2류 위험물 중 지정수량이 500kg인 물질에 의한 화재는?

① A급 화재 ② B급 화재

③ C급 화재 ④ D급 화재

해설

제2류 위험물 중 지정수량이 500kg인 물질은 마그네슘, 철분, 금속분에 해당한다. 금속물질에 의한 화재는 D급 화재이다.

화재의 등급과 종류

구 분	종 류	소화기 표시
일반화재	A급	백 색
유류화재	B급	황 색
전기화재	C급	청 색
금속화재	D급	무 색

03 위험물제조소 등의 용도폐지신고에 대한 설명으로 옳지 않은 것은?

① 용도폐지 후 30일 이내에 신고하여야 한다.

② 완공검사합격확인증을 첨부한 용도폐지신고서를 제출하는 방법으로 신고한다.

③ 전자문서로 된 용도폐지신고서를 제출하는 경우에도 완공검사합격확인증을 제출하여야 한다.

④ 신고의무의 주체는 해당 제조소 등의 관계인이다.

해설

제조소 등의 관계인(소유자・점유자 또는 관리자)은 해당 제조소 등의 용도를 폐지한 때에는 행정안전부령이 정하는 바에 따라 제조소 등의 용도를 폐지한 날부터 14일 이내에 시・도지사에게 신고하여야 한다(위험물안전관리법 제11조).

04 할로젠화합물의 소화약제 중 할론 2402의 화학식은?

① $C_2Br_4F_2$

② $C_2Cl_4F_2$

③ $C_2Cl_4Br_2$

④ $C_2F_4Br_2$

해설

할론넘버는 C–F–Cl–Br 순의 개수를 말한다. C 2개, F 4개, Cl 0개, Br 2개이므로 $C_2F_4Br_2$가 된다.

소화효과

- 104 < 1011 < 2402 < 1211 < 1301
- 할론소화약제는 메테인(CH_4)에서 파생된 물질로 할론 1301(CF_3Br), 할론 1211(CF_2ClBr), 할론 2402($C_2F_4Br_2$)가 있다.

1 ① 2 ④ 3 ① 4 ④ **정답**

05 위험물제조소 등에 설치하여야 하는 자동화재탐지설비의 설치기준에 대한 설명 중 틀린 것은?

① 자동화재탐지설비의 경계구역은 건축물 그 밖의 공작물의 2 이상의 층에 걸치도록 할 것
② 하나의 경계구역에서 그 한 변의 길이는 50m(광전식분리형 감지기를 설치할 경우에는 100m) 이하로 할 것
③ 자동화재탐지설비의 감지기는 지붕 또는 벽의 옥내에 면한 부분에 유효하게 화재의 발생을 감지할 수 있도록 설치할 것
④ 자동화재탐지설비에는 비상전원을 설치할 것

해설

자동화재탐지설비의 경계구역

- 하나의 경계구역이 2개 이상의 건축물에 미치지 아니하도록 할 것
- 하나의 경계구역이 2개 이상의 층에 미치지 아니하도록 할 것. 다만, 500㎡ 이하의 범위 안에서는 2개의 층을 하나의 경계구역으로 할 수 있다.

06 다음 중 수소, 아세틸렌과 같은 가연성 가스가 공기 중 누출되어 연소하는 형식에 가장 가까운 것은?

① 확산연소 ② 증발연소
③ 분해연소 ④ 표면연소

해설

① 확산연소 : 메테인, 프로페인, 수소, 아세틸렌 등의 가연성 가스가 확산하여 생성된 혼합가스가 연소하는 것(발염연소, 불꽃연소)
② 증발연소 : 황, 알코올, 나프탈렌, 파라핀(양초), 왁스 등이 열분해를 일으키지 않고 증발된 증기가 연소하는 현상(가연성 액체인 제4류 위험물은 대부분 증발연소를 함)
③ 분해연소 : 목재, 석탄, 종이, 섬유, 플라스틱, 합성수지, 고무류 등이 열분해를 일으켜 나온 분해가스 등이 연소하는 형태
④ 표면연소 : 목탄, 코크스, 금속(분, 박, 리본 포함) 등이 고체표면에서 산소와 급격히 산화 반응하여 연소하는 현상
※ 자기연소 : 셀룰로이드, TNT, 나이트로글리세린, 질산에틸 등의 제5류 위험물 등이 자체 내에 산소를 함유하여, 열분해 시 가연성 가스와 산소를 발생시켜 공기 중의 산소를 필요치 않고 연소하는 현상

07 알코올류 20,000L에 대한 소화설비 설치 시 소요단위는?

① 5 ② 10
③ 15 ④ 20

해설

위험물의 1소요단위는 지정수량의 10배를 말한다. 알코올의 지정수량이 400L이므로 1소요단위는 4,000L가 된다.

$$\therefore \text{소요단위} = \frac{\text{저장수량}}{\text{지정수량} \times 10} = \frac{20{,}000}{400 \times 10} = 5$$

08 위험물안전관리법령상 분말소화설비의 기준에서 규정한 전역방출방식 또는 국소방출방식 분말소화설비의 가압용 또는 축압용 가스에 해당하는 것은?

① 네온가스
② 아르곤가스
③ 수소가스
④ 이산화탄소가스

해설

분말소화설비의 기준 : 가압용 가스 또는 축압용 가스는 질소가스 또는 이산화탄소로 한다.
※ 국소방출방식은 줄-톰슨효과를 이용한 냉각효과를 줄 수 있다.

09 과산화칼륨의 저장창고에서 화재가 발생하였다. 다음 중 가장 적합한 소화약제는?

① 물
② 이산화탄소
③ 마른모래
④ 염 산

해설

제1류 위험물 중 무기과산화물(알칼리금속 과산화물)은 마른모래, 암분, 탄산수소염류 분말약제, 팽창질석, 팽창진주암으로 소화한다.

정답 5 ① 6 ① 7 ① 8 ④ 9 ③

10 위험물안전관리법령에 의해 옥외저장소에 저장을 허가받을 수 없는 위험물은?

① 제2류 위험물 중 황(금속제드럼에 수납)

② 제4류 위험물 중 가솔린(금속제드럼에 수납)

③ 제6류 위험물

④ 국제해상위험물규칙(IMDG Code)에 적합한 용기에 수납된 위험물

해설

제4류 위험물 중 가솔린은 인화점이 −43℃이므로 저장할 수 없다.

옥외저장소에 저장할 수 있는 위험물 종류

- 제2류 위험물 중 황 또는 인화성 고체(인화점이 0℃ 이상인 것에 한한다)
- 제4류 위험물 중 제1석유류(인화점이 0℃ 이상인 것에 한한다) · 알코올류 · 제2석유류 · 제3석유류 · 제4석유류 및 동식물유류
- 제6류 위험물
- 제2류 위험물 및 제4류 위험물 중 특별시 · 광역시 · 특별자치시 · 도 또는 특별자치도의 조례로 정하는 위험물(관세법 제154조의 규정에 의한 보세구역 안에 저장하는 경우로 한정한다)
- 국제해사기구에 관한 협약에 의하여 설치된 국제해사기구가 채택한 국제해상위험물규칙(IMDG Code)에 적합한 용기에 수납된 위험물

11 플래시오버에 대한 설명으로 틀린 것은?

① 국소화재에서 실내의 가연물들이 연소하는 대화재로의 전이

② 환기지배형 화재에서 연료지배형 화재로의 전이

③ 실내의 천장 쪽에 축적된 미연소 가연성 증기나 가스를 통한 화염의 급격한 전파

④ 내화건축물의 실내화재 온도 상황으로 보아 성장기에서 최성기로의 진입

해설

플래시오버(Flash Over) : 연료지배형 화재(화재가 가연물에 의해 좌우되는 단계)에서 환기지배형 화재(실내환기에 의해 좌우되는 단계)로 전이되는 화재를 말한다.

12 위험물안전관리법령상 제3류 위험물 중 금수성 물질의 화재에 적응성이 있는 소화설비는?

① 탄산수소염류의 분말소화설비

② 불활성기체소화설비

③ 할로젠화합물소화설비

④ 인산염류의 분말소화설비

해설

금수성 물질의 소화설비는 건조사, 팽창질석 또는 팽창진주암, 탄산수소염류분말소화설비가 있다.

13 제1종, 제2종, 제3종 분말소화약제의 주성분에 해당하지 않는 것은?

① 탄산수소나트륨

② 황산마그네슘

③ 탄산수소칼륨

④ 인산이수소암모늄

해설

분말소화약제

종 별	주성분
제1종 분말	탄산수소나트륨(중탄산나트륨, 중조)
제2종 분말	탄산수소칼륨(중탄산칼륨)
제3종 분말	인산이수소암모늄(제1인산암모늄)
제4종 분말	탄산수소칼륨과 요소의 반응물

10 ② 11 ② 12 ① 13 ② 정답

14 가연성 액화가스의 탱크 주위에서 화재가 발생한 경우에 탱크의 가열로 인하여 그 부분의 강도가 약해져 탱크가 파열됨으로 내부의 가열된 액화가스가 급속히 팽창하면서 폭발하는 현상은?

① 블레비(BLEVE) 현상
② 보일오버(Boil Over) 현상
③ 플래시백(Flash Back) 현상
④ 백드래프트(Back Draft) 현상

해설

화재 현상

② 보일오버 : 고온층(Hot Zone)이 형성된 유류화재의 탱크 밑면에 물이 고여 있는 경우, 화재의 진행에 따라 바닥의 물이 급격히 증발하여 불붙은 기름을 분출시키는 위험 현상
③ 플래시백 : 불꽃이 연소기 내로 전파되어 연소하는 현상으로 가스의 분출속도(공급속도)보다 연소속도가 클 때 발생된다.
④ 백드래프트 : 산소가 부족하거나 훈소상태에 있는 실내에 산소가 일시적으로 다량 공급될 때 연소가스가 순간적으로 발화하는 현상

15 소화효과에 대한 설명으로 틀린 것은?

① 기화잠열이 큰 소화약제를 사용할 경우 냉각소화 효과를 기대할 수 있다.
② 이산화탄소에 의한 소화는 주로 질식소화로 화재를 진압한다.
③ 할로젠화합물소화약제는 주로 냉각소화를 한다.
④ 분말소화약제는 질식효과와 부촉매효과 등으로 화재를 진압한다.

해설

할로젠화합물소화약제는 다른 소화약제와는 달리 연소의 4요소 중의 하나인 연쇄반응을 차단시켜 화재를 소화한다. 이러한 소화를 부촉매소화 또는 억제소화라 하며 이는 화학적 소화에 해당된다.

연소의 4요소

- 가연물(연료)
- 산소공급원(지연물)
- 열(착화온도 이상의 온도)
- 연쇄반응

16 건조사와 같은 불연성 고체로 가연물을 덮는 것은 어떤 소화에 해당하는가?

① 제거소화　　② 질식소화
③ 냉각소화　　④ 억제소화

해설

소화방법

- 제거소화법 : 가연물의 제거
- 질식소화법 : 산소공급원 차단
- 냉각소화법 : 인화점의 냉각
- 억제소화법 : 연쇄반응을 차단

17 금속칼륨과 금속나트륨은 어떻게 보관하여야 하는가?

① 공기 중에 노출하여 보관
② 물속에 넣어서 밀봉하여 보관
③ 석유 속에 넣어서 밀봉하여 보관
④ 그늘지고 통풍이 잘되는 곳에 산소 분위기에서 보관

해설

물과 공기의 접촉을 막기 위하여 등유, 경유 등 보호액 속에 넣어 저장한다.

제3류 위험물의 저장 및 취급방법

- 물과 접촉을 피한다.
- 보호액에 저장 시 보호액 표면의 노출에 주의한다.
- 화재 시 소화가 어려우므로 소량씩 분리하여 저장한다.

18 위험물제조소 등에 설치하는 고정식의 포소화설비의 기준에서 포헤드방식의 포헤드는 방호대상물의 표면적 몇 m^2당 1개 이상의 헤드를 설치하여야 하는가?

① 3　　② 9
③ 15　　④ 30

해설

포헤드의 설치기준

- 포워터스프링클러헤드는 소방대상물의 천장 또는 반자에 설치하되, 바닥면적 8m^2마다 1개 이상으로 하여 해당 방호대상물의 화재를 유효하게 소화할 수 있도록 할 것
- 포헤드는 소방대상물의 천장 또는 반자에 설치하되, 바닥면적 9m^2마다 1개 이상으로 하여 해당 방호대상물의 화재를 유효하게 소화할 수 있도록 하는 것

정답 14 ① 15 ③ 16 ② 17 ③ 18 ②

19 위험물안전관리법령에 따른 스프링클러 헤드의 설치방법에 대한 설명으로 옳지 않은 것은?

① 개방형 헤드는 반사판으로부터 하방으로 0.45m, 수평방향으로 0.3m 공간을 보유할 것
② 폐쇄형 헤드는 가연성 물질 수납부분에 설치 시 반사판으로부터 하방으로 0.9m, 수평방향으로 0.4m의 공간을 확보할 것
③ 폐쇄형 헤드 중 개구부에 설치하는 것은 해당 개구부의 상단으로부터 높이 0.15m 이내의 벽면에 설치할 것
④ 폐쇄형 헤드 설치 시 급배기용 덕트의 긴 변의 길이가 1.2m를 초과하는 것이 있는 경우에는 해당 덕트의 윗부분에만 헤드를 설치할 것

해설

급배기용 덕트 등의 긴 변의 길이가 1.2m를 초과하는 것이 있는 경우에는 해당 덕트 등의 아래면에도 스프링클러 헤드를 설치할 것

20 Mg, Na의 화재에 이산화탄소소화기를 사용하였다. 화재현장에서 발생되는 현상은?

① 이산화탄소가 부착면을 만들어 질식소화된다.
② 이산화탄소가 방출되어 냉각소화된다.
③ 이산화탄소가 Mg, Na과 반응하여 화재가 확대된다.
④ 부촉매효과에 의해 소화된다.

해설

마그네슘은 공기 중에서보다 이산화탄소 중에서 훨씬 더 강하게 불타오른다.

탄산가스와 반응식 : $2Mg + CO_2 \rightarrow 2MgO + C$ (산화마그네슘 탄소)

21 위험물안전관리법령의 제3류 위험물 중 금수성 물질에 해당하는 것은?

① 황 린　② 적 린
③ 마그네슘　④ 칼 륨

해설

• 적린, 마그네슘 : 제2류 위험물
• 황린, 칼륨 : 제3류 위험물

제3류 위험물은 황린을 제외하고는 모두 물과 반응하여 가연성 가스가 발생하며, 공기 중에 노출되면 자연발화하거나 물과 접촉하면 발화한다.

22 다음 중 위험성이 더욱 증가하는 경우는?

① 황린을 수산화칼슘 수용액에 넣었다.
② 나트륨을 등유 속에 넣었다.
③ 트라이에틸알루미늄 보관용기 내에 가스를 봉입시켰다.
④ 나이트로셀룰로스를 알코올 수용액에 넣었다.

해설

황린에 수산화칼슘 수용액을 첨가하면 포스핀가스가 발생한다.
※ 인 화합물인 인화수소류(PH_3, P_2H_4 등)는 공기 중에서 쉽게 자연발화 된다.

23 적린의 성질에 대한 설명 중 옳지 않은 것은?

① 황린과 성분원소가 같다.
② 발화온도는 황린보다 낮다.
③ 물, 이황화탄소에 녹지 않는다.
④ 브로민화인에 녹는다.

해설

황린과 적린의 비교

성 질	황 린	적 린
분 류	제3류 위험물	제2류 위험물
외 관	백색 또는 담황색의 자연발화성 고체	암적색 무취의 분말
착화온도	34℃ (pH 9 물속에 저장)	약 260℃ (산화제 접촉금지)

19 ④ 20 ③ 21 ④ 22 ① 23 ② **정답**

24 과산화칼륨과 과산화마그네슘이 염산과 각각 반응했을 때 공통으로 나오는 물질의 지정수량은?

① 50L ② 100kg
③ 300kg ④ 1,000L

해설

- 과산화칼륨과 염산의 반응 : $K_2O_2 + 2HCl \rightarrow 2KCl + H_2O_2 \uparrow$
- 과산화마그네슘과 염산의 반응 : $MgO_2 + 2HCl \rightarrow MgCl_2 + H_2O_2 \uparrow$
- 과산화수소(H_2O_2) 지정수량 : 300kg

※ 제1류 위험물(산화성 고체)의 무기과산화물은 제6류 위험물(산화성 액체)인 과산화수소에서 수소원자 대신 무기물로 치환된 물질이다.

25 트라이메틸알루미늄이 물과 반응 시 생성되는 물질은?

① 산화알루미늄 ② 메테인
③ 메틸알코올 ④ 에테인

해설

- 트라이메틸알루미늄과 물의 반응식
  $(CH_3)_3Al + 3H_2O \rightarrow Al(OH)_3 + 3CH_4 \uparrow$
  수산화알루미늄 메테인
- 트라이에틸알루미늄과 물의 반응식
  $(C_2H_5)_3Al + 3H_2O \rightarrow Al(OH)_3 + 3C_2H_6 \uparrow$
  수산화알루미늄 에테인

26 소화설비의 기준에서 용량 160L 팽창질석의 능력단위는?

① 0.5 ② 1.0
③ 1.5 ④ 2.5

해설

소화설비의 능력단위

소화설비	용 량	능력단위
소화전용(轉用)물통	8L	0.3
수조(소화전용물통 3개 포함)	80L	1.5
수조(소화전용물통 6개 포함)	190L	2.5
마른모래(삽 1개 포함)	50L	0.5
팽창질석 또는 팽창진주암(삽 1개 포함)	160L	1.0

27 위험물안전관리법령상 위험물 운반 시 차광성이 있는 피복으로 덮지 않아도 되는 것은?

① 제1류 위험물
② 제2류 위험물
③ 제3류 위험물 중 자연발화성 물질
④ 제5류 위험물

해설

운반 시 차광성이 있는 피복으로 가릴 위험물

- 제1류 위험물
- 제3류 위험물 중 자연발화성 물질
- 제4류 위험물 중 특수인화물
- 제5류 위험물
- 제6류 위험물

방수성이 있는 피복으로 덮을 위험물

- 제1류 위험물 중 알칼리금속의 과산화물 또는 이를 함유한 것
- 제2류 위험물 중 철분, 금속분, 마그네슘 또는 이들 중 어느 하나 이상을 함유한 것
- 제3류 위험물 중 금수성 물질

28 이동탱크저장소에 의한 위험물의 운송 시 준수하여야 하는 기준에서 다음 중 어떤 위험물을 운송할 때 위험물운송자는 위험물안전카드를 휴대하여야 하는가?

① 특수인화물 및 제1석유류
② 알코올류 및 제2석유류
③ 제3석유류 및 동식물유류
④ 제4석유류

해설

제4류 위험물 중 특수인화물 및 제1석유류를 운송하게 하는 자는 위험물안전카드를 위험물운송자로 하여금 휴대하게 해야 한다.

정답 24 ③ 25 ② 26 ② 27 ② 28 ①

29 위험물안전관리법령상 행정안전부령으로 정하는 제1류 위험물에 해당하지 않는 것은?

① 과아이오딘산

② 질산구아니딘

③ 차아염소산염류

④ 염소화아이소시아누르산

해설

질산구아니딘은 제5류 위험물이다.

제1류의 품명란 제10호에서 행정안전부령으로 정하는 것

- 과아이오딘산염류
- 과아이오딘산
- 크로뮴, 납 또는 아이오딘의 산화물
- 아질산염류
- 차아염소산염류
- 염소화아이소시아누르산
- 퍼옥소이황산염류
- 퍼옥소붕산염류

30 흑색화약의 원료로 사용되는 위험물의 유별을 옳게 나타낸 것은?

① 제1류, 제2류　　② 제1류, 제4류

③ 제2류, 제4류　　④ 제4류, 제5류

해설

- 흑색화약의 원료
  - 질산칼륨(KNO_3) : 제1류 위험물
  - 숯가루(C), 황(S) : 제2류 위험물
- 질산칼륨은 강산화제로 흑색화약 제조 시 연소력 또는 폭발력을 증대시키기 위해 사용한다.

31 다음 물질 중 제1류 위험물이 아닌 것은?

① Na_2O_2　　② $NaClO_3$

③ NH_4ClO_4　　④ $HClO_4$

해설

$HClO_4$(과염소산)는 제6류 위험물이다.

① Na_2O_2(과산화나트륨) : 무기과산화물

② $NaClO_3$(아염소산나트륨) : 아염소산염류

③ NH_4ClO_4(과염소산암모늄) : 과염소산염류

32 소화난이도등급 I 의 옥내저장소에 설치하여야 하는 소화설비에 해당하지 않는 것은?

① 옥외소화전설비　　② 연결살수설비

③ 스프링클러설비　　④ 물분무소화설비

해설

소화난이도등급 I 의 제조소 등에 설치하여야 하는 소화설비

제조소 등의 구분		소화설비
옥내 저장소	처마높이가 6m 이상인 단층건물 또는 다른 용도의 부분이 있는 건축물에 설치한 옥내저장소	스프링클러설비 또는 이동식 외의 물분무 등 소화설비
	그 밖의 것	옥외소화전설비, 스프링클러설비, 이동식 외의 물분무 등 소화설비 또는 이동식 포소화설비(포소화전을 옥외에 설치하는 것에 한한다)

33 적린의 위험성에 관한 설명 중 옳은 것은?

① 공기 중에 방치하면 폭발한다.

② 산소와 반응하여 포스핀가스를 발생한다.

③ 연소 시 적색의 오산화인이 발생한다.

④ 강산화제와 혼합하면 충격·마찰에 의해 발화할 수 있다.

해설

적린은 제2류 위험물로 환원성 고체라고도 하며, 강산화제와 혼합하면 충격, 마찰에 의해 발화할 위험성이 있다.

연소하면 황린과 같이 유독성의 P_2O_5 백연을 낸다.

연소 반응식 : $4P + 5O_2 \rightarrow 2P_2O_5$ (오산화인)

29 ② 30 ① 31 ④ 32 ② 33 ④ 정답

34 다이에틸에터에 대한 설명으로 옳은 것은?

① 연소하면 아황산가스를 발생하고, 마취제로 사용한다.
② 증기는 공기보다 무거우므로 물속에 보관한다.
③ 에틸알코올과 진한 황산을 이용해 축합반응시켜 제조할 수 있다.
④ 제4류 위험물 중 폭발범위가 좁은 편에 속한다.

해설

③ $2C_2H_5OH \xrightarrow[\text{탈수제}]{C-H_2SO_4} (C_2H_5)_2O + H_2O$
에틸알코올 다이에틸에터 물
① 연소하면 이산화탄소를 발생하고, 마취제로 사용한다.
② 증기비중은 2.6이며 물에 미량 녹고, 알코올, 에터에 잘 녹는다. 공기와 접촉 시 과산화물이 생성되므로 갈색병에 저장한다.
④ 폭발범위는 1.7~48%이다.

35 위험물제조소에 설치하는 안전장치 중 위험물의 성질에 따라 안전밸브의 작동이 곤란한 가압설비에 한하여 설치하는 것은?

① 파괴판
② 안전밸브를 겸하는 경보장치
③ 감압측에 안전밸브를 부착한 감압밸브
④ 연성계

해설

압력계 및 안전장치(위험물안전관리법 시행규칙 별표4) : 위험물을 가압하는 설비 또는 그 취급하는 위험물의 압력이 상승할 우려가 있는 설비에는 압력계 및 다음에 해당하는 안전장치를 설치하여야 한다. 다만, 파괴판은 위험물의 성질에 따라 안전밸브의 작동이 곤란한 가압설비에 한한다.

- 자동적으로 압력의 상승을 정지시키는 장치
- 감압측에 안전밸브를 부착한 감압밸브
- 안전밸브를 겸하는 경보장치
- 파괴판

36 트라이나이트로톨루엔의 성질에 대한 설명 중 옳지 않은 것은?

① 담황색의 결정이다.
② 폭약으로 사용된다.
③ 자연분해의 위험성이 적어 장기간 저장이 가능하다.
④ 조해성과 흡습성이 매우 크다.

해설

트라이나이트로톨루엔[Trinitrotoluene, $C_6H_2CH_3(NO_2)_3$]
물에 녹지 않고, 습기, 중금속에 반응하지 않는다.
※ 조해성 : 공기 중에 노출되어 있는 고체가 수분을 흡수하여 녹는 현상

37 과산화나트륨이 물과 반응하면 어떤 물질과 산소를 발생하는가?

① 수산화나트륨
② 수산화칼륨
③ 질산나트륨
④ 아염소산나트륨

해설

과산화나트륨이 물과 반응하면 극렬히 반응하여 산소를 내며 수산화나트륨이 되므로 물과의 접촉을 피해야 한다.
과산화나트륨과 물의 반응식 : $2Na_2O_2 + 2H_2O \rightarrow 4NaOH + O_2\uparrow$

정답 34 ③ 35 ① 36 ④ 37 ①

38 다음 중 물에 녹고 물보다 가벼운 물질로 인화점이 가장 낮은 것은?

① 아세톤 ② 이황화탄소
③ 벤 젠 ④ 산화프로필렌

해설

인화점

아세톤	이황화탄소	벤 젠	산화프로필렌
−18.5℃	−30℃	−11℃	−37℃

제4류 위험물 성질에 의한 품명

- 특수인화물 : 1기압에서 인화점이 −20℃ 이하, 비점이 40℃ 이하 또는 발화점이 100℃ 이하인 것
- 제1석유류 : 1기압에서 액체로서 인화점이 21℃ 미만인 것
- 제2석유류 : 1기압에서 액체로서 인화점이 21℃ 이상 70℃ 미만인 것. 다만, 가연성 액체량이 40wt% 이하이면서 인화점 40℃ 이상인 동시에 연소점이 60℃ 이상인 것은 제외
- 제3석유류 : 1기압에서 액체로서 인화점이 70℃ 이상 200℃ 미만인 것. 다만, 가연성 액체량이 40wt% 이하인 것은 제외
- 제4석유류 : 1기압에서 액체로서 인화점이 200℃ 이상 250℃ 미만인 것. 다만, 가연성 액체량이 40wt% 이하인 것은 제외

※ 아세톤과 벤젠은 제1석유류이며, 이황화탄소는 저장 시 물속에 넣어 저장한다.

39 과염소산칼륨과 가연성 고체 위험물이 혼합되는 것은 위험하다. 그 주된 이유는 무엇인가?

① 전기가 발생하고 자연 가열되기 때문이다.
② 중합반응을 하여 열이 발생되기 때문이다.
③ 혼합하면 과염소산칼륨이 연소하기 쉬운 액체로 변하기 때문이다.
④ 가열, 충격 및 마찰에 의하여 발화・폭발 위험이 높아지기 때문이다.

해설

과염소산칼륨은 제1류 위험물로 산화성 고체이고, 가연성 고체인 제2류 위험물은 환원성 고체라고도 한다. 산화제와 환원제를 혼합하면 충격, 마찰에 의해 발화・폭발할 위험성이 높다.

40 황의 성질을 설명한 것으로 옳은 것은?

① 전기의 양도체이다.
② 물에 잘 녹는다.
③ 연소하기 어려워 분진폭발의 위험성은 없다.
④ 높은 온도에서 탄소와 반응하여 이황화탄소가 생긴다.

해설

④ $C + 2S \rightarrow CS_2$ + 발열
① 전기의 불량도체이다.
② 물에 잘 녹지 않는다.
③ 미세한 분말상태로 공기 중에 부유하면 분진폭발을 일으킨다.

황의 연소 반응식(푸른 불꽃) : $S + O_2 \rightarrow SO_2$ (아황산가스)

41 위험물의 품명 분류가 잘못된 것은?

① 제1석유류 : 휘발유
② 제2석유류 : 경유
③ 제3석유류 : 폼산
④ 제4석유류 : 기어유

해설

제4류 위험물

- 제1석유류 : 아세톤, 휘발유, 벤젠, 톨루엔, 피리딘, 사이안화수소, 초산메틸 등
- 제2석유류 : 등유, 경유, 장뇌유, 테레빈유, 폼산 등
- 제3석유류 : 중유, 크레오소트유, 글리세린, 나이트로벤젠 등
- 제4석유류 : 기어유, 실린더유, 터빈유, 모빌유, 엔진오일

42 다음 중 발화점이 가장 낮은 것은?

① 이황화탄소 ② 산화프로필렌
③ 휘발유 ④ 메틸알코올

해설

발화점

이황화탄소	산화프로필렌	휘발유	메틸알코올
90℃	449℃	280~456℃	464℃

※ 발화(착화) : 점화원 없이 가연성 증기가 스스로 연소하한에 이르러 불이 붙는 성질

38 ④ 39 ④ 40 ④ 41 ③ 42 ① **정답**

43 제5류 위험물의 위험성에 대한 설명으로 옳지 않은 것은?

① 가연성 물질이다.
② 대부분 외부의 산소 없이도 연소하며 연소속도가 빠르다.
③ 물에 잘 녹지 않으며 물과의 반응위험성이 크다.
④ 가열, 충격, 타격 등에 민감하며 강산화제 또는 강산류와 접촉 시 위험하다.

해설

물에 잘 녹지 않으며 물과 반응하는 물질은 없다.

제5류 위험물(자기반응성 물질)

- 자기연소(내부연소)성 물질이다.
- 연소속도가 대단히 빠르고 폭발적으로 연소한다.
- 가열, 마찰, 충격에 의하여 폭발한다.
- 물체 자체가 산소를 함유하고 있다.
- 연소 시 소화가 어렵다.

44 질산칼륨에 대한 설명 중 옳은 것은?

① 유기물 및 강산에 보관할 때 매우 안정하다.
② 열에 안정하여 1,000℃를 넘는 고온에서도 분해되지 않는다.
③ 알코올에는 잘 녹으나 물, 글리세린에는 잘 녹지 않는다.
④ 무색, 무취의 결정 또는 분말로서 화약 원료로 사용된다.

해설

① 유기물 등 가연물과 접촉 또는 혼합은 위험하다.
② 열분해 온도는 400℃이다.
③ 물, 글리세린에 잘 녹고 알코올에는 난용이나 흡습성은 없다.

45 [보기]에서 설명하는 물질은 무엇인가?

보기

- 살균제 및 소독제로도 사용된다.
- 분해할 때 발생하는 발생기산소 [O]는 난분해성 유기물질을 산화시킬 수 있다.

① $HClO_4$ ② CH_3OH
③ H_2O_2 ④ H_2SO_4

해설

과산화수소

- $H_2O_2 \rightarrow H_2O + [O]$ 발생기산소(표백작용)
- 강산화제이나 환원제로도 사용된다.
- 단독 폭발 농도는 60% 이상이다.
- 시판품의 농도는 30~40% 수용액이다.

46 [보기]의 위험물 중 비중이 물보다 큰 것은 모두 몇 개인가?

보기

과염소산, 과산화수소, 질산

① 0 ② 1
③ 2 ④ 3

해설

비 중

물	과염소산	과산화수소	질 산
1	1.76	1.46	1.49

47 다음 중 위험물안전관리법령상 위험물제조소와의 안전거리가 가장 먼 것은?

① 고등교육법에서 정하는 학교
② 의료법에 따른 병원급 의료기관
③ 고압가스 안전관리법에 의하여 허가를 받은 고압가스제조시설
④ 문화재보호법에 의한 유형문화재와 기념물 중 지정문화재

해설

④ 문화재보호법에 의한 유형문화재와 기념물 중 지정문화재 : 50m 이상
① 고등교육법에서 정하는 학교 : 30m 이상
② 의료법에 따른 병원급 의료기관 : 30m 이상
③ 고압가스 안전관리법에 의하여 허가를 받은 고압가스제조시설 : 20m 이상

48 칼륨을 물에 반응시키면 격렬한 반응이 일어난다. 이때 발생하는 기체는 무엇인가?

① 산 소
② 수 소
③ 질 소
④ 이산화탄소

해설

제3류 위험물(자연발화성 물질 및 금수성 물질)인 칼륨은 물과 격렬히 반응하여 발열하고 수소를 발생한다.
물과의 반응식 : $2K + 2H_2O \rightarrow 2KOH + H_2\uparrow + 92.8kcal$

49 위험물안전관리법령상의 위험물 운반에 관한 기준에서 액체위험물은 운반용기 내용적의 몇 % 이하의 수납률로 수납하여야 하는가?

① 80　② 85
③ 90　④ 98

해설

운반용기 수납률
- 고체위험물은 운반용기 내용적의 95% 이하의 수납률로 수납할 것
- 액체위험물은 운반용기 내용적의 98% 이하의 수납률로 수납하되, 55℃의 온도에서 누설되지 아니하도록 충분한 공간용적을 유지하도록 할 것
- 자연발화성 물질 중 알킬알루미늄 등은 운반용기의 내용적의 90% 이하의 수납률로 수납하되, 50℃의 온도에서 5% 이상의 공간용적을 유지하도록 할 것

50 메틸알코올의 위험성으로 옳지 않은 것은?

① 나트륨과 반응하여 수소기체를 발생한다.
② 휘발성이 강하다.
③ 폭발범위가 알코올류 중 가장 좁다.
④ 인화점이 상온(25℃)보다 낮다.

해설

알코올류 폭발범위

에틸알코올	메틸알코올
3.1~27.7%	6.0~36%

※ $2CH_3OH + 2Na \rightarrow 2CH_3ONa + H_2\uparrow$
나트륨메틸레이트

※ 인화점 : 11℃

47 ④　48 ②　49 ④　50 ③ 정답

51 위험물제조소의 건축물 구조기준 중 연소의 우려가 있는 외벽은 출입구 외의 개구부가 없는 내화구조의 벽으로 하여야 한다. 이때 연소의 우려가 있는 외벽은 제조소가 설치된 부지의 경계선에서 몇 m 이내에 있는 외벽을 말하는가?(단, 단층건물일 경우이다)

① 3　② 4
③ 5　④ 6

해설

제조소 등의 부지경계선, 제조소 등에 접한 도로의 중심선, 동일부지 내에 다른 건축물이 있는 경우는 그 건축물과 제조소 등의 외벽 간의 중심선을 기산점으로 하여 이로부터 제조소 등의 외벽이 3m 이내에 있는 경우를 연소 확대 우려가 있는 외벽이라 한다. 다만, 방화상 유효한 공터, 광장, 하천, 수면 등에 면한 외벽은 제외한다.

52 다음 중 위험물안전관리법령상 제6류 위험물에 해당하는 것은?

① 황 산　② 염 산
③ 질산염류　④ 할로젠간화합물

해설

- 황산, 염산 : 비위험물
- 질산염류 : 제1류 위험물
- 할로젠간화합물 : 제6류 위험물(행정안전부령이 정함)

53 질산이 직사일광에 노출될 때 어떻게 되는가?

① 분해되지는 않으나 붉은색으로 변한다.
② 분해되지는 않으나 녹색으로 변한다.
③ 분해되어 질소를 발생한다.
④ 분해되어 이산화질소를 발생한다.

해설

가열, 빛에 의해 분해되어 생긴 이산화질소로 인해 황갈색이 된다.
분해 반응식 : $4HNO_3 \rightarrow 2H_2O + 4NO_2\uparrow + O_2\uparrow$
(물　이산화질소　산소)

54 위험물안전관리법령상 제2류 위험물의 위험등급에 대한 설명으로 옳은 것은?

① 제2류 위험물은 위험등급Ⅰ에 해당되는 품명이 없다.
② 제2류 위험물은 위험등급Ⅲ에 해당되는 품명은 지정수량이 500kg인 품명만 해당된다.
③ 제2류 위험물 중 황화인, 적린, 황 등 지정수량이 100kg인 품명은 위험등급Ⅰ에 해당한다.
④ 제2류 위험물 중 지정수량이 1,000kg인 인화성 고체는 위험등급Ⅱ에 해당한다.

해설

제2류 위험물은 위험등급Ⅱ, Ⅲ에 해당되는 품명만 있다.

제2류 위험물(가연성 고체)

성 질	품 명	지정수량	위험등급	표 시
가연성 고체	황화인	100kg	Ⅱ	• 화기주의 및 물기엄금(철분, 금속분, 마그네슘 또는 이들 중 어느 하나 이상을 함유한 것) • 화기엄금(인화성 고체) • 화기주의(그 밖의 것)
	적 린			
	황			
	마그네슘	500kg	Ⅲ	
	철 분			
	금속분			
	인화성 고체	1,000kg		

55 위험물 저장탱크의 공간용적은 탱크 내용적의 얼마 이상, 얼마 이하로 하는가?

① 2/100 이상, 3/100 이하
② 2/100 이상, 5/100 이하
③ 5/100 이상, 10/100 이하
④ 10/100 이상, 20/100 이하

해설

탱크의 공간용적은 탱크 내용적의 5/100 이상 10/100 이하의 용적으로 한다.

정답 51 ① 52 ④ 53 ④ 54 ① 55 ③

56 칼륨이 에틸알코올과 반응할 때 나타나는 현상은?

① 산소가스를 생성한다.
② 칼륨에틸레이트를 생성한다.
③ 칼륨과 물이 반응할 때와 동일한 생성물이 나온다.
④ 에틸알코올이 산화되어 아세트알데하이드를 생성한다.

해설

제3류 위험물인 칼륨의 반응
- 칼륨과 에틸알코올의 반응식 : $2K+2C_2H_5OH \rightarrow 2C_2H_5OK+H_2\uparrow$
- 칼륨과 물의 반응식 : $2K+2H_2O \rightarrow 2KOH+H_2\uparrow$

※ 에틸알코올이 산화되면 아세트알데하이드가 되고, 아세트알데하이드가 산화되면 아세트산이 된다(칼륨과의 반응과 관련이 없다).

57 지정수량 20배의 알코올류를 저장하는 옥외탱크저장소의 경우 펌프실 외의 장소에 설치하는 펌프설비의 기준으로 옳지 않은 것은?

① 펌프설비 주위에는 3m 이상의 공지를 보유한다.
② 펌프설비 그 직하의 지반면 주위에 높이 0.15m 이상의 턱을 만든다.
③ 펌프설비 그 직하의 지반면의 최저부에는 집유설비를 만든다.
④ 집유설비에는 위험물이 배수구에 유입되지 않도록 유분리장치를 만든다.

해설

알코올은 물에 잘 녹으므로 집유설비에 유분리장치가 필요 없고 벤젠, 톨루엔, 자일렌 같은 위험물(온도 20℃의 물 100g에 용해되는 양이 1g 미만인 것에 한한다)을 취급하는 설비에 있어서는 해당 위험물이 직접 배수구에 흘러들어가지 아니하도록 집유설비에 유분리장치를 설치하여야 한다.

58 제5류 위험물 중 나이트로글리세린 30kg과 하이드록실아민 500kg을 함께 보관하는 경우 지정수량의 몇 배인가?

① 3배	② 8배
③ 10배	④ 18배

해설

지정수량 : 나이트로글리세린(10kg), 하이드록실아민(100kg)

∴ 지정수량의 배수$=\frac{30}{10}+\frac{500}{100}=8$배

59 위험물안전관리법령상 품명이 금속분에 해당하는 것은?(단, 150μm의 체를 통과하는 것이 50wt% 이상인 경우이다)

① 니켈분	② 마그네슘분
③ 알루미늄분	④ 구리분

해설

금속분이라 함은 알칼리금속, 알칼리토류금속, 철(Fe) 및 마그네슘 외의 금속의 분말을 말하고, 구리분(Cu), 니켈분(Ni) 및 150μm의 체를 통과하는 것이 50wt% 미만인 것을 제외한다.

60 아세톤의 성질에 대한 설명으로 옳은 것은?

① 자연발화성 때문에 유기용제로서 사용할 수 없다.
② 무색, 무취이고 겨울철에 쉽게 응고한다.
③ 증기비중은 약 0.79이고 아이오도폼 반응을 한다.
④ 물에 잘 녹으며 끓는점이 60℃보다 낮다.

해설

아세톤은 제4류 위험물, 제1석유류이다.
① 자연발화성(제3류 위험물)은 없고, 유기용제로 사용된다.
② 자극성 냄새를 갖는다.
③ 증기비중은 약 2이다.

$$\text{증기비중}=\frac{\text{측정물질 분자량}}{\text{평균대기 분자량}}=\frac{60g/mol}{29g/mol}\fallingdotseq 2.07$$

- 평균대기 분자량
  N_2 80% : 28×0.8=22.4, O_2 20% : 32×0.2=6.4
  질소와 산소 분자량의 합은 28.8≒29
- 측정물질(아세톤) 분자량 : 60(CH_3COCH_3)

56 ② 57 ④ 58 ② 59 ③ 60 ④ 정답

2015년 제2회 과년도 기출문제

01 위험물안전관리법에서 정한 정전기를 유효하게 제거할 수 있는 방법에 해당하지 않는 것은?

① 위험물 이송 시 배관 내 유속을 빠르게 하는 방법
② 공기를 이온화하는 방법
③ 접지에 의한 방법
④ 공기 중의 상대습도를 70% 이상으로 하는 방법

해설

정전기의 방지대책
- 접지를 한다.
- 공기 중의 상대습도를 70% 이상으로 한다.
- 공기를 이온화한다.

02 다음 중 물이 소화약제로 쓰이는 이유로 가장 거리가 먼 것은?

① 쉽게 구할 수 있다.
② 제거소화가 잘 된다.
③ 취급이 간편하다.
④ 기화잠열이 크다.

해설

물을 소화약제로 사용하는 공통적인 이유
- 기화열을 이용한 냉각소화효과가 크기 때문이다.
- 비열과 잠열이 크기 때문이다.
- 손쉽게 구할 수 있기 때문이다.
- 가격이 저렴해서 경제적이기 때문이다.

03 위험물안전관리법령상 전기설비에 적응성이 없는 소화설비는?

① 포소화설비
② 불활성기체소화설비
③ 할로젠화합물소화설비
④ 물분무소화설비

해설

전기화재
- 포소화설비는 거품을 이용한 것으로 합선, 누전 등이 발생되므로 절대 사용을 금한다.
- 질식소화 방식을 사용한다.
  - 불활성가스 및 할로젠화합물소화설비
  - 물분무소화설비 : 물이 포함되어 있긴 하나, 분무형태이기 때문에 질식효과를 갖는다.

04 다음 중 가연물이 고체 덩어리보다 분말 가루일 때 화재 위험성이 큰 이유로 가장 옳은 것은?

① 공기와 접촉면적이 크기 때문이다.
② 열전도율이 크기 때문이다.
③ 흡열반응을 하기 때문이다.
④ 활성에너지가 크기 때문이다.

해설

일반적으로 입자의 크기가 작은 분말상태일 때 연소위험성이 증가하는 이유
- 표면적의 증가로 반응면적의 증가(활성화에너지 이상에서 반응하는 입자수의 증가)
- 체적의 증가로 인한 인화, 발화의 위험성 증가
- 보온성의 증가로 인한 발생열의 축적 용이
- 비열의 감소로 인한 적은 열로 고온 형성

정답 1 ① 2 ② 3 ① 4 ①

05 B, C급 화재뿐만 아니라 A급 화재까지도 사용이 가능한 분말소화약제는?

① 제1종 분말소화약제
② 제2종 분말소화약제
③ 제3종 분말소화약제
④ 제4종 분말소화약제

해설

분말소화약제

종 별	적응화재	하나의 노즐에 대한 소화약제의 양
제1종 분말	B, C급	50kg
제2종 분말	B, C급	30kg
제3종 분말	A, B, C급	30kg
제4종 분말	B, C급	20kg

06 위험물안전관리법령에서 정한 자동화재탐지설비에 대한 기준으로 틀린 것은?(단, 원칙적인 경우에 한한다)

① 경계구역은 건축물 그 밖의 공작물의 2 이상의 층에 걸치지 아니하도록 할 것
② 하나의 경계구역의 면적은 $600m^2$ 이하로 할 것
③ 하나의 경계구역의 한 변 길이는 30m 이하로 할 것
④ 자동화재탐지설비에는 비상전원을 설치할 것

해설

하나의 경계구역의 면적은 $600m^2$ 이하로 하고 그 한 변의 길이는 50m(광전식분리형 감지기를 설치할 경우에는 100m) 이하로 할 것. 다만, 해당 건축물 그 밖의 공작물의 주요한 출입구에서 그 내부의 전체를 볼 수 있는 경우에 있어서는 그 면적을 $1,000m^2$ 이하로 할 수 있다.

07 할론 1301의 증기 비중은?(단, 플루오린의 원자량은 19, 브로민의 원자량은 80, 염소의 원자량은 35.5이고 공기의 분자량은 29이다)

① 2.14　　② 4.15
③ 5.14　　④ 6.15

해설

- 할론넘버 : C, F, Cl, Br 순의 개수
- 평균대기 분자량
  - N_2 80% : 28 × 0.8 = 22.4, O_2 20% : 32 × 0.2 = 6.4
  - 질소와 산소 분자량의 합은 28.8 ≒ 29
- 할론 1301 : CF_3Br

$$\frac{(12+19\times3+80)}{29} \fallingdotseq 5.14$$

08 나이트로셀룰로스의 저장·취급방법으로 틀린 것은?

① 직사광선을 피해 저장한다.
② 되도록 장기간 보관하여 안정화된 후에 사용한다.
③ 유기과산화물류, 강산화제와의 접촉을 피한다.
④ 건조 상태에 이르면 위험하므로 습한 상태를 유지한다.

해설

제5류 위험물인 나이트로셀룰로스(질화면, 면화약)는 건조 상태에서는 폭발위험이 크지만 수분을 함유하면 폭발위험이 작아져 운반, 저장에 용이하다.

09 위험물안전관리법령상 제3류 위험물의 금수성 물질 화재 시 적응성이 있는 소화약제는?

① 탄산수소염류분말
② 물
③ 이산화탄소
④ 할로젠화합물

해설

금수성 물질의 소화설비 : 탄산수소염류분말소화설비, 건조사, 팽창질석 또는 팽창진주암

5 ③ 6 ③ 7 ③ 8 ② 9 ① **정답**

10 위험물안전관리법령에 따라 다음 (   ) 안에 알맞은 용어는?

> 주유취급소 중 건축물의 2층 이상의 부분을 점포·휴게음식점 또는 전시장의 용도로 사용하는 것에 있어서는 해당 건축물의 2층 이상으로부터 주유취급소의 부지 밖으로 통하는 출입구와 해당 출입구로 통하는 통로·계단 및 출입구에 (   )을(를) 설치하여야 한다.

① 피난사다리 ② 경보기
③ 유도등 ④ CCTV

해설

통로, 계단 및 출입구에는 유도등을 설치해야 한다.

11 제5류 위험물의 화재 시 적응성이 있는 소화설비는?

① 분말소화설비
② 할로젠화합물소화설비
③ 물분무소화설비
④ 불활성기체소화설비

해설

제5류 위험물(자기반응성 물질)은 자체적으로 산소공급원을 포함하고 있어 이산화탄소, 분말, 포소화약제 등에 의한 질식소화에 효과가 없으며, 다량의 냉각주수소화가 적당하다. 단, 화재 초기 또는 소형화재 이외에는 소화가 어렵다.

12 가연성 물질과 주된 연소형태의 연결이 틀린 것은?

① 종이, 섬유 – 분해연소
② 셀룰로이드, TNT – 자기연소
③ 목재, 석탄 – 표면연소
④ 황, 알코올 – 증발연소

해설

③ 표면연소 : 목탄, 코크스, 금속(분, 박, 리본 포함) 등이 고체표면에서 산소와 급격히 산화반응하여 연소하는 현상
① 분해연소 : 목재, 석탄, 종이, 섬유, 플라스틱, 합성수지, 고무류 등이 열분해를 일으켜 나온 분해가스 등이 연소하는 형태
② 자기연소 : 셀룰로이드, TNT, 나이트로글리세린, 질산에틸 등의 제5류 위험물 등이 자체 내에 산소를 함유하여, 열분해 시 가연성가스와 산소를 발생시켜 공기 중의 산소를 필요치 않고 연소하는 현상
④ 증발연소 : 황, 알코올, 나프탈렌, 파라핀(양초), 왁스 등이 열분해를 일으키지 않고 증발된 증기가 연소하는 현상. 가연성 액체인 제4류 위험물은 대부분 증발연소를 한다.

13 20℃의 물 100kg이 100℃ 수증기로 증발하면 몇 kcal의 열량을 흡수할 수 있는가?(단, 물의 증발잠열은 540cal/g이다)

① 540 ② 7,800
③ 62,000 ④ 108,000

해설

$Q = mC\Delta t + \gamma m$

여기서, m : 질량, C : 비열, Δt : 온도차, γ : 잠열

∴ 총열량 $Q = (100 \times 1 \times 80) + (540 \times 100) = 62{,}000\text{kcal}$

물의 상태와 잠열

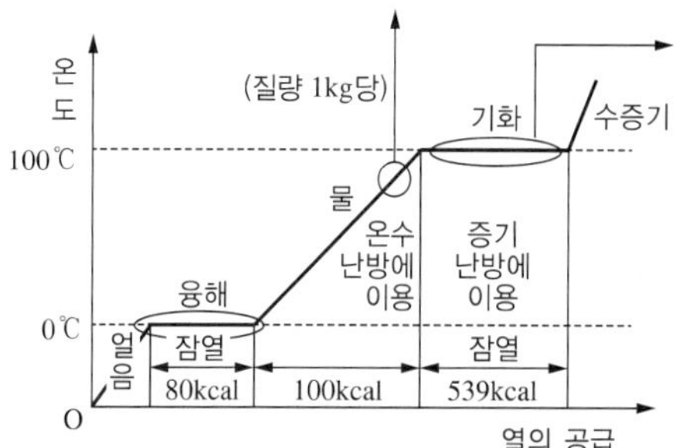

- C(비열) : 1kcal 1kg의 물을 1℃ 올리는 데 필요한 열량
- 물의 비열 : 1kcal/1kg·℃
- 물의 잠열 : 기화(증발)잠열 539kcal/kg, 융해잠열 80kcal/kg

14 물과 접촉하면 열과 산소가 발생하는 것은?

① $NaClO_2$ ② $NaClO_3$
③ $KMnO_4$ ④ Na_2O_2

해설
과산화나트륨과 물의 반응식
$2Na_2O_2 + 2H_2O \rightarrow 4NaOH + O_2\uparrow$ + 발열

15 유류화재 시 발생하는 이상현상인 보일오버(Boil Over)의 방지대책으로 가장 거리가 먼 것은?

① 탱크하부에 배수관을 설치하여 탱크 저면의 수층을 방지한다.
② 적당한 시기에 모래나 팽창질석, 비등석을 넣어 물의 과열을 방지한다.
③ 냉각수를 대량 첨가하여 유류와 물의 과열을 방지한다.
④ 탱크 내용물의 기계적 교반을 통하여 에멀션 상태로 하여 수층형성을 방지한다.

해설
보일오버(Boil Over) 방지대책
- 탱크하부 물의 배출
- 탱크 내부 과열방지
- 탱크 내용물의 기계적 교반

※ 보일오버 : 고온층(Hot Zone)이 형성된 유류화재의 탱크 밑면에 물이 고여 있는 경우, 화재의 진행에 따라 바닥의 물이 급격히 증발하여 불붙은 기름을 분출시키는 위험현상

16 위험물제조소에서 국소방식의 배출설비 배출능력은 1시간당 배출장소 용적의 몇 배 이상인 것으로 하여야 하는가?

① 5 ② 10
③ 15 ④ 20

해설
배출능력은 1시간당 배출장소 용적의 20배 이상인 것으로 하여야 한다. 다만, 전역방식의 경우에는 바닥면적 $1m^2$당 $18m^3$ 이상으로 할 수 있다(필답형 유형).

17 다음 중 산화성 물질이 아닌 것은?

① 무기과산화물
② 과염소산
③ 질산염류
④ 마그네슘

해설
- 산화성 고체(제1류 위험물) : 무기과산화물, 질산염류
- 산화성 액체(제6류 위험물) : 과염소산
- 가연성 고체(제2류 위험물) : 마그네슘

18 소화약제로 사용할 수 없는 물질은?

① 이산화탄소
② 인산이수소암모늄(제1인산암모늄)
③ 탄산수소나트륨
④ 브로민산암모늄

해설
브로민산암모늄은 제1류 위험물(산화성 고체)인 브로민산염류에 해당하므로 소화약제로 사용할 수 없다.

14 ④ 15 ③ 16 ④ 17 ④ 18 ④ 정답

19 위험물안전관리법령상 간이탱크저장소에 대한 설명 중 틀린 것은?

① 간이저장탱크의 용량은 600L 이하이어야 한다.
② 하나의 간이탱크저장소에 설치하는 간이저장탱크는 5개 이하이어야 한다.
③ 간이저장탱크는 두께 3.2mm 이상의 강판으로 흠이 없도록 제작하여야 한다.
④ 간이저장탱크는 70kPa의 압력으로 10분간의 수압시험을 실시하여 새거나 변형되지 않아야 한다.

해설

간이저장탱크의 개수 : 3개 이하로 하고, 동일한 품질의 위험물의 간이저장탱크를 2 이상 설치하지 아니하여야 한다.

20 식용유 화재 시 제1종 분말소화약제를 이용하여 화재의 제어가 가능하다. 이때의 소화원리에 가장 가까운 것은?

① 촉매효과에 의한 질식소화
② 비누화 반응에 의한 질식소화
③ 아이오딘화에 의한 냉각소화
④ 가수분해 반응에 의한 냉각소화

해설

비누화가 일어나고, 수증기나 비누가 포를 형성하며, 이때 발생한 탄산가스 및 글리세린이 소화를 돕는다.

※ 제1종 분말소화약제는 B, C급 화재에 적응성이 있으며, 동식물성 유지류의 액체화재는 분말소화제나 알칼리 용액으로 진화한다.

21 다음 위험물의 지정수량 배수의 총합은 얼마인가?

질산 150kg, 과산화수소 420kg, 과염소산 300kg

① 2.5 ② 2.9
③ 3.4 ④ 3.9

해설

지정수량 : 질산(300kg), 과산화수소(300kg), 과염소산(300kg)

$\therefore \frac{150}{300}+\frac{420}{300}+\frac{300}{300}=2.9$

22 위험물안전관리법령상 해당하는 품명이 나머지 셋과 다른 것은?

① 트라이나이트로페놀
② 트라이나이트로톨루엔
③ 나이트로셀룰로스
④ 테트릴

해설

- 질산에스테르류(위험등급 I) : 나이트로셀룰로스
- 나이트로화합물(위험등급 II) : 트라이나이트로페놀, 트라이나이트로톨루엔, 테트릴

23 위험물에 대한 설명으로 틀린 것은?

① 적린은 연소하면 유독성 물질이 발생한다.
② 마그네슘은 연소하면 가연성 수소가스가 발생한다.
③ 황은 분진폭발의 위험이 있다.
④ 황화인에는 P_4S_3, P_2S_5, P_4S_7 등이 있다.

해설

마그네슘의 연소 반응식 : $2Mg + O_2 \rightarrow 2Mg + 2 \times 143.7kcal$

※ 마그네슘은 온수와 반응, 염산과 반응해서 수소를 발생한다.

- $Mg + 2H_2O \rightarrow Mg(OH)_2 + H_2 \uparrow$
- $Mg + 2HCl \rightarrow MgCl_2 + H_2 \uparrow$

정답 19 ② 20 ② 21 ② 22 ③ 23 ②

24 위험물안전관리법령상 혼재할 수 없는 위험물은?(단, 위험물은 지정수량의 1/10을 초과하는 경우이다)

① 적린과 황린
② 질산염류와 질산
③ 칼륨과 특수인화물
④ 유기과산화물과 황

해설

적린(제2류 위험물–가연성 고체)과 황린(제3류 위험물–자연발화성 물질 및 금수성 물질)은 혼재할 수 없다.

혼재 가능한 위험물

- 제1류 위험물(산화성 고체) : 제6류 위험물(산화성 액체)
- 제4류 위험물(인화성 액체) : 제2류 위험물(가연성 고체), 제3류 위험물(자연발화성 물질 및 금수성 물질), 제5류 위험물(자기반응성 물질)
- 제5류 위험물(자기반응성 물질) : 제2류 위험물(가연성 고체), 제4류 위험물(인화성 액체)

25 질산과 과염소산의 공통성질에 해당하지 않는 것은?

① 산소를 함유하고 있다.
② 불연성 물질이다.
③ 강산이다.
④ 비점이 상온보다 낮다.

해설

제6류 위험물로 산소를 함유(산화성 액체)하고 있고, 강산 및 불연성 물질이다. 비점은 질산 122℃, 과염소산 39℃이다.

26 위험물안전관리법령에서 정한 메틸알코올의 지정수량을 kg 단위로 환산하면 얼마인가?(단, 메틸알코올의 비중은 0.8이다)

① 200　② 320
③ 400　④ 460

해설

밀도$(\rho)=\dfrac{\text{질량}(M)}{\text{부피}(V)}$, 질량$(M)$ = 부피$(V)\times$밀도(ρ)

메틸알코올 지정수량 : 400L

∴ 400L × 0.8kg/L = 320kg

27 다음 반응식과 같이 벤젠 1kg이 연소할 때 발생되는 CO_2의 양은 약 몇 m^3인가?(단, 27℃, 750mmHg 기준이다)

$$C_6H_6 + 7.5O_2 \rightarrow 6CO_2 + 3H_2O$$

① 0.72　② 1.22
③ 1.92　④ 2.42

해설

벤젠의 연소 반응식 : $2C_6H_6 + 15O_2 \rightarrow 6H_2O + 12CO_2\uparrow$

벤젠과 이산화탄소의 몰비는 1 : 6이므로 벤젠의 부피를 계산한 후 6의 배수를 취한다.

$$\therefore\ V=\frac{WRT}{PM}=\frac{1\times0.082\times(273+27)}{\frac{750}{760}\times78}\times6 \fallingdotseq 1.92$$

여기서, W : 1kg, R : 0.082atm · m^3/kmol · K, T : 273 + 27K, P : 750mmHg, M : 78kg/kmol

28 다이에틸에터의 성질에 대한 설명으로 옳은 것은?

① 발화온도는 400℃이다.
② 증기는 공기보다 가볍고, 액상은 물보다 무겁다.
③ 알코올에 용해되지 않지만 물에 잘 녹는다.
④ 폭발범위는 1.7~48% 정도이다.

해설

① 발화온도는 160℃, 인화점이 –40℃로 증기는 제4류 위험물 중 인화성이 가장 강하다.
② 다이에틸에터의 증기비중은 2.6이다.
③ 물에 미량 녹고, 알코올, 에터에 잘 녹는다.

24 ① 25 ④ 26 ② 27 ③ 28 ④ 정답

29 과염소산암모늄에 대한 설명으로 옳은 것은?

① 물에 용해되지 않는다.
② 청록색의 침상결정이다.
③ 130℃에서 분해하기 시작하여 CO_2 가스를 방출한다.
④ 아세톤, 알코올에 용해된다.

해설

무색결정으로 물, 에틸알코올, 아세톤, 에터에 잘 녹는다.

30 위험물의 품명과 지정수량이 잘못 짝지어진 것은?

① 황화인 – 50kg
② 마그네슘 – 500kg
③ 알킬알루미늄 – 10kg
④ 황린 – 20kg

해설

황화인 : 100kg, 위험등급Ⅱ

31 위험물안전관리법령상 특수인화물의 정의에 관한 내용이다. (　　)에 알맞은 수치를 차례대로 나타낸 것은?

> "특수인화물"이라 함은 이황화탄소, 다이에틸에터 그 밖에 1기압에서 발화점이 100℃ 이하인 것 또는 인화점이 영하 (　　)℃ 이하이고 비점이 (　　)℃ 이하인 것을 말한다.

① 40, 20　　② 20, 40
③ 20, 100　　④ 40, 100

해설

제4류 위험물 성질에 의한 품명

- 특수인화물 : 1기압에서 인화점이 –20℃ 이하, 비점이 40℃ 이하 또는 발화점이 100℃ 이하인 것
- 제1석유류 : 1기압에서 액체로서 인화점이 21℃ 미만인 것
- 제2석유류 : 1기압에서 액체로서 인화점이 21℃ 이상 70℃ 미만인 것. 다만, 가연성 액체량이 40wt% 이하이면서 인화점이 40℃ 이상인 동시에 연소점이 60℃ 이상인 것은 제외
- 제3석유류 : 1기압에서 액체로서 인화점이 70℃ 이상 200℃ 미만인 것. 다만, 가연성 액체량이 40wt% 이하인 것은 제외
- 제4석유류 : 1기압에서 액체로서 인화점이 200℃ 이상 250℃ 미만인 것. 다만, 가연성 액체량이 40wt% 이하인 것은 제외

32 동식물유류에 대한 설명 중 틀린 것은?

① 아이오딘값이 클수록 자연발화의 위험이 크다.
② 동식물유류는 제4류 위험물에 속한다.
③ 아마인유는 불건성유이므로 자연발화의 위험이 낮다.
④ 아이오딘값이 130 이상인 것이 건성유이므로 저장할 때 주의한다.

해설

아마인유는 건성유(아이오딘값이 130 이상)이므로 자연발화 위험이 있다.

정답 29 ④　30 ①　31 ②　32 ③

33 제4류 위험물을 저장 및 취급하는 위험물제조소에 설치한 "화기엄금" 게시판의 색상으로 올바른 것은?

① 적색바탕에 흑색문자
② 흑색바탕에 적색문자
③ 백색바탕에 적색문자
④ 적색바탕에 백색문자

해설

게시판의 색상 : 적색바탕에 백색문자이며 한 변의 길이가 0.3m 이상, 다른 한 변의 길이는 0.6m 이상인 직사각형

34 위험물안전관리법령에서 정한 아세트알데하이드 등을 취급하는 제조소의 특례에 관한 내용이다. (　　) 안에 해당하는 물질이 아닌 것은?

> 아세트알데하이드 등을 취급하는 설비는 (　　)·(　　)·(　　)·(　　) 또는 이들을 성분으로 하는 합금으로 만들지 아니할 것

① 동　　② 은
③ 금　　④ 마그네슘

해설

아세트알데하이드 등을 취급하는 설비는 은·수은·동·마그네슘 또는 이들을 성분으로 하는 합금으로 만들지 아니할 것

35 1분자 내에 포함된 탄소의 수가 가장 많은 것은?

① 아세톤
② 톨루엔
③ 아세트산
④ 이황화탄소

해설

품 명	아세톤	톨루엔	아세트산	이황화탄소
화학식	CH_3COCH_3	$C_6H_5CH_3$	CH_3COOH	CS_2

36 휘발유의 일반적인 성질에 관한 설명으로 틀린 것은?

① 인화점이 0℃보다 낮다.
② 위험물안전관리법령상 제1석유류에 해당한다.
③ 전기에 대해 비전도성 물질이다.
④ 순수한 것은 청색이나 안전을 위해 검은색으로 착색해서 사용해야 한다.

해설

휘발유는 소비자의 식별을 용이하게 하기 위하여 보통 휘발유에는 노란색, 고급 휘발유에는 녹색을 착색하며, 공업용은 무색이다.

37 페놀을 황산과 질산의 혼산으로 나이트로화하여 제조하는 제5류 위험물은?

① 아세트산　　② 피크르산
③ 나이트로글리콜　　④ 질산에틸

해설

황산과 질산에서 나이트로화하면 모노 및 다이나이트로페놀을 거쳐서 트라이나이트로페놀(피크르산)이 된다.

트라이나이트로페놀(TNP)

OH
NO_2　　NO_2
NO_2

38 과산화수소의 성질에 대한 설명으로 옳지 않은 것은?

① 산화성이 강한 무색투명한 액체이다.
② 위험물안전관리법령상 일정 비중 이상일 때 위험물로 취급한다.
③ 가열에 의해 분해하면 산소가 발생한다.
④ 소독약으로 사용할 수 있다.

해설

제6류 위험물인 과산화수소는 농도가 36wt% 이상인 것에 한하여 위험물로 본다.

분해 반응식 : $H_2O_2 \rightarrow H_2O + [O]$발생기 산소(표백작용)

33 ④ 34 ③ 35 ② 36 ④ 37 ② 38 ② 정답

39 금속염을 불꽃반응 실험을 한 결과 노란색의 불꽃이 나타났다. 이 금속염에 포함된 금속은 무엇인가?

① Cu ② K

③ Na ④ Li

해설

불꽃반응 시 색상

원 소	불꽃색
나트륨	노란색
칼 륨	보라색
칼 슘	주황색
구 리	청록색
바 륨	황록색
리 튬	빨간색

40 나이트로셀룰로스의 안전한 저장을 위해 사용하는 물질은?

① 페 놀 ② 황 산

③ 에틸알코올 ④ 아닐린

해설

나이트로셀룰로스는 건조 상태에서 자연발화의 위험이 있으므로 이동 및 저장 시 물과 알코올을 습윤시킨다(습윤 비율은 물 20% 또는 알코올 30%).

41 등유에 관한 설명으로 틀린 것은?

① 물보다 가볍다.

② 녹는점은 상온보다 높다.

③ 발화점은 상온보다 높다.

④ 증기는 공기보다 무겁다.

해설

상온(20±5℃)에서 이미 액체로 존재하는 등유는 상온보다 훨씬 낮은 온도에서 녹음을 의미한다.

42 벤조일퍼옥사이드에 대한 설명으로 틀린 것은?

① 무색, 무취의 투명한 액체이다.

② 가급적 소분하여 저장한다.

③ 제5류 위험물에 해당한다.

④ 품명은 유기과산화물이다.

해설

벤조일퍼옥사이드는 제5류 위험물(자기반응성 물질-유기과산화물)로 과산화벤조일 또는 벤젠퍼옥사이드로 불리기도 하며, 백색 분말의 투명한 결정이다.

43 그림과 같이 횡으로 설치한 원형탱크의 용량은 약 몇 m^3인가?(단, 공간용적은 내용적의 10/100이다)

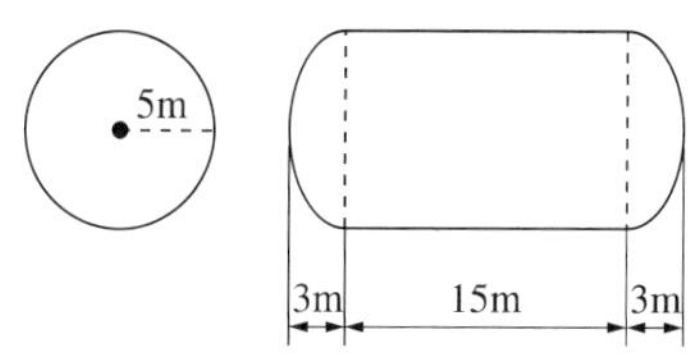

① 1,690.9 ② 1,335.1

③ 1,268.4 ④ 1,201.7

해설

• 전체적 $V = \pi r^2\left(L + \frac{L_1 + L_2}{3}\right) = \pi 5^2\left(15 + \frac{3+3}{3}\right)$

$= 1,335.2\text{m}^3$

• 탱크의 용량 = 탱크의 내용적 − 탱크의 공간 용적

$= 1,335.2 - \left(1,335.2 \times \frac{10}{100}\right)$

$= 1,201.68\text{m}^3$

정답 39 ③ 40 ③ 41 ② 42 ① 43 ④

44 다음 물질 중 위험물 유별에 따른 구분이 나머지 셋과 다른 하나는?

① 질산은　② 질산메틸
③ 무수크로뮴산　④ 질산암모늄

해설

- 제1류 위험물 : 질산은(질산염류), 질산암모늄(질산염류), 무수크로뮴산(행정안전부령이 정함)
- 제5류 위험물 : 질산메틸(질산에스테르류)

45 [보기]에서 나열한 위험물의 공통 성질을 옳게 설명한 것은?

보기
나트륨, 황린, 트라이에틸알루미늄

① 상온, 상압에서 고체의 형태를 나타낸다.
② 상온, 상압에서 액체의 형태를 나타낸다.
③ 금수성 물질이다.
④ 자연발화의 위험이 있다.

해설

제3류 위험물(자연발화성 물질 및 금수성 물질)은 황린을 제외하고는 모두 물과 반응하여 가연성 가스가 발생하며, 공기 중에 노출되면 자연발화하거나 물과 접촉하면 발화한다.

46 2가지 물질을 섞었을 때 수소가 발생하는 것은?

① 칼륨과 에틸알코올
② 과산화마그네슘과 염화수소
③ 과산화칼륨과 탄산가스
④ 오황화인과 물

해설

반응식(필답형 유형)

① 칼륨과 에틸알코올
$2K + 2C_2H_5OH \rightarrow 2C_2H_5OK + H_2 \uparrow$
에틸알코올　칼륨에틸레이트

② 과산화마그네슘과 염화수소
$MgO_2 + 2HCl \rightarrow MgCl_2 + H_2O_2 \uparrow$
염화마그네슘　과산화수소

③ 과산화칼륨과 탄산가스
$2K_2O_2 + 2CO_2 \rightarrow 2K_2CO_3 + O_2 \uparrow$
탄산칼륨

④ 오황화인과 물
$P_2S_5 + 8H_2O \rightarrow 5H_2S + 2H_3PO_4$
황화수소　인산

47 다음 물질 중 인화점이 가장 낮은 것은?

① CH_3COCH_3　② $C_2H_5OC_2H_5$
③ $CH_3(CH_2)_3OH$　④ CH_3OH

해설

인화점

물질	인화점
CH_3COCH_3(아세톤-제1석유류)	−18.5℃
$C_2H_5OC_2H_5$(다이에틸에터-특수인화물)	−40℃
$CH_3(CH_2)_3OH$(부틸알코올-알코올류)	35℃
CH_3OH(메틸알코올-알코올류)	11℃

제4류 위험물 성질에 의한 품명

- 특수인화물 : 1기압에서 인화점이 −20℃ 이하, 비점이 40℃ 이하 또는 발화점이 100℃ 이하인 것
- 제1석유류 : 1기압에서 액체로서 인화점이 21℃ 미만인 것
- 제2석유류 : 1기압에서 액체로서 인화점이 21℃ 이상 70℃ 미만인 것. 다만, 가연성 액체량이 40wt% 이하이면서 인화점이 40℃ 이상인 동시에 연소점이 60℃ 이상인 것은 제외
- 제3석유류 : 1기압에서 액체로서 인화점이 70℃ 이상 200℃ 미만인 것. 다만, 가연성 액체량이 40wt% 이하인 것은 제외
- 제4석유류 : 1기압에서 액체로서 인화점이 200℃ 이상 250℃ 미만인 것. 다만, 가연성 액체량이 40wt% 이하인 것은 제외

44 ② 45 ④ 46 ① 47 ② **정답**

48 위험물안전관리법령에 의한 위험물에 속하지 않는 것은?

① CaC_2　　② S

③ P_2O_5　　④ K

해설

오산화인(P_2O_5)은 유해화학물질관리법에서 유독물질로 적린(제2류 위험물) 및 황린(제3류 위험물)이 연소할 때 생성되는 물질이다.

49 톨루엔에 대한 설명으로 틀린 것은?

① 휘발성이 있고 가연성 액체이다.

② 증기는 마취성이 있다.

③ 알코올, 에터, 벤젠 등과 잘 섞인다.

④ 노란색 액체로 냄새가 없다.

해설

제4류 위험물 중 제1석유류로 독특한 향기를 가진 무색의 액체이다.

50 위험물안전관리법령상 지정수량 10배 이상의 위험물을 저장하는 제조소에 설치하여야 하는 경보설비의 종류가 아닌 것은?

① 자동화재탐지설비

② 자동화재속보설비

③ 휴대용 확성기

④ 비상방송설비

해설

경보설비의 종류 : 자동화재탐지설비, 비상경보설비(비상벨장치 또는 경종을 포함), 확성장치(휴대용 확성기를 포함) 및 비상방송설비

51 위험물안전관리법령상 위험등급 Ⅰ의 위험물에 해당하는 것은?

① 무기과산화물

② 황화인, 적린, 황

③ 제1석유류

④ 알코올류

해설

① 무기과산화물 : 제1류 위험물(위험등급 Ⅰ)
② 황화인, 적린, 황 : 제2류 위험물(위험등급 Ⅱ)
③ 제1석유류 : 제4류 위험물(위험등급 Ⅱ)
④ 알코올류 : 제4류 위험물(위험등급 Ⅱ)

52 위험물안전관리법령상 제3류 위험물에 해당하지 않는 것은?

① 적 린　　② 나트륨

③ 칼 륨　　④ 황 린

해설

적린은 제2류 위험물(100kg, 위험등급 Ⅱ)에 속한다.

정답 48 ③ 49 ④ 50 ② 51 ① 52 ①

53 위험물안전관리법령상 옥내저장탱크와 탱크전용실의 벽과의 사이 및 옥내저장탱크의 상호 간에는 몇 m 이상의 간격을 유지하여야 하는가?

① 0.5　② 1
③ 1.5　④ 2

해설

옥내저장탱크와 탱크전용실의 벽과의 사이 및 옥내저장탱크의 상호 간에는 0.5m 이상의 간격을 유지할 것(필답형 유형)

54 위험물안전관리법령상 제4류 위험물운반용기의 외부에 표시해야 하는 사항이 아닌 것은?

① 규정에 의한 주의사항
② 위험물의 품명 및 위험등급
③ 위험물의 관리자 및 지정수량
④ 위험물의 화학명

해설

위험물운반용기의 외부에 표시하여야 하는 사항
- 위험물의 품명・위험등급・화학명 및 수용성("수용성" 표시는 제4류 위험물로서 수용성인 것에 한한다)
- 위험물의 수량
- 수납하는 위험물에 따라 규정에 의한 주의사항

위험물 제조소의 게시판 기재 내용
- 위험물 유별・품명
- 저장최대수량 또는 취급최대수량
- 지정수량의 배수
- 안전관리자의 성명 또는 직명

55 산화성 액체인 질산의 분자식으로 옳은 것은?

① HNO_2　② HNO_3
③ NO_2　④ NO_3

해설

HNO_2(아질산), HNO_3(질산), NO_2(이산화질소), NO_3(질산기)

56 제4류 위험물의 옥외저장탱크에 설치하는 밸브 없는 통기관은 지름이 얼마 이상인 것으로 설치해야 되는가?(단, 압력탱크는 제외한다)

① 10mm　② 20mm
③ 30mm　④ 40mm

해설

옥외저장탱크 중 밸브 없는 통기관 설치기준(위험물안전관리법 시행규칙 별표 6)
- 지름은 30mm 이상일 것
- 끝부분은 수평면보다 45° 이상 구부려 빗물 등의 침투를 막는 구조로 할 것
- 인화점이 38℃ 미만인 위험물만을 저장 또는 취급하는 탱크에 설치하는 통기관에는 화염방지장치를 설치하고, 그 외의 탱크에 설치하는 통기관에는 40메시(mesh) 이상의 구리망 또는 동등 이상의 성능을 가진 인화방지장치를 설치할 것. 다만, 인화점이 70℃ 이상인 위험물만을 해당 위험물의 인화점 미만의 온도로 저장 또는 취급하는 탱크에 설치하는 통기관에는 인화방지장치를 설치하지 않을 수 있다.

53 ① 54 ③ 55 ② 56 ③ 정답

57 다음 중 위험물안전관리법령에 따라 정한 지정수량이 나머지 셋과 다른 것은?

① 황화인

② 적 린

③ 황

④ 철 분

해설

제2류 위험물(가연성 고체)

성 질	품 명	지정수량	위험등급	표 시
가연성 고체	황화인	100kg	II	• 화기주의 및 물기엄금(철분, 금속분, 마그네슘 또는 이들 중 어느 하나 이상을 함유한 것) • 화기엄금(인화성 고체) • 화기주의(그 밖의 것)
	적 린			
	황			
	마그네슘	500kg	III	
	철 분			
	금속분			
	인화성 고체	1,000kg		

58 벤젠(C_6H_6)의 일반 성질로서 틀린 것은?

① 휘발성이 강한 액체이다.

② 인화점은 가솔린보다 낮다.

③ 물에 녹지 않는다.

④ 화학적으로 공명구조를 이루고 있다.

해설

인화점

벤 젠	가솔린
−11℃	−43℃

59 위험물안전관리법령상 제1류 위험물의 질산염류가 아닌 것은?

① 질산은

② 질산암모늄

③ 질산섬유소

④ 질산나트륨

해설

• 질산염류(제1류 위험물) : 질산은, 질산암모늄, 질산나트륨
• 질산에스테르류(제5류 위험물) : 질산섬유소(나이트로셀룰로스라고도 하며 화약에 이용 시 면약(면화약)이라고 한다)

60 위험물안전관리법령상 운송책임자의 감독 · 지원을 받아 운송하여야 하는 위험물은?

① 알킬리튬

② 과산화수소

③ 가솔린

④ 경 유

해설

위험물의 운송

• 이동탱크저장소에 의하여 위험물을 운송하는 자(운송책임자 및 이동탱크저장소 운전자)는 국가기술자격자 또는 안전교육 받은 자가 실시
• 대통령령이 정하는 위험물(알킬알루미늄, 알킬리튬, 알킬알루미늄 또는 알킬리튬의 물질을 함유하는 위험물)에 있어서는 운송책임자의 감독과 지원을 받아 운송하여야 한다.

정답 57 ④ 58 ② 59 ③ 60 ①

2015년 제4회 과년도 기출문제

01 과산화나트륨의 화재 시 물을 사용한 소화가 위험한 이유는?

① 수소와 열을 발생하므로
② 산소와 열을 발생하므로
③ 수소를 발생하고 이 가스가 폭발적으로 연소하므로
④ 산소를 발생하고 이 가스가 폭발적으로 연소하므로

해설

- 제1류 위험물인 무기과산화물로 과산화나트륨은 물과 반응하여 조연성 가스(산소)와 열을 발생한다.
- 과산화나트륨과 물의 반응식
  $2Na_2O_2 + 2H_2O \rightarrow 4NaOH + O_2\uparrow$ + 발열

02 위험물안전관리법령상 경보설비로 자동화재탐지설비로 설치해야 할 위험물 제조소의 규모의 기준에 대한 설명으로 옳은 것은?

① 연면적 $500m^2$ 이상인 것
② 연면적 $1,000m^2$ 이상인 것
③ 연면적 $1,500m^2$ 이상인 것
④ 연면적 $2,000m^2$ 이상인 것

해설

제조소 및 일반취급소에서의 자동화재탐지설비 설치기준

- 연면적 $500m^2$ 이상인 것
- 옥내에서 지정수량의 100배 이상을 취급하는 것(고인화점 위험물만을 100℃ 미만의 온도에서 취급하는 것을 제외한다)
- 일반취급소로 사용되는 부분 외의 부분이 있는 건축물에 설치된 일반취급소(일반취급소와 일반취급소 외의 부분이 내화구조의 바닥 또는 벽으로 개구부 없이 구획된 것을 제외한다)

03 $NH_4H_2PO_4$이 열분해하여 생성되는 물질 중 암모니아와 수증기의 부피 비율은?

① 1 : 1　　② 1 : 2
③ 2 : 1　　④ 3 : 2

해설

제3종 분말소화약제의 열분해 반응식
$NH_4H_2PO_4 \rightarrow HPO_3 + NH_3\uparrow + H_2O\uparrow$
∴ 암모니아와 수증기의 부피 비율은 1 : 1이 된다.
※ 부피비 = 몰수비 ≠ 질량비

04 위험물안전관리법령에서 정한 탱크안전성능검사의 구분에 해당하지 않는 것은?

① 기초·지반검사　　② 충수·수압검사
③ 용접부검사　　④ 배관검사

해설

탱크안전성능검사는 기초·지반검사, 충수·수압검사, 용접부검사 및 암반탱크검사로 구분한다.

05 제3류 위험물 중 금수성 물질에 적응성이 있는 소화설비는?

① 할로젠화합물소화설비
② 포소화설비
③ 불활성기체소화설비
④ 탄산수소염류 등 분말소화설비

해설

금수성 물질의 소화설비는 건조사, 팽창질석, 팽창진주암, 탄산수소염류 분말소화설비이다.

1 ② 2 ① 3 ① 4 ④ 5 ④ 정답

06 제5류 위험물을 저장 또는 취급하는 장소에 적응성이 있는 소화설비는?

① 포소화설비
② 분말소화설비
③ 불활성기체소화설비
④ 할로젠화합물소화설비

해설

소화원리
- 질식소화 : 분말소화설비, 불활성가스소화설비
- 억제소화 : 할로젠화합물소화설비
- 냉각소화 : 포소화설비

제5류 위험물의 소화방법
- 화재 초기 또는 소형화재 이외에는 소화가 어렵다.
- 다량의 물로 주수소화한다.
- 물질 자체가 산소를 함유하고 있어 질식효과의 소화방법은 효과가 없다.

07 화재의 종류와 가연물이 옳게 연결된 것은?

① A급 – 플라스틱
② B급 – 섬 유
③ A급 – 페인트
④ B급 – 나 무

해설

가연물의 종류와 성상에 따른 화재의 분류

종 류	소화기 표시		적용대상
일반화재	백 색	A급 화재	일반가연물(나무, 옷, 종이, 고무, 플라스틱 등)
유류화재	황 색	B급 화재	가연성 액체(가솔린, 오일, 래커, 알코올, 페인트 등)
전기화재	청 색	C급 화재	전류가 흐르는 상태에서의 전기기구 화재
금속화재	무 색	D급 화재	가연성 금속(마그네슘, 나트륨, 세슘, 리튬, 칼륨 등)

08 팽창진주암(삽 1개 포함)의 능력단위 1은 용량이 몇 L인가?

① 70　　② 100
③ 130　　④ 160

해설

기타 소화설비의 능력단위(위험물안전관리법 시행규칙 별표 17)

소화설비	용 량	능력단위
소화전용(轉用)물통	8L	0.3
수조(소화전용물통 3개 포함)	80L	1.5
수조(소화전용물통 6개 포함)	190L	2.5
마른모래(삽 1개 포함)	50L	0.5
팽창질석 또는 팽창진주암(삽 1개 포함)	160L	1.0

09 위험물안전관리법령상 위험물을 유별로 정리하여 저장하면서 서로 1m 이상의 간격을 두면 동일한 옥내저장소에 저장할 수 있는 경우는?

① 제1류 위험물과 제3류 위험물 중 금수성 물질을 저장하는 경우
② 제1류 위험물과 제4류 위험물을 저장하는 경우
③ 제1류 위험물과 제6류 위험물을 저장하는 경우
④ 제2류 위험물 중 금속분과 제4류 위험물 중 동식물유류를 저장하는 경우

해설

- 제1류 위험물(알칼리금속의 과산화물 또는 이를 함유한 것을 제외한다)과 제5류 위험물을 저장하는 경우
- 제1류 위험물과 제6류 위험물을 저장하는 경우
- 제1류 위험물과 제3류 위험물 중 자연발화성 물질(황린 또는 이를 함유한 것에 한한다)을 저장하는 경우
- 제2류 위험물 중 인화성 고체와 제4류 위험물을 저장하는 경우
- 제3류 위험물 중 알킬알루미늄 등과 제4류 위험물(알킬알루미늄 또는 알킬리튬을 함유한 것에 한한다)을 저장하는 경우
- 제4류 위험물 중 유기과산화물 또는 이를 함유하는 것과 제5류 위험물 중 유기과산화물 또는 이를 함유한 것을 저장하는 경우

정답 6 ① 7 ① 8 ④ 9 ③

10 제6류 위험물을 저장하는 장소에 적응성이 있는 소화설비가 아닌 것은?

① 물분무소화설비
② 포소화설비
③ 불활성기체소화설비
④ 옥내소화전설비

해설

소화원리
- 냉각소화 : 물분무소화설비, 포소화설비, 옥내소화전설비
- 질식소화 : 불활성가스소화설비

제6류 위험물 소화방법
- 무상(안개모양)주수도 효과적일 수 있다.
- 위급 시에는 다량의 물로 냉각소화한다.
- 질식소화는 부적합하다(이산화탄소, 불활성기체 등).

11 피난설비를 설치하여야 하는 위험물제조소 등에 해당하는 것은?

① 건축물의 2층 부분을 자동차 정비소로 사용하는 주유취급소
② 건축물의 2층 부분을 전시장으로 사용하는 주유취급소
③ 건축물의 1층 부분을 주유사무소로 사용하는 주유취급소
④ 건축물의 1층 부분을 관계자의 주거시설로 사용하는 주유취급소

해설

피난설비
- 주유취급소 중 건축물의 2층 이상의 부분을 점포・휴게음식점 또는 전시장의 용도로 사용하는 것에 있어서는 해당 건축물의 2층 이상으로부터 주유취급소의 부지 밖으로 통하는 출입구와 해당 출입구로 통하는 통로・계단 및 출입구에 유도등을 설치하여야 한다.
- 옥내주유취급소에 있어서는 해당 사무소 등의 출입구 및 피난구와 해당 피난구로 통하는 통로・계단 및 출입구에 유도등을 설치하여야 한다.
- 유도등에는 비상전원을 설치하여야 한다.

12 제1종 분말소화약제의 적응화재 종류는?

① A급
② B, C급
③ A, B급
④ A, B, C급

해설

분말소화약제의 적응화재

종 별	적응화재
제1종 분말	B, C급
제2종 분말	B, C급
제3종 분말	A, B, C급
제4종 분말	B, C급

13 연소의 3요소를 모두 포함하는 것은?

① 과염소산, 산소, 불꽃
② 마그네슘분말, 연소열, 수소
③ 아세톤, 수소, 산소
④ 불꽃, 아세톤, 질산암모늄

해설

연소의 3요소 : 불꽃(점화원), 아세톤(가연물), 질산암모늄(산소원)
① 과염소산(산소원), 산소(산소원), 불꽃(점화원)
② 마그네슘분말(가연물), 연소열(점화원), 수소(가연물)
③ 아세톤(가연물), 수소(가연물), 산소(산소원)
※ 제1류 위험물(산화성 고체) 질산암모늄의 분해・폭발 반응식
$2NH_4NO_3 \rightarrow 4H_2O + 2N_2 + O_2\uparrow$

10 ③ 11 ② 12 ② 13 ④ 정답

14 액화 이산화탄소 1kg이 25℃, 2atm에서 방출되어 모두 기체가 되었다. 방출된 기체상의 이산화탄소 부피는 약 몇 L인가?

① 238 ② 278
③ 308 ④ 340

해설

이상기체 상태방정식

$PV = nRT = \frac{W}{M}RT$

이산화탄소(CO_2)의 분자량 : $\{(12\times1)+(16\times2)\}=44\text{kg/kmol}$

여기서, P : 압력, V : 부피, n : mol수(무게/분자량), W : 무게, M : 분자량, R : 기체상수(0.08205atm·m^3/kmol·K), T : 절대온도(273+℃)

$\therefore\ V = \frac{WRT}{PM} = \frac{1\times0.08205\times(25+273)\text{K}}{2\times44} = 0.2779\text{m}^3$

$\rightarrow 278\text{L}(1\text{m}^3 = 1{,}000\text{L})$

※ 기체상수(R)

$R = 0.08205\text{atm}\cdot\text{m}^3/\text{kmol}\cdot\text{K} = 8.314\text{kJ/kmol}\cdot\text{K} = 1.987\text{kcal/kmol}\cdot\text{K}$

15 소화약제에 따른 주된 소화효과로 틀린 것은?

① 수성막포소화약제 : 질식효과
② 제2종 분말소화약제 : 탈수탄화효과
③ 이산화탄소소화약제 : 질식효과
④ 할로젠화합물소화약제 : 화학억제효과

해설

분말소화약제의 주된 소화효과는 분말 분무에 의한 방사열의 차단효과, 부촉매효과, 발생한 불연성 가스에 의한 질식효과 등으로 가연성 액체의 표면화재에 매우 효과적이다.

제2종 분말소화약제 분해 반응식

$2KHCO_3 \rightarrow K_2CO_3 + H_2O\uparrow + CO_2\uparrow$

16 위험물안전관리법령에서 정한 "물분무 등 소화설비"의 종류에 속하지 않는 것은?

① 스프링클러설비 ② 포소화설비
③ 분말소화설비 ④ 불활성기체소화설비

해설

물분무 등 소화설비 : 물분무소화설비, 포소화설비, 불활성가스소화설비, 할로젠화합물소화설비, 분말소화설비(인산염류, 탄산수소염류 등)

17 혼합물인 위험물이 복수의 성상을 가지는 경우에 적용하는 품명에 관한 설명으로 틀린 것은?

① 산화성 고체의 성상 및 가연성 고체의 성상을 가지는 경우 : 산화성 고체의 품명
② 산화성 고체의 성상 및 자기반응성 물질의 성상을 가지는 경우 : 자기반응성 물질의 품명
③ 가연성 고체의 성상과 자연발화성 물질의 성상 및 금수성 물질의 성상을 가지는 경우 : 자연발화성 물질 및 금수성 물질의 품명
④ 인화성 액체의 성상 및 자기반응성 물질의 성상을 가지는 경우 : 자기반응성 물질의 품명

해설

산화성 고체의 성상 및 가연성 고체의 성상을 가지는 경우 : 가연성 고체

※ 위험물의 유별이 큰 것을 품명으로 적용한다(제1류 위험물성상과 제2류 위험물성상 중 제2류 위험물성상 적용).

18 위험물시설에 설비하는 자동화재탐지설비의 하나의 경계구역 면적과 그 한 변의 길이의 기준으로 옳은 것은?(단, 광전식분리형 감지기를 설치하지 않은 경우이다)

① 300m^2 이하, 50m 이하
② 300m^2 이하, 100m 이하
③ 600m^2 이하, 50m 이하
④ 600m^2 이하, 100m 이하

해설

하나의 경계구역의 면적은 600m^2 이하로 하고 그 한 변의 길이는 50m(광전식분리형 감지기를 설치할 경우에는 100m) 이하로 할 것. 다만, 해당 건축물 그 밖의 공작물의 주요한 출입구에서 그 내부의 전체를 볼 수 있는 경우에 있어서는 그 면적을 $1{,}000\text{m}^2$ 이하로 할 수 있다(필답형 유형).

정답 14 ② 15 ② 16 ① 17 ① 18 ③

19 다음 위험물의 저장 창고에 화재가 발생하였을 때 주수(注水)에 의한 소화가 오히려 더 위험한 것은?

① 염소산칼륨　　② 과염소산나트륨
③ 질산암모늄　　④ 탄화칼슘

해설

제3류 위험물(자연발화성 물질 및 금수성 물질)인 탄화칼슘은 물과 반응하여 발열하고 아세틸렌가스를 발생한다.
탄화칼슘과 물의 반응식

$$CaC_2 + 2H_2O \rightarrow Ca(OH)_2 + \underset{\text{아세틸렌}}{C_2H_2} \uparrow + 27.8Kcal$$

20 옥외저장소에 덩어리 상태의 황만을 지반면에 설치한 경계표시의 안쪽에서 저장할 경우 하나의 경계표시의 내부면적은 몇 m^2 이하이어야 하는가?

① 75　　② 100
③ 150　　④ 300

해설

- 하나의 경계표시의 내부의 면적은 $100m^2$ 이하일 것
- 2개 이상의 경계표시를 설치하는 경우에 있어서는 각각의 경계표시 내부의 면적을 합산한 면적은 $1,000m^2$ 이하로 하고, 인접하는 경계표시와 경계표시와의 간격을 보유공지 너비의 1/2 이상으로 할 것. 다만, 저장 또는 취급하는 위험물의 최대수량이 지정수량의 200배 이상인 경우에는 10m 이상으로 하여야 한다.
- 경계표시의 높이는 1.5m 이하로 할 것

21 황의 성상에 관한 설명으로 틀린 것은?

① 연소할 때 발생하는 가스는 냄새를 가지고 있으나 인체에 무해하다.
② 미분이 공기 중에 떠 있을 때 분진폭발의 우려가 있다.
③ 용융된 황을 물에서 급랭하면 고무상황을 얻을 수 있다.
④ 연소할 때 아황산가스를 발생한다.

해설

황의 연소 반응식 : $S + O_2 \rightarrow SO_2$
석유류가 연소할 때 발생하는 가스로 강한 자극적인 냄새가 나며 취급하는 장치를 부식시킨다.

22 과산화수소의 성질에 대한 설명 중 틀린 것은?

① 알칼리성 용액에 의해 분해될 수 있다.
② 산화제로 사용할 수 있다.
③ 농도가 높을수록 안정하다.
④ 열, 햇빛에 의해 분해될 수 있다.

해설

제6류 위험물(산화성 액체)인 과산화수소는 농도가 36wt% 이상인 것에 한하여 위험물로 취급하며, 가연성, 인화성은 없으나 분해하여 산소를 방출하고 발열하며, 특히 고농도인 것은 폭발의 위험이 있다.

23 위험물안전관리법령상 위험물의 운송에 있어서 운송책임자의 감독 또는 지원을 받아 운송하여야 하는 위험물에 속하지 않는 것은?

① $Al(CH_3)_3$　　② CH_3Li
③ $Cd(CH_3)_2$　　④ $Al(C_4H_9)_3$

해설

운송책임자의 감독 · 지원을 받아 운송하여야 하는 위험물
- 알킬알루미늄
- 알킬리튬
- 알킬알루미늄 또는 알킬리튬의 물질을 함유하는 위험물

알킬알루미늄 물질을 함유한 위험물	알킬리튬의 물질을 함유하는 위험물
• 트라이메틸알루미늄 : $(CH_3)_3Al$ • 트라이에틸알루미늄 : $(C_2H_5)_3Al$ • 트라이아이소뷰틸알루미늄 : $(C_4H_9)_3Al$ • 다이에틸알루미늄클로라이드 : $(C_2H_5)_2AlCl$	• 메틸리튬 : (CH_3Li) • 에틸리튬 : (C_2H_5Li) • 부틸리튬 : (C_4H_9Li)

19 ④ 20 ② 21 ① 22 ③ 23 ③ **정답**

24 무색의 액체로 융점이 −112℃이고 물과 접촉하면 심하게 발열하는 제6류 위험물은?

① 과산화수소
② 과염소산
③ 질 산
④ 오플루오린화아이오딘

해설

과염소산

- 비중 1.76, 비점 39℃, 융점 −112℃
- 무색 무취의 유동성이 있는 액체이다.
- 물에 넣으면 소리를 내면서 발열하고 물과 작용하여 6종의 고체 수화물을 만든다[$HClO_4 \cdot H_2O$, $HClO_4 \cdot 2H_2O$, $HClO_4 \cdot 2.5H_2O$, $HClO_4 \cdot 3H_2O$(2종), $HClO_4 \cdot 3.5H_2O$].

25 위험물안전관리법령에서 정한 특수인화물의 발화점 기준으로 옳은 것은?

① 1기압에서 100℃ 이하
② 0기압에서 100℃ 이하
③ 1기압에서 25℃ 이하
④ 0기압에서 25℃ 이하

해설

제4류 위험물 성질에 의한 품명

- 특수인화물 : 1기압에서 인화점이 −20℃ 이하, 비점이 40℃ 이하 또는 발화점이 100℃ 이하인 것
- 제1석유류 : 1기압에서 액체로서 인화점이 21℃ 미만인 것
- 제2석유류 : 1기압에서 액체로서 인화점이 21℃ 이상 70℃ 미만인 것. 다만, 가연성 액체량이 40wt% 이하이면서 인화점이 40℃ 이상인 동시에 연소점이 60℃ 이상인 것은 제외
- 제3석유류 : 1기압에서 액체로서 인화점이 70℃ 이상 200℃ 미만인 것. 다만, 가연성 액체량이 40wt% 이하인 것은 제외
- 제4석유류 : 1기압에서 액체로서 인화점이 200℃ 이상 250℃ 미만인 것. 다만, 가연성 액체량이 40wt% 이하인 것은 제외

26 알킬알루미늄 등 또는 아세트알데하이드 등을 취급하는 제조소의 특례기준으로서 옳은 것은?

① 알킬알루미늄 등을 취급하는 설비에는 불활성 기체 또는 수증기를 봉입하는 장치를 설치한다.
② 알킬알루미늄 등을 취급하는 설비에는 은・수은・동・마그네슘을 성분으로 하는 것으로 만들지 않는다.
③ 아세트알데하이드 등을 취급하는 탱크에는 냉각장치 또는 보냉장치 및 불활성 기체 봉입장치를 설치한다.
④ 아세트알데하이드 등을 취급하는 설비의 주위에는 누설범위를 국한하기 위한 설비와 누설되었을 때 안전한 장소에 설치된 저장실에 유입시킬 수 있는 설비를 갖춘다.

해설

- 알킬알루미늄 등을 취급하는 설비에는 불활성 기체를 봉입하는 장치를 갖출 것
- 알킬알루미늄 등을 취급하는 설비의 주위에는 누설범위를 국한하기 위한 설비와 누설된 알킬알루미늄 등을 안전한 장소에 설치된 저장실에 유입시킬 수 있는 설비를 갖출 것
- 아세트알데하이드 등을 취급하는 탱크에는 냉각장치 또는 보냉장치 및 불활성 기체 봉입장치를 설치한다.

정답 24 ② 25 ① 26 ③

27 그림의 시험장치는 제 몇류 위험물의 위험성 판정을 위한 것인가?(단, 고체물질의 위험성 판정이다)

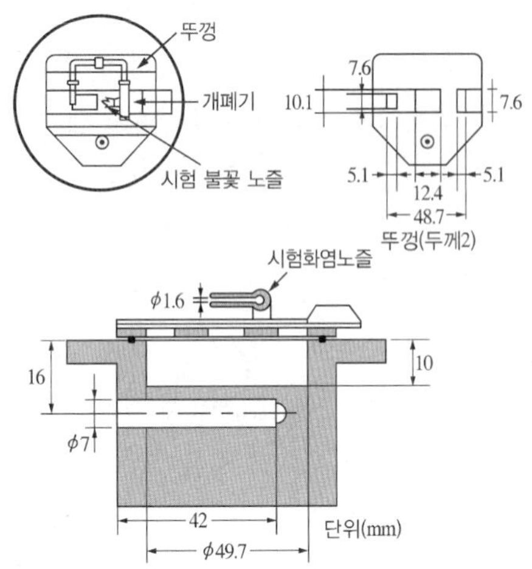

① 제1류 ② 제2류
③ 제3류 ④ 제4류

해설

그림의 시험장치는 고체의 인화위험성 시험방법으로 가연성 고체(제2류 위험물)의 시험방법 및 판정기준에 사용된다.

28 다이에틸에터의 보관·취급에 관한 설명으로 틀린 것은?

① 용기는 밀봉하여 보관한다.
② 환기가 잘되는 곳에 보관한다.
③ 정전기가 발생하지 않도록 취급한다.
④ 저장용기에 빈 공간이 없게 가득 채워 보관한다.

해설

제4류 위험물 중 특수인화물
- 증기는 제4류 위험물 중 인화성이 가장 강하다.
- 공기와 장시간 접촉하거나 직사일광에 분해되어 과산화물을 생성하므로 갈색병에 저장한다.
- 용기의 공간용적(2% 이상)을 확보한다.

29 과산화나트륨에 대한 설명 중 틀린 것은?

① 순수한 것은 백색이다.
② 상온에서 물과 반응하여 수소 가스를 발생한다.
③ 화재 발생 시 주수소화는 위험할 수 있다.
④ CO 및 CO_2 제거제를 제조할 때 사용된다.

해설

물과 반응하여 산소를 발생한다.
- 물과의 반응식 : $2Na_2O_2 + 2H_2O \rightarrow 4NaOH + O_2 \uparrow + Q\text{kcal}$
- 산과의 반응식 : $Na_2O_2 + 2HCl \rightarrow 2NaCl + H_2O_2$

30 위험물안전관리법령상 품명이 “유기과산화물”인 것으로만 나열된 것은?

① 과산화벤조일, 과산화메틸에틸케톤
② 과산화벤조일, 과산화마그네슘
③ 과산화마그네슘, 과산화메틸에틸케톤
④ 과산화초산, 과산화수소

해설

① 과산화벤조일, 과산화메틸에틸케톤 : 제5류 위험물 중 유기과산화물
② 과산화벤조일(유기과산화물), 과산화마그네슘(무기과산화물)
③ 과산화마그네슘(무기과산화물), 과산화메틸에틸케톤(유기과산화물)
④ 과산화초산(유기과산화물), 과산화수소(제6류 위험물)

31 염소산염류 250kg, 아이오딘산염류 600kg, 질산염류 900kg을 저장하고 있는 경우 지정수량의 몇 배가 보관되어 있는가?

① 5배 ② 7배
③ 10배 ④ 12배

해설

위험물 저장소의 지정수량 : 염소산염류 50kg, 아이오딘산염류 300kg, 질산염류 300kg

∴ 지정수량 배수 $= \frac{250}{50} + \frac{600}{300} + \frac{900}{300} = 10$배

27 ② 28 ④ 29 ② 30 ① 31 ③ 정답

32 **옥외저장소에서 저장 또는 취급할 수 있는 위험물이 아닌 것은?(단, 국제해상위험물규칙에 적합한 용기에 수납된 위험물의 경우는 제외한다)**

① 제2류 위험물 중 황

② 제1류 위험물 중 과염소산염류

③ 제6류 위험물

④ 제2류 위험물 중 인화점이 10℃인 인화성 고체

해설

옥외저장소에 저장할 수 있는 위험물의 종류

- 제2류 위험물 중 황 또는 인화성 고체(인화점이 0℃ 이상인 것에 한한다)
- 제4류 위험물 중 제1석유류(인화점이 0℃ 이상인 것에 한한다) · 알코올류 · 제2석유류 · 제3석유류 · 제4석유류 및 동식물유류
- 제6류 위험물
- 제2류 위험물 및 제4류 위험물 중 특별시 · 광역시 · 특별자치시 · 도 또는 특별자치도의 조례로 정하는 위험물(관세법 제154조의 규정에 의한 보세구역 안에 저장하는 경우로 한정한다)
- 국제해사기구에 관한 협약에 의하여 설치된 국제해사기구가 채택한 국제해상위험물규칙(IMDG Code)에 적합한 용기에 수납된 위험물

33 **하이드라진에 대한 설명으로 틀린 것은?**

① 외관은 물과 같이 무색투명하다.

② 가열하면 분해하여 가스를 발생한다.

③ 위험물안전관리법령상 제4류 위험물에 해당한다.

④ 알코올, 물 등의 비극성 용매에 잘 녹는다.

해설

제4류 위험물(제2석유류) : 하이드라진

- 약알칼리성으로 180℃에서 암모니아와 질소로 분해된다.
  $2N_2H_4 \cdot H_2O \rightarrow 2NH_3 + N_2 + H_2 + H_2O$
- 물, 알코올 등(극성 용매)에 잘 용해된다.

34 **다음 중 제2석유류만으로 짝지어진 것은?**

① 사이클로헥세인 – 피리딘

② 염화아세틸 – 휘발유

③ 사이클로헥세인 – 중유

④ 아크릴산 – 폼산

해설

각 석유류의 분류

- 제1석유류 : 아세톤, 휘발유, 피리딘, 사이클로헥세인, 염화아세틸 등
- 제2석유류 : 폼산, 아세트산, 아크릴산, 등유, 경유 등
- 제3석유류 : 중유, 크레오소트유, 글리세린 등
- 제4석유류 : 기어유, DOA(가소제) 등

35 **시약(고체)의 명칭이 불분명한 시약병의 내용물을 확인하려고 뚜껑을 열어 시계접시에 소량을 담아 놓고 공기 중에서 햇빛을 받는 곳에 방치하던 중 시계접시에서 갑자기 연소현상이 일어났다. 다음 물질 중 이 시약의 명칭으로 예상할 수 있는 것은?**

① 황　　② 황 린

③ 적 린　　④ 질산암모늄

해설

방치 중 연소현상이 일어났다는 것은 자연발화성 물질(제3류 위험물)임을 알 수 있다.

- 제1류 위험물 : 질산암모늄
- 제2류 위험물 : 황, 적린
- 제3류 위험물인 황린은 공기 중에서 격렬하게 연소하여 유독성 가스인 오산화인의 백연을 낸다($P_4 + 5O_2 \rightarrow 2P_2O_5$).

정답 32 ② 33 ④ 34 ④ 35 ②

36 **위험물제조소 및 일반취급소에 설치하는 자동화재 탐지설비의 설치기준으로 틀린 것은?**

① 하나의 경계구역은 600m^2 이하로 하고, 한 변의 길이는 50m 이하로 한다.

② 주요한 출입구에서 내부 전체를 볼 수 있는 경우 경계 구역은 1,000m^2 이하로 할 수 있다.

③ 광전식분리형 감지를 설치할 경우에는 하나의 경계구역이 1,000m^2 이하로 할 수 있다.

④ 비상전원을 설치하여야 한다.

해설

하나의 경계구역의 면적은 600m^2 이하로 하고 그 한 변의 길이는 50m(광전식분리형 감지기를 설치할 경우에는 100m) 이하로 할 것. 다만, 해당 건축물 그 밖의 공작물의 주요한 출입구에서 그 내부의 전체를 볼 수 있는 경우에 있어서는 그 면적을 1,000m^2 이하로 할 수 있다(필답형 유형).

37 **무기과산화물의 일반적인 성질에 대한 설명으로 틀린 것은?**

① 과산화수소의 수소가 금속으로 치환된 화합물이다.

② 산화력이 강해 스스로 쉽게 산화한다.

③ 가열하면 분해되어 산소를 발생한다.

④ 물과의 반응성이 크다.

해설

무기과산화물은 제1류 위험물인 산화성 고체로서 산소공급원으로 작용하며, 스스로는 환원된다.

38 **다음 중 물과의 반응성이 가장 낮은 것은?**

① 인화알루미늄

② 트라이에틸알루미늄

③ 오황화인

④ 황 린

해설

황린은 물에 녹지 않으므로 물속에 저장하되 인화수소(PH_3) 생성을 방지하기 위해 물은 pH 9로 유지시킨다.

39 **다음 위험물 중 비중이 물보다 큰 것은?**

① 다이에틸에터

② 아세트알데하이드

③ 산화프로필렌

④ 이황화탄소

해설

제4류 위험물 중 특수인화물인 이황화탄소(비중 1.26)는 물보다 무겁고 불쾌한 냄새가 나는 무채색 또는 노란색 액체이다.

40 **위험물안전관리자를 해임할 때에는 해임한 날로부터 며칠 이내에 위험물안전관리자를 다시 선임하여야 하는가?**

① 7 ② 14

③ 30 ④ 60

해설

안전관리자를 해임한 날부터 30일 이내에 선임하고, 선임한 날부터 14일 이내에 소방서장에게 선임신고를 한다.

36 ③ 37 ② 38 ④ 39 ④ 40 ③ 정답

41 황린에 관한 설명 중 틀린 것은?

① 물에 잘 녹는다.
② 화재 시 물로 냉각소화할 수 있다.
③ 적린에 비해 불안정하다.
④ 적린과 동소체이다.

해설

물에 녹지 않지만(따라서 pH 9 물속에 저장) 벤젠, 이황화탄소에 녹는다.

황린과 적린의 비교

성 질	황린(P_4)	적린(P)
분 류	제3류 위험물	제2류 위험물
외 관	백색 또는 담황색의 자연발화성 고체	암적색 무취의 분말
착화온도	34℃ (pH 9 물속에 저장)	약 260℃ (산화제 접촉금지)
CS_2 용해성	용해(녹는다)	용해되지 않는다.
공기 중	자연발화하여 인광을 낸다.	자연발화하지 않고 인광을 내지 않는다.
독 성	맹독성	치사량 0.15g
공통점	• 적린(P)과 황린은 동소체이다. • 연소 시 오산화인을 생성한다. • 화재 시 물을 사용하여 소화를 할 수 있다. • 비중이 1보다 크다. • 연소, 산화하기 쉽다. • 물에 녹지 않는다.	

42 위험물 옥내저장소에 과염소산 300kg, 과산화수소 300kg을 저장하고 있다. 저장창고에는 지정수량 및 몇 배의 위험물을 저장하고 있는가?

① 4　　② 3
③ 2　　④ 1

해설

지정수량 : 과염소산 300kg, 과산화수소 300kg

$\therefore \frac{300}{300}+\frac{300}{300}=2$배

43 금속나트륨, 금속칼륨 등을 보호액 속에 저장하는 이유를 가장 옳게 설명한 것은?

① 온도를 낮추기 위하여
② 승화하는 것을 막기 위하여
③ 공기와의 접촉을 막기 위하여
④ 운반 시 충격을 적게 하기 위하여

해설

제3류 위험물(자연발화성 물질 및 금수성 물질)인 금속나트륨과 금속칼륨은 물과 공기의 접촉을 막기 위하여 보호액(등유, 경유 등) 속에 넣어 저장한다.

44 위험물안전관리법령에서 정한 품명이 서로 다른 물질을 나열한 것은?

① 이황화탄소, 다이에틸에터
② 에틸알코올, 고형알코올
③ 등유, 경유
④ 중유, 크레오소트유

해설

- 제2류 위험물 : 고형알코올
- 제4류 위험물 : 이황화탄소(특수인화물), 다이에틸에터(특수인화물), 에틸알코올(알코올류)

정답 41 ① 42 ③ 43 ③ 44 ②

45 **위험물안전관리법령에 의한 위험물 운송에 관한 규정으로 틀린 것은?**

① 이동탱크저장소에 의하여 위험물을 운송하는 자는 위험물 분야의 자격을 취득하거나 또는 안전교육을 받은 자이어야 한다.

② 안전관리자·탱크시험자·위험물운반자·위험물운송자 등 위험물의 안전관리와 관련된 업무를 수행하는 자는 시·도지사가 실시하는 안전교육을 받아야 한다.

③ 운송책임자의 범위, 감독 또는 지원의 방법 등에 관한 구체적인 기준은 행정안전부령으로 정한다.

④ 위험물운송자는 이동탱크저장소에 의하여 위험물을 운송하는 때에는 행정안전부령으로 정하는 기준을 준수하는 등 해당 위험물의 안전확보를 위해 세심한 주의를 기울여야 한다.

해설

안전관리자·탱크시험자·위험물운반자·위험물운송자 등 위험물의 안전관리와 관련된 업무를 수행하는 자로서 대통령령이 정하는 자는 해당 업무에 관한 능력의 습득 또는 향상을 위하여 소방청장이 실시하는 교육을 받아야 한다.

46 **다음 아세톤의 완전 연소 반응식에서 ( )에 알맞은 계수를 차례대로 옳게 나타낸 것은?**

CH_3COCH_3 + ( )O_2 → ( )CO_2 + $3H_2O$

① 3, 4

② 4, 3

③ 6, 3

④ 3, 6

해설

$CH_3COCH_3 + (\ 4\ )O_2 \rightarrow (\ 3\ )CO_2 + 3H_2O$

• C : 3+0 = 3+0

• H : 6+0 = 0+6

• O : 1+8 = 6+3

47 **위험물탱크의 용량은 탱크의 내용적에서 공간용적을 뺀 용적으로 한다. 이 경우 소화약제 방출구를 탱크 안의 윗부분에 설치하는 탱크의 공간용적은 해당 소화설비의 소화약제방출구 아래의 어느 범위의 면으로부터 윗부분의 용적으로 하는가?**

① 0.1m 이상 0.5m 미만 사이의 면

② 0.3m 이상 1m 미만 사이의 면

③ 0.5m 이상 1m 미만 사이의 면

④ 0.5m 이상 1.5m 미만 사이의 면

해설

탱크의 공간용적은 탱크 내용적의 5/100 이상 10/100 이하의 용적으로 한다. 다만, 소화설비(소화약제 방출구를 탱크 안의 윗부분에 설치하는 것에 한한다)를 설치하는 탱크의 공간용적은 해당 소화설비의 소화약제방출구 아래의 0.3m 이상 1m 미만 사이의 면으로부터 윗부분의 용적으로 한다(필답형 유형).

48 **위험물의 지정수량이 잘못된 것은?**

① $(C_2H_5)_3Al$: 10kg

② Ca : 50kg

③ LiH : 300kg

④ Al_4C_3 : 500kg

해설

④ 제3류 위험물인 Al_4C_3(탄화알루미늄) : 300kg, 위험등급 Ⅲ

45 ② 46 ② 47 ② 48 ④ **정답**

49 위험물안전관리법령상 에틸렌글리콜과 혼재하여 운반할 수 없는 위험물은?(단, 지정수량의 10배일 경우이다)

① 황

② 과망가니즈산나트륨

③ 알루미늄분

④ 트라이나이트로톨루엔

해설

에틸렌글리콜인 제4류 위험물은 제1류 위험물(과망가니즈산나트륨) 및 제6류 위험물과 혼재할 수 없다.

혼재 가능한 위험물

- 제1류 위험물(산화성 고체) : 제6류 위험물(산화성 액체)
- 제4류 위험물(인화성 액체) : 제2류 위험물(가연성 고체), 제3류 위험물(자연발화성 물질 및 금수성 물질), 제5류 위험물(자기반응성 물질)
- 제5류 위험물(자기반응성 물질) : 제2류 위험물(가연성 고체), 제4류 위험물(인화성 액체)

50 다음 중 위험등급 I 의 위험물이 아닌 것은?

① 무기과산화물

② 적 린

③ 나트륨

④ 과산화수소

해설

제2류 위험물(가연성 고체)

성 질	품 명	지정수량	위험등급	표 시
가연성 고체	황화인	100kg	II	• 화기주의 및 물기엄금(철분, 금속분, 마그네슘 또는 이들 중 어느 하나 이상을 함유한 것) • 화기엄금(인화성 고체) • 화기주의(그 밖의 것)
	적 린			
	황			
	마그네슘	500kg	III	
	철 분			
	금속분			
	인화성 고체	1,000kg		

51 탄소 80%, 수소 14%, 황 6%인 물질 1kg이 완전연소하기 위해 필요한 이론공기량은 약 몇 kg인가?(단, 공기 중 산소는 23wt%이다)

① 3.31　　② 7.05

③ 11.62　　④ 14.42

해설

이론공기량을 중량으로 구할 때 산출식

$$A_o(\text{이론공기량}) = \frac{(2.67\times0.8+8\times0.14+0.06)}{0.23} = 14.42\text{kg}$$

※ 이론산소량 : 화합물질 1몰이 몇 몰의 산소를 쓰는가 기재

- 이론산소량(O_o)
  - 중량으로 구할 때

$$O_o = \frac{32C}{12} + \frac{16(H-O/8)}{2} + \frac{32S}{32}$$

$$= 2.67C + 8H - O + S(\text{kg/kg})$$

($H_2 + 0.5O_2 \rightarrow H_2O$이므로 수소와 반응하는 산소의 분자량은 16($32 \times 0.5 = 16$)이 됨)

  - 체적으로 구할 때

$$O_o' = \frac{22.4C}{12} + \frac{11.2\left(H-\frac{O}{8}\right)}{2} + \frac{22.4S}{32}$$

$$= 1.87C + 5.6H - 0.7O + 0.7S(\text{Sm}^3/\text{kg})$$

- 이론공기량(A_o)
  - 체적으로 구할 때

$$A_o = 1.87C + 5.6H - 0.7O + 0.7S/0.21(\text{Sm}^3/\text{kg})$$

  - 중량으로 구할 때

$$A_o = 2.67C + 8H - O + S/0.232(\text{kg/kg})$$

52 다음 중 아이오딘값이 가장 낮은 것은?

① 해바라기유

② 오동유

③ 아마인유

④ 낙화생유

해설

아이오딘값(옥소값) : 기름 100g에 부가되는 아이오딘의 g수

해바라기유	오동유	아마인유	낙화생유
125~136	145~176	170~204	84~102

※ 아이오딘값이 크다는 것은 탄소 간 이중결합이 많고, 불포화도가 크다고 볼 수 있다.

정답 49 ② 50 ② 51 ④ 52 ④

53 **사이클로헥세인에 관한 설명으로 가장 거리가 먼 것은?**

① 고리형 분자구조를 가진 방향족 탄화수소화합물이다.

② 화학식은 C_6H_{12}이다.

③ 비수용성 위험물이다.

④ 제4류 제1석유류에 속한다.

해설

사이클로헥세인은 지방족 탄화수소화합물이다.

54 **제6류 위험물을 저장하는 옥내탱크저장소로서 단층건물에 설치된 것의 소화난이도등급은?**

① Ⅰ등급

② Ⅱ등급

③ Ⅲ등급

④ 해당 없음

해설

옥내탱크저장소에서 단층건물은 소화난이도등급Ⅱ에 해당하나 제6류 위험물은 제외되므로 어디에도 해당하지 않는다.

55 **이황화탄소를 화재예방상 물속에 저장하는 이유는?**

① 불순물을 물에 용해시키기 위해

② 가연성 증기의 발생을 억제하기 위해

③ 상온에서 수소가스를 발생시키기 때문에

④ 공기와 접촉하면 즉시 폭발하기 때문에

해설

제4류 위험물 중 특수인화물인 이황화탄소(CS_2)는 가연성 증기발생을 억제하기 위해 물속에 저장한다.

56 **위험물안전관리법령상 판매취급소에 관한 설명으로 옳지 않은 것은?**

① 건축물의 1층에 설치하여야 한다.

② 위험물을 저장하는 탱크시설을 갖추어야 한다.

③ 건축물의 다른 부분과는 내화구조의 격벽으로 구획하여야 한다.

④ 제조소와 달리 안전거리 또는 보유공지에 관한 규제를 받지 않는다.

해설

① 제1종 판매취급소는 건축물의 1층에 설치할 것

③ 제1종 판매취급소의 용도로 사용되는 건축물의 부분은 내화구조 또는 불연재료로 하고, 판매취급소로 사용되는 부분과 다른 부분과의 격벽은 내화구조로 할 것

53 ① 54 ④ 55 ② 56 ② 정답

57 $C_6H_2CH_3(NO_2)_3$을 녹이는 용제가 아닌 것은?

① 물 ② 벤 젠
③ 에터 ④ 아세톤

해설
제5류 위험물(나이트로화합물)인 트라이나이트로톨루엔(TNT)은 물에 녹지 않고, 알코올, 벤젠, 아세톤 등에 잘 녹는다.

58 질산의 저장 및 취급법이 아닌 것은?

① 직사광선을 차단한다.
② 분해방지를 위해 요산, 인산 등을 가한다.
③ 유기물과 접촉을 피한다.
④ 갈색병에 넣어 보관한다.

해설
과산화수소의 분해방지를 위해 요산($C_5H_4N_4O_3$), 인산(H_3PO_4) 등을 사용하나, 질산의 안정제로는 쓰이지 않는다.

59 다음 중 위험물 운반용기의 외부에 "제4류"와 "위험등급Ⅱ"의 표시만 보이고 품명이 잘 보이지 않을 때 예상할 수 있는 수납 위험물의 품명은?

① 제1석유류
② 제2석유류
③ 제3석유류
④ 제4석유류

해설
제4류 위험물 중 위험등급Ⅱ에 해당하는 것은 제1석유류와 알코올류이다.

60 과염소산의 성질로 옳지 않은 것은?

① 산화성 액체이다.
② 무기화합물이며 물보다 무겁다.
③ 불연성 물질이다.
④ 증기는 공기보다 가볍다.

해설
제6류 위험물인 과염소산의 증기비중이 약 3.5이다.

$$증기비중 = \frac{측정물질\ 분자량}{평균대기\ 분자량} = \frac{100.5g/mol}{29g/mol} \fallingdotseq 3.5$$

- 평균대기 분자량 : $N_2$80% : $28 \times 0.8 = 22.4$
  O_2 20% : $32 \times 0.2 = 6.4$
  질소와 산소 분자량의 합은 $28.8 \fallingdotseq 29$
- 측정물질(과염소산) 분자량 : 100.5($HClO_4$)

2015년 제5회 과년도 기출문제

01 제조소의 옥외에 모두 3기의 휘발유 취급탱크를 설치하고 그 주위에 방유제를 설치하고자 한다. 방유제 안에 설치하는 각 취급탱크의 용량이 5만L, 3만L, 2만L일 때 필요한 방유제의 용량은 몇 L 이상인가?

① 66,000 ② 60,000
③ 33,000 ④ 30,000

해설

50,000L × 0.5 + (30,000L + 20,000L) × 0.1 = 30,000L

제조소 옥외 위험물취급탱크 주위에 설치하는 방유제의 용량

- 하나의 위험물취급탱크 주위에 설치하는 방유제의 용량 : 탱크 용량의 50% 이상
- 2개 이상의 위험물취급탱크 주위에 설치하는 방유제의 용량 : 탱크 중 용량이 최대인 것의 50%에 나머지 탱크 용량 합계의 10%를 가산한 양 이상

02 위험물안전관리법령에 따라 위험물을 유별로 정리하여 서로 1m 이상의 간격을 두었을 때 옥내저장소에서 함께 저장하는 것이 가능한 경우가 아닌 것은?

① 제1류 위험물(알칼리금속의 과산화물 또는 이를 함유한 것을 제외한다)과 제5류 위험물을 저장하는 경우
② 제3류 위험물 중 알킬알루미늄과 제4류 위험물(알킬알루미늄 또는 알킬리튬을 함유한 것에 한한다)을 저장하는 경우
③ 제1류 위험물과 제3류 위험물 중 금수성 물질을 저장하는 경우
④ 제2류 위험물 중 인화성 고체와 제4류 위험물을 저장하는 경우

해설

- 제1류 위험물(알칼리금속의 과산화물 또는 이를 함유한 것을 제외한다)과 제5류 위험물을 저장하는 경우
- 제1류 위험물과 제6류 위험물을 저장하는 경우
- 제1류 위험물과 제3류 위험물 중 자연발화성 물질(황린 또는 이를 함유한 것에 한한다)을 저장하는 경우
- 제2류 위험물 중 인화성 고체와 제4류 위험물을 저장하는 경우
- 제3류 위험물 중 알킬알루미늄 등과 제4류 위험물(알킬알루미늄 또는 알킬리튬을 함유한 것에 한한다)을 저장하는 경우
- 제4류 위험물 중 유기과산화물 또는 이를 함유하는 것과 제5류 위험물 중 유기과산화물 또는 이를 함유한 것을 저장하는 경우

03 다음 중 스프링클러설비의 소화작용으로 가장 거리가 먼 것은?

① 질식작용 ② 희석작용
③ 냉각작용 ④ 억제작용

해설

억제작용은 할로젠화합물소화약제의 주된 소화방법이다.

04 금속화재를 옳게 설명한 것은?

① C급 화재이고, 표시색상은 청색이다.
② C급 화재이고, 별도의 표시색상은 없다.
③ D급 화재이고, 표시색상은 청색이다.
④ D급 화재이고, 별도의 표시색상은 없다.

해설

화재의 등급과 종류

구 분	종 류	소화기 표시
일반화재	A급	백 색
유류화재	B급	황 색
전기화재	C급	청 색
금속화재	D급	무 색

1 ④ 2 ③ 3 ④ 4 ④ 정답

05 위험물안전관리법령상 개방형 스프링클러헤드를 이용하는 스프링클러설비에서 수동식 개방밸브를 개방 조작하는 데 필요한 힘은 얼마 이하가 되도록 설치하여야 하는가?

① 5kg ② 10kg
③ 15kg ④ 20kg

해설

개방형 스프링클러헤드를 이용하는 스프링클러설비에서 수동식 개방밸브를 개방 조작하는 데 필요한 힘은 15kg 이하이다.

06 과산화바륨과 물이 반응하였을 때 발생하는 것은?

① 수 소 ② 산 소
③ 탄산가스 ④ 수성가스

해설

제1류 위험물(산화성 고체) 중 무기과산화물은 물과 반응하여 산소를 발생한다.

과산화바륨과 물의 반응식

$2BaO_2 + 2H_2O \rightarrow 2Ba(OH)_2 + O_2 \uparrow$

07 트라이에틸알루미늄의 화재 시 사용할 수 있는 소화약제(설비)가 아닌 것은?

① 마른모래 ② 팽창질석
③ 팽창진주암 ④ 이산화탄소

해설

제3류 위험물의 금수성 물질(주수소화는 절대 금함)로 탄산수소염류 분말소화약제, 마른모래 및 팽창질석, 팽창진주암 등을 이용한 피복소화한다.

08 다음 중 할로젠화합물소화약제의 주된 소화효과는?

① 부촉매효과 ② 희석효과
③ 파괴효과 ④ 냉각효과

해설

할로젠화합물은 부촉매효과(억제작용)를 이용한 소화방법이다.

09 가연물이 되기 쉬운 조건이 아닌 것은?

① 산소가 친화력이 클 것
② 열전도율이 클 것
③ 발열량이 클 것
④ 활성화에너지가 작을 것

해설

열전도율이 크면 자신은 열을 적게 가지므로 가연물의 조건에 부적합하다.

정답 5 ③ 6 ② 7 ④ 8 ① 9 ②

10 위험물안전관리법령상 옥내주유취급소에 있어서 해당 사무소 등의 출입구 및 피난구와 해당 피난구로 통하는 통로 · 계단 및 출입구에 무엇을 설치해야 하는가?

① 화재감지기 ② 스프링클러설비
③ 자동화재탐지설비 ④ 유도등

해설

피난설비 : 주유취급소 중 건축물의 2층 이상의 부분을 점포 · 휴게음식점 또는 전시장의 용도로 사용하는 것에 있어서는 해당 건축물의 2층 이상으로부터 주유취급소의 부지 밖으로 통하는 출입구와 해당 출입구로 통하는 통로 · 계단 및 출입구에 유도등을 설치하여야 한다.

11 철분, 금속분, 마그네슘의 화재에 적응성이 있는 소화약제는?

① 탄산수소염류분말
② 할로젠화합물
③ 물
④ 이산화탄소

해설

제2류 위험물(가연성 고체) 중 철분, 금속분, 마그네슘의 화재에는 탄산수소염류분말 및 마른모래, 팽창질석 또는 팽창진주암을 사용한다.
※ 금속분을 제외하고 주수에 의한 냉각소화를 한다.

12 제1종 분말소화약제의 주성분으로 사용되는 것은?

① $KHCO_3$ ② H_2PO_4
③ $NaHCO_3$ ④ $NH_4H_2PO_4$

해설

분말소화약제

종 별	적응화재 주성분
제1종 분말	탄산수소나트륨($NaHCO_3$)
제2종 분말	탄산수소칼륨($KHCO_3$)
제3종 분말	인산이수소암모늄($NH_4H_2PO_4$)
제4종 분말	탄산수소칼륨과 요소의 반응물 [$KHCO_3+(NH_2)_2CO$]

13 소화설비의 설치기준에서 나이트로글리콜 1,000kg은 몇 소요단위에 해당하는가?

① 10 ② 20
③ 100 ④ 200

해설

위험물의 1소요단위는 지정수량의 10배이다.
제5류 위험물 : 나이트로글리콜, 10kg

$$\therefore \frac{1{,}000\text{kg}}{\text{지정수량}\times 10\text{배}}=\frac{1{,}000\text{kg}}{10\text{kg}\times 10\text{배}}=10\text{소요단위}$$

14 위험물안전관리법령상 주유취급소에서의 위험물 취급기준으로 옳지 않은 것은?

① 자동차에 주유할 때에는 고정주유설비를 이용하여 직접 주유할 것
② 자동차에 경유 위험물을 주유할 때에는 자동차의 원동기를 반드시 정지시킬 것
③ 고정주유설비에는 해당 주유설비에 접속한 전용탱크 또는 간이탱크의 배관 외의 것을 통하여서는 위험물을 공급하지 아니할 것
④ 고정주유설비에 접속하는 탱크에 위험물을 주입할 때에는 해당 탱크에 접속된 고정주유설비의 사용을 중지할 것

해설

자동차에 위험물을 주유할 때 자동차의 원동기를 정지시켜야 하는 경우 인화점이 40℃ 미만인 위험물을 주유하는 경우이다. 경유의 인화점은 41℃ 이상이므로 반드시 정지시킬 필요는 없다.

10 ④ 11 ① 12 ③ 13 ① 14 ② **정답**

15 위험물안전관리자에 대한 설명 중 옳지 않은 것은?

① 이동탱크저장소는 위험물안전관리자 선임대상에 해당하지 않는다.

② 위험물안전관리자가 퇴직한 경우 퇴직한 날부터 30일 이내에 다시 안전관리자를 선임하여야 한다.

③ 위험물안전관리자를 선임한 경우에는 선임한 날로부터 14일 이내에 소방본부장 또는 소방서장에게 신고하여야 한다.

④ 위험물안전관리자가 일시적으로 직무를 수행할 수 없는 경우에는 안전교육을 받고 6개월 이상 실무경력이 있는 사람을 대리자로 지정할 수 있다.

해설

안전관리자의 대리자(위험물안전관리법 시행규칙 제54조)

- 규정에 따른 안전교육을 받은 자
- 제조소 등의 위험물 안전관리업무에 있어서 안전관리자를 지휘·감독하는 직위에 있는 자

16 Halon 1211에 해당하는 물질의 분자식은?

① CBr_2FCl

② CF_2ClBr

③ CCl_2FBr

④ FC_2BrCl

해설

할론넘버는 C-F-Cl-Br 순의 개수를 말한다. C 1개, F 2개, Cl 1개, Br 1개이므로 CF_2ClBr가 된다.

- 소화효과
  104 < 1011 < 2402 < 1211 < 1301
- 할론소화약제는 메테인(CH_4)에서 파생된 물질로 할론 1301(CF_3Br), 할론 1211(CF_2ClBr), 할론 2402($C_2F_4Br_2$)가 있다.

17 주유취급소의 벽(담)에 유리를 부착할 수 있는 기준에 대한 설명으로 옳은 것은?

① 유리 부착위치는 주입구, 고정주유설비로부터 2m 이상 거리를 두어야 한다.

② 지반면으로부터 50cm를 초과하는 부분에 한하여 설치하여야 한다.

③ 하나의 유리판 가로의 길이는 2m 이내로 한다.

④ 유리의 구조는 기준에 맞는 강화유리로 하여야 한다.

해설

① 유리 부착위치는 주입구, 고정주유설비로부터 4m 이상 거리를 두어야 한다.
② 지반면으로부터 70cm를 초과하는 부분에 한하여 설치하여야 한다.
④ 유리의 구조는 기준에 맞는 접합유리로 하여야 한다.

18 다음 중 위험물안전관리법령에서 정한 지정수량이 나머지 셋과 다른 물질은?

① 아세트산 ② 하이드라진
③ 클로로벤젠 ④ 나이트로벤젠

해설

- 제2석유류 : 클로로벤젠(비수용성, 1,000L), 아세트산(수용성, 2,000L), 하이드라진(수용성, 2,000L)
- 제3석유류 : 나이트로벤젠(비수용성, 2,000L)

19 제3류 위험물을 취급하는 제조소는 300명 이상을 수용할 수 있는 극장으로부터 몇 m 이상의 안전거리를 유지하여야 하는가?

① 5 ② 10
③ 30 ④ 70

해설

위험물을 취급하는 제조소로부터 극장까지의 안전거리는 30m 이상으로 한다.

정답 15 ④ 16 ② 17 ③ 18 ③ 19 ③

20 표준상태에서 탄소 1몰이 완전히 연소하면 몇 L의 이산화탄소가 생성되는가?

① 11.2 ② 22.4
③ 44.8 ④ 56.8

해설

탄소의 완전연소식 : $C+O_2 \rightarrow CO_2$

탄소 1몰이 반응하면, 이산화탄소는 1몰이 생성된다. 표준상태에서 1몰은 22.4L의 부피를 가지므로 이산화탄소는 22.4L 생성된다.

21 위험물안전관리법령에서 정한 알킬알루미늄 등을 저장 또는 취급하는 이동탱크저장소에 비치해야 하는 물품이 아닌 것은?

① 방호복 ② 고무장갑
③ 비상조명등 ④ 휴대용 확성기

해설

알킬알루미늄 등을 저장 또는 취급하는 이동탱크저장소에는 긴급 시의 연락처, 응급조치에 관하여 필요한 사항을 기재한 서류, 방호복, 고무장갑, 밸브 등을 죄는 결합공구 및 휴대용 확성기를 비치하여야 한다.

22 제4류 위험물에 대한 일반적인 설명으로 옳지 않은 것은?

① 대부분 연소 하한값이 낮다.
② 발생증기는 가연성이며 대부분 공기보다 무겁다.
③ 대부분 무기화합물이므로 정전기 발생에 주의한다.
④ 인화점이 낮을수록 화재 위험성이 높다.

해설

일반성질

- 대단히 인화되기 쉬운 인화성 액체이다.
- 증기는 공기보다 무겁다.
- 증기는 공기와 약간 혼합되어도 연소한다.
- 탄소를 함유하는 유기화합물로 물에 잘 안 녹는다.

23 위험물안전관리법령에서 정한 아세트알데하이드 등을 취급하는 제조소의 특례에 따라 다음 (   )에 해당하지 않는 것은?

> 아세트알데하이드 등을 취급하는 설비는 (   )·(   )·동·(   ) 또는 이들을 성분으로 하는 합금으로 만들지 아니할 것

① 금 ② 은
③ 수 은 ④ 마그네슘

해설

아세트알데하이드 등을 취급하는 설비는 은·수은·동·마그네슘 또는 이들을 성분으로 하는 합금으로 만들지 아니할 것

24 위험물안전관리법령상 이동탱크저장소에 의한 위험물의 운송 시 장거리에 걸친 운송을 하는 때에는 2명 이상의 운전자로 하는 것이 원칙이다. 다음 중 예외적으로 1명의 운전자가 운송하여도 되는 경우의 기준으로 옳은 것은?

① 운송 도중에 2시간 이내마다 10분 이상씩 휴식하는 경우
② 운송 도중에 2시간 이내마다 20분 이상씩 휴식하는 경우
③ 운송 도중에 4시간 이내마다 10분 이상씩 휴식하는 경우
④ 운송 도중에 4시간 이내마다 20분 이상씩 휴식하는 경우

해설

운전자를 1명으로 할 수 있는 경우(위험물안전관리법 시행규칙 별표 21)

- 운송책임자를 동승시킨 경우
- 운송하는 위험물이 제2류 위험물, 제3류 위험물(칼슘 또는 알루미늄의 탄화물과 이것만을 함유한 것에 한함) 또는 제4류 위험물(특수인화물 제외)인 경우
- 운송 도중에 2시간 이내마다 20분 이상씩 휴식하는 경우

20 ② 21 ③ 22 ③ 23 ① 24 ② **정답**

25 나트륨에 관한 설명으로 옳은 것은?

① 물보다 무겁다.

② 융점이 100℃보다 높다.

③ 물과 격렬히 반응하여 산소를 발생시키고 발열한다.

④ 등유는 반응이 일어나지 않아 저장에 사용된다.

해설

제3류 위험물(10kg, 위험등급 I)은 비중이 작으므로 석유(파라핀, 경유, 등유) 속에 저장한다.
물과 반응식 : $2Na+2H_2O \rightarrow 2NaOH+H_2\uparrow$ +발열

26 다음은 위험물을 저장하는 탱크의 공간용적 산정 기준이다. ( )에 알맞은 수치로 옳은 것은?

> 암반탱크에 있어서는 해당 탱크 내에 용출하는 ( )일 간의 지하수의 양에 상당하는 용적과 해당 탱크의 내용적의 ( )의 용적 중에서 보다 큰 용적을 공간용적으로 한다.

① 7, 1/100 ② 7, 5/100

③ 10, 1/100 ④ 10, 5/100

해설

암반탱크에 있어서는 해당 탱크 내에 용출하는 7일 간의 지하수의 양에 상당하는 용적과 해당 탱크의 내용적의 1/100의 용적 중에서 보다 큰 용적을 공간용적으로 한다(필답형 유형).

27 위험물안전관리법령상 예방규정을 정하여야 하는 제조소 등의 관계인은 위험물제조소 등에 대하여 기술기준에 적합한지의 여부를 정기적으로 점검하여야 한다. 법적 최소 점검주기에 해당하는 것은?(단, 100만L 이상의 옥외탱크저장소는 제외한다)

① 월 1회 이상 ② 6개월 1회 이상

③ 연 1회 이상 ④ 2년 1회 이상

해설

위험물안전관리법령상 위험물제조소 등에 대한 정기점검은 연 1회 이상 실시해야 한다.

28 $CH_3COC_2H_5$의 명칭 및 지정수량을 옳게 나타낸 것은?

① 메틸에틸케톤, 50L

② 메틸에틸케톤, 200L

③ 메틸에틸에터, 50L

④ 메틸에틸에터, 200L

해설

- –CO– 케톤에 알킬기(메틸–CH_3, 에틸–C_2H_5)가 결합하여 메틸에틸케톤(MEK)으로 명명한다.
- 제4류 위험물 중 제1석유류로 비수용성이며, 지정수량은 200L이다.

29 위험물안전관리법령상 제4석유류를 저장하는 옥내저장탱크의 용량은 지정수량의 몇 배 이하이어야 하는가?

① 20 ② 40

③ 100 ④ 150

해설

1층 이하의 층에 설치한 옥내저장탱크의 용량 : 지정수량의 40배(제4석유류 및 동식물유류 외의 제4류 위험물에 있어서 해당 수량이 2만L를 초과할 때에는 2만L) 이하

정답 25 ④ 26 ① 27 ③ 28 ② 29 ②

30 위험물제조소의 환기설비 중 급기구는 급기구가 설치된 실의 바닥면적 몇 m^2마다 1개 이상으로 설치하여야 하는가?

① 100 ② 150

③ 200 ④ 800

해설

위험물제조소의 환기설비 중 급기구(신선한 공기를 공급하는 입구)는 급기구가 설치된 실의 바닥면적 150m^2마다 1개 이상으로 설치해야 한다.

31 위험물제조소 등의 종류가 아닌 것은?

① 간이탱크저장소

② 일반취급소

③ 이송취급소

④ 이동판매취급소

해설

위험물제조소 등이란 제조소, 저장소, 취급소(이송, 주유, 일반, 판매)를 말한다.

32 공기를 차단하고 황린을 약 몇 ℃로 가열하면 적린이 생성되는가?

① 60 ② 100

③ 150 ④ 260

해설

공기를 차단하고 약 260℃로 가열하면 적린(제2류 위험물 100kg/위험등급Ⅱ)이 된다.

33 위험물안전관리법령상 정기점검대상인 제조소 등의 조건이 아닌 것은?

① 예방규정 작성대상인 제조소 등

② 지하탱크저장소

③ 이동탱크저장소

④ 지정수량 5배의 위험물을 취급하는 옥외탱크를 둔 제조소

해설

정기점검대상인 제조소 등

- 예방규정대상에 해당하는 것
- 지하탱크저장소
- 이동탱크저장소
- 위험물을 취급하는 탱크로서 지하에 매설된 탱크가 있는 제조소, 주유취급소 또는 일반취급소

34 다음 중 지정수량이 가장 큰 것은?

① 과염소산칼륨

② 과염소산

③ 황 린

④ 황

해설

② 과염소산 : 제6류 위험물(300kg/위험등급Ⅰ)

① 과염소산칼륨 : 제1류 위험물(50kg/위험등급Ⅰ)

③ 황린 : 제3류 위험물(20kg/위험등급Ⅰ)

④ 황 : 제2류 위험물(100kg/위험등급Ⅱ)

30 ② 31 ④ 32 ④ 33 ④ 34 ② **정답**

35 제2류 위험물에 대한 설명으로 옳지 않은 것은?

① 대부분 물보다 가벼우므로 주수소화는 어려움이 있다.
② 점화원으로부터 멀리하고 가열을 피한다.
③ 금속분은 물과의 접촉을 피한다.
④ 용기 파손으로 인한 위험물의 누설에 주의한다.

해설

제2류 위험물(가연성 고체) 중 철분, 금속분, 마그네슘을 제외하고 주수에 의한 냉각소화를 한다.

36 다음 물질 중 물에 대한 용해도가 가장 낮은 것은?

① 아크릴산
② 아세트알데하이드
③ 벤 젠
④ 글리세린

해설

제4류 위험물(인화성 액체)
- 수용성 : 아세트알데하이드(특수인화물), 아크릴산(제2석유류), 글리세린(제3석유류)
- 비수용성 : 벤젠(제1석유류)

37 분자량이 약 110인 무기과산화물로 물과 접촉하여 발열하는 것은?

① 과산화마그네슘
② 과산화벤젠
③ 과산화칼슘
④ 과산화칼륨

해설

- 제1류 위험물(산화성 고체) 중 알칼리금속의 무기과산화물이 물과 반응하여 발열한다.
- 과산화칼륨(K_2O_2)의 분자량 : $(39\times2)+(16\times2)=110$

38 1차 알코올에 대한 설명으로 가장 적절한 것은?

① OH기의 수가 하나이다.
② OH기가 결합된 탄소 원자에 붙은 알킬기의 수가 하나이다.
③ 가장 간단한 알코올이다.
④ 탄소의 수가 하나인 알코올이다.

해설

알코올은 알킬과 –OH(수산기)의 결합이다.
- 알킬기의 수에 따라 1차, 2차, 3차 알코올로 구분된다.
- –OH(수산기)의 수에 따라 1가(메틸알코올, 에틸알코올 등), 2가(에틸렌글리콜 등), 3가(글리세린 등) 알코올로 구분된다.

39 위험물안전관리법령상 산화성 액체에 대한 설명으로 옳은 것은?

① 과산화수소는 농도와 밀도가 비례한다.
② 과산화수소는 농도가 높을수록 끓는점이 낮아진다.
③ 질산은 상온에서 불연성이지만 고온으로 가열하면 스스로 발화한다.
④ 질산을 황산과 일정 비율로 혼합하여 왕수를 제조할 수 있다.

해설

산화성 액체라 함은 제6류 위험물을 의미한다.
① 과산화수소의 농도와 밀도의 관계는 비례한다.
② 과산화수소의 농도가 높을수록 밀도가 높아지므로 끓는점은 높아진다.
③ 질산 자신은 불연성이라 스스로 발화하지 않는다.
④ 왕수(질산 : 염산 = 1 : 3)

정답 35 ① 36 ③ 37 ④ 38 ② 39 ①

40 위험물안전관리법령상 제4류 위험물운반용기의 외부에 표시하여야 하는 주의사항을 모두 옳게 나타낸 것은?

① 화기엄금 및 충격주의
② 가연물접촉주의
③ 화기엄금
④ 화기주의 및 충격주의

해설
제4류 위험물인 인화성 액체의 표시는 "화기엄금" 하나이다.

41 알루미늄분이 염산과 반응하였을 경우 생성되는 가연성 가스는?

① 산 소 ② 질 소
③ 메테인 ④ 수 소

해설
금속과 산의 반응은 산이 환원되어 수소기체가 발생한다.
금속과 염산의 반응식 : $2Al+6HCl \rightarrow 2AlCl_3+3H_2\uparrow$

42 휘발유의 성질 및 취급 시의 주의사항에 관한 설명 중 틀린 것은?

① 증기가 모여 있지 않도록 통풍을 잘 시킨다.
② 인화점이 상온이므로 상온 이상에서는 취급 시 각별한 주의가 필요하다.
③ 정전기 발생에 주의해야 한다.
④ 강산화제 등과 혼촉 시 발화할 위험이 있다.

해설
휘발유는 제4류 위험물 중 제1석유류로 인화점은 -43℃를 갖는다.

43 위험물안전관리법령에서 정한 주유취급소의 고정주유설비 주위에 보유하여야 하는 주유공지의 기준은?

① 너비 10m 이상, 길이 6m 이상
② 너비 15m 이상, 길이 6m 이상
③ 너비 10m 이상, 길이 10m 이상
④ 너비 15m 이상, 길이 10m 이상

해설
주유취급소에는 주유를 받으려는 자동차 등이 출입할 수 있도록 고정주유설비 주위에 너비 15m 이상, 길이 6m 이상의 주유공지를 두어야 한다(필답형 유형).

44 위험물안전관리법령상 벌칙의 기준이 나머지 셋과 다른 하나는?

① 제조소 등에 대한 긴급 사용정지 제한 명령을 위반한 자
② 탱크시험자로 등록하지 아니하고 탱크시험자의 업무를 한 자
③ 저장소 또는 제조소 등이 아닌 장소에서 지정수량 이상의 위험물을 저장 또는 취급한 자
④ 제조소 등의 완공검사를 받지 아니하고 위험물을 저장·취급한 자

해설
※ 법 개정으로 인해 아래와 같이 변경[21.10.21]
- ①, ②의 내용은 1년 이하의 징역 또는 1천만원 이하의 벌금에 처한다.
- ③의 내용은 3년 이하의 징역 또는 3천만원 이하의 벌금에 처한다.
- ④의 내용은 1천 500만원 이하의 벌금에 처한다.

그러므로 현재 법령 기준으로는 정답이 없다.

40 ③ 41 ④ 42 ② 43 ② 44 정답 없음 정답

45 위험물안전관리법령에서 정하는 위험등급 Ⅱ에 해당하지 않는 것은?

① 제1류 위험물 중 질산염류
② 제2류 위험물 중 적린
③ 제3류 위험물 중 유기금속화합물
④ 제4류 위험물 중 제2석유류

해설

제4류 위험물(인화성 액체)

성 질	품 명		지정수량	위험등급	표 시
인화성액체	특수인화물		50L	Ⅰ	화기엄금
	제1석유류	비수용성	200L	Ⅱ	
		수용성	400L		
	알코올류		400L		
	제2석유류	비수용성	1,000L	Ⅲ	
		수용성	2,000L		
	제3석유류	비수용성	2,000L		
		수용성	4,000L		
	제4석유류		6,000L		
	동식물유류		10,000L		

46 나이트로셀룰로스의 위험성에 대하여 옳게 설명한 것은?

① 물과 혼합하면 위험성이 감소된다.
② 공기 중에서 산화되지만 자연발화의 위험은 없다.
③ 건조할수록 발화의 위험성이 낮다.
④ 알코올과 반응하여 발화한다.

해설

제5류 위험물(자기반응성 물질)인 나이트로셀룰로스는 건조 상태에서 자연발화의 위험이 있으므로 이동 및 저장 시 물과 알코올을 습윤 시킨다(습윤 비율은 물 20% 또는 알코올 30%).

47 $C_6H_2(NO_2)_3OH$와 CH_3NO_3의 공통성질에 해당하는 것은?

① 나이트로화합물이다.
② 인화성과 폭발성이 있는 액체이다.
③ 무색의 방향성 액체이다.
④ 에틸알코올에 녹는다.

해설

제5류 위험물(자기반응성 물질)로 비수용성이며, 에틸알코올에 잘 녹는 공통성질을 갖는다.

- 트라이나이트로페놀($C_6H_2(NO_2)_3OH$) : 나이트로화합물(위험등급Ⅱ)
- 질산메틸(CH_3NO_3) : 질산에스테르류(위험등급Ⅰ)

48 위험물안전관리법령에서 정한 소화설비의 설치기준에 따라 다음 (　　)에 알맞은 숫자를 차례대로 나타낸 것은?

> 제조소 등에 전기설비(전기배선, 조명기구 등은 제외한다)가 설치된 경우에는 해당 장소의 면적 (　　) m^2마다 소형수동식소화기를 (　　)개 이상 설치할 것

① 50, 1　　② 50, 2
③ 100, 1　　④ 100, 2

해설

제조소 등에 전기설비(전기배선, 조명기구 등은 제외한다)가 설치된 경우에는 해당 장소의 면적 100m^2마다 소형수동식소화기를 1개 이상 설치해야 한다(필답형 유형).

49 알루미늄분말의 저장방법 중 옳은 것은?

① 에틸알코올 수용액에 넣어 보관한다.
② 밀폐 용기에 넣어 건조한 곳에 보관한다.
③ 폴리에틸렌병에 넣어 수분이 많은 곳에 보관한다.
④ 염산 수용액에 넣어 보관한다.

해설

제2류 위험물 중 금속분(500kg, 위험등급Ⅲ)으로 물 또는 산과 반응하여 수소기체를 발생한다. 이를 방지하기 위해 밀폐 용기에 넣고 건조한 곳에 보관해야 한다.

정답 45 ④ 46 ① 47 ④ 48 ③ 49 ②

50 다음 중 산을 가하면 이산화염소를 발생시키는 물질로 분자량이 약 90.5인 것은?

① 아염소산나트륨
② 브로민산나트륨
③ 옥소산칼륨(아이오딘산칼륨)
④ 다이크로뮴산나트륨

해설
- 아염소산염류는 무색의 결정성 분말로 산을 가할 경우 유독가스인 이산화염소(ClO_2)를 발생한다.
- 아염소산나트륨($NaClO_2$)의 분자량 : $23+35.5+(16\times2)=90.5$

51 나이트로글리세린에 관한 설명으로 틀린 것은?

① 상온에서 액체 상태이다.
② 물에는 잘 녹지만 유기 용매에는 녹지 않는다.
③ 충격 및 마찰에 민감하므로 주의해야 한다.
④ 다이너마이트의 원료로 쓰인다.

해설
제5류 위험물(자기반응성 물질) 중 질산에스테르류로 비수용성이며 메틸알코올, 아세톤에 잘 녹는다.
- 상온에서는 액체이지만 겨울철에는 동결한다.
- 규조토에 흡수시킨 것을 다이너마이트라 한다.

52 아세트산에틸의 일반 성질 중 틀린 것은?

① 과일냄새를 가진 휘발성 액체이다.
② 증기는 공기보다 무거워 낮은 곳에 체류한다.
③ 강산화제와의 혼촉은 위험하다.
④ 인화점은 −20℃ 이하이다.

해설
제4류 위험물 중 제1석유류에 속하며, 초산에스테류의 초산에틸($CH_3COOC_2H_5$)이라고도 한다. 인화점은 −3℃로 과일에센스(파인애플향)로 사용한다.

53 위험물안전관리법령상 운송책임자의 감독, 지원을 받아 운송하여야 하는 위험물에 해당하는 것은?

① 알킬알루미늄, 산화프로필렌, 알킬리튬
② 알킬알루미늄, 산화프로필렌
③ 알킬알루미늄, 알킬리튬
④ 산화프로필렌, 알킬리튬

해설
위험물의 운송 : 대통령령이 정하는 위험물(알킬알루미늄, 알킬리튬, 알킬알루미늄 또는 알킬리튬의 물질을 함유하는 위험물)에 있어서는 운송책임자의 감독과 지원을 받아 운송하여야 한다.

54 위험물안전관리법령상 다음 (　　)에 알맞은 수치를 모두 합한 값은?

> - 과염소산의 지정수량은 (　　)kg이다.
> - 과산화수소는 농도가 (　　)wt% 미만인 것은 위험물에 해당하지 않는다.
> - 질산은 비중이 (　　) 이상인 것만 위험물로 규정한다.

① 349.36　　② 549.36
③ 337.49　　④ 537.49

해설
$300+36+1.49=337.49$
- 과염소산의 지정수량 : 300kg
- 과산화수소 : 농도 36wt% 이상을 위험물로 규정
- 질산 : 비중이 1.49 이상인 것을 위험물로 규정

55 살충제 원료로 사용되기도 하는 암회색 물질로 물과 반응하여 포스핀가스를 발생할 위험이 있는 것은?

① 인화아연　　② 수소화나트륨
③ 칼 륨　　④ 나트륨

해설
물 또는 산과 반응하여 유독한 포스핀가스(PH_3)를 발생하는 것은 금속의 인화물(제3류 위험물)이다.

50 ① 51 ② 52 ④ 53 ③ 54 ③ 55 ① 정답

56 **황의 특성 및 위험성에 대한 설명 중 틀린 것은?**

① 산화성 물질이므로 환원성 물질과 접촉을 피해야 한다.

② 전기의 부도체이므로 전기 절연체로 쓰인다.

③ 공기 중 연소 시 유해가스를 발생한다.

④ 분말상태인 경우 분진폭발의 위험성이 있다.

해설

황(제2류 위험물)은 가연성 고체이므로 산화성 물질(제1류, 제6류 위험물)과 접촉을 피해야 한다.

57 **과산화벤조일 취급 시 주의사항에 대한 설명 중 틀린 것은?**

① 수분을 포함하고 있으면 폭발하기 쉽다.

② 가열, 충격, 마찰을 피해야 한다.

③ 저장용기는 차고 어두운 곳에 보관한다.

④ 희석제를 첨가하여 폭발성을 낮출 수 있다.

해설

과산화벤조일(벤젠퍼옥사이드 또는 벤조일퍼옥사이드)은 제5류 위험물 중 유기과산화물로 물에 녹지 않으나 수분을 함유하거나 희석제를 첨가하면 분해·폭발을 억제할 수 있다.

과산화벤조일[$(C_6H_5CO)_2O_2$]

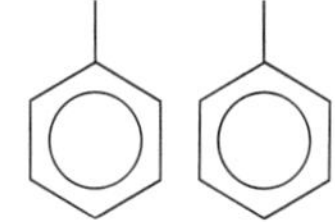

58 **과염소산칼륨의 성질에 관한 설명 중 틀린 것은?**

① 무색, 무취의 결정이다.

② 알코올, 에터에 잘 녹는다.

③ 진한 황산과 접촉하면 폭발할 위험이 있다.

④ 400℃ 이상으로 가열하면 분해하여 산소가 발생할 수 있다.

해설

과염소산칼륨은 제1류 위험물 중 과염소산염류로 냉수에 녹지 않고 알코올, 에터 등에도 잘 녹지 않는 성질을 갖는다.

59 **분말의 형태로서 150μm의 체를 통과하는 것이 50wt% 이상인 것만 위험물로 취급되는 것은?**

① Zn　　② Fe

③ Ni　　④ Cu

해설

제2류 위험물의 금속분(알루미늄, 아연) 중 150μm의 체를 통과하는 것이 50wt% 이상인 것만 위험물로 취급한다.

60 **다음 물질 중 인화점이 가장 높은 것은?**

① 아세톤　　② 다이에틸에터

③ 메틸알코올　　④ 벤 젠

해설

인화점

- 특수인화물 : 다이에틸에터(−40℃)
- 제1석유류 : 아세톤(−18.5℃), 벤젠(−11℃)
- 알코올류 : 메틸알코올(11℃)

제4류 위험물 성질에 의한 품명

- 특수인화물 : 1기압에서 인화점이 −20℃ 이하, 비점이 40℃ 이하 또는 발화점이 100℃ 이하인 것
- 제1석유류 : 1기압에서 액체로서 인화점이 21℃ 미만인 것
- 제2석유류 : 1기압에서 액체로서 인화점이 21℃ 이상 70℃ 미만인 것. 다만, 가연성 액체량이 40wt% 이하이면서 인화점이 40℃ 이상인 동시에 연소점이 60℃ 이상인 것은 제외
- 제3석유류 : 1기압에서 액체로서 인화점이 70℃ 이상 200℃ 미만인 것. 다만, 가연성 액체량이 40wt% 이하인 것은 제외
- 제4석유류 : 1기압에서 액체로서 인화점이 200℃ 이상 250℃ 미만인 것. 다만, 가연성 액체량이 40wt% 이하인 것은 제외

정답 56 ① 57 ① 58 ② 59 ① 60 ③

2016년 제1회 과년도 기출문제

01 위험물제조소의 경우 연면적이 최소 몇 m^2이면 자동화재탐지설비를 설치해야 하는가?(단, 원칙적인 경우에 한한다)

① 100 ② 300
③ 500 ④ 1,000

해설

제조소 및 일반취급소 : 연면적 500m^2 이상이거나 지정수량의 100배 이상일 경우(필답형 유형)

02 메틸알코올 8,000L에 대한 소화능력으로 삽을 포함한 마른모래를 몇 L 설치하여야 하는가?

① 100 ② 200
③ 300 ④ 400

해설

메틸알코올의 지정수량은 400L이고 소요단위는 지정수량의 10배인 4,000L이므로, 메틸알코올의 소요단위 : $\frac{8,000L}{400L \times 10} = 2$단위

소화설비	용 량	능력단위
마른모래(삽 1개 포함)	50L	0.5

$\therefore \frac{2}{0.5} \times 50L = 200L$

03 지정수량의 몇 배 이상의 위험물을 취급하는 제조소에는 화재발생 시 이를 알릴 수 있는 경보설비를 설치하여야 하는가?

① 5 ② 10
③ 20 ④ 100

해설

지정수량의 10배 이상의 위험물을 저장 또는 취급하는 제조소 등(이동탱크저장소를 제외)에는 화재발생 시 이를 알릴 수 있는 경보설비(자동화재탐지설비, 비상경보설비, 확성장치 또는 비상방송설비 중 1종 이상)를 설치하여야 한다.

04 피크르산의 위험성과 소화방법에 대한 설명으로 틀린 것은?

① 금속과 화합하여 예민한 금속염이 만들어질 수 있다.
② 운반 시 건조한 것보다는 물에 젖게 하는 것이 안전하다.
③ 알코올과 혼합된 것은 충격에 의한 폭발위험이 있다.
④ 화재 시에는 질식소화가 효과적이다.

해설

제5류 위험물(자기반응성 물질) 중 나이트로화합물로 TNP라고도 한다. 내부연소성 물질로 물질 자체가 산소를 함유하고 있어 질식효과의 소화방법은 효과가 없다.

05 단층건물에 설치하는 옥내탱크저장소의 탱크전용실에 비수용성의 제2석유류 위험물을 저장하는 탱크 1개를 설치할 경우, 설치할 수 있는 탱크의 최대 용량은?

① 10,000L ② 20,000L
③ 40,000L ④ 80,000L

해설

옥내저장탱크의 용량(동일한 탱크전용실에 옥내저장탱크를 2 이상 설치하는 경우에는 각 탱크의 용량의 합계를 말한다)은 1층 이하의 층에 있어서는 지정수량의 40배(제4석유류 및 동식물유류 외의 제4류 위험물에 있어서 해당 수량이 2만L를 초과할 때에는 2만L) 이하, 2층 이상의 층에 있어서는 지정수량의 10배(제4석유류 및 동식물유류 외의 제4류 위험물에 있어서 해당 수량이 5천L를 초과할 때에는 5천L) 이하일 것

1 ③ 2 ② 3 ② 4 ④ 5 ② 정답

06 위험물안전관리법령상 제6류 위험물에 적응성이 없는 것은?

① 스프링클러설비

② 포소화설비

③ 불활성기체소화설비

④ 물분무소화설비

해설

제6류 위험물은 산소공급원이 포함되어 있어 질식소화는 부적합하고, 무상(안개모양) 주수 및 냉각소화가 효과적이다. 불활성가스 소화설비, 할로젠 등은 적응성이 없다.

07 위험물안전관리법령상 위험물옥외탱크저장소에 방화에 관하여 필요한 사항을 게시한 게시판에 기재하여야 하는 내용이 아닌 것은?

① 위험물의 지정수량의 배수

② 위험물의 저장최대수량

③ 위험물의 품명

④ 위험물의 성질

해설

- 게시판에 기재할 내용 4가지
  - 위험물 유별·품명
  - 저장최대수량 또는 취급최대수량
  - 지정수량의 배수
  - 안전관리자의 성명 또는 직명
- 한 변의 길이가 0.3m 이상, 다른 한 변의 길이가 0.6m 이상인 직사각형
- 백색바탕에 흑색문자

08 주된 연소형태가 증발연소인 것은?

① 나트륨 ② 코크스

③ 양 초 ④ 나이트로셀룰로스

해설

- 확산연소 : 메테인, 프로페인, 수소, 아세틸렌 등의 가연성가스가 확산하여 생성된 혼합가스가 연소하는 것(발염연소, 불꽃연소)
- 증발연소 : 황, 알코올, 나프탈렌, 파라핀(양초), 왁스 등이 열분해를 일으키지 않고 증발된 증기가 연소하는 현상(가연성 액체인 제4류 위험물은 대부분 증발연소를 함)
- 분해연소 : 목재, 석탄, 종이, 섬유, 플라스틱, 합성수지, 고무류 등이 열분해를 일으켜 나온 분해가스 등이 연소하는 형태
- 표면연소 : 목탄, 코크스, 금속(분, 박, 리본 포함) 등이 고체표면에서 산소와 급격히 산화 반응하여 연소하는 현상
- 자기연소 : 셀룰로이드, TNT, 나이트로글리세린, 질산에틸 등의 제5류 위험물 등이 자체 내에 산소를 함유하여, 열분해 시 가연성 가스와 산소를 발생시켜 공기 중의 산소를 필요치 않고 연소하는 현상

09 금속화재에 마른모래를 피복하여 소화하는 방법은?

① 제거소화 ② 질식소화

③ 냉각소화 ④ 억제소화

해설

금속화재 : 마른모래, 건조된 소금, 탄산수소염류분말 등으로 질식소화(피복소화)

10 위험물안전관리법령상 위험등급 Ⅰ의 위험물에 해당하는 것은?

① 무기과산화물 ② 황화인

③ 제1석유류 ④ 황

해설

- 제1류 위험물 : 무기과산화물(50kg/위험등급 Ⅰ)
- 제2류 위험물 : 황화인(100kg/위험등급Ⅱ), 황(100kg/위험등급Ⅱ)
- 제4류 위험물 : 제1석유류(비수용성200L, 수용성400L/위험등급Ⅱ)

정답 6 ③ 7 ④ 8 ③ 9 ② 10 ①

11 위험물안전관리법령상 옥내저장소에서 기계에 의하여 하역하는 구조로 된 용기만을 겹쳐 쌓아 위험물을 저장하는 경우 그 높이는 몇 m를 초과하지 않아야 하는가?

① 2 ② 4

③ 6 ④ 8

해설

옥내저장소에서 위험물을 저장하는 경우에는 다음의 규정에 의한 높이를 초과하여 용기를 겹쳐 쌓지 아니하여야 한다.

- 기계에 의하여 하역하는 구조로 된 용기만을 겹쳐 쌓는 경우에 있어서는 6m이다.
- 제4류 위험물 중 제3석유류, 제4석유류 및 동식물유류를 수납하는 용기만을 겹쳐 쌓는 경우에 있어서는 4m이다.
- 그 밖의 경우에 있어서는 3m이다.

12 연소가 잘 이루어지는 조건으로 거리가 먼 것은?

① 가연물의 발열량이 클 것

② 가연물의 열전도율이 클 것

③ 가연물과 산소와의 접촉표면적이 클 것

④ 가연물의 활성화에너지가 작을 것

해설

열전도율이 클수록 자신의 열함량이 줄어 가연물이 되기 힘들다.

13 위험물안전관리법령상 위험물의 운반에 관한 기준에서 적재 시 혼재가 가능한 위험물을 옳게 나타낸 것은?(단, 각각 지정수량의 10배 이상인 경우이다)

① 제1류와 제4류 ② 제3류와 제6류

③ 제1류와 제5류 ④ 제2류와 제4류

해설

제2류 위험물(가연성 고체)과 제4류 위험물(인화성 액체)은 혼재 가능하다.

혼재 가능한 위험물

- 제1류 위험물(산화성 고체) : 제6류 위험물(산화성 액체)
- 제4류 위험물(인화성 액체) : 제2류 위험물(가연성 고체), 제3류 위험물(자연발화성 물질 및 금수성 물질), 제5류 위험물(자기반응성 물질)
- 제5류 위험물(자기반응성 물질) : 제2류 위험물(가연성 고체), 제4류 위험물(인화성 액체)

14 위험물제조소 표지 및 게시판에 대한 설명이다. 위험물안전관리법령상 옳지 않은 것은?

① 표지는 한 변의 길이가 0.3m, 다른 한 변의 길이가 0.6m 이상으로 하여야 한다.

② 표지의 바탕은 백색, 문자는 흑색으로 하여야 한다.

③ 취급하는 위험물에 따라 규정에 의한 주의사항을 표시한 게시판을 설치하여야 한다.

④ 제2류 위험물(인화성 고체 제외)은 "화기엄금" 주의사항 게시판을 설치하여야 한다.

해설

표지 및 게시판

위험물의 종류	주의사항	게시판의 색상
제1류 위험물 중 알칼리금속의 과산화물과 이를 함유한 것 또는 제3류 위험물 중 금수성 물질	"물기엄금"	청색바탕에 백색문자
제2류 위험물(인화성 고체를 제외)	"화기주의"	적색바탕에 백색문자
• 제2류 위험물 중 인화성 고체 • 제3류 위험물 중 자연발화성 물질 • 제4류 위험물 • 제5류 위험물	"화기엄금"	적색바탕에 백색문자

11 ③ 12 ② 13 ④ 14 ④ 정답

15 석유류가 연소할 때 발생하는 가스로 강한 자극적인 냄새가 나며 취급하는 장치를 부식시키는 것은?

① H_2　　② CH_4

③ NH_3　　④ SO_2

해설

아황산가스(SO_2)는 석탄이나 석유를 연소시킬 때 많이 발생된다.

16 그림과 같이 횡으로 설치한 원통형 위험물탱크에 대하여 탱크의 용량을 구하면 약 몇 m^3인가?(단, 공간용적은 탱크 내용적의 5/100로 한다)

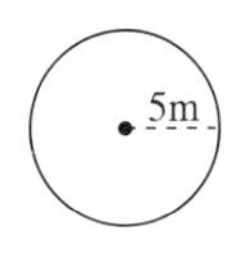

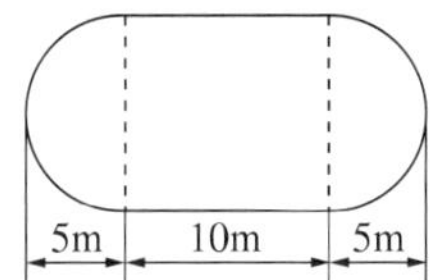

① 52.4　　② 261.6

③ 994.8　　④ 1,047.2

해설

횡으로 설치한 원통형 탱크의 내용적

$$= \pi r^2\left(L + \frac{L_1 + L_2}{3}\right) = \pi 5^2\left(10 + \frac{5+5}{3}\right) = 1{,}047.2$$

탱크의 용량=탱크의 내용적 – 탱크의 공간용적

$$= 1{,}047.2 - \left(1{,}047.2 \times \frac{5}{100}\right)$$

$$= 994.84\text{m}^3$$

17 위험물을 취급함에 있어서 정전기를 유효하게 제거하기 위한 설비를 설치하고자 한다. 위험물안전관리법령상 공기 중의 상대습도를 몇 % 이상 되게 하여야 하는가?

① 50　　② 60

③ 70　　④ 80

해설

정전기 제거설비

- 접지에 의한 방법
- 공기 중의 상대습도를 70% 이상으로 하는 방법
- 공기를 이온화하는 방법

18 제3종 분말소화약제의 열분해 시 생성되는 메타인산의 화학식은?

① H_3PO_4　　② HPO_3

③ $H_4P_2O_7$　　④ $CO(NH_2)_2$

해설

제3종 분말 : $NH_4H_2PO_4 \rightarrow HPO_3 + NH_3\uparrow + H_2O\uparrow$

제3종 분말소화약제의 효과

- HPO_3 : 메타인산의 방진효과
- NH_3 : 불연성 가스에 의한 질식효과
- H_2O : 냉각효과
- 열분해 시 유리된 암모늄이온과 분말 표면의 흡착에 의한 부촉매효과

19 위험물안전관리법령상 제조소 등의 관계인은 예방규정을 정하여 누구에게 제출하여야 하는가?

① 소방청장 또는 행정자치부장관

② 소방청장 또는 소방서장

③ 시·도지사 또는 소방서장

④ 한국소방안전원장 또는 소방청장

해설

대통령령이 정하는 제조소 등의 관계인은 해당 제조소 등의 화재예방과 화재 등 재해발생 시의 비상조치를 위하여 행정안전부령이 정하는 바에 따라 예방규정을 정하여 해당 제조소 등의 사용을 시작하기 전에 시·도지사에게 제출하여야 한다. 예방규정을 변경한 때에도 또한 같다(위험물안전관리법 제17조).

※ 권한의 위임에 대한 규정에 의하여 예방규정의 수리·반려 및 변경명령에 해당하는 시·도지사의 권한을 소방서장에게 위임할 수 있다.

정답 15 ④ 16 ③ 17 ③ 18 ② 19 ③

20 다음 중 연소의 3요소를 모두 갖춘 것은?

① 휘발유 + 공기 + 수소
② 적린 + 수소 + 성냥불
③ 성냥불 + 황 + 염소산암모늄
④ 알코올 + 수소 + 염소산암모늄

해설

연소의 3요소

- 가연물 : 황(제2류 위험물-가연성 고체)
- 산소원 : 염소산암모늄(제1류 위험물-산화성 고체)
- 점화원 : 성냥불

21 위험물의 저장방법에 대한 설명으로 옳은 것은?

① 황화인은 알코올 또는 과산화물 속에 저장하여 보관한다.
② 마그네슘은 건조하면 분진폭발의 위험성이 있으므로 물에 습윤하여 저장한다.
③ 적린은 화재예방을 위해 할로젠 원소와 혼합하여 저장한다.
④ 수소화리튬은 저장용기에 아르곤과 같은 불활성 기체를 봉입한다.

해설

제2류 위험물인 마그네슘, 적린, 황화인의 취급 주의사항

- 강환원제이므로 산화제와 접촉을 피하며 화기에 주의한다.
- 저장용기를 밀폐하고 위험물의 누출을 방지하며 통풍이 잘되는 냉암소에 저장한다.
- 철분, 마그네슘, 금속분은 물, 습기의 접촉을 피한다.
- 금속분은 할로젠 원소와 접촉하면 발화한다.

22 다음은 P_2S_5와 물의 화학반응이다. ( )에 알맞은 숫자를 차례대로 나열한 것은?

$$P_2S_5 + (\quad)H_2O \rightarrow (\quad)H_2S + (\quad)H_3PO_4$$

① 2, 8, 5　　② 2, 5, 8
③ 8, 5, 2　　④ 8, 2, 5

해설

오황화인과 물의 반응

$$P_2S_5 + (\ 8\ )H_2O \rightarrow (\ 5\ )H_2S + (\ 2\ )H_3PO_4$$

- P : $2+0=0+2$
- S : $5+0=5+0$
- H : $0+16=10+6$
- O : $0+8=0+8$

23 위험물안전관리법령상 제조소에서 취급하는 제4류 위험물의 최대수량의 합이 지정수량의 12만배 미만인 사업소에 두어야 하는 화학소방자동차 및 자체소방대원의 수의 기준으로 옳은 것은?

① 1대 – 5인　　② 2대 – 10인
③ 3대 – 15인　　④ 4대 – 20인

해설

자체소방대에 두는 화학소방자동차 및 인원

사업소의 구분	화학소방 자동차	자체소방 대원의 수
지정수량의 12만배 미만	1대	5인
지정수량의 12만배 이상 24만배 미만	2대	10인
지정수량의 24만배 이상 48만배 미만	3대	15인
지정수량의 48만배 이상	4대	20인

20 ③　21 ④　22 ③　23 ①　정답

24 위험물안전관리법령상 위험물 운반용기의 외부에 표시하여야 하는 사항에 해당하지 않는 것은?

① 위험물에 따라 규정된 주의사항
② 위험물의 지정수량
③ 위험물의 수량
④ 위험물의 품명

해설

위험물 포장 외부표시방법
- 위험물의 품명·위험등급·화학명 및 수용성
- 위험물의 수량
- 수납하는 위험물에 따른 주의사항

25 염소산칼륨의 성질에 대한 설명으로 옳은 것은?

① 가연성 고체이다.
② 강력한 산화제이다.
③ 물보다 가볍다.
④ 열분해하면 수소를 발생한다.

해설

염소산칼륨은 제1류 위험물(산화성 고체)로서 비중 2.34로 가열에 의해 분해하여 산소를 방출한다.
염소산칼륨의 분해 반응식 : $2KClO_3 \rightarrow KClO_4 + KCl + O_2 \uparrow$

26 저장하는 위험물의 최대수량이 지정수량의 15배일 경우, 건축물의 벽·기둥 및 바닥이 내화구조로 된 위험물옥내저장소의 보유공지는 몇 m 이상이어야 하는가?

① 0.5 ② 1
③ 2 ④ 3

해설

옥내저장소의 보유공지

저장 또는 취급하는 위험물의 최대수량	공지의 너비	
	벽·기둥 및 바닥이 내화구조로 된 건축물	그 밖의 건축물
지정수량의 5배 이하	–	0.5m 이상
지정수량의 5배 초과 10배 이하	1m 이상	1.5m 이상
지정수량의 10배 초과 20배 이하	2m 이상	3m 이상
지정수량의 20배 초과 50배 이하	3m 이상	5m 이상
지정수량의 50배 초과 200배 이하	5m 이상	10m 이상
지정수량의 200배 초과	10m 이상	15m 이상

27 위험물안전관리법령상 운반차량에 혼재해서 적재할 수 없는 것은?(단, 각각의 지정수량은 10배인 경우이다)

① 염소화규소화합물 – 특수인화물
② 고형알코올 – 나이트로화합물
③ 염소산염류 – 질산
④ 질산구아니딘 – 황린

해설

질산구아니딘(제5류 위험물–자기반응성 물질)과 황린(제3류 위험물–자연발화성 물질 및 금수성 물질)은 혼재할 수 없다.
혼재 가능한 위험물
- 제1류 위험물(산화성 고체) : 제6류 위험물(산화성 액체)
- 제4류 위험물(인화성 액체) : 제2류 위험물(가연성 고체), 제3류 위험물(자연발화성 물질 및 금수성 물질), 제5류 위험물(자기반응성 물질)
- 제5류 위험물(자기반응성 물질) : 제2류 위험물(가연성 고체), 제4류 위험물(인화성 액체)

정답 24 ② 25 ② 26 ③ 27 ④

28 가솔린의 폭발범위(vol%)에 가장 가까운 것은?

① 1.2~7.6　　② 8.3~11.4
③ 12.5~19.7　　④ 22.3~32.8

해설
제4류 위험물(인화성 액체) 중 제1석유류인 가솔린(휘발유)의 폭발범위는 1.2~7.6%이다.

29 위험물의 저장방법에 대한 설명 중 틀린 것은?

① 황린은 공기와의 접촉을 피해 물속에 저장한다.
② 황은 정전기의 축적을 방지하여 저장한다.
③ 알루미늄 분말은 건조한 공기 중에서 분진폭발의 위험이 있으므로 정기적으로 분무상의 물을 뿌려야 한다.
④ 황화인은 산화제와의 혼합을 피해 격리해야 한다.

해설
알루미늄은 물 또는 산과 반응하면 수소가스가 발생하므로 밀폐용기에 넣어 건조한 곳에 저장한다.

30 제4류 위험물의 화재예방 및 취급방법으로 옳지 않은 것은?

① 이황화탄소는 물속에 저장한다.
② 아세톤은 일광에 의해 분해될 수 있으므로 갈색병에 보관한다.
③ 초산은 내산성 용기에 저장하여야 한다.
④ 건성유는 다공성 가연물과 함께 보관한다.

해설
불포화도가 높은 건성유, 반건성유가 다공성 가연물에 스며들어 장기간 저장되어 있는 경우 공기와 자연 산화하고 산화열이 축적되어 자연발화한다.

31 위험물안전관리법령상 품명이 나머지 셋과 다른 하나는?

① 트라이나이트로톨루엔
② 나이트로글리세린
③ 나이트로글리콜
④ 셀룰로이드

해설
제5류 위험물(자기반응성 물질)
- 질산에스테르류(위험등급 I) : 나이트로글리세린, 나이트로글리콜, 셀룰로이드
- 나이트로화합물(위험등급 II) : 트라이나이트로톨루엔, 트라이나이트로페놀

32 부틸리튬(n-Butyl Lithium)에 대한 설명으로 옳은 것은?

① 무색의 가연성 고체이며 자극성이 있다.
② 증기는 공기보다 가볍고 점화원에 의해 산화의 위험이 있다.
③ 화재발생 시 불활성기체소화설비는 적응성이 없다.
④ 탄화수소나 다른 극성의 액체에 용해가 잘되며 휘발성은 없다.

해설
부틸리튬(n-Butyl Lithium, C_4H_9Li) : 제3류 위험물 중 알킬리튬(10kg/위험등급 I)
- 무색의 맑은 액체이다.
- 물과 탄화수소에 격렬하게 반응한다.
- 팽창질석 또는 팽창진주암으로 소화한다.

28 ① 29 ③ 30 ④ 31 ① 32 ③ **정답**

33 나이트로글리세린은 여름철(30℃)과 겨울철(0℃)에 어떤 상태인가?

① 여름-기체, 겨울-액체
② 여름-액체, 겨울-액체
③ 여름-액체, 겨울-고체
④ 여름-고체, 겨울-고체

해설

나이트로글리세린은 순수한 것은 무색, 투명한 기름상의 액체이고 공업용은 담황색인 위험물로 충격, 마찰에는 매우 예민하고 겨울철에는 동결한 우려가 있다.

34 정기점검 대상 제조소 등에 해당하지 않는 것은?

① 이동탱크저장소
② 지정수량 120배의 위험물을 저장하는 옥외저장소
③ 지정수량 120배의 위험물을 저장하는 옥내저장소
④ 이송취급소

해설

정기점검의 대상인 제조소 등(위험물안전관리법 시행령 제16조)

- 제15조의 어느 하나에 해당하는 제조소 등
  - 지정수량의 10배 이상의 위험물을 취급하는 제조소
  - 지정수량의 100배 이상의 위험물을 저장하는 옥외저장소
  - 지정수량의 150배 이상의 위험물을 저장하는 옥내저장소
  - 지정수량의 200배 이상의 위험물을 저장하는 옥외탱크저장소
  - 암반탱크저장소
  - 이송취급소
  - 지정수량의 10배 이상의 위험물을 취급하는 일반취급소. 다만, 제4류 위험물(특수인화물을 제외한다)만을 지정수량의 50배 이하로 취급하는 일반취급소(제1석유류 · 알코올류의 취급량이 지정수량의 10배 이하인 경우에 한한다)로서 다음의 어느 하나에 해당하는 것을 제외한다.
    - ⓐ 보일러 · 버너 또는 이와 비슷한 것으로서 위험물을 소비하는 장치로 이루어진 일반취급소
    - ⓑ 위험물을 용기에 옮겨 담거나 차량에 고정된 탱크에 주입하는 일반취급소
- 지하탱크저장소
- 이동탱크저장소
- 위험물을 취급하는 탱크로서 지하에 매설된 탱크가 있는 제조소 · 주유취급소 또는 일반취급소

35 위험물안전관리법령상 자동화재탐지설비의 설치기준으로 옳지 않은 것은?

① 경계구역은 건축물의 최소 2개 이상의 층에 걸치도록 할 것
② 하나의 경계구역의 면적은 600m^2 이하로 할 것
③ 감지기는 지붕 또는 벽의 옥내에 면한 부분에 유효하게 화재의 발생을 감지할 수 있도록 설치할 것
④ 비상전원을 설치할 것

해설

자동화재탐지설비의 설치기준

- 자동화재탐지설비의 경계구역은 건축물 그 밖의 공작물의 2 이상의 층에 걸치지 아니하도록 할 것. 다만, 하나의 경계구역의 면적이 500m^2 이하이면서 해당 경계구역이 2개의 층에 걸치는 경우이거나 계단 · 경사로 · 승강기의 승강로 그 밖에 이와 유사한 장소에 연기감지기를 설치하는 경우에는 그러하지 아니하다.
- 하나의 경계구역의 면적은 600m^2 이하로 하고 그 한 변의 길이는 50m(광전식분리형 감지기를 설치할 경우에는 100m) 이하로 할 것. 다만, 해당 건축물 그 밖의 공작물의 주요한 출입구에서 그 내부의 전체를 볼 수 있는 경우에 있어서는 그 면적을 1,000m^2 이하로 할 수 있다.
- 자동화재탐지설비의 감지기(옥외탱크저장소에 설치하는 자동화재탐지설비의 감지기는 제외한다)는 지붕(상층이 있는 경우에는 상층의 바닥) 또는 벽의 옥내에 면한 부분(천장이 있는 경우에는 천장 또는 벽의 옥내에 면한 부분 및 천장의 뒷부분)에 유효하게 화재의 발생을 감지할 수 있도록 설치할 것
- 자동화재탐지설비에는 비상전원을 설치할 것

36 위험물에 대한 설명으로 틀린 것은?

① 과산화나트륨은 산화성이 있다.
② 과산화나트륨은 인화점이 매우 낮다.
③ 과산화바륨과 염산을 반응시키면 과산화수소가 생긴다.
④ 과산화바륨의 비중은 물보다 크다.

해설

과산화나트륨은 제1류 위험물 즉, 산화성 고체이기 때문에 불연성이라 인화점이 존재하지 않는다.

정답 33 ③ 34 ③ 35 ① 36 ②

37 위험물안전관리법령상 지정수량이 50kg인 것은?

① $KMnO_4$　② $KClO_2$
③ $NaIO_3$　④ NH_4NO_3

해설

지정수량

$KMnO_4$	$KClO_2$	$NaIO_3$	NH_4NO_3
과망가니즈산칼륨	아염소산칼륨	아이오딘산나트륨	질산암모늄(질산염류)
1,000kg	50kg	300kg	300kg

38 적린이 연소하였을 때 발생하는 물질은?

① 인화수소　② 포스겐
③ 오산화인　④ 이산화황

해설

적린을 연소하면 황린과 같이 유독성의 오산화인(P_2O_5)을 발생한다.

적린의 연소 반응식 : $4P + 5O_2 \rightarrow 2P_2O_5$ (오산화인)

39 상온에서 액체인 물질로만 조합된 것은?

① 질산메틸, 나이트로글리세린
② 피크르산, 질산메틸
③ 트라이나이트로톨루엔, 다이나이트로벤젠
④ 나이트로글리콜, 테트릴

해설

① 질산메틸, 나이트로글리세린 – 무색투명한 액체
② 피크르산 – 결정, 질산메틸 – 무색투명한 액체
③ 트라이나이트로톨루엔, 다이나이트로벤젠 – 결정
④ 나이트로글리콜 – 액체, 테트릴 – 결정

40 제3류 위험물 중 금수성 물질을 제외한 위험물에 적응성이 있는 소화설비가 아닌 것은?

① 분말소화설비　② 스프링클러설비
③ 옥내소화전설비　④ 포소화설비

해설

금수성 물질을 제외한 위험물은 황린(pH 9 물에 보관)이며, 물을 포함한 소화약제는 적응성이 있다. 분말소화약제는 질식소화로 적응성이 없다.

41 나이트로셀룰로스, 나이트로글리세린, 트라이나이트로톨루엔, 트라이나이트로페놀을 각각 50kg씩 저장하고 있을 때 지정수량의 배수가 가장 작은 것은?

① 나이트로셀룰로스
② 나이트로글리세린
③ 트라이나이트로톨루엔
④ 트라이나이트로페놀

해설

각각 50kg 저장 시 지정수량 배수

- 나이트로셀룰로스 : $\frac{50}{10} = 5$
- 나이트로글리세린 : $\frac{50}{10} = 5$
- 트라이나이트로톨루엔 : $\frac{50}{10} = 5$
- 트라이나이트로페놀 : $\frac{50}{100} = 0.5$

42 위험물안전관리법령상 운송책임자의 감독 · 지원을 받아 운송하여야 하는 위험물에 해당하는 것은?

① 특수인화물
② 알킬리튬
③ 질산구아니딘
④ 하이드라진 유도체

해설

운송책임자의 감독 · 지원을 받아 운송하여야 하는 위험물

- 알킬알루미늄
- 알킬리튬
- 알킬알루미늄 또는 알킬리튬의 물질을 함유하는 위험물

37 ② 38 ③ 39 ① 40 ① 41 ④ 42 ② 정답

43 질산암모늄에 대한 설명으로 옳은 것은?

① 물에 녹을 때 발열반응을 한다.
② 가열하면 폭발적으로 분해하여 산소와 암모니아를 생성한다.
③ 소화방법으로 질식소화가 좋다.
④ 단독으로도 급격한 가열, 충격으로 분해·폭발할 수 있다.

해설

질산암모늄(NH_4NO_3) : 제1류 위험물(산화성 고체)–질산염류(300kg, 위험등급Ⅱ)

- 분자량 80, 비중 1.73, 융점 165, 비점 220℃
- 무색, 무취의 결정으로 물과 알코올에 쉽게 녹는다(물에 용해 시 흡열반응).
- 열분해 시 : $NH_4NO_3 \rightarrow N_2O + 2H_2O$,
  재가열 시 : $2N_2O \rightarrow 2N_2 + O_2 \uparrow$
- 단독으로 가열, 충격, 마찰에 의해 폭발한다.

44 다음 중 위험물안전관리법에서 정의한 "제조소"의 의미로 가장 옳은 것은?

① "제조소"라 함은 위험물을 제조할 목적으로 지정수량 이상의 위험물을 취급하기 위하여 허가를 받은 장소임
② "제조소"라 함은 지정수량 이상의 위험물을 제조할 목적으로 위험물을 취급하기 위하여 허가를 받은 장소임
③ "제조소"라 함은 지정수량 이상의 위험물을 제조할 목적으로 지정수량 이상의 위험물을 취급하기 위하여 허가를 받은 장소임
④ "제조소"라 함은 위험물을 제조할 목적으로 위험물을 취급하기 위하여 허가를 받은 장소임

해설

"제조소"라 함은 위험물을 제조할 목적으로 지정수량 이상의 위험물을 취급하기 위하여 위험물시설의 설치 및 변경 등의 규정에 따른 허가(허가가 면제된 경우 및 군용위험물시설의 설치 및 변경에 대한 특례 협의로써 허가를 받은 것으로 보는 경우를 포함한다)를 받은 장소를 말한다(위험물안전관리법 제2조).

45 탄화칼슘의 성질에 대하여 옳게 설명한 것은?

① 공기 중에서 아르곤과 반응하여 불연성 기체를 발생한다.
② 공기 중에서 질소와 반응하여 유독한 기체를 낸다.
③ 물과 반응하면 탄소가 생성된다.
④ 물과 반응하여 아세틸렌가스가 생성된다.

해설

탄화칼슘(CaC_2)은 제3류 위험물 중 칼슘 또는 알루미늄의 탄화물(카바이드, 300kg, 위험등급 Ⅲ)이다.

물과 반응식 : $CaC_2 + 2H_2O \rightarrow Ca(OH)_2 + C_2H_2 \uparrow + 27.8kcal$

질소와 반응식 : $CaC_2 + N_2 \rightarrow CaCN_2 + C + 74.6kcal$

46 위험물안전관리법령상 "연소의 우려가 있는 외벽"은 기산점이 되는 선으로부터 3m(2층 이상의 층에 대해서는 5m) 이내에 있는 제조소 등의 외벽을 말하는데 이 기산점이 되는 선에 해당하지 않는 것은?

① 동일 부지 내의 다른 건축물과 제조소 부지 간의 중심선
② 제조소 등에 인접한 도로의 중심선
③ 제조소 등이 설치된 부지의 경계선
④ 제조소 등의 외벽과 동일 부지 내의 다른 건축물의 외벽 간의 중심선

해설

연소의 우려가 있는 외벽(위험물안전관리에 관한 세부기준 제41조)

연소(延燒)의 우려가 있는 외벽은 다음의 어느 하나에 정한 선을 기산점으로 하여 3m(2층 이상의 층에 대해서는 5m) 이내에 있는 제조소 등의 외벽을 말한다. 다만, 방화상 유효한 공터, 광장, 하천, 수면 등에 면한 외벽은 제외한다.

- 제조소 등이 설치된 부지의 경계선
- 제조소 등에 인접한 도로의 중심선
- 제조소 등의 외벽과 동일 부지 내의 다른 건축물의 외벽 간의 중심선

정답 43 ④ 44 ① 45 ④ 46 ①

47 위험물안전관리법령에 명기된 위험물의 운반용기 재질에 포함되지 않는 것은?

① 고무류 ② 유 리
③ 도자기 ④ 종 이

해설

운반용기의 재질 : 강판, 알루미늄판, 양철판, 유리, 금속판, 종이, 플라스틱, 섬유판, 고무류, 합성섬유, 삼, 짚 또는 나무

48 특수인화물 200L와 제4석유류 12,000L를 저장할 때 각각의 지정수량 배수의 합은 얼마인가?

① 3 ② 4
③ 5 ④ 6

해설

지정수량 : 특수인화물(50L), 제4석유류(6,000L)

$\therefore \frac{200}{50}+\frac{12,000}{6,000}=6$

49 다음 위험물 중 착화온도가 가장 높은 것은?

① 이황화탄소
② 다이에틸에터
③ 아세트알데하이드
④ 산화프로필렌

해설

착화온도

이황화탄소	다이에틸에터	아세트알데하이드	산화프로필렌
90℃	160℃	185℃	449℃

50 동식물유류에 대한 설명 중 틀린 것은?

① 연소하면 열에 의해 액온이 상승하여 화재가 커질 위험이 있다.
② 아이오딘값이 낮을수록 자연발화의 위험이 높다.
③ 동유는 건성유이므로 자연발화의 위험이 있다.
④ 아이오딘값이 100~130인 것을 반건성유라고 한다.

해설

② 아이오딘값이 클수록 자연발화 위험이 크다.
- 아이오딘값(옥소값) : 유지 100g에 부가되는 아이오딘의 g수
- 아이오딘값이 크다는 것은 탄소 간의 이중결합이 많고, 불포화도가 크다고 볼 수 있다.

51 위험물안전관리법령상 위험물 운반 시 방수성 덮개를 하지 않아도 되는 위험물은?

① 나트륨
② 적 린
③ 철 분
④ 과산화칼륨

해설

적재하는 위험물의 성질에 따라 일광의 직사 또는 빗물의 침투를 방지하기 위하여 유효하게 피복하는 등 다음에 정하는 기준에 따른 조치를 하여야 한다(중요기준).
- 제1류 위험물, 제3류 위험물 중 자연발화성 물질, 제4류 위험물 중 특수인화물, 제5류 위험물 또는 제6류 위험물은 차광성이 있는 피복으로 가릴 것
- 제1류 위험물 중 알칼리금속의 과산화물 또는 이를 함유한 것, 제2류 위험물 중 철분·금속분·마그네슘 또는 이들 중 어느 하나 이상을 함유한 것 또는 제3류 위험물 중 금수성 물질은 방수성이 있는 피복으로 덮을 것
- 제5류 위험물 중 55℃ 이하의 온도에서 분해될 우려가 있는 것은 보냉컨테이너에 수납하는 등 적정한 온도관리를 할 것
- 액체위험물 또는 위험등급Ⅱ의 고체위험물을 기계에 의하여 하역하는 구조로 된 운반용기에 수납하여 적재하는 경우에는 해당 용기에 대한 충격 등을 방지하기 위한 조치를 강구할 것. 다만, 위험등급Ⅱ의 고체위험물을 플렉시블(Flexible)의 운반용기, 파이버판제의 운반용기 및 목제의 운반용기 외의 운반용기에 수납하여 적재하는 경우에는 그러하지 아니하다.

47 ③ 48 ④ 49 ④ 50 ② 51 ② 정답

52 연소할 때 연기가 거의 나지 않아 밝은 곳에서 연소상태를 잘 느끼지 못하는 물질로 독성이 매우 강해, 먹으면 실명 또는 사망에 이를 수 있는 것은?

① 메틸알코올 ② 에틸알코올
③ 등 유 ④ 경 유

해설

메틸알코올(CH_3OH)은 독성이 있고, 탄소수가 적어 연소할 때 연기가 잘 보이지 않는다.

53 질산과 과산화수소의 공통적인 성질을 옳게 설명한 것은?

① 물보다 가볍다.
② 물에 녹는다.
③ 점성이 큰 액체로서 환원제이다.
④ 연소가 매우 잘 된다.

해설

제6류 위험물(산화성 액체)의 일반적인 성질

- 불연성 물질로서 강산화제이며 다른 물질의 연소를 돕는 조연성 물질이다.
- 비중이 1보다 크며, 물에 잘 녹고 물과 접촉하면 발열한다.
- 가연물과 유기물 등과의 혼합으로 발화한다.
- 부식성이 강하며 증기는 유독하다.

54 제조소 등의 위치·구조 또는 설비의 변경 없이 해당 제조소 등에서 저장하거나 취급하는 위험물의 품명·수량 또는 지정수량의 배수를 변경하고자 하는 자는 변경하고자 하는 날의 며칠 전까지 행정안전부령이 정하는 바에 따라 시·도지사에게 신고하여야 하는가?

① 1일 ② 14일
③ 21일 ④ 30일

해설

제조소 등의 위치·구조 또는 설비의 변경 없이 해당 제조소 등에서 저장하거나 취급하는 위험물의 품명·수량 또는 지정수량의 배수를 변경하고자 하는 자는 변경하고자 하는 날의 1일 전까지 행정안전부령이 정하는 바에 따라 시·도지사에게 신고하여야 한다(위험물안전관리법 제6조).

55 과산화벤조일과 과염소산의 지정수량의 합은 몇 kg인가?

① 310 ② 350
③ 400 ④ 500

해설

지정수량의 합 : 100 + 300 = 400kg

구 분	과산화벤조일	과염소산
지정수량	100kg	300kg

56 황가루가 공기 중에 떠 있을 때의 주된 위험성에 해당하는 것은?

① 수증기 발생
② 전기감전
③ 분진폭발
④ 인화성 가스 발생

해설

분진폭발 : 금속, 플라스틱, 농산물, 석탄, 황, 섬유질 등의 가연성 고체가 미세한 분말상태로 공기 중에 부유하고 폭발의 한계농도 이상으로 유지될 때 점화원이 존재하면 가연성 혼합기체와 비슷한 폭발현상을 나타낸다.

정답 52 ① 53 ② 54 ① 55 ③ 56 ③

57 위험물의 인화점에 대한 설명으로 옳은 것은?

① 톨루엔이 벤젠보다 낮다.

② 피리딘이 톨루엔보다 낮다.

③ 벤젠이 아세톤보다 낮다.

④ 아세톤이 피리딘보다 낮다.

해설

인화점

톨루엔	벤 젠	아세톤	피리딘
4℃	-11℃	-18.5℃	16℃

58 저장 또는 취급하는 위험물의 최대수량이 지정수량의 500배 이하일 때 옥외저장탱크의 측면으로부터 몇 m 이상의 보유공지를 유지하여야 하는가? (단, 제6류 위험물은 제외한다)

① 1　　② 2

③ 3　　④ 4

해설

옥외저장탱크의 보유공지

저장 또는 취급하는 위험물의 최대수량	공지의 너비
지정수량의 500배 이하	3m 이상
지정수량의 500배 초과 1,000배 이하	5m 이상
지정수량의 1,000배 초과 2,000배 이하	9m 이상
지정수량의 2,000배 초과 3,000배 이하	12m 이상
지정수량의 3,000배 초과 4,000배 이하	15m 이상
지정수량의 4,000배 초과	해당 탱크의 수평단면의 최대지름(가로형인 경우에는 긴 변)과 높이 중 큰 것과 같은 거리 이상. 다만, 30m 초과의 경우에는 30m 이상으로 할 수 있고, 15m 미만의 경우에는 15m 이상으로 하여야 한다.

59 위험물안전관리법령상 옥내저장소 저장창고의 바닥은 물이 스며나오거나 스며들지 아니하는 구조로 하여야 한다. 다음 중 반드시 이 구조로 하지 않아도 되는 위험물은?

① 제1류 위험물 중 알칼리금속의 과산화물

② 제4류 위험물

③ 제5류 위험물

④ 제2류 위험물 중 철분

해설

저장창고의 바닥에 물이 스며들지 않는 구조로 해야 하는 위험물(위험물안전관리법 시행규칙 별표 5)

- 제1류 위험물 중 알칼리금속의 과산화물 또는 이를 함유하는 것
- 제2류 위험물 중 철분·금속분·마그네슘 또는 이중 어느 하나 이상을 함유하는 것
- 제3류 위험물 중 금수성 물질
- 제4류 위험물

60 다음 중 산화성 고체 위험물에 속하지 않는 것은?

① Na_2O_2　　② $HClO_4$

③ NH_4ClO_4　　④ $KClO_3$

해설

$HClO_4$(과염소산)은 제6류 위험물로 산화성 액체이다.

57 ④　58 ③　59 ③　60 ②　정답

2016년 제2회 과년도 기출문제

01 다음 중 제4류 위험물의 화재 시 물을 이용한 소화를 시도하기 전에 고려해야 하는 위험물의 성질로 가장 옳은 것은?

① 수용성, 비중　　② 증기비중, 끓는점
③ 색상, 발화점　　④ 분해온도, 녹는점

해설

제4류 위험물은 인화성 액체로, 화재 시 물을 이용한 소화 전 고려사항은 다음과 같다.

- 수용성인지 확인한다.
- 비중이 1보다 작은 위험물의 화재 시 화재면을 확대시킬 위험이 있어 피한다.
- 비수용성 화재는 질식소화(포, 이산화탄소, 할로젠화합물, 분말 소화약제)를 이용한다.

02 다음 점화 에너지 중 물리적 변화에서 얻어지는 것은?

① 압축열　　② 산화열
③ 중합열　　④ 분해열

해설

점화 에너지의 종류

- 화학적 에너지 : 분해열, 산화열, 연소열, 중합열
- 물리적 에너지 : 마찰열, 압축열
- 전기적 에너지 : 정전기열, 전기저항열, 낙뢰에 의한 열

03 금속분의 연소 시 주수소화하면 위험한 원인으로 옳은 것은?

① 물에 녹아 산이 된다.
② 물과 작용하여 유독가스를 발생한다.
③ 물과 작용하여 수소가스를 발생한다.
④ 물과 작용하여 산소가스를 발생한다.

해설

제2류 위험물(가연성 고체) 중 금속분(알루미늄, 아연 등)은 물과 반응하면 수소기체를 발생한다.

금속과 물의 반응식 : $2Al + 6H_2O \rightarrow 2Al(OH)_3 + 3H_2 \uparrow$

04 다음 중 유류저장 탱크화재에서 일어나는 현상으로 거리가 먼 것은?

① 보일오버　　② 플래시오버
③ 슬롭오버　　④ BLEVE

해설

화재 현상

- 보일오버 : 고온층(Hot Zone)이 형성된 유류화재의 탱크 밑면에 물이 고여 있는 경우, 화재의 진행에 따라 바닥의 물이 급격히 증발하여 불붙은 기름을 분출시키는 위험 현상
- 플래시백 : 불꽃이 연소기 내로 전파되어 연소하는 현상으로 가스의 분출속도(공급속도)보다 연소속도가 클 때 발생된다.
- 플래시오버 : 연료지배형 화재(화재가 가연물에 의해 좌우되는 단계)에서 환기지배형 화재(실내환기에 의해 좌우되는 단계)로 전이되는 화재로 화염이 순간적으로 실내 전체로 확대되는 현상
- 백드래프트 : 산소가 부족하거나 훈소상태에 있는 실내에 산소가 일시적으로 다량 공급될 때 연소가스가 순간적으로 발화하는 현상
- 슬롭오버 : 탱크 화재 시 소화약제를 유류 표면에 분사할 때 약제에 포함된 수분이 끓어 부피가 팽창함으로써 기름을 함께 분출시키는 현상
- 블레비 : 가연성 액화가스의 탱크 주위에서 화재가 발생한 경우에 탱크의 가열로 인하여 그 부분의 강도가 약해져 탱크가 파열됨으로써 내부의 가열된 액화가스가 급속히 팽창하면서 폭발하는 현상

정답 1 ① 2 ① 3 ③ 4 ②

05 다음 중 정전기 방지대책으로 가장 거리가 먼 것은?

① 접지를 한다.
② 공기를 이온화한다.
③ 21% 이상의 산소농도를 유지하도록 한다.
④ 공기의 상대습도를 70% 이상으로 한다.

해설

정전기 제거설비
- 접지를 한다.
- 공기를 이온화한다.
- 공기 중의 상대습도를 70% 이상으로 한다.

06 폭발의 종류에 따른 물질이 잘못 짝지어진 것은?

① 분해폭발 – 아세틸렌, 산화에틸렌
② 분진폭발 – 금속분, 밀가루
③ 중합폭발 – 사이안화수소, 염화바이닐
④ 산화폭발 – 하이드라진, 과산화수소

해설

제4류 위험물(인화성 액체)인 하이드라진은 분해폭발, 제6류 위험물(산화성 액체)인 과산화수소는 분해폭발을 한다.
※ 성질이 다른 위험물은 폭발형태가 다르다.

07 착화온도가 낮아지는 원인과 가장 관계가 있는 것은?

① 발열량이 적을 때
② 압력이 높을 때
③ 습도가 높을 때
④ 산소와의 결합력이 나쁠 때

해설

착화온도가 낮아진다는 것은 낮은 온도에서도 불이 잘 붙는다는 의미이다. 압력을 높이게 되면 충돌 가능한 입자수의 증가로 불이 잘 붙게 된다.

08 제5류 위험물의 화재예방상 유의사항 및 화재 시 소화방법에 관한 설명으로 옳지 않은 것은?

① 대량의 주수에 의한 소화가 좋다.
② 화재 초기에는 질식소화가 효과적이다.
③ 일부 물질의 경우 운반 또는 저장 시 안정제를 사용해야 한다.
④ 가연물과 산소공급원이 같이 있는 상태이므로 점화원의 방지에 유의하여야 한다.

해설

제5류 위험물(자기반응성 물질)은 가연물과 산소공급원을 동시에 포함하고 있어 초기에 다량의 물로 냉각소화하는 것이 효과적이다.

09 과염소산의 화재예방에 요구되는 주의사항에 대한 설명으로 옳은 것은?

① 유기물과 접촉 시 발화의 위험이 있기 때문에 가연물과 접촉시키지 않는다.
② 자연발화의 위험이 높으므로 냉각시켜 보관한다.
③ 공기 중 발화하므로 공기와의 접촉을 피해야 한다.
④ 액체상태는 위험하므로 고체상태로 보관한다.

해설

제6류 위험물(산화성 액체)인 과염소산은 산소 공급원의 역할을 하므로 유기물 등 가연물과의 접촉을 피한다.

10 15℃의 기름 100g에 8,000J의 열량을 주면 기름의 온도는 몇 ℃가 되겠는가?(단, 기름의 비열은 2J/g·℃이다)

① 25 ② 45
③ 50 ④ 55

해설

$Q = mC\Delta t$

여기서, Q : 열량, m : 질량, C : 비열, Δt : 온도차

$8{,}000\text{J} = 100\text{g} \times 2\text{J/g}\cdot℃ \times (x-15)℃$

$\therefore x = 55℃$

5 ③ 6 ④ 7 ② 8 ② 9 ① 10 ④ **정답**

11 제6류 위험물의 화재에 적응성이 없는 소화설비는?

① 옥내소화전설비　② 스프링클러설비
③ 포소화설비　④ 불활성기체소화설비

해설

제6류 위험물은 산소공급원이 포함되어 있어 질식소화는 부적합하고, 무상(안개모양) 주수 및 냉각소화가 효과적이다. 불활성가스소화설비, 할로젠 등은 적응성이 없다.

소화설비의 적응성

소화설비의 구분 \ 대상물 구분			건축물·그 밖의 공작물	전기설비	제1류 위험물		제2류 위험물			제3류 위험물		제4류 위험물	제5류 위험물	제6류 위험물
					알칼리금속 과산화물 등	그 밖의 것	철분·금속분·마그네슘 등	인화성 고체	그 밖의 것	금수성 물품	그 밖의 것			
옥내소화전 또는 옥외소화전설비			○			○		○	○		○		○	○
스프링클러설비			○			○		○	○		○	△	○	○
물분무 등 소화설비	물분무소화설비		○	○		○		○	○		○	○	○	○
물분무 등 소화설비	포소화설비		○			○		○	○		○	○	○	○
물분무 등 소화설비	불활성가스소화설비			○				○				○		
물분무 등 소화설비	할로젠화합물소화설비			○				○				○		
물분무 등 소화설비	분말소화설비	인산염류 등	○	○		○		○	○			○		○
물분무 등 소화설비	분말소화설비	탄산수소염류 등		○	○		○	○		○		○		
물분무 등 소화설비	분말소화설비	그 밖의 것			○		○			○				

12 소화약제로서 물의 단점인 동결현상을 방지하기 위하여 주로 사용되는 물질은?

① 에틸알코올　② 글리세린
③ 에틸렌글리콜　④ 탄산칼슘

해설

제4류 위험물(인화성 액체) 중 제3석유류인 에틸렌글리콜은 물과 혼합하여 부동액으로 사용된다.

13 다음 중 D급 화재에 해당하는 것은?

① 플라스틱화재
② 나트륨화재
③ 휘발유화재
④ 전기화재

해설

가연물의 종류와 성상에 따른 화재의 분류

종 류	소화기 표시		적용대상
일반화재	백 색	A급 화재	일반가연물(나무, 옷, 종이, 고무, 플라스틱 등)
유류화재	황 색	B급 화재	가연성 액체(가솔린, 오일, 래커, 알코올, 페인트 등)
전기화재	청 색	C급 화재	전류가 흐르는 상태에서의 전기기구 화재
금속화재	무 색	D급 화재	가연성 금속(마그네슘, 나트륨, 세슘, 리튬, 칼륨 등)

14 위험물안전관리법령상 철분, 금속분, 마그네슘에 적응성이 있는 소화설비는?

① 불활성기체소화설비
② 할로젠화합물소화설비
③ 포소화설비
④ 탄산수소염류소화설비

해설

제2류 위험물(가연성 고체)의 철분, 금속분, 마그네슘의 화재에는 탄산수소염류분말 및 마른모래, 팽창질석 또는 팽창진주암을 사용한다.

※ 금속분을 제외하고 주수에 의한 냉각소화를 한다.

정답 11 ④ 12 ③ 13 ② 14 ④

15 위험물안전관리법령상 제4류 위험물에 적응성이 없는 소화설비는?

① 옥내소화전설비

② 포소화설비

③ 불활성기체소화설비

④ 할로젠화합물소화설비

해설

제4류 위험물(인화성 액체)의 화재에는 질식소화의 원리를 이용하는 것이 효과적이다.

- 질식소화 원리 : 물분무소화설비, 포소화설비, 불활성가스소화설비, 할로젠화합물소화설비, 분말소화설비
- 냉각소화 원리 : 옥내소화전설비, 옥외소화전설비, 스프링클러설비

16 물은 냉각소화가 주된 대표적인 소화약제이다. 물의 소화효과를 높이기 위하여 무상주수를 함으로써 부가적으로 작용하는 소화효과로 이루어진 것은?

① 질식소화작용, 제거소화작용

② 질식소화작용, 유화소화작용

③ 타격소화작용, 유화소화작용

④ 타격소화작용, 피복소화작용

해설

무상주수는 안개모양의 형태로 물을 흩어 뿌리는 방식을 말한다.

- 질식소화 : 산소차단효과
- 유화소화 : 유류 표면을 덮는 효과

17 다음 중 소화약제 강화액의 주성분에 해당하는 것은?

① K_2CO_3 ② K_2O_2

③ CaO_2 ④ $KBrO_3$

해설

강화액의 주성분은 탄산칼륨(K_2CO_3)으로 물에 용해시켜 사용한다.

- 점성을 갖게 된다.
- 알칼리성(pH 12)으로 응고점이 낮아 잘 얼지 않는다.
- 물보다 1.4배 무겁고, 한랭지역에 많이 쓰인다.

18 위험물안전관리법령상 소화설비의 적응성에 관한 내용이다. 옳은 것은?

① 마른모래는 대상물 중 제1류~제6류 위험물에 적응성이 있다.

② 팽창질석은 전기설비를 포함한 모든 대상물에 적응성이 있다.

③ 분말소화약제는 셀룰로이드류의 화재에 가장 적당하다.

④ 물분무소화설비는 전기설비에 사용할 수 없다.

해설

소화설비의 적응성

- 마른모래, 팽창질석 또는 팽창진주암은 전기설비의 화재에 적응성이 없다.
- 제5류 위험물(자기반응성 물질)인 셀룰로이드류의 소화에는 질식소화(분말소화약제)가 효과적이지 못하다.
- 물분무소화설비는 무상주수의 형태이므로 질식소화의 효과를 갖는다.

19 다음 중 공기포소화약제가 아닌 것은?

① 단백포소화약제

② 합성계면활성제포소화약제

③ 화학포소화약제

④ 수성막포소화약제

해설

- 기계포(공기포) 소화기 : 소화원액과 물을 일정량 혼합 후 거품을 내어 방출하는 소화(단백포, 합성계면활성제포, 수성막포 등)
- 화학포 소화기 : 화학반응에 의해 생성된 포(CO_2)에 의해 소화하는 소화기(보통전도식, 내통밀폐식 등)

15 ① 16 ② 17 ① 18 ① 19 ③ 정답

20 분말 소화약제 중 제1종과 제2종 분말이 각각 열분해 될 때 공통적으로 생성되는 물질은?

① N_2, CO_2　　② N_2, O_2

③ H_2O, CO_2　　④ H_2O, N_2

해설

반응식

- 제1종 분말 : $2NaHCO_3 \rightarrow Na_2CO_3 + H_2O\uparrow + CO_2\uparrow$
- 제2종 분말 : $2KHCO_3 \rightarrow K_2CO_3 + H_2O\uparrow + CO_2\uparrow$

21 폼산에 대한 설명으로 옳지 않은 것은?

① 물, 알코올, 에터에 잘 녹는다.

② 개미산이라고도 한다.

③ 강한 산화제이다.

④ 녹는점이 상온보다 낮다.

해설

폼산은 제4류 위험물(인화성 액체) 중 제2석유류이다. 제1류 위험물(산화성 고체)과 제6류 위험물(산화성 액체)이 산화제의 역할을 한다.

22 제3류 위험물에 해당하는 것은?

① NaH　　② Al

③ Mg　　④ P_4S_3

해설

- 제2류 위험물(가연성 고체) : Al, Mg, P_4S_3
- 제3류 위험물(자연발화성 물질 및 금수성 물질) : NaH

23 지방족 탄화수소가 아닌 것은?

① 톨루엔　　② 아세트알데하이드

③ 아세톤　　④ 다이에틸에터

해설

톨루엔은 방향족 탄화수소이다.

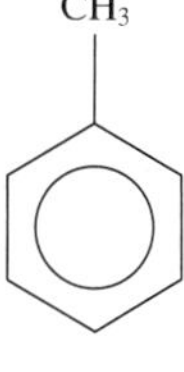

- 지방족 탄화수소 : 탄소 간 결합이 사슬형으로 연결되어 있는 물질
- 방향족 탄화수소 : 탄소 간 결합이 공명구조(이중결합과 단일결합이 연속된 결합)로 고리형으로 연결되어 있는 물질

정답 20 ③ 21 ③ 22 ① 23 ①

24 위험물안전관리법령상 위험물의 지정수량으로 옳지 않은 것은?

① 나이트로셀룰로스 : 10kg

② 하이드록실아민 : 100kg

③ 아조벤젠 : 50kg

④ 트라이나이트로페놀 : 100kg

해설

제5류 위험물(자기반응성 물질)

위험물 분류	물질명	지정수량
질산에스터류 (1종)	나이트로셀룰로스	10kg
	나이트로글리세린	
	나이트로글리콜	
	펜타에리트리톨 테트라나이트레이트	
질산에스터류 (2종)	셀룰로이드	100kg
유기과산화물 (2종)	과산화벤조일 (벤조일퍼옥사이드)	100kg
	과산화메틸에틸케톤 (메틸에틸케톤퍼옥사이드)	
	과산화아세트산	
	다이큐밀퍼옥사이드	
하이드록실아민염류 (2종)	황산하이드록실아민	100kg
	염산하이드록실아민	
하이드록실아민 (2종)	하이드록실아민	100kg
나이트로화합물 (1종)	테트릴	10kg
	트라이나이트로톨루엔(TNT)	
나이트로화합물 (2종)	트라이나이트로페놀 [TNP(피크르산)]	100kg
아조화합물 (2종)	아조벤젠	100kg
	아조비스이소부티로니트릴	
	아조다이카본아마이드	

25 셀룰로이드에 대한 설명으로 옳은 것은?

① 질소가 함유된 무기물이다.

② 질소가 함유된 유기물이다.

③ 유기의 염화물이다.

④ 무기의 염화물이다.

해설

셀룰로이드는 제5류 위험물(자기반응성 물질)인 나이트로셀룰로스(질산에스테르류)와 혼합하여 만들기 때문에 질소가 함유된 유기물이다.

26 에틸알코올의 증기비중은 약 얼마인가?

① 0.72　　② 0.91

③ 1.13　　④ 1.59

해설

에틸알코올(C_2H_5OH)의 분자량 : $(12\times2)+(1\times6)+16=46$

평균대기 분자량 : N_2 $80\%:28\times0.8=22.4$

O_2 $20\%:32\times0.2=6.4$

질소와 산소 분자량의 합은 $28.8 \fallingdotseq 29$

$\therefore$ 증기비중 $= \dfrac{\text{에틸알코올의 분자량}}{\text{평균대기 분자량}} = \dfrac{46}{29} = 1.59$

27 과염소산나트륨의 성질이 아닌 것은?

① 물과 급격히 반응하여 산소를 발생한다.

② 가열하면 분해되어 조연성 가스를 방출한다.

③ 융점은 400℃보다 높다.

④ 비중은 물보다 무겁다.

해설

물과 반응하여 산소를 발생하는 제1류 위험물(산화성 고체)은 무기과산화물이다.

24 ③ 25 ② 26 ④ 27 ① **정답**

28 인화칼슘이 물과 반응할 경우에 대한 설명 중 틀린 것은?

① 발생가스는 가연성이다.
② 포스겐가스가 발생한다.
③ 발생가스는 독성이 강하다.
④ $Ca(OH)_2$가 생성된다.

해설

인화칼슘과 물의 반응식

$Ca_3P_2 + 6H_2O \rightarrow 3Ca(OH)_2 + 2PH_3 \uparrow$ (포스핀)

※ 포스겐가스는 사염화탄소(CCl_4)가 물과 반응하거나 연소할 때 발생하는 독성가스이다.

29 화학적으로 알코올을 분류할 때 3가 알코올에 해당하는 것은?

① 에틸알코올 ② 메틸알코올
③ 에틸렌글리콜 ④ 글리세린

해설

알코올은 알킬과 −OH(수산기)의 결합이다.

- 알킬기의 수에 따라 1차, 2차, 3차 알코올로 구분된다.
- −OH(수산기)의 수에 따라 1가(메틸알코올, 에틸알코올 등), 2가(에틸렌글리콜 등), 3가(글리세린 등) 알코올로 구분된다.

30 위험물안전관리법령상 품명이 다른 하나는?

① 나이트로글리콜 ② 나이트로글리세린
③ 셀룰로이드 ④ 테트릴

해설

제5류 위험물(자기반응성 물질)

- 질산에스테르류 : 나이트로글리콜, 나이트로글리세린, 셀룰로이드
- 나이트로화합물 : 테트릴

31 주수소화를 할 수 없는 위험물은?

① 금속분 ② 적 린
③ 황 ④ 과망가니즈산칼륨

해설

제2류 위험물(가연성 고체)에 속하는 금속분은 주수소화 시 수소가스가 발생하여 폭발의 위험성이 있다.

32 제1류 위험물 중 흑색화약의 원료로 사용되는 것은?

① KNO_3 ② $NaNO_3$
③ BaO_2 ④ NH_4NO_3

해설

제1류 위험물(가연성 고체)인 질산칼륨(KNO_3)은 제2류 위험물(가연성 고체)인 황(S)과 혼합하여 흑색화약을 만들 수 있다.

질산칼륨(KNO_3)

- 유기물 등 가연물과 접촉 또는 혼합은 위험하다.
- 열분해 온도는 400℃이다.
- 물, 글리세린에 잘 녹고 알코올에는 난용이나 흡습성은 없다.

33 다음 중 제6류 위험물에 해당하는 것은?

① IF_5 ② $HClO_3$
③ NO_3 ④ H_2O

해설

IF_5(오플루오린화아이오딘)는 행정안전부령이 정하는 제6류 위험물(할로젠간화합물)에 속한다. 나머지는 위험물이 아니다.

정답 28 ② 29 ④ 30 ④ 31 ① 32 ① 33 ①

34 다음 중 제4류 위험물에 해당하는 것은?

① $Pb(N_3)_2$　② CH_3ONO_2
③ N_2H_4　④ NH_2OH

해설

제4류 위험물(제2석유류) : 하이드라진(N_2H_4)
- 약알칼리성으로 180℃에서 암모니아와 질소로 분해된다.
  $2N_2H_4 \cdot H_2O \rightarrow 2NH_3 + N_2 + H_2 + H_2O$
- 물, 알코올 등(극성 용매)에 잘 용해된다.

35 다음의 분말은 모두 150μm의 체를 통과하는 것이 50wt% 이상이 된다. 이들 분말 중 위험물안전관리 법령상 품명이 "금속분"으로 분류되는 것은?

① 철 분　② 구리분
③ 알루미늄분　④ 니켈분

해설

제2류 위험물의 금속분(알루미늄, 아연) 중 150μm의 체를 통과하는 것이 50wt% 이상인 것만 위험물로 취급한다.

36 다음 중 분자량이 가장 큰 위험물은?

① 과염소산　② 과산화수소
③ 질 산　④ 하이드라진

해설

분자량
- 과염소산($HClO_4$) : $1 + 35.5 + (16 \times 4) = 100.5$
- 과산화수소(H_2O_2) : $(1 \times 2) + (16 \times 2) = 34$
- 질산(HNO_3) : $1 + 14 + (16 \times 3) = 63$
- 하이드라진(N_2H_4) : $(14 \times 2) + (1 \times 4) = 32$

37 인화칼슘, 탄화알루미늄, 나트륨이 물과 반응하였을 때 발생하는 가스에 해당하지 않는 것은?

① 포스핀가스　② 수 소
③ 이황화탄소　④ 메테인

해설

물과 반응식(필답형 유형)
- 인화칼슘(제3류 위험물/금속의 인화합물)
  $Ca_3P_2 + 6H_2O \rightarrow 3Ca(OH)_2 + 2PH_3$
- 탄화알루미늄(제3류 위험물/칼슘 또는 알루미늄의 탄화물)
  $Al_4C_3 + 12H_2O \rightarrow 4Al(OH)_3 + 3CH_4$
- 나트륨(제3류 위험물)
  $2Na + 2H_2O \rightarrow 2NaOH + H_2$

38 연소 시 발생하는 가스를 옳게 나타낸 것은?

① 황린 – 황산가스
② 황 – 무수인산가스
③ 적린 – 아황산가스
④ 삼황화사인(삼황화인) – 아황산가스

해설

연소 반응식(필답형 유형)
- 황린(제3류 위험물)
  $P_4 + 5O_2 \rightarrow 2P_2O_5$ (오산화인)
- 황(제2류 위험물)
  $S + O_2 \rightarrow SO_2$ (아황산가스)
- 적린(제2류 위험물)
  $4P + 5O_2 \rightarrow 2P_2O_5$ (오산화인)
- 삼황화사인(제2류 위험물)
  $P_4S_3 + 8O_2 \rightarrow 3SO_2 + 2P_2O_5$ (아황산가스, 오산화인)

34 ③ 35 ③ 36 ① 37 ③ 38 ④ **정답**

39 **염소산나트륨에 대한 설명으로 틀린 것은?**

① 조해성이 크므로 보관용기는 밀봉하는 것이 좋다.
② 무색, 무취의 고체이다.
③ 산과 반응하여 유독성인 이산화나트륨 가스가 발생한다.
④ 물, 알코올, 글리세린에 녹는다.

해설

제1류 위험물(산화성 고체)인 염소산나트륨은 조해성과 흡습성을 가진 무색, 무취의 결정으로 물, 알코올, 글리세린에 잘 녹으며, 산과 반응하면 이산화염소(ClO_2) 가스가 발생한다.

40 **질산칼륨을 약 400℃에서 가열하여 열분해시킬 때 주로 생성되는 물질은?**

① 질산과 산소
② 질산과 칼륨
③ 아질산칼륨과 산소
④ 아질산칼륨과 질소

해설

제1류 위험물(산화성 고체)인 질산칼륨은 흑색화약의 원료로 열분해 시 아질산칼륨과 산소가 발생한다.

열분해 반응식 : $2KNO_3 \rightarrow \underset{\text{아질산칼륨}}{2KNO_2} + \underset{\text{산소}}{O_2}$

41 **위험물안전관리법령에서 정한 피난설비에 관한 내용이다. (　　)에 알맞은 것은?**

> 주유취급소 중 건축물의 2층 이상의 부분을 점포·휴게음식점 또는 전시장의 용도로 사용하는 것에 있어서는 해당 건축물의 2층 이상으로부터 주유취급소의 부지 밖으로 통하는 출입구와 해당 출입구로 통하는 통로·계단 및 출입구에 (　　)을(를) 설치하여야 한다.

① 피난사다리　② 유도등
③ 공기호흡기　④ 시각경보기

해설

통로, 계단 및 출입구에는 유도등을 설치해야 한다.

42 **옥내저장소에 제3류 위험물인 황린을 저장하면서 위험물안전관리법령에 의한 최소한의 보유공지로 3m를 옥내저장소 주위에 확보하였다. 이 옥내저장소에 저장하고 있는 황린의 수량은?(단, 옥내저장소의 구조는 벽·기둥 및 바닥이 내화구조로 되어 있고 그 외의 다른 사항은 고려하지 않는다)**

① 100kg 초과 500kg 이하
② 400kg 초과 1,000kg 이하
③ 500kg 초과 5,000kg 이하
④ 1,000kg 초과 40,000kg 이하

해설

제3류 위험물인 황린(위험등급 I)의 지정수량은 20kg이다. 3m 이상에 해당하는 최대수량은 '지정수량의 20배 초과 50배 이하'이므로 '400kg 초과 1,000kg 이하'가 된다.

옥내저장소의 보유공지

저장 또는 취급하는 위험물의 최대수량	공지의 너비	
	벽·기둥 및 바닥이 내화구조로 된 건축물	그 밖의 건축물
지정수량의 5배 이하	-	0.5m 이상
지정수량의 5배 초과 10배 이하	1m 이상	1.5m 이상
지정수량의 10배 초과 20배 이하	2m 이상	3m 이상
지정수량의 20배 초과 50배 이하	3m 이상	5m 이상
지정수량의 50배 초과 200배 이하	5m 이상	10m 이상
지정수량의 200배 초과	10m 이상	15m 이상

정답 39 ③　40 ③　41 ②　42 ②

43 위험물안전관리법령상 이동탱크저장소에 의한 위험물운송 시 위험물운송자는 장거리에 걸치는 운송을 하는 때에는 2명 이상의 운전자로 하여야 한다. 다음 중 그러하지 않아도 되는 경우가 아닌 것은?

① 적린을 운송하는 경우
② 알루미늄의 탄화물을 운송하는 경우
③ 이황화탄소를 운송하는 경우
④ 운송 도중에 2시간 이내마다 20분 이상씩 휴식하는 경우

해설

이황화탄소(CS_2)는 제4류 위험물 중 특수인화물로 운전자 1인이 운송할 수 없다.

운전자를 1명으로 할 수 있는 경우(위험물안전관리법 시행규칙 별표 21)

- 운송책임자를 동승시킨 경우
- 운송하는 위험물이 제2류 위험물, 제3류 위험물(칼슘 또는 알루미늄의 탄화물과 이것만을 함유한 것에 한함) 또는 제4류 위험물(특수인화물 제외)인 경우
- 운송 도중에 2시간 이내마다 20분 이상씩 휴식하는 경우

44 각각 지정수량의 10배인 위험물을 운반할 경우 제5류 위험물과 혼재 가능한 위험물에 해당하는 것은?

① 제1류 위험물　② 제2류 위험물
③ 제3류 위험물　④ 제6류 위험물

해설

혼재 가능한 위험물

- 제1류 위험물(산화성 고체) : 제6류 위험물(산화성 액체)
- 제4류 위험물(인화성 액체) : 제2류 위험물(가연성 고체), 제3류 위험물(자연발화성 물질 및 금수성 물질), 제5류 위험물(자기반응성 물질)
- 제5류 위험물(자기반응성 물질) : 제2류 위험물(가연성 고체), 제4류 위험물(인화성 액체)

45 위험물안전관리법령상 옥외탱크저장소의 기준에 따라 다음의 인화성 액체 위험물을 저장하는 옥외저장탱크 1~4호를 동일의 방유제 내에 설치하는 경우 방유제에 필요한 최소 용량으로서 옳은 것은?(단, 암반탱크 또는 특수액체위험물탱크의 경우는 제외한다)

- 1호 탱크 – 등유 1,500kL
- 2호 탱크 – 가솔린 1,000kL
- 3호 탱크 – 경유 500kL
- 4호 탱크 – 중유 250kL

① 1,650kL　② 1,500kL
③ 500kL　④ 250kL

해설

1호 탱크의 용량이 최대이므로, $1,500\text{kL} \times 1.1 = 1,650\text{kL}$가 된다.

옥외저장탱크(인화성 액체)의 방유제 용량기준

- 하나의 옥외저장탱크 : 탱크 용량의 110% 이상
- 2개 이상의 옥외저장탱크 : 탱크 중 용량이 최대인 것의 110% 이상

46 위험물안전관리법령상 사업소의 관계인이 자체소방대를 설치하여야 할 제조소 등의 기준으로 옳은 것은?

① 제4류 위험물을 지정수량의 3천배 이상 취급하는 제조소 또는 일반취급소
② 제4류 위험물을 지정수량의 5천배 이상 취급하는 제조소 또는 일반취급소
③ 제4류 위험물 중 특수인화물을 지정수량의 3천배 이상 취급하는 제조소 또는 일반취급소
④ 제4류 위험물 중 특수인화물을 지정수량의 5천배 이상 취급하는 제조소 또는 일반취급소

해설

자체소방대를 설치해야 하는 기준은 제4류 위험물을 지정수량의 3천배 이상 취급하는 제조소 또는 일반취급소이다.

43 ③　44 ②　45 ①　46 ①　정답

47 **소화난이도등급Ⅱ의 제조소에 소화설비를 설치할 때 대형수동식소화기와 함께 설치하여야 하는 소형수동식소화기 등의 능력단위에 관한 설명으로 옳은 것은?**

① 위험물의 소요단위에 해당하는 능력단위의 소형수동식소화기 등을 설치할 것
② 위험물의 소요단위의 1/2 이상에 해당하는 능력단위의 소형수동식소화기 등을 설치할 것
③ 위험물의 소요단위의 1/5 이상에 해당하는 능력단위의 소형수동식소화기 등을 설치할 것
④ 위험물의 소요단위의 10배 이상에 해당하는 능력단위의 소형수동식소화기 등을 설치할 것

해설

방사능력범위 내에 해당 건축물, 그 밖의 공작물 및 위험물이 포함되도록 대형수동식소화기를 설치하고, 해당 위험물 소요단위의 1/5 이상에 해당되는 능력단위의 소형수동식소화기 등을 설치할 것

48 **다음 중 위험물안전관리법이 적용되는 영역은?**

① 항공기에 의한 대한민국 영공에서의 위험물의 저장, 취급 및 운반
② 궤도에 의한 위험물의 저장, 취급 및 운반
③ 철도에 의한 위험물의 저장, 취급 및 운반
④ 자가용승용차에 의한 지정수량 이하의 위험물의 저장, 취급 및 운반

해설

항공기, 선박, 철도 및 궤도에 의한 위험물의 저장, 취급 및 운반은 위험물안전관리법의 적용을 받지 않는다(위험물안전관리법 제3조).

49 **위험물안전관리법령상 위험물의 운반 시 운반용기는 다음의 기준에 따라 수납 적재하여야 한다. 다음 중 틀린 것은?**

① 수납하는 위험물과 위험한 반응을 일으키지 않아야 한다.
② 고체위험물은 운반용기 내용적의 95% 이하로 수납하여야 한다.
③ 액체위험물은 운반용기 내용적의 95% 이하로 수납하여야 한다.
④ 하나의 외장용기에는 다른 종류의 위험물을 수납하지 않는다.

해설

액체위험물은 운반용기 내용적의 98% 이하로 수납하여야 한다(55℃에서 누설되지 않도록 공간용적 유지).

50 **위험물안전관리법령상 위험물을 운반하기 위해 적재할 때 예를 들어 제6류 위험물은 1가지 유별(제1류 위험물)하고만 혼재할 수 있다. 다음 중 가장 많은 유별과 혼재가 가능한 것은?(단, 지정수량의 $\frac{1}{10}$을 초과하는 위험물이다)**

① 제1류 ② 제2류
③ 제3류 ④ 제4류

해설

혼재 가능한 위험물

- 제1류 위험물(산화성 고체) : 제6류 위험물(산화성 액체)
- 제4류 위험물(인화성 액체): 제2류 위험물(가연성 고체), 제3류 위험물(자연발화성 물질 및 금수성 물질), 제5류 위험물(자기반응성 물질)
- 제5류 위험물(자기반응성 물질) : 제2류 위험물(가연성 고체), 제4류 위험물(인화성 액체)

정답 47 ③ 48 ④ 49 ③ 50 ④

51 다음 위험물 중에서 옥외저장소에서 저장 · 취급할 수 없는 것은?(단, 특별시 · 광역시 또는 도의 조례에서 정하는 위험물과 IMDG Code에 적합한 용기에 수납된 위험물의 경우는 제외한다)

① 아세트산　　② 에틸렌글리콜
③ 크레오소트유　　④ 아세톤

해설

제4류 위험물 중 아세톤은 인화점이 −18.5℃이므로 저장할 수 없다.

옥외저장소에 저장할 수 있는 위험물 종류

- 제2류 위험물 중 황 또는 인화성 고체(인화점이 0℃ 이상인 것에 한한다)
- 제4류 위험물 중 제1석유류(인화점이 0℃ 이상인 것에 한한다) · 알코올류 · 제2석유류 · 제3석유류 · 제4석유류 및 동식물유류
- 제6류 위험물
- 제2류 위험물 및 제4류 위험물 중 특별시 · 광역시 · 특별자치시 · 도 또는 특별자치도의 조례로 정하는 위험물(관세법 제154조의 규정에 의한 보세구역 안에 저장하는 경우로 한정한다)
- 국제해사기구에 관한 협약에 의하여 설치된 국제해사기구가 채택한 국제해상위험물규칙(IMDG Code)에 적합한 용기에 수납된 위험물

52 다이에틸에터에 대한 설명으로 틀린 것은?

① 일반식은 R－CO－R′이다.
② 폭발범위는 약 1.7~48%이다.
③ 증기비중값이 비중값보다 크다.
④ 휘발성이 높고 마취성을 가진다.

해설

다이에틸에터

- 일반식 : R－O－R′(R 및 R′는 알킬기를 의미)
- 구조식

```
    H   H       H   H
    |   |       |   |
H — C — C — O — C — C — H
    |   |       |   |
    H   H       H   H
```

또는

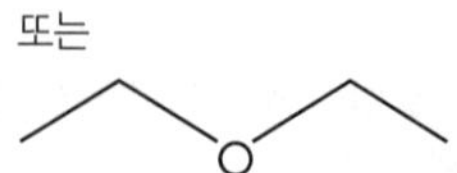

53 위험물안전관리법령상 지하탱크저장소 탱크전용실의 안쪽과 지하저장탱크와의 사이는 몇 m 이상의 간격을 유지하여야 하는가?

① 0.1　　② 0.2
③ 0.3　　④ 0.5

해설

지하탱크저장소 탱크전용실의 안쪽과 지하저장탱크 사이는 0.1m 이상의 간격을 유지해야 한다(필답형 유형).

54 다음 (　　) 안에 들어갈 수치를 순서대로 올바르게 나열한 것은?(단, 제4류 위험물에 적응성을 갖기 위한 살수밀도기준을 적용하는 경우를 제외한다)

> 위험물제조소 등에 설치하는 폐쇄형 헤드의 스프링클러설비는 30개의 헤드를 동시에 사용할 경우 각 끝부분의 방사압력이 (　　)kPa 이상이고, 방수량이 1분당 (　　)L 이상이어야 한다.

① 100, 80　　② 120, 80
③ 100, 100　　④ 120, 100

해설

소화설비의 설치기준 : 비상전원을 설치할 것

구 분	규정 방수압	규정 방수량	수원의 양	수평 거리	배관 · 호스
옥내 소화전 설비	350kPa 이상	260L/min 이상	$7.8m^3$ ×개수 (최대 5개)	층마다 25m 이하	40mm
옥외 소화전 설비	350kPa 이상	450L/min 이상	$13.5m^3$ ×개수 (최대 4개)	40m 이하	65mm
스프링 클러설비	100kPa 이상	80L/min 이상	$2.4m^3$ ×개수 (폐쇄형 최대 30)	헤드간 격 1.7m 이내	방사 구역은 $150m^2$ 이상
물분무 소화설비	350kPa 이상	해당 소화 설비의 헤드의 설계 압력에 의한 방사량	$1m^2$당 1분당 20L의 비율로 계산한 양으로 30분간 방사할 수 있는 양	–	

51 ④　52 ①　53 ①　54 ①　정답

55 위험물안전관리법령상 제조소 등의 위치 · 구조 또는 설비 가운데 행정안전부령이 정하는 사항을 변경허가를 받지 아니하고 제조소 등의 위치 · 구조 또는 설비를 변경한 때 1차 행정처분기준으로 옳은 것은?

① 사용정지 15일

② 경고 또는 사용정지 15일

③ 사용정지 30일

④ 경고 또는 업무정지 30일

해설

변경허가를 받지 아니하고 제조소 등의 위치 · 구조 또는 설비를 변경한 때 1차 경고 또는 사용정지 15일, 2차 사용정지 60일, 3차 허가취소를 받게 된다.

56 위험물안전관리법령상 제조소 등의 관계인이 정기적으로 점검하여야 할 대상이 아닌 것은?

① 지정수량의 10배 이상의 위험물을 취급하는 제조소

② 지하탱크저장소

③ 이동탱크저장소

④ 지정수량의 100배 이상의 위험물을 저장하는 옥외탱크저장소

해설

정기점검의 대상인 제조소 등(위험물안전관리법 시행령 제16조)

- 제15조의 어느 하나에 해당하는 제조소 등
  - 지정수량의 10배 이상의 위험물을 취급하는 제조소
  - 지정수량의 100배 이상의 위험물을 저장하는 옥외저장소
  - 지정수량의 150배 이상의 위험물을 저장하는 옥내저장소
  - 지정수량의 200배 이상의 위험물을 저장하는 옥외탱크저장소
  - 암반탱크저장소
  - 이송취급소
  - 지정수량의 10배 이상의 위험물을 취급하는 일반취급소. 다만, 제4류 위험물(특수인화물을 제외한다)만을 지정수량의 50배 이하로 취급하는 일반취급소(제1석유류 · 알코올류의 취급량이 지정수량의 10배 이하인 경우에 한한다)로서 다음의 어느 하나에 해당하는 것을 제외한다.
    ⓐ 보일러 · 버너 또는 이와 비슷한 것으로서 위험물을 소비하는 장치로 이루어진 일반취급소
    ⓑ 위험물을 용기에 옮겨 담거나 차량에 고정된 탱크에 주입하는 일반취급소
- 지하탱크저장소
- 이동탱크저장소
- 위험물을 취급하는 탱크로서 지하에 매설된 탱크가 있는 제조소 · 주유취급소 또는 일반취급소

57 위험물안전관리법령상 위험물제조소의 옥외에 있는 하나의 액체위험물 취급탱크 주위에 설치하는 방유제의 용량은 해당 탱크용량의 몇 % 이상으로 하여야 하는가?

① 50%　② 60%

③ 100%　④ 110%

해설

제조소 옥외 위험물취급탱크 주위에 설치하는 방유제의 용량

- 하나의 위험물취급탱크 주위에 설치하는 방유제의 용량 : 탱크용량의 50% 이상
- 2개 이상의 위험물취급탱크 주위에 설치하는 방유제의 용량 : 탱크 중 용량이 최대인 것의 50%에 나머지 탱크 용량 합계의 10%를 가산한 양 이상

58 위험물안전관리법령상 이송취급소에 설치하는 경보설비의 기준에 따라 이송기지에 설치하여야 하는 경보설비로만 이루어진 것은?

① 확성장치, 비상벨장치

② 비상방송설비, 비상경보설비

③ 확성장치, 비상방송설비

④ 비상방송설비, 자동화재탐지설비

해설

이송취급소의 이송기지에 설치해야 하는 경보설비의 종류는 확성장치와 비상벨장치이다.

정답 55 ② 56 ④ 57 ① 58 ①

59 위험물안전관리법령상 위험물의 탱크 내용적 및 공간용적에 관한 기준으로 틀린 것은?

① 위험물을 저장 또는 취급하는 탱크의 용량은 해당 탱크의 내용적에서 공간용적을 뺀 용적으로 한다.

② 탱크의 공간용적은 탱크의 내용적의 5/100 이상 10/100 이하의 용적으로 한다.

③ 소화설비(소화약제 방출구를 탱크 안의 윗부분에 설치하는 것에 한한다)를 설치하는 탱크의 공간용적은 해당 소화설비의 소화약제방출구 아래의 0.3m 이상 1m 미만 사이의 면으로부터 윗부분의 용적으로 한다.

④ 암반탱크에 있어서는 해당 탱크 내에 용출하는 30일 간의 지하수의 양에 상당하는 용적과 해당 탱크의 내용적의 1/100의 용적 중에서 보다 큰 용적을 공간용적으로 한다.

해설

암반탱크에 있어서는 해당 탱크 내에 용출하는 7일 간의 지하수의 양에 상당하는 용적과 해당 탱크의 내용적의 1/100의 용적 중에서 보다 큰 용적을 공간용적으로 한다(필답형 유형).

60 위험물안전관리법령상 위험등급의 종류가 나머지 셋과 다른 하나는?

① 제1류 위험물 중 다이크로뮴산염류

② 제2류 위험물 중 인화성 고체

③ 제3류 위험물 중 금속의 인화물

④ 제4류 위험물 중 알코올류

해설

- 위험등급Ⅱ : 알코올류(400L)
- 위험등급Ⅲ : 다이크로뮴산염류(1,000kg), 인화성 고체(1,000kg), 금속의 인화물(300kg)

59 ④ 60 ④ **정답**

2016년 제4회 과년도 기출문제

01 다음과 같은 반응에서 $5m^3$의 탄산가스를 만들기 위해 필요한 탄산수소나트륨의 양은 약 몇 kg인가?(단, 표준상태이고 나트륨의 원자량은 23이다)

$$2NaHCO_3 \rightarrow Na_2CO_3 + CO_2 + H_2O$$

① 18.75 ② 37.5

③ 56.25 ④ 75

해설

이상기체 상태방정식

$PV = \frac{WRT}{M}$, $W = \frac{PVM}{RT}$

여기서, 원자량 Na : 23, H : 1, C : 12, O : 16

탄산수소나트륨과 탄산가스는 2 : 1반응이므로, 탄산가스의 질량에 2의 배수를 취한다.

표준상태는 0℃, 1기압이므로,

$$\therefore W = \frac{1atm \times 5m^3 \times 84kg/kmol}{0.082atm\,m^3/kmol \cdot K \times 273K} \times 2 = 37.5kg$$

02 연소에 대한 설명으로 옳지 않은 것은?

① 산화되기 쉬운 것일수록 타기 쉽다.

② 산소와의 접촉면적이 큰 것일수록 타기 쉽다.

③ 충분한 산소가 있어야 타기 쉽다.

④ 열전도율이 큰 것일수록 타기 쉽다.

해설

열전도율이 큰 연소물은 열을 상대에게 주기 때문에 자신은 연소하기 어렵다.

03 위험물의 자연발화를 방지하는 방법으로 가장 거리가 먼 것은?

① 통풍을 잘 시킬 것

② 저장실의 온도를 낮출 것

③ 습도가 높은 곳에 저장할 것

④ 정촉매 작용을 하는 물질과의 접촉을 피할 것

해설

자연발화성 물질은 제3류 위험물로 황린을 제외하고는 물과의 접촉을 피한다.

※ 정전기 방지를 위해 상대습도를 70%로 유지한다.

04 탄화칼슘은 물과 반응 시 위험성이 증가하는 물질이다. 주수소화 시 물과 반응하면 어떤 가스가 발생하는가?

① 수 소 ② 메테인

③ 에테인 ④ 아세틸렌

해설

제3류 위험물 중 칼슘의 탄화물(300kg, 위험등급III)과 물의 반응이다.

탄화칼슘과 물의 반응식 : $CaC_2 + 2H_2O \rightarrow Ca(OH)_2 + C_2H_2 \uparrow$

수산화칼슘 아세틸렌

05 위험물안전관리법령상 제3류 위험물 중 금수성 물질의 제조소에 설치하는 주의사항 게시판의 바탕색과 문자색을 옳게 나타낸 것은?

① 청색바탕에 황색문자

② 황색바탕에 청색문자

③ 청색바탕에 백색문자

④ 백색바탕에 청색문자

해설

제3류 위험물 중 금수성 물질은 청색바탕에 백색문자로 "물기엄금"을 표시해야 한다.

※ 한 변의 길이가 0.3m 이상, 다른 한 변의 길이가 0.6m 이상인 직사각형

정답 1 ② 2 ④ 3 ③ 4 ④ 5 ③

06 다음 중 제5류 위험물의 화재 시에 가장 적당한 소화방법은?

① 물에 의한 냉각소화
② 질소에 의한 질식소화
③ 사염화탄소에 의한 부촉매소화
④ 이산화탄소에 의한 질식소화

해설

제5류 위험물은 가연물과 산소공급원을 동시에 포함하고 있으므로 다량의 물로 냉각소화를 한다.

제5류 위험물(자기반응성 물질)

- 자기연소(내부연소)성 물질이다.
- 연소속도가 대단히 빠르고 폭발적인 연소한다.
- 가열, 마찰, 충격에 의하여 폭발한다.
- 물체 자체가 산소를 함유하고 있다.
- 연소 시 소화가 어렵다.

07 공기 중의 산소농도를 한계산소량 이하로 낮추어 연소를 중지시키는 소화방법은?

① 냉각소화
② 제거소화
③ 억제소화
④ 질식소화

해설

④ 질식소화법 : 산소공급원 차단
① 냉각소화법 : 인화점의 냉각
② 제거소화법 : 가연물의 제거
③ 억제소화법 : 연쇄반응을 차단

08 폭굉유도거리(DID)가 짧아지는 경우는?

① 정상연소속도가 작은 혼합가스일수록 짧아진다.
② 압력이 높을수록 짧아진다.
③ 관지름이 넓을수록 짧아진다.
④ 점화원 에너지가 약할수록 짧아진다.

해설

폭굉이 빠르게 발생한다는 의미이다.
② 압력이 높을수록
① 정상연소속도가 큰 혼합가스일수록
③ 관속에 방해물이 있거나 관지름이 좁을수록
④ 점화원 에너지가 강할수록

09 연소의 3요소인 산소의 공급원이 될 수 없는 것은?

① H_2O_2
② KNO_3
③ HNO_3
④ CO_2

해설

이산화탄소(CO_2)는 불연성 가스로 소화약제로 사용된다.

- 제1류 위험물(산화성 고체) : 질산칼륨(KNO_3)
- 제6류 위험물(산화성 액체) : 과산화수소(H_2O_2), 질산(HNO_3)

10 인화칼슘이 물과 반응하였을 때 발생하는 가스는?

① 수 소
② 포스겐
③ 포스핀
④ 아세틸렌

해설

인화칼슘과 물의 반응식

$$Ca_3P_2 + 6H_2O \rightarrow 3Ca(OH)_2 + \underset{\text{포스핀}}{2PH_3} \uparrow$$

※ 포스겐가스는 사염화탄소(CCl_4)가 물 또는 연소할 때 발생하는 독성가스이다.

6 ① 7 ④ 8 ② 9 ④ 10 ③ 정답

11 수성막포소화약제에 사용되는 계면활성제는?

① 염화단백포 계면활성제

② 산소계 계면활성제

③ 황산계 계면활성제

④ 플루오린계 계면활성제

해설

소화약제에 따라 사용되는 계면활성제

- 수성막포소화약제 : 플루오린계
- 합성계면활성제포소화약제 : 탄화수소계
- 단백포소화약제 : 단백질의 가수분해물, 단백질의 가수분해물 +플루오린계

12 질소와 아르곤과 이산화탄소의 용량비가 52대 40 대 8인 혼합물 소화약제에 해당하는 것은?

① IG-541

② HCFC BLEND A

③ HFC-125

④ HFC-23

해설

불활성기체의 종류별 구성 성분

- IG-100 : 질소
- IG-55 : 질소 50%, 아르곤 50%
- IG-541 : 질소 52%, 아르곤 40%, 이산화탄소 8%

13 위험물안전관리법령상 알칼리금속 과산화물에 적응성이 있는 소화설비는?

① 할로젠화합물소화설비

② 탄산수소염류분말소화설비

③ 물분무소화설비

④ 스프링클러설비

해설

제1류 위험물 중 무기과산화물(알칼리금속 과산화물)로 마른모래, 암분, 탄산수소염류분말약제, 팽창질석, 팽창진주암으로 소화한다.

14 이산화탄소소화약제에 관한 설명 중 틀린 것은?

① 소화약제에 의한 오손이 없다.

② 소화약제 중 증발잠열이 가장 크다.

③ 전기 절연성이 있다.

④ 장기간 저장이 가능하다.

해설

소화약제 중 물의 증발잠열(539kcal/kg)이 이산화탄소의 증발잠열(56.13kcal/kg)보다 크다.

15 Halon 1001의 화학식에서 수소원자의 수는?

① 0 ② 1

③ 2 ④ 3

해설

할론넘버는 C-F-Cl-Br 순의 개수를 말한다. 탄소원자에는 4개의 할로젠 원소들이 채워져야 하지만 Br만(C 1개, F 0개, Cl 0개, Br 1개) 있으므로 나머지는 수소로 채워져서 CH_3Br이 된다.

정답 11 ④ 12 ① 13 ② 14 ② 15 ④

16 다음 중 강화액 소화약제의 주된 소화원리에 해당하는 것은?

① 냉각소화　② 절연소화
③ 제거소화　④ 발포소화

해설

강화액의 주성분은 탄산칼륨(K_2CO_3)으로 물에 용해시켜 사용하며, 냉각소화의 원리에 해당된다.

- 점성을 갖게 된다.
- 알칼리성(pH 12)으로 응고점이 낮아 잘 얼지 않는다.
- 물보다 1.4배 무겁고, 한랭지역에 많이 쓰인다.

17 다음 중 탄산칼륨을 물에 용해시킨 강화액 소화약제의 pH에 가장 가까운 값은?

① 1　② 4
③ 7　④ 12

해설

알칼리성(pH 12)으로 응고점이 낮아 잘 얼지 않는다.

18 불활성기체소화약제의 기본 성분이 아닌 것은?

① 헬 륨　② 질 소
③ 플루오린　④ 아르곤

해설

불활성기체소화약제(할로젠화합물 및 불활성기체 소화약제 소화설비의 화재안전기준 107A)

- 헬륨(He)
- 네온(Ne)
- 아르곤(Ar)
- 질소(N)

19 위험물안전관리법령상 제4류 위험물에 적응성이 있는 소화기가 아닌 것은?

① 이산화탄소소화기　② 봉상강화액소화기
③ 포소화기　④ 인산염류분말소화기

해설

봉상강화액소화기는 제1류 위험물(알칼리금속 과산화물 제외), 제2류 위험물(철분·금속분·마그네슘 등 제외), 제3류 위험물(금수성 물질 제외), 제5류 위험물, 제6류 위험물에 적응성이 있다.

소화설비의 적응성

소화설비의 구분 \ 대상물 구분		건축물·그 밖의 공작물	전기설비	제1류 위험물		제2류 위험물			제3류 위험물		제4류 위험물	제5류 위험물	제6류 위험물
				알칼리금속 과산화물 등	그 밖의 것	철분·금속분·마그네슘 등	인화성 고체	그 밖의 것	금수성 물품	그 밖의 것			
옥내소화전 또는 옥외소화전설비		○			○		○	○		○		○	○
스프링클러설비		○			○		○	○		○	△	○	○
물분무 등 소화설비	물분무소화설비	○	○		○		○	○		○	○	○	○
	포소화설비	○			○		○	○		○	○	○	○
	불활성가스 소화설비		○				○				○		
	할로젠화합물 소화설비		○				○				○		
	분말소화설비 - 인산염류 등	○	○		○		○	○			○		○
	분말소화설비 - 탄산수소염류 등		○	○		○	○		○		○		
	분말소화설비 - 그 밖의 것			○		○			○				

16 ① 17 ④ 18 ③ 19 ② **정답**

20 물과 친화력이 있는 수용성 용매의 화재에 보통의 포소화약제를 사용하면 포가 파괴되기 때문에 소화효과를 잃게 된다. 이와 같은 단점을 보완한 소화약제로 가연성인 수용성 용매의 화재에 유효한 효과를 가지고 있는 것은?

① 알코올형포소화약제
② 단백포소화약제
③ 합성계면활성제포소화약제
④ 수성막포소화약제

해설
소포성(포를 소멸시키는 성질)을 견딜 수 있는 소화약제는 알코올형포소화약제이다.

21 알루미늄분의 성질에 대한 설명으로 옳은 것은?

① 금속 중에서 연소열량이 가장 작다.
② 끓는 물과 반응해서 수소를 발생한다.
③ 수산화나트륨 수용액과 반응해서 산소를 발생한다.
④ 안전한 저장을 위해 할로젠 원소와 혼합한다.

해설
제2류 위험물 중 금속분(500kg/위험등급 Ⅲ)에 속한다.
- 금속(철, 구리 등)보다 큰 연소열량을 갖는다.
- 수산화나트륨 수용액과 반응식
  $2Al + 2NaOH \cdot 2H_2O \rightarrow 2NaAlO_2 + 3H_2\uparrow$
- 할로젠 원소와 접촉 시 자연발화 위험이 있다.

22 위험물안전관리법령에서는 특수인화물을 1기압에서 발화점이 100℃ 이하인 것 또는 인화점은 얼마 이하이고 비점이 40℃ 이하인 것으로 정의하는가?

① −10℃　② −20℃
③ −30℃　④ −40℃

해설
제4류 위험물 성질에 의한 품명
- 특수인화물 : 1기압에서 인화점이 −20℃ 이하, 비점이 40℃ 이하 또는 발화점이 100℃ 이하인 것
- 제1석유류 : 1기압에서 액체로서 인화점이 21℃ 미만인 것
- 제2석유류 : 1기압에서 액체로서 인화점이 21℃ 이상 70℃ 미만인 것. 다만, 가연성 액체량이 40wt% 이하이면서 인화점이 40℃ 이상인 동시에 연소점이 60℃ 이상인 것은 제외
- 제3석유류 : 1기압에서 액체로서 인화점이 70℃ 이상 200℃ 미만인 것. 다만, 가연성 액체량이 40wt% 이하인 것은 제외
- 제4석유류 : 1기압에서 액체로서 인화점이 200℃ 이상 250℃ 미만인 것. 다만, 가연성 액체량이 40wt% 이하인 것은 제외

23 트라이나이트로톨루엔의 작용기에 해당하는 것은?

① $-NO$　② $-NO_2$
③ $-NO_3$　④ $-NO_4$

해설
트라이나이트로톨루엔(TNT, $C_6H_2CH_3(NO_2)_3$)

CH_3
NO_2　NO_2
NO_2

24 위험물의 성질에 대한 설명 중 틀린 것은?

① 황린은 공기 중에서 산화할 수 있다.
② 적린은 $KClO_3$와 혼합하면 위험하다.
③ 황은 물에 매우 잘 녹는다.
④ 황화인은 가연성 고체이다.

해설
황은 물에 녹지 않고, 이황화탄소에 잘 녹는다.

정답　20 ①　21 ②　22 ②　23 ②　24 ③

25 피리딘의 일반적인 성질에 대한 설명 중 틀린 것은?

① 순수한 것은 무색 액체이다.
② 약알칼리성을 나타낸다.
③ 물보다 가볍고, 증기는 공기보다 무겁다.
④ 흡습성이 없고, 비수용성이다.

해설

피리딘(아딘, C_5H_5N)

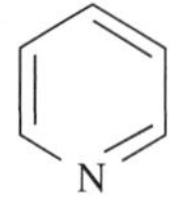

- 제4류 위험물(인화성 액체) 중 제1석유류
- 수용성 물질로 지정수량은 400L이다.
- 알칼리성을 나타낸다.

26 나이트로글리세린에 대한 설명으로 옳은 것은?

① 물에 매우 잘 녹는다.
② 공기 중에서 점화하면 연소하나 폭발의 위험은 없다.
③ 충격에 대하여 민감하여 폭발을 일으키기 쉽다.
④ 제5류 위험물의 나이트로화합물에 속한다.

해설

나이트로글리세린(질산에스테르류)은 제5류 위험물 중 자기반응성 물질로 폭발의 위험성이 있으므로 충격에 주의해야 한다.

27 다음 물질 중 과염소산칼륨과 혼합했을 때 발화폭발의 위험이 가장 높은 것은?

① 석 면 ② 금
③ 유 리 ④ 목 탄

해설

과염소산칼륨($KClO_4$)은 제1류 위험물(산화성 고체)로 가연물인 목탄과 혼재 시 위험하다.

28 메틸리튬과 물의 반응 생성물로 옳은 것은?

① 메테인, 수소화리튬
② 메테인, 수산화리튬
③ 에테인, 수소화리튬
④ 에테인, 수산화리튬

해설

메틸리튬($LiCH_3$)은 제3류 위험물에 속한다.

메틸리튬과 물의 반응식 : $LiCH_3 + H_2O \rightarrow LiOH + CH_4$

29 다음 위험물 중 물보다 가벼운 것은?

① 메틸에틸케톤
② 나이트로벤젠
③ 에틸렌글리콜
④ 글리세린

해설

제4류 위험물 중 제3석유류는 중유를 제외하고 대부분 물보다 무겁다. 메틸에틸케톤은 제1석유류이며, 비중은 0.810이다.

25 ④ 26 ③ 27 ④ 28 ② 29 ① 정답

30 제4류 위험물의 일반적인 성질에 대한 설명 중 틀린 것은?

① 대부분 유기화합물이다.

② 액체 상태이다.

③ 대부분 물보다 가볍다.

④ 대부분 물에 녹기 쉽다.

해설

제4류 위험물은 인화성 액체로 물보다 가볍고 수용성도 있지만, 대부분 물에 잘 녹지 않는다.

31 질산과 과염소산의 공통성질이 아닌 것은?

① 가연성이며 강산화제이다.

② 비중이 1보다 크다.

③ 가연물과 혼합으로 발화의 위험이 있다.

④ 물과 접촉하면 발열한다.

해설

제6류 위험물로 산소를 함유(산화성 액체)하고 있고, 강산 및 불연성 물질이다.

32 과산화나트륨에 대한 설명으로 틀린 것은?

① 알코올에 잘 녹아서 산소와 수소를 발생시킨다.

② 상온에서 물과 격렬하게 반응한다.

③ 비중이 약 2.8이다.

④ 조해성 물질이다.

해설

과산화나트륨(Na_2O_2)은 제1류 위험물 중 알칼리금속 과산화물로 물과 반응하여 산소를 발생한다.

33 다음 중 제5류 위험물로만 나열되지 않은 것은?

① 과산화벤조일, 질산메틸

② 과산화초산, 다이나이트로벤젠

③ 과산화요소, 나이트로글리콜

④ 아세토나이트릴, 트라이나이트로톨루엔

해설

아세토나이트릴은 제4류 위험물 중 제1석유류에 속하며, 과산화초산과 과산화요소는 제5류 위험물 중 유기과산화물에 속한다.

34 아조벤젠 800kg, 하이드록실아민 300kg, 테트릴 20kg의 총 양은 지정수량의 몇 배에 해당하는가?

① 7배 ② 9배

③ 10배 ④ 13배

해설

지정수량 : 아조벤젠(100kg), 하이드록실아민(100kg), 테트릴(10kg)

$\therefore$ 지정수량의 배수 $= \frac{800\text{kg}}{100\text{kg}} + \frac{300\text{kg}}{100\text{kg}} + \frac{20\text{kg}}{10\text{kg}} = 13$

정답 30 ④ 31 ① 32 ① 33 ④ 34 ④

35 물과 반응하여 가연성 가스를 발생하지 않는 것은?

① 칼 륨

② 과산화칼륨

③ 탄화알루미늄

④ 트라이에틸알루미늄

해설

과산화칼륨(K_2O_2)은 제1류 위험물 중 알칼리금속 과산화물로 물과 반응하여 산소(불연성 가스)를 발생한다.

과산화칼륨과 물의 반응식 : $2K_2O_2 + 2H_2O \rightarrow 4KOH + O_2 \uparrow$

36 다음 중 인화점이 가장 높은 것은?

① 등 유 ② 벤 젠

③ 아세톤 ④ 아세트알데하이드

해설

등유는 제2석유류로 인화점(39℃ 이상)이 가장 높다.

제4류 위험물 성질에 의한 품명

- 특수인화물 : 1기압에서 인화점이 –20℃ 이하, 비점이 40℃ 이하 또는 발화점이 100℃ 이하인 것
- 제1석유류 : 1기압에서 액체로서 인화점이 21℃ 미만인 것
- 제2석유류 : 1기압에서 액체로서 인화점이 21℃ 이상 70℃ 미만인 것. 다만, 가연성 액체량이 40wt% 이하이면서 인화점이 40℃ 이상인 동시에 연소점이 60℃ 이상인 것은 제외
- 제3석유류 : 1기압에서 액체로서 인화점이 70℃ 이상 200℃ 미만인 것. 다만, 가연성 액체량이 40wt% 이하인 것은 제외
- 제4석유류 : 1기압에서 액체로서 인화점이 200℃ 이상 250℃ 미만인 것. 다만, 가연성 액체량이 40wt% 이하인 것은 제외

37 다음 중 제6류 위험물이 아닌 것은?

① 할로젠간화합물 ② 과염소산

③ 아염소산 ④ 과산화수소

해설

아염소산은 위험물이 아니다.

※ 할로젠간화합물은 행정안전부령이 정한 제6류 위험물이다.

38 제4류 위험물인 클로로벤젠의 지정수량으로 옳은 것은?

① 200L ② 400L

③ 1,000L ④ 2,000L

해설

클로로벤젠(C_6H_5Cl)은 제2석유류 비수용성으로 지정수량은 1,000L이다.

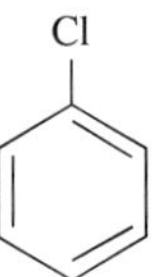

- 무색의 액체로 물보다 무거우며, 유기용제에 녹는다.
- 증기는 공기보다 무겁고 마취성이 있다.
- DDT의 원료로 사용된다.

39 다음 중 제1류 위험물에 해당되지 않는 것은?

① 염소산칼륨

② 과염소산암모늄

③ 과산화바륨

④ 질산구아니딘

해설

질산구아니딘은 제5류 위험물(자기반응성 물질)이다.

① 염소산칼륨 : 염소산염류(50kg/위험등급 Ⅰ)

② 과염소산암모늄 : 과염소산염류(50kg/위험등급 Ⅰ)

③ 과산화바륨 : 무기과산화물(50kg/위험등급 Ⅰ)

35 ② 36 ① 37 ③ 38 ③ 39 ④ 정답

40 다음 위험물 중 지정수량이 나머지 셋과 다른 하나는?

① 마그네슘
② 금속분
③ 철 분
④ 황

해설

제2류 위험물(가연성 고체)

성 질	품 명	지정수량	위험등급	표 시
가연성 고체	황화인	100kg	Ⅱ	• 화기주의 및 물기엄금(철분, 금속분, 마그네슘 또는 이들 중 어느 하나 이상을 함유한 것) • 화기엄금(인화성 고체) • 화기주의(그 밖의 것)
	적 린			
	황			
	마그네슘	500kg	Ⅲ	
	철 분			
	금속분			
	인화성 고체	1,000kg		

41 아염소산나트륨의 저장 및 취급 시 주의사항으로 가장 거리가 먼 것은?

① 물속에 넣어 냉암소에 저장한다.
② 강산류와의 접촉을 피한다.
③ 취급 시 충격, 마찰을 피한다.
④ 가연성 물질과 접촉을 피한다.

해설

아염소산나트륨($NaClO_2$)은 제1류 위험물(산화성 고체)로 공기 중 수분을 흡수하는 성질이 있기 때문에 밀폐용기에 보관해야 한다. 산을 가할 경우 유독가스(이산화염소 ClO_2)가 발생한다.

물속에 보관해야 하는 위험물

- 황린(제3류 위험물)은 포스핀 생성을 방지하기 위해 물은 pH 9로 유지시킨다.
- 이황화탄소(제4류 위험물)

42 위험물안전관리법령상 연면적이 450m²인 저장소의 건축물 외벽이 내화구조가 아닌 경우 이 저장소의 소화기 소요단위는?

① 3　　② 4.5
③ 6　　④ 9

해설

외벽이 내화구조가 아닌 저장소는 연면적 75m²가 1소요단위이므로, 연면적 450m²인 경우는 6소요단위가 된다.

43 위험물안전관리법령상 주유취급소에 설치·운영할 수 없는 건축물 또는 시설은?

① 주유취급소를 출입하는 사람을 대상으로 하는 그림전시장
② 주유취급소를 출입하는 사람을 대상으로 하는 일반음식점
③ 주유원 주거시설
④ 주유취급소를 출입하는 사람을 대상으로 하는 휴게음식점

해설

주유취급소를 출입하는 사람을 대상으로 하는 휴게음식점은 가능하나 일반음식점은 설치·운영할 수 없다.

44 위험물안전관리법령상 옥외저장소 중 덩어리상태의 황만을 지반면에 설치한 경계표시의 안쪽에서 저장 또는 취급할 때 경계표시의 높이는 몇 m 이하로 하여야 하는가?

① 1　　② 1.5
③ 2　　④ 2.5

해설

- 하나의 경계표시의 내부의 면적은 100m² 이하일 것
- 2 이상의 경계표시를 설치하는 경우에 있어서는 각각의 경계표시 내부의 면적을 합산한 면적은 1,000m² 이하로 하고, 인접하는 경계표시와 경계표시와의 간격을 공지의 너비의 1/2 이상으로 할 것. 다만, 저장 또는 취급하는 위험물의 최대수량이 지정수량의 200배 이상인 경우에는 10m 이상으로 하여야 한다.
- 경계표시의 높이는 1.5m 이하여야 한다.

정답 40 ④ 41 ① 42 ③ 43 ② 44 ②

45 위험물옥외저장탱크의 통기관에 관한 사항으로 옳지 않은 것은?

① 밸브 없는 통기관의 지름은 30mm 이상으로 한다.
② 대기밸브부착 통기관은 항시 열려 있어야 한다.
③ 밸브 없는 통기관의 끝부분은 수평면보다 45° 이상 구부려 빗물 등의 침투를 막는 구조로 한다.
④ 대기밸브부착 통기관은 5kPa 이하의 압력 차이로 작동할 수 있어야 한다.

해설

대기밸브부착 통기관은 대기밸브라는 장치가 부착되어 있는 통기관으로서 평소에는 닫혀 있지만, 5kPa 이하의 압력차이로 작동하게 된다.

46 위험물안전관리법령상 주유취급소 중 건축물의 2층을 휴게음식점의 용도로 사용하는 것에 있어 해당 건축물의 2층으로부터 직접 주유취급소의 부지 밖으로 통하는 출입구와 해당 출입구로 통하는 통로·계단에 설치하여야 하는 것은?

① 비상경보설비 ② 유도등
③ 비상조명등 ④ 확성장치

해설

피난설비 : 주유취급소 중 건축물의 2층의 부분을 점포·휴게음식점 또는 전시장의 용도로 사용하는 것에 있어서는 해당 건축물의 2층 이상으로부터 주유취급소의 부지 밖으로 통하는 출입구와 해당 출입구로 통하는 통로·계단 및 출입구에 유도등을 설치하여야 한다.

47 위험물안전관리법령상 소화전용물통 8L의 능력단위는?

① 0.3 ② 0.5
③ 1.0 ④ 1.5

해설

소화설비의 용량 및 능력단위

소화설비	용 량	능력단위
소화전용(轉用)물통	8L	0.3
수조(소화전용물통 3개 포함)	80L	1.5
수조(소화전용물통 6개 포함)	190L	2.5
마른모래(삽 1개 포함)	50L	0.5
팽창질석 또는 팽창진주암(삽 1개 포함)	160L	1.0

48 위험물안전관리법령상 위험물제조소에 설치하는 배출설비에 대한 내용으로 틀린 것은?

① 배출설비는 예외적인 경우를 제외하고는 국소방식으로 하여야 한다.
② 배출설비는 강제배출 방식으로 한다.
③ 급기구는 낮은 장소에 설치하고 인화방지망을 설치한다.
④ 배출구는 지상 2m 이상 높이에 연소의 우려가 없는 곳에 설치한다.

해설

배출설비의 급기구는 높은 곳에 설치하고, 가는 눈의 구리망 등으로 인화방지망을 설치한다.

45 ② 46 ② 47 ① 48 ③ 정답

49 위험물안전관리법령상 옥내소화전설비의 기준에 따르면 펌프를 이용한 가압송수장치에서 펌프의 토출량은 옥내소화전의 설치개수가 가장 많은 층에 대해 해당 설치개수(5개 이상인 경우에는 5개)에 얼마를 곱한 양 이상이 되도록 하여야 하는가?

① 260L/min ② 360L/min
③ 460L/min ④ 560L/min

해설

구 분	규정 방수압	규정 방수량	수원의 양	수평 거리	배관 · 호스
옥내 소화전 설비	350kPa 이상	260L/min 이상	$7.8m^3$ ×개수 (최대 5개)	층마다 25m 이하	40mm
옥외 소화전 설비	350kPa 이상	450L/min 이상	$13.5m^3$ ×개수 (최대 4개)	40m 이하	65mm
스프링 클러설비	100kPa 이상	80L/min 이상	$2.4m^3$ ×개수 (폐쇄형 최대 30)	헤드간 격 1.7m 이내	방사 구역은 $150m^2$ 이상
물분무 소화설비	350kPa 이상	해당 소화 설비의 헤드의 설계 압력에 의한 방사량	$1m^2$당 1분당 20L의 비율로 계산한 양으로 30분간 방사할 수 있는 양	–	

50 위험물의 운반에 관한 기준에서 다음 ( )에 알맞은 온도는 몇 ℃인가?

> 적재하는 제5류 위험물 중 ( )℃ 이하의 온도에서 분해될 우려가 있는 것은 보냉컨테이너에 수납하는 등 적정한 온도관리를 유지하여야 한다.

① 40 ② 50
③ 55 ④ 60

해설

제5류 위험물 중 55℃ 이하의 온도에서 분해될 우려가 있는 것은 보냉컨테이너에 수납하는 등 온도관리가 필요하다.

51 위험물안전관리법령상 제4류 위험물의 품명에 따른 위험등급과 옥내저장소 하나의 저장창고 바닥면적 기준을 옳게 나열한 것은?(단, 전용의 독립된 단층건물에 설치하며, 구획된 실이 없는 하나의 저장창고인 경우에 한한다)

① 제1석유류 : 위험등급Ⅰ, 최대바닥면적 $1,000m^2$
② 제2석유류 : 위험등급Ⅰ, 최대바닥면적 $2,000m^2$
③ 제3석유류 : 위험등급Ⅱ, 최대바닥면적 $2,000m^2$
④ 알코올류 : 위험등급Ⅱ, 최대바닥면적 $1,000m^2$

해설

제4류 위험물(인화성 액체)

성 질	품 명		지정수량	위험등급	표 시
인화성 액체	특수인화물		50L	Ⅰ	화기엄금
	제1석유류	비수용성	200L	Ⅱ	
		수용성	400L		
	알코올류		400L		
	제2석유류	비수용성	1,000L	Ⅲ	
		수용성	2,000L		
	제3석유류	비수용성	2,000L		
		수용성	4,000L		
	제4석유류		6,000L		
	동식물유류		10,000L		

옥내저장소의 바닥면적
- 바닥면적 $1,000m^2$ 이하에 저장해야 하는 물질
  - 제4류 위험물 중 위험등급Ⅰ, 위험등급Ⅱ
  - 제4류 위험물을 제외한 그 밖의 위험물 중 위험등급Ⅰ
- 바닥면적 $2,000m^2$ 이하에 저장할 수 있는 물질
  - 그 밖의 위험등급

정답 49 ① 50 ③ 51 ④

52 인화점이 21℃ 미만인 액체위험물의 옥외저장탱크 주입구에 설치하는 "옥외저장탱크 주입구"라고 표시한 게시판의 바탕 및 문자색을 옳게 나타낸 것은?

① 백색바탕 – 적색문자
② 적색바탕 – 백색문자
③ 백색바탕 – 흑색문자
④ 흑색바탕 – 백색문자

해설

화기엄금(적색바탕, 백색문자) 및 물기엄금(청색바탕, 백색문자) 등의 주의사항을 제외하고 주입구 등 장소를 표시하는 게시판의 색상은 백색바탕에 흑색문자로 한다.

53 위험물안전관리법령상 위험물안전관리자의 책무에 해당하지 않는 것은?

① 화재 등의 재난이 발생한 경우 소방관서 등에 대한 연락업무
② 화재 등의 재난이 발생한 경우 응급조치
③ 위험물의 취급에 관한 일지의 작성·기록
④ 위험물안전관리자의 선임·신고

해설

위험물안전관리자가 위험물안전관리자의 선임·신고 업무를 하는 것은 불가능하다.

54 위험물안전관리법령상 옥내탱크저장소의 기준에서 옥내저장탱크 상호 간에는 몇 m 이상의 간격을 유지하여야 하는가?

① 0.3　　② 0.5
③ 0.7　　④ 1.0

해설

옥내저장탱크와 탱크전용실의 벽과의 사이 및 옥내저장탱크의 상호 간에는 0.5m 이상의 간격을 유지하여야 한다(필답형 유형).

55 제2류 위험물 중 인화성 고체의 제조소에 설치하는 주의사항 게시판에 표시할 내용을 옳게 나타낸 것은?

① 적색바탕에 백색문자로 "화기엄금" 표시
② 적색바탕에 백색문자로 "화기주의" 표시
③ 백색바탕에 적색문자로 "화기엄금" 표시
④ 백색바탕에 적색문자로 "화기주의" 표시

해설

표지 및 게시판

위험물의 종류	주의사항	게시판의 색상
제1류 위험물 중 알칼리금속의 과산화물과 이를 함유한 것 또는 제3류 위험물 중 금수성 물질	"물기엄금"	청색바탕에 백색문자
제2류 위험물(인화성 고체를 제외한다)	"화기주의"	적색바탕에 백색문자
• 제2류 위험물 중 인화성 고체 • 제3류 위험물 중 자연발화성 물질 • 제4류 위험물 • 제5류 위험물	"화기엄금"	적색바탕에 백색문자

56 위험물안전관리법령상 배출설비를 설치하여야 하는 옥내저장소의 기준에 해당하는 것은?

① 가연성 증기가 액화할 우려가 있는 장소
② 모든 장소의 옥내저장소
③ 가연성 미분이 체류할 우려가 있는 장소
④ 인화점이 70℃ 미만인 위험물의 옥내저장소

해설

배출설비를 설치하는 기준
• 제조소 : 가연성 증기 또는 미분이 체류할 우려가 있는 장소
• 옥내저장소 : 인화점이 70℃ 미만인 위험물을 저장하는 창고

52 ③ 53 ④ 54 ② 55 ① 56 ④ **정답**

57 이동저장탱크에 알킬알루미늄을 저장하는 경우에 불활성 기체를 봉입하는데 이때의 압력은 몇 kPa 이하이어야 하는가?

① 10 ② 20
③ 30 ④ 40

해설

이동탱크저장소의 취급기준
- 알킬알루미늄의 이동탱크로부터 알킬알루미늄을 꺼낼 때에는 동시에 200kPa 이하의 압력으로 불활성 기체를 봉입할 것
- 알킬알루미늄의 이동탱크에 알킬알루미늄을 저장할 때에는 20kPa 이하의 압력으로 불활성 기체를 봉입해 둘 것

58 다음 중 위험물안전관리법령상 지정수량의 $\frac{1}{10}$을 초과하는 위험물을 운반할 때 혼재할 수 없는 경우는?

① 제1류 위험물과 제6류 위험물
② 제2류 위험물과 제4류 위험물
③ 제4류 위험물과 제5류 위험물
④ 제5류 위험물과 제3류 위험물

해설

제5류 위험물과 제3류 위험물은 혼재할 수 없다.
혼재 가능한 위험물
- 제1류 위험물(산화성 고체) : 제6류 위험물(산화성 액체)
- 제4류 위험물(인화성 액체) : 제2류 위험물(가연성 고체), 제3류 위험물(자연발화성 물질 및 금수성 물질), 제5류 위험물(자기반응성 물질)
- 제5류 위험물(자기반응성 물질) : 제2류 위험물(가연성 고체), 제4류 위험물(인화성 액체)

59 그림과 같은 위험물 저장탱크의 내용적은 약 몇 m^3인가?

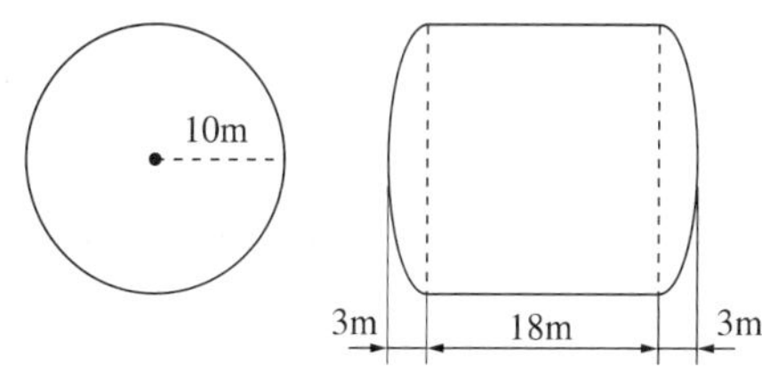

① 4,681 ② 5,482
③ 6,283 ④ 7,080

해설

횡으로 설치한 원통형 탱크의 내용적 $= \pi r^2\left(L+\frac{L_1+L_2}{3}\right)$

$= \pi 10^2\left(18+\frac{3+3}{3}\right)$

$= 6,283\text{m}^3$

※ 공간용적 고려 시
탱크의 용량=탱크의 내용적－탱크의 공간용적

60 위험물 옥외저장소에서 지정수량 200배 초과의 위험물을 저장할 경우 경계표시 주위의 보유공지 너비는 몇 m 이상으로 하여야 하는가?(단, 제4류 위험물과 제6류 위험물이 아닌 경우이다)

① 0.5 ② 2.5
③ 10 ④ 15

해설

옥외저장소의 보유공지 기준

저장 또는 취급하는 위험물의 최대수량	공지의 너비
지정수량의 10배 이하	3m 이상
지정수량의 10배 초과 20배 이하	5m 이상
지정수량의 20배 초과 50배 이하	9m 이상
지정수량의 50배 초과 200배 이하	12m 이상
지정수량의 200배 초과	15m 이상

단, 제4류 위험물 중 제4석유류와 제6류 위험물을 저장 또는 취급하는 옥외저장소의 보유공지는 위 표에 의한 공지 너비의 1/3 이상의 너비로 할 수 있다.

정답 57 ② 58 ④ 59 ③ 60 ④

2017년 제2회 과년도 기출복원문제

※ 2017년부터는 CBT(컴퓨터 기반 시험)로 진행되어 수험자의 기억에 의해 문제를 복원하였습니다. 실제 시행문제와 일부 상이할 수 있음을 알려드립니다.

01 그림과 같은 위험물 저장탱크의 내용적은 약 몇 m^3 인가?

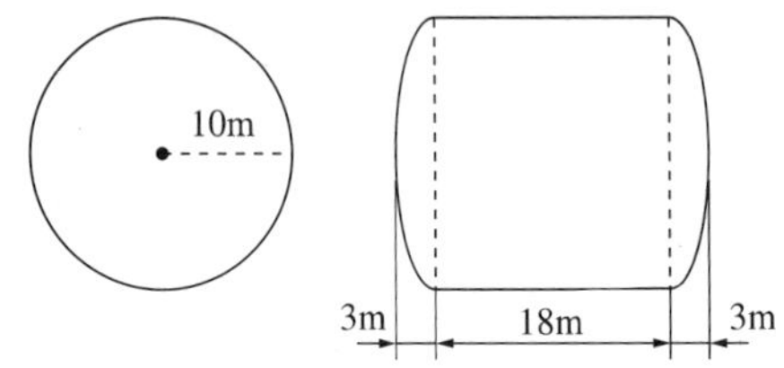

① 4,681 ② 5,482

③ 6,283 ④ 7,080

해설

횡으로 설치한 원통형 탱크의 내용적 $= \pi r^2\left(L + \frac{L_1 + L_2}{3}\right)$

$= \pi 10^2\left(18 + \frac{3+3}{3}\right)$

$= 6,283\text{m}^3$

※ 공간용적 고려 시
탱크의 용량 = 탱크의 내용적 − 탱크의 공간용적

02 다음 중 제1류 위험물에 해당되지 않는 것은?

① 염소산칼륨

② 과염소산암모늄

③ 과산화바륨

④ 질산구아니딘

해설

질산구아니딘은 제5류 위험물(자기반응성 물질)이다.

① 염소산칼륨 : 염소산염류(50kg/위험등급 Ⅰ)

② 과염소산암모늄 : 과염소산염류(50kg/위험등급 Ⅰ)

③ 과산화바륨 : 무기과산화물(50kg/위험등급 Ⅰ)

03 물과 반응하여 가연성 가스를 발생하지 않는 것은?

① 칼 륨

② 과산화칼륨

③ 탄화알루미늄

④ 트라이에틸알루미늄

해설

과산화칼륨(K_2O_2)은 제1류 위험물 중 알칼리금속 과산화물로 물과 반응하여 산소(불연성 가스)를 발생한다.

과산화칼륨과 물의 반응식 : $2K_2O_2 + 2H_2O \rightarrow 4KOH + O_2\uparrow$

※ 물과의 반응식

- 칼 륨
  $2K + 2H_2O \rightarrow 2KOH + H_2\uparrow + 92.8kcal$
- 탄화알루미늄
  $Al_4C_3 + 12H_2O \rightarrow 4Al(OH)_3 + 3CH_4\uparrow + 360kcal$
- 트라이에틸알루미늄
  $(C_2H_5)_3Al + 3H_2O \rightarrow Al(OH)_3 + 3C_2H_6\uparrow$

04 다음 중 제5류 위험물로만 나열되지 않은 것은?

① 과산화벤조일, 질산메틸

② 과산화초산, 다이나이트로벤젠

③ 과산화요소, 나이트로글리콜

④ 아세토나이트릴, 트라이나이트로톨루엔

해설

아세토나이트릴은 제4류 위험물 중 제1석유류에 속하며, 과산화초산과 과산화요소는 제5류 위험물 중 유기과산화물에 속한다.

1 ③ 2 ④ 3 ② 4 ④ 정답

05 다음 중 강화액 소화약제의 주된 소화원리에 해당하는 것은?

① 냉각소화 ② 절연소화
③ 제거소화 ④ 발포소화

해설

강화액의 주성분은 탄산칼륨(K_2CO_3)으로 물에 용해시켜 사용하며, 냉각소화의 원리에 해당된다.

- 점성을 갖게 된다.
- 알칼리성(pH 12)으로 응고점이 낮아 잘 얼지 않는다.
- 물보다 1.4배 무겁고, 한랭지역에 많이 쓰인다.

06 다음과 같은 반응에서 $5m^3$의 탄산가스를 만들기 위해 필요한 탄산수소나트륨의 양은 약 몇 kg인가?(단, 표준상태이고 나트륨의 원자량은 23이다)

$$2NaHCO_3 \rightarrow Na_2CO_3 + CO_2 + H_2O$$

① 18.75 ② 37.5
③ 56.25 ④ 75

해설

이상기체 상태방정식

$PV = \frac{WRT}{M}$, $W = \frac{PVM}{RT}$

여기서, 원자량 Na : 23, H : 1, C : 12, O : 16

탄산수소나트륨과 탄산가스는 2 : 1반응이므로, 탄산가스의 질량에 2의 배수를 취한다.

표준상태는 0℃, 1기압이므로,

$$\therefore W = \frac{1atm \times 5m^3 \times 84kg/kmol}{0.082atm\,m^3/kmol \cdot K \times 273K} \times 2 = 37.5kg$$

07 다음 중 제4류 위험물에 해당하는 것은?

① $Pb(N_3)_2$ ② CH_3ONO_2
③ N_2H_4 ④ NH_2OH

해설

제4류 위험물(제2석유류) : 하이드라진(N_2H_4) 기체가 물에 용해된 것

- 약알칼리성으로 180℃에서 암모니아와 질소로 분해된다.
  $2N_2H_4 \cdot H_2O \rightarrow 2NH_3 + N_2 + H_2 + H_2O$
- 물, 알코올 등 극성용매에 용해되나 에터에는 용해되지 않는다.

08 다음 중 제6류 위험물에 해당하는 것은?

① IF_5 ② $HClO_3$
③ NO_3 ④ H_2O

해설

IF_5(오플루오린화아이오딘)는 행정안전부령이 정하는 제6류 위험물(할로젠간화합물)에 속한다. 나머지는 위험물이 아니다.

※ 할로젠간화합물 : BrF_3, BrF_5, IF_5, ICl, IBr 등

09 다음 중 D급 화재에 해당하는 것은?

① 플라스틱화재
② 나트륨화재
③ 휘발유화재
④ 전기화재

해설

가연물의 종류와 성상에 따른 화재의 분류

종 류	소화기 표시		적용대상
일반화재	백 색	A급 화재	일반가연물(나무, 옷, 종이, 고무, 플라스틱 등)
유류화재	황 색	B급 화재	가연성 액체(가솔린, 오일, 래커, 알코올, 페인트 등)
전기화재	청 색	C급 화재	전류가 흐르는 상태에서의 전기기구 화재
금속화재	무 색	D급 화재	가연성 금속(마그네슘, 나트륨, 세슘, 리튬, 칼륨 등)

정답 5 ① 6 ② 7 ③ 8 ① 9 ②

10 **다음 중 정전기 방지대책으로 가장 거리가 먼 것은?**

① 접지를 한다.
② 공기를 이온화한다.
③ 21% 이상의 산소농도를 유지하도록 한다.
④ 공기의 상대습도를 70% 이상으로 한다.

해설

정전기 제거설비
- 접지를 한다.
- 공기를 이온화한다.
- 공기 중의 상대습도를 70% 이상으로 한다.

11 **위험물안전관리법령상 품명이 나머지 셋과 다른 하나는?**

① 트라이나이트로톨루엔
② 나이트로글리세린
③ 나이트로글리콜
④ 셀룰로이드

해설

제5류 위험물(자기반응성 물질)로 ①은 나이트로화합물(위험등급 II)이고 ②, ③, ④는 질산에스테르류(위험등급 I)이다.

12 **위험물의 저장방법에 대한 설명으로 옳은 것은?**

① 황화인은 알코올 또는 과산화물 속에 저장하여 보관한다.
② 마그네슘은 건조하면 분진폭발의 위험성이 있으므로 물에 습윤하여 저장한다.
③ 적린은 화재예방을 위해 할로젠 원소와 혼합하여 저장한다.
④ 수소화리튬은 저장용기에 아르곤과 같은 불활성 기체를 봉입한다.

해설

수소화리튬은 공기 중의 수분과 접촉 시 수소가스가 발생하므로 용기 상부에 질소 또는 아르곤 같은 불활성 기체를 봉입한다.

※ 제2류 위험물인 마그네슘, 적린, 황화인의 취급 시 주의사항
- 강환원제이므로 산화제와 접촉을 피하며 화기에 주의한다.
- 저장용기를 밀폐하고 위험물의 누출을 방지하며 통풍이 잘되는 냉암소에 저장한다.
- 마그네슘과 물의 반응식 : $Mg + 2H_2O \rightarrow Mg(OH)_2 + H_2 \uparrow$

13 **석유류가 연소할 때 발생하는 가스로 강한 자극적인 냄새가 나며 취급하는 장치를 부식시키는 것은?**

① H_2 ② CH_4
③ NH_3 ④ SO_2

해설

아황산가스(SO_2)는 석탄이나 석유를 연소시킬 때 포함된 황(S)이 연소하여 발생되며, 환원성의 유독한 가스이므로 호흡기를 보호해야 한다.

황의 연소반응식 : $S + O_2 \rightarrow \underset{\text{아황산가스}}{SO_2}$

10 ③ 11 ① 12 ④ 13 ④ **정답**

14 위험물제조소 표지 및 게시판에 대한 설명이다. 위험물안전관리법령상 옳지 않은 것은?

① 표지는 한 변의 길이가 0.3m, 다른 한 변의 길이가 0.6m 이상으로 하여야 한다.

② 표지의 바탕은 백색, 문자는 흑색으로 하여야 한다.

③ 취급하는 위험물에 따라 규정에 의한 주의사항을 표시한 게시판을 설치하여야 한다.

④ 제2류 위험물(인화성 고체 제외)은 "화기엄금" 주의사항 게시판을 설치하여야 한다.

해설

위험물제조소의 표지 및 게시판

위험물의 종류	주의사항	게시판의 색상
제1류 위험물 중 알칼리금속의 과산화물과 이를 함유한 것 또는 제3류 위험물 중 금수성 물질	"물기엄금"	청색바탕에 백색문자
제2류 위험물(인화성 고체를 제외)	"화기주의"	적색바탕에 백색문자
• 제2류 위험물 중 인화성 고체 • 제3류 위험물 중 자연발화성 물질 • 제4류 위험물 • 제5류 위험물	"화기엄금"	적색바탕에 백색문자

주유취급소 표지 및 게시판(위험물안전관리법 시행규칙 별표 13)

- "위험물 주유취급소" : 백색바탕 흑색문자
- "주유 중 엔진정지" : 황색바탕에 흑색문자

15 위험물안전관리법령상 위험등급 I 의 위험물에 해당하는 것은?

① 무기과산화물　　② 황화인

③ 제1석유류　　④ 황

해설

- 제1류 위험물 : 무기과산화물(50kg/위험등급 I)
- 제2류 위험물 : 황화인(100kg/위험등급 II), 황(100kg/위험등급 II)
- 제4류 위험물 : 제1석유류(비수용성200L, 수용성400L/위험등급 II)

16 위험물제조소의 경우 연면적이 최소 몇 m^2이면 자동화재탐지설비를 설치해야 하는가?(단, 원칙적인 경우에 한한다)

① 100　　② 300

③ 500　　④ 1,000

해설

제조소 및 일반취급소의 자동화재탐지설비 설치기준

- 연면적 $500m^2$ 이상인 것
- 옥내에서 지정수량의 100배 이상을 취급하는 것(고인화점 위험물만을 100℃ 미만의 온도에서 자동화재취급하는 것은 제외)
- 일반취급소로 사용되는 부분 외의 부분이 있는 건축물에 설치된 일반취급소(일반취급소와 일반취급소 외의 부분이 내화구조의 바닥 또는 벽으로 개구부 없이 구획된 것은 제외)

17 위험물안전관리법령상 운송책임자의 감독, 지원을 받아 운송하여야 하는 위험물에 해당하는 것은?

① 알킬알루미늄, 산화프로필렌, 알킬리튬

② 알킬알루미늄, 산화프로필렌

③ 알킬알루미늄, 알킬리튬

④ 산화프로필렌, 알킬리튬

해설

운송책임자의 감독 · 지원을 받아 운송하여야 하는 위험물

- 알킬알루미늄
- 알킬리튬
- 알킬알루미늄 또는 알킬리튬의 물질을 함유하는 위험물

알킬알루미늄 물질을 함유한 위험물	알킬리튬의 물질을 함유하는 위험물
• 트라이메틸알루미늄 : $(CH_3)_3Al$ • 트라이에틸알루미늄 : $(C_2H_5)_3Al$ • 트라이아이소뷰틸알루미늄 : $(C_4H_9)_3Al$ • 다이에틸알루미늄클로라이드 : $(C_2H_5)_2AlCl$	• 메틸리튬 : (CH_3Li) • 에틸리튬 : (C_2H_5Li) • 부틸리튬 : (C_4H_9Li)

정답 14 ④ 15 ① 16 ③ 17 ③

18 다음 위험물 중 비중이 물보다 큰 것은?

① 다이에틸에터
② 아세트알데하이드
③ 산화프로필렌
④ 이황화탄소

해설

제4류 위험물 중 특수인화물인 이황화탄소(비중 1.26)는 물보다 무겁고 불쾌한 냄새가 나는 무채색 또는 노란색 액체이다.
※ 제4류 특수인화물 중 이황화탄소만 비중이 1보다 높다.
- 다이에틸에터(0.7)
- 아세트알데하이드(0.78)
- 산화프로필렌(0.82)

19 위험물안전관리법령에 의한 위험물에 속하지 않는 것은?

① CaC_2　② S
③ P_2O_5　④ K

해설

오산화인(P_2O_5)은 유해화학물질관리법에서 유독물질로 적린(제2류 위험물) 및 황린(제3류 위험물)이 연소 또는 삼황화인(제2류 위험물) 등의 연소로 생성되는 물질이다.
※ 연소반응식
- 삼황화인 : $P_4S_3 + 8O_2 \rightarrow 2P_2O_5 + 3SO_2$ (오산화인, 이산화황)
- 적린 : $4P + 5O_2 \rightarrow 2P_2O_5$ (오산화인)
- 황린 : $P_4 + 5O_2 \rightarrow 2P_2O_5$ (오산화인)

20 다음 물질 중 위험물 유별에 따른 구분이 나머지 셋과 다른 하나는?

① 질산은　② 질산메틸
③ 무수크로뮴산　④ 질산암모늄

해설

- 제1류 위험물 : 질산은(질산염류), 질산암모늄(질산염류), 무수크로뮴산
- 제5류 위험물 : 질산메틸(질산에스테르류)

※ 무수크로뮴산(CrO_3, 250℃ 분해) : 물과 반응 시 발열이 크고 산소 발생(물기엄금)

21 다음 중 물이 소화약제로 쓰이는 이유로 가장 거리가 먼 것은?

① 쉽게 구할 수 있다.
② 제거소화가 잘 된다.
③ 취급이 간편하다.
④ 기화잠열이 크다.

해설

물을 소화약제로 사용하는 공통적인 이유
- 기화열을 이용한 냉각소화효과가 크기 때문이다.
- 비열과 잠열이 크기 때문이다.
- 손쉽게 구할 수 있기 때문이다.
- 가격이 저렴해서 경제적이기 때문이다.

22 위험물안전관리법령상 제3류 위험물 중 금수성 물질의 화재에 적응성이 있는 소화설비는?

① 탄산수소염류의 분말소화설비
② 불활성기체소화설비
③ 할로젠화합물소화설비
④ 인산염류의 분말소화설비

해설

금수성 물질의 소화설비는 건조사, 팽창질석 또는 팽창진주암, 탄산수소염류분말소화설비가 있다.

18 ④ 19 ③ 20 ② 21 ② 22 ① **정답**

23 위험물제조소 등에 설치하여야 하는 자동화재탐지설비의 설치기준에 대한 설명 중 틀린 것은?

① 자동화재탐지설비의 경계구역은 건축물 그 밖의 공작물의 2 이상의 층에 걸치도록 할 것
② 하나의 경계구역에서 그 한 변의 길이는 50m(광전식분리형 감지기를 설치할 경우에는 100m) 이하로 할 것
③ 자동화재탐지설비의 감지기는 지붕 또는 벽의 옥내에 면한 부분에 유효하게 화재의 발생을 감지할 수 있도록 설치할 것
④ 자동화재탐지설비에는 비상전원을 설치할 것

해설

자동화재탐지설비의 설치기준

- 자동화재탐지설비의 경계구역은 건축물 그 밖의 공작물의 2 이상의 층에 걸치지 아니하도록 할 것. 다만, 하나의 경계구역의 면적이 500m^2 이하이면서 해당 경계구역이 2개의 층에 걸치는 경우이거나 계단·경사로·승강기의 승강로 그 밖에 이와 유사한 장소에 연기감지기를 설치하는 경우에는 그러하지 아니하다.
- 하나의 경계구역의 면적은 600m^2 이하로 하고 그 한 변의 길이는 50m(광전식분리형 감지기를 설치할 경우에는 100m) 이하로 할 것. 다만, 해당 건축물 그 밖의 공작물의 주요한 출입구에서 그 내부의 전체를 볼 수 있는 경우에 있어서는 그 면적을 1,000m^2 이하로 할 수 있다.
- 자동화재탐지설비의 감지기(옥외탱크저장소에 설치하는 자동화재탐지설비의 감지기는 제외한다)는 지붕(상층이 있는 경우에는 상층의 바닥) 또는 벽의 옥내에 면한 부분(천장이 있는 경우에는 천장 또는 벽의 옥내에 면한 부분 및 천장의 뒷 부분)에 유효하게 화재의 발생을 감지할 수 있도록 설치할 것
- 자동화재탐지설비에는 비상전원을 설치할 것

24 다음 중 지정수량이 나머지 셋과 다른 물질은?

① 황화인　　② 적 린
③ 칼 슘　　④ 황

해설

칼슘은 제3류 위험물 중 위험등급Ⅱ로 알칼리토금속에 해당하며 지정수량은 50kg이다.

구 분	황화인	적 린	칼 슘	황
지정수량	100kg	100kg	50kg	100kg

25 메틸알코올과 에틸알코올의 공통점을 설명한 내용으로 틀린 것은?

① 휘발성의 무색 액체이다.
② 인화점이 0℃ 이하이다.
③ 증기는 공기보다 무겁다.
④ 비중이 물보다 작다.

해설

인화점이 메틸알코올은 11℃, 에틸알코올은 13℃이다.

26 다음 위험물 중 특수인화물이 아닌 것은?

① 메틸에틸케톤퍼옥사이드
② 산화프로필렌
③ 아세트알데하이드
④ 이황화탄소

해설

메틸에틸케톤퍼옥사이드(MEKPO)는 제5류 위험물(자기반응성물질) 중 유기과산화물이다.

27 다음 중 화학적 소화에 해당하는 것은?

① 냉각소화　　② 질식소화
③ 제거소화　　④ 억제소화

해설

화재의 소화방법

- 물리적 소화 : 연소의 3요소(가연물, 산소, 점화원)를 제어하는 방법
- 화학적 소화 : 화재의 연쇄반응을 중단시켜 소화하는 방법(억제소화)

※ 연소의 4요소
- 가연물(연료)
- 산소공급원(지연물)
- 열(착화온도 이상의 온도)
- 연쇄반응

※ 연소의 4요소 중 연쇄반응을 차단시키는 소화를 부촉매소화 또는 억제소화라 하며 이는 화학적 소화에 해당된다.

정답 23 ① 24 ③ 25 ② 26 ① 27 ④

28 소화효과 중 부촉매효과를 기대할 수 있는 소화약제는?

① 물소화약제
② 포소화약제
③ 분말소화약제
④ 이산화탄소소화약제

해설

- 분말소화약제의 주된 소화효과는 분말분무에 의한 방사열의 차단효과, 부촉매효과, 발생한 불연성 가스에 의한 질식효과 등으로 가연성 액체의 표면화재에 매우 효과적이다.
- 소화원리
  - 질식소화 : 포, 이산화탄소소화약제
  - 억제소화 : 할로젠화합물소화약제
  - 냉각소화 : 물소화약제

29 분말소화약제의 식별색을 옳게 나타낸 것은?

① $KHCO_3$: 백색
② $NH_4H_2PO_4$: 담홍색
③ $NaHCO_3$: 보라색
④ $KHCO_3 + (NH_2)_2CO$: 초록색

해설

분말소화약제의 종류

특징 \ 종류	제1종 분말	제2종 분말	제3종 분말	제4종 분말
주성분	탄산수소나트륨(중탄산나트륨)	탄산수소칼륨(중탄산칼륨)	인산이수소암모늄(제1인산암모늄)	탄산수소칼륨+요소
분자식	$NaHCO_3$	$KHCO_3$	$NH_4H_2PO_4$	$KHCO_3 + (NH_2)_2CO$
착 색	백 색	보라색	담홍색, 황색	회 색
충전비	0.8	1.0	1.0	1.25
적응화재	B, C, F급	B, C급	A, B, C급(다목적용)	B, C급
효 과	질식, 냉각, 부촉매효과	질식, 냉각, 부촉매효과	일반화재에 적합	질식, 냉각, 부촉매효과

30 인화점이 낮은 것부터 높은 순서로 나열된 것은?

① 톨루엔 – 아세톤 – 벤젠
② 아세톤 – 톨루엔 – 벤젠
③ 톨루엔 – 벤젠 – 아세톤
④ 아세톤 – 벤젠 – 톨루엔

해설

인화점(제4류 위험물 중 제1석유류에 속한다)

아세톤	벤 젠	톨루엔
−18.5℃	−11℃	4℃

※ 제1석유류 : 1기압에서 액체로서 인화점이 21℃ 미만인 것

31 제4류 위험물 중 제1석유류에 속하는 것은?

① 에틸렌글리콜
② 글리세린
③ 아세톤
④ n–부탄올

해설

- 제1석유류 : 아세톤
- 제2석유류 : n–부탄올
- 제3석유류 : 에틸렌글리콜, 글리세린

※ 제4류 위험물 성질에 의한 품명
- 특수인화물 : 1기압에서 인화점이 −20℃ 이하, 비점이 40℃ 이하 또는 발화점이 100℃ 이하인 것
- 제1석유류 : 1기압에서 액체로서 인화점이 21℃ 미만인 것
- 제2석유류 : 1기압에서 액체로서 인화점이 21℃ 이상 70℃ 미만인 것(40wt% 이하, 연소점 60℃ 이상 제외)
- 제3석유류 : 1기압에서 액체로서 인화점이 70℃ 이상 200℃ 미만인 것(40wt% 이하 제외)
- 제4석유류 : 1기압에서 액체로서 인화점이 200℃ 이상 250℃ 미만인 것(40wt% 이하 제외)

28 ③ 29 ② 30 ④ 31 ③ **정답**

32 위험물제조소 등에 설치하는 옥외소화전설비의 기준에서 옥외소화전함은 옥외소화전으로부터 보행거리 몇 m 이하의 장소에 설치하여야 하는가?

① 1.5 ② 5

③ 7.5 ④ 10

해설

옥외소화전함은 옥외소화전으로부터 보행거리 5m 이하의 장소에 설치해야 한다.

33 위험물안전관리법상 소화설비에 해당하지 않는 것은?

① 옥외소화전설비

② 스프링클러설비

③ 할로젠화합물소화설비

④ 연결살수설비

해설

연결살수설비는 소화활동설비이다.

대상물 구분 / 소화설비의 구분			건축물·그 밖의 공작물	전기설비	제1류 위험물: 알칼리금속 과산화물 등	제1류 위험물: 그 밖의 것	제2류 위험물: 철분·금속분·마그네슘 등	제2류 위험물: 인화성 고체	제2류 위험물: 그 밖의 것	제3류 위험물: 금수성 물품	제3류 위험물: 그 밖의 것	제4류 위험물	제5류 위험물	제6류 위험물
옥내소화전 또는 옥외소화전설비			○			○		○	○		○		○	○
스프링클러설비			○			○		○	○		○	△	○	○
물분무 등 소화설비	물분무소화설비		○	○		○		○	○		○	○	○	○
	포소화설비		○			○		○	○		○	○	○	○
	불활성가스 소화설비			○				○				○		
	할로젠화합물 소화설비			○				○				○		
	분말소화설비	인산염류 등	○	○		○		○	○			○		○
		탄산수소 염류 등		○	○		○	○		○		○		
		그 밖의 것			○		○			○				

34 다음 위험물의 저장 창고에 화재가 발생하였을 때 주수(注水)에 의한 소화가 오히려 더 위험한 것은?

① 염소산칼륨 ② 과염소산나트륨

③ 질산암모늄 ④ 탄화칼슘

해설

제3류 위험물(자연발화성 물질 및 금수성 물질)인 탄화칼슘은 물과 반응하여 발열하고 가연성 가스인 아세틸렌을 발생한다.

물과 반응식 : $CaC_2 + 2H_2O \rightarrow \underset{\text{수산화칼슘}}{Ca(OH)_2} + \underset{\text{아세틸렌}}{C_2H_2}\uparrow + 27.8kcal$

35 위험물의 품명 분류가 잘못된 것은?

① 제1석유류 : 휘발유

② 제2석유류 : 경유

③ 제3석유류 : 폼산

④ 제4석유류 : 기어유

해설

폼산은 제2석유류이다.

제4류 위험물

- 제1석유류 : 아세톤, 휘발유, 벤젠, 톨루엔, 피리딘, 사이안화수소, 초산메틸 등
- 제2석유류 : 등유, 경유, 장뇌유, 테레빈유, 폼산 등
- 제3석유류 : 중유, 크레오소트유, 글리세린, 나이트로벤젠 등
- 제4석유류 : 기어유, 실린더유, 터빈유, 모빌유, 엔진오일

36 과산화나트륨이 물과 반응하면 어떤 물질과 산소를 발생하는가?

① 수산화나트륨

② 수산화칼륨

③ 질산나트륨

④ 아염소산나트륨

해설

과산화나트륨이 물과 반응하면 극렬히 반응하여 산소를 내며 수산화나트륨이 되므로 물과의 접촉을 피해야 한다.

물과 반응식 : $2Na_2O_2 + 2H_2O \rightarrow \underset{\text{수산화나트륨}}{4NaOH} + \underset{\text{산소}}{O_2}\uparrow$

정답 32 ② 33 ④ 34 ④ 35 ③ 36 ①

37 지하탱크저장소에 대한 설명으로 옳지 않은 것은?

① 탱크전용실 벽의 두께는 0.3m 이상이어야 한다.
② 지하저장탱크의 윗부분은 지면으로부터 0.6m 이상 아래에 있어야 한다.
③ 지하저장탱크와 탱크전용실 안쪽과의 간격은 0.1m 이상의 간격을 유지한다.
④ 지하저장탱크에는 두께 0.1m 이상의 철근콘크리트조로 된 뚜껑을 설치한다.

해설

- 해당 탱크를 그 수평투영의 세로 및 가로보다 각각 0.6m 이상 크고 두께가 0.3m 이상인 철근콘크리트조의 뚜껑으로 덮을 것
- 뚜껑에 걸리는 중량이 직접 해당 탱크에 걸리지 아니하는 구조일 것
- 해당 탱크를 견고한 기초 위에 고정할 것
- 해당 탱크를 지하의 가장 가까운 벽·피트(Pit : 인공지하구조물)·가스관 등의 시설물 및 대지경계선으로부터 0.6m 이상 떨어진 곳에 매설할 것

38 과산화칼륨과 물이 반응하여 생성되는 것은?

① 산 소
② 수 소
③ 과산화수소
④ 이산화탄소

해설

과산화칼륨은 제1류 위험물 중 무기과산화물(50kg/위험등급 I)에 속하며, 무기과산화물은 물과 반응하여 산소를 발생한다.

물과의 반응식 : $2K_2O_2 + 2H_2O \rightarrow 4KOH + O_2\uparrow$

수산화칼륨 산소

39 등유의 지정수량으로 올바른 것은?

① 200L
② 400L
③ 1,000L
④ 2,000L

해설

등유(케로신)는 제4류 위험물 중 제2석유류로 비수용성이다.

제4류 위험물(인화성 액체)

성 질	품 명		지정수량	위험등급	표 시
인화성 액체	특수인화물		50L	I	화기엄금
	제1석유류	비수용성	200L	II	
		수용성	400L		
	알코올류		400L		
	제2석유류	비수용성	1,000L	III	
		수용성	2,000L		
	제3석유류	비수용성	2,000L		
		수용성	4,000L		
	제4석유류		6,000L		
	동식물유류		10,000L		

40 이산화탄소를 소화약제로 쓰기 적합한 이유는?

① 억제효과
② 다목적용 약제
③ 전기절연성
④ 부촉매효과

해설

- 이산화탄소소화약제의 주된 소화효과는 질식효과이며 약간의 냉각효과가 있어 보통 유류화재(B급 화재), 전기화재(C급 화재)에 사용된다.
- 장단점

장 점	단 점
- 증발잠열이 커서 증발 시 많은 열량 흡수 - 가스 상태로 분사되므로 침투·확산이 유리 - 진화 후 소화약제에 의한 오손이 없음 - 전기절연성이 있음	- 불연성 가스에 의한 질식 위험 - 기화열에 의한 냉각작용으로 동상 우려 - 대표적 온실가스로 지구온난화 유발물질

37 ④ 38 ① 39 ③ 40 ③ 정답

41 과염소산과 혼재가 가능한 위험물은?

① 제1류 ② 제2류
③ 제3류 ④ 제5류

해설

과염소산은 제6류 위험물(산화성 액체)로 혼재 가능한 위험물은 제1류 위험물(산화성 고체)이다.

※ 혼재 가능한 위험물

- 제1류 위험물(산화성 고체) : 제6류 위험물(산화성 액체)
- 제4류 위험물(인화성 액체) : 제2류 위험물(가연성 고체), 제3류 위험물(자연발화성 물질 및 금수성 물질), 제5류 위험물(자기반응성 물질)
- 제5류 위험물(자기반응성 물질) : 제2류 위험물(가연성 고체), 제4류 위험물(인화성 액체)

42 제3종 분말소화약제의 소화효과가 아닌 것은?

① 방진효과
② 질식효과
③ 냉각효과
④ 절연효과

해설

제3종 분말소화약제의 분해 반응식

$NH_4H_2PO_4 \rightarrow HPO_3 + NH_3 \uparrow + H_2O \uparrow$

제3종 분말소화약제의 효과

- HPO_3 : 메타인산의 방진효과
- NH_3 : 불연성 가스에 의한 질식효과
- H_2O : 냉각효과
- 열분해 시 유리된 암모늄이온과 분말 표면의 흡착에 의한 부촉매 효과

43 금속나트륨의 저장방법으로 적절한 것은?

① pH 9 물속에 저장한다.
② 저장용기에 불활성 기체를 봉입한다.
③ 비중이 작으므로 석유 속에 저장한다.
④ 에틸알코올 등 알코올에 넣고 밀봉한다.

해설

물과 공기의 접촉을 막기 위하여 등유, 경유 등 보호액 속에 넣어 저장한다.

※ 제3류 위험물의 저장 및 취급방법

- 물과 접촉을 피한다.
- 보호액에 저장 시 보호액 표면의 노출에 주의한다.
- 화재 시 소화가 어려우므로 소량씩 분리하여 저장한다.

44 염소산나트륨에 대한 설명으로 틀린 것은?

① 조해성이 크므로 보관용기는 밀봉하는 것이 좋다.
② 무색, 무취의 고체이다.
③ 산과 반응하여 유독성인 이산화나트륨 가스가 발생한다.
④ 물, 알코올, 글리세린에 녹는다.

해설

제1류 위험물(산화성 고체)인 염소산나트륨은 조해성과 흡습성을 가진 무색, 무취의 결정으로 물, 알코올, 글리세린에 잘 녹으며, 산과 반응하면 이산화염소(ClO_2) 가스가 발생한다.

45 제4류 중 제1석유류에 해당되는 것은?

① 피리딘 ② 글리세린
③ 폼 산 ④ 기어유

해설

제4류 위험물

- 제1석유류 : 아세톤, 휘발유, 벤젠, 톨루엔, 피리딘, 사이안화수소, 초산메틸 등
- 제2석유류 : 등유, 경유, 장뇌유, 테레빈유, 폼산 등
- 제3석유류 : 중유, 크레오소트유, 글리세린, 나이트로벤젠 등
- 제4석유류 : 기어유, 실린더유, 터빈유, 모빌유, 엔진오일

정답 41 ① 42 ④ 43 ③ 44 ③ 45 ①

46 제4류 위험물 중 폭발범위가 1.2~7.6%에 해당하는 것은?

① 휘발유
② 경 유
③ 등 유
④ 메틸알코올

해설

제4류 위험물(인화성 액체) 중 제1석유류인 가솔린(휘발유)의 폭발범위는 1.2~7.6%이다.

※ 폭발범위
- 경유 : 0.6~7.5%
- 등유 : 0.7~5.0%
- 메틸알코올 : 6.0~36%

47 다음 (　　) 안에 알맞은 것은?

$2NaHCO_3 \rightarrow Na_2O + H_2O + (\quad)$

① CO_2　　② $2CO_2$
③ CO　　④ $2CO$

해설

제1종 분말소화약제의 분해 반응식(2차)

$2NaHCO_3 \rightarrow Na_2O + H_2O + 2CO_2$

48 위험물관리법령상 제3류 위험물에 해당되지 않는 것은?

① 적 린
② 나트륨
③ 칼 륨
④ 황 린

해설

적린은 제2류 위험물(100kg/위험등급Ⅱ)에 속한다.

49 내부가 2층으로 되어 있는 다층 건물의 옥내저장소에 적린을 저장한다면 이 옥내저장소의 바닥면적의 합은 몇 m^2 이하로 해야 하는가?

① 100　　② 1,000
③ 1,500　　④ 2,000

해설

제2류 위험물인 적린을 저장하는 다층 건물의 옥내저장소의 모든 층의 바닥면적의 합은 1,000m^2 이하로 해야 한다.

※ 다층 건물(내부가 2개 이상의 층으로 구성)의 옥내저장소 기준
- 저장 가능한 위험물 : 제2류(인화성 고체 제외) 또는 제4류(인화점이 70℃ 미만 제외)
- 층고(바닥으로부터 상층의 바닥까지의 높이) : 6m 미만
- 하나의 저장창고의 모든 층의 바닥면적 합계 : 1,000m^2 이하

50 자동차 등에 주유하기 위한 고정주유설비에 직접 접속하는 전용탱크의 용량은 몇 L 이하인가?

① 2,000　　② 10,000
③ 50,000　　④ 60,000

해설

주유취급소의 탱크 용량 기준
- 자동차 등에 주유하기 위한 고정주유설비에 직접 접속하는 전용탱크로서 50,000L 이하의 것
- 고정급유설비에 직접 접속하는 전용탱크로서 50,000L 이하의 것
- 보일러 등에 직접 접속하는 전용탱크로서 10,000L 이하의 것
- 자동차 등을 점검·정비하는 작업장 등(주유취급소 안에 설치된 것에 한한다)에서 사용하는 폐유·윤활유 등의 위험물을 저장하는 탱크로서 용량(2 이상 설치하는 경우에는 각 용량의 합계를 말한다)이 2,000L 이하인 탱크(폐유탱크 등)
- 고정주유설비 또는 고정급유설비에 직접 접속하는 3기 이하의 간이탱크. 다만, 국토의 계획 및 이용에 관한 법률에 의한 방화지구 안에 위치하는 주유취급소의 경우를 제외한다.

46 ① 47 ② 48 ① 49 ② 50 ③ **정답**

51 옥외저장탱크에 위험물을 저장 · 취급하는 설비 중 불활성 기체를 봉입하는 장치를 갖추어야 하는 위험물은?

① 황 린
② 탄화칼슘
③ 탄화알루미늄
④ 알킬알루미늄

해설

옥외저장탱크에 알킬알루미늄 또는 알킬리튬을 저장 · 취급하는 경우 갖추어야 하는 설비 또는 장치

- 누설범위를 국한하기 위한 설비
- 누설된 알킬알루미늄 등을 안전한 장소에 설치된 저장실에 유입시킬 수 있는 설비
- 불활성 기체를 봉입하는 장치

52 나트륨과 에틸알코올이 반응할 때 생성되는 물질은?

① 에틸레이트 ② 산 소
③ 에틸렌 ④ 수 소

해설

나트륨과 에틸알코올의 반응식

$2Na + 2C_2H_5OH \rightarrow 2C_2H_5ONa + H_2\uparrow$

나트륨에틸레이트 수소

53 트라이나이트로톨루엔(TNT)의 분자량은 얼마인가?(C : 12, O : 16, N : 14)

① 217 ② 227
③ 289 ④ 265

해설

- 트라이나이트로톨루엔(TNT)은 제5류 위험물(10kg/위험등급Ⅱ) 중 나이트로화합물이다.
- 분자량은 각 원자량의 합으로 $C_6H_2CH_3(NO_2)_3$의 각 원자의 합을 구하면 된다.

∴ $12(C) \times 7 + 1(H) \times 5 + [14(N) + 16(O) \times 2] \times 3 = 227$

54 제1종 판매취급소에서 취급할 수 있는 위험물의 양은 지정수량의 몇 배 이하인가?

① 10 ② 20
③ 30 ④ 40

해설

- 제1종 판매취급소 : 저장 또는 취급하는 위험물의 수량이 지정수량의 20배 이하인 것
- 제2종 판매취급소 : 저장 또는 취급하는 위험물의 수량이 지정수량의 40배 이하인 것

※ 판매취급소에 설치하는 위험물 배합실의 기준

- 바닥면적은 $6m^2$ 이상 $15m^2$ 이하로 할 것
- 내화구조 또는 불연재료로 된 벽으로 구획할 것
- 바닥은 위험물이 침투하지 아니하는 구조로 하여 적당한 경사를 두고 집유설비를 할 것
- 출입구에는 수시로 열 수 있는 자동폐쇄식의 60분+방화문 또는 60분 방화문을 설치할 것
- 출입구 문턱의 높이는 바닥면으로부터 0.1m 이상으로 할 것
- 내부에 체류한 가연성의 증기 또는 가연성의 미분을 지붕위로 방출하는 설비를 할 것

정답 51 ④ 52 ④ 53 ② 54 ②

55 위험물 중 물보다 무겁고 비수용성인 물질은?

① 이황화탄소

② 글리세린

③ 에틸렌글리콜

④ 벤 젠

해설

비중이 1.0보다 크고 비수용성인 것은 이황화탄소(CS_2)이다.

물질명	품 명	비 중	수용성 여부
이황화탄소(CS_2)	특수인화물	1.26	비수용성
글리세린 [$C_3H_5(OH)_3$]	제3석유류	1.26	수용성
에틸렌글리콜 [$C_2H_4(OH)_2$]	제3석유류	1.1	수용성
벤젠(C_6H_6)	제1석유류	0.95	비수용성

56 위험물제조소의 환기설비 중 바닥면적 $150m^2$의 경우 급기구의 크기는 몇 cm^2 이상으로 해야 하는가?

① 300

② 450

③ 600

④ 800

해설

급기구(외부공기를 건물 내부로 유입시키는 통로)는 해당 급기구가 설치된 실의 바닥면적 $150m^2$마다 1개 이상으로 하되, 급기구의 크기는 $800cm^2$ 이상으로 한다.

바닥면적	급기구의 면적
$60m^2$ 미만	$150cm^2$ 이상
$60m^2$ 이상 $90m^2$ 미만	$300cm^2$ 이상
$90m^2$ 이상 $120m^2$ 미만	$450cm^2$ 이상
$120m^2$ 이상 $150m^2$ 미만	$600cm^2$ 이상
$150m^2$ 이상	$800cm^2$ 이상

57 제5류 위험물의 화재에 대해 소화 가능한 소화설비는?

① 할론 1301 ② 분말소화기

③ 이산화탄소소화기 ④ 마른모래

해설

제5류 위험물은 자체적으로 가연물과 산소공급원을 가지고 있기 때문에 초기 화재 시 다량의 물로 냉각소화하는 것이 효과적이며, 질식소화효과를 갖는 마른모래(건조사)는 모든 위험물에 적응성이 있어 제5류 위험물의 화재에도 사용 가능하다.

소화설비의 적응성

소화설비의 구분 \ 대상물 구분		건축물·그 밖의 공작물	전기설비	제1류 위험물		제2류 위험물			제3류 위험물		제4류 위험물	제5류 위험물	제6류 위험물
				알칼리금속 과산화물 등	그 밖의 것	철분·금속분·마그네슘 등	인화성 고체	그 밖의 것	금수성 물품	그 밖의 것			
옥내소화전 또는 옥외소화전설비		○			○		○	○		○		○	○
스프링클러설비		○			○		○	○		○	△	○	○
대형·소형 수동식 소화기	봉상수소화기	○			○		○	○		○		○	○
	무상수소화기	○	○		○		○	○		○		○	○
	봉상강화액 소화기	○			○		○	○		○		○	○
	무상강화액 소화기	○	○		○		○	○		○	○	○	○
	포소화기	○			○		○	○		○	○	○	○
	이산화탄소 소화기		○				○				○		△
	할로젠화합물 소화기		○				○				○		
	분말소화기 - 인산염류 소화기	○	○		○		○	○			○		○
	분말소화기 - 탄산수소염류 소화기		○	○		○	○		○		○		
	분말소화기 - 그 밖의 것			○		○			○				
기타	물통 또는 수조	○			○		○	○		○		○	○
	건조사			○	○	○	○	○	○	○	○	○	○
	팽창질석 또는 팽창진주암			○	○	○	○	○	○	○	○	○	○

정답 55 ① 56 ④ 57 ④

58 고압가스시설과 위험물제조소와의 안전거리는 몇 m 이상으로 해야 하는가?

① 10 ② 20

③ 30 ④ 50

해설

제조소의 안전거리

- 건축물 그 밖의 공작물로서 주거용으로 사용되는 것(제조소가 설치된 부지 내에 있는 것을 제외한다) : 10m 이상
- 학교・병원・극장(300명 이상 수용) 그 밖에 다수인을 수용하는 시설 : 30m 이상
- 문화재보호법의 규정에 의한 유형문화재와 기념물 중 지정문화재 : 50m 이상
- 고압가스, 액화석유가스 또는 도시가스를 저장 또는 취급하는 시설(다만, 해당 시설의 배관 중 제조소가 설치된 부지 내에 있는 것은 제외한다) : 20m 이상
- 사용전압이 7,000V 초과 35,000V 이하의 특고압가공전선 : 3m 이상
- 사용전압이 35,000V를 초과하는 특고압가공전선 : 5m 이상

59 유류화재의 급수와 표시색상은 무엇인가?

① B급, 백색 ② B급, 황색

③ C급, 백색 ④ C급, 황색

해설

화재의 등급과 종류

구 분	종 류	소화기 표시
일반화재	A급	백 색
유류화재	B급	황 색
전기화재	C급	청 색
금속화재	D급	무 색

※ 등 급

- A급 : 종이, 나무 등과 같이 타고 나서 재가 남는 일반화재
- B급 : 타고 나서 재가 남지 않는 유류(휘발유, 경유, 알코올 등) 및 가스화재
- C급 : 전기설비에서 일어나는 전기화재
- D급 : 금속물질(마그네슘, 리튬, 나트륨 등)에 의한 화재

60 표준상태에서 탄소 100kg을 완전연소시키려면 몇 m^3의 산소가 필요한가?

① 186.67

② 187.24

③ 188.62

④ 193.28

해설

탄소의 완전연소 반응식 : $C + O_2 \rightarrow CO_2$

탄소와 산소의 반응은 1 : 1이 된다.

표준상태(0℃, 1기압)에서 탄소와 반응하는 산소의 몰수는 1mol이기 때문에 22.4L의 산소가 필요하다. 탄소가 12g/mol이므로 비례식을 이용하면 산소의 부피를 구할 수 있다.

12g : 22.4L = 100kg : xm³

$12 \times x = 22.4 \times 100$

$\therefore x = 186.67\text{m}^3$

※ 1L = 0.001m³, 1g = 0.001kg이므로 따로 단위환산은 필요 없음

2017년 제3회 과년도 기출복원문제

01 위험물안전관리법령상 연면적이 $450m^2$인 저장소의 건축물 외벽이 내화구조가 아닌 경우 이 저장소의 소화기 소요단위는?

① 3 ② 4.5

③ 6 ④ 9

해설

• 비내화구조 외벽을 가진 위험물저장소의 소요단위는 연면적 $75m^2$를 1소요단위로 한다.

• 소요단위

구 분	내화구조 외벽	비내화구조 외벽
위험물제조소 및 취급소	연면적 $100m^2$	연면적 $50m^2$
위험물저장소	연면적 $150m^2$	연면적 $75m^2$
위험물	지정수량의 10배	

02 다음 중 제6류 위험물이 아닌 것은?

① 할로젠간화합물

② 과염소산

③ 아염소산

④ 과산화수소

해설

아염소산($HClO_2$)은 기타 산화물에 속하며, 아염소산의 'H' 대신 K, Na과 같은 알칼리금속으로 치환된 아염소산염류($KClO_2$, $NaClO_2$)는 제1류 위험물이다.

※ 할로젠간화합물은 행정안전부령이 정한 제6류 위험물이다.

03 제5류 위험물의 일반적 성질에 관한 설명으로 옳지 않은 것은?

① 화재발생 시 소화가 곤란하므로 적은 양으로 나누어 저장한다.

② 운반용기 외부에 충격주의, 화기엄금의 주의사항을 표시한다.

③ 자기연소를 일으키며 연소속도가 대단히 빠르다.

④ 가연성 물질이므로 질식 소화하는 것이 가장 좋다.

해설

• 제5류 위험물은 자기반응성 물질로 질식소화는 효과가 없으며 주수소화가 효과적이다.

• 제5류 위험물의 저장 및 취급방법

- 가열, 마찰, 충격에 의한 용기의 파손 및 균열에 주의하고 실온, 습기, 통풍에 주의한다.
- 저장 시 소량씩 소분하여 저장한다.
- 점화원 및 분해를 촉진시키는 물질로부터 멀리한다.
- 운반용기 및 저장용기에 "화기엄금" 및 "충격주의" 표시를 한다.

1 ③ 2 ③ 3 ④ 정답

04 위험물의 자연발화를 방지하는 방법으로 가장 거리가 먼 것은?

① 통풍을 잘 시킬 것

② 저장실의 온도를 낮출 것

③ 습도가 높은 곳에 저장할 것

④ 정촉매 작용을 하는 물질과의 접촉을 피할 것

해설

- 자연발화 : 공기 중의 물질이 상온에서 저절로 발화하여 연소하는 현상
- 자연발화 방지법
  - 저장실 온도를 낮춘다.
  - 통풍과 환기가 잘되는 곳에 보관한다.
  - 퇴적 및 수납 시 열이 축적되는 것을 방지한다.
  - 가연성 물질을 제거한다.
  - 습도를 낮춘다(물질에 따라 촉매 작용을 할 수 있음).

  ※ 칼륨(K)과 칼슘(Ca)은 습기나 물과 접촉하면 급격히 발화한다.

05 다음 중 제4류 위험물에 해당하는 것은?

① $Pb(N_3)_2$　　② CH_3ONO_2

③ N_2H_4　　④ NH_2OH

해설

제4류 위험물(제2석유류) : 하이드라진(N_2H_4)

- 약알칼리성으로 180℃에서 암모니아와 질소로 분해된다.

  $2N_2H_4 \cdot H_2O \rightarrow 2NH_3 + N_2 + H_2 + H_2O$
- 물, 알코올 등(극성 용매)에 잘 용해되고, 에터에는 불용성이다.

06 다음 중 D급 화재에 해당하는 것은?

① 플라스틱화재　　② 나트륨화재

③ 휘발유화재　　④ 전기화재

해설

가연물의 종류와 성상에 따른 화재의 분류

종 류	소화기 표시		적용대상
일반화재	백 색	A급 화재	일반가연물(나무, 옷, 종이, 고무, 플라스틱 등)
유류화재	황 색	B급 화재	가연성 액체(가솔린, 오일, 래커, 알코올, 페인트 등)
전기화재	청 색	C급 화재	전류가 흐르는 상태에서의 전기 기구 화재
금속화재	무 색	D급 화재	가연성 금속(마그네슘, 나트륨, 세슘, 리튬, 칼륨 등)

07 탄화칼슘의 성질에 대하여 옳게 설명한 것은?

① 공기 중에서 아르곤과 반응하여 불연성 기체를 발생한다.

② 공기 중에서 질소와 반응하여 유독한 기체를 낸다.

③ 물과 반응하면 탄소가 생성된다.

④ 물과 반응하여 아세틸렌가스가 생성된다.

해설

탄화칼슘(CaC_2)은 제3류 위험물 중 칼슘 또는 알루미늄의 탄화물(카바이드, 300kg, 위험등급 Ⅲ)이다.

물과 반응식 : $CaC_2 + 2H_2O \rightarrow Ca(OH)_2 + C_2H_2 \uparrow + 27.8kcal$

질소와 반응식 : $CaC_2 + N_2 \rightarrow CaCN_2 + C + 74.6kcal$

정답 4 ③ 5 ③ 6 ② 7 ④

08 연소의 3요소를 모두 포함하는 것은?

① 과염소산, 산소, 불꽃

② 마그네슘분말, 연소열, 수소

③ 아세톤, 수소, 산소

④ 불꽃, 아세톤, 질산암모늄

해설

연소의 3요소 : 불꽃(점화원), 아세톤(가연물), 질산암모늄(산소공급원)

① 과염소산(산소공급원), 산소(산소공급원), 불꽃(점화원)

② 마그네슘분말(가연물), 연소열(점화원), 수소(가연물)

③ 아세톤(가연물), 수소(가연물), 산소(산소공급원)

- 제1류 위험물(산화성 고체)인 질산암모늄의 분해 · 폭발 반응식
  $2NH_4NO_3 \rightarrow 4H_2O + 2N_2 + O_2 \uparrow$
- 연소의 4요소 : 가연물(환원제), 점화원, 산소공급원(산화제), 연쇄반응

09 위험물안전관리법령상 옥내저장소에서 기계에 의하여 하역하는 구조로 된 용기만을 겹쳐 쌓아 위험물을 저장하는 경우 그 높이는 몇 m를 초과하지 않아야 하는가?

① 2 ② 4

③ 6 ④ 8

해설

옥내저장소에서 위험물을 저장하는 경우에는 다음의 규정에 의한 높이를 초과하여 용기를 겹쳐 쌓지 아니하여야 한다.

- 기계에 의하여 하역하는 구조로 된 용기만을 겹쳐 쌓는 경우에 있어서는 6m이다.
- 제4류 위험물 중 제3석유류, 제4석유류 및 동식물유류를 수납하는 용기만을 겹쳐 쌓는 경우에 있어서는 4m이다.
- 그 밖의 경우에 있어서는 3m이다.

10 나이트로글리세린에 관한 설명으로 틀린 것은?

① 상온에서 액체 상태이다.

② 물에는 잘 녹지만 유기 용매에는 녹지 않는다.

③ 충격 및 마찰에 민감하므로 주의해야 한다.

④ 다이너마이트의 원료로 쓰인다.

해설

- 제5류 위험물(자기반응성 물질) 중 질산에스테르류로 비수용성이며 메틸알코올, 아세톤과 같은 유기용매에 잘 녹는다.
- 상온에서는 액체이지만 겨울철에는 동결한다.
- 규조토에 흡수시킨 것을 다이너마이트라 한다.

11 Halon 1211에 해당하는 물질의 분자식은?

① CBr_2FCl ② CF_2ClBr

③ CCl_2FBr ④ FC_2BrCl

해설

할론넘버는 C – F – Cl – Br 순의 개수를 말한다. C 1개, F 2개, Cl 1개, Br 1개이므로 CF_2ClBr가 된다.

- 소화효과 : 104 < 1011 < 2402 < 1211 < 1301
- 할론소화약제는 메테인(CH_4)에서 파생된 물질로 할론 1301(CF_3Br), 할론 1211(CF_2ClBr), 할론 2402($C_2F_4Br_2$)가 있다.

12 다이에틸에터의 보관 · 취급에 관한 설명으로 틀린 것은?

① 용기는 밀봉하여 보관한다.

② 환기가 잘되는 곳에 보관한다.

③ 정전기가 발생하지 않도록 취급한다.

④ 저장용기에 빈 공간이 없게 가득 채워 보관한다.

해설

다이에틸에터는 제4류 위험물(인화성 액체) 중 특수인화물로 공기와 장시간 접촉하거나 직사일광에 노출되면 분해되어 과산화물을 생성하므로 갈색병에 저장하고, 체적팽창이 크므로 용기의 공간용적(2% 이상)을 확보해야 한다.

8 ④ 9 ③ 10 ② 11 ② 12 ④ 정답

13 위험물시설에 설비하는 자동화재탐지설비의 하나의 경계구역 면적과 그 한 변의 길이의 기준으로 옳은 것은?(단, 광전식분리형 감지기를 설치하지 않은 경우이다)

① 300m² 이하, 50m 이하
② 300m² 이하, 100m 이하
③ 600m² 이하, 50m 이하
④ 600m² 이하, 100m 이하

해설

하나의 경계구역의 면적은 600m² 이하로 하고 그 한 변의 길이는 50m(광전식분리형 감지기를 설치할 경우에는 100m) 이하로 할 것. 다만, 해당 건축물 그 밖의 공작물의 주요한 출입구에서 그 내부의 전체를 볼 수 있는 경우에 있어서는 그 면적을 1,000m² 이하로 할 수 있다.

14 경유에 대한 설명으로 틀린 것은?

① 물에 녹지 않는다.
② 비중은 1 이하이다.
③ 발화점이 인화점보다 높다.
④ 인화점은 상온 이하이다.

해설

경유의 인화점은 41℃ 이상으로 상온 이상이다.

15 제4류 위험물을 저장 및 취급하는 위험물제조소에 설치한 "화기엄금" 게시판의 색상으로 올바른 것은?

① 적색바탕에 흑색문자
② 흑색바탕에 적색문자
③ 백색바탕에 적색문자
④ 적색바탕에 백색문자

해설

제조소 표지 및 게시판

위험물의 종류	주의사항	게시판의 색상
제1류 위험물 중 알칼리금속의 과산화물과 이를 함유한 것 또는 제3류 위험물 중 금수성 물질	"물기엄금"	청색바탕에 백색문자
제2류 위험물(인화성 고체 제외)	"화기주의"	적색바탕에 백색문자
• 제2류 위험물 중 인화성 고체 • 제3류 위험물 중 자연발화성 물질 • 제4류 위험물 • 제5류 위험물	"화기엄금"	

16 다음 위험물의 지정수량 배수의 총합은 얼마인가?

질산 150kg, 과산화수소 420kg, 과염소산 300kg

① 2.5 ② 2.9
③ 3.4 ④ 3.9

해설

지정수량 : 질산(300kg), 과산화수소(300kg), 과염소산(300kg)

$\therefore \frac{150}{300}+\frac{420}{300}+\frac{300}{300}=2.9$

17 위험물안전관리법령상 제3류 위험물의 금수성 물질 화재 시 적응성이 있는 소화약제는?

① 탄산수소염류분말 ② 물
③ 이산화탄소 ④ 할로젠화합물

해설

금수성 물질의 소화설비 : 탄산수소염류분말소화설비, 마른모래, 팽창질석 또는 팽창진주암 등

정답 13 ③ 14 ④ 15 ④ 16 ② 17 ①

18 위험물안전관리법령에서 정한 자동화재탐지설비에 대한 기준으로 틀린 것은?(단, 원칙적인 경우에 한한다)

① 경계구역은 건축물 그 밖의 공작물의 2 이상의 층에 걸치지 아니하도록 할 것
② 하나의 경계구역의 면적은 $600m^2$ 이하로 할 것
③ 하나의 경계구역의 한 변 길이는 30m 이하로 할 것
④ 자동화재탐지설비에는 비상전원을 설치할 것

해설

제조소 및 일반취급소에 설치하는 자동화재탐지설비의 설치기준

- 자동화재탐지설비의 경계구역은 건축물 그 밖의 공작물의 2 이상의 층에 걸치지 아니하도록 한다. 다만, 하나의 경계구역의 면적이 $500m^2$ 이하이면서 해당 경계구역이 2개의 층에 걸치는 경우이거나 계단 · 경사로 · 승강기의 승강로 그 밖에 이와 유사한 장소에 연기감지기를 설치하는 경우에는 그러하지 아니하다.
- 하나의 경계구역의 면적은 $600m^2$ 이하로 하고 그 한 변의 길이는 50m 이하로 한다. 다만, 해당 건축물 그 밖의 공작물의 주요한 출입구에서 그 내부의 전체를 볼 수 있는 경우에 있어서는 그 면적을 $1,000m^2$ 이하로 할 수 있다.
- 자동화재탐지설비의 감지기(옥외탱크저장소에 설치하는 자동화재탐지설비의 감지기는 제외한다)는 지붕(상층이 있는 경우에는 상층의 바닥) 또는 벽의 옥내에 면한 부분에 유효하게 화재의 발생을 감지할 수 있도록 설치한다.
- 자동화재탐지설비에는 비상전원을 설치한다.

19 위험물제조소의 건축물 구조기준 중 연소의 우려가 있는 외벽은 출입구 외의 개구부가 없는 내화구조의 벽으로 하여야 한다. 이때 연소의 우려가 있는 외벽은 제조소가 설치된 부지의 경계선에서 몇 m 이내에 있는 외벽을 말하는가?(단, 단층건물일 경우이다)

① 3　② 4
③ 5　④ 6

해설

제조소 등의 부지경계선, 제조소 등에 접한 도로의 중심선, 동일부지 내에 다른 건축물이 있는 경우는 그 건축물과 제조소 등의 외벽 간의 중심선을 기산점으로 하여 이로부터 제조소 등의 외벽이 3m 이내에 있는 경우를 연소 확대 우려가 있는 외벽이라 한다. 다만, 방화상 유효한 공터, 광장, 하천, 수면 등에 면한 외벽은 제외한다.

20 위험물제조소에 설치하는 안전장치 중 위험물의 성질에 따라 안전밸브의 작동이 곤란한 가압설비에 한하여 설치하는 것은?

① 파괴판
② 안전밸브를 겸하는 경보장치
③ 감압측에 안전밸브를 부착한 감압밸브
④ 연성계

해설

압력계 및 안전장치(위험물안전관리법 시행규칙 별표 4)

위험물을 가압하는 설비 또는 그 취급하는 위험물의 압력이 상승할 우려가 있는 설비에는 압력계 및 다음에 해당하는 안전장치를 설치하여야 한다. 다만, 파괴판은 위험물의 성질에 따라 안전밸브의 작동이 곤란한 가압설비에 한한다.

- 자동적으로 압력의 상승을 정지시키는 장치
- 감압측에 안전밸브를 부착한 감압밸브
- 안전밸브를 겸하는 경보장치
- 파괴판

21 과산화칼륨의 저장창고에서 화재가 발생하였다. 다음 중 가장 적합한 소화약제는?

① 물　② 이산화탄소
③ 마른모래　④ 염 산

해설

제1류 위험물 중 무기과산화물(알칼리금속 과산화물)은 금수성 물질(물과의 접촉을 금하는 물질)로 마른모래로 소화한다.

18 ③　19 ①　20 ①　21 ③ **정답**

22 다음 중 인화점이 0℃보다 작은 것은 모두 몇 개인가?

$C_2H_5OC_2H_5$, CS_2, CH_3CHO

① 0개 ② 1개
③ 2개 ④ 3개

해설

인화점

$C_2H_5OC_2H_5$ (다이에틸에터)	CS_2 (이황화탄소)	CH_3CHO (아세트알데하이드)
-40℃	-30℃	-40℃

23 다이크로뮴산칼륨에 대한 설명으로 틀린 것은?

① 열분해하여 산소를 발생한다.
② 물과 알코올에 잘 녹는다.
③ 등적색의 결정으로 쓴맛이 있다.
④ 산화제, 의약품 등에 사용된다.

해설

다이크로뮴산칼륨은 제1류 위험물(산화성 고체)로 물에 녹고, 알코올, 에터에는 녹지 않는다.

24 위험물안전관리법령에서 정한 제5류 위험물 이동저장 탱크의 외부도장 색상은?

① 황 색 ② 회 색
③ 적 색 ④ 청 색

해설

이동저장탱크의 외부도장 색상

제1류	회 색	제4류	제한없음(적색권장)
제2류	적 색	제5류	황 색
제3류	청 색	제6류	청 색

25 위험물안전관리법령상 제5류 위험물의 화재발생 시 적응성이 있는 소화설비는?

① 분말소화설비
② 물분무소화설비
③ 불활성기체소화설비
④ 할로젠화합물소화설비

해설

제5류 위험물(자기반응성 물질)은 자체적으로 산소공급원을 포함하고 있어 이산화탄소, 분말, 포소화약제 등에 의한 질식소화는 효과가 없으며, 다량의 냉각주수소화가 적당하다. 단, 화재 초기 또는 소형화재 이외에는 소화가 어렵다.

26 건축물 외벽이 내화구조이며 연면적 $300m^2$인 위험물 옥내저장소의 건축물에 대하여 소화설비의 소화능력 단위는 최소한 몇 단위 이상이 되어야 하는가?

① 1단위 ② 2단위
③ 3단위 ④ 4단위

해설

- 내화구조 외벽을 가진 위험물저장소의 소요단위는 연면적 $150m^2$를 1소요단위로 한다.
- 소요단위

구 분	내화구조 외벽	비내화구조 외벽
위험물제조소 및 취급소	연면적 $100m^2$	연면적 $50m^2$
위험물저장소	연면적 $150m^2$	연면적 $75m^2$
위험물	지정수량의 10배	

정답 22 ④ 23 ② 24 ① 25 ② 26 ②

27 다음 중 "인화점 50℃"의 의미를 가장 옳게 설명한 것은?

① 주변의 온도가 50℃ 이상이 되면 자발적으로 점화원 없이 발화한다.
② 액체의 온도가 50℃ 이상이 되면 가연성 증기를 발생하여 점화원에 의해 인화한다.
③ 액체를 50℃ 이상으로 가열하면 발화한다.
④ 주변의 온도가 50℃일 경우 액체가 발화한다.

해설

가연성 액체의 인화점은 공기 중에서 그 액체의 표면 부근에서 불꽃의 전파가 일어나기에 충분한 농도의 증기가 발생하는 최저의 온도로, 인화점 50℃의 의미는 액체의 온도가 50℃ 이상이 되면 가연성 증기가 발생하여 점화원에 의해 인화한다는 것이다.

28 위험물을 저장할 때 필요한 보호물질을 옳게 연결한 것은?

① 황린 – 석유
② 금속칼슘 – 에틸알코올
③ 이황화탄소 – 물
④ 금속나트륨 – 산소

해설

① 황린 – 물
② 금속칼슘 – 밀폐용기에 보관
④ 금속나트륨 – 석유류(등유, 경유)

29 위험물안전관리법령상 위험물 운송 시 제1류 위험물과 혼재 가능한 위험물은?(단, 지정수량의 10배를 초과하는 경우이다)

① 제2류 위험물 ② 제3류 위험물
③ 제5류 위험물 ④ 제6류 위험물

해설

위험물 혼재기준

위험물의 구분	제1류	제2류	제3류	제4류	제5류	제6류
제1류		×	×	×	×	○
제2류	×		×	○	○	×
제3류	×	×		○	×	×
제4류	×	○	○		○	×
제5류	×	○	×	○		×
제6류	○	×	×	×	×	

30 다음 중 화재발생 시 물을 이용한 소화가 효과적인 물질은?

① 트라이메틸알루미늄
② 황 린
③ 나트륨
④ 인화칼슘

해설

제3류 위험물인 황린은 물속에 보관하며 화재발생 시 물로 소화가 가능하다.

31 황린의 저장방법으로 옳은 것은?

① 물속에 저장한다.
② 공기 중에 보관한다.
③ 벤젠 속에 저장한다.
④ 이황화탄소 속에 보관한다.

해설

황린은 물에 녹지 않으므로 물속에 저장하되 인화수소(PH_3)의 생성을 방지하기 위해 물은 pH 9로 유지시킨다.

27 ② 28 ③ 29 ④ 30 ② 31 ① 정답

32 위험물제조소 등별로 설치하여야 하는 경보설비의 종류에 해당하지 않는 것은?

① 비상방송설비
② 비상조명등설비
③ 자동화재탐지설비
④ 비상경보설비

해설

경보설비의 종류 : 자동화재탐지설비, 비상경보설비(비상벨장치 또는 경종을 포함), 확성장치(휴대용 확성기를 포함) 및 비상방송설비

※ 비상조명등설비는 피난설비에 해당한다.

33 다음 중 위험물안전관리법령상 위험물제조소와의 안전거리가 가장 먼 것은?

① 고등교육법에서 정하는 학교
② 의료법에 따른 병원급 의료기관
③ 고압가스 안전관리법에 의하여 허가를 받은 고압가스제조시설
④ 문화재보호법에 의한 유형문화재와 기념물 중 지정문화재

해설

위험물제조소의 안전거리

- 주거용 건축물(제조소가 설치된 부지 내에 있는 것은 제외) : 10m 이상
- 학교 · 병원 · 극장(300명 이상 수용) 그 밖에 다수인을 수용하는 시설 : 30m 이상
- 유형문화재와 기념물 중 지정문화재 : 50m 이상
- 고압가스, 액화석유가스 또는 도시가스를 저장 또는 취급하는 시설(다만, 해당 시설의 배관 중 제조소가 설치된 부지 내에 있는 것은 제외) : 20m 이상
- 사용전압이 7,000V 초과 35,000V 이하의 특고압가공전선 : 3m 이상
- 사용전압이 35,000V를 초과하는 특고압가공전선 : 5m 이상

34 제조소 등에 있어서 위험물의 저장하는 기준으로 잘못된 것은?

① 황린은 제3류 위험물이므로 물기가 없는 건조한 장소에 저장하여야 한다.
② 덩어리상태의 황은 위험물 용기에 수납하지 않고 옥내저장소에 저장할 수 있다.
③ 옥내저장소에서는 용기에 수납하여 저장하는 위험물의 온도가 55℃를 넘지 아니하도록 필요한 조치를 강구하여야 한다.
④ 이동저장탱크에는 저장 또는 취급하는 위험물의 유별 · 품명 · 최대수량 및 적재중량을 표시하고 잘 보일 수 있도록 관리하여야 한다.

해설

제3류 위험물인 황린은 자연발화성 물질로 물속에 저장해야 한다.

35 옥내저장탱크의 상호 간에는 특별한 경우를 제외하고 최소 몇 m 이상의 간격을 유지하여야 하는가?

① 0.1　② 0.2
③ 0.3　④ 0.5

해설

옥내저장탱크와 탱크전용실의 벽과의 사이 및 옥내저장탱크의 상호 간에는 0.5m 이상의 간격을 유지한다.

36 염소산나트륨과 반응하여 ClO_2 가스를 발생시키는 것은?

① 글리세린　② 질 소
③ 염 산　④ 산 소

해설

제1류 위험물(산화성 고체)인 염소산나트륨은 산과 반응하여 유독한 폭발성 이산화염소(ClO_2)를 발생한다.

산과의 반응식 : $2NaClO_3 + 2HCl \rightarrow 2NaCl + 2ClO_2 + H_2O_2 \uparrow$

정답 32 ② 33 ④ 34 ① 35 ④ 36 ③

37 가연성 고체 위험물의 일반적 성질로서 틀린 것은?

① 비교적 저온에서 착화한다.
② 산화제와의 접촉·가열은 위험하다.
③ 연소속도가 빠르다.
④ 산소를 포함하고 있다.

해설
④ 산소를 포함하는 것은 제5류 위험물(자기반응성 물질)이다.
제2류 위험물(가연성 고체)의 성질
- 비교적 낮은 온도에서 착화가 쉬운 가연성(환원성) 고체이다.
- 분진폭발의 우려가 있다(하한 25~45mg/L, 상한 80mg/L).
- 연소 시 유독가스를 발생하는 것도 있다.
- 철, 마그네슘, 금속분은 물 또는 산과 접촉 시 발열한다.

38 다음 위험물의 화재 시 물에 의한 소화방법이 가장 부적합한 것은?

① 황 린 ② 적 린
③ 마그네슘분 ④ 황 분

해설
제2류 위험물(가연성 고체)인 마그네슘분의 화재에 주수소화하면 물에 의해 발열하므로 적응성이 없으며 마른모래, 팽창질석 및 팽창진주암, 탄산수소염류분말 등으로 소화한다.

39 물과 작용하여 메테인과 수소를 발생시키는 것은?

① Al_4C_3 ② Mn_3C
③ Na_2C_2 ④ MgC_2

해설
1몰의 탄화망가니즈가 6몰의 물과 반응하면 수산화망가니즈, 메테인, 수소가 생성된다.
물과의 반응식
$Mn_3C + 6H_2O \rightarrow 3Mn(OH)_2 + CH_4 + H_2 + 360kcal$

40 복수의 성상을 가지는 위험물에 대한 품명지정의 기준상 유별의 연결이 틀린 것은?

① 산화성 고체의 성상 및 가연성 고체의 성상을 가지는 경우 : 가연성 고체
② 산화성 고체의 성상 및 자기반응성 물질의 성상을 가지는 경우 : 자기반응성 물질
③ 가연성 고체의 성상 및 자연발화성의 성상 및 금수성 물질의 성상을 가지는 경우 : 자연발화성 물질 및 금수성 물질
④ 인화성 액체의 성상 및 자기반응성 물질의 성상을 가지는 경우 : 인화성 액체

해설
- 인화성 액체의 성상 및 자기반응성 물질의 성상을 가지는 경우 : 자기반응성 물질
- 복수의 성상을 가지는 위험물의 유별 기준 : 제1류 < 제2류 < 제4류 < 제3류 < 제5류
  - 제1류 : 산화성 고체
  - 제2류 : 가연성 고체
  - 제3류 : 자연발화성 물질 및 금수성 물질
  - 제4류 : 인화성 액체
  - 제5류 : 자기반응성 물질

37 ④ 38 ③ 39 ② 40 ④ 정답

41 다음 중 물과 접촉하면 열과 산소가 발생하는 것은?

① $NaClO_2$ ② $NaClO_3$

③ $KMnO_4$ ④ Na_2O_2

해설

과산화나트륨(Na_2O_2)은 물과 접촉 시 열과 산소가 발생한다.

과산화나트륨과 물의 반응식

$2Na_2O_2 + 2H_2O \rightarrow 4NaOH + O_2\uparrow$ + 발열

42 다음 중 화재 시 사용하면 독성의 $COCl_2$ 가스를 발생시킬 위험이 가장 높은 소화약제는?

① 액화이산화탄소

② 제1종 분말

③ 사염화탄소

④ 공기포

해설

사염화탄소는 연소 및 물과의 반응에서 독성의 포스겐($COCl_2$)을 발생시킨다.

- 연소 반응식 : $CCl_4 + 0.5O_2 \rightarrow COCl_2 + Cl_2$
- 물과의 반응식 : $CCl_4 + H_2O \rightarrow COCl_2 + 2HCl$

43 금속나트륨의 올바른 취급으로 가장 거리가 먼 것은?

① 보호액 속에서 노출되지 않도록 저장한다.

② 수분 또는 습기와 접촉되지 않도록 주의한다.

③ 용기에서 꺼낼 때는 손을 깨끗이 닦고 만져야 한다.

④ 다량 연소하면 소화가 어려우므로 가급적 소량으로 나누어 저장한다.

해설

금속나트륨은 공기 중의 수분과 반응하여 수소를 발생하고 산소와 반응하여 산화하기 때문에 공기와의 접촉을 막기 위해 등유나 경유 등의 보호액에 저장한다. 또한 피부와 접촉 시 화상의 위험이 있으므로 장갑, 보안경 등을 착용하고 취급해야 한다.

44 금수성 물질 저장시설에 설치하는 주의사항 게시판의 바탕색과 문자색을 옳게 나타낸 것은?

① 적색바탕에 백색문자

② 백색바탕에 적색문자

③ 청색바탕에 백색문자

④ 백색바탕에 청색문자

해설

제조소 표지 및 게시판

위험물의 종류	주의사항	게시판의 색상
제1류 위험물 중 알칼리금속의 과산화물과 이를 함유한 것 또는 제3류 위험물 중 금수성 물질	"물기엄금"	청색바탕에 백색문자
제2류 위험물(인화성 고체 제외)	"화기엄금"	적색바탕에 백색문자
• 제2류 위험물 중 인화성 고체 • 제3류 위험물 중 자연발화성 물질 • 제4류 위험물 • 제5류 위험물	"화기엄금"	적색바탕에 백색문자

45 트라이나이트로톨루엔에 대한 설명으로 가장 거리가 먼 것은?

① 물에 녹지 않으나 알코올에는 녹는다.

② 직사광선에 노출되면 다갈색으로 변한다.

③ 공기 중에 노출되면 쉽게 가수분해한다.

④ 이성질체가 존재한다.

해설

트라이나이트로톨루엔은 가수분해하지 않으며 자연발화의 위험도 없다.

정답 41 ④ 42 ③ 43 ③ 44 ③ 45 ③

46 HNO_3에 대한 설명으로 틀린 것은?

① Al, Fe은 진한 질산에서 부동태를 생성해 녹지 않는다.

② 질산과 염산을 3 : 1 비율로 제조한 것을 왕수라고 한다.

③ 부식성에 강하고 흡습성이 있다.

④ 직사광선에서 분해하여 NO_2를 발생한다.

해설

질산과 염산을 1 : 3 비율로 제조한 것을 왕수라 한다.

질산의 특성

- 자극적인 냄새가 나는 무색의 액체이다.
- 비중이 1.49 이상이면 위험물로 규정한다.
- 공기와의 접촉으로 황·적색의 증기가 발생한다.
- 물, 알코올, 에터에 잘 녹는다.
- 이온화 경향이 작은 금속(동, 수은, 은)에서는 NO와 NO_2를 생성함과 함께 그 금속의 질산염을 생성한다.
- 금속에 산 및 산화제로 작용한다.
- 이온화 경향이 큰 금속(마그네슘 등)에서는 수소가 발생한다.
- 가열, 빛에 의해 분해되고 이산화질소로 인해 황색 또는 갈색을 띤다.

47 위험물안전관리법령에서 정한 "물분무 등 소화설비"의 종류에 속하지 않는 것은?

① 스프링클러설비

② 포소화설비

③ 분말소화설비

④ 불활성기체소화설비

해설

물분무 등 소화설비 : 물분무소화설비, 포소화설비, 불활성가스소화설비, 할로젠화합물소화설비, 분말소화설비(인산염류, 탄산수소염류 등)

48 2가지 물질을 섞었을 때 수소가 발생하는 것은?

① 칼륨과 에틸알코올

② 과산화마그네슘과 염화수소

③ 과산화칼륨과 탄산가스

④ 오황화인과 물

해설

반응식(필답형 유형)

① 칼륨과 에틸알코올

$2K + 2C_2H_5OH \rightarrow 2C_2H_5OK + H_2 \uparrow$

에틸알코올 칼륨에틸레이트

② 과산화마그네슘과 염화수소

$MgO_2 + 2HCl \rightarrow MgCl_2 + H_2O_2 \uparrow$

염화마그네슘 과산화수소

③ 과산화칼륨과 탄산가스

$2K_2O_2 + 2CO_2 \rightarrow 2K_2CO_3 + O_2 \uparrow$

탄산칼륨

④ 오황화인과 물

$P_2S_5 + 8H_2O \rightarrow 5H_2S + 2H_3PO_4$

황화수소 인산

49 위험물의 지정수량이 틀린 것은?

① 과산화칼륨 : 50kg

② 질산나트륨 : 50kg

③ 과망가니즈산나트륨 : 1,000kg

④ 다이크로뮴산암모늄 : 1,000kg

해설

질산나트륨 지정수량 : 300kg

46 ② 47 ① 48 ① 49 ② **정답**

50 20℃의 물 100kg이 100℃ 수증기로 증발하면 몇 kcal의 열량을 흡수할 수 있는가?(단, 물의 증발잠열은 540cal/g이다)

① 540
② 7,800
③ 62,000
④ 108,000

해설

$Q = mC\Delta t + \gamma m$

여기서, m : 질량, C : 비열, Δt : 온도차, γ : 잠열

∴ 총열량 $Q = (100 \times 1 \times 80) + (540 \times 100) = 62{,}000\text{kcal}$

물의 상태와 잠열

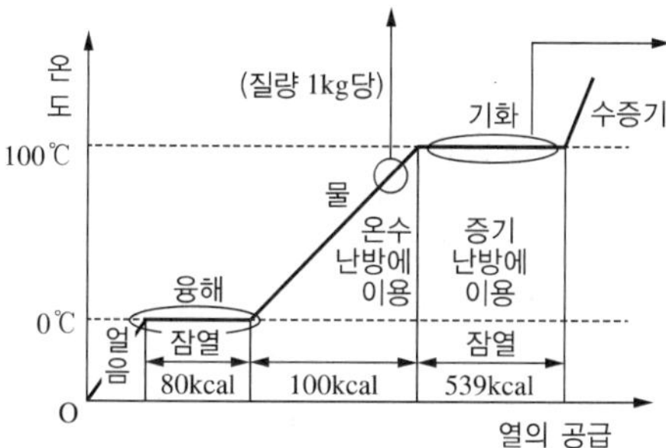

- 비열 : 1kcal 1kg의 물을 1℃ 올리는 데 필요한 열량
- 물의 비열 : 1kcal/1kg · ℃
- 물의 잠열 : 기화(증발)잠열 539kcal/kg, 융해잠열 80kcal/kg

51 제2석유류에 해당하는 물질로만 짝지어진 것은?

① 등유, 중유
② 등유, 경유
③ 글리세린, 기계유
④ 글리세린, 장뇌유

해설

등유와 경유는 제2석유류에 속한다.

각 석유류의 분류

- 제1석유류 : 아세톤, 휘발유, 벤젠, 톨루엔, 피리딘, 사이클로헥세인, 염화아세틸 등
- 제2석유류 : 폼산, 아세트산, 아크릴산, 등유, 경유 등
- 제3석유류 : 중유, 크레오소트유, 글리세린, 나이트로벤젠 등
- 제4석유류 : 기어유, 실린더유, 터빈유, 모빌유, 엔진오일 등

52 높이 15m, 지름 20m인 옥외저장탱크에 보유공지의 단축을 위해서 물분무설비로 방호조치를 하는 경우 수원의 양은 약 몇 L 이상으로 하여야 하는가?

① 46,496　　② 58,090
③ 70,259　　④ 95,880

해설

- 수원의 양 = 원주$(2\pi r)$ × 37L/min · m × 20min
  = (2 × π × 10m) × 37 × 20 = 46,496L
- 옥외탱크저장소의 위치 · 구조 및 설비의 기준
  - 탱크의 표면에 방사하는 물의 양은 탱크의 원주길이 1m에 대하여 분당 37L 이상으로 할 것
  - 수원의 양은 위의 규정에 의한 수량으로 20분 이상 방사할 수 있는 수량으로 할 것

53 위험물안전관리법령상 전기설비에 적응성이 없는 소화설비는?

① 물분무소화설비
② 불활성기체소화설비
③ 할로젠화합물소화설비
④ 포소화설비

해설

전기화재

- 포소화설비는 거품을 이용한 것으로 합선, 누전 등이 발생되므로 절대 사용을 금한다.
- 질식소화 방식을 사용한다.
  - 불활성가스 및 할로젠화합물소화설비
  - 물분무소화설비 : 물이 포함되어 있긴 하나, 분무형태이기 때문에 질식효과를 갖는다.

정답 50 ③ 51 ② 52 ① 53 ④

54 제3종 분말소화약제의 주요 성분에 해당하는 것은?

① 인산이수소암모늄
② 탄산수소나트륨
③ 탄산수소칼륨
④ 요 소

해설

분말소화약제

특징 / 종류	주성분	적응화재	착 색
제1종 분말	탄산수소나트륨 (중탄산나트륨, 중조)	B, C급	백 색
제2종 분말	탄산수소칼륨 (중탄산칼륨)	B, C급	보라색
제3종 분말	인산이수소암모늄 (제1인산암모늄)	A, B, C급	담홍색
제4종 분말	탄산수소칼륨과 요소의 반응생성물	B, C급	회 색

55 질산의 비중이 1.5일 때, 1소요단위는 몇 L인가?

① 150　② 200
③ 1,500　④ 2,000

해설

위험물의 1소요단위 = 지정수량의 10배

밀도 $= \frac{질량}{부피} \rightarrow$ 부피 $= \frac{질량}{밀도}$

∴ 부피로 환산하면 질산 지정수량(300kg) × 10배 ÷ 1.5(kg/L) = 2,000L

56 다음 중 발화점이 가장 낮은 것은?

① 휘발유　② 산화프로필렌
③ 이황화탄소　④ 메틸알코올

해설

발화점

이황화탄소	산화프로필렌	휘발유	메틸알코올
90℃	449℃	280~456℃	464℃

57 다음 ( ) 안에 들어갈 수치를 순서대로 올바르게 나열한 것은?(단, 제4류 위험물에 적응성을 갖기 위한 살수밀도기준을 적용하는 경우를 제외한다)

> 위험물제조소 등에 설치하는 폐쇄형 헤드의 스프링클러설비는 30개의 헤드를 동시에 사용할 경우 각 끝부분의 방사압력이 ( )kPa 이상이고, 방수량이 1분당 ( )L 이상이어야 한다.

① 100, 80　② 120, 80
③ 100, 100　④ 120, 100

해설

소화설비의 설치기준 : 비상전원을 설치할 것

구 분	규정 방수압	규정 방수량	수원의 양	수평거리	배관·호스
옥내소화전설비	350kPa 이상	260L/min 이상	$7.8m^3$ ×개수 (최대 5개)	층마다 25m 이하	40mm
옥외소화전설비	350kPa 이상	450L/min 이상	$13.5m^3$ ×개수 (최대 4개)	40m 이하	65mm
스프링클러설비	100kPa 이상	80L/min 이상	$2.4m^3$ ×개수 (폐쇄형 최대 30)	헤드간격 1.7m 이내	방사구역은 $150m^2$ 이상
물분무소화설비	350kPa 이상	해당 소화설비의 헤드의 설계압력에 의한 방사량	$1m^2$당 1분당 20L의 비율로 계산한 양으로 30분간 방사할 수 있는 양	-	

54 ① 55 ④ 56 ③ 57 ① 정답

58 위험물안전관리법령상 삽 1개를 포함한 마른모래 50L의 능력단위는?

① 0.5 ② 1
③ 1.5 ④ 2

해설

소화설비의 용량 및 능력단위

소화설비	용 량	능력단위
소화전용물통	8L	0.3
수조(소화전용물통 3개 포함)	80L	1.5
수조(소화전용물통 6개 포함)	190L	2.5
마른모래(삽 1개 포함)	50L	0.5
팽창질석 또는 팽창진주암(삽 1개 포함)	160L	1.0

59 제조소 등의 위치·구조 또는 설비의 변경 없이 해당 제조소 등에서 저장하거나 취급하는 위험물의 품명·수량 또는 지정수량의 배수를 변경하고자 하는 자는 변경하고자 하는 날의 며칠 전까지 행정안전부령이 정하는 바에 따라 시·도지사에게 신고하여야 하는가?

① 1일
② 14일
③ 21일
④ 30일

해설

제조소 등의 위치·구조 또는 설비의 변경 없이 해당 제조소 등에서 저장하거나 취급하는 위험물의 품명·수량 또는 지정수량의 배수를 변경하고자 하는 자는 변경하고자 하는 날의 1일 전까지 행정안전부령이 정하는 바에 따라 시·도지사에게 신고하여야 한다(위험물안전관리법 제6조).

60 소화난이도등급Ⅱ인 옥외탱크저장소와 옥내탱크저장소는 대형수동식소화기 및 소형수동식소화기 등을 각각 몇 개 이상 설치하여야 하는가?

① 1개 ② 2개
③ 3개 ④ 4개

해설

주요 소화설비

- 제4류 위험물을 저장 또는 취급하는 소화난이도등급Ⅰ인 옥외탱크저장소 또는 옥내탱크저장소에는 소형수동식소화기 등을 2개 이상 설치하여야 함
- 소화난이도등급Ⅱ인 옥외탱크저장소와 옥내탱크저장소는 대형수동식소화기 및 소형수동식소화기동을 각각 1개 이상 설치할 것
- 소화난이도등급Ⅲ인 지하탱크저장소는 능력단위의 수치가 3 이상인 소형수동식소화기 등을 2개 이상 설치할 것
- 제조소 등에 전기설비(전기배선, 조명기구 등은 제외한다)가 설치된 경우에는 해당 장소의 면적 100m^{2}마다 소형수동식소화기를 1개 이상 설치할 것
- 옥내주유취급소는 소화난이도등급Ⅱ에 해당하고, 그 외의 주유취급소는 소화난이도등급Ⅲ에 해당

정답 58 ① 59 ① 60 ①

2018년 제1회 과년도 기출복원문제

01 위험물안전관리법령에 따라 제조소 등의 관계인이 예방규정을 정하여야 하는 제조소 등에 해당하지 않는 것은?

① 지정수량의 200배 이상의 위험물을 저장하는 옥외탱크저장소
② 지정수량의 10배 이상의 위험물을 취급하는 제조소
③ 암반탱크저장소
④ 지하탱크저장소

해설

지하탱크저장소는 제조소 등의 관계인이 예방규정을 정하여야 하는 제조소 등에 해당하지 않는다.

관계인이 예방규정을 정하여야 하는 제조소 등

- 지정수량의 10배 이상의 위험물을 취급하는 제조소
- 지정수량의 100배 이상의 위험물을 저장하는 옥외저장소
- 지정수량의 150배 이상의 위험물을 저장하는 옥내저장소
- 지정수량의 200배 이상의 위험물을 저장하는 옥외탱크저장소
- 암반탱크저장소
- 이송취급소
- 지정수량의 10배 이상의 위험물을 취급하는 일반취급소. 다만, 제4류 위험물(특수인화물을 제외한다)만을 지정수량의 50배 이하로 취급하는 일반취급소(제1석유류·알코올류의 취급량이 지정수량의 10배 이하인 경우에 한한다)로서 다음에 해당하는 것을 제외한다.
  - 보일러·버너 또는 이와 비슷한 것으로서 위험물을 소비하는 장치로 이루어진 일반취급소
  - 위험물을 용기에 옮겨 담거나 차량에 고정된 탱크에 주입하는 일반취급소

02 위험물의 저장 및 취급방법에 대한 설명으로 틀린 것은?

① 적린은 화기와 멀리하고 가열, 충격이 가해지지 않도록 한다.
② 황린은 자연발화성이 있으므로 물속에 저장한다.
③ 마그네슘은 산화제와 혼합되지 않도록 취급한다.
④ 알루미늄분은 분진폭발의 위험이 있으므로 분무주수하여 저장한다.

해설

알루미늄분은 물과 반응 시 수소를 발생하므로 밀폐 용기에 넣어 건조한 곳에 저장한다.

03 수소화칼슘이 물과 반응하였을 때의 생성물은?

① 칼슘과 수소
② 수산화칼슘과 수소
③ 칼슘과 산소
④ 수산화칼슘과 산소

해설

수소화칼슘과 물의 반응식 : $CaH_2 + 2H_2O \rightarrow Ca(OH)_2 + 2H_2$

04 상온에서 액체인 물질로만 조합된 것은?

① 질산에틸, 나이트로글리세린
② 피크르산, 질산메틸
③ 트라이나이트로톨루엔, 다이나이트로벤젠
④ 나이트로글리콜, 테트릴

해설

① 질산에틸(액체), 나이트로글리세린(액체)
② 피크르산(고체), 질산메틸(액체)
③ 트라이나이트로톨루엔(고체), 다이나이트로벤젠(고체)
④ 나이트로글리콜(액체), 테트릴(고체)

1 ④ 2 ④ 3 ② 4 ① 정답

05 휘발유에 대한 설명으로 옳지 않은 것은?

① 전기양도체이므로 정전기 발생에 주의해야 한다.
② 빈 드럼통이라도 가연성 가스가 남아 있을 수 있으므로 취급에 주의해야 한다.
③ 취급 저장 시 환기를 잘 시켜야 한다.
④ 직사광선을 피해 통풍이 잘되는 곳에 저장한다.

해설

휘발유는 전기부도체로 정전기 발생에 주의해야 한다.

06 위험물안전관리법령에 따른 자동화재탐지설비의 설치기준에서 하나의 경계구역의 면적은 얼마 이하로 하여야 하는가?(단, 해당 건축물 그 밖의 공작물의 주요한 출입구에서 그 내부의 전체를 볼 수 없는 경우이다)

① $500m^2$ ② $600m^2$
③ $800m^2$ ④ $1,000m^2$

해설

경계구역의 면적기준

- 하나의 경계구역은 $600m^2$ 이하로 하며 한 변의 길이는 50m 이하로 할 것(광전식분리형 감지기를 설치할 경우에는 100m 이하)
- 주된 출입구에서 그 내부 전체가 보이는 것에 있어서는 $1,000m^2$ 이하로 할 수 있다.

07 다이에틸에터의 보관 · 취급에 관한 설명으로 틀린 것은?

① 용기는 밀봉하여 보관한다.
② 환기가 잘되는 곳에 보관한다.
③ 정전기가 발생하지 않도록 취급한다.
④ 저장용기에 빈 공간이 없게 가득 채워 보관한다.

해설

다이에틸에터는 제4류 위험물(인화성 액체) 중 특수인화물로 공기와 장시간 접촉하거나 직사일광에 노출되면 분해되어 과산화물을 생성하므로 갈색병에 저장하고, 체적팽창이 크므로 용기의 공간용적(2% 이상)을 확보해야 한다.

08 메틸알코올과 에틸알코올의 공통점에 대한 설명으로 틀린 것은?

① 증기비중이 같다.
② 무색 투명한 액체이다.
③ 비중이 1보다 작다.
④ 물에 잘 녹는다.

해설

증기비중 : 메틸알코올(1.1), 에틸알코올(1.6)

09 위험물제조소 등의 화재예방 등 위험물 안전관리에 관한 직무를 수행하는 위험물안전관리자의 선임시기는?

① 위험물제조소 등의 완공검사를 받은 후 즉시
② 위험물제조소 등의 허가 신청 전
③ 위험물제조소 등의 설치를 마치고 완공검사를 신청하기 전
④ 위험물제조소 등에서 위험물을 저장 또는 취급하기 전

해설

위험물제조소 등의 화재예방 등 위험물 안전관리에 관한 직무를 수행하는 위험물안전관리자는 위험물제조소 등에서 위험물을 저장 또는 취급하기 전에 선임한다.

정답 5 ① 6 ② 7 ④ 8 ① 9 ④

10 제5류 위험물을 취급하는 위험물제조소에 설치하는 주의사항 게시판에서 표시하는 내용과 바탕색, 문자 색으로 옳은 것은?

① "화기주의", 백색바탕에 적색문자
② "화기주의", 적색바탕에 백색문자
③ "화기엄금", 백색바탕에 적색문자
④ "화기엄금", 적색바탕에 백색문자

해설

제조소 표지 및 게시판

위험물의 종류	주의사항	게시판의 색상
제1류 위험물 중 알칼리금속의 과산화물과 이를 함유한 것 또는 제3류 위험물 중 금수성 물질	"물기엄금"	청색바탕에 백색문자
제2류 위험물(인화성 고체는 제외)	"화기주의"	적색바탕에 백색문자
• 제2류 위험물 중 인화성 고체 • 제3류 위험물 중 자연발화성 물질 • 제4류 위험물 • 제5류 위험물	"화기엄금"	

11 제2류 위험물인 황의 대표적인 연소형태는?

① 표면연소 ② 분해연소
③ 증발연소 ④ 자기연소

해설

연소의 형태

- 확산연소 : 메테인, 프로페인, 수소, 아세틸렌 등의 가연성 가스가 확산하여 생성된 혼합가스가 연소하는 것(발염연소, 불꽃연소)
- 증발연소 : 황, 알코올, 나프탈렌, 파라핀(양초), 왁스 등이 열분해를 일으키지 않고 증발된 증기가 연소하는 현상(가연성 액체인 제4류 위험물은 대부분 증발연소를 함)
- 분해연소 : 목재, 석탄, 종이, 섬유, 플라스틱, 합성수지, 고무류 등이 열분해를 일으켜 나온 분해가스 등이 연소하는 형태
- 표면연소 : 목탄, 코크스, 금속(분, 박, 리본 포함) 등이 고체표면에서 산소와 급격히 산화 반응하여 연소하는 현상
- 자기연소 : 셀룰로이드, TNT, 나이트로글리세린, 질산에틸 등의 제5류 위험물 등이 자체 내에 산소를 함유하여, 열분해 시 가연성 가스와 산소를 발생시켜 공기 중의 산소를 필요치 않고 연소하는 현상

12 다음 중 인화점이 가장 높은 것은?

① 나이트로벤젠
② 클로로벤젠
③ 톨루엔
④ 에틸벤젠

해설

인화점

나이트로벤젠	클로로벤젠	톨루엔	에틸벤젠
88℃	27℃	4℃	15℃

13 점화원으로 작용할 수 있는 정전기를 방지하기 위한 예방대책이 아닌 것은?

① 정전기 발생이 우려되는 장소에 접지시설을 한다.
② 실내의 공기를 이온화하여 정전기 발생을 억제한다.
③ 정전기는 습도가 낮을 때 많이 발생하므로 상대습도를 70% 이상으로 한다.
④ 전기의 저항이 큰 물질은 대전이 용이하므로 비전도체물질을 사용한다.

해설

전기저항이 큰 물질은 대전이 용이하므로 전도체물질을 사용한다.

정전기 제거설비

- 접지를 한다.
- 공기 중의 상대습도를 70% 이상으로 한다.
- 공기를 이온화한다.

10 ④ 11 ③ 12 ① 13 ④ 정답

14 종류(유별)가 다른 위험물을 동일한 옥내저장소의 동일한 실에 같이 저장하는 경우에 대한 설명으로 틀린 것은?(단, 유별로 정리하여 서로 1m 이상의 간격을 두는 경우에 한한다)

① 제1류 위험물과 황린은 동일한 옥내저장소에 저장할 수 있다.
② 제1류 위험물과 제6류 위험물은 동일한 옥내저장소에 저장할 수 있다.
③ 제1류 위험물 중 알칼리금속의 과산화물과 제5류 위험물은 동일한 옥내저장소에 저장할 수 있다.
④ 제2류 위험물 중 인화성 고체와 제4류 위험물을 동일한 옥내저장소에 저장할 수 있다.

해설

제1류 위험물과 제5류 위험물을 저장하는 경우 제1류 위험물 중 알칼리 금속의 과산화물 또는 이를 함유한 것은 제외한다.

15 금속분, 목탄, 코크스 등의 연소형태에 해당하는 것은?

① 자기연소　② 증발연소
③ 분해연소　④ 표면연소

해설

④ 표면연소 : 목탄, 코크스, 금속(분, 박, 리본 포함) 등이 고체표면에서 산소와 급격히 산화 반응하여 연소하는 현상
① 자기연소 : 셀룰로이드, TNT, 나이트로글리세린, 질산에틸 등의 제5류 위험물 등이 자체 내에 산소를 함유하여, 열분해 시 가연성 가스와 산소를 발생시켜 공기 중의 산소를 필요치 않고 연소하는 현상
② 증발연소 : 황, 알코올, 나프탈렌, 파라핀(양초), 왁스 등이 열분해를 일으키지 않고 증발된 증기가 연소하는 현상. 가연성 액체인 제4류 위험물은 대부분 증발연소를 한다.
③ 분해연소 : 목재, 석탄, 종이, 섬유, 플라스틱, 합성수지, 고무류 등이 열분해를 일으켜 나온 분해가스 등이 연소하는 형태

16 위험물 운반에 관한 기준 중 위험등급 I 에 해당하는 위험물은?

① 황화인　② 피크르산
③ 벤조일퍼옥사이드　④ 질산나트륨

해설

벤조일퍼옥사이드는 제5류 위험물(자기반응성 물질) 중 유기과산화물(10kg/위험등급 I)에 속한다.

17 가솔린의 폭발범위에 가장 가까운 것은?

① 1.2~7.6%
② 2.0~23.0%
③ 1.8~36.5%
④ 1.0~50.0%

해설

제4류 위험물(인화성 액체) 중 제1석유류인 가솔린의 폭발범위는 1.2~7.6%이다.

18 위험물안전관리법령상 압력수조를 이용한 옥내소화전설비의 가압송수장치에서 압력수조의 최소압력(MPa)은?(단, 소방용 호스의 마찰손실수두압은 3MPa, 배관의 마찰손실수두압은 1MPa, 낙차의 환산수두압은 1.35MPa이다)

① 5.35　② 5.70
③ 6.00　④ 6.35

해설

$P = p_1 + p_2 + p_3 + 0.35\text{MPa}$

여기서, P : 필요한 압력(MPa)
p_1 : 소방용 호스의 마찰손실수두압(MPa)
p_2 : 배관의 마찰손실수두압(MPa)
p_3 : 낙차의 환산수두압(MPa)
0.35MPa : 노즐 끝부분의 방출압력

$\therefore P = 3 + 1 + 1.35 + 0.35 = 5.70\text{MPa}$

정답 14 ③ 15 ④ 16 ③ 17 ① 18 ②

19 위험물안전관리법령의 소화설비 설치기준에 의하면 옥외소화전설비의 수원의 수량은 옥외소화전 설치개수(설치개수가 4 이상인 경우에는 4)에 몇 m^3를 곱한 양 이상이 되도록 하여야 하는가?

① $7.5m^3$ ② $13.5m^3$
③ $20.5m^3$ ④ $25.5m^3$

해설

소화설비의 설치기준 : 비상전원을 설치할 것

구 분	규정 방수압	규정 방수량	수원의 양	수평 거리	배관·호스
옥내 소화전 설비	350kPa 이상	260L/min 이상	$7.8m^3$ ×개수 (최대 5개)	층마다 25m 이하	40mm
옥외 소화전 설비	350kPa 이상	450L/min 이상	$13.5m^3$ ×개수 (최대 4개)	40m 이하	65mm
스프링클러설비	100kPa 이상	80L/min 이상	$2.4m^3$ ×개수 (폐쇄형 최대 30)	헤드간격 1.7m 이내	방사구역은 $150m^2$ 이상
물분무 소화설비	350kPa 이상	해당 소화설비의 헤드의 설계압력에 의한 방사량	$1m^2$당 1분당 20L의 비율로 계산한 양으로 30분간 방사할 수 있는 양	–	

20 위험물안전관리법령상 위험물 운송 시 제1류 위험물과 혼재 가능한 위험물은?(단, 지정수량의 10배를 초과하는 경우이다)

① 제2류 위험물 ② 제3류 위험물
③ 제5류 위험물 ④ 제6류 위험물

해설

위험물 혼재기준

위험물의 구분	제1류	제2류	제3류	제4류	제5류	제6류
제1류		×	×	×	×	○
제2류	×		×	○	○	×
제3류	×	×		○	×	×
제4류	×	○	○		○	×
제5류	×	○	×	○		×
제6류	○	×	×	×	×	

21 제2류 위험물인 마그네슘에 대한 설명으로 옳지 않은 것은?

① 2mm의 체를 통과한 것만 위험물에 해당된다.
② 화재 시 이산화탄소소화약제로 소화가 가능하다.
③ 가연성 고체로 산소와 반응하여 산화반응을 한다.
④ 주수소화를 하면 가연성의 수소가스가 발생한다.

해설

마그네슘은 화재 시 마른모래, 팽창질석, 팽창진주암, 탄산수소염류 등으로 질식소화한다.

22 다음 중 제4류 위험물의 화재에 적응성이 없는 소화기는?

① 포소화기
② 봉상수소화기
③ 인산염류소화기
④ 이산화탄소소화기

해설

제4류 위험물은 질식소화를 해야 하므로 포소화기, 분말소화기(인산염류소화기), 이산화탄소소화기, 할로젠화합물소화기 등을 사용한다.

23 알코올류 20,000L에 대한 소화설비 설치 시 소요단위는?

① 5 ② 10
③ 15 ④ 20

해설

위험물의 1소요단위는 지정수량의 10배를 말한다. 알코올의 지정수량이 400L이므로 1소요단위는 4,000L가 된다.

$$\therefore \text{소요단위} = \frac{\text{저장수량}}{\text{지정수량} \times 10} = \frac{20,000}{400 \times 10} = 5$$

19 ② 20 ④ 21 ② 22 ② 23 ① 정답

24 제1종, 제2종, 제3종 분말소화약제의 주성분에 해당하지 않는 것은?

① 탄산수소나트륨
② 황산마그네슘
③ 탄산수소칼륨
④ 인산이수소암모늄

해설

분말소화약제

특징 \ 종류	주성분	적응화재	착 색
제1종 분말	탄산수소나트륨 (중탄산나트륨, 중조)	B, C급	백 색
제2종 분말	탄산수소칼륨 (중탄산칼륨)	B, C급	보라색
제3종 분말	인산이수소암모늄 (제1인산암모늄)	A, B, C급	담홍색
제4종 분말	탄산수소칼륨과 요소의 반응생성물	B, C급	회 색

25 황에 대한 설명으로 옳지 않은 것은?

① 연소 시 황색불꽃을 보이며 유독한 이황화탄소를 발생한다.
② 미세한 분말상태에서 부유하면 분진폭발의 위험이 있다.
③ 마찰에 의해 정전기가 발생할 우려가 있다.
④ 고온에서 용융된 황은 수소와 반응한다.

해설

연소 시 푸른색 불꽃과 함께 유독한 이산화황(SO_2)을 발생한다.

26 다음 중 물이 소화약제로 쓰이는 이유로 가장 거리가 먼 것은?

① 쉽게 구할 수 있다.
② 제거소화가 잘 된다.
③ 취급이 간편하다.
④ 기화잠열이 크다.

해설

물을 소화약제로 사용하는 공통적인 이유

- 기화열을 이용한 냉각소화효과가 크기 때문이다.
- 비열과 잠열이 크기 때문이다.
- 손쉽게 구할 수 있고, 취급이 간편하기 때문이다.
- 가격이 저렴해서 경제적이기 때문이다.

27 1분자 내에 포함된 탄소의 수가 가장 많은 것은?

① 아세톤
② 톨루엔
③ 아세트산
④ 이황화탄소

해설

품 명	아세톤	톨루엔	아세트산	이황화탄소
화학식	CH_3COCH_3	$C_6H_5CH_3$	CH_3COOH	CS_2

28 옥외저장탱크를 강철판으로 제작할 경우 두께 기준은 몇 mm 이상인가?(단, 특정옥외저장탱크 및 준특정옥외저장탱크는 제외한다)

① 1.2 ② 2.2
③ 3.2 ④ 4.2

해설

옥외저장탱크의 강철판 두께 : 3.2mm 이상

정답 24 ② 25 ① 26 ② 27 ② 28 ③

29 제5류 위험물을 저장 또는 취급하는 장소에 적응성이 있는 소화설비는?

① 포소화설비

② 분말소화설비

③ 불활성기체소화설비

④ 할로젠화합물소화설비

해설

제5류 위험물(자기반응성 물질)은 자체적으로 산소공급원을 포함하고 있어 이산화탄소, 분말, 포소화약제 등에 의한 질식소화는 효과가 없으며, 다량의 냉각주수소화가 적당하다. 단, 화재 초기 또는 소형화재 이외에는 소화가 어렵다.

소화원리

- 질식소화 : 분말소화설비, 불활성가스소화설비
- 억제소화 : 할로젠화합물소화설비
- 냉각소화 : 포소화설비

※ 포소화설비는 물에 의한 소화방법(주수소화)을 말하고, 포소화약제는 물에 약간의 첨가제(포소화약제)를 혼합한 후 여기에 공기를 주입하면 포(Foam)가 생성되어 질식소화 효과를 갖는다.

30 화재의 종류와 가연물이 옳게 연결된 것은?

① A급 – 플라스틱

② B급 – 섬 유

③ A급 – 페인트

④ B급 – 나 무

해설

가연물의 종류와 성상에 따른 화재의 분류

종 류	소화기 표시		적용대상
일반화재	백 색	A급 화재	일반가연물(나무, 옷, 종이, 고무, 플라스틱 등)
유류화재	황 색	B급 화재	가연성 액체(가솔린, 오일, 래커, 알코올, 페인트 등)
전기화재	청 색	C급 화재	전류가 흐르는 상태에서의 전기기구 화재
금속화재	무 색	D급 화재	가연성 금속(마그네슘, 나트륨, 세슘, 리튬, 칼륨 등)

31 Halon 1211에 해당하는 물질의 분자식은?

① CBr_2FCl　　② CF_2ClBr

③ CCl_2FBr　　④ FC_2BrCl

해설

할론넘버는 C–F–Cl–Br 순의 개수를 말한다. C 1개, F 2개, Cl 1개, Br 1개이므로 CF_2ClBr가 된다.

- 소화효과 : 104 < 1011 < 2402 < 1211 < 1301
- 할론소화약제는 메테인(CH_4)에서 파생된 물질로 할론 1301(CF_3Br), 할론 1211(CF_2ClBr), 할론 2402($C_2F_4Br_2$)가 있다.

32 2가지 물질을 섞었을 때 수소가 발생하는 것은?

① 칼륨과 에틸알코올

② 과산화마그네슘과 염화수소

③ 과산화칼륨과 탄산가스

④ 오황화인과 물

해설

반응식(필답형 유형)

① 칼륨과 에틸알코올

$2K + 2C_2H_5OH \rightarrow 2C_2H_5OK + H_2\uparrow$

에틸알코올　칼륨에틸레이트

② 과산화마그네슘과 염화수소

$MgO_2 + 2HCl \rightarrow MgCl_2 + H_2O_2\uparrow$

염화마그네슘 과산화수소

③ 과산화칼륨과 탄산가스

$2K_2O_2 + 2CO_2 \rightarrow 2K_2CO_3 + O_2\uparrow$

탄산칼륨

④ 오황화인과 물

$P_2S_5 + 8H_2O \rightarrow 5H_2S + 2H_3PO_4$

황화수소　인산

29 ① 30 ① 31 ② 32 ① **정답**

33 나트륨에 관한 설명으로 옳은 것은?

① 물보다 무겁다.

② 융점이 100℃보다 높다.

③ 물과 격렬히 반응하여 산소를 발생시키고 발열한다.

④ 등유는 반응이 일어나지 않아 저장에 사용된다.

해설

제3류 위험물(10kg, 위험등급Ⅰ)

- 비중이 작으므로 석유(파라핀, 경유, 등유) 속에 저장한다.
- 물과의 반응식 : $2Na + 2H_2O \rightarrow 2NaOH + H_2\uparrow$ + 발열

34 위험물안전관리법령에서 정하는 위험등급Ⅱ에 해당하지 않는 것은?

① 제1류 위험물 중 질산염류

② 제2류 위험물 중 적린

③ 제3류 위험물 중 유기금속화합물

④ 제4류 위험물 중 제2석유류

해설

제4류 위험물(인화성 액체)

성 질	품 명		지정수량	위험등급	표 시
인화성 액체	특수인화물		50L	Ⅰ	화기엄금
	제1석유류	비수용성	200L	Ⅱ	
		수용성	400L		
	알코올류		400L		
	제2석유류	비수용성	1,000L	Ⅲ	
		수용성	2,000L		
	제3석유류	비수용성	2,000L		
		수용성	4,000L		
	제4석유류		6,000L		
	동식물유류		10,000L		

35 위험물안전관리법령상 옥내저장소 저장창고의 바닥은 물이 스며나오거나 스며들지 않는 구조로 하여야 한다. 다음 중 반드시 이 구조로 하지 않아도 되는 위험물은?

① 제1류 위험물 중 알칼리금속의 과산화물

② 제4류 위험물

③ 제5류 위험물

④ 제2류 위험물 중 철분

해설

저장창고의 바닥에 물이 스며나오거나 스며들지 않는 구조로 해야 하는 위험물

- 제1류 위험물 중 알칼리금속의 과산화물 또는 이를 함유하는 것
- 제2류 위험물 중 철분·금속분·마그네슘 또는 이중 어느 하나 이상을 함유하는 것
- 제3류 위험물 중 금수성 물질
- 제4류 위험물

36 염소산나트륨에 대한 설명으로 틀린 것은?

① 조해성이 크므로 보관용기는 밀봉하는 것이 좋다.

② 무색, 무취의 고체이다.

③ 산과 반응하여 유독성인 이산화나트륨 가스가 발생한다.

④ 물, 알코올, 글리세린에 녹는다.

해설

제1류 위험물(산화성 고체)인 염소산나트륨은 조해성과 흡습성을 가진 무색, 무취의 결정으로 물, 알코올, 글리세린에 잘 녹으며 산과 반응하면 이산화염소(ClO_2) 가스가 발생한다.

정답 33 ④ 34 ④ 35 ③ 36 ③

37 다음 중 강화액 소화약제의 주된 소화원리에 해당하는 것은?

① 냉각소화
② 절연소화
③ 제거소화
④ 발포소화

해설

강화액의 주성분은 탄산칼륨(K_2CO_3)으로 물에 용해시켜 사용하며, 냉각소화의 원리에 해당된다.

- 점성을 갖게 된다.
- 알칼리성(pH 12)으로 응고점이 낮아 잘 얼지 않는다.
- 물보다 1.4배 무겁고, 한랭지역에 많이 쓰인다.

38 위험물의 지정수량이 틀린 것은?

① 과산화칼륨 : 50kg
② 질산나트륨 : 50kg
③ 과망가니즈산나트륨 : 1,000kg
④ 다이크로뮴산암모늄 : 1,000kg

해설

질산나트륨 지정수량 : 300kg (질산염류의 지정수량은 300kg)

39 위험물안전관리법령에서 정한 제5류 위험물 이동저장탱크의 외부도장 색상은?

① 황 색 ② 회 색
③ 적 색 ④ 청 색

해설

이동저장탱크의 외부도장 색상

제1류	회 색	제4류	제한없음(적색권장)
제2류	적 색	제5류	황 색
제3류	청 색	제6류	청 색

40 다음 중 C급 화재에 해당하는 것은?

① 플라스틱화재
② 나트륨화재
③ 휘발유화재
④ 전기화재

해설

가연물의 종류와 성상에 따른 화재의 분류

종 류	소화기 표시		적용대상
일반화재	백 색	A급 화재	일반가연물(나무, 옷, 종이, 고무, 플라스틱 등)
유류화재	황 색	B급 화재	가연성 액체(가솔린, 오일, 래커, 알코올, 페인트 등)
전기화재	청 색	C급 화재	전류가 흐르는 상태에서의 전기기구 화재
금속화재	무 색	D급 화재	가연성 금속(마그네슘, 나트륨, 세슘, 리튬, 칼륨 등)

41 다음 중 지정수량이 나머지 셋과 다른 물질은?

① 황화인 ② 적 린
③ 칼 슘 ④ 황

해설

칼슘은 제3류 위험물 중 위험등급Ⅱ로 알칼리토금속에 해당하며, 지정수량은 50kg이다.

구 분	황화인	적 린	칼 슘	황
지정수량	100kg	100kg	50kg	100kg

42 다음 중 제6류 위험물에 해당하는 것은?

① IF_5 ② $HClO_3$
③ NO_3 ④ H_2O

해설

IF_5(오플루오린화아이오딘)는 행정안전부령이 정하는 제6류 위험물(할로젠간화합물)에 속한다. 나머지는 위험물이 아니다.

※ 할로젠간화합물 : BrF_3, BrF_5, IF_5, ICl, IBr 등

37 ① 38 ② 39 ① 40 ④ 41 ③ 42 ① 정답

43 위험물안전관리법령에 따른 제4류 위험물 중 제1석유류에 해당하지 않는 것은?

① 등 유
② 벤 젠
③ 메틸에틸케톤
④ 톨루엔

해설

등유는 제2석유류이다.

각 석유류의 분류

- 제1석유류 : 아세톤, 휘발유, 벤젠, 톨루엔, 피리딘, 사이클로헥세인, 염화아세틸 등
- 제2석유류 : 폼산, 아세트산, 아크릴산, 등유, 경유 등
- 제3석유류 : 중유, 크레오소트유, 글리세린, 나이트로벤젠 등
- 제4석유류 : 기어유, 실린더유, 터빈유, 모빌유, 엔진오일 등

44 옥내저장탱크의 상호 간에는 특별한 경우를 제외하고 최소 몇 m 이상의 간격을 유지하여야 하는가?

① 0.1　② 0.2
③ 0.3　④ 0.5

해설

옥내저장탱크와 탱크전용실의 벽과의 사이 및 옥내저장탱크의 상호 간에는 0.5m 이상의 간격을 유지한다.

45 위험물안전관리법령에 따른 제1류 위험물과 제6류 위험물의 공통적 성질로 옳은 것은?

① 산화성 물질이며 다른 물질을 환원시킨다.
② 환원성 물질이며 다른 물질을 환원시킨다.
③ 산화성 물질이며 다른 물질을 산화시킨다.
④ 환원성 물질이며 다른 물질을 산화시킨다.

해설

제1류 위험물(산화성 고체)과 제6류 위험물(산화성 액체)은 산화성 물질이며 다른 물질을 산화시킨다.

46 위험물안전관리법령상 제1류 위험물 중 알칼리금속의 과산화물의 운반용기 외부에 표시하여야 하는 주의사항을 모두 나타낸 것은?

① "화기엄금", "충격주의", 및 "가연물접촉주의"
② "화기・충격주의", "물기엄금" 및 "가연물접촉주의"
③ "화기주의" 및 "물기엄금"
④ "화기엄금" 및 "물기엄금"

해설

알칼리금속의 과산화물의 주의사항 : 화기・충격주의, 물기엄금 및 가연물접촉주의

47 위험물안전관리법령상 제2류 위험물인 철분에 적응성이 있는 소화설비는?

① 포소화설비
② 탄산수소염류 분말소화설비
③ 할로젠화합물소화설비
④ 스프링클러설비

해설

철분(제2류 위험물)의 소화설비 : 탄산수소염류 분말약제, 팽창질석, 팽창진주암

48 위험물안전관리법령상 다이에틸에터 화재발생 시 적응성이 없는 소화기는?

① 이산화탄소소화기
② 포소화기
③ 봉상강화액소화기
④ 할로젠화합물소화기

해설

다이에틸에터 : 질식소화(포, 이산화탄소, 할론, 할로젠화합물 및 불활성기체소화약제, 분말소화기)
※ 봉상강화액소화기 : 냉각소화

정답 43 ① 44 ④ 45 ③ 46 ② 47 ② 48 ③

49 제4류 위험물을 저장하는 이동탱크저장소의 탱크 용량이 19,000L일 때 탱크의 칸막이는 최소 몇 개를 설치해야 하는가?

① 2 ② 3
③ 4 ④ 5

해설

안전칸막이는 4,000L 이하마다 설치하여야 하므로
19,000L ÷ 4,000L = 4.75 ≒ 5개이다.
∴ 19,000L 탱크의 칸은 5개이고 안전칸막이는 4개이다.

50 위험물을 유별로 정리하여 상호 1m 이상의 간격을 유지하는 경우에도 동일한 옥내저장소에 저장할 수 없는 것은?

① 제1류 위험물(알칼리금속의 과산화물 또는 이를 함유한 것을 제외한다)과 제5류 위험물
② 제1류 위험물과 제6류 위험물
③ 제1류 위험물과 제3류 위험물 중 황린
④ 인화성 고체를 제외한 제2류 위험물과 제4류 위험물

해설

인화성 고체를 제외한 제2류 위험물과 제4류 위험물은 동일한 옥내저장소에 저장이 불가하다.

유별이 다른 위험물끼리 동일한 저장소에 저장할 수 있는 경우(단, 1m 이상의 간격 유지)

- 제1류 위험물(알칼리금속의 과산화물 또는 이를 함유한 것을 제외)과 제5류 위험물
- 제1류 위험물과 제6류 위험물
- 제1류 위험물과 제3류 위험물 중 자연발화성 물질(황린 또는 이를 함유한 것)
- 제2류 위험물 중 인화성 고체와 제4류 위험물
- 제3류 위험물 중 알킬알루미늄 등과 제4류 위험물(알킬알루미늄 또는 알킬리튬을 함유한 것)
- 제4류 위험물 중 유기과산화물 또는 이를 함유하는 것과 제5류 위험물 중 유기과산화물 또는 이를 함유한 것

51 20℃의 물 100kg이 100℃ 수증기로 증발하면 몇 kcal의 열량을 흡수할 수 있는가?(단, 물의 증발잠열은 540cal/g이다)

① 540 ② 7,800
③ 62,000 ④ 108,000

해설

$Q = mC\Delta t + \gamma m$

여기서, m : 질량, C : 비열, Δt : 온도차, γ : 잠열

∴ 총열량 $Q = (100 \times 1 \times 80) + (540 \times 100) = 62{,}000\text{kcal}$

물의 상태와 잠열

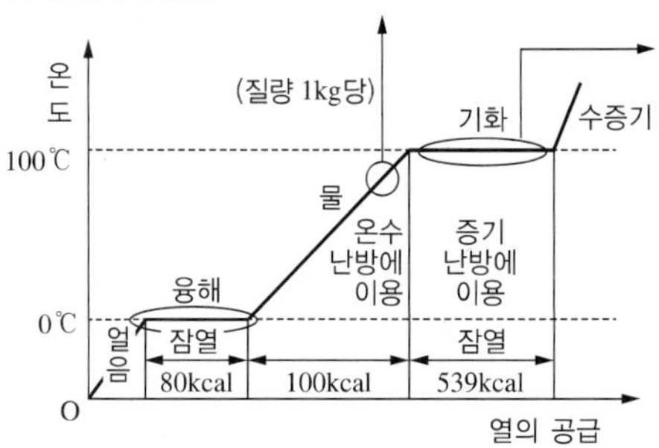

- 비열 : 1kcal 1kg의 물을 1℃ 올리는 데 필요한 열량
- 물의 비열 : 1kcal/1kg · ℃
- 물의 잠열 : 기화(증발)잠열 539kcal/kg, 융해잠열 80kcal/kg

52 수소화나트륨 24kg과 물이 반응하여 완전연소할 경우 생성되는 수소의 양은 얼마인가?

① 1kg ② 2kg
③ 3kg ④ 4kg

해설

물과의 반응식

$NaH + H_2O \rightarrow NaOH + H_2\uparrow$ + 반응열
수산화나트륨 수소

수소화나트륨(분자량 : 24) 1몰 연소 시 1몰의 수소가 생성된다. 따라서, 24kg의 수소화나트륨 연소 시 2kg의 수소가 생성된다.

49 ③ 50 ④ 51 ③ 52 ② 정답

53 위험물안전관리법령상 운송책임자의 감독 · 지원을 받아 운송하여야 하는 위험물에 해당하는 것은?

① 알킬알루미늄, 산화프로필렌, 알킬리튬

② 알킬알루미늄, 산화프로필렌

③ 알킬알루미늄, 알킬리튬

④ 산화프로필렌, 알킬리튬

해설

운송책임자의 감독 · 지원을 받아 운송하여야 하는 위험물

- 알킬알루미늄
- 알킬리튬
- 알킬알루미늄 또는 알킬리튬의 물질을 함유하는 위험물

알킬알루미늄 물질을 함유한 위험물	알킬리튬의 물질을 함유하는 위험물
• 트라이메틸알루미늄 $(CH_3)_3Al$ • 트라이에틸알루미늄 $(C_2H_5)_3Al$ • 트라이아이소뷰틸알루미늄 $(C_4H_9)_3Al$ • 다이에틸알루미늄클로라이드 $(C_2H_5)_2AlCl$	• 메틸리튬 (CH_3Li) • 에틸리튬 (C_2H_5Li) • 부틸리튬 (C_4H_9Li)

54 제5류 위험물의 일반적 성질에 관한 설명으로 옳지 않은 것은?

① 화재발생 시 소화가 곤란하므로 적은 양으로 나누어 저장한다.

② 운반용기 외부에 충격주의, 화기엄금의 주의사항을 표시한다.

③ 자기연소를 일으키며 연소속도가 대단히 빠르다.

④ 가연성 물질이므로 질식소화하는 것이 가장 좋다.

해설

제5류 위험물은 자기반응성 물질로 질식소화는 효과가 없으며 주수소화가 효과적이다.

제5류 위험물의 저장 및 취급방법

- 가열, 마찰, 충격에 의한 용기의 파손 및 균열에 주의하고 실온, 습기, 통풍에 주의한다.
- 저장 시 소량씩 소분하여 저장한다.
- 점화원 및 분해를 촉진시키는 물질로부터 멀리한다.
- 운반용기 및 저장용기에 "화기엄금" 및 "충격주의" 표시를 한다.

55 연소의 3요소를 모두 포함하는 것은?

① 과염소산, 산소, 불꽃

② 마그네슘분말, 연소열, 수소

③ 아세톤, 수소, 산소

④ 불꽃, 아세톤, 질산암모늄

해설

연소의 3요소 : 불꽃(점화원), 아세톤(가연물), 질산암모늄(산소공급원)

① 과염소산(산소공급원), 산소(산소공급원), 불꽃(점화원)

② 마그네슘분말(가연물), 연소열(점화원), 수소(가연물)

③ 아세톤(가연물), 수소(가연물), 산소(산소공급원)

- 제1류 위험물(산화성 고체)인 질산암모늄의 분해 · 폭발 반응식
  $2NH_4NO_3 \rightarrow 4H_2O + 2N_2 + O_2 \uparrow$
- 연소의 4요소 : 가연물(환원제), 점화원, 산소공급원(산화제), 연쇄반응

56 다음 위험물의 지정수량 배수의 총합은 얼마인가?

질산 150kg, 과산화수소 420kg, 과염소산 300kg

① 2.5 ② 2.9

③ 3.4 ④ 3.9

해설

지정수량 : 질산(300kg), 과산화수소(300kg), 과염소산(300kg)

$\therefore \frac{150}{300}+\frac{420}{300}+\frac{300}{300}=2.9$

정답 53 ③ 54 ④ 55 ④ 56 ②

57 위험물제조소 등별로 설치하여야 하는 경보설비의 종류에 해당하지 않는 것은?

① 비상방송설비
② 비상조명등설비
③ 자동화재탐지설비
④ 비상경보설비

해설

경보설비의 종류
- 자동화재탐지설비
- 비상경보설비(비상벨장치 또는 경종을 포함)
- 확성장치(휴대용 확성기를 포함) 및 비상방송설비

※ 비상조명등설비는 피난설비에 해당한다.

58 제조소 등의 위치・구조 또는 설비의 변경 없이 해당 제조소 등에서 저장하거나 취급하는 위험물의 품명・수량 또는 지정수량의 배수를 변경하고자 하는 자는 변경하고자 하는 날의 며칠 전까지 행정안전부령이 정하는 바에 따라 시・도지사에게 신고하여야 하는가?

① 1일 ② 14일
③ 21일 ④ 30일

해설

제조소 등의 위치・구조 또는 설비의 변경 없이 해당 제조소 등에서 저장하거나 취급하는 위험물의 품명・수량 또는 지정수량의 배수를 변경하고자 하는 자는 변경하고자 하는 날의 1일 전까지 행정안전부령이 정하는 바에 따라 시・도지사에게 신고하여야 한다(위험물안전관리법 제6조).

59 그림과 같은 위험물 저장탱크의 내용적은 약 몇 m^3인가?

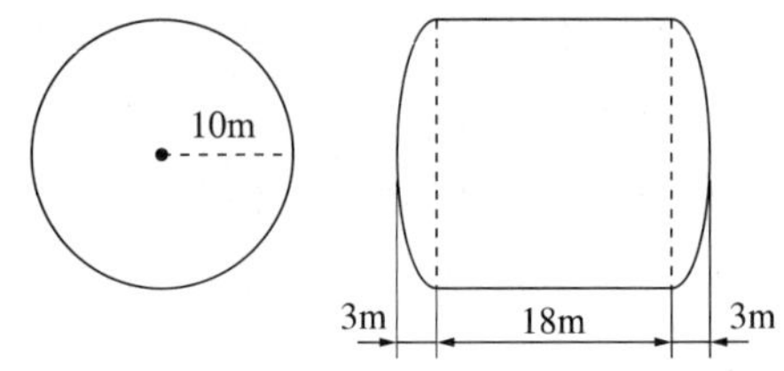

① 4,681 ② 5,482
③ 6,283 ④ 7,080

해설

$$\text{횡으로 설치한 원통형 탱크의 내용적} = \pi r^2\left(L+\frac{L_1+L_2}{3}\right) = \pi 10^2\left(18+\frac{3+3}{3}\right) = 6,283\text{m}^3$$

※ 공간용적 고려 시
탱크의 용량 = 탱크의 내용적 − 탱크의 공간용적(공간용적은 제시됨)

60 제1류 위험물의 일반적인 성질에 해당하지 않는 것은?

① 고체 상태이다.
② 분해하여 산소를 발생한다.
③ 가연성 물질이다.
④ 산화제이다.

해설

제1류 위험물(산화성 고체)은 불연성 물질로 산소를 많이 함유하여 가연성 물질의 연소를 돕는다.

57 ② 58 ① 59 ③ 60 ③ 정답

2018년 제2회 과년도 기출복원문제

01 다음 물질 중 위험물 유별에 따른 구분이 나머지 셋과 다른 하나는?

① 질산은 ② 질산메틸
③ 무수크로뮴산 ④ 질산암모늄

해설

- 제1류 위험물 : 질산은(질산염류), 질산암모늄(질산염류), 무수크로뮴산(행정안전부령이 정함)
- 제5류 위험물 : 질산메틸(질산에스테르류)

02 전기설비에 적응성이 없는 소화설비는?

① 불활성기체소화설비 ② 물분무소화설비
③ 포소화설비 ④ 할로젠화합물소화설비

해설

전기화재

- 포소화설비는 거품을 이용한 것으로 합선, 누전 등이 발생되므로 절대 사용을 금한다.
- 질식소화 방식을 사용한다.
  - 이산화탄소 및 할로젠화합물소화설비
  - 물분무소화설비 : 물이 포함되어 있긴 하나, 분무형태이기 때문에 질식효과를 갖는다.

03 과염소산에 대한 설명으로 틀린 것은?

① 물과 접촉하면 발열한다.
② 불연성이지만 유독성이 있다.
③ 증기비중은 약 3.5이다.
④ 산화제이므로 쉽게 산화할 수 있다.

해설

과염소산

- 제6류 위험물로 산소를 함유(산화성 액체)하고 있고, 자신은 환원하며 다른 물질을 산화시킨다.
- 강산 및 불연성 특징을 갖는다.

04 위험물안전관리자의 책무에 해당하지 않는 것은?

① 화재 등의 재난이 발생한 경우 소방관서 등에 대한 연락업무
② 화재 등의 재난이 발생한 경우 응급조치
③ 위험물의 취급에 관한 일지의 작성・기록
④ 위험물안전관리자의 선임・신고

해설

위험물안전관리자의 선임・신고는 제조소 등의 관계인이 한다.

05 위험물의 저장 및 취급방법에 대한 설명으로 틀린 것은?

① 적린은 화기와 멀리하고 가열, 충격이 가해지지 않도록 한다.
② 황린은 자연발화성이 있으므로 물속에 저장한다.
③ 마그네슘은 산화제와 혼합되지 않도록 취급한다.
④ 알루미늄분은 분진폭발의 위험이 있으므로 분무주수하여 저장한다.

해설

- 알루미늄분은 물과 반응 시 수소를 발생하므로 밀폐 용기에 넣어 건조한 곳에 저장한다.
- 제2류 위험물(가연성 고체) 중 금속분(알루미늄, 아연 등)은 물과 반응하면 수소기체를 발생한다.
  $2Al + 6H_2O \rightarrow 2Al(OH)_3 + 3H_2 \uparrow$

정답 1 ② 2 ③ 3 ④ 4 ④ 5 ④

06 지정과산화물 옥내저장소의 저장창고 출입구 및 창의 설치기준으로 틀린 것은?

① 창은 바닥면으로부터 2m 이상의 높이에 설치한다.

② 하나의 창의 면적을 $0.4m^2$ 이내로 한다.

③ 하나의 벽면에 두는 창의 면적의 합계를 해당 벽면의 면적의 1/80이 초과되도록 한다.

④ 출입구에는 60분+방화문 또는 60분 방화문을 설치한다.

해설

하나의 벽면에 두는 창의 면적의 합계를 해당 벽면의 면적의 1/80 이내로 한다.

07 위험물의 유별과 성질을 잘못 연결한 것은?

① 제2류 – 가연성 고체

② 제3류 – 자연발화성 및 금수성 물질

③ 제5류 – 자기반응성 물질

④ 제6류 – 산화성 고체

해설

- 제1류 – 산화성 고체
- 제6류 – 산화성 액체

08 제3류 위험물 중 금수성 물질을 제외한 위험물에 적응성이 있는 소화설비가 아닌 것은?

① 분말소화설비

② 스프링클러설비

③ 팽창질석

④ 포소화설비

해설

제3류 위험물 중 금수성 물질을 제외한 위험물은 황린으로 물을 포함한 스프링클러설비, 포소화설비 또는 팽창질석이 소화에 적응성이 있다.

09 위험물안전관리법령상 특수인화물의 정의에 대해 다음( ) 안에 알맞은 수치를 차례대로 옳게 나열한 것은?

> "특수인화물"이라 함은 이황화탄소, 다이에틸에터 그 밖에 1기압에서 발화점이 ( )℃ 이하인 것 또는 인화점이 영하 ( )℃ 이하이고 비점이 40℃ 이하인 것을 말한다.

① 100, 20　　② 25, 0

③ 100, 0　　④ 25, 20

해설

- 특수인화물이라 함은 이황화탄소, 다이에틸에터 그 밖에 1기압에서 발화점이 100℃ 이하인 것 또는 인화점이 영하 20℃ 이하이고 비점이 40℃ 이하인 것을 말한다.
- 성질에 의한 품명 분류

특수인화물	1기압에서 인화점이 –20℃ 이하, 비점이 40℃ 이하 또는 발화점이 100℃ 이하인 것
제1석유류	1기압에서 액체로서 인화점이 21℃ 미만인 것
제2석유류	1기압에서 액체로서 인화점이 21℃ 이상 70℃ 미만인 것(가연성 액체량이 40wt% 이하이면서 인화점이 40℃ 이상인 동시에 연소점이 60℃ 이상인 것은 제외)
제3석유류	1기압에서 액체로서 인화점이 70℃ 이상 200℃ 미만인 것(가연성 액체량이 40wt% 이하인 것은 제외)
제4석유류	1기압에서 액체로서 인화점이 200℃ 이상 250℃ 미만인 것(가연성 액체량이 40wt% 이하인 것은 제외)

10 알코올에 관한 설명으로 옳지 않은 것은?

① 1차 알코올은 OH기의 수가 1개인 알코올을 말한다.

② 2차 알코올은 1차 알코올이 산화된 것이다.

③ 2차 알코올이 수소를 잃으면 케톤이 된다.

④ 알데하이드가 환원되면 1차 알코올이 된다.

해설

- 2차 알코올은 알킬의 수가 2개이며, 1차 알코올은 알킬의 수가 1개인 것으로 1차 알코올이 산화되어도 알킬의 수는 같으므로 2차 알코올로 변하지 않는다.

$$\underset{\text{1차 알코올}}{R-OH} \underset{\text{환원}}{\overset{\text{산화}}{\rightleftarrows}} \underset{\text{알데하이드}}{R-CHO} \underset{\text{환원}}{\overset{\text{산화}}{\rightleftarrows}} \underset{\text{카복실산}}{R-COOH}$$

- 2가 알코올은 OH기의 수가 2개(에틸렌글리콜–제3석유류), 3가 알코올은 OH기가 3개(글리세린–제3석유류)인 알코올을 말한다.

6 ③ 7 ④ 8 ① 9 ① 10 ② 정답

11 탄화칼슘에 대한 설명으로 틀린 것은?

① 시판품은 흑회색이며, 불규칙한 형태의 고체이다.

② 물과 작용하여 산화칼슘과 아세틸렌을 만든다.

③ 고온에서 질소와 반응하여 칼슘사이안아미드(석회질소)가 생성된다.

④ 비중은 약 2.2이다.

해설

물과 반응하여 발열하고, 수산화칼슘과 아세틸렌가스를 발생한다.

탄화칼슘과 물의 반응식 : $CaC_2 + 2H_2O \rightarrow Ca(OH)_2 + C_2H_2$
수산화칼슘 아세틸렌

12 다음 중 연소속도와 의미가 가장 가까운 것은?

① 기화열의 발생속도 ② 환원속도

③ 착화속도 ④ 산화속도

해설

연소속도 : 가연물질에 공기가 공급되어 연소가 되면서 반응하여 연소 생성물을 생성할 때의 반응속도로 산화속도라고도 한다.

13 위험물안전관리법령상에 따른 다음에 해당하는 동식물유류의 규제에 관한 설명으로 틀린 것은?

> 행정안전부령이 정하는 용기기준과 수납·저장기준에 따라 수납되어 저장·보관되고 용기의 외부에 물품의 통칭명, 수량 및 화기엄금(화기엄금과 동일한 의미를 갖는 표시를 포함한다)의 표시가 있는 경우

① 위험물에 해당하지 않는다.

② 제조소 등이 아닌 장소에 지정수량 이상 저장할 수 있다.

③ 지정수량 이상을 저장하는 장소도 제조소 등 설치 허가를 받을 필요가 없다.

④ 화물자동차에 적재하여 운반하는 경우 위험물안전관리법상 운반기준이 적용되지 않는다.

해설

동식물유류를 화물자동차에 적재하여 운반하는 경우 위험물안전관리법상 운반기준이 적용된다.

14 위험물안전관리법령상 예방규정을 정하여야 하는 제조소 등에 해당하지 않는 것은?

① 지정수량 10배 이상의 위험물을 취급하는 제조소

② 이송취급소

③ 암반탱크저장소

④ 지정수량의 200배 이상의 위험물을 저장하는 옥내탱크저장소

해설

관계인이 예방규정을 정하여야 하는 제조소 등

- 지정수량의 10배 이상의 위험물을 취급하는 제조소
- 지정수량의 100배 이상의 위험물을 저장하는 옥외저장소
- 지정수량의 150배 이상의 위험물을 저장하는 옥내저장소
- 지정수량의 200배 이상의 위험물을 저장하는 옥외탱크저장소
- 암반탱크저장소
- 이송취급소
- 지정수량의 10배 이상의 위험물을 취급하는 일반취급소. 다만, 제4류 위험물(특수인화물을 제외한다)만을 지정수량의 50배 이하로 취급하는 일반취급소(제1석유류·알코올류의 취급량이 지정수량의 10배 이하인 경우에 한한다)로서 다음의 어느 하나에 해당하는 것을 제외한다.
  - 보일러·버너 또는 이와 비슷한 것으로서 위험물을 소비하는 장치로 이루어진 일반취급소
  - 위험물을 용기에 옮겨 담거나 차량에 고정된 탱크에 주입하는 일반취급소

15 분말소화기의 소화약제로 사용되지 않은 것은?

① 탄산수소나트륨

② 탄산수소칼륨

③ 과산화나트륨

④ 인산이수소암모늄

해설

분말소화약제

종 별	주성분
제1종 분말($NaHCO_3$)	탄산수소나트륨(중탄산나트륨, 중조)
제2종 분말($KHCO_3$)	탄산수소칼륨(중탄산칼륨)
제3종 분말($NH_4H_2PO_4$)	인산이수소암모늄(제1인산암모늄)
제4종 분말 [$KHCO_3 + (NH_2)_2CO$]	탄산수소칼륨과 요소의 혼합물

정답 11 ② 12 ④ 13 ④ 14 ④ 15 ③

16 이송취급소의 배관이 하천을 횡단하는 경우 하천 밑에 매설하는 배관의 외면과 계획하상(계획하상이 최심하상보다 높은 경우에는 최심하상)과의 거리는?

① 1.2m 이상　② 2.5m 이상
③ 3.0m 이상　④ 4.0m 이상

해설

- 하천을 횡단하는 경우 : 4.0m 이상
- 하수도(상부가 개방되는 구조로 된 것에 한함) 또는 운하 : 2.5m 이상
- 좁은 수로(용수로 그 밖에 유사한 것은 제외) : 1.2m 이상

17 그림과 같이 횡으로 설치한 원형탱크의 용량은 약 몇 m^3인가?(단, 공간용적은 내용적의 $\frac{10}{100}$ 이다)

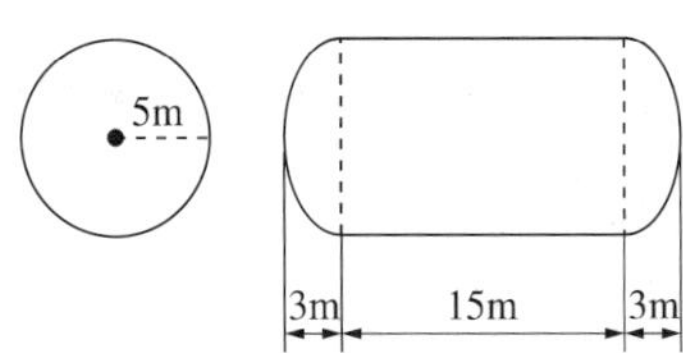

① 1,690.9　② 1,335.1
③ 1,268.4　④ 1,201.7

해설

- 내용적 $V = \pi r^2\left(L + \frac{L_1 + L_2}{3}\right) = \pi 5^2\left(15 + \frac{3+3}{3}\right)$
  $= 1,335.2m^3$
- 탱크의 용량 = 탱크의 내용적 − 탱크의 공간 용적
  $= 1,335.2 - \left(1,335.2 \times \frac{10}{100}\right)$
  $= 1,201.68m^3$

18 위험물의 운반에 관한 기준에서 제4석유류와 혼재할 수 없는 위험물?(단, 위험물은 각각 지정수량의 2배인 경우이다)

① 황화인　② 칼 륨
③ 유기과산화물　④ 과염소산

해설

제4류 위험물(제4석유류)과 혼재할 수 없는 위험물은 제6류 위험물(과염소산)이다.

혼재 가능한 위험물

- 제1류 위험물(산화성 고체) : 제6류 위험물(산화성 액체)
- 제4류 위험물(인화성 액체) : 제2류 위험물(가연성 고체), 제3류 위험물(자연발화성 물질 및 금수성 물질), 제5류 위험물(자기반응성 물질)
- 제5류 위험물(자기반응성 물질) : 제2류 위험물(가연성 고체), 제4류 위험물(인화성 액체)

19 위험물제조소 등에 설치해야 하는 각 소화설비의 설치기준에 있어서 각 노즐 또는 헤드 끝부분의 방사압력기준이 나머지 셋과 다른 설비는?

① 옥내소화전설비　② 옥외소화전설비
③ 스프링클러설비　④ 물분무소화설비

해설

스프링클러설비는 100kPa이며, 나머지 옥내소화전설비, 옥외소화전설비, 물분무소화설비는 350kPa이다.

20 충격이나 마찰에 민감하고 가수분해 반응을 일으키는 단점을 가지고 있어 이를 개선하여 다이너마이트를 발명하는 데 주원료로 사용한 위험물은?

① 셀룰로이드
② 나이트로글리세린
③ 트라이나이트로톨루엔
④ 트라이나이트로페놀

해설

액체상태의 나이트로글리세린(제5류 위험물)은 충격에 매우 민감하며, 규조토에 흡수시켜 다이너마이트 제조에 사용한다.

16 ④　17 ④　18 ④　19 ③　20 ② **정답**

21 이송취급소의 교체밸브, 제어밸브 등의 설치기준으로 틀린 것은?

① 밸브는 원칙적으로 이송기지 또는 전용부지 내에 설치할 것
② 밸브는 그 개폐상태를 설치장소에서 쉽게 확인할 수 있도록 할 것
③ 밸브를 지하에 설치하는 경우에는 점검상자 안에 설치할 것
④ 밸브는 해당 밸브의 관리에 관계하는 자가 아니면 수동으로만 개폐할 수 있도록 할 것

해설

밸브는 해당 밸브의 관리에 관계하는 자가 아니면 수동으로 개폐할 수 없다.

22 포소화약제에 의한 소화방법으로 다음 중 가장 주된 소화효과는?

① 희석소화 ② 질식소화
③ 제거소화 ④ 자기소화

해설

- 포소화약제는 주된 효과는 질식소화이다.
- 포소화설비의 구분
  - 기계포 : 인공적으로 포(포핵은 공기)를 생성하도록 발포기를 이용하며 단백형 포소화약제, 합성계면 활성제 포소화약제, 수성막포소화약제, 특수포(알코올형) 포소화약제가 있다.
  - 화학포 : 황산알루미늄과 탄산수소나트륨(중조, 사포닌, 중탄산나트륨, $NaHCO_3$)이 혼합되면 화학적으로 포핵이 이산화탄소인 포가 생성되는 현상을 이용한 것이다.

23 다음 ( ) 안에 알맞은 수치를 차례대로 옳게 나열한 것은?

> 위험물 암반탱크의 공간용적은 해당 탱크 내에 용출하는 ( )일간의 지하수 양에 상당하는 용적과 해당 탱크 내용적의 100분의 ( )의 용적 중에서 보다 큰 용적을 공간용적으로 한다.

① 1, 1 ② 7, 1
③ 1, 5 ④ 7, 5

해설

위험물 암반탱크의 공간 용적은 해당 탱크 내에 용출하는 7일간의 지하수 양에 상당하는 용적과 해당 탱크 내용적의 1/100의 용적 중에서 보다 큰 용적을 공간용적으로 한다.

24 위험물의 지정수량이 틀린 것은?

① 과산화칼륨 : 50kg
② 질산나트륨 : 50kg
③ 과망가니즈산나트륨 : 1,000kg
④ 다이크로뮴산암모늄 : 1,000kg

해설

질산나트륨은 질산염류(300kg/위험등급Ⅱ)에 속하므로 지정수량은 300kg이다.

25 다음 중 알킬알루미늄의 소화방법으로 가장 적합한 것은?

① 팽창질석에 의한 소화
② 알코올포에 의한 소화
③ 주수에 의한 소화
④ 산알칼리 소화약제에 의한 소화

해설

알킬알루미늄(제3류 위험물)의 화재 시 마른모래, 팽창질석, 팽창진주암, 탄산수소염류 등으로 소화한다.

정답 21 ④ 22 ② 23 ② 24 ② 25 ①

26 위험물안전관리법령상 자동화재탐지설비의 경계구역 하나의 면적은 몇 m^2 이하이어야 하는가?(단, 원칙적인 경우에 한한다)

① 250 ② 300
③ 400 ④ 600

해설

자동화탐지설비의 경계구역

- 건축물의 2 이상의 층에 걸치지 아니하도록 할 것(경계구역의 면적이 $500m^2$ 이하이면 그러하지 아니하다)
- 하나의 경계구역의 면적은 $600m^2$ 이하로 할 것
- 한 변의 길이는 50m(광전식 분리형 감지기의 경우에는 100m) 이하로 할 것
- 건축물의 주요한 출입구에서 그 내부 전체를 볼 수 있는 경우는 면적을 $1,000m^2$ 이하로 할 수 있다.
- 자동화재탐지설비의 감지기는 지붕 또는 벽의 옥내에 면한 부분에 화재발생을 감지할 수 있도록 설치할 것
- 자동화재탐지설비에는 비상전원을 설치할 것

27 아염소산염류 500kg과 질산염류 3,000kg을 함께 저장하는 경우 위험물의 소요단위는 얼마인가?

① 2 ② 4
③ 6 ④ 8

해설

- 위험물의 1소요단위는 지정수량의 10배이다.
- 아염소산염류 지정수량은 50kg, 질산염류 지정수량은 300kg

$$\therefore \frac{500\text{kg}}{50\text{kg} \times 10\text{배}} + \frac{3,000\text{kg}}{300\text{kg} \times 10\text{배}} = 2\text{소요단위}$$

28 제6류 위험물에 해당하지 않는 것은?

① 농도가 50wt%인 과산화수소
② 비중이 1.5인 질산
③ 과아이오딘산
④ 삼플루오린화브로민

해설

과아이오딘산은 제1류 위험물이다.

제6류 위험물(산화성 액체)

성 질	품 명	지정수량	위험등급	표 시
산화성 액체	과산화수소	300kg	I	가연물 접촉주의
	과염소산			
	질 산			

29 위험물안전관리법령에 따른 스프링클러 헤드의 설치방법에 대한 설명으로 옳지 않은 것은?

① 개방형 헤드는 반사판으로부터 하방으로 0.45m, 수평방향으로 0.3m 공간을 보유할 것
② 폐쇄형 헤드는 가연성 물질 수납부분에 설치 시 반사판으로부터 하방으로 0.9m, 수평방향으로 0.4m의 공간을 확보할 것
③ 폐쇄형 헤드 중 개구부에 설치하는 것은 해당 개구부의 상단으로부터 높이 0.15m 이내의 벽면에 설치할 것
④ 폐쇄형 헤드 설치 시 급배기용 덕트의 긴 변의 길이가 1.2m를 초과하는 것이 있는 경우에는 해당 덕트의 윗부분에만 헤드를 설치할 것

해설

급배기용 덕트 등의 긴 변의 길이가 1.2m를 초과하는 것이 있는 경우에는 해당 덕트 등의 아래면에도 스프링클러 헤드를 설치할 것

30 다음 중 물이 소화약제로 쓰이는 이유로 가장 거리가 먼 것은?

① 쉽게 구할 수 있다.
② 제거소화가 잘 된다.
③ 취급이 간편하다.
④ 기화잠열이 크다.

해설

물을 소화약제로 사용하는 공통적인 이유

- 기화열을 이용한 냉각소화효과가 크기 때문이다.
- 비열과 잠열이 크기 때문이다.
- 손쉽게 구할 수 있고, 취급이 간편하기 때문이다.
- 가격이 저렴해서 경제적이기 때문이다.

26 ④ 27 ① 28 ③ 29 ④ 30 ② **정답**

31 **과염소산암모늄에 대한 설명으로 옳은 것은?**

① 물에 용해되지 않는다.
② 청록색의 침상결정이다.
③ 130℃에서 분해하기 시작하여 CO_2 가스를 방출한다.
④ 아세톤, 알코올에 용해된다.

해설

무색결정으로 물, 에틸알코올, 아세톤, 에터에 잘 녹는다.

32 **위험물안전관리법령상 옥내저장탱크와 탱크전용실의 벽과의 사이 및 옥내저장탱크의 상호 간에는 몇 m 이상의 간격을 유지하여야 하는가?**

① 0.5 ② 1
③ 1.5 ④ 2

해설

옥내저장탱크와 탱크전용실의 벽과의 사이 및 옥내저장탱크의 상호 간에는 0.5m 이상의 간격을 유지할 것(필답형 유형)

33 **액화 이산화탄소 1kg이 25℃, 2atm에서 방출되어 모두 기체가 되었다. 방출된 기체상의 이산화탄소 부피는 약 몇 L인가?**

① 238 ② 278
③ 308 ④ 340

해설

이상기체 상태방정식

$PV = nRT = \frac{W}{M}RT$

이산화탄소(CO_2)의 분자량 : $\{(12\times1)+(16\times2)\} = 44\text{kg/kmol}$

여기서, P : 압력, V : 부피, n : mol수(무게/분자량), W : 무게,
M : 분자량, R : 기체상수(0.08205atm · m^3/kmol · K),
T : 절대온도(273+℃)

$\therefore\ V = \frac{WRT}{PM} = \frac{1\times0.08205\times(25+273)\text{K}}{2\times44} = 0.2779\text{m}^3$

$\rightarrow 278\text{L}(1\text{m}^3 = 1{,}000\text{L})$

※ 기체상수(R)

$R = 0.08205\text{atm}\cdot\text{m}^3/\text{kmol}\cdot\text{K} = 8.314\text{kJ/kmol}\cdot\text{K} = 1.987\text{kcal/kmol}\cdot\text{K}$

34 **알킬알루미늄 등 또는 아세트알데하이드 등을 취급하는 제조소의 특례기준으로서 옳은 것은?**

① 알킬알루미늄 등을 취급하는 설비에는 불활성 기체 또는 수증기를 봉입하는 장치를 설치한다.
② 알킬알루미늄 등을 취급하는 설비에는 은·수은·동·마그네슘을 성분으로 하는 것으로 만들지 않는다.
③ 아세트알데하이드 등을 취급하는 탱크에는 냉각장치 또는 보냉장치 및 불활성 기체 봉입장치를 설치한다.
④ 아세트알데하이드 등을 취급하는 설비의 주위에는 누설범위를 국한하기 위한 설비와 누설되었을 때 안전한 장소에 설치된 저장실에 유입시킬 수 있는 설비를 갖춘다.

해설

- 알킬알루미늄 등을 취급하는 설비에는 불활성 기체를 봉입하는 장치를 갖출 것
- 알킬알루미늄 등을 취급하는 설비의 주위에는 누설범위를 국한하기 위한 설비와 누설된 알킬알루미늄 등을 안전한 장소에 설치된 저장실에 유입시킬 수 있는 설비를 갖출 것
- 아세트알데하이드 등을 취급하는 탱크에는 냉각장치 또는 보냉장치 및 불활성 기체 봉입장치를 설치할 것

35 **폭발의 종류에 따른 물질이 잘못 짝지어진 것은?**

① 분해폭발 – 아세틸렌, 산화에틸렌
② 분진폭발 – 금속분, 밀가루
③ 중합폭발 – 사이안화수소, 염화바이닐
④ 산화폭발 – 하이드라진, 과산화수소

해설

제4류 위험물(인화성 액체)인 하이드라진은 분해폭발, 제6류 위험물(산화성 액체)인 과산화수소는 분해폭발을 한다.
※ 성질이 다른 위험물은 폭발형태가 다르다.

정답 31 ④ 32 ① 33 ② 34 ③ 35 ④

36 다음 중 위험물안전관리법이 적용되는 영역은?

① 항공기에 의한 대한민국 영공에서의 위험물의 저장, 취급 및 운반
② 궤도에 의한 위험물의 저장, 취급 및 운반
③ 철도에 의한 위험물의 저장, 취급 및 운반
④ 자가용승용차에 의한 지정수량 이하의 위험물의 저장, 취급 및 운반

해설

항공기, 선박, 철도 및 궤도에 의한 위험물의 저장, 취급 및 운반은 위험물안전관리법의 적용을 받지 않는다(위험물안전관리법 제3조).

37 물과 반응하여 가연성 가스를 발생하지 않는 것은?

① 칼 륨　② 과산화칼륨
③ 탄화알루미늄　④ 트라이에틸알루미늄

해설

과산화칼륨과 물의 반응식 : $2K_2O_2 + 2H_2O \rightarrow 4KOH + O_2\uparrow$
과산화칼륨(K_2O_2)은 제1류 위험물 중 알칼리금속 과산화물로 물과 반응하여 산소(불연성 가스)를 발생한다.

① $2K + 2H_2O \rightarrow 2KOH + H_2\uparrow$ (수소가스)
③ $Al_4C_3 + 12H_2O \rightarrow 4Al(OH)_3 + 3CH_4\uparrow$ (메테인가스)
④ $(C_2H_5)_3Al + 3H_2O \rightarrow Al(OH)_3 + 3C_2H_6\uparrow$ (에테인가스)

38 과염소산칼륨의 성질에 대한 설명 중 틀린 것은?

① 무색, 무취의 결정으로 물에 잘 녹는다.
② 화학식은 $KClO_4$이다.
③ 에틸알코올, 에터에는 녹지 않는다.
④ 화약, 폭약, 섬광제 등에 쓰인다.

해설

과염소산칼륨은 무색 무취의 결정으로 물에 잘 녹지 않으며, 알코올과 에터에도 잘 녹지 않는다.

39 알루미늄분의 성질에 대한 설명으로 옳은 것은?

① 금속 중에서 연소열량이 가장 작다.
② 끓는 물과 반응해서 수소를 발생한다.
③ 수산화나트륨 수용액과 반응해서 산소를 발생한다.
④ 안전한 저장을 위해 할로젠 원소와 혼합한다.

해설

- 물과 반응식
  $2Al + 6H_2O \rightarrow 2Al(OH)_3 + 3H_2\uparrow$
- 제2류 위험물 중 금속분(500kg/위험등급Ⅲ)에 속한다.
- 금속(철, 구리 등)보다 큰 연소열량을 갖는다.
- 수산화나트륨 수용액과 반응식
  $2Al + 2NaOH \cdot H_2O \rightarrow 2NaAlO_2 + 3H_2\uparrow$
- 할로젠 원소와 접촉 시 자연발화 위험이 있다.

40 톨루엔에 대한 설명으로 틀린 것은?

① 벤젠의 수소원자 하나가 메틸기로 치환된 것이다.
② 증기는 벤젠보다 가볍고 휘발성은 더 높다.
③ 독특한 향기를 가진 무색의 액체이다.
④ 물에 녹지 않는다.

해설

- 증기는 벤젠보다 무겁고 휘발성은 더 낮다(증기비중 : 톨루엔 3.1, 벤젠 2.8).
- 물에 용해되지 않고 유기용제에 용해된다.
- 트라이나이트로톨루엔(TNT)의 원료로 사용된다.
- 소화방법은 대량일 경우 포말소화기가 가장 좋고 질식소화기(이산화탄소 분말)도 좋다.

41 제3류 위험물에 해당하는 것은?

① 황　② 적 린
③ 황 린　④ 삼황화인

해설

황, 적린, 삼황화인은 제2류 위험물이다.

36 ④ 37 ② 38 ① 39 ② 40 ② 41 ③ 정답

42 이산화탄소소화기 사용 시 줄-톰슨 효과에 의해서 생성되는 물질은?

① 포스겐

② 일산화탄소

③ 드라이아이스

④ 수성가스

해설

이산화탄소 속에 함유되어 있는 수분·기름 등을 분리시킨 다음, 저온에서 가압하여 급격히 팽창시키면 줄-톰슨 효과에 의해서 냉각되어 액체인 이산화탄소가 되고, 그 일부분을 증발시키면 잠열에 의해서 나머지는 눈송이 모양의 드라이아이스가 된다.

줄-톰슨 효과(Joule-Thomson 효과) : 압축한 기체를 가는 구멍으로 내뿜어 갑자기 팽창시킬 때 그 온도가 오르거나 내리는 현상

43 위험물제조소에서 다음과 같이 위험물을 취급하고 있는 경우 각각의 지정수량 배수의 총합은 얼마인가?

- 브로민산나트륨 300kg
- 과산화나트륨 150kg
- 다이크로뮴산나트륨 500kg

① 3.5　　② 4.0

③ 4.5　　④ 5.0

해설

- 지정수량 : 브로민산나트륨(300kg), 과산화나트륨(50kg), 다이크로뮴산나트륨(1,000kg)
- 지정수량의 배수 $= \frac{\text{저장수량}}{\text{지정수량}}$

$\therefore \frac{300}{300} + \frac{150}{50} + \frac{500}{1,000} = 4.5$

44 위험물안전관리법령상 옥내소화전설비의 설치기준에서 옥내소화전은 제조소 등의 건축물의 층마다 해당 층의 각 부분에서 하나의 호스접속구까지의 수평거리가 몇 m 이하가 되도록 설치하여야 하는가?

① 5　　② 10

③ 15　　④ 25

해설

옥내소화전은 건축물의 층마다 해당 층의 각 부분에서 하나의 호스접속구까지의 수평거리가 25m 이하가 되도록 설치하여야 한다.

45 할로젠화합물의 소화약제 중 할론 2402의 화학식은?

① $C_2Br_4F_2$　　② $C_2Cl_4F_2$

③ $C_2Cl_4Br_2$　　④ $C_2F_4Br_2$

해설

- 할론넘버는 C-F-Cl-Br 순의 개수를 말한다. C 2개, F 4개, Cl 0개, Br 2개이므로 $C_2F_4Br_2$가 된다.
- 소화효과
  - 104 < 1011 < 2402 < 1211 < 1301
  - 할론소화약제는 메테인(CH_4)에서 파생된 물질로 할론 1301(CF_3Br), 할론 1211(CF_2ClBr), 할론 2402($C_2F_4Br_2$)가 있다.

46 위험물안전관리법령상 품명이 금속분에 해당하는 것은?(단, 150μm의 체를 통과하는 것이 50wt% 이상인 경우이다)

① 니켈분

② 마그네슘분

③ 알루미늄분

④ 구리분

해설

금속분이라 함은 알칼리금속, 알칼리토류금속, 철(Fe) 및 마그네슘 외의 금속의 분말을 말하고, 구리분(Cu), 니켈분(Ni) 및 150μm의 체를 통과하는 것이 50wt% 미만인 것은 제외한다.

정답 42 ③ 43 ③ 44 ④ 45 ④ 46 ③

47 2가지 물질을 섞었을 때 수소가 발생하는 것은?

① 칼륨과 에틸알코올

② 과산화마그네슘과 염화수소

③ 과산화칼륨과 탄산가스

④ 오황화인과 물

해설

반응식(필답형 유형)

① 칼륨과 에틸알코올

$2K + 2C_2H_5OH \rightarrow 2C_2H_5OK + H_2 \uparrow$

에틸알코올 칼륨에틸레이트

② 과산화마그네슘과 염화수소

$MgO_2 + 2HCl \rightarrow MgCl_2 + H_2O_2 \uparrow$

염화마그네슘 과산화수소

③ 과산화칼륨과 탄산가스

$2K_2O_2 + 2CO_2 \rightarrow 2K_2CO_3 + O_2 \uparrow$

탄산칼륨

④ 오황화인과 물

$P_2S_5 + 8H_2O \rightarrow 5H_2S + 2H_3PO_4$

황화수소 인산

48 다음에 해당하는 직무를 수행할 수 있는 자는?

> 위험물운반자 또는 위험물운송자의 요건을 확인하기 위하여 필요하다고 인정하는 경우에는 주행 중인 위험물 운반 차량 또는 이동탱크저장소를 정지시켜 해당 위험물운반자 또는 위험물운송자에게 그 자격을 증명할 수 있는 국가기술자격증 또는 교육수료증의 제시를 요구할 수 있으며, 이를 제시하지 아니한 경우에는 주민등록증, 여권, 운전면허증 등 신원확인을 위한 증명서를 제시할 것을 요구하거나 신원확인을 위한 질문을 할 수 있다.

① 소방공무원, 국가공무원

② 지방공무원, 국가공무원

③ 소방공무원, 경찰공무원

④ 국가공무원, 경찰공무원

해설

위와 관련된 직무를 수행할 수 있는 자는 소방공무원 또는 경찰공무원이며, 이 직무를 수행하는 경우에 있어서 소방공무원과 경찰공무원은 긴밀히 협력하여야 한다(위험물안전관리법 제22조).

49 제4류 위험물 중 지정수량이 6,000L인 것은?

① 글리세린

② 에틸렌글리콜

③ 윤활유

④ 반건성유

해설

- 지정수량이 6,000L인 것은 제4류 위험물 중 제4석유류(윤활유)만 해당된다.
- 글리세린(수용성)과 에틸렌글리콜(수용성)은 제3석유류로 지정수량이 4,000L이고, 반건성유는 동식물유류로 지정수량이 10,000L이다.

50 물의 융해잠열은 얼마인가?

① 25 ② 80

③ 273 ④ 539

해설

물의 상태와 잠열

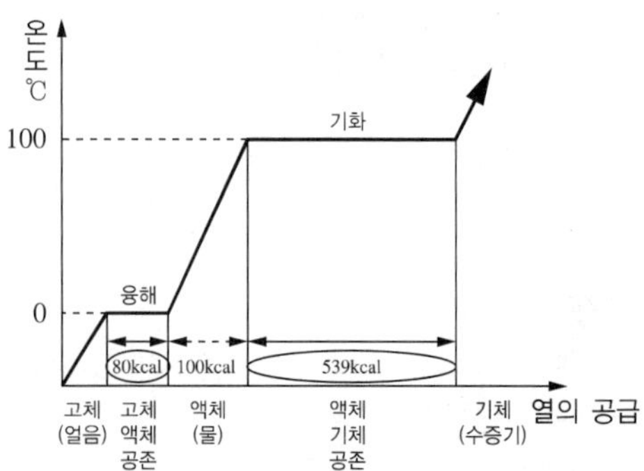

- C(비열) : 1kcal 1kg의 물을 1℃ 올리는 데 필요한 열량
- 물의 비열 : 1kcal/1kg · ℃
- 물의 잠열 : 기화(증발)잠열 539kcal/kg, 융해잠열 80kcal/kg

47 ① 48 ③ 49 ③ 50 ② **정답**

51 3차 알코올인 제3부틸알코올 $(CH_3)_3COH$의 증기비중은 얼마인가?

① 2.55 ② 2.95
③ 4.26 ④ 7.28

해설

- 평균대기 분자량
  - N_2 80% : $28 \times 0.8 = 22.4$, O_2 20% : $32 \times 0.2 = 6.4$
  - 질소와 산소 분자량의 합은 28.8 ≒ 29
- 측정물질(제3부틸알코올) 분자량 : $12 \times 4 + 10 + 16 = 74$

$\therefore$ 증기비중 $= \dfrac{\text{측정물질 분자량}}{\text{평균대기 분자량}} = \dfrac{74\text{g/mol}}{29\text{g/mol}} \fallingdotseq 2.552 = 2.55$

52 나트륨과 물이 반응하여 수소 10g이 발생하려면 필요한 나트륨의 g수는?

① 20 ② 130
③ 230 ④ 300

해설

나트륨과 물의 반응식 : $2Na + 2H_2O \rightarrow 2NaOH + H_2$

나트륨(Na) 2몰(23g/mol × 2mol = 46g)이 물과 반응하여 수소(H_2) 1몰(1g/mol × 1mol × 2 = 2g)을 발생한다.

46g : 2g = xg : 10g

$\therefore x = 230$g

53 연소 시 발생한 가스를 옳게 나타낸 것은?

① 황린 – 황산가스
② 황 – 무수인산가스
③ 적린 – 아황산가스
④ 삼황화사인(삼황화인) – 아황산가스

해설

연소 반응식(필답형 유형)

- 황린(제3류 위험물)
  $P_4 + 5O_2 \rightarrow 2P_2O_5$ (오산화인)
- 황(제2류 위험물)
  $S + O_2 \rightarrow SO_2$ (아황산가스)
- 적린(제2류 위험물)
  $4P + 5O_2 \rightarrow 2P_2O_5$ (오산화인)
- 삼황화사인(제2류 위험물)
  $P_4S_3 + 8O_2 \rightarrow 3SO_2 + 2P_2O_5$ (아황산가스, 오산화인)

54 다이에틸에터의 과산화물 검출시약으로 쓰이는 물질은?

① 아이오딘화칼륨
② 아이오딘화나트륨
③ 황산제일철
④ 물

해설

다이에틸에터($C_2H_5OC_2H_5$)는 인화성이며, 과산화물이 생성되면 제5류 위험물과 같은 위험성을 갖는다.

- 과산화물 검출시약 : 아이오딘화칼륨(KI) 10% 수용액 → 황색 변화(과산화물 존재)
- 과산화물 제거시약 : $FeSO_4$(황산제일철, 환원철)
- 과산화물 제거조치 : 40메시 구리망에 넣거나 5% 용량의 물을 넣는다.

정답 51 ① 52 ③ 53 ④ 54 ①

55 이황화탄소의 위험도는 얼마인가?

① 49 ② 44
③ 52 ④ 60

해설

이황화탄소(CS_2)의 폭발범위는 1.0~50%이므로

$$위험도(H) = \frac{폭발범위상한(U) - 폭발범위하한(L)}{폭발범위하한(L)}$$

$$= \frac{50-1}{1} = 49$$

56 위험물안전관리법령상의 위험물 운반에 관한 기준에서 액체위험물은 운반용기 내용적의 몇 % 이하의 수납률로 수납하여야 하는가?

① 80 ② 85
③ 90 ④ 98

해설

운반용기 수납률

- 고체위험물은 운반용기 내용적의 95% 이하의 수납률로 수납할 것
- 액체위험물은 운반용기 내용적의 98% 이하의 수납률로 수납하되, 55℃의 온도에서 누설되지 아니하도록 충분한 공간용적을 유지하도록 할 것
- 자연발화성 물질 중 알킬알루미늄 등은 운반용기의 내용적의 90% 이하의 수납률로 수납하되, 50℃의 온도에서 5% 이상의 공간용적을 유지하도록 할 것

57 옥내저장소에 제3류 위험물인 황린을 저장하면서 위험물안전관리법령에 의한 최소한의 보유공지로 3m를 옥내저장소 주위에 확보하였다. 이 옥내저장소에 저장하고 있는 황린의 수량은?(단, 옥내저장소의 구조는 벽·기둥 및 바닥이 내화구조로 되어 있고 그 외의 다른 사항은 고려하지 않는다)

① 100kg 초과 500kg 이하
② 400kg 초과 1,000kg 이하
③ 500kg 초과 5,000kg 이하
④ 1,000kg 초과 40,000kg 이하

해설

- 제3류 위험물인 황린(위험등급 Ⅰ)의 지정수량은 20kg이다. 3m 이상에 해당하는 최대수량은 지정수량의 20배 초과 50배 이하이므로 400kg 초과 1,000kg 이하가 된다.
- 옥내저장소의 보유공지

저장 또는 취급하는 위험물의 최대수량	공지의 너비	
	벽·기둥 및 바닥이 내화구조로 된 건축물	그 밖의 건축물
지정수량의 5배 이하	–	0.5m 이상
지정수량의 5배 초과 10배 이하	1m 이상	1.5m 이상
지정수량의 10배 초과 20배 이하	2m 이상	3m 이상
지정수량의 20배 초과 50배 이하	3m 이상	5m 이상
지정수량의 50배 초과 200배 이하	5m 이상	10m 이상
지정수량의 200배 초과	10m 이상	15m 이상

55 ① 56 ④ 57 ② **정답**

58 주유취급소에서 셀프용 고정주유설비에 관한 내용이다. (　　) 안에 알맞은 것을 순서대로 바르게 나열한 것은?

> 주유취급소에서 자동차연료탱크에 휘발유를 넣을 때 셀프용 고정주유설비를 사용할 경우 1회 주유시간은 상한 (　　)분과, 1회 연속 주유량의 상한은 (　　)L이다.

① 6, 100　　② 4, 200
③ 4, 100　　④ 6, 150

해설

- 셀프용 고정주유설비
  - 1회 주유량의 상한 : 휘발유 100L 이하, 경유 200L 이하
  - 1회 주유시간의 상한 : 4분 이하
- 셀프용 고정급유설비
  - 1회 급유량의 상한 : 100L 이하
  - 1회 급유시간의 상한 : 6분 이하

59 다음 중 D급 화재에 해당하는 것은?

① 플라스틱화재
② 나트륨화재
③ 휘발유화재
④ 전기화재

해설

가연물의 종류와 성상에 따른 화재의 분류

종 류	소화기 표시		적용대상
일반화재	백 색	A급 화재	일반가연물(나무, 옷, 종이, 고무, 플라스틱 등)
유류화재	황 색	B급 화재	가연성 액체(가솔린, 오일, 래커, 알코올, 페인트 등)
전기화재	청 색	C급 화재	전류가 흐르는 상태에서의 전기기구 화재
금속화재	무 색	D급 화재	가연성 금속(마그네슘, 나트륨, 세슘, 리튬, 칼륨 등)

60 위험물안전관리법상 소화설비에 해당하지 않는 것은?

① 옥외소화전설비
② 스프링클러설비
③ 할로젠화합물소화설비
④ 연결살수설비

해설

연결살수설비는 소화활동설비이다.

소화설비의 적응성

소화설비의 구분 \ 대상물 구분	건축물·그 밖의 공작물	전기설비	제1류 위험물 알칼리금속 과산화물 등	제1류 위험물 그 밖의 것	제2류 위험물 철분·금속분·마그네슘 등	제2류 위험물 인화성 고체	제2류 위험물 그 밖의 것	제3류 위험물 금수성 물품	제3류 위험물 그 밖의 것	제4류 위험물	제5류 위험물	제6류 위험물
옥내소화전 또는 옥외소화전설비	○			○		○	○		○		○	○
스프링클러설비	○			○		○	○		○	△	○	○
물분무 등 소화설비 – 물분무소화설비	○	○		○		○	○		○	○	○	○
물분무 등 소화설비 – 포소화설비	○			○		○	○		○	○	○	○
물분무 등 소화설비 – 불활성기체 소화설비		○				○				○		
물분무 등 소화설비 – 할로젠화합물 소화설비		○				○				○		
물분무 등 소화설비 – 분말소화설비 – 인산염류 등	○	○		○		○	○			○		○
물분무 등 소화설비 – 분말소화설비 – 탄산수소염류 등		○	○		○	○		○		○		
물분무 등 소화설비 – 분말소화설비 – 그 밖의 것			○		○			○				

2019년 제1회 과년도 기출복원문제

01 자연발화의 방지법이 아닌 것은?

① 습도를 높게 유지할 것
② 저장실의 온도를 낮출 것
③ 퇴적 및 수납 시 열축적이 없을 것
④ 통풍을 잘 시킬 것

해설

자연발화는 공기 중의 물질이 상온에서 저절로 발화하여 연소하는 현상이다.

자연발화 방지법

- 저장실의 온도를 낮춘다.
- 통풍과 환기가 잘되는 곳에 보관한다.
- 퇴적 및 수납 시 열이 축적되는 것을 방지한다.
- 가연성 물질을 제거한다.
- 습도를 낮춘다(물질에 따라 촉매 작용을 할 수 있음).

※ 칼륨(K)과 칼슘(Ca)은 습기나 물과 접촉하면 급격히 발화한다.

02 소화설비의 기준에서 불활성기체소화설비가 적응성이 있는 대상물은?

① 알칼리금속 과산화물
② 철 분
③ 인화성 고체
④ 제3류 위험물의 금수성 물질

해설

불활성기체소화설비 적응 대상 : 인화성 고체, 변압기・스위치・회로차단기・발전기 등의 전기설비, 제4류 위험물

03 위험물안전관리법령상 전기설비에 대하여 적응성이 없는 소화설비는?

① 물분무소화설비
② 불활성기체소화설비
③ 포소화설비
④ 할로젠화합물소화설비

해설

포소화설비는 거품을 이용하므로 전기화재 시 합선, 누전 등이 발생할 수 있어 사용을 금한다.

소화설비의 적응성

소화설비의 구분 \ 대상물 구분	건축물・그 밖의 공작물	전기설비	제1류 위험물: 알칼리금속 과산화물 등	제1류 위험물: 그 밖의 것	제2류 위험물: 철분・금속분・마그네슘 등	제2류 위험물: 인화성 고체	제2류 위험물: 그 밖의 것	제3류 위험물: 금수성 물품	제3류 위험물: 그 밖의 것	제4류 위험물	제5류 위험물	제6류 위험물
옥내소화전 또는 옥외소화전설비	○			○		○	○		○		○	○
스프링클러설비	○			○		○	○		○	△	○	○
물분무 등 소화설비 - 물분무소화설비	○	○		○		○	○		○	○	○	○
물분무 등 소화설비 - 포소화설비	○			○		○	○		○	○	○	○
물분무 등 소화설비 - 불활성가스소화설비		○				○				○		
물분무 등 소화설비 - 할로젠화합물소화설비		○				○				○		
물분무 등 소화설비 - 분말소화설비 - 인산염류 등	○	○		○		○	○			○		○
물분무 등 소화설비 - 분말소화설비 - 탄산수소염류 등		○	○		○	○		○		○		
물분무 등 소화설비 - 분말소화설비 - 그 밖의 것			○		○			○				

1 ① 2 ③ 3 ③ 정답

04 위험물안전관리법령상 위험물에 해당하는 것은?

① 황 산

② 비중이 1.41인 질산

③ 53μm의 표준체를 통과하는 것이 50wt% 미만인 철의 분말

④ 농도가 40wt%인 과산화수소

해설

제2류 위험물 : 철분은 가연성 고체로 53μm의 표준체를 통과하는 것이 50wt% 미만인 것은 제외하고 위험물로 분류한다.

제6류 위험물

- 과산화수소는 농도가 36wt% 이상인 것을 위험물로 분류한다.
- 질산은 비중이 1.49 이상인 것을 위험물로 분류한다.

05 다음 중 할로젠화합물소화약제의 주된 소화효과는?

① 부촉매효과

② 희석효과

③ 파괴효과

④ 냉각효과

해설

할로젠화합물은 부촉매효과(억제작용)를 이용한 소화방법이다.

06 위험물안전관리법령상 옥내저장탱크와 탱크전용실의 벽과의 사이 및 옥내저장탱크의 상호 간에는 몇 m 이상의 간격을 유지하여야 하는가?

① 0.5 ② 1

③ 1.5 ④ 2

해설

옥내저장탱크와 탱크전용실의 벽과의 사이 및 옥내저장탱크의 상호 간에는 0.5m 이상의 간격을 유지할 것(필답형 유형)

07 제4류 위험물에 속하지 않는 것은?

① 아세톤

② 실린더유

③ 트라이나이트로톨루엔

④ 나이트로벤젠

해설

트라이나이트로톨루엔은 제5류 위험물의 나이트로화합물에 속한다.

08 다음 중 증기비중이 가장 큰 것은?

① 벤 젠

② 등 유

③ 메틸알코올

④ 다이에틸에터

해설

증기비중

벤 젠	등 유	메틸알코올	다이에틸에터
2.69	4.5	1.11	2.6

정답 4 ④ 5 ① 6 ① 7 ③ 8 ②

09 **위험물을 운반용기에 수납하여 적재할 때 차광성이 있는 피복으로 가려야 하는 위험물이 아닌 것은?**

① 제1류 위험물

② 제2류 위험물

③ 제5류 위험물

④ 제6류 위험물

해설

운반 시 차광성이 있는 피복으로 가릴 위험물

- 제1류 위험물
- 제3류 위험물 중 자연발화성 물질
- 제4류 위험물 중 특수인화물
- 제5류 위험물
- 제6류 위험물

방수성이 있는 피복으로 덮을 위험물

- 제1류 위험물 중 알칼리금속의 과산화물 또는 이를 함유한 것
- 제2류 위험물 중 철분, 금속분, 마그네슘 또는 이들 중 어느 하나 이상을 함유한 것
- 제3류 위험물 중 금수성 물질

10 **옥내에서 지정수량 100배 이상을 취급하는 일반취급소에 설치하여야 하는 경보설비는?(단, 고인화점 위험물만을 취급하는 경우는 제외한다)**

① 비상경보설비

② 자동화재탐지설비

③ 비상방송설비

④ 비상벨설비 및 확성장치

해설

제조소 및 일반취급소에서의 자동화재탐지설비 설치기준

- 연면적 500m^2 이상인 것
- 옥내에서 지정수량의 100배 이상을 취급하는 것(고인화점 위험물만을 100℃ 미만의 온도에서 취급하는 것을 제외한다)
- 일반취급소로 사용되는 부분 외의 부분이 있는 건축물에 설치된 일반취급소(일반취급소와 일반취급소 외의 부분이 내화구조의 바닥 또는 벽으로 개구부 없이 구획된 것을 제외한다)

11 **위험성 예방을 위해 물속에 저장하는 것은?**

① 칠황화인　　② 이황화탄소

③ 오황화인　　④ 톨루엔

해설

이황화탄소는 비수용성이며 가연성 증기발생을 억제하기 위해 물속에 저장한다.

12 **위험물안전관리법령상 자동화재탐지설비를 설치하지 않고 비상경보설비로 대신할 수 있는 것은?**

① 일반취급소로서 연면적 600m^2인 것

② 지정수량 20배를 저장하는 옥내저장소로서 처마높이가 8m인 단층건물

③ 단층건물 외에 건축물에 설치된 지정수량 15배의 옥내탱크저장소로서 소화난이도등급Ⅱ에 속하는 것

④ 지정수량 20배를 저장 취급하는 옥내주유취급소

해설

단층건물 외의 건축물에 있는 옥내탱크저장소로서 소화난이도등급 Ⅱ가 아니라 Ⅰ에 속하는 것은 자동화재탐지설비를 설치해야 한다.

13 **인화점이 21℃ 미만인 액체위험물의 옥외저장탱크 주입구에 설치하는 "옥외저장탱크 주입구"라고 표시한 게시판의 바탕 및 문자색을 옳게 나타낸 것은?**

① 백색바탕 – 적색문자

② 적색바탕 – 백색문자

③ 백색바탕 – 흑색문자

④ 흑색바탕 – 백색문자

해설

화기엄금(적색바탕, 백색문자) 및 물기엄금(청색바탕, 백색문자) 등의 주의사항을 제외하고 주입구 등 장소를 표시하는 게시판의 색상은 백색바탕에 흑색문자로 한다.

주유취급소 표지 및 게시판(위험물안전관리법 시행규칙 별표 13)

- "위험물 주유취급소" : 백색바탕 흑색문자
- "주유 중 엔진정지" : 황색바탕에 흑색문자

9 ② 10 ② 11 ② 12 ③ 13 ③ **정답**

14 질산의 비중이 1.5일 때, 1소요단위는 몇 L인가?

① 150　② 200
③ 1,500　④ 2,000

해설

위험물의 1소요단위 = 지정수량의 10배

밀도 = $\frac{질량}{부피}$ → 부피 = $\frac{질량}{밀도}$

∴ 부피로 환산하면 질산 지정수량(300kg) × 10배 ÷ 1.5(kg/L) = 2,000L

15 그림과 같은 위험물 저장탱크의 내용적은 약 몇 m^3인가?

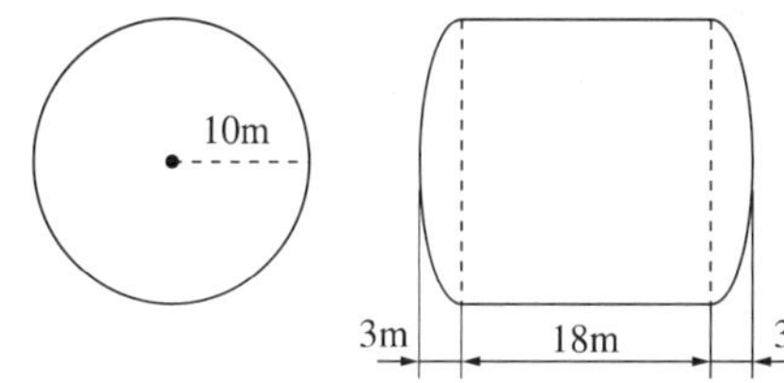

① 4,681　② 5,482
③ 6,283　④ 7,080

해설

내용적 $V = \pi D^2\left(L + \frac{L_1 + L_2}{3}\right)$

$= \pi 10^2\left(18 + \frac{3+3}{3}\right)$

$= 6{,}283\text{m}^3$

16 석유류가 연소할 때 발생하는 가스로 강하고 자극적인 냄새가 나며 취급하는 장치를 부식시키는 것은?

① H_2　② CH_4
③ NH_3　④ SO_2

해설

이산화황[아황산가스(SO_2)]은 무색의 자극성 냄새를 가진 유독성 기체로 눈 및 호흡기 등에 점막을 상하게 하고 질식사할 우려가 있다.

17 위험물안전관리법상 제조소 등의 허가 취소 또는 사용정지의 사유에 해당하지 않는 것은?

① 안전교육 대상자가 교육을 받지 아니한 때
② 완공검사를 받지 않고 제조소 등을 사용한 때
③ 위험물안전관리자를 선임하지 아니한 때
④ 제조소 등의 정기검사를 받지 아니한 때

해설

제조소 등 설치허가의 취소와 사용정지 등(위험물안전관리법 제12조)

- 변경허가를 받지 아니하고 제조소 등의 위치 · 구조 또는 설비를 변경한 때
- 완공검사를 받지 아니하고 제조소 등을 사용한 때
- 안전조치 이행명령을 따르지 아니한 때
- 수리 · 개조 또는 이전의 명령을 위반한 때
- 위험물안전관리자를 선임하지 아니한 때
- 대리자를 지정하지 아니한 때
- 규정에 따른 정기점검을 하지 아니한 때
- 제조소 등의 정기검사를 받지 아니한 때
- 저장 · 취급기준 준수명령을 위반한 때

18 지하탱크저장소에서 인접한 2개의 지하저장탱크 용량의 합계가 지정수량이 100배일 경우 탱크 상호 간의 최소거리는?

① 0.1m　② 0.3m
③ 0.5m　④ 1m

해설

지하저장탱크를 2 이상 인접해 설치하는 경우에는 그 상호 간에 1m(해당 2 이상의 지하저장탱크의 용량의 합계가 지정수량의 100배 이하인 때에는 0.5m) 이상의 간격을 유지하여야 한다(필답형 유형).

19 질산메틸의 성질에 대한 설명으로 틀린 것은?

① 비점은 약 65℃이다.
② 증기는 공기보다 가볍다.
③ 무색 투명한 액체이다.
④ 자기반응성 물질이다.

해설

질산메틸은 증기비중이 약 2.65로 공기보다 무겁다.

정답 14 ④ 15 ③ 16 ④ 17 ① 18 ③ 19 ②

20 경유에 대한 설명으로 틀린 것은?

① 물에 녹지 않는다.
② 비중은 1 이하이다.
③ 발화점이 인화점보다 높다.
④ 인화점은 상온 이하이다.

해설

경유의 인화점은 41℃ 이상으로 상온 이상이다.

21 연소의 3요소를 모두 포함하는 것은?

① 과염소산, 산소, 불꽃
② 마그네슘분말, 연소열, 수소
③ 아세톤, 수소, 산소
④ 불꽃, 아세톤, 질산암모늄

해설

연소의 3요소 : 불꽃(점화원), 아세톤(가연물), 질산암모늄(산소원)
① 과염소산(산소원), 산소(산소원), 불꽃(점화원)
② 마그네슘분말(가연물), 연소열(점화원), 수소(가연물)
③ 아세톤(가연물), 수소(가연물), 산소(산소원)

- 제1류 위험물(산화성 고체)인 질산암모늄의 분해·폭발 반응식
  $2NH_4NO_3 \rightarrow 4H_2O + 2N_2 + O_2\uparrow$
- 연소의 4요소 : 점화원, 가연물(산화제), 산소원, 연쇄반응

22 상온에서 액체인 물질로만 조합된 것은?

① 질산메틸, 나이트로글리세린
② 피크르산, 질산메틸
③ 트라이나이트로톨루엔, 다이나이트로벤젠
④ 나이트로글리콜, 테트릴

해설

① 질산메틸, 나이트로글리세린 – 무색 투명한 액체
② 피크르산 – 결정, 질산메틸 – 무색 투명한 액체
③ 트라이나이트로톨루엔, 다이나이트로벤젠 – 결정
④ 나이트로글리콜 – 액체, 테트릴 – 결정

23 제2류 위험물에 대한 설명 중 틀린 것은?

① 황은 물에 녹지 않는다.
② 오황화인은 CS_2에 녹는다.
③ 삼황화인은 가연성 물질이다.
④ 칠황화인은 더운물에 분해되어 이산화황을 발생한다.

해설

칠황화인은 냉수에서는 서서히 분해되고, 온수에서는 급격히 분해하여 황화수소와 인산을 발생시킨다.

24 제5류 위험물이 아닌 것은?

① 클로로벤젠
② 과산화벤조일
③ 염산하이드라진
④ 아조벤젠

해설

클로로벤젠은 제4류 위험물의 제2석유류이다.

25 수소화나트륨의 소화약제로 적당하지 않은 것은?

① 물
② 건조사
③ 팽창질석
④ 팽창진주암

해설

수소화나트륨(NaH)은 제3류 위험물(금수성 물질) 중 금속의 수소화합물(300kg/위험등급Ⅲ)이다. 은백색의 결정으로 물과 반응하여 수산화나트륨과 수소를 발생한다.
물과의 반응식 : $NaH + H_2O \rightarrow NaOH + H_2\uparrow + 21kcal$

20 ④ 21 ④ 22 ① 23 ④ 24 ① 25 ① **정답**

26 셀룰로이드에 관한 설명 중 틀린 것은?

① 물에 잘 녹으며, 자연발화의 위험이 있다.
② 지정수량은 10kg이다.
③ 탄력성이 있는 고체의 형태이다.
④ 장시간 방치된 것은 햇빛, 고온 등에 의해 분해가 촉진된다.

해설

물에 녹지 않지만, 알코올, 아세톤 등에 녹는다. 장기간 방치된 것은 햇빛, 고온, 고습 등에 의해 분해가 촉진되고 이때 분해열이 축적되면 자연발화의 위험이 있다.

27 위험물 이동저장탱크의 외부도장 색상으로 적합하지 않은 것은?

① 제2류 – 적색
② 제3류 – 청색
③ 제5류 – 황색
④ 제6류 – 회색

해설

제6류의 외부도장 색상은 청색이다.

28 위험물안전관리법령상 소화전용물통 8L의 능력단위는?

① 0.3 ② 0.5
③ 1.0 ④ 1.5

해설

소화설비의 용량 및 능력단위

소화설비	용 량	능력단위
소화전용(轉用)물통	8L	0.3
수조(소화전용물통 3개 포함)	80L	1.5
수조(소화전용물통 6개 포함)	190L	2.5
마른모래(삽 1개 포함)	50L	0.5
팽창질석 또는 팽창진주암(삽 1개 포함)	160L	1.0

29 위험물안전관리법에서 규정하고 있는 내용으로 틀린 것은?

① 민사집행법에 의한 경매, 국세징수법 또는 지방세징수법에 따른 압류재산의 매각절차에 따라 제조소 등의 시설의 전부를 인수한 자는 그 설치자의 지위를 승계한다.
② 탱크시험자의 등록이 취소된 날로부터 2년이 지나지 아니한 자는 탱크시험자로 등록하거나 탱크시험자의 업무에 종사할 수 없다.
③ 농예용·축산용으로 필요한 난방시설 또는 건조시설을 위한 지정수량 20배 이하의 취급소는 신고를 하지 아니하고 위험물의 품명·수량을 변경할 수 있다.
④ 법정의 완공검사를 받지 아니하고 제조소 등을 사용한 때 시·도지사는 허가를 취소하거나 6월 이내의 기간을 정하여 사용정지를 명할 수 있다.

해설

농예용·축산용 또는 수산용으로 필요한 난방시설 또는 건조시설을 위한 지정수량 20배 이하의 저장소는 신고를 하지 아니하고 위험물의 품명·수량을 변경할 수 있다.

30 위험물저장소에 해당하지 않는 것은?

① 옥외저장소
② 지하탱크저장소
③ 이동탱크저장소
④ 판매저장소

해설

판매저장소는 위험물저장소에 해당하지 않는다.

정답 26 ① 27 ④ 28 ① 29 ③ 30 ④

31 위험물안전관리법령상 제4류 위험물운반용기의 외부에 표시하여야 하는 주의사항을 모두 옳게 나타낸 것은?

① 화기엄금 및 충격주의
② 가연물접촉주의
③ 화기엄금
④ 화기주의 및 충격주의

해설

제4류 위험물인 인화성 액체의 표시는 "화기엄금" 하나이다.

32 제2류 위험물이 아닌 것은?

① 황화인
② 적 린
③ 황 린
④ 철 분

해설

황린은 제3류 위험물이다.

33 과염소산나트륨의 성질이 아닌 것은?

① 수용성이다.
② 조해성이 있다.
③ 분해온도는 약 400℃이다.
④ 물보다 가볍다.

해설

과염소산나트륨($NaClO_4$)은 482℃ 이상으로 가열하면 산소를 방출하고, 비중은 2.02로 물보다 무겁다.
과염소산나트륨의 분해 반응식 : $NaClO_4 \rightarrow NaCl + 2O_2 \uparrow$

34 위험물안전관리법령상 위험물옥외저장소에 저장할 수 있는 품명은?(단, 국제해상위험물규칙에 적합한 용기에 수납하는 경우를 제외한다)

① 특수인화물
② 무기과산화물
③ 알코올류
④ 칼 륨

해설

옥외저장소에 저장할 수 있는 위험물의 종류

- 제2류 위험물 중 황 또는 인화성 고체(인화점이 0℃ 이상인 것에 한한다)
- 제4류 위험물 중 제1석유류(인화점이 0℃ 이상인 것에 한한다) · 알코올류 · 제2석유류 · 제3석유류 · 제4석유류 및 동식물유류
- 제6류 위험물
- 제2류 위험물 및 제4류 위험물 중 특별시 · 광역시 · 특별자치시 · 도 또는 특별자치도의 조례로 정하는 위험물(관세법 제154조의 규정에 의한 보세구역 안에 저장하는 경우로 한정한다)
- 국제해사기구에 관한 협약에 의하여 설치된 국제해사기구가 채택한 국제해상위험물규칙(IMDG Code)에 적합한 용기에 수납된 위험물

35 전기화재의 급수와 표시색상을 옳게 나타낸 것은?

① C급 – 백색
② D급 – 백색
③ C급 – 청색
④ D급 – 청색

해설

적응화재에 따른 소화기의 표시색상

적응화재	소화기 표시색상
A급(일반화재)	백 색
B급(유류화재)	황 색
C급(전기화재)	청 색
D급(금속화재)	무 색

31 ③ 32 ③ 33 ④ 34 ③ 35 ③ **정답**

36 [보기]에서 설명하는 물질은 무엇인가?

보기
- 살균제 및 소독제로도 사용된다.
- 분해할 때 발생하는 발생기산소 [O]는 난분해성 유기물질을 산화시킬 수 있다.

① $HClO_4$　　② CH_3OH
③ H_2O_2　　④ H_2SO_4

해설
과산화수소
- $H_2O_2 \rightarrow H_2O + [O]$ 발생기산소(표백작용)
- 강산화제이나 환원제로도 사용된다.
- 단독 폭발 농도는 60% 이상이다.
- 시판품의 농도는 30~40% 수용액이다.

37 제4류 위험물의 공통적인 성질이 아닌 것은?

① 대부분 물보다 가볍고 물에 녹기 어렵다.
② 공기와 혼합된 증기는 연소의 우려가 있다.
③ 인화되기 쉽다.
④ 증기는 공기보다 가볍다.

해설
제4류 위험물(인화성 액체)의 증기 비중은 대부분 공기보다 무겁다.

38 위험물안전관리법령상 품명이 질산에스테르류에 속하지 않는 것은?

① 질산에틸
② 나이트로글리세린
③ 나이트로톨루엔
④ 나이트로셀룰로스

해설
나이트로톨루엔은 나이트로화합물에 속하지만 위험물안전관리법령상 위험물에 속하지 않는다.
질산에스테르류 : 일반식은 $RONO_2$(R : 알킬기)로 질산메틸, 질산에틸, 나이트로셀룰로스, 나이트로글리세린, 질산프로필, 나이트로글리콜, 펜트라이트 등이 있다.

39 휘발유에 대한 설명으로 옳지 않은 것은?

① 지정수량은 200L이다.
② 전기의 불량도체로서 정전기 축적이 용이하다.
③ 원유의 성질·상태·처리방법에 따라 탄화수소의 혼합비율이 다르다.
④ 발화점은 $-43 \sim -20$℃ 정도이다.

해설
휘발유의 발화점(착화점)은 280~456℃, 인화점은 −43℃이다.

40 위험물안전관리법령에서 제3류 위험물에 해당하지 않는 것은?

① 알칼리금속
② 칼 륨
③ 황화인
④ 황 린

해설
황화인은 제2류 위험물(가연성 고체)이다.
제3류 위험물(자연발화성 물질 및 금수성 물질)

<table>
<tr><th>성 질</th><th>품 명</th><th>지정
수량</th><th>위험
등급</th><th>표 시</th></tr>
<tr><td rowspan="10">자연
발화성
및
금수성
물질</td><td>칼 륨</td><td rowspan="4">10kg</td><td rowspan="5">I</td><td rowspan="10">• 화기엄금 및 공기접촉엄금(자연발화성 물질)
• 물기엄금 (금수성 물질)</td></tr>
<tr><td>나트륨</td></tr>
<tr><td>알킬알루미늄</td></tr>
<tr><td>알킬리튬</td></tr>
<tr><td>황 린</td><td>20kg</td></tr>
<tr><td>알칼리금속
(칼륨·나트륨 제외) 및
알칼리토금속</td><td rowspan="2">50kg</td><td rowspan="2">II</td></tr>
<tr><td>유기금속화합물
(알킬알루미늄·
알킬리튬 제외)</td></tr>
<tr><td>금속의 수소화물</td><td rowspan="3">300kg</td><td rowspan="3">III</td></tr>
<tr><td>금속의 인화물</td></tr>
<tr><td>칼슘 또는 알루미늄의
탄화물</td></tr>
</table>

정답 36 ③ 37 ④ 38 ③ 39 ④ 40 ③

41 다음 중 옥내저장소의 동일한 실에 서로 1m 이상의 간격을 두고 저장할 수 없는 것은?

① 제1류 위험물과 제3류 위험물 중 자연발화성 물질(황린 또는 이를 함유한 것에 한한다)
② 제4류 위험물과 제2류 위험물 중 인화성 고체
③ 제1류 위험물과 제4류 위험물
④ 제1류 위험물과 제6류 위험물

해설

위험물은 동일한 저장소(내화구조의 격벽으로 완전히 구획된 실이 2 이상 있는 저장소에 있어서는 동일한 실)에 저장하지 아니하여야 한다. 다만, 옥내저장소 또는 옥외저장소에 있어서 다음의 규정에 의한 위험물을 저장하는 경우로서 위험물을 유별로 정리하여 저장하는 한편, 서로 1m 이상의 간격을 두는 경우에는 그러하지 아니하다(중요기준).

- 제1류 위험물(알칼리금속의 과산화물 또는 이를 함유한 것을 제외한다)과 제5류 위험물을 저장하는 경우
- 제1류 위험물과 제6류 위험물을 저장하는 경우
- 제1류 위험물과 제3류 위험물 중 자연발화성 물질(황린 또는 이를 함유한 것에 한한다)을 저장하는 경우
- 제2류 위험물 중 인화성 고체와 제4류 위험물을 저장하는 경우
- 제3류 위험물 중 알킬알루미늄 등과 제4류 위험물(알킬알루미늄 또는 알킬리튬을 함유한 것에 한한다)을 저장하는 경우
- 제4류 위험물 중 유기과산화물 또는 이를 함유하는 것과 제5류 위험물 중 유기과산화물 또는 이를 함유한 것을 저장하는 경우

42 제3종 분말 소화약제의 열분해 반응식을 옳게 나타낸 것은?

① $NH_4H_2PO_4 \rightarrow HPO_3 + NH_3 + H_2O$
② $2KNO_3 \rightarrow 2KNO_2 + O_2$
③ $KClO_4 \rightarrow KCl + 2O_2$
④ $2CaHCO_3 \rightarrow 2CaO + H_2CO_3$

해설

분말 소화약제의 열분해 반응식

- 제1종 분말 : $2NaHCO_3 \rightarrow Na_2CO_3 + H_2O + CO_2\uparrow$
- 제2종 분말 : $2KHCO_3 \rightarrow K_2CO_3 + H_2O\uparrow + CO_2\uparrow$
- 제3종 분말 : $NH_4H_2PO_4 \rightarrow HPO_3 + NH_3\uparrow + H_2O\uparrow$
- 제4종 분말 : $2KHCO_3 + (NH_2)_2CO \rightarrow K_2CO_3 + 2NH_3\uparrow + 2CO_2\uparrow$

제3종 분말 소화약제의 효과

- HPO_3 : 메타인산의 방진효과
- NH_3 : 불연성 가스에 의한 질식효과
- H_2O : 냉각효과
- 열분해 시 유리된 암모늄이온과 분말 표면의 흡착에 의한 부촉매 효과

43 탄소 80%, 수소 14%, 황 6%인 물질 1kg이 완전연소하기 위해 필요한 이론공기량은 약 몇 kg인가? (단, 공기 중 산소는 23wt%이다)

① 3.31 ② 7.05
③ 11.62 ④ 14.42

해설

이론공기량을 중량으로 구할 때 산출식

A_o(이론공기량)$= \dfrac{(2.67\times0.8+8\times0.14+0.06)}{0.23} = 14.42\text{kg}$

※ 이론산소량 : 화합물질 1몰이 몇 몰의 산소를 쓰는가 기재

- 이론산소량(O_o)
  - 중량으로 구할 때

$$O_o = \frac{32C}{12} + \frac{16(H-O/8)}{2} + \frac{32S}{32}$$
$$= 2.67C + 8H - O + S(\text{kg/kg})$$

($H_2 + 0.5O_2 \rightarrow H_2O$이므로 수소와 반응하는 산소의 분자량은 16(32×0.5=16)이 됨)

  - 체적으로 구할 때

$$O_o' = \frac{22.4C}{12} + \frac{11.2\left(H-\frac{O}{8}\right)}{2} + \frac{22.4S}{32}$$
$$= 1.87C + 5.6H - 0.7O + 0.7S(\text{Sm}^3/\text{kg})$$

- 이론공기량(A_o)
  - 체적으로 구할 때

$A_o = 1.87C + 5.6H - 0.7O + 0.7S/0.21(\text{Sm}^3/\text{kg})$

  - 중량으로 구할 때

$A_o = 2.67C + 8H - O + S/0.232(\text{kg/kg})$

41 ③ 42 ① 43 ④ **정답**

44 다음 물질 중 인화점이 가장 높은 것은?

① 아세톤

② 다이에틸에터

③ 메틸알코올

④ 벤 젠

해설

인화점

- 특수인화물 : 다이에틸에터(-40℃)
- 제1석유류 : 아세톤(-18.5℃), 벤젠(-11℃)
- 알코올류 : 메틸알코올(11℃)

제4류 위험물 성질에 의한 품명

- 특수인화물 : 1기압에서 인화점이 -20℃ 이하, 비점이 40℃ 이하 또는 발화점이 100℃ 이하인 것
- 제1석유류 : 1기압에서 액체로서 인화점이 21℃ 미만인 것
- 제2석유류 : 1기압에서 액체로서 인화점이 21℃ 이상 70℃ 미만인 것. 다만, 가연성 액체량이 40wt% 이하이면서 인화점이 40℃ 이상인 동시에 연소점이 60℃ 이상인 것은 제외
- 제3석유류 : 1기압에서 액체로서 인화점이 70℃ 이상 200℃ 미만인 것. 다만, 가연성 액체량이 40wt% 이하인 것은 제외
- 제4석유류 : 1기압에서 액체로서 인화점이 200℃ 이상 250℃ 미만인 것. 다만, 가연성 액체량이 40wt% 이하인 것은 제외

45 위험물안전관리법령상 위험물의 운반 시 운반용기는 다음의 기준에 따라 수납 적재하여야 한다. 다음 중 틀린 것은?

① 수납하는 위험물과 위험한 반응을 일으키지 않아야 한다.

② 고체위험물은 운반용기 내용적의 95% 이하로 수납하여야 한다.

③ 액체위험물은 운반용기 내용적의 95% 이하로 수납하여야 한다.

④ 하나의 외장용기에는 다른 종류의 위험물을 수납하지 않는다.

해설

액체위험물은 운반용기 내용적의 98% 이하로 수납하여야 한다(55℃에서 누설되지 않도록 공간용적 유지).

46 다음은 제1종 분말소화약제의 열분해 반응식이다. ( ) 안에 들어가는 물질은?

$$2NaHCO_3 \rightarrow Na_2CO_3 + H_2O + (\quad)$$

① 2Na　　② O_2

③ HCO_3　　④ CO_2

해설

분말소화약제의 열분해 반응식

- 제1종 분말 : $2NaHCO_3 \rightarrow Na_2CO_3 + H_2O + CO_2\uparrow$
- 제2종 분말 : $2KHCO_3 \rightarrow K_2CO_3 + H_2O + CO_2\uparrow$
- 제3종 분말 : $NH_4H_2PO_4 \rightarrow HPO_3 + NH_3\uparrow + H_2O\uparrow$
- 제4종 분말 : $2KHCO_3 + (NH_2)_2CO \rightarrow K_2CO_3 + 2NH_3\uparrow + 2CO_2\uparrow$

47 과산화나트륨에 대한 설명으로 옳지 않은 것은?

① 비중이 약 2.8이다.

② 상온에서 물과 격렬하게 반응한다.

③ 알코올에 잘 녹아서 산소와 수소를 발생시킨다.

④ 조해성 물질이다.

해설

과산화나트륨(Na_2O_2)은 제1류 위험물 중 알칼리금속 과산화물로 물과 반응하여 산소를 발생한다.

48 분말소화약제와 함께 트윈 에이전트 시스템으로 사용할 수 있는 소화약제는?

① 마른모래

② 이산화탄소소화약제

③ 포소화약제

④ 할로젠화화합물 소화약제

해설

트윈 에이전트 시스템(Twin agent System)이란 2약제 소화 방식으로 분말소화제와 포소화제를 조합하여 화재에 대한 소화성능을 높인 것이다.

- TWIN 20/20 : ABC 분말약제 20kg + 수성막포 20L
- TWIN 40/40 : ABC 분말약제 40kg + 수성막포 40L

정답 44 ③ 45 ③ 46 ④ 47 ③ 48 ③

49 다음 ( ) 안에 들어갈 수치를 순서대로 올바르게 나열한 것은?(단, 제4류 위험물에 적응성을 갖기 위한 살수밀도기준을 적용하는 경우를 제외한다)

> 위험물제조소 등에 설치하는 폐쇄형 헤드의 스프링클러설비는 30개의 헤드를 동시에 사용할 경우 각 끝부분의 방사압력이 ( )kPa 이상이고, 방수량이 1분당 ( )L 이상이어야 한다.

① 100, 80 ② 120, 80
③ 100, 100 ④ 120, 100

해설

소화설비의 설치기준 : 비상전원을 설치할 것

구 분	규정 방수압	규정 방수량	수원의 양	수평거리	배관·호스
옥내소화전설비	350kPa 이상	260L/min 이상	7.8m^3 ×개수 (최대 5개)	층마다 25m 이하	40mm
옥외소화전설비	350kPa 이상	450L/min 이상	13.5m^3 ×개수 (최대 4개)	40m 이하	65mm
스프링클러설비	100kPa 이상	80L/min 이상	2.4m^3 ×개수 (폐쇄형 최대 30)	헤드간격 1.7m 이내	방사구역은 150m^2 이상
물분무소화설비	350kPa	해당 소화설비의 헤드의 설계압력에 의한 방사량	1m^{2}당 1분당 20L의 비율로 계산한 양으로 30분간 방사할 수 있는 양	–	

50 제5류 위험물의 일반적 성질에 관한 설명으로 옳지 않은 것은?

① 화재발생 시 소화가 곤란하므로 적은 양으로 나누어 저장한다.
② 운반용기 외부에 충격주의, 화기엄금의 주의사항을 표시한다.
③ 자기연소를 일으키며 연소속도가 대단히 빠르다.
④ 가연성 물질이므로 질식소화하는 것이 가장 좋다.

해설

제5류 위험물은 자기반응성 물질로 질식소화는 효과가 없으며 주수소화가 효과적이다.

제5류 위험물의 저장 및 취급방법

- 가열, 마찰, 충격에 의한 용기의 파손 및 균열에 주의하고 실온, 습기, 통풍에 주의한다.
- 저장 시 소량씩 소분하여 저장한다.
- 점화원 및 분해를 촉진시키는 물질로부터 멀리한다.
- 운반용기 및 저장용기에 “화기엄금 및 충격주의” 표시를 한다.

51 트라이나이트로톨루엔(TNT)의 분자량은 얼마인가?(C : 12, O : 16, N : 14)

① 217 ② 227
③ 289 ④ 265

해설

- 트라이나이트로톨루엔(TNT)은 제5류 위험물(위험등급Ⅱ) 중 나이트로화합물이다.
- 분자량은 각 원자량의 합으로 $C_6H_2CH_3(NO_2)_3$의 각 원자의 합을 구하면 된다.

∴ 12(C) × 7 + 1(H) × 5 +[14(N) + 16(O) × 2] × 3 = 227

49 ① 50 ④ 51 ② 정답

52 다음 위험물의 저장 창고에 화재가 발생하였을 때 주수(注水)에 의한 소화가 오히려 더 위험한 것은?

① 염소산칼륨
② 과염소산나트륨
③ 질산암모늄
④ 탄화칼슘

해설

제3류 위험물(자연발화성 물질 및 금수성 물질)인 탄화칼슘은 물과 반응하여 발열하고 가연성 가스인 아세틸렌을 발생한다.
물과의 반응식 : $CaC_2 + 2H_2O \rightarrow Ca(OH)_2 + C_2H_2 \uparrow + 27.8kcal$

53 다음 중 지정수량이 나머지 셋과 다른 물질은?

① 황화인
② 적 린
③ 칼 슘
④ 황

해설

칼슘은 제3류 위험물 중 위험등급Ⅱ로 알칼리토금속에 해당하며 지정수량은 50kg이다.
지정수량

황화인	적 린	칼 슘	황
100kg	100kg	50kg	100kg

54 다음 중 강화액 소화약제의 주된 소화원리에 해당하는 것은?

① 냉각소화
② 절연소화
③ 제거소화
④ 발포소화

해설

강화액의 주성분은 탄산칼륨(K_2CO_3)으로 물에 용해시켜 사용하며, 냉각소화의 원리에 해당된다.
- 점성을 갖게 된다.
- 알칼리성(pH 12)으로 응고점이 낮아 잘 얼지 않는다.
- 물보다 1.4배 무겁고, 한랭지역에 많이 쓰인다.

55 할로젠화합물의 소화약제 중 할론 2402의 화학식은?

① $C_2Br_4F_2$
② $C_2Cl_4F_2$
③ $C_2Cl_4Br_2$
④ $C_2F_4Br_2$

해설

할론넘버는 C–F–Cl–Br 순의 개수를 말한다. C 2개, F 4개, Cl 0개, Br 2개이므로 $C_2F_4Br_2$가 된다.
소화효과
- 104 < 1011 < 2402 < 1211 < 1301
- 할론소화약제는 메테인(CH_4)에서 파생된 물질로 할론 1301(CF_3Br), 할론 1211(CF_2ClBr), 할론 2402($C_2F_4Br_2$)가 있다.

정답 52 ④ 53 ③ 54 ① 55 ④

56 위험물제조소 등별로 설치하여야 하는 경보설비의 종류에 해당하지 않는 것은?

① 비상방송설비
② 비상조명등설비
③ 자동화재탐지설비
④ 비상경보설비

해설

경보설비의 종류 : 자동화재탐지설비 · 비상경보설비(비상벨장치 또는 경종을 포함) · 확성장치(휴대용 확성기를 포함) 및 비상방송설비

※ 비상조명등설비는 피난설비에 해당한다.

57 20℃의 물 100kg이 100℃ 수증기로 증발하면 몇 kcal의 열량을 흡수할 수 있는가?(단, 물의 증발잠열은 540cal/g이다)

① 540
② 7,800
③ 62,000
④ 108,000

해설

$Q = mC\Delta t + \gamma m$

여기서, m : 질량, C : 비열, Δt : 온도차, γ : 잠열

∴ 총열량 $Q = (100 \times 1 \times 80) + (540 \times 100) = 62{,}000\text{kcal}$

물의 상태와 잠열

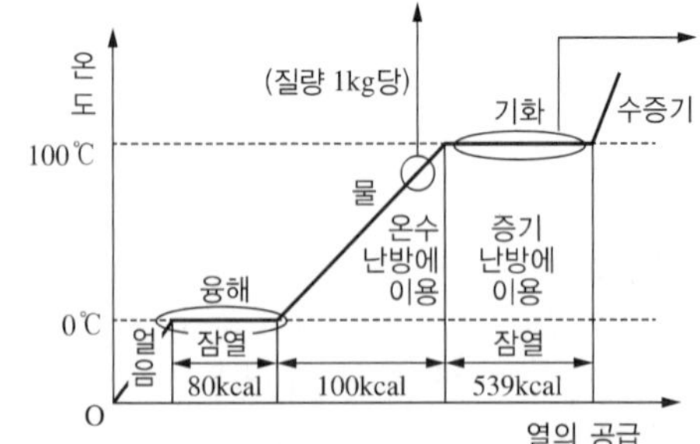

- C(비열) : 1kcal 1kg의 물을 1℃ 올리는 데 필요한 열량
- 물의 비열 : 1kcal/1kg · ℃
- 물의 잠열 : 기화(증발)잠열 539kcal/kg, 융해잠열 80kcal/kg

58 다음 아세톤의 완전 연소 반응에서 (　　)에 알맞은 계수를 차례대로 옳게 나타낸 것은?

$CH_3COOH_3 + (\quad)O_2 \rightarrow (\quad)CO_2 + 3H_2O$

① 3, 4
② 4, 3
③ 6, 3
④ 3, 6

해설

$CH_3COCH_3 + (\ 4\ )O_2 \rightarrow (\ 3\ )CO_2 + 3H_2O$

- C : 3+0 = 3+0
- H : 6+0 = 0+6
- O : 1+8 = 6+3

59 위험물안전관리법령상 옥내저장소 저장창고의 바닥은 물이 스며 나오거나 스며들지 아니하는 구조로 하여야 한다. 다음 중 반드시 이 구조로 하지 않아도 되는 위험물은?

① 제1류 위험물 중 알칼리금속의 과산화물
② 제4류 위험물
③ 제5류 위험물
④ 제2류 위험물 중 철분

해설

저장창고의 바닥에 물이 스며들지 않는 구조로 해야 하는 위험물(위험물안전관리법 시행규칙 별표 5)

- 제1류 위험물 중 알칼리금속의 과산화물 또는 이를 함유하는 것
- 제2류 위험물 중 철분 · 금속분 · 마그네슘 또는 이중 어느 하나 이상을 함유하는 것
- 제3류 위험물 중 금수성 물질 또는 제4류 위험물의 저장창고의 바닥
- 제4류 위험물

56 ② 57 ③ 58 ② 59 ③ **정답**

60 **위험물안전관리법령상 제조소 등에 대한 긴급 사용정지 명령 등을 할 수 있는 권한이 없는 자는?**

① 시・도지사

② 소방본부장

③ 소방서장

④ 소방방재청장

해설

시・도지사, 소방본부장 또는 소방서장은 공공의 안전을 유지하거나 재해의 발생을 방지하기 위하여 긴급한 필요가 있다고 인정하는 때에는 제조소 등의 관계인에 대하여 해당 제조소 등의 사용을 일시정지하거나 그 사용을 제한할 것을 명할 수 있다(위험물안전관리법 제25조).

정답 60 ④

2019년 제2회 과년도 기출복원문제

01 위험물을 유별로 정리하여 상호 1m 이상의 간격을 유지하는 경우에도 동일한 옥내저장소에 저장할 수 없는 것은?

① 제1류 위험물(알칼리금속의 과산화물 또는 이를 함유한 것을 제외한다)과 제5류 위험물
② 제1류 위험물과 제6류 위험물
③ 제1류 위험물과 제3류 위험물 중 황린
④ 인화성 고체를 제외한 제2류 위험물과 제4류 위험물

해설

인화성 고체를 제외한 제2류 위험물과 제4류 위험물은 동일한 옥내저장소에 저장이 불가하다.

유별이 다른 위험물끼리 동일한 저장소에 저장할 수 있는 경우(단, 1m 이상의 간격 유지)

- 제1류 위험물(알칼리금속의 과산화물 또는 이를 함유한 것을 제외)과 제5류 위험물
- 제1류 위험물과 제6류 위험물
- 제1류 위험물과 제3류 위험물 중 자연발화성 물질(황린 또는 이를 함유한 것)
- 제2류 위험물 중 인화성 고체와 제4류 위험물
- 제3류 위험물 중 알킬알루미늄 등과 제4류 위험물(알킬알루미늄 또는 알킬리튬을 함유한 것)
- 제4류 위험물 중 유기과산화물 또는 이를 함유하는 것과 제5류 위험물 중 유기과산화물 또는 이를 함유한 것

02 위험물의 운반에 관한 기준에서 적재방법 기준으로 틀린 것은?

① 고체 위험물은 운반용기의 내용적 95% 이하의 수납률로 수납할 것
② 액체 위험물은 운반용기의 내용적 98% 이하의 수납률로 수납할 것
③ 알킬알루미늄은 운반용기 내용적의 95% 이하의 수납률로 수납하되, 50℃의 온도에서 5% 이상의 공간용적을 유지할 것
④ 제3류 위험물 중 자연발화성 물질에 있어서는 불활성 기체를 봉입하여 밀봉하는 등 공기와 접하지 아니하도록 할 것

해설

알킬알루미늄 등은 운반용기의 내용적의 90% 이하의 수납률로 수납하되, 50℃의 온도에서 5% 이상의 공간용적을 유지하도록 한다.

03 열의 이동 원리 중 복사에 관한 예로 적당하지 않은 것은?

① 그늘이 시원한 이유
② 더러운 눈이 빨리 녹는 현상
③ 보온병 내부를 거울벽으로 만드는 것
④ 해풍과 육풍이 일어나는 원리

해설

해풍과 육풍이 일어나는 원리는 대류현상이다.

열의 이동 원리

- 전도 : 열이 물질 속으로 전해져 가는 현상으로 온도가 높은 부분에서 낮은 부분으로 이동한다.
- 복사 : 물질을 매개로 하지 않고 직접 열을 전달한다.
- 대류 : 액체나 기체에서 분자가 순환하면서 열을 전달한다.

1 ④ 2 ③ 3 ④ 정답

04 위험물 판매취급소에 대한 설명 중 틀린 것은?

① 제1종 판매취급소라 함은 저장 또는 취급하는 위험물의 수량이 지정수량의 20배 이하인 판매취급소를 말한다.

② 위험물을 배합하는 실의 바닥면적은 $6m^2$ 이상 $15m^2$ 이하이어야 한다.

③ 판매취급소에서는 도료류 외의 제1석유류를 배합하거나 옮겨 담는 작업을 할 수 없다.

④ 제1종 판매취급소는 건축물의 2층까지만 설치가 가능하다.

해설

제1종 판매취급소는 건축물의 1층에 설치해야 한다.

판매취급소에 설치하는 위험물 배합실의 기준

- 바닥면적은 $6m^2$ 이상 $15m^2$ 이하로 할 것
- 내화구조 또는 불연재료로 된 벽으로 구획할 것
- 바닥은 위험물이 침투하지 아니하는 구조로 하여 적당한 경사를 두고 집유설비를 할 것
- 출입구에는 수시로 열 수 있는 자동폐쇄식의 60분+방화문 또는 60분 방화문을 설치할 것
- 출입구 문턱의 높이는 바닥면으로부터 0.1m 이상으로 할 것
- 내부에 체류한 가연성의 증기 또는 가연성의 미분을 지붕 위로 방출하는 설비를 할 것

05 화재 시 이산화탄소를 사용하여 공기 중 산소의 농도를 21vol%에서 13vol%로 낮추려면 공기 중 이산화탄소의 농도는 몇 vol%가 되어야 하는가?

① 34.3　② 38.1
③ 42.5　④ 45.8

해설

공기 중 21%의 공간을 차지하는 산소 농도를 13vol%로 낮추려면 이산화탄소가 8vol%를 차지해야 한다.

$$\therefore \frac{\text{이산화탄소}}{\text{이산화탄소}+\text{산소}}\times 100=\frac{8}{8+13}\times 100=38.1\text{vol\%}$$

06 나이트로셀룰로스 5kg과 트라이나이트로페놀을 함께 저장하려고 한다. 이때 지정수량 1배로 저장하려면 트라이나이트로페놀을 몇 kg 저장하여야 하는가?

① 5　② 10
③ 50　④ 100

해설

지정수량 : 질산에스테르류인 나이트로셀룰로스(10kg), 나이트로화합물인 트라이나이트로페놀(100kg)

$$\frac{\text{저장수량}}{\text{지정수량}}=\frac{5}{10}+\frac{x}{100}=1$$

$\therefore x=50\text{kg}$

07 위험물안전관리법령상 간이탱크저장소에 대한 설명 중 틀린 것은?

① 간이저장탱크의 용량은 600L 이하이어야 한다.

② 하나의 간이탱크저장소에 설치하는 간이저장탱크는 5개 이하이어야 한다.

③ 간이저장탱크는 두께 3.2mm 이상의 강판으로 흠이 없도록 제작하여야 한다.

④ 간이저장탱크는 70kPa의 압력으로 10분간의 수압시험을 실시하여 새거나 변형되지 않아야 한다.

해설

간이저장탱크의 개수 : 3개 이하로 하고, 동일한 품질의 위험물의 간이저장탱크를 2 이상 설치하지 아니하여야 한다.

08 위험물안전관리자를 해임할 때에는 해임한 날로부터 며칠 이내에 위험물안전관리자를 다시 선임하여야 하는가?

① 7　② 14
③ 30　④ 60

해설

안전관리자를 해임한 날부터 30일 이내에 선임하고, 선임한 날부터 14일 이내에 소방서장에게 선임신고를 한다.

정답 4 ④ 5 ② 6 ③ 7 ② 8 ③

09 위험물안전관리법령상 철분, 금속분, 마그네슘에 적응성이 있는 소화설비는?

① 불활성기체소화설비
② 할로젠화합물소화설비
③ 포소화설비
④ 탄산수소염류소화설비

해설

제2류 위험물(가연성 고체)의 철분, 금속분, 마그네슘의 화재에는 탄산수소염류분말 및 마른모래, 팽창질석 또는 팽창진주암을 사용한다.
※ 금속분을 제외하고 주수에 의한 냉각소화를 한다.

10 위험물의 저장방법에 대한 설명으로 옳은 것은?

① 황화인은 알코올 또는 과산화물 속에 저장하여 보관한다.
② 마그네슘은 건조하면 분진폭발의 위험성이 있으므로 물에 습윤하여 저장한다.
③ 적린은 화재예방을 위해 할로젠 원소와 혼합하여 저장한다.
④ 수소화리튬은 저장용기에 아르곤과 같은 불활성 기체를 봉입한다.

해설

수소화리튬은 공기 중의 수분과 접촉 시 수소가스가 발생하므로 용기 상부에 질소 또는 아르곤 같은 불활성 기체를 봉입한다.
※ 제2류 위험물인 마그네슘, 적린, 황화인의 취급 시 주의사항
- 강환원제이므로 산화제와 접촉을 피하며 화기에 주의한다. (황화인은 과산화물, 과망가니즈산염, 금속분과 같이 있을 때 자연발화한다)
- 저장용기를 밀폐하고 위험물의 누출을 방지하며 통풍이 잘되는 냉암소에 저장한다.
- 마그네슘과 물의 반응식 : $Mg + 2H_2O \rightarrow Mg(OH)_2 + H_2 \uparrow$

11 다음 중 인화점이 가장 낮은 것은?

① 아이소펜테인 ② 아세톤
③ 다이에틸에터 ④ 이황화탄소

해설

인화점

아이소펜테인	아세톤	다이에틸에터	이황화탄소
-51℃	-18.5℃	-40℃	-30℃

12 위험물을 취급함에 있어서 정전기가 발생할 우려가 있는 설비에 정전기를 유효하게 제거할 수 있는 방법에 해당하지 않는 것은?

① 위험물의 유속을 높이는 방법
② 공기를 이온화하는 방법
③ 공기 중의 상대습도를 70% 이상으로 하는 방법
④ 접지에 의한 방법

해설

유속을 제한해야 한다.
정전기 제거설비
- 접지저항을 설치한다.
- 공기를 이온화한다.
- 공기 중의 상대습도를 70% 이상으로 유지한다.

13 위험물안전관리법령에 따라 옥내소화전설비를 설치할 때 배관의 설치기준에 대한 설명으로 옳지 않은 것은?

① 배관용 탄소 강관(KS D 3507)을 사용할 수 있다.
② 주배관의 입상관 구경은 최소 60mm 이상으로 한다.
③ 펌프를 이용한 가압송수장치의 흡수관은 펌프마다 전용으로 설치한다.
④ 원칙적으로 급수배관은 생활용수배관과 같이 사용할 수 없으며 전용배관으로만 사용한다.

해설

주배관 중 입상관은 관의 지름이 50mm 이상인 것으로 한다.

9 ④ 10 ④ 11 ① 12 ① 13 ② 정답

14 위험물 저장탱크의 내용적이 300L일 때 탱크에 저장하는 위험물의 용량의 범위로 적합한 것은?(단, 원칙적인 경우에 한한다)

① 240~270L ② 270~285L

③ 290~295L ④ 295~298L

해설

위험물 저장탱크의 허가용량은 최대 용적에서 5/100 이상 10/100 이하의 용적을 제외한 용적으로 한다.

300 × 0.05 = 15, 300 × 0.1 = 30이므로,

300 − 30 = 270, 300 − 15 = 285이다.

따라서, 탱크에 저장하는 위험물의 용량 범위는 270~285L이다.

15 다음 중 "인화점 50℃"의 의미를 가장 옳게 설명한 것은?

① 주변의 온도가 50℃ 이상이 되면 자발적으로 점화원 없이 발화한다.

② 액체의 온도가 50℃ 이상이 되면 가연성 증기를 발생하여 점화원에 의해 인화한다.

③ 액체를 50℃ 이상으로 가열하면 발화한다.

④ 주변의 온도가 50℃일 경우 액체가 발화한다.

해설

가연성 액체의 인화점은 공기 중에서 그 액체의 표면 부근에서 불꽃의 전파가 일어나기에 충분한 농도의 증기가 발생하는 최저의 온도를 말한다. 인화점 50℃의 의미는 액체의 온도가 50℃ 이상이 되면 가연성 증기가 발생하여 점화원에 의해 인화한다는 것이다.

16 위험물제조소에서 국소방식의 배출설비 배출능력은 1시간당 배출장소 용적의 몇 배 이상인 것으로 하여야 하는가?

① 5 ② 10

③ 15 ④ 20

해설

배출능력은 1시간당 배출장소 용적의 20배 이상인 것으로 하여야 한다. 다만, 전역방식의 경우에는 바닥면적 $1m^2$당 $18m^3$ 이상으로 할 수 있다(필답형 유형).

17 제3류 위험물 중 금수성 물질에 적응성이 있는 소화설비는?

① 할로젠화합물소화설비

② 포소화설비

③ 불활성기체소화설비

④ 탄산수소염류 등 분말소화설비

해설

금수성 물질의 소화설비는 건조사, 팽창질석, 팽창진주암, 탄산수소염류 분말소화설비이다.

18 물과 친화력이 있는 수용성 용매의 화재에 보통의 포소화약제를 사용하면 포가 파괴되기 때문에 소화효과를 잃게 된다. 이와 같은 단점을 보완한 소화약제로 가연성인 수용성 용매의 화재에 유효한 효과를 가지고 있는 것은?

① 알코올형포소화약제

② 단백포소화약제

③ 합성계면활성제포소화약제

④ 수성막포소화약제

해설

소포성(포를 소멸시키는 성질)을 견딜 수 있는 소화약제는 알코올형포소화약제이다.

정답 14 ② 15 ② 16 ④ 17 ④ 18 ①

19 위험물안전관리법령상 운송책임자의 감독, 지원을 받아 운송하여야 하는 위험물에 해당하는 것은?

① 알킬알루미늄, 산화프로필렌, 알킬리튬

② 알킬알루미늄, 산화프로필렌

③ 알킬알루미늄, 알킬리튬

④ 산화프로필렌, 알킬리튬

해설

운송책임자의 감독 · 지원을 받아 운송하여야 하는 위험물

- 알킬알루미늄
- 알킬리튬
- 알킬알루미늄 또는 알킬리튬의 물질을 함유하는 위험물

20 메틸알코올과 에틸알코올의 공통점에 대한 설명으로 틀린 것은?

① 증기비중이 같다.

② 무색투명한 액체이다.

③ 비중이 1보다 작다.

④ 물에 잘 녹는다.

해설

증기비중 : 메틸알코올(1.1), 에틸알코올(1.6)

21 위험물안전관리법령상 품명이 질산에스테르류에 속하지 않는 것은?

① 질산에틸

② 나이트로글리세린

③ 나이트로톨루엔

④ 나이트로셀룰로스

해설

나이트로톨루엔은 나이트로화합물에 속하지만 위험물안전관리법령상 위험물에 속하지 않는다.

질산에스테르류 : 일반식은 $RONO_2$(R : 알킬기)로 질산메틸, 질산에틸, 나이트로셀룰로스, 나이트로글리세린, 질산프로필, 나이트로글리콜, 펜트라이트 등이 있다.

22 위험물안전관리법상 제조소 등의 허가 취소 또는 사용정지의 사유에 해당하지 않는 것은?

① 안전교육 대상자가 교육을 받지 아니한 때

② 완공검사를 받지 않고 제조소 등을 사용한 때

③ 위험물안전관리자를 선임하지 아니한 때

④ 제조소 등의 정기검사를 받지 아니한 때

해설

제조소 등 설치허가의 취소와 사용정지 등(위험물안전관리법 제12조)

- 변경허가를 받지 아니하고 제조소 등의 위치 · 구조 또는 설비를 변경한 때
- 완공검사를 받지 아니하고 제조소 등을 사용한 때
- 안전조치 이행명령을 따르지 아니한 때
- 수리 · 개조 또는 이전의 명령을 위반한 때
- 위험물안전관리자를 선임하지 아니한 때
- 대리자를 지정하지 아니한 때
- 규정에 따른 정기점검을 하지 아니한 때
- 제조소 등의 정기검사를 받지 아니한 때
- 저장 · 취급기준 준수명령을 위반한 때

23 탄화알루미늄이 물과 반응하여 폭발의 위험이 있는 것은 어떤 가스가 발생하기 때문인가?

① 수 소 ② 메테인

③ 아세틸렌 ④ 암모니아

해설

제3류 위험물에 속하는 탄화알루미늄은 칼슘 또는 알루미늄의 탄화물(카바이드)의 종류이다.

탄화알루미늄과 물의 반응식 : $Al_4C_3 + 12H_2O \rightarrow 4Al(OH)_3 + 3CH_4$

수산화알루미늄 메테인

19 ③ 20 ① 21 ③ 22 ① 23 ② **정답**

24 과산화나트륨이 물과 반응하면 어떤 물질과 산소를 발생하는가?

① 수산화나트륨　② 수산화칼륨
③ 질산나트륨　④ 아염소산나트륨

해설

제1류 위험물 중 무기과산화물인 과산화나트륨은 물과 반응하면, 산소를 발생하며 수산화나트륨이 되므로 물과의 접촉을 피해야 한다.
과산화나트륨과 물의 반응식 : $2Na_2O_2 + 2H_2O \rightarrow 4NaOH + O_2\uparrow$

25 위험물안전관리법령에서 정한 아세트알데하이드 등을 취급하는 제조소의 특례에 관한 내용이다. (　　) 안에 해당하는 물질이 아닌 것은?

아세트알데하이드 등을 취급하는 설비는 (　　)·(　　)·(　　)·(　　) 또는 이들을 성분으로 하는 합금으로 만들지 아니할 것

① 동　② 은
③ 금　④ 마그네슘

해설

아세트알데하이드 등을 취급하는 설비는 은·수은·동·마그네슘 또는 이들을 성분으로 하는 합금으로 만들지 아니할 것

26 폭발의 종류에 따른 물질이 잘못 짝지어진 것은?

① 분해폭발 – 아세틸렌, 산화에틸렌
② 분진폭발 – 금속분, 밀가루
③ 중합폭발 – 사이안화수소, 염화바이닐
④ 산화폭발 – 하이드라진, 과산화수소

해설

제4류 위험물(인화성 액체)인 하이드라진은 분해폭발, 제6류 위험물(산화성 액체)인 과산화수소는 분해폭발을 한다.
※ 성질이 다른 위험물은 폭발형태가 다르다.

27 위험물안전관리법령상 위험물의 운반에 관한 기준에 따르면 지정수량 얼마 이하의 위험물에 대하여는 "유별을 달리하는 위험물의 혼재기준"을 적용하지 아니하여도 되는가?

① 1/2　② 1/3
③ 1/5　④ 1/10

해설

지정수량의 1/10 이하의 위험물의 양에 대해서는 운반에 관한 유별을 달리하는 위험물의 혼재기준을 적용하지 않아도 된다.

28 휘발유의 일반적인 성질에 관한 설명으로 틀린 것은?

① 인화점이 0℃보다 낮다.
② 위험물안전관리법령상 제1석유류에 해당한다.
③ 전기에 대해 비전도성 물질이다.
④ 순수한 것은 청색이나 안전을 위해 검은색으로 착색해서 사용해야 한다.

해설

휘발유는 소비자의 식별을 용이하게 하기 위하여 보통휘발유에는 노란색, 고급휘발유에는 녹색을 착색하며, 공업용은 무색이다.

29 위험물안전관리법령상 소화전용물통 8L의 능력단위는?

① 0.3　② 0.5
③ 1.0　④ 1.5

해설

소화설비의 용량 및 능력단위

소화설비	용 량	능력단위
소화전용(轉用)물통	8L	0.3
수조(소화전용물통 3개 포함)	80L	1.5
수조(소화전용물통 6개 포함)	190L	2.5
마른모래(삽 1개 포함)	50L	0.5
팽창질석 또는 팽창진주암(삽 1개 포함)	160L	1.0

정답 24 ① 25 ③ 26 ④ 27 ④ 28 ④ 29 ①

30 제2류 위험물이 아닌 것은?

① 황화인 ② 적 린
③ 황 린 ④ 철 분

해설

황린(지정수량 20kg)은 제3류 위험물이다.

31 CH_3ONO_2의 소화방법에 대한 설명으로 옳은 것은?

① 물을 주수하여 냉각소화한다.
② 이산화탄소소화기로 질식소화를 한다.
③ 할로젠화합물소화기로 질식소화를 한다.
④ 건조사로 냉각소화한다.

해설

제5류 위험물은 화재 초기 또는 소형화재 이외에는 소화하기 어렵다. 제5류 위험물인 질산메틸은 물을 주수하여 냉각소화한다.

32 다음 중 화재 시 사용하면 독성의 $COCl_2$ 가스를 발생시킬 위험이 가장 높은 소화약제는?

① 액화이산화탄소
② 제1종 분말
③ 사염화탄소
④ 공기포

해설

사염화탄소는 연소 및 물과 반응에서 독성의 포스겐($COCl_2$)을 발생시킨다.

- 연소 반응식 : $CCl_4 + 0.5O_2 \rightarrow COCl_2 + Cl_2$
- 물과의 반응식 : $CCl_4 + H_2O \rightarrow COCl_2 + 2HCl$

33 $KMnO_4$의 지정수량은 몇 kg인가?

① 50 ② 100
③ 300 ④ 1,000

해설

과망가니즈산칼륨($KMnO_4$)의 지정수량은 1,000kg이다.

제1류 위험물(산화성 고체)

성 질	품 명	지정수량	위험등급	표 시
산화성 고체	1. 아염소산염류	50kg	I	• 화기주의 • 충격주의 • 물기엄금 • 가연물접촉주의
	2. 염소산염류			
	3. 과염소산염류			
	4. 무기과산화물			
	5. 브로민산염류	300kg	II	
	6. 질산염류			
	7. 아이오딘산염류			
	8. 과망가니즈산염류	1,000kg	III	
	9. 다이크로뮴산염류			
	10. 그 밖에 행정안전부령으로 정하는 것 ① 과아이오딘산염류 ② 과아이오딘산 ③ 크로뮴, 납 또는 아이오딘의 산화물 ④ 아질산염류 ⑤ 차아염소산염류 ⑥ 염소화아이소시아눌산 ⑦ 퍼옥소이황산염류 ⑧ 퍼옥소붕산염류	50kg (위험등급 I), 300kg (위험등급 II) 또는 1,000kg (위험등급 III)		
	11. 제1호 내지 제10호의 1에 해당하는 어느 하나 이상을 함유한 것			

30 ③ 31 ① 32 ③ 33 ④ **정답**

34 위험물제조소에 옥외소화전이 5개가 설치되어 있다. 이 경우 확보하여야 하는 수원의 법정 최소량은 몇 m^3인가?

① 28　　② 35
③ 54　　④ 67.5

해설

옥외소화전의 수원의 수량 = N(소화전의 수, 최대 4개) × 13.5
= 4 × 13.5m = $54m^3$

소화설비의 배치기준

구 분	규정 방수압	규정 방수량	수원의 양	수평 거리	배관·호스
옥내 소화전 설비	350kPa 이상	260L/min 이상	$7.8m^3$ ×개수 (최대 5개)	층마다 25m 이하	40mm
옥외 소화전 설비	350kPa 이상	450L/min 이상	$13.5m^3$ ×개수 (최대 4개)	40m 이하	65mm
스프링 클러설비	100kPa 이상	80L/min 이상	$2.4m^3$ ×개수 (폐쇄형 최대 30)	헤드간 격 1.7m 이내	방사 구역은 $150m^2$ 이상
물분무 소화설비	350kPa 이상	해당 소화 설비의 헤드의 설계 압력에 의한 방사량	$1m^2$당 1분당 20L의 비율로 계산한 양으로 30분간 방사할 수 있는 양	–	

35 금속칼륨의 보호액으로서 적당하지 않은 것은?

① 등 유
② 유동파라핀
③ 경 유
④ 에틸알코올

해설

제3류 위험물(자연발화성 물질 및 금수성 물질)인 금속칼륨의 보호액으로는 석유, 경유, 유동파라핀 등이 있다.

칼륨과 에틸알코올의 반응식 : $2K + 2C_2H_5OH \rightarrow 2C_2H_5OK + H_2 \uparrow$
칼륨에틸레이트 수소

36 주유취급소 중 건축물의 2층에 휴게음식점의 용도로 사용하는 것에 있어 해당 건축물의 2층으로부터 직접 주유취급소의 부지 밖으로 통하는 출입구와 해당 출입구로 통하는 통로·계단에 설치하여야 하는 것은?

① 비상경보설비
② 유도등
③ 비상조명등
④ 확성장치

해설

출입구와 해당 출입구로 통하는 통로·계단에 유도등을 설치해야 한다.

37 비중은 0.86이고 은백색의 무른 경금속으로 보라색 불꽃을 내면서 연소하는 제3류의 위험물은?

① 칼 슘　　② 나트륨
③ 칼 륨　　④ 리 튬

해설

불꽃반응 색상

원 소	나트륨	칼 륨	칼 슘	구 리	바 륨	리 튬
불꽃색	노란색	보라색	주황색	청록색	황록색	빨간색

38 위험물저장소에 해당하지 않는 것은?

① 옥외저장소
② 지하탱크저장소
③ 이동탱크저장소
④ 판매저장소

해설

판매저장소는 위험물저장소에 해당하지 않는다.

정답 34 ③ 35 ④ 36 ② 37 ③ 38 ④

39 위험물안전관리법령상 제5류 위험물에 적응성이 있는 소화설비는?

① 포소화설비
② 불활성기체소화설비
③ 할로젠화합물소화설비
④ 탄산수소염류소화설비

해설

제5류 위험물은 자기연소성을 지닌 물질로 질식소화가 불가능하며 물로 냉각소화해야 한다. 포소화설비는 수분을 포함하므로 제5류 위험물의 화재에 적응성이 있다.

40 0.99atm, 55℃에서 이산화탄소의 밀도는 약 몇 g/L인가?

① 0.62　　② 1.62
③ 9.65　　④ 12.65

해설

이상기체 상태방정식

$$PV=\frac{W}{M}RT$$

여기서, P : 압력(atm)
V : 부피(L)
W : 질량(g)
M : 분자량(g, CO_2=44)
R : 기체상수
T : 절대온도

$$\text{밀도}=\frac{\text{질량}}{\text{부피}}=\frac{W}{V}$$

$$\therefore \frac{W}{V}=\frac{PM}{RT}=\frac{0.99\times 44}{0.082\times(273+55)}=1.62\text{g/L}$$

41 할로젠화합물의 소화약제 중 할론 2402의 화학식은?

① $C_2Br_4F_2$　　② $C_2Cl_4F_2$
③ $C_2Cl_4Br_2$　　④ $C_2F_4Br_2$

해설

할론넘버는 C–F–Cl–Br 순의 개수를 말한다. C 2개, F 4개, Cl 0개, Br 2개이므로 $C_2F_4Br_2$가 된다.

소화효과

- 104 < 1011 < 2402 < 1211 < 1301
- 할론소화약제는 메테인(CH_4)에서 파생된 물질로 할론 1301(CF_3Br), 할론 1211(CF_2ClBr), 할론 2402($C_2F_4Br_2$)가 있다.

42 위험물안전관리법령상 해당하는 품명이 나머지 셋과 다른 것은?

① 트라이나이트로페놀
② 트라이나이트로톨루엔
③ 나이트로셀룰로스
④ 테트릴

해설

- 질산에스테르류(위험등급Ⅰ) : 나이트로셀룰로스
- 나이트로화합물(위험등급Ⅱ) : 트라이나이트로페놀, 트라이나이트로톨루엔, 테트릴

43 위험물안전관리법령상 지정수량 10배 이상의 위험물을 저장하는 제조소에 설치하여야 하는 경보설비의 종류가 아닌 것은?

① 자동화재탐지설비
② 자동화재속보설비
③ 휴대용 확성기
④ 비상방송설비

해설

경보설비의 종류 : 자동화재탐지설비, 비상경보설비(비상벨장치 또는 경종을 포함), 확성장치(휴대용 확성기를 포함) 및 비상방송설비

39 ① 40 ② 41 ④ 42 ③ 43 ② 정답

44 위험물안전관리법령상 옥내저장소에서 기계에 의하여 하역하는 구조로 된 용기만을 겹쳐 쌓아 위험물을 저장하는 경우 그 높이는 몇 m를 초과하지 않아야 하는가?

① 2 ② 4

③ 6 ④ 8

해설

옥내저장소에서 위험물을 저장하는 경우에는 다음의 규정에 의한 높이를 초과하여 용기를 겹쳐 쌓지 아니하여야 한다.

- 기계에 의하여 하역하는 구조로 된 용기만을 겹쳐 쌓는 경우에 있어서는 6m이다.
- 제4류 위험물 중 제3석유류, 제4석유류 및 동식물유류를 수납하는 용기만을 겹쳐 쌓는 경우에 있어서는 4m이다.
- 그 밖의 경우에 있어서는 3m이다.

45 인화칼슘이 물과 반응하였을 때 발생하는 가스는?

① 수 소 ② 포스겐

③ 포스핀 ④ 아세틸렌

해설

인화칼슘과 물의 반응식 : $Ca_3P_2 + 6H_2O \rightarrow 3Ca(OH)_2 + 2PH_3 \uparrow$ (포스핀)

※ 포스겐가스($COCl_2$)는 사염화탄소(CCl_4)가 물 또는 연소할 때 발생하는 독성가스이다.

- 연소반응 : $CCl_4 + 0.5O_2 \rightarrow COCl_2 + Cl_2$
- 물과 반응 : $CCl_4 + H_2O \rightarrow COCl_2 + 2HCl$

46 다음 중 제6류 위험물에 해당하는 것은?

① IF_5 ② $HClO_3$

③ NO_3 ④ H_2O

해설

IF_5(오플루오린화아이오딘)는 행정안전부령이 정하는 제6류 위험물(할로젠간화합물)에 속한다. 나머지는 위험물이 아니다.

※ 할로젠간화합물 : BrF_3, BrF_5, IF_5, ICl, IBr 등

제6류 위험물(산화성 액체)

성 질	품 명	지정수량	위험등급	표 시
산화성 액체	과산화수소	300kg	I	가연물 접촉주의
	과염소산			
	질 산			

47 위험물을 저장하는 간이탱크저장소의 구조 및 설비의 기준으로 옳은 것은?

① 탱크의 두께 2.5mm 이상, 용량 600L 이하

② 탱크의 두께 2.5mm 이상, 용량 800L 이하

③ 탱크의 두께 3.2mm 이상, 용량 600L 이하

④ 탱크의 두께 3.2mm 이상, 용량 800L 이하

해설

간이저장탱크의 용량은 600L 이하이어야 한다. 간이저장탱크는 두께 3.2mm 이상의 강판으로 흠이 없도록 제작하여야 하며, 70kPa의 압력으로 10분간의 수압시험을 실시하여 새거나 변형되지 아니하여야 한다.

정답 44 ③ 45 ③ 46 ① 47 ③

48 과염소산($HClO_4$)과 염화바륨($BaCl_2$)을 혼합하여 가열할 때 발생하는 유해기체의 명칭은?

① 질산(HNO_3) ② 황산(H_2SO_4)
③ 염산(HCl) ④ 포스핀(PH_3)

해설

과염소산과 염화바륨의 화학반응식

$2HClO_4 + BaCl_2 \rightarrow Ba(ClO_4)_2 + 2HCl\uparrow$

과염소산 염화바륨 과염소산바륨 염화수소

제6류 위험물인 과염소산은 염화바륨과 반응하여 유해기체인 염소를 발생하고, 제1류 위험물(과염소산염류)인 과염소산바륨을 생성한다.

49 위험물안전관리법령상 예방규정을 정하여야 하는 제조소 등에 해당하지 않는 것은?

① 지정수량 10배 이상의 위험물을 취급하는 제조소
② 이송취급소
③ 암반탱크저장소
④ 지정수량의 200배 이상의 위험물을 저장하는 옥내탱크저장소

해설

관계인이 예방규정을 정하여야 하는 제조소 등

- 지정수량의 10배 이상의 위험물을 취급하는 제조소
- 지정수량의 100배 이상의 위험물을 저장하는 옥외저장소
- 지정수량의 150배 이상의 위험물을 저장하는 옥내저장소
- 지정수량의 200배 이상의 위험물을 저장하는 옥외탱크저장소
- 암반탱크저장소
- 이송취급소
- 지정수량의 10배 이상의 위험물을 취급하는 일반취급소. 다만, 제4류 위험물(특수인화물을 제외한다)만을 지정수량의 50배 이하로 취급하는 일반취급소(제1석유류·알코올류의 취급량이 지정수량의 10배 이하인 경우에 한한다)로서 다음의 어느 하나에 해당하는 것을 제외한다.
  - 보일러·버너 또는 이와 비슷한 것으로서 위험물을 소비하는 장치로 이루어진 일반취급소
  - 위험물을 용기에 옮겨 담거나 차량에 고정된 탱크에 주입하는 일반취급소

50 분말소화 약제 중 제1종과 제2종 분말이 각각 열분해 될 때 공통적으로 생성되는 물질은?

① N_2, CO_2 ② N_2, O_2
③ H_2O, CO_2 ④ H_2O, N_2

해설

분말소화약제의 열분해 반응식

- 제1종 분말 : $2NaHCO_3 \rightarrow Na_2CO_3 + H_2O + CO_2\uparrow$
- 제2종 분말 : $2KHCO_3 \rightarrow K_2CO_3 + H_2O + CO_2\uparrow$
- 제3종 분말 : $NH_4H_2PO_4 \rightarrow HPO_3 + NH_3\uparrow + H_2O\uparrow$
- 제4종 분말 : $2KHCO_3 + (NH_2)2CO \rightarrow K_2CO_3 + 2NH_3\uparrow + 2CO_2\uparrow$

51 위험물제조소에서 지정수량 이상의 위험물을 취급하는 건축물(시설)에는 원칙상 최소 몇 미터 이상의 보유공지를 확보하여야 하는가?(단, 최대수량은 지정수량의 10배이다)

① 1m 이상 ② 3m 이상
③ 5m 이상 ④ 7m 이상

해설

제조소의 보유공지(필답형 유형)

취급하는 위험물의 최대수량	공지의 너비
지정수량의 10배 이하	3m 이상
지정수량의 10배 초과	5m 이상

52 메테인 1g이 완전연소하면 발생되는 이산화탄소는 몇 g인가?

① 1.25 ② 2.75
③ 14 ④ 44

해설

메테인의 완전연소 반응식 : $CH_4 + 2O_2 \rightarrow CO_2 + 2H_2O$

- 1몰의 메테인으로 1몰의 이산화탄소 발생
- 메테인 1g으로(메테인 1g의 몰수 : $1g \times 1mol/16g = \frac{1}{16}mol$) 이산화탄소 $\frac{1}{16}$mol 생성
- 발생된 이산화탄소의 질량은 $\frac{1}{16}mol \times 44g/mol = 2.75g$이 된다(메테인 분자량 : 16g/mol, 이산화탄소 분자량 : 44g/mol).

48 ③ 49 ④ 50 ③ 51 ② 52 ② **정답**

53 그림과 같은 위험물 저장탱크의 내용적은 약 몇 m^3 인가?

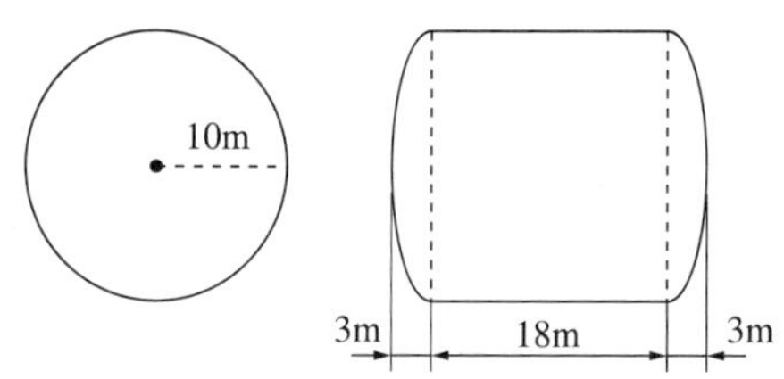

① 4,681 ② 5,482

③ 6,283 ④ 7,080

해설

횡으로 설치한 원통형 탱크의 내용적$=\pi r^2\left(L+\dfrac{L_1+L_2}{3}\right)$

$$=\pi 10^2\left(18+\frac{3+3}{3}\right)$$

$$=6,283\text{m}^3$$

※ 공간용적 고려 시
 탱크의 용량 = 탱크의 내용적 − 탱크의 공간용적

54 제4류 위험물인 클로로벤젠의 지정수량으로 옳은 것은?

① 200L ② 400L

③ 1,000L ④ 2,000L

해설

클로로벤젠(C_6H_5Cl)은 제2석유류 비수용성으로 지정주수량은 1,000L이다.

- 무색의 액체로 물보다 무거우며, 유기용제에 녹는다.
- 증기는 공기보다 무겁고 마취성이 있다.
- DDT의 원료로 사용된다.

55 트라이나이트로톨루엔의 작용기에 해당하는 것은?

① $-NO$ ② $-NO_2$

③ $-NO_3$ ④ $-NO_4$

해설

트라이나이트로톨루엔(TNT, $C_6H_2CH_3(NO_2)_3$)

56 다이에틸에터에 대한 설명으로 틀린 것은?

① 일반식은 R−CO−R′이다.

② 폭발범위는 약 1.7~48%이다.

③ 증기비중 값이 비중 값보다 크다.

④ 휘발성이 높고 마취성을 가진다.

해설

다이에틸에터

- 일반식 : R−O−R′(R 및 R′는 알킬기를 의미)
- 구조식

또는

57 위험물안전관리법령상 위험물을 운반하기 위해 적재할 때 예를 들어 제6류 위험물은 1가지 유별(제1류 위험물)하고만 혼재할 수 있다. 다음 중 가장 많은 유별과 혼재가 가능한 것은?(단, 지정수량의 $\frac{1}{10}$ 을 초과하는 위험물이다)

① 제1류 ② 제2류

③ 제3류 ④ 제4류

해설

혼재 가능한 위험물
- 제1류 위험물(산화성 고체) : 제6류 위험물(산화성 액체)
- 제4류 위험물(인화성 액체) : 제2류 위험물(가연성 고체), 제3류 위험물(자연발화성 물질 및 금수성 물질), 제5류 위험물(자기반응성 물질)
- 제5류 위험물(자기반응성 물질) : 제2류 위험물(가연성 고체), 제4류 위험물(인화성 액체)

58 다음 중 유류저장 탱크화재에서 일어나는 현상으로 거리가 먼 것은?

① 보일오버 ② 플래시오버

③ 슬롭오버 ④ BLEVE

해설

화재 현상
- 보일오버 : 고온층(Hot Zone)이 형성된 유류화재의 탱크 밑면에 물이 고여 있는 경우, 화재의 진행에 따라 바닥의 물이 급격히 증발하여 불붙은 기름을 분출시키는 위험 현상
- 플래시백 : 불꽃이 연소기 내로 전파되어 연소하는 현상으로 가스의 분출속도(공급속도)보다 연소속도가 클 때 발생된다.
- 플래시오버 : 연료지배형 화재(화재가 가연물에 의해 좌우되는 단계)에서 환기지배형 화재(실내환기에 의해 좌우되는 단계)로 전이되는 화재로 화염이 순간적으로 실내 전체로 확대되는 현상
- 백드래프트 : 산소가 부족하거나 훈소상태에 있는 실내에 산소가 일시적으로 다량 공급될 때 연소가스가 순간적으로 발화하는 현상
- 슬롭오버 : 탱크 화재 시 소화약제를 유류 표면에 분사할 때 약제에 포함된 수분이 끓어 부피가 팽창함으로써 기름을 함께 분출시키는 현상
- 블레비 : 가연성 액화가스의 탱크 주위에서 화재가 발생한 경우에 탱크의 가열로 인하여 그 부분의 강도가 약해져 탱크가 파열됨으로써 내부의 가열된 액화가스가 급속히 팽창하면서 폭발하는 현상

59 다음은 P_2S_5와 물의 화학반응이다. ( )에 알맞은 숫자를 차례대로 나열한 것은?

$$P_2S_5 + (\ \ )H_2O \rightarrow (\ \ )H_2S + (\ \ )H_3PO_4$$

① 2, 8, 5

② 2, 5, 8

③ 8, 5, 2

④ 8, 2, 5

해설

오황화인과 물의 반응

$P_2S_5 + (\ 8\ )H_2O \rightarrow (\ 5\ )H_2S + (\ 2\ )H_3PO_4$
- P : $2+0=0+2$
- S : $5+0=5+0$
- H : $0+16=10+6$
- O : $0+8=0+8$

60 아세톤의 성질에 대한 설명으로 옳은 것은?

① 자연발화성 때문에 유기용제로서 사용할 수 없다.

② 무색, 무취이고 겨울철에 쉽게 응고한다.

③ 증기비중은 약 0.79이고 아이오도폼 반응을 한다.

④ 물에 잘 녹으며 끓는 점이 60℃보다 낮다.

해설

아세톤은 제4류 위험물, 제1석유류이다.

① 자연발화성(제3류 위험물)은 없고, 유기용제로 사용된다.

② 자극성 냄새를 갖는다.

③ 증기비중은 약 2이다.

$$\text{증기비중} = \frac{\text{측정물질 분자량}}{\text{평균대기 분자량}} = \frac{60g/mol}{29g/mol} \fallingdotseq 2.07$$

- 평균대기 분자량
  N_2 80% : $28 \times 0.8 = 22.4$, O_2 20% : $32 \times 0.2 = 6.4$
  질소와 산소 분자량의 합은 28.8≒29
- 측정물질(아세톤) 분자량 : 60(CH_3COCH_3)

57 ④ 58 ② 59 ③ 60 ④ 정답

2020년 제1회 과년도 기출복원문제

01 **위험물안전관리법령상 위험물을 유별로 정리하여 저장하면서 서로 1m 이상의 간격을 두면 동일한 옥내저장소에 저장할 수 있는 경우는?**

① 제1류 위험물과 제3류 위험물 중 금수성 물질을 저장하는 경우
② 제1류 위험물과 제4류 위험물을 저장하는 경우
③ 제1류 위험물과 제6류 위험물을 저장하는 경우
④ 제2류 위험물 중 금속분과 제4류 위험물 중 동식물유류를 저장하는 경우

해설

- 제1류 위험물(알칼리금속의 과산화물 또는 이를 함유한 것을 제외한다)과 제5류 위험물을 저장하는 경우
- 제1류 위험물과 제6류 위험물을 저장하는 경우
- 제1류 위험물과 제3류 위험물 중 자연발화성 물질(황린 또는 이를 함유한 것에 한한다)을 저장하는 경우
- 제2류 위험물 중 인화성 고체와 제4류 위험물을 저장하는 경우
- 제3류 위험물 중 알킬알루미늄 등과 제4류 위험물(알킬알루미늄 또는 알킬리튬을 함유한 것에 한한다)을 저장하는 경우
- 제4류 위험물 중 유기과산화물 또는 이를 함유하는 것과 제5류 위험물 중 유기과산화물 또는 이를 함유한 것을 저장하는 경우

02 **옥외저장소에 덩어리 상태의 황만을 지반면에 설치한 경계표시의 안쪽에서 저장할 경우 하나의 경계표시의 내부면적은 몇 m^2 이하이어야 하는가?**

① 75　② 100
③ 150　④ 300

해설

- 하나의 경계표시의 내부의 면적은 $100m^2$ 이하일 것
- 2개 이상의 경계표시를 설치하는 경우에 있어서는 각각의 경계표시 내부의 면적을 합산한 면적은 $1,000m^2$ 이하로 하고, 인접하는 경계표시와 경계표시와의 간격을 공지의 너비의 1/2 이상으로 할 것. 다만, 저장 또는 취급하는 위험물의 최대수량이 지정수량의 200배 이상인 경우에는 10m 이상으로 하여야 한다.
- 경계표시의 높이는 1.5m 이하로 할 것

03 **다음 중 제2석유류만으로 짝지어진 것은?**

① 사이클로헥세인 – 피리딘
② 염화아세틸 – 휘발유
③ 사이클로헥세인 – 중유
④ 아크릴산 – 폼산

해설

각 석유류의 분류
- 제1석유류 : 아세톤, 휘발유, 피리딘, 사이클로헥세인, 염화아세틸 등
- 제2석유류 : 폼산, 아세트산, 아크릴산, 등유, 경유 등
- 제3석유류 : 중유, 크레오소트유, 글리세린 등
- 제4석유류 : 기어유, DOA(가소제) 등

04 **$CH_3COC_2H_5$의 명칭 및 지정수량을 옳게 나타낸 것은?**

① 메틸에틸케톤, 50L
② 메틸에틸케톤, 200L
③ 메틸에틸에터, 50L
④ 메틸에틸에터, 200L

해설

- –CO– 케톤에 알킬기(메틸–CH_3, 에틸–C_2H_5)가 결합하여 메틸에틸케톤(MEK)으로 명명한다.
- 제4류 위험물 중 제1석유류로 비수용성이며, 지정수량은 200L이다.

정답 1 ③ 2 ② 3 ④ 4 ②

05 다음 중 산을 가하면 이산화염소를 발생시키는 물질로 분자량이 약 90.5인 것은?

① 아염소산나트륨
② 브로민산나트륨
③ 옥소산칼륨(아이오딘산칼륨)
④ 다이크로뮴산나트륨

해설

- 아염소산염류는 무색의 결정성 분말로 산을 가할 경우 유독가스인 이산화염소(ClO_2)를 발생한다.
- 아염소산나트륨($NaClO_2$)의 분자량 : $23 + 35.5 + (16 \times 2) = 90.5$

06 위험물안전관리법령에서 정한 "물분무 등 소화설비"의 종류에 속하지 않는 것은?

① 스프링클러설비
② 포소화설비
③ 분말소화설비
④ 이산화탄소소화설비

해설

물분무 등 소화설비 : 물분무소화설비, 포소화설비, 이산화탄소소화설비, 할로젠화합물소화설비, 분말소화설비(인산염류, 탄산수소염류 등)

07 위험물제조소 등의 용도폐지신고에 대한 설명으로 옳지 않은 것은?

① 용도폐지 후 30일 이내에 신고하여야 한다.
② 완공검사합격확인증을 첨부한 용도폐지신고서를 제출하는 방법으로 신고한다.
③ 전자문서로 된 용도폐지신고서를 제출하는 경우에도 완공검사합격확인증을 제출하여야 한다.
④ 신고의무의 주체는 해당 제조소 등의 관계인이다.

해설

제조소 등의 관계인(소유자·점유자 또는 관리자)은 해당 제조소 등의 용도를 폐지한 때에는 행정안전부령이 정하는 바에 따라 제조소 등의 용도를 폐지한 날부터 14일 이내에 시·도지사에게 신고하여야 한다(위험물안전관리법 제11조).

08 아세톤의 성질에 대한 설명으로 옳은 것은?

① 자연발화성 때문에 유기용제로서 사용할 수 없다.
② 무색, 무취이고 겨울철에 쉽게 응고한다.
③ 증기비중은 약 0.79이고 아이오도폼 반응을 한다.
④ 물에 잘 녹으며 끓는점이 60℃보다 낮다.

해설

아세톤은 제4류 위험물, 제1석유류이다.

- 자연발화성(제3류 위험물)은 없고, 유기용제로 사용된다.
- 자극성 냄새를 갖는다.
- 증기비중은 약 2이다.

$$증기비중 = \frac{측정물질\ 분자량}{평균대기\ 분자량} = \frac{60g/mol}{29g/mol} \fallingdotseq 2.07$$

- 평균대기 분자량
  N_2 80% : $28 \times 0.8 = 22.4$, O_2 20% : $32 \times 0.2 = 6.4$
  질소와 산소 분자량의 합은 28.8≒29
- 측정물질(아세톤) 분자량 : 60(CH_3COCH_3)

09 과산화바륨과 물이 반응하였을 때 발생하는 것은?

① 수 소　　② 산 소
③ 탄산가스　　④ 수성가스

해설

제1류 위험물(산화성 고체) 중 무기과산화물은 물과 반응하여 산소를 발생한다.
과산화바륨과 물의 반응식 : $2BaO_2 + 2H_2O \rightarrow 2Ba(OH)_2 + O_2\uparrow$

10 나이트로셀룰로스의 저장·취급방법으로 틀린 것은?

① 직사광선을 피해 저장한다.
② 되도록 장기간 보관하여 안정화된 후에 사용한다.
③ 유기과산화물류, 강산화제와의 접촉을 피한다.
④ 건조 상태에 이르면 위험하므로 습한 상태를 유지한다.

해설

제5류 위험물인 나이트로셀룰로스(질화면, 면화약)는 건조 상태에서는 폭발위험이 크지만 수분을 함유하면 폭발위험이 작아져 운반, 저장에 용이하다.

5 ① 6 ① 7 ① 8 ④ 9 ② 10 ② **정답**

11 벤조일퍼옥사이드에 대한 설명으로 틀린 것은?

① 무색, 무취의 투명한 액체이다.

② 가급적 소분하여 저장한다.

③ 제5류 위험물에 해당한다.

④ 품명은 유기과산화물이다.

해설

벤조일퍼옥사이드는 제5류 위험물(자기반응성 물질-유기과산화물)로 과산화벤조일 또는 벤젠퍼옥사이드로 불리기도 하며, 백색 분말의 투명한 결정이다.

12 위험물제조소에서 국소방식의 배출설비 배출능력은 1시간당 배출장소 용적의 몇 배 이상인 것으로 하여야 하는가?

① 5　② 10

③ 15　④ 20

해설

배출능력은 1시간당 배출장소 용적의 20배 이상인 것으로 하여야 한다. 다만, 전역방식의 경우에는 바닥면적 $1m^2$당 $18m^3$ 이상으로 할 수 있다.

13 위험물안전관리법령상 혼재할 수 없는 위험물은?(단, 위험물은 지정수량의 1/10을 초과하는 경우이다)

① 적린과 황린

② 질산염류와 질산

③ 칼륨과 특수인화물

④ 유기과산화물과 황

해설

적린(제2류 위험물-가연성·환원성 고체)과 황린(제3류 위험물-자연발화성 물질 및 금수성 물질)은 혼재할 수 없다.

혼재 가능한 위험물

- 제1류 위험물(산화성 고체) : 제6류 위험물(산화성 액체)
- 제4류 위험물(인화성 액체) : 제2류 위험물(가연성 고체), 제3류 위험물(자연발화성 물질 및 금수성 물질), 제5류 위험물(자기반응성 물질)
- 제5류 위험물(자기반응성 물질) : 제2류 위험물(가연성 고체), 제4류 위험물(인화성 액체)

14 할로젠화합물의 소화약제 중 할론 2402의 화학식은?

① $C_2Br_4F_2$　② $C_2Cl_4F_2$

③ C_2ClBr_2　④ $C_2F_4Br_2$

해설

할론넘버는 C-F-Cl-Br 순의 개수를 말한다. C 2개, F 4개, Cl 0개, Br 2개이므로 $C_2F_4Br_2$가 된다.

- 소화효과
  104 < 1011 < 2402 < 1211 < 1301
- 할로젠화합물소화약제는 메테인(CH_4)에서 파생된 물질로 할론 1301(CF_3Br), 할론 1211(CF_2ClBr), 할론 2402($C_2F_4Br_2$)가 있다.

15 위험물안전관리법령에서 정한 메틸알코올의 지정수량을 kg 단위로 환산하면 얼마인가?(단, 메틸알코올의 비중은 0.8이다)

① 200　② 320

③ 400　④ 450

해설

$$밀도(\rho) = \frac{질량(M)}{부피(V)},\ 질량(M) = 부피(V) \times 밀도(\rho)$$

메틸알코올의 지정수량은 400L이므로,

$\therefore$ 400L × 0.8kg/L = 320kg

16 소화설비의 설치기준에서 유기과산화물 1,000kg은 몇 소요단위에 해당하는가?

① 10　② 20

③ 100　④ 200

해설

위험물의 1소요단위는 지정수량의 10배이다.

제5류 위험물 : 유기과산화물 10kg/위험등급 I

$$\frac{1{,}000kg}{지정수량 \times 10배} = \frac{1{,}000kg}{10kg \times 10배} = 10소요단위$$

정답 11 ① 12 ④ 13 ① 14 ④ 15 ② 16 ①

17 위험물안전관리법령에서 정한 품명이 서로 다른 물질을 나열한 것은?

① 이황화탄소, 다이에틸에터
② 에틸알코올, 고형알코올
③ 등유, 경유
④ 중유, 크레오소트유

해설

- 제2류 위험물 : 고형알코올
- 제4류 위험물 : 이황화탄소(특수인화물), 다이에틸에터(특수인화물), 에틸알코올(알코올류)

18 위험물탱크의 용량은 탱크의 내용적에서 공간용적을 뺀 용적으로 한다. 이 경우 소화약제 방출구를 탱크 안의 윗부분에 설치하는 탱크의 공간용적은 해당 소화설비의 소화약제방출구 아래의 어느 범위의 면으로부터 윗부분의 용적으로 하는가?

① 0.1m 이상 0.5m 미만 사이의 면
② 0.3m 이상 1m 미만 사이의 면
③ 0.5m 이상 1m 미만 사이의 면
④ 0.5m 이상 1.5m 미만 사이의 면

해설

탱크의 공간용적은 탱크 내용적의 5/100 이상 10/100 이하의 용적으로 한다. 다만, 소화설비(소화약제 방출구를 탱크 안의 윗부분에 설치하는 것에 한한다)를 설치하는 탱크의 공간용적은 해당 소화설비의 소화약제방출구 아래의 0.3m 이상 1m 미만 사이의 면으로부터 윗부분의 용적으로 한다.

19 [보기]의 위험물 중 비중이 물보다 큰 것은 모두 몇 개인가?

보기

과염소산, 과산화수소, 질산

① 0 ② 1
③ 2 ④ 3

해설

비 중

물	과염소산	과산화수소	질 산
1	1.76	1.46	1.49

20 다음 아세톤의 완전 연소 반응식에서 ( )에 알맞은 계수를 차례대로 옳게 나타낸 것은?

$CH_3COCH_3 + (\quad)O_2 \rightarrow (\quad)CO_2 + 3H_2O$

① 3, 4 ② 4, 3
③ 6, 3 ④ 3, 6

해설

$CH_3COCH_3 + (\ 4\ )O_2 \rightarrow (\ 3\ )CO_2 + 3H_2O$

C : 3 + 0 = 3 + 0
H : 6 + 0 = 0 + 6
O : 1 + 8 = 6 + 3

21 식용유 화재 시 제1종 분말소화약제를 이용하여 화재의 제어가 가능하다. 이때의 소화원리에 가장 가까운 것은?

① 촉매효과에 의한 질식소화
② 비누화 반응에 의한 질식소화
③ 아이오딘화에 의한 냉각소화
④ 가수분해 반응에 의한 냉각소화

해설

비누화가 일어나고, 수증기나 비누가 포를 형성하며, 이때 발생한 탄산가스 및 글리세린이 소화를 돕는다.

※ 제1종 분말소화약제는 B, C급 화재에 적응성이 있으며, 동식물성 유지류의 액체화재는 분말소화제나 알칼리 용액으로 진화한다.

17 ② 18 ② 19 ④ 20 ② 21 ② 정답

22 다이크로뮴산칼륨에 대한 설명으로 틀린 것은?

① 열분해하여 산소를 발생한다.
② 물과 알코올에 잘 녹는다.
③ 등적색의 결정으로 쓴맛이 있다.
④ 산화제, 의약품 등에 사용된다.

해설

다이크로뮴산칼륨은 제1류 위험물(산화성 고체)로 물에 녹고, 알코올, 에터에는 녹지 않는다.

23 위험물안전관리법령상 옥외저장탱크 중 압력탱크 외의 탱크에 통기관을 설치하여야 할 때 밸브 없는 통기관인 경우 통기관의 지름은 몇 mm 이상으로 하여야 하는가?

① 10 ② 15
③ 20 ④ 30

해설

옥외저장탱크 중 밸브 없는 통기관 설치기준(위험물안전관리법 시행규칙 별표 6)

- 지름은 30mm 이상일 것
- 끝부분은 수평면보다 45° 이상 구부려 빗물 등의 침투를 막는 구조로 할 것
- 인화점이 38℃ 미만인 위험물만을 저장 또는 취급하는 탱크에 설치하는 통기관에는 화염방지장치를 설치하고, 그 외의 탱크에 설치하는 통기관에는 40메시(mesh) 이상의 구리망 또는 동등 이상의 성능을 가진 인화방지장치를 설치할 것. 다만, 인화점이 70℃ 이상인 위험물만을 해당 위험물의 인화점 미만의 온도로 저장 또는 취급하는 탱크에 설치하는 통기관에는 인화방지장치를 설치하지 않을 수 있다.

24 위험물저장탱크 중 부상지붕구조로 탱크의 직경이 53m 이상 60m 미만인 경우 고정식 포소화설비의 포방출구 종류 및 수량으로 옳은 것은?

① Ⅰ형 8개 이상 ② Ⅱ형 8개 이상
③ Ⅲ형 10개 이상 ④ 특형 10개 이상

해설

포방출구는 다음 표에 의하여 탱크의 직경, 구조 및 포방출구의 종류에 따른 수 이상의 개수를 탱크옆판의 외주에 균등한 간격으로 설치 할 것(위험물안전관리에 관한 세부기준 제133조)

<table>
<tr><th rowspan="3">탱크의 구조 및 포방출구의 종류
탱크 직경</th><th colspan="4">포방출구의 개수</th></tr>
<tr><th colspan="2">고정지붕구조</th><th>부상덮개부착 고정지붕구조</th><th>부상지붕구조</th></tr>
<tr><th>Ⅰ형 또는 Ⅱ형</th><th>Ⅲ형 또는 Ⅳ형</th><th>Ⅱ형</th><th>특 형</th></tr>
<tr><td>13m 미만</td><td rowspan="4">2</td><td rowspan="3">1</td><td>2</td><td>2</td></tr>
<tr><td>13m 이상 19m 미만</td><td>3</td><td>3</td></tr>
<tr><td>19m 이상 24m 미만</td><td>4</td><td>4</td></tr>
<tr><td>24m 이상 35m 미만</td><td>2</td><td>5</td><td>5</td></tr>
<tr><td>35m 이상 42m 미만</td><td>3</td><td>3</td><td>6</td><td>6</td></tr>
<tr><td>42m 이상 46m 미만</td><td>4</td><td>4</td><td>7</td><td>7</td></tr>
<tr><td>46m 이상 53m 미만</td><td>6</td><td>6</td><td>8</td><td>8</td></tr>
<tr><td>53m 이상 60m 미만</td><td>8</td><td>8</td><td>10</td><td rowspan="2">10</td></tr>
<tr><td>60m 이상 67m 미만</td><td rowspan="7">왼쪽란에 해당하는 직경의 탱크에는 Ⅰ형 또는 Ⅱ형의 포방출구의 8개 설치하는 것 외에, 오른쪽란에 표시한 직경에 따른 포방출구의 수에서 8을 뺀 수의 Ⅲ형 또는 Ⅳ형의 포방출구를 폭 30m의 환상부분을 제외한 중심부의 액표면에 방출할 수 있도록 추가로 설치할 것</td><td>10</td><td rowspan="7"></td></tr>
<tr><td>67m 이상 73m 미만</td><td>12</td><td rowspan="2">12</td></tr>
<tr><td>73m 이상 79m 미만</td><td>14</td></tr>
<tr><td>79m 이상 85m 미만</td><td>16</td><td rowspan="2">14</td></tr>
<tr><td>85m 이상 90m 미만</td><td>18</td></tr>
<tr><td>90m 이상 95m 미만</td><td>20</td><td rowspan="2">16</td></tr>
<tr><td>95m 이상 99m 미만</td><td>22</td></tr>
<tr><td>99m 이상</td><td>24</td><td>18</td></tr>
</table>

정답 22 ② 23 ④ 24 ④

25 주유취급소에 설치하는 "주유 중 엔진정지"라는 표시를 한 게시판의 바탕과 문자의 색상을 차례대로 옳게 나타낸 것은?

① 황색, 흑색
② 흑색, 황색
③ 백색, 흑색
④ 흑색, 백색

해설

주유취급소 표지 및 게시판(위험물안전관리법 시행규칙 별표 13)
"위험물 주유취급소" : 백색바탕 흑색문자
"주유 중 엔진정지" : 황색바탕에 흑색문자

26 고형알코올 2,000kg과 철분 1,000kg의 각각 지정수량 배수의 총 합은 얼마인가?

① 3　② 4
③ 5　④ 6

해설

지정수량 : 고형알코올(1,000kg), 철분(500kg)

∴ 지정수량의 배수 $= \frac{\text{저장수량}}{\text{지정수량}} = \frac{2,000}{1,000} + \frac{1,000}{500} = 4$배

27 제4류 위험물 중 제2석유류의 위험등급 기준은?

① 위험등급 Ⅰ의 위험물
② 위험등급Ⅱ의 위험물
③ 위험등급Ⅲ의 위험물
④ 위험등급Ⅳ의 위험물

해설

제4류 위험물의 위험등급
• 특수인화물 : 위험등급 Ⅰ
• 제1석유류 및 알코올류 : 위험등급Ⅱ
• 제2석유류, 제3석유류, 제4석유류, 동식물유류 : 위험등급Ⅲ

28 위험물의 인화점에 대한 설명으로 옳은 것은?

① 톨루엔이 벤젠보다 낮다.
② 피리딘이 톨루엔보다 낮다.
③ 벤젠이 아세톤보다 낮다.
④ 아세톤이 피리딘보다 낮다.

해설

인화점

톨루엔	벤 젠	아세톤	피리딘
4℃	−11℃	−18.5℃	16℃

29 피리딘의 일반적인 성질에 대한 설명 중 틀린 것은?

① 순수한 것은 무색 액체이다.
② 약알칼리성을 나타낸다.
③ 물보다 가볍고, 증기는 공기보다 무겁다.
④ 흡수성이 없고, 비수용성이다.

해설

피리딘(아딘, C_5H_5N)
• 제4류 위험물(인화성 액체) 중 제1석유류
• 수용성 물질로 지정수량은 400L이다.
• 약염기성을 나타낸다.

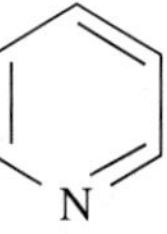

25 ① 26 ② 27 ③ 28 ④ 29 ④ 정답

30 메틸리튬과 물의 반응 생성물로 옳은 것은?

① 메테인, 수소화리튬
② 메테인, 수산화리튬
③ 에테인, 수소화리튬
④ 에테인, 수산화리튬

해설

메틸리튬($LiCH_3$)은 제3류 위험물에 속한다.

메틸리튬과 물의 반응식 : $LiCH_3 + H_2O \rightarrow LiOH + CH_4$
수산화리튬 메테인

31 황가루가 공기 중에 떠 있을 때의 주된 위험성에 해당하는 것은?

① 수증기 발생　② 전기감전
③ 분진폭발　④ 인화성 가스 발생

해설

분진폭발 : 금속, 플라스틱, 농산물, 석탄, 황, 섬유질 등의 가연성 고체가 미세한 분말상태로 공기 중에 부유하고 폭발의 한계농도 이상으로 유지될 때 점화원이 존재하면 가연성 혼합기체와 비슷한 폭발현상을 나타낸다.

32 제3종 분말소화약제의 열분해 시 생성되는 메타인산의 화학식은?

① H_3PO_4　② HPO_3
③ $H_4P_2O_7$　④ $CO(NH_2)_2$

해설

제3종 분말 : $NH_4H_2PO_4 \rightarrow HPO_3 + NH_3\uparrow + H_2O\uparrow$

제3종 분말 소화약제의 효과

- HPO_3 : 메타인산의 방진효과
- NH_3 : 불연성 가스에 의한 질식효과
- H_2O : 냉각효과

열분해 시 유리된 암모늄이온과 분말 표면의 흡착에 의한 부촉매 효과

33 옥내저장소에 제3류 위험물인 황린을 저장하면서 위험물안전관리법령에 의한 최소한의 보유공지로 3m를 옥내저장소 주위에 확보하였다. 이 옥내저장소에 저장하고 있는 황린의 수량은?(단, 옥내저장소의 구조는 벽·기둥 및 바닥이 내화구조로 되어 있고 그 외의 다른 사항은 고려하지 않는다)

① 100kg 초과 500kg 이하
② 400kg 초과 1,000kg 이하
③ 500kg 초과 5,000kg 이하
④ 1,000kg 초과 40,000kg 이하

해설

제3류 위험물인 황린(위험등급 I)의 지정수량은 20kg이다. 3m 이상에 해당하는 최대수량은 지정수량의 20배 초과 50배 이하이므로 400kg 초과 1,000kg 이하가 된다.

옥내저장소의 보유공지

저장 또는 취급하는 위험물의 최대수량	공지의 너비	
	벽·기둥 및 바닥이 내화구조로 된 건축물	그 밖의 건축물
지정수량의 5배 이하	–	0.5m 이상
지정수량의 5배 초과 10배 이하	1m 이상	1.5m 이상
지정수량의 10배 초과 20배 이하	2m 이상	3m 이상
지정수량의 20배 초과 50배 이하	3m 이상	5m 이상
지정수량의 50배 초과 200배 이하	5m 이상	10m 이상
지정수량의 200배 초과	10m 이상	15m 이상

34 위험물안전관리법령상 이송취급소에 설치하는 정보설비의 기준에 따라 이송기지에 설치하여야 하는 경보설비로만 이루어진 것은?

① 확성장치, 비상벨장치
② 비상방송설비, 비상경보설비
③ 확성장치, 비상발송설비
④ 비상방송설비, 자동화재탐지설비

해설

이송취급소의 이송기지에 설치해야 하는 경보설비의 종류는 확성장치와 비상벨장치이다.

정답 30 ② 31 ③ 32 ② 33 ② 34 ①

35 **과산화칼륨과 과산화마그네슘이 염산과 각각 반응했을 때 공통으로 나오는 물질의 지정수량은?**

① 50L ② 100kg
③ 300kg ④ 1,000L

해설

과산화칼륨과 염산의 반응 : $K_2O_2 + 2HCl \rightarrow 2KCl + H_2O_2 \uparrow$
과산화마그네슘과 염산의 반응 : $MgO_2 + 2HCl \rightarrow MgCl_2 + H_2O_2 \uparrow$
과산화수소(H_2O_2)의 지정수량은 300kg이다.
※ 제1류 위험물(산화성 고체)의 무기과산화물은 제6류 위험물(산화성 액체)인 과산화수소에서 수소원자 대신 무기물로 치환된 물질이다.

36 **트라이나이트로톨루엔의 작용기에 해당하는 것은?**

① $-NO$ ② $-NO_2$
③ $-NO_3$ ④ $-NO_4$

해설

트라이나이트로톨루엔(TNT, $C_6H_2CH_3(NO_2)_3$)

CH_3
NO_2 NO_2
NO_2

37 **다음과 같은 반응에서 $5m^3$의 탄산가스를 만들기 위해 필요한 탄산수소나트륨의 양은 약 몇 kg인가?(단, 표준상태이고 나트륨의 원자량은 23이다)**

$$2NaHCO_3 \rightarrow Na_2CO_3 + CO_2 + H_2O$$

① 18.75 ② 37.5
③ 56.25 ④ 75

해설

이상기체 상태방정식 이용
$PV = \frac{WRT}{M}$, $W = \frac{PVM}{RT}$
여기서, 원자량 Na : 23, H : 1, C : 12, O : 16
탄산수소나트륨과 탄산가스는 2 : 1반응이므로, 탄산가스의 질량에 2의 배수를 취한다.
표준상태는 0℃, 1기압이므로,

$$\therefore \; W = \frac{1\text{atm} \times 5\text{m}^3 \times 84\text{kg/kmol}}{0.082\text{atm m}^3/\text{kmol} \cdot \text{K} \times 273\text{K}} \times 2 = 37.5\text{kg}$$

38 **20℃의 물 100kg이 100℃ 수증기로 증발하면 몇 kcal의 열량을 흡수할 수 있는가?(단, 물의 증발잠열은 540cal/g이다)**

① 540 ② 7,800
③ 62,000 ④ 108,000

해설

$Q = mC\Delta t + \gamma m$
여기서, m : 질량, C : 비열, Δt : 온도차, γ : 잠열
$\therefore$ 총열량 $Q = (100 \times 1 \times 80) + (540 \times 100) = 62{,}000\text{kcal}$

물의 상태와 잠열

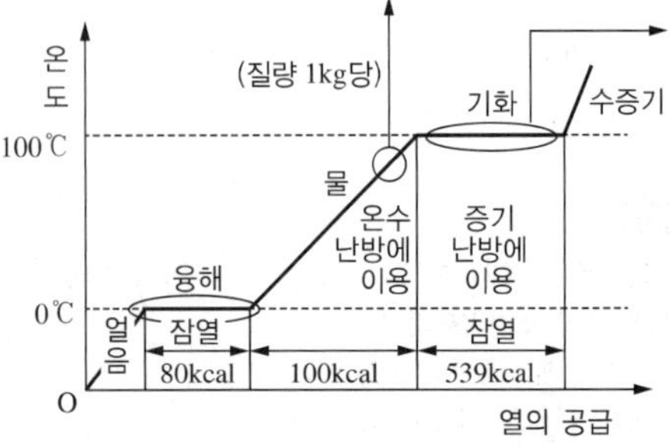

- C(비열) : 1kcal 1kg의 물을 1℃ 올리는 데 필요한 열량
- 물의 비열 : 1kcal/1kg · ℃
- 물의 잠열 : 기화(증발)잠열 539kcal/kg, 융해잠열 80kcal/kg

35 ③ 36 ② 37 ② 38 ③ **정답**

39 위험물안전관리법령상 제5류 위험물의 화재발생 시 적응성이 있는 소화설비는?

① 분말소화설비
② 물분무소화설비
③ 불활성가스소화설비
④ 할로젠화합물소화설비

해설

제5류 위험물(자기반응성 물질)은 자체적으로 산소공급원을 포함하고 있어 이산화탄소, 분말, 포소화약제 등에 의한 질식소화는 효과가 없으며, 다량의 냉각주수소화가 적당하다. 단, 화재 초기 또는 소형화재 이외에는 소화가 어렵다.

40 제조소 등에 있어서 위험물의 저장하는 기준으로 잘못된 것은?

① 황린은 제3류 위험물이므로 물기가 없는 건조한 장소에 저장하여야 한다.
② 덩어리상태의 황은 위험물 용기에 수납하지 않고 옥내저장소에 저장할 수 있다.
③ 옥내저장소에서는 용기에 수납하여 저장하는 위험물의 온도가 55℃를 넘지 아니하도록 필요한 조치를 강구하여야 한다.
④ 이동저장탱크에는 저장 또는 취급하는 위험물의 유별・품명・최대수량 및 적재중량을 표시하고 잘 보일 수 있도록 관리하여야 한다.

해설

제3류 위험물인 황린은 자연발화성 물질로 물속에 저장해야 한다.

41 위험물안전관리법령상 연면적이 $450m^2$인 저장소의 건축물 외벽이 내화구조가 아닌 경우 이 저장소의 소화기 소요단위는?

① 3 ② 4.5
③ 6 ④ 9

해설

비내화구조 외벽을 가진 위험물저장소의 소요단위는 연면적 $75m^2$를 1소요단위로 한다.

∴ $450m^2/75m^2 = 6$

소요단위

구 분	내화구조 외벽	비내화구조 외벽
위험물제조소 및 취급소	연면적 $100m^2$	연면적 $50m^2$
위험물저장소	연면적 $150m^2$	연면적 $75m^2$
위험물	지정수량의 10배	

42 위험물의 자연발화를 방지하는 방법으로 가장 거리가 먼 것은?

① 통풍을 잘 시킬 것
② 저장실의 온도를 낮출 것
③ 습도가 높은 곳에 저장할 것
④ 정촉매 작용을 하는 물질과의 접촉을 피할 것

해설

자연발화는 공기 중의 물질이 상온에서 저절로 발화하여 연소하는 현상이다.

자연발화 방지법

- 저장실의 온도를 낮춘다.
- 통풍과 환기가 잘되는 곳에 보관한다.
- 퇴적 및 수납 시 열이 축적되는 것을 방지한다.
- 가연성 물질을 제거한다.
- 습도를 낮춘다(물질에 따라 촉매 작용을 할 수 있음).

※ 칼륨(K)과 칼슘(Ca)은 습기나 물과 접촉하면 급격히 발화한다.

정답 39 ② 40 ① 41 ③ 42 ③

43 연소의 3요소를 모두 포함하는 것은?

① 과염소산, 산소, 불꽃

② 마그네슘분말, 연소열, 수소

③ 아세톤, 수소, 산소

④ 불꽃, 아세톤, 질산암모늄

해설

연소의 3요소 : 불꽃(점화원), 아세톤(가연물), 질산암모늄(산소공급원)

① 과염소산(산소공급원), 산소(산소공급원), 불꽃(점화원)

② 마그네슘분말(가연물), 연소열(점화원), 수소(가연물)

③ 아세톤(가연물), 수소(가연물), 산소(산소공급원)

- 제1류 위험물(산화성 고체)인 질산암모늄의 분해·폭발 반응식 $2NH_4NO_3 \rightarrow 4H_2O + 2N_2 + O_2\uparrow$
- 연소의 4요소 : 가연물(산화제), 점화원, 산소공급원(환원제), 연쇄반응

44 위험물을 저장할 때 필요한 보호물질을 옳게 연결한 것은?

① 황린 – 석유

② 금속칼슘 – 에틸알코올

③ 이황화탄소 – 물

④ 금속나트륨 – 산소

해설

제4류 위험물 중 특수인화물인 이황화탄소(CS_2)는 비수용성이며, 저장 시 가연성 증기 발생을 억제하기 위해 물탱크에 저장한다.

① 황린 – 물

② 금속칼슘 – 밀폐용기에 보관

④ 금속나트륨 – 석유류(등유, 경유)

45 제3류 위험물에 해당하는 것은?

① 황 ② 적 린

③ 황 린 ④ 삼황화인

해설

황, 적린, 삼황화인은 제2류 위험물이다.

46 위험물안전관리법령상의 위험물 운반에 관한 기준에서 액체위험물은 운반용기 내용적의 몇 % 이하의 수납률로 수납하여야 하는가?

① 80 ② 85

③ 90 ④ 98

해설

운반용기 수납률

- 고체위험물은 운반용기 내용적의 95% 이하의 수납률로 수납할 것
- 액체위험물은 운반용기 내용적의 98% 이하의 수납률로 수납하되, 55℃의 온도에서 누설되지 아니하도록 충분한 공간용적을 유지하도록 할 것
- 자연발화성 물질 중 알킬알루미늄 등은 운반용기의 내용적의 90% 이하의 수납률로 수납하되, 50℃의 온도에서 5% 이상의 공간용적을 유지하도록 할 것

47 다음 중 위험물안전관리법이 적용되는 영역은?

① 항공기에 의한 대한민국 영공에서의 위험물의 저장, 취급 및 운반

② 궤도에 의한 위험물의 저장, 취급 및 운반

③ 철도에 의한 위험물의 저장, 취급 및 운반

④ 자가용승용차에 의한 지정수량 이하의 위험물의 저장, 취급 및 운반

해설

항공기, 선박, 철도 및 궤도에 의한 위험물의 저장, 취급 및 운반은 위험물안전관리법의 적용을 받지 않는다(위험물안전관리법 제3조).

43 ④ 44 ③ 45 ③ 46 ④ 47 ④ 정답

48 **알킬알루미늄 등 또는 아세트알데하이드 등을 취급하는 제조소의 특례기준으로서 옳은 것은?**

① 알킬알루미늄 등을 취급하는 설비에는 불활성기체 또는 수증기를 봉입하는 장치를 설치한다.

② 알킬알루미늄 등을 취급하는 설비에는 은·수은·동·마그네슘을 성분으로 하는 것으로 만들지 않는다.

③ 아세트알데하이드 등을 취급하는 탱크에는 냉각장치 또는 보냉장치 및 불활성기체 봉입장치를 설치한다.

④ 아세트알데하이드 등을 취급하는 설비의 주위에는 누설범위를 국한하기 위한 설비와 누설되었을 때 안전한 장소에 설치된 저장실에 유입시킬 수 있는 설비를 갖춘다.

해설

- 알킬알루미늄 등을 취급하는 설비에는 불활성기체를 봉입하는 장치를 갖출 것
- 알킬알루미늄 등을 취급하는 설비의 주위에는 누설범위를 국한하기 위한 설비와 누설된 알킬알루미늄 등을 안전한 장소에 설치된 저장실에 유입시킬 수 있는 설비를 갖출 것
- 아세트알데하이드 등을 취급하는 탱크에는 냉각장치 또는 보냉장치 및 불활성기체 봉입장치를 설치한다.

49 **이산화탄소 소화기 사용 시 줄-톰슨 효과에 의해서 생성되는 물질은?**

① 포스겐

② 일산화탄소

③ 드라이아이스

④ 수성가스

해설

이산화탄소 속에 함유되어 있는 수분·기름 등을 분리시킨 다음, 저온에서 가압하여 급격히 팽창시키면 줄-톰슨 효과에 의해서 냉각되어 액체인 이산화탄소가 되고, 그 일부분을 증발시키면 잠열에 의해서 나머지는 눈송이 모양의 드라이아이스가 된다.

줄-톰슨 효과(Joule-Thomson 효과) : 압축한 기체를 가는 구멍으로 내뿜어 갑자기 팽창시킬 때 그 온도가 오르거나 내리는 현상

50 **위험물안전관리법령상 품명이 금속분에 해당하는 것은?(단, 150의 체를 통과하는 것이 50wt% 이상인 경우이다)**

① 니켈분　　② 마그네슘분

③ 알루미늄분　　④ 구리분

해설

금속분이라 함은 알칼리금속, 알칼리토류금속, 철(Fe) 및 마그네슘 외의 금속의 분말을 말하고, 구리분(Cu), 니켈분(Ni) 및 150μm의 체를 통과하는 것이 50wt% 미만인 것을 제외한다.

51 **2가지 물질을 섞었을 때 수소가 발생하는 것은?**

① 칼륨과 에틸알코올

② 과산화마그네슘과 염화수소

③ 과산화칼륨과 탄산가스

④ 오황화인과 물

해설

반응식(필답형 유형)

① 칼륨과 에틸알코올

$2K + 2C_2H_5OH \rightarrow 2C_2H_5OK + H_2 \uparrow$

에틸알코올　칼륨에틸레이트

② 과산화마그네슘과 염화수소

$MgO_2 + 2HCl \rightarrow MgCl_2 + H_2O_2 \uparrow$

염화마그네슘　과산화수소

③ 과산화칼륨과 탄산가스

$2K_2O_2 + 2CO_2 \rightarrow 2K_2CO_3 + O_2 \uparrow$

탄산칼륨

④ 오황화인과 물

$P_2S_5 + 8H_2O \rightarrow 5H_2S + 2H_3PO_4$

황화수소　인산

정답 48 ③　49 ③　50 ③　51 ①

52 전기화재의 급수와 표시색상을 옳게 나타낸 것은?

① C급 – 백색 ② D급 – 백색
③ C급 – 청색 ④ D급 – 청색

해설

적응화재에 따른 소화기의 표시색상

적응화재	소화기 표시색상
A급(일반화재)	백 색
B급(유류화재)	황 색
C급(전기화재)	청 색
D급(금속화재)	무 색

53 다음 위험물의 저장 창고에 화재가 발생하였을 때 주수(注水)에 의한 소화가 오히려 더 위험한 것은?

① 염소산칼륨
② 과염소산나트륨
③ 질산암모늄
④ 탄화칼슘

해설

제3류 위험물(자연발화성 물질 및 금수성 물질)인 탄화칼슘은 물과 반응하여 발열하고 가연성 가스인 아세틸렌을 발생한다.

물과의 반응식

$CaC_2 + 2H_2O \rightarrow \underset{\text{수산화칼슘}}{Ca(OH)_2} + \underset{\text{아세틸렌}}{C_2H_2} \uparrow + 27.8kcal$

54 위험물안전관리법령상 철분, 금속분, 마그네슘에 적응성이 있는 소화설비는?

① 불활성가스소화설비
② 할로젠화합물소화설비
③ 포소화설비
④ 탄산수소염류소화설비

해설

제2류 위험물(가연성 고체)의 철분, 금속분, 마그네슘의 화재에는 탄산수소염류분말 및 마른모래, 팽창질석 또는 팽창진주암을 사용한다.

※ 금속분을 제외하고 주수에 의한 냉각소화를 한다.

55 휘발유에 대한 설명으로 옳은 것은?

① 가연성 증기를 발생하기 쉬우므로 주의한다.
② 발생된 증기는 공기보다 가벼워서 주변으로 확산하기 쉽다.
③ 전기를 잘 통하는 도체이므로 정전기를 발생시키지 않도록 조치한다.
④ 인화점이 상온보다 높으므로 여름철에 각별한 주의가 필요하다.

해설

- 발생된 증기는 주변으로 확산하기 쉽고, 공기보다 무거워서 낮은 곳으로 체류하기 쉬우므로 환기가 잘되도록 한다.
- 부도체(전기가 통하지 못하는 물질)나 유체마찰에 의해 정전기를 발생하고 정전기 불꽃에 의하여 인화하는 경우가 있다.
- 인화점이 상온보다 낮으므로 겨울철에도 주의가 필요하다.

56 지정수량이 10kg인 물질은?

① 질 산
② 피크르산
③ 테트릴
④ 과산화벤조일

해설

지정수량

질산 (제6류)	피크르산 (제5류)	테트릴 (제5류)	과산화벤조일 (제5류)
300kg	100kg	10kg	10kg

52 ③ 53 ④ 54 ④ 55 ① 56 ③ 정답

57 적린의 성질에 대한 설명 중 틀린 것은?

① 물이나 이황화탄소에 녹지 않는다.
② 발화온도는 약 260℃ 정도이다.
③ 연소할 때 인화수소가스가 발생한다.
④ 산화제가 섞여 있으면 마찰에 의해 착화하기 쉽다.

해설

적린을 연소하면 황린과 같이 유독성의 오산화인(P_2O_5)을 발생한다.
적린의 연소 반응식 : $4P + 5O_2 \rightarrow 2P_2O_5$

58 정기점검 대상 제조소 등에 해당하지 않는 것은?

① 이동탱크저장소
② 지정수량 120배의 위험물을 저장하는 옥외저장소
③ 지정수량 120배의 위험물을 저장하는 옥내저장소
④ 이송취급소

해설

정기점검의 대상인 제조소 등
- 지정수량의 10배 이상의 위험물을 취급하는 제조소
- 지정수량의 100배 이상의 위험물을 저장하는 옥외저장소
- 지정수량의 150배 이상의 위험물을 저장하는 옥내저장소
- 지정수량의 200배 이상의 위험물을 저장하는 옥외탱크저장소
- 암반탱크저장소
- 이송취급소

59 위험물 판매취급소에 관한 설명 중 틀린 것은?

① 위험물을 배합하는 실의 바닥면적은 $6m^2$ 이상 $15m^2$ 이하이어야 한다.
② 제1종 판매취급소는 건축물의 1층에서 설치하여야 한다.
③ 일반적으로 페인트점, 화공약품점이 이에 해당된다.
④ 취급하는 위험물의 종류에 따라 제1종과 제2종으로 구분된다.

해설

취급하는 위험물의 수량에 따라 제1종과 제2종으로 구분된다.
판매취급소의 기준
- 제1종 판매취급소 : 저장 또는 취급하는 위험물의 수량이 지정수량의 20배 이하인 판매취급소
- 제2종 판매취급소 : 저장 또는 취급하는 위험물의 수량이 지정수량의 40배 이하인 판매취급소

60 과염소산암모늄의 위험성에 대한 설명으로 올바르지 않은 것은?

① 급격히 가열하면 폭발의 위험이 있다.
② 건조 시에는 안정하나 수분 흡수 시에는 폭발한다.
③ 가연성 물질과 혼합하면 위험하다.
④ 강한 충격이나 마찰에 의해 폭발의 위험이 있다.

해설

제1류 위험물(산화성 고체)인 과염소산암모늄은 130℃에서 분해하기 시작하여 300℃에서 급격히 분해 폭발한다.
분해 반응식
- 130℃ : $NH_4ClO_4 \rightarrow NH_4Cl + 2O_2\uparrow$
- 300℃ : $2NH_4ClO_4 \rightarrow N_2 + Cl_2 + 2O_2 + 4H_2O$

정답 57 ③ 58 ③ 59 ④ 60 ②

2020년 제2회 과년도 기출복원문제

01 다음 과망가니즈산칼륨과 혼용 시 가장 위험성이 낮은 물질은?

① 황 산
② 물
③ 글리세린
④ 목 탄

해설

과망가니즈산은 제1류 위험물로 다량의 물로 냉각소화한다. 황산과는 격렬히 반응한다.

02 다음 중 분말소화약제를 방출시키기 위해 주로 사용되는 가압용 가스는?

① 산 소
② 질 소
③ 헬 륨
④ 아르곤

해설

분말소화기는 주로 축압식을 이용하며 가압용 가스로 질소(N)를 사용한다.

03 다음은 어떤 화합물의 구조식인가?

```
      Cl
      |
H  —  C  —  H
      |
      Br
```

① 할론 1301　② 할론 1201
③ 할론 1011　④ 할론 2402

해설

할론은 C－F－Cl－Br의 순서대로 개수를 표시. H의 개수는 할론번호에 포함하지 않는다.

04 다음 중 연소에 필요한 산소의 공급원을 차단하는 것은?

① 억제소화
② 냉각소화
③ 질식소화
④ 제거소화

해설

공기 중의 산소 농도를 15% 이하로 낮추면 질식소화에 의해 소화가 된다.

1 ② 2 ② 3 ③ 4 ③ 정답

05 경유에 대한 설명으로 틀린 것은?

① 물에 녹지 않는다.

② 비중은 1 이하이다.

③ 발화점이 인화점보다 높다.

④ 인화점은 상온 이하이다.

해설

경유의 인화점은 41℃ 이상으로 상온 이상이다.

06 위험물안전관리법령상 자동화재탐지설비를 설치하지 않고 비상경보설비로 대신할 수 있는 것은?

① 일반취급소로서 연면적 $600m^2$인 것

② 지정수량 20배를 저장하는 옥내저장소로서 처마 높이가 6m인 단층건물

③ 단층건물 외에 건축물이 설치된 지정수량 15배의 옥내탱크저장소로서 소화난이도등급Ⅱ에 속하는 것

④ 지정수량 20배를 저장 취급하는 옥내주유취급소

해설

옥내탱크저장소로써 소화난이도등급Ⅰ에 해당하는 경우 자동화재탐지설비를 설치한다.

③은 등급Ⅱ로써 비상경보설비로 대체 가능하다.

제조소 등의 경보설비 설치기준(위험물안전관리법 시행규칙 별표 17)

제조소 등의 구분	제조소 등의 규모, 저장 또는 취급하는 위험물의 종류 및 최대수량 등	경보설비
가. 제조소 및 일반취급소	• 연면적이 $500m^2$ 이상인 것 • 옥내에서 지정수량의 100배 이상을 취급하는 것(고인화점 위험물만을 100℃ 미만의 온도에서 취급하는 것은 제외)	자동화재탐지설비
나. 옥내저장소	• 지정수량의 100배 이상을 저장 또는 취급하는 것(고인화점 위험물만을 저장 또는 취급하는 것은 제외) • 저장창고의 연면적이 $150m^2$를 초과하는 것[연면적 $150m^2$ 이내마다 불연재료의 격벽으로 개구부 없이 완전히 구획된 저장창고와 제2류 위험물(인화성 고체는 제외) 또는 제4류 위험물(인화점이 70℃ 미만인 것은 제외)만을 저장 또는 취급하는 저장창고는 그 연면적이 $500m^2$ 이상인 것에 한한다] • 처마 높이가 6m 이상인 단층 건물의 것 • 옥내저장소로 사용되는 부분 외의 부분이 있는 건축물에 설치된 옥내저장소[옥내저장소와 옥내저장소 외의 부분이 내화구조의 바닥 또는 벽으로 개구부 없이 구획된 것과 제2류(인화성고체는 제외한다) 또는 제4류의 위험물(인화점이 70℃ 미만인 것은 제외한다)만을 저장 또는 취급하는 것은 제외한다]	
다. 옥내탱크저장소	단층 건물 외의 건축물에 설치된 옥내탱크저장소로서 소화난이도등급Ⅰ에 해당하는 것	
라. 주유취급소	옥내주유취급소	

정답 5 ④ 6 ③

제조소 등의 구분	제조소 등의 규모, 저장 또는 취급하는 위험물의 종류 및 최대수량 등	경보설비
마. 옥외탱크 저장소	특수인화물, 제1석유류 및 알코올류를 저장 또는 취급하는 탱크의 용량이 1,000만L 이상인 것	• 자동화재 탐지설비 • 자동화재 속보설비
바. 가목부터 마목까지의 규정에 따른 자동화재 탐지설비 설치 대상 제조소 등에 해당하지 않는 제조소 등(이송취급소는 제외)	지정수량의 10배 이상을 저장 또는 취급하는 것	자동화재탐지설비, 비상경보설비, 확성장치 또는 비상방송설비 중 1종 이상

07 다음 중 제4류 위험물의 화재에 적응성이 없는 소화기는?

① 포소화기
② 봉상수소화기
③ 인산염류소화기
④ 이산화탄소소화기

해설

제4류 위험물은 질식소화를 해야 하므로 포소화기, 분말소화기, 이산화탄소소화기, 할로젠화합물소화기 등을 사용한다.

08 옥내소화전설비의 비상 전원은 몇 분 이상 작동할 수 있어야 하는가?

① 15분 ② 20분
③ 30분 ④ 45분

해설

위험물의 소화설비의 비상전원은 45분 이상 작동해야 한다.

09 위험물안전관리법상 스프링클러헤드는 부착장소의 평상시 최고주위온도가 39℃ 미만인 경우 표시온도(℃)를 얼마의 것을 설치하여야 하는가?

① 79 미만
② 79 이상 121 미만
③ 121 이상 162 미만
④ 162 이상

해설

스프링클러헤드 설치기준

설치장소의 최고 주위온도	표시온도
39℃ 미만	79℃ 미만
39℃ 이상 64℃ 미만	79℃ 이상 121℃ 미만
64℃ 이상 106℃ 미만	121℃ 이상 162℃ 미만
106℃ 이상	162℃ 이상

10 플래시오버(Flash Over)에 대한 설명으로 옳은 것은?

① 대부분 화재 초기(발화기)에 발생한다.
② 대부분 화재 중기(쇠퇴기)에 발생한다.
③ 내장재의 종류와 개구부의 크기에 영향을 받는다.
④ 산소의 공급이 주요 요인이 되어 발생한다.

해설

플래시오버(Flash Over)

- 화재 시 성장기에서 최성기로 넘어갈 때 실내온도가 급격히 상승하여 화염이 실내 전체로 급격히 확대되는 연소 현상이다.
- 축적된 가연성 가스가 착화하면 실내 전체가 화염에 휩싸인다.
- 물체의 표면 또는 전체의 온도가 발화온도에 이르면 전면에 걸쳐 거의 동시에 타오르는 화재의 단계이다.
- 내장재의 종류와 개구부의 크기에 따라 영향을 받는다.

7 ② 8 ④ 9 ① 10 ③ 정답

11 삼황화인의 연소 생성물을 옳게 나열한 것은?

① P_2O_5, SO_2 ② P_2O_5, H_2S

③ H_3PO_4, SO_2 ④ H_3PO_4, H_2S

해설

삼황화인의 연소 반응식 : $P_4S_3 + 8O_2 \rightarrow 2P_2O_5 + 3SO_2$
삼황화인 산소 오산화인 이산화황

12 위험물안전관리법령상 제5류 위험물의 화재 발생 시 적응성이 있는 소화설비는?

① 분말소화설비

② 물분무소화설비

③ 이산화탄소소화설비

④ 할로젠화합물소화설비

해설

제5류 위험물은 자체적으로 산소를 공급하므로 물로 냉각소화한다. 따라서 수분을 포함한 물분무소화설비가 적응성이 있다.

13 셀룰로이드에 관한 설명 중 틀린 것은?

① 물에 잘 녹으며, 자연발화의 위험이 있다.

② 지정수량은 10kg이다.

③ 탄력성이 있는 고체의 형태이다.

④ 장시간 방치된 것은 햇빛, 고온 등에 의해 분해가 촉진된다.

해설

물에 녹지 않지만, 알코올, 아세톤 등에 녹는다. 장기간 방치된 것은 햇빛, 고온, 고습 등에 의해 분해가 촉진되고 이때 분해열이 축적되면 자연발화의 위험이 있다.

14 화학포의 소화약제인 탄산수소나트륨 6몰과 반응하여 생성되는 이산화탄소는 몇 L인가?(단, 표준상태일 때)

① 22.4 ② 44.8

③ 67.2 ④ 134.4

해설

화학포의 반응식

$6NaHCO_3 + Al_2(SO)_3 \cdot 18H_2O$

$\rightarrow 3Na_2SO_4 + 2Al(OH)_3 + 6CO_2 + 18H_2O$

따라서 6몰의 탄산수소나트륨과 반응하는 이산화탄소는 6몰이다. 아보가드로의 법칙에 의해 1몰당 22.4L이므로 6몰은 134.4L이다.

15 소화기 속에 압축되어 있는 이산화탄소 1.1kg을 표준상태에서 분사하였다. 이산화탄소의 부피는 몇 m^3가 되는가?

① 0.56 ② 5.6

③ 11.2 ④ 24.6

해설

이산화탄소(CO_2)의 분자량은 44g이므로 1.1kg의 몰수는

$$몰수 = \frac{질량}{분자량} = \frac{1,100}{44} = 25몰$$

기체 1몰의 부피는 22.4L이므로

$\therefore$ 22.4L × 25 = 560L = 0.56m^3

정답 11 ① 12 ② 13 ① 14 ④ 15 ①

16 질산암모늄의 일반적 성질에 대한 설명 중 옳은 것은?

① 불안정한 물질이고 물에 녹을 때는 흡열반응을 나타낸다.
② 물에 대한 용해도 값이 매우 작아 물에 거의 불용이다.
③ 가열 시 분해하여 수소를 발생한다.
④ 과일향의 냄새가 나는 적갈색 비결정체이다.

해설

② 물과 알코올에 쉽게 잘 녹으며, 물에 용해 시 흡열반응을 한다.
③ 가열 시 분해하여 산소를 발생한다.
④ 무색, 무취의 결정이다.

17 위험물안전관리법에서 규정하고 있는 내용으로 틀린 것은?

① 민사집행법에 의한 경매, 국세징수법 또는 지방세징수법에 따른 압류재산의 매각절차에 따라 제조소 등 시설의 전부를 인수한 자는 그 설치자의 지위를 승계한다.
② 탱크시험자의 등록이 취소된 날로부터 2년이 지나지 아니한 자는 탱크시험자로 등록하거나 탱크시험자의 업무에 종사할 수 없다.
③ 농예용·축산용으로 필요한 난방시설 또는 건조시설을 위한 지정수량 20배 이하의 취급소는 신고를 하지 아니하고 위험물의 품명·수량을 변경할 수 있다.
④ 법정의 완공검사를 받지 아니하고 제조소 등을 사용한 때 시·도지사는 허가를 취소하거나 6월 이내의 기간을 정하여 사용정지를 명할 수 있다.

해설

농예용·축산용 또는 수산용으로 필요한 난방시설 또는 건조시설을 위한 지정수량 20배 이하의 저장소는 신고를 하지 아니하고 위험물의 품명·수량을 변경할 수 있다.

18 제2석유류에 해당하는 물질로만 짝지어진 것은?

① 등유, 경우
② 등유, 중유
③ 글리세린, 기계유
④ 글리세린, 장뇌유

해설

등유와 경유는 제2석유류이다.

제4류 위험물(인화성 액체)

제1석유류	아세톤, 휘발유, 벤젠, 톨루엔, 피리딘, 사이안화수소, 초산메틸 등
제2석유류	등유, 경유, 장뇌유, 테레빈유, 폼산 등
제3석유류	중유, 크레오소트유, 글리세린, 나이트로벤젠 등
제4석유류	기어유, 실린더유, 터빈유, 모빌유, 엔진오일 등

19 위험물의 저장 및 취급방법에 대한 설명으로 틀린 것은?

① 적린은 화기와 멀리하고 가열, 충격이 가해지지 않도록 한다.
② 이황화탄소는 발화점이 낮으므로 물속에 저장한다.
③ 마그네슘은 산화제와 혼합되지 않도록 취급한다.
④ 알루미늄분은 분진폭발의 위험이 있으므로 분무주수하여 저장한다.

해설

알루미늄은 분진폭발의 위험이 있어 밀폐 용기에 넣어 건조한 곳에 저장해야 한다.

알루미늄분의 저장

- 용기의 파손으로 인한 위험물의 누설에 주의
- 산화제와 혼합하지 않음
- 물 또는 산과의 접촉을 피할 것

16 ① 17 ③ 18 ① 19 ④ 정답

20 다음 중 지정수량이 나머지 셋 다른 물질은?

① 황화인 ② 적 린

③ 칼 슘 ④ 황

해설

지정수량

구 분	황화인	적 린	칼 슘	황
지정수량	100kg	100kg	50kg	100kg

21 다음 중 위험물안전관리법령에서 정한 제3류 위험물 금수성 물질의 소화설비로 적응성이 있는 것은?

① 이산화탄소소화설비

② 할로젠화합물소화설비

③ 인산염류 등 분말소화설비

④ 탄산수소염류 등 분말소화설비

해설

제3류 위험물 금수성 물질의 소화설비로는 탄산수소염류 분말소화설비, 마른모래, 팽창질석, 팽창진주암 등을 사용한다.

22 제5류 위험물 중 피크르산의 지정수량을 옳게 나타낸 것은?

① 10kg ② 100kg

③ 150kg ④ 200kg

해설

피크르산(TNP)의 지정수량은 100kg이다.

23 위험물안전관리법령상 염소화아이소시아누르산은 제 몇 류 위험물인가?

① 제1류 ② 제2류

③ 제5류 ④ 제6류

해설

행정안전부령이 정하는 제1류 위험물이다.

24 나이트로셀룰로스의 저장방법으로 올바른 것은?

① 물이나 알코올로 습윤시킨다.

② 에틸알코올과 에터 혼액에 침윤시킨다.

③ 수은염을 만들어 저장한다.

④ 산에 용해시켜 저장한다.

해설

나이트로셀룰로스는 함수알코올에 적셔서 보관한다.

나이트로셀룰로스의 성질

- 물에 잘 안 녹고, 알코올, 에터에 녹는 고체상태의 물질이다.
- 셀룰로스에 질산과 황산을 반응시켜 제조한다.
- 건조하면 발화 위험이 있으므로 함수알코올에 적셔서 보관한다.
- 일광에서 자연발화할 수 있다.

25 유별을 달리하는 위험물을 운반할 때 혼재할 수 있는 것은?(단, 지정수량의 1/10을 넘는 양을 운반하는 경우이다)

① 제1류와 제3류 ② 제2류와 제4류

③ 제3류와 제5류 ④ 제4류와 제6류

해설

제2류와 제4류는 혼재 가능

위험물 혼재기준

위험물의 구분	제1류	제2류	제3류	제4류	제5류	제6류
제1류		×	×	×	×	○
제2류	×		×	○	○	×
제3류	×	×		○	×	×
제4류	×	○	○		○	×
제5류	×	○	×	○		×
제6류	○	×	×	×	×	

정답 20 ③ 21 ④ 22 ② 23 ① 24 ① 25 ②

26 다음 (　) 안에 적합한 숫자를 차례대로 나열한 것은?

> 자연발화성 물질 중 알킬알루미늄 등은 운반용기의 내용적의 (　)% 이하의 수납률로 수납하되, 50℃의 온도에서 (　)% 이상의 공간용적을 유지하도록 할 것

① 90, 5　② 90, 10
③ 95, 5　④ 95, 10

해설

알킬알루미늄은 운반용기 내용적의 90% 이하에서 수납하되 50℃에서 5% 이상의 공간용적을 유지해야 한다.

운반용기의 수납률

- 고체 위험물 : 운반용기 내용적의 95% 이하
- 액체 위험물 : 운반용기 내용적의 98% 이하(55℃에서 누설되지 않도록 공간용적을 유지)

27 제4류 위험물에 속하지 않는 것은?

① 아세톤
② 실린더유
③ 트라이나이트로톨루엔
④ 나이트로벤젠

해설

트라이나이트로톨루엔은 제5류 위험물의 나이트로화합물이다.

28 과염소산칼륨의 성질에 대한 설명 중 틀린 것은?

① 무색, 무취의 결정으로 물에 잘 녹는다.
② 화학식은 $KClO_4$이다.
③ 에틸알코올, 에터에는 녹지 않는다.
④ 화약, 폭약, 섬광제 등에 쓰인다.

해설

과염소산칼륨은 무색, 무취의 결정으로 물에 잘 녹지 않으며, 알코올과 에터에도 잘 녹지 않는다.

29 유기과산화물의 저장 또는 운반 시 주의사항으로서 옳은 것은?

① 일광이 드는 건조한 곳에 저장한다.
② 가능한 한 대용량으로 저장한다.
③ 알코올류 등 제4류 위험물과 혼재하여 운반할 수 있다.
④ 산화제이므로 다른 강산화제와 같이 저장해도 좋다.

해설

제5류 위험물인 유기과산화물은 제2류 위험물과 제4류 위험물과 혼재 가능하다.

30 위험물안전관리법상 제조소 등의 허가 취소 또는 사용정지의 사유에 해당하지 않는 것은?

① 안전교육 대상자가 교육을 받지 아니한 때
② 완공검사를 받지 않고 제조소 등을 사용한 때
③ 위험물안전관리자를 선임하지 아니한 때
④ 제조소 등의 정기검사를 받지 아니한 때

해설

제조소 등 설치허가의 취소와 사용정지 등(위험물안전관리법 제12조)

- 변경허가를 받지 아니하고 제조소 등의 위치·구조 또는 설비를 변경한 때
- 완공검사를 받지 아니하고 제조소 등을 사용한 때
- 안전조치 이행명령을 따르지 아니한 때
- 수리·개조 또는 이전의 명령을 위반한 때
- 위험물안전관리자를 선임하지 아니한 때
- 대리자를 지정하지 아니한 때
- 규정에 따른 정기점검을 하지 아니한 때
- 제조소 등의 정기검사를 받지 아니한 때
- 저장·취급기준 준수명령을 위반한 때

26 ① 27 ③ 28 ① 29 ③ 30 ① **정답**

31 폭발의 종류에 따른 물질이 잘못 짝지어진 것은?

① 분해폭발 – 아세틸렌, 산화에틸렌
② 분진폭발 – 금속분, 밀가루
③ 중합폭발 – 사이안화수소, 염화바이닐
④ 산화폭발 – 하이드라진, 과산화수소

해설

제4류 위험물(인화성 액체)인 하이드라진은 분해폭발, 제6류 위험물(산화성 액체)인 과산화수소는 분해폭발을 한다.
※ 성질이 다른 위험물은 폭발형태가 다르다.

32 경유 2,000L, 글리세린 2,000L를 같은 장소에 저장하려 한다. 지정수량의 배수의 합은 얼마인가?

① 2.5 ② 3.0
③ 3.5 ④ 4.0

해설

지정수량 : 경유(1,000L), 글리세린(4,000L)

∴ 지정수량의 배수 = $\frac{2,000}{1,000}+\frac{2,000}{4,000}$ =2.5배

33 수소화나트륨의 소화약제로 적당하지 않은 것은?

① 물 ② 건조사
③ 팽창질석 ④ 팽창진주암

해설

수소화나트륨(NaH)은 제3류 위험물(금수성 물질) 중 금속의 수소화합물(300kg/위험등급Ⅲ)이다. 은백색의 결정으로 물과 반응하여 수산화나트륨과 수소를 발생한다.

34 0.99atm, 55℃에서 이산화탄소의 밀도는 약 몇 g/L인가?

① 0.63 ② 1.62
③ 9.65 ④ 12.65

해설

이상기체 상태방정식

$PV=\frac{W}{M}RT$

여기서, P : 압력(atm), V : 부피(L), W : 질량(g),
M : 분자량(g)(CO_2 = 44), R : 기체상수, T : 절대온도

밀도 = $\frac{질량}{부피}=\frac{W}{M}$

$\therefore \frac{W}{V}=\frac{PM}{RT}=\frac{0.99\times 44}{0.082\times(273+55)}=1.62\text{g/L}$

35 위험물과 그 보호액 또는 안정제의 연결이 틀린 것은?

① 황린 – 물
② 인화석회 – 물
③ 금속칼륨 – 등유
④ 알킬알루미늄 – 헥세인

해설

인화석회는 물과 반응 시 포스핀이라는 가연성이고 독성인 가스를 발생한다.

36 연소의 3요소를 모두 포함하는 것은?

① 과염소산, 산소, 불꽃
② 마그네슘분말, 연소열, 수소
③ 아세톤, 수소, 산소
④ 불꽃, 아세톤, 질산암모늄

해설

연소의 3요소 : 불꽃(점화원), 아세톤(가연물), 질산암모늄(산소원)
① 과염소산(산소원), 산소(산소원), 불꽃(점화원)
② 마그네슘분말(가연물), 연소열(점화원), 수소(가연물)
③ 아세톤(가연물), 수소(가연물), 산소(산소원)

- 제1류 위험물(산화성 고체)인 질산암모늄의 분해·폭발 반응식
  $2NH_4NO_3 \rightarrow 4H_2O + 2N_2 + O_2\uparrow$
- 연소의 4요소 : 점화원, 가연물(산화제), 산소원, 연쇄반응

정답 31 ④ 32 ① 33 ① 34 ② 35 ② 36 ④

37 **위험물안전관리법령상 제5류 위험물의 공통된 취급방법으로 옳지 않은 것은?**

① 용기의 파손 및 균열에 주의한다.
② 저장 시 과열, 충격, 마찰을 피한다.
③ 운반용기 외부에 주의사항으로 "화기주의" 및 "물기엄금"을 표기한다.
④ 불티, 불꽃, 고온체와의 접근을 피한다.

해설
운반용기 외부에 주의사항으로 "화기엄금" 및 "충격주의"를 표기한다.

38 **위험물안전관리법령에 따른 위험물의 운송에 관한 설명 중 틀린 것은?**

① 알킬리튬과 알킬알루미늄 또는 이중 어느 하나 이상을 함유한 것은 운송책임자의 감독·지원을 받아야 한다.
② 이동탱크저장소에 의하여 위험물을 운송할 때의 운송책임자에는 법정의 교육을 이수하고 관련 업무에 2년 이상 경력이 있는 자도 포함된다.
③ 서울에서 부산까지 금속의 인화물 300kg을 1명의 운전자가 휴식 없이 운송해도 규정위반이 아니다.
④ 운송책임자의 감독 또는 지원 방법에는 동승하는 방법과 별도의 사무실에서 대기하면서 규정된 사항을 이행하는 방법이 있다.

해설
위험물운송자는 다음의 경우 2명 이상의 운전자로 해야 한다.
- 고속도로에 있어서 340km 이상에 걸치는 운송을 하는 때
- 일반도로에 있어서 200km 이상에 걸치는 운송을 하는 때

39 **지하탱크저장소에 대한 설명으로 옳지 않은 것은?**

① 탱크전용실 벽의 두께는 0.3m 이상이어야 한다.
② 지하저장탱크의 윗부분은 지면으로부터 0.6m 이상 아래에 있어야 한다.
③ 지하저장탱크와 탱크전용실 안쪽과의 간격은 0.1m 이상의 간격을 유지한다.
④ 지하저장탱크에는 두께 0.1m 이상의 철근콘크리트조로 된 뚜껑을 설치한다.

해설
탱크의 세로 및 가로보다 각각 0.6cm 이상 크고 두께가 0.3m 이상인 철근콘크리트조로 된 뚜껑을 설치한다.

40 **다음은 위험물안전관리법령에 따른 판매취급소에 대한 정의이다. ( )에 알맞은 말은?**

> 판매취급소라 함은 점포에서 위험물을 용기에 담아 판매하기 위하여 지정수량의 (㉮)배 이하의 위험물을 (㉯)하는 장소

① ㉮ : 20 ㉯ : 취급
② ㉮ : 40 ㉯ : 취급
③ ㉮ : 20 ㉯ : 저장
④ ㉮ : 40 ㉯ : 저장

해설
위험물을 제조 외의 목적으로 취급하기 위한 장소와 그에 따른 취급소의 구분

위험물을 제조 외의 목적으로 취급하기 위한 장소	취급소의 구분
고정된 주유설비(항공기에 주유하는 경우에는 차량에 설치된 주유설비를 포함한다)에 의하여 자동차·항공기 또는 선박 등의 연료탱크에 직접 주유하기 위하여 위험물(석유 및 석유대체연료 사업법 제29조의 규정에 의한 가짜석유제품에 해당하는 물품을 제외한다)을 취급하는 장소(위험물을 용기에 옮겨 담거나 차량에 고정된 5천L 이하의 탱크에 주입하기 위하여 고정된 급유설비를 병설한 장소를 포함한다)	주유취급소
점포에서 위험물을 용기에 담아 판매하기 위하여 지정수량의 40배 이하의 위험물을 취급하는 장소	판매취급소

37 ③ 38 ③ 39 ④ 40 ② 정답

41 메틸알코올과 에틸알코올의 공통점에 대한 설명으로 틀린 것은?

① 증기비중이 같다.

② 무색 투명한 액체이다.

③ 비중이 1보다 작다.

④ 물에 잘 녹는다.

해설

증기비중 : 메틸알코올(1.1), 에틸알코올(1.6)

42 취급하는 제4류 위험물의 수량이 지정수량의 30만배인 일반취급소가 있는 사업장에 자체소방대를 설치함에 있어서 전체 화학소방차 중 포수용액을 방사하는 화학소방차는 몇 대 이상 두어야 하는가?

① 필수적인 것은 아니다.

② 1

③ 2

④ 3

해설

지정수량이 30만배이므로 화학소방자동차가 3대 필요하다. 이 중 포수용액을 방사하는 화학소방차 수는 전체 대수의 2/3 이상이어야 하므로 2대 이상이다.

자체소방대에 두는 화학소방자동차 및 인원

사업소의 구분	화학소방자동차	자체소방대원의 수
지정수량의 12만배 미만	1대	5인
지정수량의 12만배 이상 24만배 미만	2대	10인
지정수량의 24만배 이상 48만배 미만	3대	15인
지정수량의 48만배 이상	4대	20인

43 다음 중 "인화점 50℃"의 의미를 가장 옳게 설명한 것은?

① 주변의 온도가 50℃ 이상이 되면 자발적으로 점화원 없이 발화한다.

② 액체의 온도가 50℃ 이상이 되면 가연성 증기를 발생하여 점화원에 의해 인화한다.

③ 액체를 50℃ 이상으로 가열하면 발화한다.

④ 주변의 온도가 50℃일 경우 액체가 발화한다.

해설

가연성 액체의 인화점은 공기 중에서 그 액체의 표면부근에서 불꽃의 전파가 일어나기에 충분한 농도의 증기가 발생하는 최저의 온도를 말한다. 인화점 50℃의 의미는 액체의 온도가 50℃ 이상이 되면 가연성 증기가 발생하여 점화원에 의해 인화한다는 것이다.

44 다음 중 옥내저장소의 동일한 실에 서로 1m 이상의 간격을 두고 저장할 수 없는 것은?

① 제1류 위험물과 제3류 위험물 중 자연발화성 물질(황린 또는 이를 함유한 것에 한한다)

② 제4류 위험물과 제2류 위험물 중 인화성 고체

③ 제1류 위험물과 제4류 위험물

④ 제1류 위험물과 제6류 위험물

해설

위험물은 동일한 저장소(내화구조의 격벽으로 완전히 구획된 실이 2 이상 있는 저장소에 있어서는 동일한 실)에 저장하지 아니하여야 한다. 다만, 옥내저장소 또는 옥외저장소에 있어서 다음의 각목의 규정에 의한 위험물을 저장하는 경우로서 위험물을 유별로 정리하여 저장하는 한편, 서로 1m 이상의 간격을 두는 경우에는 그러하지 아니하다(중요기준).

- 제1류 위험물(알칼리금속의 과산화물 또는 이를 함유한 것을 제외한다)과 제5류 위험물을 저장하는 경우
- 제1류 위험물과 제6류 위험물을 저장하는 경우
- 제1류 위험물과 제3류 위험물 중 자연발화성 물질(황린 또는 이를 함유한 것에 한한다)을 저장하는 경우
- 제2류 위험물 중 인화성 고체와 제4류 위험물을 저장하는 경우
- 제3류 위험물 중 알킬알루미늄 등과 제4류 위험물(알킬알루미늄 또는 알킬리튬을 함유한 것에 한한다)을 저장하는 경우
- 제4류 위험물 중 유기과산화물 또는 이를 함유하는 것과 제5류 위험물 중 유기과산화물 또는 이를 함유한 것을 저장하는 경우

정답 41 ① 42 ③ 43 ② 44 ③

45 과염소산나트륨의 성질이 아닌 것은?

① 황색의 분말로 물과 반응하여 산소를 발생한다.

② 가열하면 분해되어 산소를 방출한다.

③ 융점은 약 482℃이고 물에 잘 녹는다.

④ 비중은 약 2.02로 물보다 무겁다.

해설

과염소산나트륨은 제1류 위험물(산화성 고체) 중 과염소산염류(50kg/위험등급Ⅰ)로 무색, 무취의 결정으로 482℃ 이상으로 가열하면 산소를 방출한다.

과염소산나트륨의 분해 반응식 : $NaClO_4 \rightarrow NaCl + 2O_2\uparrow$

46 피크르산 제조에 사용되는 물질과 가장 관계가 있는 것은?

① C_6H_6

② $C_6H_5CH_3$

③ $C_3H_5(OH)_3$

④ C_6H_5OH

해설

페놀(C_6H_5OH)을 황산과 질산에서 나이트로화하면 모노 및 다이나이트로페놀을 거쳐서 트라이나이트로페놀(피크르산)이 된다.

트라이나이트로페놀(TNP)

OH
NO₂ NO₂
NO₂

47 다음 물질 중 물보다 비중이 작은 것으로만 이루어진 것은?

① 에터, 이황화탄소

② 벤젠, 글리세린

③ 가솔린, 메틸알코올

④ 글리세린, 아닐린

해설

비중 : 가솔린 0.7~0.8, 메틸알코올 0.79(at 25℃/4℃)

48 금속칼륨의 보호액으로서 적당하지 않은 것은?

① 등 유

② 유동파라핀

③ 경 유

④ 에틸알코올

해설

제3류 위험물(자연발화성 물질 및 금수성 물질)인 금속칼륨의 보호액으로는 석유, 경유, 유동파라핀 등이 있다.

칼륨과 에틸알코올의 반응식 : $2K + 2C_2H_5OH \rightarrow 2C_2H_5OK + H_2\uparrow$ (칼륨에틸레이트 수소)

45 ① 46 ④ 47 ③ 48 ④ **정답**

49 제1종 분말소화약제의 주성분으로 사용되는 것은?

① $KHCO_3$

② H_2PO_4

③ $NaHCO_3$

④ $NH_4H_2PO_4$

해설

분말소화약제

종 별	적응화재 주성분
제1종 분말	탄산수소나트륨($NaHCO_3$)
제2종 분말	탄산수소칼륨($KHCO_3$)
제3종 분말	인산이수소암모늄($NH_4H_2PO_4$)
제4종 분말	탄산수소칼륨과 요소의 혼합물 [$KHCO_3+(NH_2)_2CO$]

50 표준상태에서 탄소 1몰이 완전히 연소하면 몇 L의 이산화탄소가 생성되는가?

① 11.2 ② 22.4

③ 44.8 ④ 56.8

해설

탄소의 완전연소식 : $C+O_2 \rightarrow CO_2$

- 탄소 1몰이 반응하면, 이산화탄소는 1몰이 생성된다.
- 표준상태에서 1몰은 22.4L의 부피를 가지므로 이산화탄소는 22.4L 생성된다.

51 다음 점화 에너지 중 물리적 변화에서 얻어지는 것은?

① 압축열 ② 산화열

③ 중합열 ④ 분해열

해설

점화 에너지의 종류

- 화학적 에너지 : 분해열, 산화열, 연소열, 중합열
- 물리적 에너지 : 마찰열, 압축열
- 전기적 에너지 : 정전기열, 전기저항열, 낙뢰에 의한 열

52 다음 중 유류저장 탱크화재에서 일어나는 현상으로 거리가 먼 것은?

① 보일오버 ② 플래시오버

③ 슬롭오버 ④ BLEVE

해설

화재 현상

- 보일오버 : 고온층(Hot Zone)이 형성된 유류화재의 탱크 밑면에 물이 고여 있는 경우, 화재의 진행에 따라 바닥의 물이 급격히 증발하여 불붙은 기름을 분출시키는 위험 현상
- 플래시백 : 불꽃이 연소기 내로 전파되어 연소하는 현상으로 가스의 분출속도(공급속도)보다 연소속도가 클 때 발생된다.
- 플래시오버 : 연료지배형 화재(화재가 가연물에 의해 좌우되는 단계)에서 환기지배형 화재(실내환기에 의해 좌우되는 단계)로 전이되는 화재로 화염이 순간적으로 실내 전체로 확대되는 현상
- 백드래프트 : 산소가 부족하거나 훈소상태에 있는 실내에 산소가 일시적으로 다량 공급될 때 연소가스가 순간적으로 발화하는 현상
- 슬롭오버 : 탱크 화재 시 소화약제를 유류 표면에 분사할 때 약제에 포함된 수분이 끓어 부피가 팽창함으로써 기름을 함께 분출시키는 현상
- 블레비 : 가연성 액화가스의 탱크 주위에서 화재가 발생한 경우에 탱크의 가열로 인하여 그 부분의 강도가 약해져 탱크가 파열됨으로써 내부의 가열된 액화가스가 급속히 팽창하면서 폭발하는 현상

정답 49 ③ 50 ② 51 ① 52 ②

53 착화 온도가 낮아지는 원인과 가장 관계가 있는 것은?

① 발열량이 적을 때
② 압력이 높을 때
③ 습도가 높을 때
④ 산소와의 결합력이 나쁠 때

해설

착화 온도가 낮아진다는 것은 낮은 온도에서도 불이 잘 붙는다는 의미이다. 압력을 높이게 되면 충돌 가능한 입자수의 증가로 불이 잘 붙게 된다.

54 다음 중 D급 화재에 해당하는 것은?

① 플라스틱화재
② 나트륨화재
③ 휘발유화재
④ 전기화재

해설

가연물의 종류와 성상에 따른 화재의 분류

종 류	소화기 표시		적용대상
일반화재	백 색	A급 화재	일반가연물(나무, 옷, 종이, 고무, 플라스틱 등)
유류화재	황 색	B급 화재	가연성 액체(가솔린, 오일, 래커, 알코올, 페인트 등)
전기화재	청 색	C급 화재	전류가 흐르는 상태에서의 전기기구 화재
금속화재	무 색	D급 화재	가연성 금속(마그네슘, 나트륨, 세슘, 리튬, 칼륨 등)

55 다음 중 제6류 위험물에 해당하는 것은?

① IF_5
② $HClO_3$
③ NO_3
④ H_2O

해설

IF_5(오플루오린화아이오딘)는 행정안전부령이 정하는 제6류 위험물(할로젠간화합물)에 속한다. 나머지는 위험물이 아니다.

56 염소산나트륨에 대한 설명으로 틀린 것은?

① 조해성이 크므로 보관용기는 밀봉하는 것이 좋다.
② 무색, 무취의 고체이다.
③ 산과 반응하여 유독성인 이산화나트륨 가스가 발생한다.
④ 물, 알코올, 글리세린에 녹는다.

해설

제1류 위험물(산화성 고체)인 염소산나트륨은 조해성과 흡습성을 가진 무색, 무취의 결정으로 물, 알코올, 글리세린에 잘 녹으며, 산과 반응하면 이산화염소(ClO_2)가스가 발생한다.

정답 53 ② 54 ② 55 ① 56 ③

57 위험물안전관리법령에서 정한 피난설비에 관한 내용이다. (　　)에 알맞은 것은?

> 주유취급소 중 건축물의 2층 이상의 부분을 점포・휴게음식점 또는 전시장의 용도로 사용하는 것에 있어서는 해당 건축물의 2층 이상으로부터 주유취급소의 부지 밖으로 통하는 출입구와 해당 출입구로 통하는 통로・계단 및 출입구에 (　　)을(를) 설치하여야 한다.

① 피난사다리　　② 유도등
③ 공기호흡기　　④ 시각경보기

해설

통로, 계단 및 출입구에는 유도등을 설치해야 한다.

58 다음 중 분자량이 약 74, 비중이 약 0.71인 물질로서 에틸알코올 두 분자에서 물이 빠지면서 축합반응이 일어나 생성되는 물질은?

① $C_2H_5OC_2H_5$
② C_2H_5OH
③ C_6H_5Cl
④ CS_2

해설

다이에틸에터($C_2H_5OC_2H_5$) 일명 에틸에터라고도 하며, 마취성이 있는 유기용제이다.

축합반응(탈수반응)

$$C_2H_5OH + C_2H_5OH \xrightarrow[\text{탈수제}]{C-H_2SO_4} C_2H_5OC_2H_5 + H_2O$$

59 옥내저장소에 질산 600L를 저장하고 있다. 저장하고 있는 질산은 지정수량의 몇 배인가?(단, 질산의 비중은 1.5이다)

① 1　　② 2
③ 3　　④ 4

해설

지정수량 : 질산(300kg)

$d=\frac{M}{V}$, $M=d\times V$이므로

여기서, d : 밀도, M : 질량, V : 부피

$$\therefore \frac{\text{저장수량}}{\text{지정수량}}=\frac{600\text{L}\times 1.5\text{kg/L}}{300\text{kg}}=3\text{배}$$

60 가솔린의 폭발범위에 가장 가까운 것은?

① 1.2~7.6%
② 2.0~23.0%
③ 1.8~36.5%
④ 1.0~50.0%

해설

제4류 위험물(인화성 액체) 중 제1석유류인 가솔린은 폭발범위가 1.2~7.6%이다.

정답 57 ② 58 ① 59 ③ 60 ①

2021년 제1회 과년도 기출복원문제

01 물질의 발화온도가 낮아지는 경우는?

① 발열량이 작을 때
② 산소의 농도가 낮을 때
③ 화학적 활성도가 클 때
④ 산소와 친화력이 작을 때

해설

발화(착화)는 점화원 없이 가연성 증기가 스스로 연소하한에 이르러 불이 붙은 성질을 말한다. 발화온도가 낮아진다는 것은 낮은 온도에서도 불이 잘 붙는다는 의미이다. 화학적 활성도가 크면 충돌 가능한 입자수의 증가로 불이 잘 붙게 된다.

02 어떤 소화기에서 "ABC"라고 표시되어 있다. 다음 중 사용할 수 없는 화재는?

① 금속화재　② 유류화재
③ 전기화재　④ 일반화재

해설

금속화재는 D급 화재를 말한다.

가연물의 종류와 성상에 따른 화재의 분류

종 류	소화기 표시		적용대상
일반화재	백 색	A급 화재	일반가연물(나무, 옷, 종이, 고무, 플라스틱 등)
유류화재	황 색	B급 화재	가연성 액체(가솔린, 오일, 래커, 알코올, 페인트 등)
전기화재	청 색	C급 화재	전류가 흐르는 상태에서의 전기기구 화재
금속화재	무 색	D급 화재	가연성 금속(마그네슘, 타이타늄, 세슘, 리튬, 칼륨 등)

03 1몰의 이황화탄소와 고온의 물이 반응하여 생성되는 유독한 기체 물질의 부피는 표준상태에서 얼마인가?

① 22.4L　② 44.8L
③ 67.2L　④ 134.4L

해설

일반적으로 가장 많이 쓰이는 표준상태는 기체에 대한 표준상태로 온도와 기압이 각각 0℃, 1기압에서 물질의 상태를 표준상태로 정하고, 이러한 온도와 압력을 표준온도 및 표준압력이라고 한다. 이상기체의 경우 표준상태에서 1mol(몰) 분자의 부피는 기체 분자의 종류에 관계없이 22.4L이다.

04 다음은 어떤 화합물의 구조식인가?

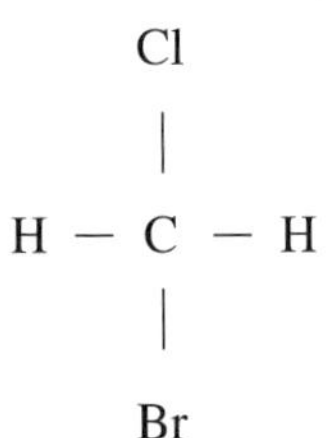

① 할론 1301　② 할론 1201
③ 할론 1011　④ 할론 2402

해설

할론넘버

- 할론넘버는 C–F–Cl–Br–I 순의 순서대로 쓰고 해당 원소가 없는 경우는 0으로 표시한다.
- 맨 끝의 숫자가 0으로 끝나면 0을 생략한다.
- 수소 원자의 수=(첫 번째 숫자×2)+2–'나머지 숫자의 합'
- C 1개, F 0개, Cl 1개, Br 1개이므로 CH_2ClBr가 된다.
- 할론 1011

소화효과

- 104 < 1011 < 2402 < 1211 < 1301
- 할로젠화합물소화약제는 메테인(CH_4)에서 파생된 물질로 할론 1301(CF_3Br), 할론 1211(CF_2ClBr), 할론 2402($C_2F_4Br_2$)가 있다.

1 ③　2 ①　3 ①　4 ③ **정답**

05 위험물안전관리법령상 자동화재탐지설비를 설치하지 않고 비상경보설비로 대신할 수 있는 것은?

① 일반취급소로서 연면적 600m²인 것
② 지정수량 20배를 저장하는 옥내저장소로서 처마높이가 6m인 단층건물
③ 단층건물 외에 건축물이 설치된 지정수량 15배의 옥내탱크저장소로서 소화난이도등급Ⅱ에 속하는 것
④ 지정수량 20배를 저장 취급하는 옥내주유취급소

해설

옥내탱크저장소로써 소화난이도등급Ⅰ에 해당하는 경우 자동화재탐지설비를 설치한다.
③은 등급Ⅱ로써 비상경보설비로 대체 가능하다.

제조소 등의 경보설비 설치기준(위험물안전관리법 시행규칙 별표 17)

제조소 등의 구분	제조소 등의 규모, 저장 또는 취급하는 위험물의 종류 및 최대수량 등	경보설비
가. 제조소 및 일반취급소	• 연면적이 500m² 이상인 것 • 옥내에서 지정수량의 100배 이상을 취급하는 것(고인화점위험물만을 100℃ 미만의 온도에서 취급하는 것은 제외)	자동화재탐지설비
나. 옥내저장소	• 지정수량의 100배 이상을 저장 또는 취급하는 것(고인화점위험물만을 저장 또는 취급하는 것은 제외) • 저장창고의 연면적이 150m²를 초과하는 것[연면적 150m² 이내마다 불연재료의 격벽으로 개구부 없이 완전히 구획된 저장창고와 제2류 위험물(인화성 고체는 제외) 또는 제4류 위험물(인화점이 70℃ 미만인 것은 제외)만을 저장 또는 취급하는 저장창고는 그 연면적이 500m² 이상인 것에 한한다] • 처마 높이가 6m 이상인 단층건물의 것 • 옥내저장소로 사용되는 부분 외의 부분이 있는 건축물에 설치된 옥내저장소[옥내저장소와 옥내저장소 외의 부분이 내화구조의 바닥 또는 벽으로 개구부 없이 구획된 것과 제2류(인화성고체는 제외한다) 또는 제4류의 위험물(인화점이 70℃ 미만인 것은 제외한다)만을 저장 또는 취급하는 것은 제외한다]	
다. 옥내탱크저장소	단층건물 외의 건축물에 설치된 옥내탱크저장소로서 소화난이도등급Ⅰ에 해당하는 것	자동화재탐지설비
라. 주유취급소	옥내주유취급소	
마. 옥외탱크저장소	특수인화물, 제1석유류 및 알코올류를 저장 또는 취급하는 탱크의 용량이 1,000만L 이상인 것	• 자동화재탐지설비 • 자동화재속보설비
바. 가목부터 마목까지의 규정에 따른 자동화재탐지설비 설치 대상 제조소 등에 해당하지 않는 제조소 등(이송취급소는 제외)	지정수량의 10배 이상을 저장 또는 취급하는 것	자동화재탐지설비, 비상경보설비, 확성장치 또는 비상방송설비 중 1종 이상

06 위험물안전관리법령상 제5류 위험물의 공통된 취급방법으로 옳지 않은 것은?

① 용기의 파손 및 균열에 주의한다.
② 저장 시 과열, 충격, 마찰을 피한다.
③ 운반용기 외부에 주의사항으로 "화기주의" 및 "물기엄금"을 표기한다.
④ 불티, 불꽃, 고온체와의 접근을 피한다.

해설

운반용기 외부에 주의사항으로 "화기엄금" 및 "충격주의"를 표기

정답 5 ③ 6 ③

07 플래시오버(Flash Over)에 대한 설명으로 옳은 것은?

① 대부분 화재 초기(발화기)에 발생한다.

② 대부분 화재 중기(쇠퇴기)에 발생한다.

③ 내장재의 종류와 개구부의 크기에 영향을 받는다.

④ 산소의 공급이 주요 요인이 되어 발생한다.

해설

플래시오버(Flash Over)

- 화재 시 성장기에서 최성기로 넘어갈 때 실내온도가 급격히 상승하여 화염이 실내 전체로 급격히 확대되는 연소 현상
- 축적된 가연성 가스가 착화하면 실내 전체가 화염에 휩싸임
- 물체의 표면 또는 전체의 온도가 발화온도에 이르면 전면에 걸쳐 거의 동시에 타오르는 화재의 단계
- 내장재의 종류와 개구부의 크기에 따라 영향을 받음

08 다음 중 유류저장 탱크화재에서 일어나는 현상으로 거리가 먼 것은?

① 보일오버 ② 플래시오버

③ 슬롭오버 ④ BLEVE

해설

화재 현상

- 보일오버 : 고온층(Hot Zone)이 형성된 유류화재의 탱크 밑면에 물이 고여 있는 경우, 화재의 진행에 따라 바닥의 물이 급격히 증발하여 불붙은 기름을 분출시키는 위험 현상
- 플래시백 : 불꽃이 연소기 내로 전파되어 연소하는 현상으로 가스의 분출속도(공급속도)보다 연소속도가 클 때 발생된다.
- 플래시오버 : 연료지배형 화재(화재가 가연물에 의해 좌우되는 단계)에서 환기지배형 화재(실내환기에 의해 좌우되는 단계)로 전이되는 화재로 화염이 순간적으로 실내 전체로 확대되는 현상
- 백드래프트 : 산소가 부족하거나 훈소상태에 있는 실내에 산소가 일시적으로 다량 공급될 때 연소가스가 순간적으로 발화하는 현상
- 슬롭오버 : 탱크 화재 시 소화약제를 유류 표면에 분사할 때 약제에 포함된 수분이 끓어 부피가 팽창함으로써 기름을 함께 분출시키는 현상
- 블레비 : 가연성 액화가스의 탱크 주위에서 화재가 발생한 경우에 탱크의 가열로 인하여 그 부분의 강도가 약해져 탱크가 파열됨으로써 내부의 가열된 액화가스가 급속히 팽창하면서 폭발하는 현상

09 지하탱크저장소에 대한 설명으로 옳지 않은 것은?

① 탱크전용실 벽의 두께는 0.3m 이상이어야 한다.

② 지하저장탱크의 윗부분은 지면으로부터 0.6m 이상 아래에 있어야 한다.

③ 지하저장탱크와 탱크전용실 안쪽과의 간격이 0.1m 이상의 간격을 유지한다.

④ 지하저장탱크에는 두께 0.1m 이상의 철근콘크리트조로 된 뚜껑을 설치한다.

해설

탱크의 세로 및 가로보다 각각 0.6cm 이상 크고, 두께가 0.3m 이상인 철근콘크리트조의 뚜껑을 설치

10 팽창질석(삽 1개 포함) 160L의 소화능력 단위는?

① 0.5 ② 1.0

③ 1.5 ④ 2.0

해설

소화설비의 능력단위

소화설비	용 량	능력단위
소화전용(轉用)물통	8L	0.3
수조(소화전용물통 3개 포함)	80L	1.5
수조(소화전용물통 6개 포함)	190L	2.5
마른모래(삽 1개 포함)	50L	0.5
팽창질석 또는 팽창진주암(삽 1개 포함)	160L	1.0

11 화재 시 이산화탄소를 방출하여 산소의 농도를 21vol%에서 13vol%로 낮추어 소화를 하려면 공기 중의 이산화탄소는 몇 vol%가 되어야 하는가?

① 28.1 ② 38.1

③ 42.86 ④ 8.36

해설

공기 중 21%의 공간을 차지하는 산소 농도를 13vol%로 낮추려면 이산화탄소가 8vol%를 차지해야 한다.

$$\therefore \frac{\text{이산화탄소}}{\text{이산화탄소} + \text{산소}} \times 100 = \frac{8}{8+13} \times 100 = 38.1\text{vol\%}$$

7 ③ 8 ② 9 ④ 10 ② 11 ② 정답

12 과산화마그네슘에 대한 설명으로 옳은 것은?

① 산화제, 표백제, 살균제 등으로 사용된다.
② 물에 녹지 않기 때문에 습기와 접촉해도 무방하다.
③ 물과 반응하여 금속마그네슘을 생성한다.
④ 염산과 반응하면 산소와 수소를 발생한다.

해설

과산화마그네슘과 염화수소식 : $MgO_2 + 2HCl \rightarrow MgCl_2 + H_2O_2 \uparrow$ (염화마그네슘, 과산화수소)

※ 제1류 위험물(산화성 고체)의 무기과산화물은 제6류 위험물(산화성 액체)인 과산화수소에서 수소원자 대신 무기물로 치환된 물질이다.

13 무색 또는 옅은 청색의 액체로 농도가 36wt% 이상인 것을 위험물로 간주하는 것은?

① 과산화수소 ② 과염소산
③ 질 산 ④ 초 산

해설

제6류 위험물인 과산화수소는 농도가 36wt% 이상인 것에 한하여 위험물로 본다.
분해반응식 : $H_2O_2 \rightarrow H_2O + [O]$발생기 산소, (표백작용)

14 다음 위험물 중 지정수량이 가장 큰 것은?

① 나이트로글리콜
② 과산화수소
③ 트라이나이트로톨루엔
④ 피크르산

해설

- 나이트로글리콜 : 제5류 위험물(10kg/위험등급 I)
- 과산화수소 : 제6류 위험물(300kg/위험등급 I)
- 트라이나이트로톨루엔 : 제5류 위험물(10kg/위험등급 II)
- 피크르산(트라이나이트로페놀) : 제5류 위험물(100kg/위험등급 II)

15 위험물 탱크성능시험자가 갖추어야 할 등록기준에 해당되지 않는 것은?

① 기술능력 ② 시 설
③ 장 비 ④ 경 력

해설

경력은 등록기준에 해당하지 않는다.
위험물 탱크성능시험자가 갖추어야 할 등록기준(위험물안전관리법 시행령 별표 7)

- 기술능력 : 필수인력
  - 위험물기능장・위험물산업기사 또는 위험물기능사 중 1명 이상
  - 비파괴검사기술사 1명 이상 또는 초음파비파괴검사・자기비파괴검사 및 침투비파괴검사별로 기사 또는 산업기사 각 1명 이상
- 시설 : 전용사무실
- 장비 : 필수장비(자기탐상시험기, 초음파두께측정기, 영상초음파시험기 또는 방사선투과시험기 및 초음파시험기 중 어느 하나)

16 위험물 안전관리자의 책무에 해당하지 않는 것은?

① 화재 등의 재난이 발생한 경우 소방관서 등에 대한 연락 업무
② 화재 등의 재난이 발생한 경우 응급조치
③ 위험물의 취급에 관한 일지의 작성・기록
④ 위험물 안전관리자의 선임・신고

해설

위험물안전관리자의 선임・신고는 제조소 등의 관계인이 한다.

17 위험물에 대한 유별 구분이 잘못된 것은?

① 브로민산염류 – 제1류 위험물
② 황 – 제2류 위험물
③ 금속의 인화물 – 제3류 위험물
④ 무기과산화물 – 제5류 위험물

해설

무기과산화물은 제1류 위험물(50kg/위험등급 I)에 해당한다.

정답 12 ① 13 ① 14 ② 15 ④ 16 ④ 17 ④

18 다음 중 할로젠화합물 소화약제의 가장 주된 소화효과에 해당하는 것은?

① 제거효과 ② 억제효과
③ 냉각효과 ④ 질식효과

해설

할로젠화합물소화약제는 다른 소화약제와는 달리 연소의 4요소 중의 하나인 연쇄반응을 차단시켜 화재를 소화한다. 이러한 소화를 부촉매소화 또는 억제소화라 하며 이는 화학적 소화에 해당된다.

※ 연소의 4요소
- 1가연물(연료)
- 산소공급원(지연물)
- 열(착화온도 이상의 온도)
- 연쇄반응

19 위험물안전관리법령에 따라 다음 ( ) 안에 알맞은 용어는?

> 주유취급소 중 건축물의 2층 이상의 부분을 점포·휴게음식점 또는 전시장 용도로 사용하는 것에 있어서는 해당 건축물의 2층 이상으로부터 주유취급소의 부지 밖으로 통하는 출입구와 해당 출입구로 통하는 계단 및 출입구에 ( )을(를) 설치하여야 한다.

① 피난사다리 ② 경보기
③ 유도등 ④ CCTV

해설

통로, 계단 및 출입구에는 유도등을 설치해야 한다.

20 다음 중 연소반응이 일어날 수 있는 가능성이 가장 큰 물질은?

① 산소와 친화력이 크고, 활성화 에너지가 작은 물질
② 산소와 친화력이 크고, 활성화 에너지가 큰 물질
③ 산소와 친화력이 작고, 활성화 에너지가 큰 물질
④ 산소와 친화력이 작고, 활성화 에너지가 작은 물질

해설

연소반응은 산소공급원인 산소와 친화력이 크고, 활성화 에너지가 작을수록(입자와 충돌 횟수 증가) 높아진다.

21 메틸알코올 8,000L에 대한 소화능력으로 삽을 포함한 마른모래를 몇 L 설치하여야 하는가?

① 100 ② 200
③ 300 ④ 400

해설

메틸알코올의 지정수량은 400L이고 소요단위는 지정수량의 10배인 4,000L이므로,

메틸알코올의 소요단위 : $\frac{8,000L}{400L \times 10} = 2$단위

소화설비	용 량	능력단위
마른모래(삽 1개 포함)	50L	0.5

$\therefore \frac{2}{0.5} \times 50L = 200L$

22 다음 중 원자량이 가장 높은 것은?

① H ② C
③ K ④ B

해설

각 원소의 원자량은 다음과 같다.
H(수소) : 1, C(탄소) : 12, K(칼륨) : 39, B(붕소) : 10
※ 원소번호가 큰 것의 원자량이 크다.

18 ② 19 ③ 20 ① 21 ② 22 ③ 정답

23 위험물 안전관리법상 위험물에 해당하는 것은?

① 아황산
② 비중이 1.41인 질산
③ 53μm 의 표준체를 통과하는 것이 50wt% 이상인 철의 분말
④ 농도가 15wt%인 과산화수소

해설

제2류 위험물 : 철분은 가연성 고체로 53μm 의 표준체를 통과하는 것이 50wt% 미만인 것은 제외하고 위험물로 분류한다.

제6류 위험물

- 과산화수소는 농도가 36wt% 이상인 것을 위험물로 분류한다.
- 질산은 비중이 1.49 이상인 것을 위험물로 분류한다.

24 아염소산나트륨의 저장 및 취급 시 주의사항으로 가장 거리가 먼 것은?

① 물속에 넣어 냉암소에 저장한다.
② 강산류와의 접촉을 피한다.
③ 취급 시 충격, 마찰을 피한다.
④ 가연성 물질과 접촉을 피한다.

해설

아염소산나트륨($NaClO_2$)은 제1류 위험물(산화성 고체)로 공기 중 수분을 흡수하는 성질이 있기 때문에 밀폐용기에 보관해야 한다. 산을 가할 경우 유독가스(이산화염소 ClO_2)가 발생한다.

※ 물속에 보관해야 하는 위험물

- 황린(제3류 위험물)은 포스핀 생성을 방지하기 위해 물은 pH 9로 유지시킨다.
- 이황화탄소(제4류 위험물)
- 아염소산나트륨($NaClO_2$)의 분자량
  $23 + 35.5 + (16 \times 2) = 90.5$

25 다음 중 지정수량이 가장 큰 것은?

① 과염소산칼륨
② 과염소산
③ 황 린
④ 황

해설

② 과염소산 : 제6류 위험물(300kg/위험등급Ⅰ)
① 과염소산칼륨 : 제1류 위험물(50kg/위험등급Ⅰ)
③ 황린 : 제3류 위험물(20kg/위험등급Ⅰ)
④ 황 : 제2류 위험물(100kg/위험등급Ⅱ)

26 금속분의 화재 시 주수해서는 안 되는 이유로 가장 옳은 것은?

① 산소가 발생하기 때문에
② 수소가 발생하기 때문에
③ 질소가 발생하기 때문에
④ 유독가스가 발생하기 때문에

해설

제2류 위험물 중 금속분(500kg/위험등급Ⅲ)으로 물 또는 산과 반응하여 수소기체를 발생한다. 이를 방지하기 위해 밀폐 용기에 넣고 건조한 곳에 보관해야 한다.

27 위험물안전관리자를 해임한 후 며칠 이내에 후임자를 선임하여야 하는가?

① 14일　　② 15일
③ 20일　　④ 30일

해설

안전관리자를 해임한 때에는 14일 이내에 소방서장에게 해임신고하고 해임한 날부터 30일 이내에 선임하고, 선임한 날부터 14일 이내에 소방서장에게 선임신고를 한다.

정답 23 ③ 24 ① 25 ② 26 ② 27 ④

28 A급, B급, C급 화재에 모두 적응이 가능한 소화약제는?

① 제1종 분말소화약제
② 제2종 분말소화약제
③ 제3종 분말소화약제
④ 제4종 분말소화약제

해설

분말소화약제

종 별	적응화재	하나의 노즐에 대한 소화약제의 양
제1종 분말	B, C급	50kg
제2종 분말	B, C급	30kg
제3종 분말	A, B, C급	30kg
제4종 분말	B, C급	20kg

29 질산메틸(CH_3ONO_2)의 소화 방법에 대한 설명으로 옳은 것은?

① 물을 주수하여 냉각소화한다.
② 이산화탄소소화기로 질식소화한다.
③ 할로젠화합물 소화기로 질식소화를 한다.
④ 건조사로 냉각소화한다.

해설

제5류 위험물은 화재 초기 또는 소형화제 이외에는 소화하기 어렵다. 제5류 위험물인 질산메틸은 물을 주수하여 냉각소화한다.

30 위험물안전관리법령상 예방규정을 정하여야 하는 제조소 등에 해당하지 않는 것은?

① 지정수량 10배 이상의 위험물을 취급하는 제조소
② 이송취급소
③ 암반탱크저장소
④ 지정수량의 200배 이상의 위험물을 저장하는 옥내탱크저장소

해설

관계인이 예방규정을 정하여야 하는 제조소 등

- 지정수량의 10배 이상의 위험물을 취급하는 제조소
- 지정수량의 100배 이상의 위험물을 저장하는 옥외저장소
- 지정수량의 150배 이상의 위험물을 저장하는 옥내저장소
- 지정수량의 200배 이상의 위험물을 저장하는 옥외탱크저장소
- 암반탱크저장소
- 이송취급소
- 지정수량의 10배 이상의 위험물을 취급하는 일반취급소. 다만, 제4류 위험물(특수인화물을 제외한다)만을 지정수량의 50배 이하로 취급하는 일반취급소(제1석유류 · 알코올류의 취급량이 지정수량의 10배 이하인 경우에 한한다)로서 다음의 어느 하나에 해당하는 것을 제외한다.
  - 보일러 · 버너 또는 이와 비슷한 것으로서 위험물을 소비하는 장치로 이루어진 일반취급소
  - 위험물을 용기에 옮겨 담거나 차량에 고정된 탱크에 주입하는 일반취급소

31 소화기에 'A-2'로 표시되어 있다면 숫자 '2'가 의미하는 것은 무엇인가?

① 소화기의 제조번호
② 소화기의 소요단위
③ 소화기의 능력단위
④ 소화기의 사용순서

해설

알파벳은 소화의 유형을 나타내며, 소화능력의 정성적 식별이고, A는 고체 화재를, B는 액체 화재를 나타낸다. 숫자는 소화 수준을 나타내며 소화능력을 정량적으로 나타낸다.

28 ③ 29 ① 30 ④ 31 ③ **정답**

32 위험물 옥외저장탱크의 통기관에 관한 사항으로 옳지 않은 것은?

① 밸브 없는 통기관의 지름은 30mm 이상으로 한다.
② 대기 밸브 부착 통기관은 항시 열려 있어야 한다.
③ 밸브 없는 통기관의 끝부분은 수평면보다 45° 이상 구부려 빗물 등의 침투를 막는 구조로 한다.
④ 대기 밸브 부착 통기관은 5kPa 이하의 압력차이로 작동할 수 있어야 한다.

해설

대기 밸브 부착 통기관은 대기밸브라는 장치가 부착되어있는 통기관으로서 평소에는 닫혀 있지만, 5kPa의 압력차이로 작동하게 된다.

옥외저장탱크 중 밸브 없는 통기관 설치기준(위험물안전관리법령 시행규칙 별표 6)

- 지름은 30mm 이상일 것
- 끝부분은 수평면보다 45° 이상 구부려 빗물 등의 침투를 막는 구조로 할 것
- 인화점이 38℃ 미만인 위험물만을 저장 또는 취급하는 탱크에 설치하는 통기관에는 화염방지장치를 설치하고, 그 외의 탱크에 설치하는 통기관에는 40메시(mesh) 이상의 구리망 또는 동등 이상의 성능을 가진 인화방지장치를 설치할 것. 다만, 인화점이 70℃ 이상인 위험물만을 해당 위험물의 인화점 미만의 온도로 저장 또는 취급하는 탱크에 설치하는 통기관에는 인화방지장치를 설치하지 않을 수 있다.

33 열의 이동원리 중 복사에 관한 예로 적당하지 않은 것은?

① 그늘이 시원한 이유
② 더러운 눈이 빨리 녹는 현상
③ 보온병 내부를 거울벽으로 만드는 것
④ 해풍과 육풍이 일어나는 원리

해설

해풍과 육풍이 일어나는 원리는 대류현상이다.

열의 이동 원리

- 전도 : 열이 물질 속으로 전해져 가는 현상으로 온도가 높은 부분에서 낮은 부분으로 이동한다.
- 복사 : 물질을 매개로 하지 않고 직접 열을 전달한다.
- 대류 : 액체나 기체에서 분자가 순환하면서 열을 전달한다.

34 제1류 위험물인 과산화나트륨의 보관용기에 화재가 발생하였다. 소화약제로 가장 적당한 것은?

① 포소화약제　② 물
③ 마른모래　④ 이산화탄소

해설

- 제1류 위험물인 무기과산화물로 과산화나트륨은 물과 반응하여 조연성 가스(산소)와 열을 발생한다.
- 반응식 : $2Na_2O_2 + 2H_2O \rightarrow 4NaOH + O_2\uparrow$ + 발열
- 금수성 물질로 물에 의한 소화는 절대 금지하고, 마른모래, 팽창질석 또는 팽창진주암, 탄산수소염류분말소화약제를 사용한다.

35 소화기의 사용방법으로 잘못된 것은?

① 적응화재에 따라 사용할 것
② 성능에 따라 방출거리 내에서 사용할 것
③ 바람을 마주보며 소화할 것
④ 양옆으로 비로 쓸 듯이 방사할 것

해설

소화기는 바람을 등지고 사용하고, 화재진압에 실패했을 때 피난이 쉽도록 출입구를 등지고 사용한다.

36 연소의 종류와 가연물을 잘못 연결한 것은?

① 증발연소 – 가솔린, 알코올
② 표면연소 – 코크스, 목탄
③ 분해연소 – 목재, 종이
④ 자기연소 – 에터, 나프탈렌

해설

- 확산연소 : 메테인, 프로페인, 수소, 아세틸렌 등의 가연성가스가 확산하여 생성된 혼합가스가 연소하는 것(발염연소, 불꽃연소)
- 증발연소 : 황, 알코올, 나프탈렌, 파라핀(양초), 왁스 등이 열분해를 일으키지 않고 증발된 증기가 연소하는 현상(가연성액체인 제4류 위험물은 대부분 증발연소를 함)
- 분해연소 : 목재, 석탄, 종이, 섬유, 플라스틱, 합성수지, 고무류 등이 열분해를 일으켜 나온 분해가스 등이 연소하는 형태
- 표면연소 : 목탄, 코크스, 금속(분, 박, 리본 포함) 등이 고체표면에서 산소와 급격히 산화 반응하여 연소하는 현상
- 자기연소 : 셀룰로이드, TNT, 나이트로글리세린, 질산에틸 등의 제5류 위험물 등이 자체 내에 산소를 함유하여, 열분해 시 가연성가스와 산소를 발생시켜 공기 중의 산소를 필요치 않고 연소하는 현상

정답 32 ② 33 ④ 34 ③ 35 ③ 36 ④

37 위험물제조소에 설치하는 안전장치 중 위험물의 성질에 따라 안전밸브의 작동이 곤란한 가압설비에 한하여 설치하는 것은?

① 파괴판
② 안전밸브를 겸하는 경보장치
③ 감압측에 안전밸브를 부착한 감압밸브
④ 연성계

해설

압력계 및 안전장치(위험물안전관리법 시행규칙 별표 4)

위험물을 가압하는 설비 또는 그 취급하는 위험물의 압력이 상승할 우려가 있는 설비에는 압력계 및 다음에 해당하는 안전장치를 설치하여야 한다. 다만, 파괴판은 위험물의 성질에 따라 안전밸브의 작동이 곤란한 가압설비에 한한다.

- 압력계
- 자동적으로 압력의 상승을 정지시키는 장치
- 감압측에 안전밸브를 부착한 감압밸브
- 안전밸브를 겸하는 경보장치
- 파괴판

38 적린에 관한 설명 중 틀린 것은?

① 물에 잘 녹는다.
② 화재 시 물로 냉각소화를 할 수 있다.
③ 황린에 비해 안정하다.
④ 황린과 동소체이다.

해설

황린과 적린의 비교

성 질	황린(P_4)	적린(P)
분 류	제3류 위험물	제2류 위험물
외 관	백색 또는 담황색의 자연발화성고체	암적색 무취의 분말
착화온도	34℃(물속에 저장)	약 260℃(산화제 접촉금지)
CS_2 용해성	용해(녹는다)	용해되지 않는다.
공기 중	자연발화하여 인광을 낸다.	자연발화하지 않고 인광을 내지 않는다.
독 성	맹독성	치사량 0.15g
공통점	• 적린(P)과 황린은 동소체이다. • 연소 시 오산화인을 생성한다. • 화재 시 물을 사용하여 소화를 할 수 있다. • 비중이 1보다 크다. • 연소, 산화하기 쉽다. • 물에 녹지 않는다.	

39 제1류 위험물에 해당하지 않는 것은?

① 납의 산화물
② 질산구아니딘
③ 퍼옥소이황산염류
④ 염소화이소시아누르산

해설

질산구아니딘은 제5류 위험물이다.

제1류의 품명란 제10호에서 행정안전부령으로 정하는 것

- 과아이오딘산염류
- 과아이오딘산
- 크로뮴, 납 또는 아이오딘의 산화물
- 아질산염류
- 차아염소산염류
- 염소화아이소시아누르산
- 퍼옥소이황산염류
- 퍼옥소붕산염류

40 옥내저장소에 질산 600L를 저장하고 있다. 저장하고 있는 질산은 지정수량의 몇 배인가?(단, 질산의 비중은 1.5이다)

① 1　　② 2
③ 3　　④ 4

해설

지정수량 : 질산(300kg)

$d = \frac{M}{V}$, $M = d \times V$이므로

여기서, d : 밀도, M : 질량, V : 부피

$\therefore \frac{\text{저장수량}}{\text{지정수량}} = \frac{600\text{L} \times 1.5\text{kg/L}}{300\text{kg}} = 3\text{배}$

37 ① 38 ① 39 ② 40 ③ 정답

41 강화액소화기에 대한 설명이 아닌 것은?

① 알칼리 금속염류가 포함된 고농도의 수용액이다.

② A급 화재에 적응성이 있다.

③ 어는점이 낮아서 동절기에도 사용이 가능하다.

④ 물의 표면장력을 강화시킨 것으로 심부화재에 효과적이다.

해설

강화액의 주성분은 탄산칼륨(K_2CO_3)으로 물에 용해시켜 사용한 것으로 표면화재에 효과적이다.

- 점성을 갖게 된다.
- 알칼리성(pH 12)으로 응고점이 낮아 잘 얼지 않는다.
- 물보다 1.4배 무겁고, 한랭지역에 많이 쓰인다.

42 위험물안전관리법령상 혼재할 수 없는 위험물은? (단, 위험물은 지정수량의 1/10을 초과하는 경우이다)

① 적린과 황린

② 질산염류와 질산

③ 칼륨과 특수인화물

④ 유기과산화물과 황

해설

적린(제2류 위험물-가연성·환원성 고체)과 황린(제3류 위험물-자연발화성 물질 및 금수성 물질)은 혼재할 수 없다.

혼재 가능한 위험물

- 제1류 위험물(산화성 고체) : 제6류 위험물(산화성 액체)
- 제4류 위험물(인화성 액체) : 제2류 위험물(가연성 고체)
  제3류 위험물(자연발화성 물질 및 금수성 물질)
  제5류 위험물(자기반응성 물질)
- 제5류 위험물(자기반응성 물질) : 제2류 위험물(가연성 고체)
  제4류 위험물(인화성 액체)

43 소화난이도등급 Ⅰ의 옥내저장소에 설치하여야 하는 소화설비에 해당하지 않는 것은?

① 옥외소화전설비

② 연결살수설비

③ 스프링클러설비

④ 물분무소화설비

해설

소화난이도등급Ⅰ의 제조소 등에 설치하여야 하는 소화설비

제조소 등의 구분		소화설비
옥내저장소	처마높이가 6m 이상인 단층건물 또는 다른 용도의 부분이 있는 건축물에 설치한 옥내저장소	스프링클러설비 또는 이동식 외의 물분무 등 소화설비
	그 밖의 것	옥외소화전설비, 스프링클러설비, 이동식 외의 물분무 등 소화설비 또는 이동식 포소화설비(포소화전을 옥외에 설치하는 것에 한한다)

44 다이에틸에터에 대한 설명으로 옳은 것은?

① 연소하면 아황산가스를 발생하고, 마취제로 사용한다.

② 증기는 공기보다 무거우므로 물속에 보관한다.

③ 에틸알코올을 진한 황산을 이용해 축합반응시켜 제조할 수 있다.

④ 제4류 위험물 중 폭발범위가 좁은 편에 속한다.

해설

③ $2C_2H_5OH \xrightarrow[\text{탈수제}]{C-H_2SO_4} (C_2H_5)_2O + H_2O$
에틸알코올 → 다이에틸에터 물

① 연소하면 이산화탄소를 발생하고, 마취제로 사용한다.

② 증기비중은 2.6이며 물에 미량 녹고, 알코올, 에터에 잘 녹는다. 공기와 접촉 시 과산화물이 생성되므로 갈색병에 저장한다.

④ 폭발범위는 1.7~48%이다.

정답 41 ④ 42 ① 43 ② 44 ③

45 **위험물안전관리법령상 옥외저장소 중 덩어리상태의 황만을 지반면에 설치한 경계표시의 안쪽에서 저장 또는 취급할 때 경계표시의 높이는 몇 m 이하로 하여야 하는가?**

① 1　　② 1.5
③ 2　　④ 2.5

해설

- 하나의 경계표시의 내부의 면적은 100m^2 이하일 것
- 2개 이상의 경계표시를 설치하는 경우에 있어서는 각각의 경계표시 내부의 면적을 합산한 면적은 1,000m^2 이하로 하고, 인접하는 경계표시와 경계표시와의 간격을 공지의 너비의 1/2 이상으로 할 것. 다만, 저장 또는 취급하는 위험물의 최대수량이 지정수량의 200배 이상인 경우에는 10m 이상으로 하여야 한다.
- 경계표시의 높이는 1.5m 이하로 할 것

46 **위험물제조소의 경우 연면적이 최소 몇 m^{2}이면 자동화재탐지설비를 설치해야 하는가?(단, 원칙적인 경우에 한한다)**

① 100　　② 300
③ 500　　④ 1,000

해설

제조소 및 일반취급소 : 연면적 500m^2 이상이거나 지정수량의 100배 이상일 경우

47 **다음 중 위험물안전관리법에서 정의한 “제조소”의 의미로 가장 옳은 것은?**

① “제조소”라 함은 위험물을 제조할 목적으로 지정수량 이상의 위험물을 취급하기 위하여 허가를 받은 장소임
② “제조소”라 함은 지정수량 이상의 위험물을 제조할 목적으로 위험물을 취급하기 위하여 허가를 받은 장소임
③ “제조소”라 함은 지정수량 이상의 위험물을 제조할 목적으로 지정수량 이상의 위험물을 취급하기 위하여 허가를 받은 장소임
④ “제조소”라 함은 위험물을 제조할 목적으로 위험물을 취급하기 위하여 허가를 받은 장소임

해설

“제조소”라 함은 위험물을 제조할 목적으로 지정수량 이상의 위험물을 취급하기 위하여 위험물시설의 설치 및 변경 등 따른 허가(허가가 면제된 경우 및 협의로써 허가를 받은 것으로 보는 경우를 포함한다)를 받은 장소를 말한다.

48 **동식물유류에 대한 설명 중 틀린 것은?**

① 연소하면 열에 의해 액온이 상승하여 화재가 커질 위험이 있다.
② 아이오딘값이 낮을수록 자연발화의 위험이 높다.
③ 동유는 건성유이므로 자연발화의 위험이 있다.
④ 아이오딘값이 100~130인 것을 반건성유라고 한다.

해설

아이오딘값이 클수록 자연발화 위험이 크다.

- 아이오딘값(옥소값) : 유지 100g에 부가되는 아이오딘의 g수
- 아이오딘값이 크다는 것은 탄소간의 이중결합이 많고, 불포화도가 크다고 볼 수 있음

45 ②　46 ③　47 ①　48 ② **정답**

49 인화칼슘, 탄화알루미늄, 나트륨이 물과 반응하였을 때 발생하는 가스에 해당하지 않는 것은?

① 포스핀가스
② 수 소
③ 이황화탄소
④ 메테인

해설

물과 반응식(필답형 유형)

- 인화칼슘(제3류 위험물/금속의 인화합물)
  $Ca_3P_2 + 6H_2O \rightarrow 3Ca(OH)_2 + 2PH_3$
- 탄화알루미늄(제3류 위험물/칼슘 또는 알루미늄의 탄화물)
  $Al_4C_3 + 12H_2O \rightarrow 4Al(OH)_3 + 3CH_4$
- 나트륨(제3류 위험물)
  $2Na + 2H_2O \rightarrow 2NaOH + H_2$

50 정전기로 인한 재해방지대책 중 틀린 것은?

① 접지를 한다.
② 실내를 건조하게 유지한다.
③ 공기 중의 상대습도를 70% 이상으로 유지한다.
④ 공기를 이온화한다.

해설

전기저항이 큰 물질은 대전이 용이하므로 전도체물질을 사용한다.

정전기 제거설비

- 접지를 한다.
- 공기 중의 상대습도를 70% 이상으로 한다.
- 공기를 이온화한다.

51 다음 중 지정수량이 나머지 셋과 다른 물질은?

① 황화인
② 적 린
③ 칼 슘
④ 황

해설

지정수량

황화인	적 린	칼 슘	황
100kg	100kg	50kg	100kg

52 아닐린에 대한 설명으로 옳은 것은?

① 특유의 냄새를 가진 기름상 액체이다.
② 인화점이 0℃ 이하이어서 상온에서 인화의 위험이 높다.
③ 황산과 같은 강산화제와 접촉하면 중화되어 안정하게 된다.
④ 증기는 공기와 혼합하여 인화, 폭발의 위험은 없는 안정한 상태가 된다.

해설

아닐린($C_6H_5NH_2$)은 제4류 위험물(인화성 액체) 중 제3석유류에 속한다.

- 비중 1.02, 비점 184℃, 융점 -6.0℃, 인화점 70℃, 발화점 538℃
- 황색 또는 담황색의 특유의 냄새를 가진 기름상의 액체이다.
- 물에는 약간 녹고 알코올, 벤젠, 에터, 아세톤 등에는 잘 녹는다.

정답 49 ③ 50 ② 51 ③ 52 ①

53 횡으로 설치한 원통형 위험물 저장탱크의 내용적이 500L일 때 공간용적은 최소 몇 L이어야 하는가?(단, 원칙적인 경우에 한한다)

① 15　② 25
③ 35　④ 50

해설

일반적인 탱크의 공간용적은 탱크 내용적의 5/100 이상 10/100 이하로 한다.

∴ 최소이므로 $500L \times \frac{5}{100} = 25L$가 된다.

54 다음 중 연소속도와 의미가 가장 가까운 것은?

① 기화열의 발생속도
② 환원속도
③ 착화속도
④ 산화속도

해설

연소속도 : 가연물질에 공기가 공급되어 연소가 되면서 반응하여 연소생성물을 생성할 때의 반응속도로 산화속도라고도 한다.

55 위험물 옥외탱크저장소와 병원과는 안전거리를 얼마 이상 두어야 하는가?

① 10m　② 20m
③ 30m　④ 50m

해설

제조소의 안전거리(필답형 유형)

- 건축물 그 밖의 공작물로서 주거용으로 사용되는 것(제조소가 설치된 부지 내에 있는 것을 제외한다) : 10m 이상
- 학교 · 병원 · 극장 그 밖에 다수인을 수용하는 시설 : 30m 이상
- 문화재보호법의 규정에 의한 유형문화재와 기념물 중 지정문화재 : 50m 이상
- 고압가스, 액화석유가스 또는 도시가스를 저장 또는 취급하는 시설(다만, 해당 시설의 배관 중 제조소가 설치된 부지 내에 있는 것은 제외한다) : 20m 이상
- 사용전압이 7,000V 초과 35,000V 이하의 특고압가공전선 : 3m 이상
- 사용전압이 35,000V를 초과하는 특고압가공전선 : 5m 이상

56 위험물안전관리법령상 옥외탱크저장소의 기준에 따라 다음의 인화성 액체 위험물을 저장하는 옥외저장탱크 1~4호를 동일의 방유제 내에 설치하는 경우 방유제에 필요한 최소 용량으로서 옳은 것은?(단, 암반탱크 또는 특수액체위험물탱크의 경우는 제외한다)

1호 탱크 – 등유 1,500kL
2호 탱크 – 가솔린 1,000kL
3호 탱크 – 경유 500kL
4호 탱크 – 중유 250kL

① 1,650kL
② 1,500kL
③ 500kL
④ 250kL

해설

2호 탱크의 용량이 최대이므로, $1,500kL \times 1.1 = 1,650kL$가 된다.

옥외저장탱크(인화성 액체)의 방유제 용량 기준

- 하나의 옥외저장탱크 : 탱크 용량의 110% 이상
- 2개 이상의 옥외저장탱크 : 탱크 중 용량이 최대인 것의 110% 이상

53 ② 54 ④ 55 ③ 56 ① 정답

57 다이에틸에터에 대한 설명으로 틀린 것은?

① 일반식은 R-CO-R′이다.
② 폭발범위는 약 1.7~48%이다.
③ 증기비중 값이 비중 값보다 크다.
④ 휘발성이 높고 마취성을 가진다.

해설

다이에틸에터
- 일반식 : R－O－R′(R 및 R′는 알킬기를 의미)
- 구조식

$$H-\underset{H}{\overset{H}{C}}-\underset{H}{\overset{H}{C}}-O-\underset{H}{\overset{H}{C}}-\underset{H}{\overset{H}{C}}-H$$

또는

58 다음과 같은 반응에서 5m³의 탄산가스를 만들기 위해 필요한 탄산수소나트륨의 양은 약 몇 kg인가?(단, 표준상태이고 나트륨의 원자량은 23이다)

$$2NaHCO_3 \rightarrow Na_2CO_3 + CO_2 + H_2O$$

① 18.75 ② 37.5
③ 56.25 ④ 75

해설

이상기체 상태방정식

$PV = \frac{WRT}{M}$, $W = \frac{PVM}{RT}$

여기서, 원자량 Na : 23, H : 1, C : 12, O : 16

탄산수소나트륨과 탄산가스는 2 : 1반응이므로, 탄산가스의 질량에 2의 배수를 취한다.

표준상태는 0℃, 1기압이므로,

$\therefore W = \frac{1atm \times 5m^3 \times 84kg/kmol}{0.082atm\,m^3/kmol \cdot K \times 273K} \times 2 = 37.5kg$

59 위험물안전관리법령상 제3류 위험물 중 금수성 물질의 제조소에 설치하는 주의사항 게시판의 바탕색과 문자색을 옳게 나타낸 것은?

① 청색바탕에 황색문자
② 황색바탕에 청색문자
③ 청색바탕에 백색문자
④ 백색바탕에 청색문자

해설

제3류 위험물 중 금수성 물질은 청색바탕에 백색문자로 물기엄금을 표시해야 한다.

60 트라이나이트로톨루엔의 작용기에 해당하는 것은?

① $-NO$
② $-NO_2$
③ $-NO_3$
④ $-NO_4$

해설

트라이나이트로톨루엔(TNT, $C_6H_2CH_3(NO_2)_3$)

CH₃ / NO₂ / NO₂ / NO₂

정답 57 ① 58 ② 59 ③ 60 ②

2021년 제2회 과년도 기출복원문제

01 다음 중 무색투명한 휘발성 액체로서 물에 녹지 않고 물보다 무거워서 물속에 보관하는 위험물은?

① 경 유 ② 황 린
③ 황 ④ 이황화탄소

해설

이황화탄소는 제4류 위험물로 가연성 증기발생 억제를 위해 물속에 저장한다.

02 벤젠을 저장하는 옥외탱크저장소가 액표면적이 45m^{2}인 경우 소화난이도등급은?

① 소화난이도등급 Ⅰ
② 소화난이도등급 Ⅱ
③ 소화난이도등급 Ⅲ
④ 제시된 조건으로 판단할 수 없음

해설

액표면적이 40m^2 이상인 경우 소화난이도등급 Ⅰ에 해당한다.

03 복수의 성상을 가지는 위험물에 대한 품명지정의 기준상 유별의 연결이 틀린 것은?

① 산화성 고체의 성상 및 가연성 고체의 성상을 가지는 경우 : 가연성 고체
② 산화성 고체의 성상 및 자기반응성 물질의 성상을 가지는 경우 : 자기반응성 물질
③ 가연성 고체의 성상 및 자연발화성의 성상 및 금수성 물질의 성상을 가지는 경우 : 자연발화성 물질 및 금수성 물질
④ 인화성 액체의 성상 및 자기반응성 물질의 성상을 가지는 경우 : 인화성 액체

해설

- 인화성 액체의 성상 및 자기반응성물질의 성상을 가지는 경우 : 자기반응성 물질
- 복수의 성상을 가지는 위험물의 유별 기준 : 제1류 < 제2류 < 제4류 < 제3류 < 제5류
  - 제1류 : 산화성 고체
  - 제2류 : 가연성 고체
  - 제3류 : 자연발화성 물질 및 금수성 물질
  - 제4류 : 인화성 액체
  - 제5류 : 자기반응성 물질

1 ④ 2 ① 3 ④ 정답

04 주유취급소에 다음과 같이 전용탱크를 설치하였다. 최대로 저장·취급할 수 있는 용량은 얼마인가?(단, 고속도로 외의 도로변에 설치하는 자동차용 주유취급소인 경우이다)

- 간이탱크 : 2기
- 폐유탱크 등 : 1기
- 고정주유설비 및 급유설비 접속하는 전용탱크 : 2기

① 103,200L ② 104,600L
③ 123,200L ④ 124,200L

해설

탱크용량 : 간이탱크(600L), 폐유탱크(2,000L), 고정주유설비 및 급유설비 접속하는 전용탱크(50,000L)
∴ 탱크 최대 용량 = (600×2)+2,000+(50,000×2) = 103,200L

05 연소의 3요소를 모두 포함하는 것은?

① 과염소산, 산소, 불꽃
② 마그네슘분말, 연소열, 수소
③ 아세톤, 수소, 산소
④ 불꽃, 아세톤, 질산암모늄

해설

연소의 3요소 : 불꽃(점화원), 아세톤(가연물), 질산암모늄(산소원)
① 과염소산(산소원), 산소(산소원), 불꽃(점화원)
② 마그네슘분말(가연물), 연소열(점화원), 수소(가연물)
③ 아세톤(가연물), 수소(가연물), 산소(산소원)

- 제1류 위험물(산화성 고체)인 질산암모늄의 분해·폭발 반응식
  $2NH_4NO_3 \rightarrow 4H_2O + 2N_2 + O_2 \uparrow$
- 연소의 4요소 : 점화원, 가연물(산화제), 산소원, 연쇄반응

06 제조소 일반점검표에 기재되어 있는 위험물취급설비 중 안전장치의 점검내용이 아닌 것은?

① 회전부 등의 급유상태의 적부
② 부식·손상의 유무
③ 고정상황의 적부
④ 기능의 적부

해설

①은 구동장치 점검내용이다.

07 적린과 동소체 관계에 있는 위험물은?

① 오황화인
② 인화알루미늄
③ 인화칼슘
④ 황 린

해설

황린은 적린과 동소체이다.
동소체 : 동일한 원소로 이루어져 있으나 성질이 다른 물질로 최종 연소생성물은 같다.

08 과산화바륨의 취급에 대한 설명 중 틀린 것은?

① 직사광선을 피하고, 냉암소에 둔다.
② 유기물, 산 등의 접촉을 피한다.
③ 피부와 직접적인 접촉을 피한다.
④ 화재 시 주수소화가 가장 효과적이다.

해설

과산화바륨은 제2류 위험물로 물과 반응 시 수소를 발생하므로 주수소화는 효과적이지 않다.

정답 4 ① 5 ④ 6 ① 7 ④ 8 ④

09 과망가니즈산칼륨의 일반적인 성질에 관한 설명 중 틀린 것은?

① 강한 살균력과 산화력이 있다.
② 금속성 광택이 있는 무색의 결정이다.
③ 가열분해시키면 산소를 방출한다.
④ 비중은 약 2.7이다.

해설
과망가니즈산칼륨은 흑자색의 결정이다.

10 하이드록실아민을 취급하는 제조소에 두어야 하는 최소한의 안전거리(D)를 구하는 산식으로 옳은 것은?(단, N은 해당 제조소에서 취급하는 하이드록실아민의 지정수량 배수를 나타낸다)

① $D=40\sqrt[3]{N}$
② $D=51.1\sqrt[3]{N}$
③ $D=55\sqrt[3]{N}$
④ $D=62.1\sqrt[3]{N}$

11 공장 창고에 보관되었던 톨루엔이 유출되어 미상의 점화원에 의해 착화되어 화재가 발생하였다면 이 화재의 분류로 옳은 것은?

① A급 화재
② B급 화재
③ C급 화재
④ D급 화재

해설
톨루엔은 물보다 가볍고 비수용성으로 B급 유류화재에 해당한다.

12 BCF 소화기의 약제를 화학식으로 옳게 나타낸 것은?

① CCl_4
② CH_2ClBr
③ CF_3Br
④ CF_2ClBr

해설
BCF는 탄소를 포함하면서 Br, Cl, F를 모두 포함하는 것을 의미한다.

13 제조소의 옥외에 모두 3기의 휘발유 취급탱크를 설치하고 그 주위에 방유제를 설치하고자 한다. 방유제 안에 설치하는 각 취급탱크의 용량이 5만L, 3만L, 2만L일 때 필요한 방유제의 용량은 몇 L 이상인가?

① 66,000
② 60,000
③ 33,000
④ 30,000

해설
방유제의 용량은 해당 탱크 중 용량이 최대인 것의 50%에 나머지 탱크용량 합계의 10%를 가산한 양 이상이 되어야 한다.
∴ $50,000\times0.5+(30,000+20,000)\times0.1 = 30,000$L 이상

9 ② 10 ② 11 ② 12 ④ 13 ④ 정답

14 서로 반응할 때 수소가 발생하지 않는 것은?

① 리튬 + 염산

② 탄화칼슘 + 물

③ 수소화칼슘 + 물

④ 루비듐 + 물

해설

탄산칼슘은 물과 반응하여 수산화칼슘과 아세틸렌을 발생한다.

탄산칼슘과 물의 반응식 : $CaC_2 + 2H_2O \rightarrow Ca(OH)_2 + C_2H_2$

수산화칼슘 아세틸렌

15 과산화나트륨이 물과 반응하면 어떤 물질과 산소를 발생하는가?

① 수산화나트륨

② 수산화칼륨

③ 질산나트륨

④ 아염소산나트륨

해설

제1류 위험물 중 무기과산화물인 과산화나트륨은 물과 반응하면, 산소를 발생하며 수산화나트륨이 되므로 물과의 접촉을 피해야 한다.

과산화나트륨과 물의 반응식 : $2Na_2O_2 + 2H_2O \rightarrow 4NaOH + O_2 \uparrow$

16 위험물안전관리법령상 위험물의 운반에 관한 기준에 따르면 지정수량 얼마 이하의 위험물에 대하여는 "유별을 달리하는 위험물의 혼재기준"을 적용하지 아니하여도 되는가?

① 1/2 ② 1/3

③ 1/5 ④ 1/10

해설

지정수량의 1/10 이하의 위험물의 양에 대해서는 운반에 관한 유별을 달리하는 위험물의 혼재기준을 적용하지 않아도 된다.

17 자기반응성 물질의 화재 예방법으로 가장 거리가 먼 것은?

① 마찰을 피한다.

② 불꽃의 접근을 피한다.

③ 고온체로 건조시켜 보관한다.

④ 운반용기 외부에 "화기엄금" 및 "충격주의"를 표시한다.

해설

고온체의 접근을 피해야 한다.

자기반응성 물질의 저장 및 취급방법

- 점화원, 열기 및 분해를 촉진시키는 물질로부터 멀리한다.
- 용기의 파손 및 균열방지와 함께 실온, 습기, 통풍에 주의한다.
- 화재발생 시 소화가 곤란하므로 소분하여 저장한다.
- 용기는 밀전, 밀봉하고 포장외부에 화기엄금, 충격주의 등 주의사항 표시를 한다.
- 다른 위험물과 같은 장소에 저장하지 않도록 한다.
- 눈이나 피부에 접촉 시 비누액 또는 다량의 물로 씻는다.
- 유기과산화물이 새거나 오염한 것 또는 낡은 것은 질석이나 진주암 같은 불연성 물질을 사용하여 흡수 또는 혼합해서 제거한다. 유기과산화물을 흡수한 흡수제를 모을 경우에 강철제의 공구를 사용해서는 안 된다.

18 경유에 대한 설명으로 틀린 것은?

① 물에 녹지 않는다.

② 비중은 1 이하이다.

③ 발화점이 인화점보다 높다.

④ 인화점은 상온 이하이다.

해설

경유의 인화점은 41℃ 이상으로 상온 이상이다.

정답 14 ② 15 ① 16 ④ 17 ③ 18 ④

19 위험물안전관리법령상 제5류 위험물의 화재 발생 시 적응성이 있는 소화설비는?

① 분말소화설비
② 물분무소화설비
③ 이산화탄소소화설비
④ 할로젠화합물소화설비

해설

제5류 위험물은 자체적으로 산소를 공급하므로 화재 초기 또는 소형 화재 이외에는 소화가 어렵다. 화재 초기에 다량의 물로 주수소화하여야 한다. 따라서 수분을 포함한 물분무소화설비가 적응성이 있다.

20 셀룰로이드에 관한 설명 중 틀린 것은?

① 물에 잘 녹으며, 자연발화의 위험이 있다.
② 지정수량은 10kg이다.
③ 탄력성이 있는 고체의 형태이다.
④ 장시간 방치된 것은 햇빛, 고온 등에 의해 분해가 촉진된다.

해설

물에 녹지 않지만, 알코올, 아세톤 등에 녹는다. 장기간 방치된 것은 햇빛, 고온, 고습 등에 의해 분해가 촉진되고 이때 분해열이 축적되면 자연발화의 위험이 있다.

21 제2석유류에 해당하는 물질로만 짝지어진 것은?

① 등유, 경우
② 등유, 중유
③ 글리세린, 기계유
④ 글리세린, 장뇌유

해설

등유와 경유는 제2석유류이다.

제4류 위험물(인화성 액체)

구분	물질
제1석유류	아세톤, 휘발유, 벤젠, 톨루엔, 피리딘, 사이안화수소, 초산메틸 등
제2석유류	등유, 경유, 장뇌유, 테레빈유, 폼산 등
제3석유류	중유, 크레오소트유, 글리세린, 나이트로벤젠 등
제4석유류	기어유, 실린더유, 터빈유, 모빌유, 엔진오일 등

22 위험물의 저장 및 취급 방법에 대한 설명으로 틀린 것은?

① 적린은 화기와 멀리하고 가열, 충격이 가해지지 않도록 한다.
② 이황화탄소는 발화점이 낮으므로 물속에 저장한다.
③ 마그네슘은 산화제와 혼합되지 않도록 취급한다.
④ 알루미늄분은 분진폭발의 위험이 있으므로 분무주수하여 저장한다.

해설

알루미늄은 분진폭발의 위험이 있어 밀폐 용기에 넣어 건조한 곳에 저장해야 한다.

알루미늄분의 저장

- 용기의 파손으로 인한 위험물의 누설에 주의
- 산화제와 혼합하지 않음
- 물 또는 산과의 접촉을 피할 것

23 다음 위험물 중 지정수량이 나머지 셋과 다른 하나는?

① 마그네슘　② 금속분
③ 철 분　④ 황

해설

황의 지정수량은 100kg이고 마그네슘, 금속분, 철분은 500kg이다.

19 ② 20 ① 21 ① 22 ④ 23 ④ **정답**

24 다음 중 위험물안전관리법령에서 정한 제3류 위험물 금수성 물질의 소화설비로 적응성이 있는 것은?

① 이산화탄소소화설비
② 할로젠화합물소화설비
③ 인산염류 등 분말소화설비
④ 탄산수소염류 등 분말소화설비

해설

제3류 위험물 금수성 물질의 소화설비로는 탄산수소염류 분말소화설비, 마른모래, 팽창질석, 팽창진주암 등을 사용한다.

25 제4류 위험물에 속하지 않는 것은?

① 아세톤
② 실린더유
③ 트라이나이트로톨루엔
④ 나이트로벤젠

해설

트라이나이트로톨루엔은 제5류 위험물의 나이트로화합물이다.

26 아세트산에틸의 일반 성질 중 틀린 것은?

① 과일 냄새를 가진 휘발성 액체이다.
② 증기는 공기보다 무거워 낮은 곳에 체류한다.
③ 강산화제와의 혼촉은 위험하다.
④ 인화점 −20℃ 이하이다.

해설

제4류 위험물 중 제1석유류에 속하며, 초산에스테르의 초산에틸($CH_3COOC_2H_5$)이라고도 한다. 인화점은 −3℃로 과일에센스(파인애플향)로 사용한다.

27 폭발의 종류에 따른 물질이 잘못 짝지어진 것은?

① 분해폭발 – 아세틸렌, 산화에틸렌
② 분진폭발 – 금속분, 밀가루
③ 중합폭발 – 사이안화수소, 염화비닐
④ 산화폭발 – 하이드라진, 과산화수소

해설

제4류 위험물(인화성 액체)인 하이드라진은 분해폭발, 제6류 위험물(산화성 액체)인 과산화수소는 분해폭발을 한다.
※ 성질이 다른 위험물은 폭발 형태가 다르다.

28 위험물과 그 보호액 또는 안정제의 연결이 틀린 것은?

① 황린 – 물
② 인화석회 – 물
③ 금속칼륨 – 등유
④ 알킬알루미늄 – 헥세인

해설

인화석회는 물과 반응 시 포스핀이라는 가연성이고 독성인 가스를 발생한다.

29 인화점이 가장 높은 것은?

① 아세톤
② 다이에틸에터
③ 메틸알코올
④ 벤 젠

해설

인화점

아세톤	다이에틸에터	메틸알코올	벤 젠
−18.5℃	−40℃	11℃	−11℃

정답 24 ④ 25 ③ 26 ④ 27 ④ 28 ② 29 ③

30 위험물안전관리법령에 따른 위험물의 운송에 관한 설명 중 틀린 것은?

① 알킬리튬과 알킬알루미늄 또는 이중 어느 하나 이상을 함유한 것은 운송책임자의 감독·지원을 받아야 한다.
② 이동탱크저장소에 의하여 위험물을 운송할 때의 운송책임자에는 법정의 교육을 이수하고 관련 업무에 2년 이상 경력이 있는 자도 포함된다.
③ 서울에서 부산까지 금속의 인화물 300kg을 1명의 운전자가 휴식 없이 운송해도 규정 위반이 아니다.
④ 운송책임자의 감독 또는 지원 방법에는 동승하는 방법과 별도의 사무실에서 대기하면서 규정된 사항을 이행하는 방법이 있다.

해설

위험물운송자는 다음의 경우 2명 이상의 운전자로 해야 한다.
- 고속도로에 있어서 340km 이상에 걸치는 운송을 하는 때
- 일반도로에 있어서 200km 이상에 걸치는 운송을 하는 때

31 메틸알코올과 에틸알코올의 공통점에 대한 설명으로 틀린 것은?

① 증기비중이 같다.
② 무색투명한 액체이다.
③ 비중이 1보다 작다.
④ 물에 잘 녹는다.

해설

증기비중 : 메틸알코올(1.1), 에틸알코올(1.6)

32 다음 중 제6류 위험물에 해당하는 것은?

① IF_5　② $HClO_3$
③ NO_3　④ H_2O

해설

IF_5(오플루오린화아이오딘)는 행정안전부령이 정하는 제6류 위험물(할로젠간화합물)에 속한다. 나머지는 위험물이 아니다.

33 다음 중 분자량이 약 74, 비중이 약 0.71인 물질로서 에틸알코올 두 분자에서 물이 빠지면서 축합반응이 일어나 생성되는 물질은?

① $C_2H_5OC_2H_5$　② C_2H_5OH
③ C_6H_5Cl　④ CS_2

해설

다이에틸에터($C_2H_5OC_2H_5$) 일명 에틸에터라고도 하며, 마취성이 있는 유기용제이다.

축합반응(탈수반응)

$$C_2H_5OH + C_2H_5OH \xrightarrow[\text{탈수제}]{C-H_2SO_4} C_2H_5OC_2H_5 + H_2O$$

34 다음 중 산화성 액체위험물의 화재예방상 가장 주의해야 할 점은?

① 0℃ 이하로 냉각시킨다.
② 공기와의 접촉을 피한다.
③ 가연물과의 접촉을 피한다.
④ 금속용기에 저장한다.

해설

산화성 액체는 물, 가연물, 유기물, 고체의 산화제와의 접촉을 피해야 한다.

30 ③ 31 ① 32 ① 33 ① 34 ③ **정답**

35 **액화 이산화탄소 1kg이 25℃, 2atm에서 방출되어 모두 기체가 되었다. 방출된 기체상의 이산화탄소 부피는 약 몇 L인가?**

① 278 ② 556
③ 1,111 ④ 1,985

해설

이상기체 상태방정식

$PV = nRT = \frac{W}{M}RT$

여기서 P : 압력(atm)
V : 부피(L)
W : 질량 = 1,000g
R : 기체상수 = 0.08205atm · L/K · mol
T : 절대온도
M : 분자량(CO_2 : 44)

$\therefore V = \frac{WRT}{PM} = \frac{1 \times 0.08205 \times (25+273)\text{K}}{2 \times 44} = 0.2778\text{m}^3$
$= 277.8\text{L}$

36 **제조소 및 일반취급소에 설치하는 자동화재탐지설비의 설치기준으로 틀린 것은?**

① 하나의 경계구역은 600m² 이하로 하고, 한 변의 길이는 50m 이하로 한다.
② 주요한 출입구에서 내부 전체를 볼 수 있는 경우 경계구역은 1,000m² 이하로 할 수 있다.
③ 하나의 경계구역이 300m² 이하이면 2개 층을 하나의 경계구역으로 할 수 있다.
④ 비상전원을 설치하여야 한다.

해설

하나의 경계구역이 500m² 이하이면 2개 층을 하나의 경계구역으로 할 수 있다.

제조소 및 일반취급소에 설치하는 자동화재탐지설비의 설치기준

- 자동화재탐지설비의 경계구역은 건축물 그 밖의 공작물의 2 이상의 층에 걸치지 아니하도록 할 것. 다만, 하나의 경계구역의 면적이 500m² 이하이면서 해당 경계구역이 2개의 층에 걸치는 경우이거나 계단 · 경사로 · 승강기의 승강로 그 밖에 이와 유사한 장소에 연기감지기를 설치하는 경우에는 그러하지 아니하다.
- 하나의 경계구역의 면적은 600m² 이하로 하고 그 한 변의 길이는 50m 이하로 할 것. 다만, 해당 건축물 그 밖의 공작물의 주요한 출입구에서 그 내부의 전체를 볼 수 있는 경우에 있어서는 그 면적을 1,000m² 이하로 할 수 있다.
- 자동화재탐지설비의 감지기는 지붕(상층이 있는 경우에는 상층의 바닥) 또는 벽의 옥내에 면한 부분에 유효하게 화재의 발생을 감지할 수 있도록 설치할 것
- 자동화재탐지설비에는 비상 전원을 설치할 것

37 **플래시오버(Flash Over)에 관한 설명이 아닌 것은?**

① 실내화재에서 발생하는 현상
② 순간적인 연소확대 현상
③ 발생지점은 초기에서 성장기로 넘어가는 분기점
④ 화재로 인하여 온도가 급격히 상승하여 화재가 순간적으로 실내 전체에 확산되어 연소되는 현상

해설

플래시오버(Flash Over)

- 화재 시 성장기에서 최성기로 넘어갈 때 실내온도가 급격히 상승하여 화염이 실내 전체로 급격히 확대되는 연소 현상
- 축적된 가연성 가스가 착화하면 실내 전체가 화염에 휩싸임
- 물체의 표면 또는 전체의 온도가 발화온도에 이르면 전면에 걸쳐 거의 동시에 타오르는 화재의 단계
- 내장재의 종류와 개구부의 크기에 따라 영향을 받음

정답 35 ① 36 ③ 37 ③

38 연소 위험성이 큰 휘발유 등은 배관을 통하여 이송할 경우 안전을 위하여 유속을 느리게 해주는 것이 바람직하다. 이는 배관 내에서 발생할 수 있는 어떤 에너지를 억제하기 위함인가?

① 유도에너지 ② 분해에너지
③ 정전기에너지 ④ 아크에너지

해설
유체의 마찰로 인한 정전기에너지를 억제하기 위함이다.

39 다음 중 화재 시 내알코올포소화약제를 사용하는 것이 가장 적합한 위험물은?

① 아세톤 ② 휘발유
③ 경 유 ④ 등 유

해설
아세톤은 제4류 위험물 중 수용성 물질로 일반 포는 포가 소멸하는 성질(소포성) 때문에 효과가 없으므로 내알코올포소화약제를 사용한다.

40 위험물안전관리법령의 규정에 따라 다음과 같이 예방조치를 하여야 하는 위험물은?

- 운반용기의 외부에 “화기엄금” 및 “충격주의”를 표시한다.
- 적재하는 경우 차광성 있는 피복으로 가린다.
- 55℃ 이하에서 분해될 우려가 있는 경우 보냉 컨테이너에 수납하여 적정한 온도관리를 한다.

① 제1류 ② 제2류
③ 제3류 ④ 제5류

해설
제5류 위험물의 운반기준이다.

41 $NaClO_3$에 대한 설명으로 옳은 것은?

① 물, 알코올에 녹지 않는다.
② 가연성 물질로 무색, 무취의 결정이다.
③ 유리를 부식시키므로 철제용기에 저장한다.
④ 산과 반응하여 유독성의 ClO_2를 발생한다.

해설
염소산나트륨($NaClO_3$)의 성질
- 알코올과 물에 잘 녹으며 조해성이 있다.
- 산과 반응하여 유독한 이산화염소 가스를 발생한다.
  $2NaClO_3 + 2HCl \rightarrow 2NaCl + 2ClO_2 + H_2O_2 \uparrow$
- 철을 부식시키므로 철제 용기의 사용을 피한다.
- 불연성이며 무색, 무취의 결정이다.
- 성냥, 제초제, 산화제, 염료 등의 원료로 사용한다.

42 물과 접촉하면 위험성이 증가하므로 주수소화를 할 수 없는 물질은?

① $KClO_3$ ② $NaNO_3$
③ Na_2O_2 ④ $(C_6H_5CO)_2O_2$

해설
Na_2O_2(과산화나트륨)은 물과 반응하면 발열과 함께 산소를 발생하여 위험하다.

38 ③ 39 ① 40 ④ 41 ④ 42 ③ 정답

43 위험물안전관리법령에 의한 안전교육에 대한 설명으로 옳은 것은?

① 제조소 등의 관계인은 교육대상자에 대하여 안전교육을 받게 할 의무가 있다.

② 안전관리자, 탱크시험자의 기술인력 및 위험물 운송자는 안전교육을 받을 의무가 없다.

③ 탱크시험자의 업무에 대한 강습교육을 받으면 탱크시험자의 기술인력이 될 수 있다.

④ 소방서장은 교육대상자가 교육을 받지 아니한 때에는 그 자격을 정지하거나 취소할 수 있다.

해설

② 안전관리자·탱크시험자·위험물운반자·위험물운송자 등 위험물의 안전관리와 관련된 업무를 수행하는 자로서 대통령령이 정하는 자는 해당 업무에 관한 능력의 습득 또는 향상을 위하여 소방청장이 실시하는 교육을 받아야 한다.

③ 탱크시험자의 기술인력은 신규종사 후 6개월 이내에 8시간 이내의 실무교육을 받아야 한다.

④ 시·도지사, 소방본부장 또는 소방서장은 교육대상자가 교육을 받지 아니한 때에는 그 교육대상자가 교육을 받을 때까지 위험물관리법에 따라 그 자격으로 행하는 행위를 제한할 수 있다.

44 위험물 저장탱크의 공간용적은 탱크 내용적의 얼마 이상, 얼마 이하로 하는가?

① $\frac{2}{100}$ 이상, $\frac{3}{100}$ 이하

② $\frac{2}{100}$ 이상, $\frac{5}{100}$ 이하

③ $\frac{5}{100}$ 이상, $\frac{10}{100}$ 이하

④ $\frac{10}{100}$ 이상, $\frac{20}{100}$ 이하

해설

탱크의 공간용적은 탱크 내용적의 $\frac{5}{100}$ 이상 $\frac{10}{100}$ 이하의 용적으로 한다.

45 다음 (　　) 안에 들어갈 알맞은 단어는?

> 보냉장치가 있는 이동저장탱크에 저장하는 아세트알데하이드 등 또는 다이에틸에터 등의 온도는 해당 위험물의 (　　) 이하로 유지하여야 한다.

① 비 점　② 인화점

③ 융해점　④ 발화점

해설

아세트알데하이드 등 또는 다이에틸에터 등을 이동저장탱크에 저장하는 경우 보냉장치가 있는 이동저장탱크에서는 비점 이하, 보냉장치가 없는 이동저장탱크에서는 40℃ 이하를 유지하여야 한다.

46 하나의 위험물저장소에 다음과 같이 2가지 위험물을 저장하고 있다. 지정수량 이상에 해당하는 것은?

① 브로민산칼륨 80kg, 염소산칼륨 40kg

② 질산 100kg, 과산화수소 150kg

③ 질산칼륨 120kg, 다이크로뮴산나트륨 500kg

④ 휘발유 20L, 윤활유 2,000L

해설

2가지 위험물의 지정수량 배수의 합이 1 이상이어야 지정수량 이상이 된다.

구분 / 종류	저장수량	지정수량
브로민산칼륨	80	300
질 산	100	300
질산칼륨	120	300
휘발유	20	200
염소산칼륨	40	50
과산화수소	150	300
다이크로뮴산나트륨	500	1,000
기계유	2,000	6,000

① $\frac{80}{300}+\frac{40}{50}=1.07$

② $\frac{100}{300}+\frac{150}{300}=0.83$

③ $\frac{120}{300}+\frac{500}{1,000}=0.9$

④ $\frac{20}{200}+\frac{2,000}{6,000}=0.43$

정답 43 ① 44 ③ 45 ① 46 ①

47 과산화칼륨의 저장창고에서 화재가 발생하였다. 다음 중 가장 적합한 소화약제는?

① 물　② 이산화탄소
③ 마른모래　④ 염 산

해설

제1류 위험물 중 무기과산화물(알칼리금속 과산화물)은 마른모래, 암분, 탄산수소염류 분말약제, 팽창질석, 팽창진주암으로 소화한다.

48 건축물 외벽이 내화구조이며 연면적 300m²인 위험물 옥내저장소의 건축물에 대하여 소화설비의 소화능력 단위는 최소한 몇 단위 이상이 되어야 하는가?

① 1단위　② 2단위
③ 3단위　④ 4단위

해설

- 저장소의 건축물은 외벽이 내화구조인 것은 연면적 150m²를 1소요단위로 한다.
- 소요단위

종 류 ＼ 구 분	내화구조 외벽	비내화구조 외벽
위험물제조소 및 취급소	연면적 100m²	연면적 50m²
위험물저장소	연면적 150m²	연면적 75m²
위험물	지정수량의 10배	

49 위험물안전관리법령상 옥내소화전설비의 비상전원은 몇 분 이상 작동할 수 있어야 하는가?

① 45분　② 30분
③ 20분　④ 10분

해설

옥내소화전설비의 비상전원 용량은 옥내소화전설비를 유효하게 45분 이상 작동시키는 것이 가능해야 한다.

50 다음 중 강화액 소화약제의 주된 소화원리에 해당하는 것은?

① 냉각소화
② 절연소화
③ 제거소화
④ 발포소화

해설

강화액의 주성분은 탄산칼륨(K_2CO_3)으로 물에 용해시켜 사용하며, 냉각소화의 원리에 해당된다.

- 점성을 갖게 된다.
- 알칼리성(pH 12)으로 응고점이 낮아 잘 얼지 않는다.
- 물보다 1.4배 무겁고, 한랭지역에 많이 쓰인다.

51 위험물제조소 등별로 설치하여야 하는 경보설비의 종류에 해당하지 않는 것은?

① 비상방송설비
② 비상조명등설비
③ 자동화재탐지설비
④ 비상경보설비

해설

경보설비의 종류 : 자동화재탐지설비, 비상경보설비(비상벨장치 또는 경종을 포함), 확성장치(휴대용 확성기를 포함) 및 비상방송설비

47 ③　48 ②　49 ①　50 ①　51 ② 정답

52 위험물안전관리법령상 특수인화물의 정의에 대해 다음 ( ) 안에 알맞은 수치를 차례대로 옳게 나열한 것은?

> "특수인화물"이라 함은 이황화탄소, 다이에틸에터 그 밖에 1기압에서 발화점이 ( )℃ 이하인 것 또는 인화점이 영하 ( )℃ 이하이고 비점이 40℃ 이하인 것을 말한다.

① 100, 20

② 25, 0

③ 100, 0

④ 25, 20

해설

제4류 위험물의 기준

- 특수인화물 : 1기압에서 발화점이 100℃ 이하, 인화점이 −20℃ 이하이고 비점이 40℃ 이하인 것
- 제1석유류 : 1기압에서 인화점이 21℃ 미만인 것
- 제2석유류 : 1기압에서 인화점이 21℃ 이상 70℃ 미만인 것
- 제3석유류 : 1기압에서 인화점이 70℃ 이상 200℃ 미만인 것
- 제4석유류 : 1기압에서 인화점이 200℃ 이상 250℃ 미만인 것

53 금속나트륨, 금속칼륨 등을 보호액 속에 저장하는 이유를 가장 옳게 설명한 것은?

① 온도를 낮추기 위하여

② 승화하는 것을 막기 위하여

③ 공기와의 접촉을 막기 위하여

④ 운반 시 충격을 적게 하기 위하여

해설

제3류 위험물(자연발화성 물질 및 금수성 물질)인 금속나트륨과 금속칼륨은 물과 공기의 접촉을 막기 위하여 보호액(등유, 경유 등) 속에 넣어 저장한다.

54 분말소화기의 소화약제로 사용되지 않은 것은?

① 탄산수소나트륨

② 탄산수소칼륨

③ 과산화나트륨

④ 인산이수소암모늄

해설

분말소화약제

종 별	주성분
제1종 분말	탄산수소나트륨(중탄산나트륨, 중조)
제2종 분말	탄산수소칼륨(중탄산칼륨)
제3종 분말	제1인산암모늄(인산이수소암모늄)
제4종 분말	탄산수소칼륨과 요소의 혼합물

55 다음 ( ) 안에 알맞은 수치를 차례대로 옳게 나열한 것은?

> 위험물 암반탱크의 공간용적은 해당 탱크 내에 용출하는 ( )일간의 지하수 양에 상당하는 용적과 해당 탱크 내용적의 100분의 ( )의 용적 중에서 보다 큰 용적을 공간용적으로 한다.

① 1, 1 ② 7, 1

③ 1, 5 ④ 7, 5

해설

위험물 암반탱크의 공간 용적은 해당 탱크 내에 용출하는 7일간의 지하수 양에 상당하는 용적과 해당 탱크 내용적의 1/100의 용적 중에서보다 큰 용적을 공간용적으로 한다.

정답 52 ① 53 ③ 54 ③ 55 ②

56 위험물안전관리법령상 제1류 위험물 중 알칼리금속의 과산화물의 운반용기 외부에 표시하여야 하는 주의사항을 모두 나타낸 것은?

① "화기엄금", "충격주의" 및 "가연물접촉주의"
② "화기·충격주의", "물기엄금" 및 "가연물접촉주의"
③ "화기주의" 및 "물기엄금"
④ "화기엄금" 및 "물기엄금"

해설

위험물을 수납하는 운반용기의 외부에 표시하여야 하는 주의사항

위험물의 종류		주의사항
제1류 위험물	알칼리금속의 과산화물 또는 이를 함유하는 것	"화기·충격주의", "물기엄금" 및 "가연물접촉주의"
	그 밖의 것	"화기·충격주의" 및 "가연물접촉주의"
제2류 위험물	철분·금속분·마그네슘 또는 이들 중 어느 하나 이상을 함유한 것	"화기주의" 및 "물기엄금"
	인화성 고체	"화기엄금"
	그 밖의 것	"화기주의"
제3류 위험물	자연발화성 물질	"화기엄금" 및 "공기접촉엄금"
	금수성 물질	"물기엄금"
제4류 위험물		"화기엄금"
제5류 위험물		"화기엄금" 및 "충격주의"
제6류 위험물		"가연물접촉주의"

57 위험물안전관리법령에서 정한 제5류 위험물 이동저장 탱크의 외부도장 색상은?

① 황 색　　② 회 색
③ 적 색　　④ 청 색

해설

이동저장탱크의 외부도장 색상

제1류	회 색	제4류	제한없음(적색권장)
제2류	적 색	제5류	황 색
제3류	청 색	제6류	청 색

58 다음 중 C급 화재에 해당하는 것은?

① 플라스틱화재
② 나트륨화재
③ 휘발유화재
④ 전기화재

해설

가연물의 종류와 성상에 따른 화재의 분류

종 류	소화기 표시		적용대상
일반화재	백 색	A급 화재	일반가연물(나무, 옷, 종이, 고무, 플라스틱 등)
유류화재	황 색	B급 화재	가연성 액체(가솔린, 오일, 래커, 알코올, 페인트 등)
전기화재	청 색	C급 화재	전류가 흐르는 상태에서의 전기기구 화재
금속화재	무 색	D급 화재	가연성 금속(마그네슘, 나트륨, 세슘, 리튬, 칼륨 등)

59 위험물안전관리법령에 따른 제4류 위험물 중 제1석유류에 해당하지 않는 것은?

① 등 유　　② 벤 젠
③ 메틸에틸케톤　　④ 톨루엔

해설

등유는 제2석유류에 속한다.

60 위험물안전관리법령에 따른 제1류 위험물과 제6류 위험물의 공통적 성질로 옳은 것은?

① 환원성 물질이며 다른 물질을 산화시킨다.
② 환원성 물질이며 다른 물질을 환원시킨다.
③ 산화성 물질이며 다른 물질을 산화시킨다.
④ 산화성 물질이며 다른 물질을 환원시킨다.

해설

제1류 위험물(산화성 고체)과 제6류 위험물(산화성 액체)은 산화성 물질이며 다른 물질을 산화시킨다.

정답 56 ② 57 ① 58 ④ 59 ① 60 ③

2022년 제1회 과년도 기출복원문제

01 위험물제조소 등의 용도폐지신고에 대한 설명으로 옳지 않은 것은?

① 용도폐지 후 30일 이내에 신고하여야 한다.
② 완공검사합격확인증을 첨부한 용도폐지신고서를 제출하는 방법으로 신고한다.
③ 전자문서로 된 용도폐지신고서를 제출하는 경우에도 완공검사합격확인증을 제출하여야 한다.
④ 신고의무의 주체는 해당 제조소 등의 관계인이다.

해설

제조소 등의 관계인(소유자・점유자 또는 관리자)은 해당 제조소 등의 용도를 폐지한 때에는 행정안전부령이 정하는 바에 따라 제조소 등의 용도를 폐지한 날부터 14일 이내에 시・도지사에게 신고하여야 한다(위험물안전관리법 제11조).

02 위험물안전관리법령상 분말소화설비의 기준에서 규정한 전역방출방식 또는 국소방출방식 분말소화설비의 가압용 또는 축압용 가스에 해당하는 것은?

① 네온가스 ② 아르곤가스
③ 수소가스 ④ 이산화탄소가스

해설

분말소화설비의 기준 : 가압용 가스 또는 축압용 가스는 질소가스 또는 이산화탄소로 할 것
※ 국소방출방식은 줄-톰슨효과를 이용한 냉각효과를 줄 수 있다.

03 과산화칼륨의 저장창고에서 화재가 발생하였다. 다음 중 가장 적합한 소화약제는?

① 물 ② 이산화탄소
③ 마른모래 ④ 염 산

해설

제1류 위험물 중 무기과산화물(알칼리금속 과산화물)로 마른모래, 암분, 탄산수소염류 분말약제, 팽창질석, 팽창진주암으로 소화한다.

04 위험물안전관리법령에 의해 옥외저장소에 저장을 허가받을 수 없는 위험물은?

① 제2류 위험물 중 황(금속제드럼에 수납)
② 제4류 위험물 중 가솔린(금속제드럼에 수납)
③ 제6류 위험물
④ 국제해상위험물 규칙(IMDG Code)에 적합한 용기에 수납된 위험물

해설

제4류 위험물 중 가솔린은 인화점이 −43℃이므로 저장할 수 없다.
옥외저장소에 저장할 수 있는 위험물 종류

- 제2류 위험물중 황 또는 인화성 고체(인화점이 0℃ 이상인 것에 한한다)
- 제4류 위험물중 제1석유류(인화점이 0℃ 이상인 것에 한한다)・알코올류・제2석유류・제3석유류・제4석유류 및 동식물유류
- 제6류 위험물
- 제2류 위험물 및 제4류 위험물 중 특별시・광역시・특별자치시・도 또는 특별자치도의 조례로 정하는 위험물(관세법 제154조의 규정에 의한 보세구역 안에 저장하는 경우로 한정한다)
- 국제해사기구에 관한 협약에 의하여 설치된 국제해사기구가 채택한 국제해상위험물 규칙(IMDG Code)에 적합한 용기에 수납된 위험물

정답 1 ① 2 ④ 3 ③ 4 ②

05 **소화효과에 대한 설명으로 틀린 것은?**

① 기화잠열이 큰 소화약제를 사용할 경우 냉각소화 효과를 기대할 수 있다.
② 이산화탄소에 의한 소화는 주로 질식소화로 화재를 진압한다.
③ 할로젠화합물소화약제는 주로 냉각소화를 한다.
④ 분말소화약제는 질식효과와 부촉매효과 등으로 화재를 진압한다.

해설

할로젠화합물소화약제는 다른 소화약제와는 달리 연소의 4요소 중의 하나인 연쇄반응을 차단시켜 화재를 소화한다. 이러한 소화를 부촉매소화 또는 억제소화라 하며 이는 화학적 소화에 해당된다.

※ 연소의 4요소
- 가연물(연료)
- 산소공급원(지연물)
- 열(착화온도 이상의 온도)
- 연쇄반응

06 **금속칼륨과 금속나트륨은 어떻게 보관하여야 하는가?**

① 공기 중에 노출하여 보관
② 물속에 넣어서 밀봉하여 보관
③ 석유 속에 넣어서 밀봉하여 보관
④ 그늘지고 통풍이 잘되는 곳에 산소 분위기에서 보관

해설

물과 공기의 접촉을 막기 위하여 등유, 경유 등 보호액 속에 넣어 저장한다.

※ 제3류 위험물의 저장 및 취급방법
- 물과 접촉을 피한다.
- 보호액에 저장 시 보호액 표면의 노출에 주의한다.
- 화재 시 소화가 어려우므로 소량씩 분리하여 저장한다.

07 **시약(고체)의 명칭이 불분명한 시약병의 내용물을 확인하려고 뚜껑을 열어 시계접시에 소량을 담아 놓고 공기 중에서 햇빛을 받는 곳에 방치하던 중 시계접시에서 갑자기 연소현상이 일어났다. 다음 물질 중 이 시약의 명칭으로 예상할 수 있는 것은?**

① 황　　② 황 린
③ 적 린　　④ 질산암모늄

해설

방치 중 연소현상이 일어났다는 것은 자연발화성 물질(제3류 위험물)임을 알 수 있다.
- 제1류 위험물 : 질산암모늄
- 제2류 위험물 : 황, 적린
- 제3류 위험물인 황린은 공기 중에서 격렬하게 연소하여 유독성 가스인 오산화인의 백연을 낸다($P_4 + 5O_2 \rightarrow 2P_2O_5$).

08 **이동탱크저장소에 의한 위험물의 운송 시 준수하여야 하는 기준에서 다음 중 어떤 위험물을 운송할 때 위험물운송자는 위험물안전카드를 휴대하여야 하는가?**

① 특수인화물 및 제1석유류
② 알코올류 및 제2석유류
③ 제3석유류 및 동식물류
④ 제4석유류

해설

제4류 위험물 중 특수인화물 및 제1석유류를 운송하게 하는 자는 위험물안전카드를 위험물운송자로 하여금 휴대하게 해야 한다.

09 **트리메틸알루미늄이 물과 반응 시 생성되는 물질은?**

① 산화알루미늄　　② 메테인
③ 메틸알코올　　④ 에테인

해설

- 트라이메틸알루미늄과 물의 반응식
  $(CH_3)_3Al + 3H_2O \rightarrow Al(OH)_3 + 3CH_4 \uparrow$
  수산화알루미늄 메테인
- 트라이에틸알루미늄과 물의 반응식
  $(C_2H_5)_3Al + 3H_2O \rightarrow Al(OH)_3 + 3C_2H_6 \uparrow$
  수산화알루미늄 에테인

5 ③ 6 ③ 7 ② 8 ① 9 ② **정답**

10 위험물안전관리법령상 위험물 운반 시 차광성이 있는 피복으로 덮지 않아도 되는 것은?

① 제1류 위험물
② 제2류 위험물
③ 제3류 위험물 중 자연발화성 물질
④ 제4류 위험물

해설

운반 시 차광성이 있는 피복으로 가릴 위험물
- 제1류 위험물
- 제3류 자연발화성 물질
- 제4류 위험물 중 특수인화물
- 제5류 위험물
- 제6류 위험물

방수성이 있는 피복으로 덮을 위험물
- 제1류 위험물 중 알칼리금속의 과산화물 또는 이를 함유한 것
- 제2류 위험물 중 철분, 금속분, 마그네슘 또는 이들 중 어느 하나 이상을 함유한 것
- 제3류 위험물 중금수성 물질

11 다음 중 물에 녹고 물보다 가벼운 물질로 인화점이 가장 낮은 것은?

① 아세톤 ② 이황화탄소
③ 벤 젠 ④ 산화프로필렌

해설

인화점

아세톤	이황화탄소	벤 젠	산화프로필렌
-18.5℃	-30℃	-11℃	-37℃

제4류 위험물 성질에 의한 품명
- 특수인화물 : 1기압에서 인화점이 -20℃ 이하, 비점이 40℃ 이하 또는 발화점이 100℃ 이하인 것
- 제1석유류 : 1기압에서 액체로서 인화점이 21℃ 미만인 것
- 제2석유류 : 1기압에서 액체로서 인화점이 21℃ 이상 70℃ 미만인 것. 다만, 가연성 액체량이 40wt% 이하이면서 인화점 40℃ 이상인 동시에 연소점이 60℃ 이상인 것은 제외
- 제3석유류 : 1기압에서 액체로서 인화점이 70℃ 이상 200℃ 미만인 것. 다만, 가연성 액체량이 40wt% 이하인 것은 제외
- 제4석유류 : 1기압에서 액체로서 인화점이 200℃ 이상 250℃ 미만인 것. 다만, 가연성 액체량이 40wt% 이하인 것은 제외

※ 아세톤과 벤젠은 제1석유류이며, 이황화탄소는 저장 시 물속에 넣어 저장한다.

12 [보기]에서 설명하는 물질은 무엇인가?

보기
- 살균제 및 소독제로도 사용된다.
- 분해할 때 발생하는 발생기산소 [O]는 난분해성 유기물질을 산화시킬 수 있다.

① $HClO_4$ ② CH_3OH
③ H_2O_2 ④ H_2SO_4

해설

과산화수소
- $H_2O_2 \rightarrow H_2O + [O]$ 발생기산소(표백작용)
- 강산화제이나 환원제로도 사용된다.
- 단독 폭발 농도는 60% 이상이다.
- 시판품의 농도는 30~40% 수용액이다.

13 위험물안전관리법령상의 위험물 운반에 관한 기준에서 액체위험물은 운반용기 내용적의 몇 % 이하의 수납률로 수납하여야 하는가?

① 80 ② 85
③ 90 ④ 98

해설

운반용기 수납률
- 고체위험물은 운반용기 내용적의 95% 이하의 수납률로 수납할 것
- 액체위험물은 운반용기 내용적의 98% 이하의 수납률로 수납하되, 55℃의 온도에서 누설되지 아니하도록 충분한 공간용적을 유지하도록 할 것
- 자연발화성 물질 중 알킬알루미늄 등은 운반용기의 내용적의 90% 이하의 수납률로 수납하되, 50℃의 온도에서 5% 이상의 공간용적을 유지하도록 할 것

정답 10 ② 11 ④ 12 ③ 13 ④

14 지정수량 20배의 알코올류를 저장하는 옥외탱크 저장소의 경우 펌프실 외의 장소에 설치하는 펌프설비의 기준으로 옳지 않은 것은?

① 펌프설비 주위에는 3m 이상의 공지를 보유한다.
② 펌프설비 그 직하의 지반면 주위에 높이 0.15m 이상의 턱을 만든다.
③ 펌프설비 그 직하의 지반면의 최저부에는 집유설비를 만든다.
④ 집유설비에는 위험물이 배수구에 유입되지 않도록 유분리장치를 만든다.

해설

알코올은 물에 잘 녹으므로 집유설비에 유분리장치가 필요 없고 벤젠, 톨루엔, 자일렌 같은 위험물(온도 20℃의 물 100g에 용해되는 양이 1g 미만인 것에 한한다)을 취급하는 설비에 있어서는 해당 위험물이 직접 배수구에 흘러 들어가지 아니하도록 집유설비에 유분리장치를 설치하여야 한다.

15 아세톤의 성질에 대한 설명으로 옳은 것은?

① 자연발화성 때문에 유기용제로서 사용할 수 없다.
② 무색, 무취이고 겨울철에 쉽게 응고한다.
③ 증기비중은 약 0.79이고 아이오도폼 반응을 한다.
④ 물에 잘 녹으며 끓는 점이 60℃보다 낮다.

해설

아세톤은 제4류 위험물, 제1석유류이다.
① 자연발화성(제3류 위험물)은 없고, 유기용제로 사용된다.
② 자극성 냄새를 갖는다.
③ 증기비중은 약 2이다.

※ $\text{증기비중} = \frac{\text{측정물질 분자량}}{\text{평균대기 분자량}} = \frac{60\text{g/mol}}{29\text{g/mol}} \fallingdotseq 2.07$

- 평균대기 분자량 : N_2 80% : $28 \times 0.8 = 22.4$
  O_2 20% : $32 \times 0.2 = 6.4$
  질소와 산소 분자량의 합은 28.8≒29
- 측정물질[아세톤(CH_3COCH_3)]의 분자량 : 60g/mol

16 다음은 어떤 화합물의 구조식인가?

```
      Cl
      |
  H — C — H
      |
      Br
```

① 할론 1301 ② 할론 1201
③ 할론 1011 ④ 할론 2402

해설

할론은 C-F-Cl-Br의 순서대로 개수를 표시한다. H의 개수는 할론번호에 포함하지 않는다.

17 옥내소화전설비의 비상 전원은 몇 분 이상 작동할 수 있어야 하는가?

① 15분 ② 20분
③ 30분 ④ 45분

해설

위험물의 소화설비의 비상전원은 45분 이상 작동해야 한다.

18 플래시오버(Flash Over)에 대한 설명으로 옳은 것은?

① 대부분 화재 초기(발화기)에 발생한다.
② 대부분 화재 중기(쇠퇴기)에 발생한다.
③ 내장재의 종류와 개구부의 크기에 영향을 받는다.
④ 산소의 공급이 주요 요인이 되어 발생한다.

해설

플래시오버(Flash Over)
- 화재 시 성장기에서 최성기로 넘어갈 때 실내온도가 급격히 상승하여 화염이 실내 전체로 급격히 확대되는 연소 현상
- 축적된 가연성 가스가 착화하면 실내 전체가 화염에 휩싸임
- 물체의 표면 또는 전체의 온도가 발화온도에 이르면 전면에 걸쳐 거의 동시에 타오르는 화재의 단계
- 내장재의 종류와 개구부의 크기에 따라 영향을 받음

14 ④ 15 ④ 16 ③ 17 ④ 18 ③ 정답

19 소화기 속에 압축되어 있는 이산화탄소 1.1kg을 표준상태에서 분사하였다. 이산화탄소의 부피는 몇 m^3가 되는가?

① 0.56　② 5.6
③ 11.2　④ 24.6

해설

이산화탄소(CO_2)의 분자량은 44g이므로 1.1kg의 몰수는

$$몰수 = \frac{질량}{분자량} = \frac{1,100}{44} = 25몰$$

기체 1몰의 부피는 22.4L이므로

$\therefore 22.4L \times 25 = 560L = 0.56m^3$

20 위험물안전관리법에서 규정하고 있는 내용으로 틀린 것은?

① 민사집행법에 의한 경매, 국세징수법 또는 지방세징수법에 따른 압류재산의 매각절차에 따라 제조소 등의 시설의 전부를 인수한 자는 그 설치자의 지위를 승계한다.
② 탱크시험자의 등록이 취소된 날로부터 2년이 지나지 아니한 자는 탱크시험자로 등록하거나 탱크시험자의 업무에 종사할 수 없다.
③ 농예용·축산용으로 필요한 난방시설 또는 건조시설을 위한 지정수량 20배 이하의 취급소는 신고를 하지 아니하고 위험물의 품명·수량을 변경할 수 있다.
④ 법정의 완공검사를 받지 아니하고 제조소 등을 사용한 때 시·도지사는 허가를 취소하거나 6월 이내의 기간을 정하여 사용정지를 명할 수 있다.

해설

농예용·축산용 또는 수산용으로 필요한 난방시설 또는 건조시설을 위한 지정수량 20배 이하의 저장소는 신고를 하지 아니하고 위험물의 품명·수량을 변경할 수 있다.

21 다음 중 지정수량이 나머지 셋 다른 물질은?

① 황화인
② 적 린
③ 칼 슘
④ 황

해설

지정수량

황화인	적 린	칼 슘	황
100kg	100kg	50kg	100kg

22 위험물안전관리법상 제조소 등의 허가 취소 또는 사용정지의 사유에 해당하지 않는 것은?

① 안전교육 대상자가 교육을 받지 아니한 때
② 완공검사를 받지 않고 제조소 등을 사용한 때
③ 위험물안전관리자를 선임하지 아니한 때
④ 제조소 등의 정기검사를 받지 아니한 때

해설

제조소 등 설치허가의 취소와 사용정지 등(위험물안전관리법 제12조)

- 변경허가를 받지 아니하고 제조소 등의 위치·구조 또는 설비를 변경한 때
- 완공검사를 받지 아니하고 제조소 등을 사용한 때
- 안전조치 이행명령을 따르지 아니한 때
- 수리·개조 또는 이전의 명령을 위반한 때
- 위험물안전관리자를 선임하지 아니한 때
- 대리자를 지정하지 아니한 때
- 규정에 따른 정기점검을 하지 아니한 때
- 제조소 등의 정기검사를 받지 아니한 때
- 저장·취급기준 준수명령을 위반한 때

정답 19 ① 20 ③ 21 ③ 22 ①

23 폭발의 종류에 따른 물질이 잘못 짝지어진 것은?

① 분해폭발 – 아세틸렌, 산화에틸렌
② 분진폭발 – 금속분, 밀가루
③ 중합폭발 – 사이안화수소, 염화바이닐
④ 산화폭발 – 하이드라진, 과산화수소

해설

제4류 위험물(인화성 액체)인 하이드라진은 분해폭발, 제6류 위험물(산화성 액체)인 과산화수소는 분해폭발을 한다.

24 0.99atm, 55℃에서 이산화탄소의 밀도는 약 몇 g/L인가?

① 0.63 ② 1.62
③ 9.65 ④ 12.65

해설

이상기체 상태방정식

$PV = \frac{W}{M}RT$

여기서, P : 압력(atm)
V : 부피(L)
W : 질량(g)
M : 분자량(g/mol) (CO_2 = 44)
R : 기체상수
T : 절대온도(K)

밀도 $= \frac{질량}{부피} = \frac{W}{V}$

$\therefore \frac{W}{V} = \frac{PM}{RT} = \frac{0.99 \times 44}{0.082 \times (273+55)} = 1.62\text{g/L}$

25 다음은 위험물안전관리법령에 따른 판매취급소에 대한 정의이다. ( )에 알맞은 말은?

> 판매취급소라 함은 점포에서 위험물을 용기에 담아 판매하기 위하여 지정수량의 (㉮)배 이하의 위험물을 (㉯)하는 장소

① ㉮ : 20 ㉯ : 취급
② ㉮ : 40 ㉯ : 취급
③ ㉮ : 20 ㉯ : 저장
④ ㉮ : 40 ㉯ : 저장

해설

위험물을 제조 외의 목적으로 취급하기 위한 장소와 그에 따른 취급소의 구분

위험물을 제조 외의 목적으로 취급하기 위한 장소	취급소의 구분
고정된 주유설비(항공기에 주유하는 경우에는 차량에 설치된 주유설비를 포함한다)에 의하여 자동차·항공기 또는 선박 등의 연료탱크에 직접 주유하기 위하여 위험물(석유 및 석유대체연료 사업법 제29조의 규정에 의한 가짜석유제품에 해당하는 물품을 제외한다)을 취급하는 장소(위험물을 용기에 옮겨 담거나 차량에 고정된 5,000L 이하의 탱크에 주입하기 위하여 고정된 급유설비를 병설한 장소를 포함한다)	주유취급소
점포에서 위험물을 용기에 담아 판매하기 위하여 지정수량의 40배 이하의 위험물을 취급하는 장소	판매취급소

26 피크르산 제조에 사용되는 물질과 가장 관계가 있는 것은?

① C_6H_6 ② $C_6H_5CH_3$
③ $C_3H_5(OH)_3$ ④ C_6H_5OH

해설

페놀(C_6H_5OH)을 황산과 질산에서 나이트로화하면 모노 및 다이나이트로페놀을 거쳐서 트라이나이트로페놀(피크르산)이 된다.

트라이나이트로페놀(TNP)

CH_3
NO_2 NO_2
NO_2

27 옥내저장소에 질산 600L를 저장하고 있다. 저장하고 있는 질산은 지정수량의 몇 배인가?(단, 질산의 비중은 1.5이다)

① 1 ② 2
③ 3 ④ 4

해설

지정수량 : 질산(300kg)

$d=\frac{M}{V}$, $M=d\times V$이므로

여기서, d : 밀도, M : 질량, V : 부피

$\therefore \frac{\text{저장수량}}{\text{지정수량}}=\frac{600\text{L}\times 1.5\text{kg/L}}{300\text{kg}}=3$배

28 다이에틸에터에 대한 설명으로 틀린 것은?

① 일반식은 R-CO-R′이다.
② 폭발범위는 약 1.7~48%이다.
③ 증기비중 값이 비중 값보다 크다.
④ 휘발성이 높고 마취성을 가진다.

해설

다이에틸에터

• 일반식 : R−O−R′(R 및 R′는 알킬기를 의미)
• 구조식

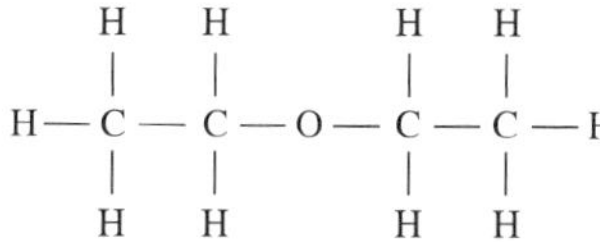

또는

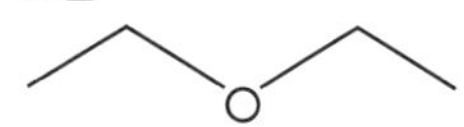

29 제4류 위험물인 클로로벤젠의 지정수량으로 옳은 것은?

① 200L ② 400L
③ 1,000L ④ 2,000L

해설

클로로벤젠(C_6H_5Cl)은 제2석유류 비수용성으로 지정수량은 1,000L이다.

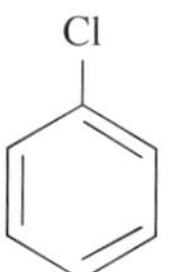

• 무색의 액체로 물보다 무거우며, 유기용제에 녹는다.
• 증기는 공기보다 무겁고 마취성이 있다.
• DDT의 원료로 사용된다.

30 그림과 같은 위험물 저장탱크의 내용적은 약 몇 m^3인가?

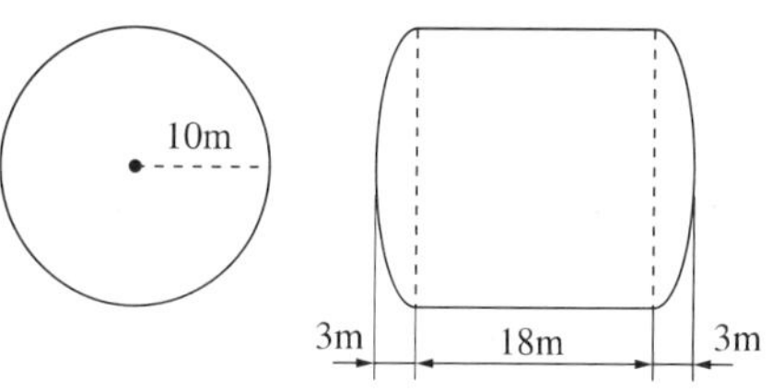

① 4,681 ② 5,482
③ 6,283 ④ 7,080

해설

횡으로 설치한 원통형 탱크의 내용적 $=\pi r^2\left(l+\frac{l_1+l_2}{3}\right)$

$=\pi 10^2\left(18+\frac{3+3}{3}\right)$

$=6,283\text{m}^3$

※ 공간용적 고려 시

위험물 저장 탱크의 용량 = 탱크의 내용적 − 탱크의 공간용적(공간용적은 제시됨)

정답 27 ③ 28 ① 29 ③ 30 ③

31 **위험물안전관리법령상 예방규정을 정하여야 하는 제조소 등에 해당하지 않는 것은?**

① 지정수량 10배 이상의 위험물을 취급하는 제조소
② 이송취급소
③ 암반탱크저장소
④ 지정수량의 200배 이상의 위험물을 저장하는 옥내탱크저장소

해설

관계인이 예방규정을 정하여야 하는 제조소 등
- 지정수량의 10배 이상의 위험물을 취급하는 제조소
- 지정수량의 100배 이상의 위험물을 저장하는 옥외저장소
- 지정수량의 150배 이상의 위험물을 저장하는 옥내저장소
- 지정수량의 200배 이상의 위험물을 저장하는 옥외탱크저장소
- 암반탱크저장소
- 이송취급소
- 지정수량의 10배 이상의 위험물을 취급하는 일반취급소. 다만, 제4류 위험물(특수인화물을 제외한다)만을 지정수량의 50배 이하로 취급하는 일반취급소(제1석유류·알코올류의 취급량이 지정수량의 10배 이하인 경우에 한한다)로서 다음의 어느 하나에 해당하는 것을 제외한다.
  - 보일러·버너 또는 이와 비슷한 것으로서 위험물을 소비하는 장치로 이루어진 일반취급소
  - 위험물을 용기에 옮겨 담거나 차량에 고정된 탱크에 주입하는 일반취급소

32 **위험물안전관리법령상 옥내저장소에서 기계에 의하여 하역하는 구조로 된 용기만을 겹쳐 쌓아 위험물을 저장하는 경우 그 높이는 몇 m를 초과하지 않아야 하는가?**

① 2 ② 4
③ 6 ④ 8

해설

옥내저장소에서 위험물을 저장하는 경우에는 다음의 규정에 의한 높이를 초과하여 용기를 겹쳐 쌓지 아니하여야 한다.
- 기계에 의하여 하역하는 구조로 된 용기만을 겹쳐 쌓는 경우에 있어서는 6m이다.
- 제4류 위험물 중 제3석유류, 제4석유류 및 동식물유류를 수납하는 용기만을 겹쳐 쌓는 경우에 있어서는 4m이다.
- 그 밖의 경우에 있어서는 3m이다.

33 **주유취급소 중 건축물의 2층에 휴게음식점의 용도로 사용하는 것에 있어 해당 건축물의 2층으로부터 직접 주유취급소의 부지 밖으로 통하는 출입구와 해당 출입구로 통하는 통로·계단에 설치하여야 하는 것은?**

① 비상경보설비 ② 유도등
③ 비상조명등 ④ 확성장치

해설

출입구와 해당 출입구로 통하는 통로·계단에 유도등을 설치해야 한다.

34 **CH_3ONO_2의 소화방법에 대한 설명으로 옳은 것은?**

① 물을 주수하여 냉각소화한다.
② 이산화탄소소화기로 질식소화를 한다.
③ 할로젠화합물소화기로 질식소화를 한다.
④ 건조사로 냉각소화한다.

해설

제5류 위험물은 화재 초기 또는 소형 화재 이외에는 소화하기 어렵다. 제5류 위험물인 질산메틸은 물을 주수하여 냉각소화한다.

31 ④ 32 ③ 33 ② 34 ① **정답**

35 열의 이동 원리 중 복사에 관한 예로 적당하지 않은 것은?

① 그늘이 시원한 이유
② 더러운 눈이 빨리 녹는 현상
③ 보온병 내부를 거울벽으로 만드는 것
④ 해풍과 육풍이 일어나는 원리

해설

해풍과 육풍이 일어나는 원리는 대류현상이다.
열의 이동 원리
- 전도 : 열이 물질 속으로 전해져 가는 현상으로 온도가 높은 부분에서 낮은 부분으로 이동한다.
- 복사 : 물질을 매개로 하지 않고 직접 열을 전달한다.
- 대류 : 액체나 기체에서 분자가 순환하면서 열을 전달한다.

36 15℃의 기름 100g에 8,000J의 열량을 주면 기름의 온도는 몇 ℃가 되겠는가?(단, 기름의 비열은 2J/g · ℃이다)

① 25　　② 45
③ 50　　④ 55

해설

$Q = mC\Delta t$
여기서, Q : 열량, m : 질량, C : 비열, Δt : 온도차
$8{,}000\text{J} = 100\text{g} \times 2\text{J/g} \cdot ℃ \times (x - 15)℃$
$\therefore\ x = 55℃$

37 다음 중 D급 화재에 해당하는 것은?

① 플라스틱 화재
② 나트륨 화재
③ 휘발유 화재
④ 전기 화재

해설

가연물의 종류와 성상에 따른 화재의 분류

종 류	소화기 표시		적용대상
일반화재	백색	A급 화재	일반가연물(나무, 옷, 종이, 고무, 플라스틱 등)
유류화재	황색	B급 화재	가연성 액체(가솔린, 오일, 라커, 알코올, 페인트 등)
전기화재	청색	C급 화재	전류가 흐르는 상태에서의 전기기구 화재
금속화재	무색	D급 화재	가연성 금속(마그네슘, 나트륨, 세슘, 리튬, 칼륨 등)

38 지방족 탄화수소가 아닌 것은?

① 톨루엔
② 아세트알데하이드
③ 아세톤
④ 다이에틸에터

해설

톨루엔은 방향족 탄화수소이다.

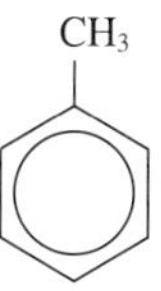

- 지방족 탄화수소 : 탄소 간 결합이 사슬형으로 연결되어 있는 물질
- 방향족 탄화수소 : 탄소 간 결합이 공명구조(이중결합과 단일결합이 연속된 결합)로 고리형으로 연결되어 있는 물질

정답 35 ④ 36 ④ 37 ② 38 ①

39 다음 중 제6류 위험물에 해당하는 것은?

① IF_5

② $HClO_3$

③ NO_3

④ H_2O

해설

IF_5(오플루오린화아이오딘)는 행정안전부령이 정하는 제6류 위험물(할로젠간화합물)에 속한다. 나머지는 위험물이 아니다.

40 각각 지정수량의 10배인 위험물을 운반할 경우 제5류 위험물과 혼재 가능한 위험물에 해당하는 것은?

① 제1류 위험물

② 제2류 위험물

③ 제3류 위험물

④ 제6류 위험물

해설

제5류 위험물과 제2류 위험물은 혼재 가능하다.

혼재 가능한 위험물(위험물안전관리법 시행규칙 별표 19 부표 2)

- 제1류 위험물(산화성 고체) : 제6류 위험물(산화성 액체)
- 제4류 위험물(인화성 액체) : 제2류 위험물(가연성 고체), 제3류 위험물(자연발화성 물질 및 금수성 물질), 제5류 위험물(자기반응성 물질)
- 제5류 위험물(자기반응성 물질) : 제2류 위험물(가연성 고체), 제4류 위험물(인화성 액체)

41 위험물안전관리법령상 사업소의 관계인이 자체소방대를 설치하여야 할 제조소 등의 기준으로 옳은 것은?

① 제4류 위험물을 지정수량의 3천배 이상 취급하는 제조소 또는 일반취급소

② 제4류 위험물을 지정수량의 5천배 이상 취급하는 제조소 또는 일반취급소

③ 제4류 위험물 중 특수인화물을 지정수량의 3천배 이상 취급하는 제조소 또는 일반취급소

④ 제4류 위험물 중 특수인화물을 지정수량의 5천배 이상 취급하는 제조소 또는 일반취급소

해설

자체소방대를 설치해야하는 기준은 제4류 위험물을 지정수량의 3천배 이상 취급하는 제조소 또는 일반취급소이다.

42 위험물안전관리법령상 제조소 등의 위치 · 구조 또는 설비 가운데 총리령이 정하는 사항을 변경허가를 받지 아니라고 제조소 등의 위치 · 구조 또는 설비를 변경한 때 1차 행정처분기준으로 옳은 것은?

① 사용정지 15일

② 경고 또는 사용정지 15일

③ 사용정지 30일

④ 경고 또는 업무정지 30일

해설

변경허가를 받지 아니하고 제조소 등의 위치, 구조 또는 설비를 변경한 때 1차 경고 또는 사용정지 15일, 2차 사용정지 60일, 3차 허가취소를 받게 된다.

39 ① 40 ② 41 ① 42 ② 정답

43 물과 접촉하면 열과 산소가 발생하는 것은?

① $NaClO_2$　　② $NaClO_3$
③ $KMnO_4$　　④ Na_2O_2

해설

과산화나트륨(Na_2O_2)은 물과 접촉 시 열과 산소가 발생한다.
과산화나트륨과 물의 반응식
$2Na_2O_2 + 2H_2O \rightarrow 4NaOH + O_2\uparrow$ + 발열

44 유류화재 시 발생하는 이상현상인 보일오버(Boil Over)의 방지대책으로 가장 거리가 먼 것은?

① 탱크하부에 배수관을 설치하여 탱크 저면의 수층을 방지한다.
② 적당한 시기에 모래나 팽창질석, 비등석을 넣어 물의 과열을 방지한다.
③ 냉각수를 대량 첨가하여 유류와 물의 과열을 방지한다.
④ 탱크 내용물의 기계적 교반을 통하여 에멀션 상태로 하여 수층형성을 방지한다.

해설

보일오버(Boil Over)의 방지대책
- 탱크하부 물의 배출
- 탱크 내부 과열방지
- 탱크 내용물의 기계적 교반

※ 보일오버 : 고온층(Hot Zone)이 형성된 유류화재의 탱크 밑면에 물이 고여 있는 경우, 화재의 진행에 따라 바닥의 물이 급격히 증발하여 불붙은 기름을 분출시키는 위험현상

45 위험물안전관리법령상 해당하는 품명이 나머지 셋과 다른 것은?

① 트라이나이트로페놀
② 트라이나이트로톨루엔
③ 나이트로셀룰로스
④ 테트릴

해설

- 질산에스테르류(Ⅰ) : 나이트로셀룰로스
- 나이트로화합물(Ⅱ) : 트라이나이트로페놀, 트라이나이트로톨루엔, 테트릴

46 과염소산암모늄에 대한 설명으로 옳은 것은?

① 물에 용해되지 않는다.
② 청녹색의 침상결정이다.
③ 130℃에서 분해하기 시작하여 CO_2 가스를 방출한다.
④ 아세톤, 알코올에 용해된다.

해설

무색 결정으로 물, 에틸알코올, 아세톤, 에터에 잘 녹는다.

47 위험물의 품명과 지정수량이 잘못 짝지어진 것은?

① 황화인 – 50kg
② 마그네슘 – 500kg
③ 알킬알루미늄 – 10kg
④ 황린 – 20kg

해설

황화인(제2류 위험물)은 100kg, 위험등급Ⅱ이다.

정답 43 ④ 44 ③ 45 ③ 46 ④ 47 ①

48 제4류 위험물을 저장 및 취급하는 위험물제조소에 설치한 "화기엄금" 게시판의 색상으로 올바른 것은?

① 적색바탕에 황색문자

② 흑색바탕에 적색문자

③ 백색바탕에 적색문자

④ 적색바탕에 백색문자

해설

게시판의 색상 : 적색바탕에 백색문자이며 한 변의 길이가 0.3m 이상, 다른 한 변의 길이는 0.6m 이상인 직사각형

49 금속염을 불꽃반응 실험을 한 결과 노란색의 불꽃이 나타났다. 이 금속염에 포함된 금속은 무엇인가?

① Cu

② K

③ Na

④ Li

해설

불꽃반응 시 색상

원 소	불꽃색
나트륨	노란색
칼 륨	보라색
칼 슘	주황색
구 리	청록색
바 륨	황록색
리 튬	빨간색

50 제4류 위험물의 옥외저장탱크에 설치하는 밸브 없는 통기관은 직경이 얼마 이상인 것으로 설치해야 되는가?(단, 압력탱크는 제외한다)

① 10mm ② 20mm

③ 30mm ④ 40mm

해설

옥외저장탱크 중 밸브 없는 통기관 설치기준(위험물안전관리법 시행규칙 별표 6)

- 직경은 30mm 이상일 것
- 끝부분은 수평면보다 45° 이상 구부려 빗물 등의 침투를 막는 구조로 할 것
- 인화점이 38℃ 미만인 위험물만을 저장 또는 취급하는 탱크에 설치하는 통기관에는 화염방지장치를 설치하고, 그 외의 탱크에 설치하는 통기관에는 40메쉬(mesh) 이상의 구리망 또는 동등 이상의 성능을 가진 인화방지장치를 설치할 것. 다만, 인화점이 70℃ 이상인 위험물만을 해당 위험물의 인화점 미만의 온도로 저장 또는 취급하는 탱크에 설치하는 통기관에는 인화방지장치를 설치하지 않을 수 있다.

51 벤젠(C_6H_6)의 일반 성질로서 틀린 것은?

① 휘발성이 강한 액체이다.

② 인화점은 가솔린보다 낮다.

③ 물에 녹지 않는다.

④ 화학적으로 공명구조를 이루고 있다.

해설

인화점

벤 젠	가솔린
−11℃	−43℃

48 ④ 49 ③ 50 ③ 51 ② **정답**

52 다음 중 제1류 위험물에 해당되지 않는 것은?

① 염소산칼륨
② 과염소산암모늄
③ 과산화바륨
④ 질산구아니딘

해설

질산구아니딘은 제5류 위험물(자기반응성 물질)이다.
① 염소산칼륨 → 염소산염류(50kg, 위험등급 I)
② 과염소산암모늄 → 과염소산염류(50kg, 위험등급 I)
③ 과산화바륨 → 무기과산화물(50kg, 위험등급 I)

53 나이트로글리세린에 관한 설명으로 틀린 것은?

① 상온에서 액체 상태이다.
② 물에는 잘 녹지만 유기 용매에는 녹지 않는다.
③ 충격 및 마찰에 민감하므로 주의해야 한다.
④ 다이너마이트의 원료로 쓰인다.

해설

- 제5류 위험물(자기반응성 물질) 중 질산에스테르류로 비수용성이며 메틸알코올, 아세톤 같은 유기용매에 잘 녹는다.
- 상온에서는 액체이지만 겨울철에는 동결한다.
- 규조토에 흡수시킨 것을 다이너마이트라 한다.

54 옥내저장탱크의 상호 간에는 특별한 경우를 제외하고 최소 몇 m 이상의 간격을 유지하여야 하는가?

① 0.1 ② 0.2
③ 0.3 ④ 0.5

해설

옥내저장탱크와 탱크전용실의 벽과의 사이 및 옥내저장탱크의 상호 간에는 0.5m 이상의 간격을 유지한다.

55 점화원으로 작용할 수 있는 정전기를 방지하기 위한 예방대책이 아닌 것은?

① 정전기 발생이 우려되는 장소에 접지시설을 한다.
② 실내의 공기를 이온화하여 정전기 발생을 억제한다.
③ 정전기는 습도가 낮을 때 많이 발생하므로 상대습도를 70% 이상으로 한다.
④ 전기의 저항이 큰 물질은 대전이 용이하므로 비전도체물질을 사용한다.

해설

전기저항이 큰 물질은 대전이 용이하므로 전도체물질을 사용한다.
정전기 제거설비
- 접지를 한다.
- 공기 중의 상대습도를 70% 이상으로 한다.
- 공기를 이온화한다.

56 위험물안전관리법령상 위험물에 해당하는 것은?

① 황 산
② 비중이 1.41인 질산
③ 53μm 의 표준체를 통과하는 것이 50wt% 미만인 철의 분말
④ 농도가 40wt%인 과산화수소

해설

제2류 위험물 : 철분은 가연성 고체로 53μm 의 표준체를 통과하는 것이 50wt% 미만인 것은 제외하고 위험물로 분류한다.
제6류 위험물
- 과산화수소는 농도가 36wt% 이상인 것을 위험물로 분류한다.
- 질산은 비중이 1.49 이상인 것을 위험물로 분류한다.

정답 52 ④ 53 ② 54 ④ 55 ④ 56 ④

57 수소화나트륨의 소화약제로 적당하지 않은 것은?

① 물 ② 건조사
③ 팽창질석 ④ 팽창진주암

해설

수소화나트륨(NaH)은 제3류 위험물(금수성 물질) 중 금속의 수소화합물(300kg, 위험등급Ⅲ)이다. 은백색의 결정으로 물과 반응하여 수산화나트륨과 수소를 발생한다.
수소화나트륨과 물의 반응식 : $NaH + H_2O \rightarrow NaOH + H_2\uparrow + 21kcal$

58 다음은 제1종 분말소화약제의 열분해 반응식이다. ( ) 안에 들어가는 물질은?

$$2NaHCO_3 \rightarrow Na_2CO_3 + H_2O + (\quad)$$

① 2Na ② O_2
③ HCO_3 ④ CO_2

해설

분말소화약제의 열분해 반응식
- 제1종 분말 : $2NaHCO_3 \rightarrow Na_2CO_3 + H_2O + CO_2\uparrow$
- 제2종 분말 : $2KHCO_3 \rightarrow K_2CO_3 + H_2O + CO_2\uparrow$
- 제3종 분말 : $NH_4H_2PO_4 \rightarrow HPO_3 + NH_3\uparrow + H_2O\uparrow$
- 제4종 분말 : $2KHCO_3 + (NH_2)_2CO \rightarrow K_2CO_3 + 2NH_3\uparrow + 2CO_2\uparrow$

59 위험물안전관리법령상 위험물의 운송에 있어서 운송책임자의 감독 또는 지원을 받아 운송하여야 하는 위험물에 속하지 않는 것은?

① $Al(CH_3)_3$ ② CH_3Li
③ $Cd(CH_3)_2$ ④ $Al(C_4H_9)_3$

해설

운송책임자의 감독 · 지원을 받아 운송하여야 하는 위험물
- 알킬알루미늄
- 알킬리튬
- 알킬알루미늄 또는 알킬리튬의 물질을 함유하는 위험물

알킬알루미늄 물질을 함유한 위험물	알킬리튬의 물질을 함유하는 위험물
• 트라이메틸알루미늄 : $(CH_3)_3Al$ • 트라이에틸알루미늄 : $(C_2H_5)_3Al$ • 트라이아이소뷰틸알루미늄 : $(C_4H_9)_3Al$ • 다이에틸알루미늄클로라이드 : $(C_2H_5)_2AlCl$	• 메틸리튬 : (CH_3Li) • 에틸리튬 : (C_2H_5Li) • 부틸리튬 : (C_4H_9Li)

60 위험물탱크의 용량은 탱크의 내용적에서 공간용적을 뺀 용적으로 한다. 이 경우 소화약제 방출구를 탱크 안의 윗부분에 설치하는 탱크의 공간용적은 해당 소화설비의 소화약제방출구 아래의 어느 범위의 면으로부터 윗부분의 용적으로 하는가?

① 0.1m 이상 0.5m 미만 사이의 면
② 0.3m 이상 1m 미만 사이의 면
③ 0.5m 이상 1m 미만 사이의 면
④ 0.5m 이상 1.5m 미만 사이의 면

해설

탱크의 공간용적은 탱크 내용적의 5/100 이상 10/100 이하의 용적으로 한다. 다만, 소화설비(소화약제 방출구를 탱크 안의 윗부분에 설치하는 것에 한한다)를 설치하는 탱크의 공간용적은 해당 소화설비의 소화약제방출구 아래의 0.3m 이상 1m 미만 사이의 면으로부터 윗부분의 용적으로 한다.

57 ① 58 ④ 59 ③ 60 ② 정답

2022년 제2회 과년도 기출복원문제

01 다음 중 위험물안전관리법령상 지정수량의 $\frac{1}{10}$을 초과하는 위험물을 운반할 때 혼재할 수 없는 경우는?

① 제1류 위험물과 제6류 위험물
② 제2류 위험물과 제4류 위험물
③ 제4류 위험물과 제5류 위험물
④ 제5류 위험물과 제3류 위험물

해설

제5류 위험물과 제3류 위험물은 혼재할 수 없다.

혼재 가능한 위험물(위험물안전관리법 시행규칙 별표 19 부표 2)

- 제1류 위험물(산화성 고체) : 제6류 위험물(산화성 액체)
- 제4류 위험물(인화성 액체) : 제2류 위험물(가연성 고체), 제3류 위험물(자연발화성 물질 및 금수성 물질), 제5류 위험물(자기반응성 물질)
- 제5류 위험물(자기반응성 물질) : 제2류 위험물(가연성 고체), 제4류 위험물(인화성 액체)

02 위험물안전관리법령상 위험물안전관리자의 책무에 해당하지 않는 것은?

① 화재 등의 재난이 발생한 경우 소방관서 등에 대한 연락업무
② 화재 등의 재난이 발생한 경우 응급조치
③ 위험물의 취급에 관한 일지의 작성・기록
④ 위험물안전관리자의 선임・신고

해설

위험물안전관리자가 위험물안전관리자의 선임・신고 업무를 하는 것은 불가능하다.

03 질산칼륨을 약 400℃에서 가열하여 열분해시킬 때 주로 생성되는 물질은?

① 질산과 산소
② 질산과 칼륨
③ 아질산칼륨과 산소
④ 아질산칼륨과 질소

해설

제1류 위험물(산화성 고체)인 질산칼륨은 흑색화약의 원료로 열분해 시 아질산칼륨과 산소가 발생한다.

질산칼륨의 열분해 반응식 : $2KNO_3 \rightarrow \underset{\text{아질산칼륨}}{2KNO_2} + \underset{\text{산소}}{O_2}$

04 제1종 판매취급소에서 취급할 수 있는 위험물의 양은 지정수량의 몇 배 이하인가?

① 10　　② 20
③ 30　　④ 40

해설

- 제1종 판매취급소 : 저장 또는 취급하는 위험물의 수량이 지정수량의 20배 이하인 것
- 제2종 판매취급소 : 저장 또는 취급하는 위험물의 수량이 지정수량의 40배 이하인 것

※ **판매취급소에 설치하는 위험물 배합실의 기준**
- 바닥면적은 $6m^2$ 이상 $15m^2$ 이하로 할 것
- 내화구조 또는 불연재료로 된 벽으로 구획할 것
- 바닥은 위험물이 침투하지 아니하는 구조로 하여 적당한 경사를 두고 집유설비를 할 것
- 출입구에서 수시로 열 수 있는 자동폐쇄식의 60분+방화문 또는 60분 방화문을 설치할 것
- 출입구 문턱의 높이는 바닥면으로부터 0.1m 이상으로 할 것
- 내부에 체류한 가연성의 증기 또는 가연성의 미분을 지붕 위로 방출하는 설비를 할 것

정답 1 ④ 2 ④ 3 ③ 4 ②

05 과산화나트륨 78g과 충분한 양의 물이 반응하여 생성되는 기체의 종류와 생성량을 옳게 나타낸 것은?

① 수소, 1g

② 산소, 16g

③ 수소, 2g

④ 산소, 32g

해설

과산화나트륨과 물의 반응식 : $Na_2O_2 + H_2O \rightarrow 2NaOH + 0.5O_2$
과산화나트륨의 분자량은 78이므로 0.5mol의 산소가 생성된다.
∴ $32 \times 0.5 = 16$g의 산소가 생성된다.

06 위험물의 성질에 따라 강화된 기준을 적용하는 지정과산화물을 저장하는 옥내저장소에서 지정과산화물에 대한 설명으로 옳은 것은?

① 지정과산화물이란 제5류 위험물 중 유기과산화물 또는 이를 함유한 것으로 지정수량이 10kg인 것을 말한다.

② 지정과산화물에는 제4류 위험물에 해당하는 것도 포함된다.

③ 지정과산화물이란 유기과산화물과 알킬알루미늄을 말한다.

④ 지정과산화물이란 유기과산화물 중 소방방재청 고시로 지정한 물질을 말한다.

해설

자기반응성 물질인 제5류 위험물 중 유기과산화물 또는 이를 함유한 것으로 지정수량이 10kg인 것을 지정과산화물이라고 한다.

07 유류화재 소화 시 분말소화약제를 사용할 경우 소화 후에 재발화 현상이 가끔씩 발생한다. 다음 중 이러한 현상을 예방하기 위하여 병용하여 사용하면 가장 효과적인 포소화약제는?

① 단백포소화약제

② 수성막포소화약제

③ 알코올형포소호약제

④ 합성계면활성제포소화약제

해설

수성막포소화약제는 기름의 표면에 거품과 수성의 막을 형성하기 때문에 질식과 냉각작용이 우수하다.

08 수소화나트륨 240g과 충분한 물이 완전 반응하였을 때 발생하는 수소의 부피는?(단, 표준상태를 가정하며 나트륨의 원자량은 23이다)

① 22.4L

② 224L

③ 22.4m^3

④ 224m^3

해설

수소화나트륨과 물의 반응식 : $NaH + H_2O \rightarrow NaOH + H_2\uparrow$
수소화나트륨의 분자량은 24g/mol이므로 240g은 240/24 = 10mol에 해당한다.
$NaH : H_2 = 1 : 1$이므로 NaH 10mol이 반응하면 H_2 10mol이 발생한다. 표준상태에서 1mol이 차지하는 부피는 22.4L이므로, 발생하는 수소 10mol의 부피는 224L가 된다.

5 ② 6 ① 7 ② 8 ② **정답**

09 분자 내의 나이트로기와 같이 쉽게 산소를 유리할 수 있는 기를 가지고 있는 화합물의 연소 형태는?

① 표면연소 ② 분해연소
③ 증발연소 ④ 자기연소

해설

나이트로기는 자기연소를 한다.

고체연소의 형태

- 표면연소 : 가스 발생 없이 연소물의 표면에서 산소와 접촉하여 연소하는 반응
  예 코크스, 목탄, 금속분 등
- 분해연소 : 고체 가연물에서 열분해 반응이 일어날 때 발생된 가연성 증기와 공기와 혼합되면서 발생된 혼합기체가 연소하는 형태
  예 종이, 목재, 섬유, 플라스틱, 합성수지, 석탄 등

10 제3종 분말소화약제의 주요 성분에 해당하는 것은?

① 인산암모늄
② 탄산수소나트륨
③ 탄산수소칼륨
④ 요 소

해설

분말소화약제

종류 \ 특징	주성분	적응화재	착 색
제1종 분말	탄산수소나트륨 (중탄산나트륨, 중조)	B, C급	백 색
제2종 분말	탄산수소칼륨 (중탄산칼륨)	B, C급	보라색
제3종 분말	제1인산암모늄	A, B, C급	담홍색
제4종 분말	탄산수소칼륨과 요소의 혼합물	B, C급	회 색

11 제6류 위험물에 대한 설명으로 틀린 것은?

① 위험등급 I 에 속한다.
② 자신이 산화되는 산화성 물질이다.
③ 지정수량이 300kg이다.
④ 오불화브로민은 제6류 위험물이다.

해설

제6류 위험물은 자체적으로 불연성이나 강산성이므로 다른 가연물을 발화시키거나 산화시킨다.

12 위험물안전관리에 관한 세부기준에서 정한 위험물의 유별에 따른 위험성 시험방법을 옳게 연결한 것은?

① 제1류 – 가열분해성 시험
② 제2류 – 작은불꽃착화시험
③ 제5류 – 충격민감성 시험
④ 제6류 – 낙구타격감도시험

해설

위험물별 시험종류 및 항목

위험물 분류	시험종류	시험항목
제1류 산화성 고체	산화성 시험	연소시험
		대량연소시험
	충격민감성 시험	낙구타격감도시험
		철관시험
제2류 가연성 고체	착화성 시험	작은불꽃착화시험
	인화성 시험	인화점측정시험
제3류 자연발화성 및 금수성 물질	자연발화성 시험	자연발화성 시험
	금수성 시험	물과의 반응성 시험
제4류 인화성 액체	인화성 시험	인화점측정시험(태그밀폐식인화점측정기, 클리블랜드개방컵인화점측정기, 신속평형법인화점측정기)
제5류 자기반응성 물질	폭발성 시험	열분석시험
	가열분해성 시험	압력용기시험
제6류 산화성 액체	산화성 시험	연소시험

정답 9 ④ 10 ① 11 ② 12 ②

13 위험물 탱크성능시험자가 갖추어야 할 등록기준에 해당되지 않는 것은?

① 기술능력 ② 시 설
③ 장 비 ④ 경 력

해설

경력은 등록기준에 해당하지 않는다.

위험물 탱크성능시험자가 갖추어야 할 등록기준(위험물안전관리법 시행령 별표 7)

- 기술능력 : 필수인력
  - 위험물기능장 · 위험물산업기사 또는 위험물기능사 중 1명 이상
  - 비파괴검사기술사 1명 이상 또는 초음파비파괴검사 · 자기비파괴검사 및 침투비파괴검사별로 기사 또는 산업기사 각 1명 이상
- 시설 : 전용사무실
- 장비 : 필수장비(자기탐상시험기, 초음파두께측정기, 영상초음파시험기 또는 방사선투과시험기 및 초음파시험기 중 어느 하나)

14 다음에서 설명하고 있는 위험물은?

> • 지정수량은 20kg이고 백색 또는 담황색 고체이다.
> • 비중은 약 1.82이고, 융점은 약 44℃이다.
> • 비점은 약 280℃이고, 증기비중은 약 4.3이다.

① 적 린 ② 황 린
③ 황 ④ 마그네슘

해설

황린의 성질

- 제3류 위험물로 지정수량이 20kg이다.
- 비중은 1.82, 발화점은 34℃, 융점은 44℃, 비점은 280℃이다.

15 메틸알코올 8,000L에 대한 소화능력으로 삽을 포함한 마른모래를 몇 L 설치하여야 하는가?

① 100 ② 200
③ 300 ④ 400

해설

메틸알코올의 지정수량은 400L이므로 소요단위는 10배인 4,000L이다. 4,000L마다 소화설비가 1단위씩 필요하므로 총 2단위가 필요하다.

메틸알코올의 소요단위 : $\frac{8{,}000\text{L}}{400\text{L} \times 10}$ = 2단위

소화설비	용 량	능력단위
마른모래(삽 1개 포함)	50L	0.5

$\therefore \frac{2}{0.5} \times 50\text{L} = 200\text{L}$

16 제2류 위험물에 대한 설명 중 틀린 것은?

① 황은 물에 녹지 않는다.
② 오황화인은 CS_2에 녹는다.
③ 삼황화인은 가연성 물질이다.
④ 칠황화인은 더운물에 분해되어 이산화황을 발생한다.

해설

칠황화인은 냉수에서는 서서히 분해되고, 온수에서는 급격히 분해하여 황화수소와 인산을 발생시킨다.

정답 13 ④ 14 ② 15 ② 16 ④

17 옥내저장소에 관한 위험물안전관리법령의 내용으로 옳지 않은 것은?

① 지정과산화물을 저장하는 옥내저장소의 경우 바닥면적 150m² 이내마다 격벽으로 구획을 하여야 한다.

② 옥내저장소에는 원칙상 안전거리를 두어야 하나, 제6류 위험물을 저장하는 경우에는 안전거리를 두지 않을 수 있다.

③ 아세톤을 처마높이 6m 미만인 단층건물에 저장하는 경우 저장창고의 바닥면적은 1,000m² 이하로 하여야 한다.

④ 복합용도의 건축물에 설치하는 옥내저장소는 해당용도로 사용하는 부분의 바닥면적을 100m² 이하로 하여야 한다.

해설

복합용도 건축물의 옥내저장소의 기준(위험물안전관리법 시행규칙 별표 5) : 옥내저장소의 해당용도로 사용하는 부분의 바닥면적은 75m² 이하로 하여야 한다.

18 특수인화물 200L와 제4석유류 12,000L를 저장할 때 각각의 지정수량 배수의 합은 얼마인가?

① 3 ② 4
③ 5 ④ 6

해설

지정수량 : 특수인화물(50L), 제4석유류(6,000L)

$\therefore \frac{200}{50} + \frac{12,000}{6,000} = 6$

19 위험물제조소의 기준에 있어서 위험물을 취급하는 건축물의 구조로 적당하지 않은 것은?

① 지하층이 없도록 하여야 한다.

② 연소의 우려가 있는 외벽은 내화구조의 벽으로 하여야 한다.

③ 출입구는 연소의 우려가 있는 외벽에 설치하는 경우 30분 방화문을 설치하여야 한다.

④ 지붕은 폭발력이 위로 방출될 정도의 가벼운 불연재료로 덮는다.

해설

출입구에 설치하여야 하는 비상구에는 60분+방화문 · 60분 방화문 또는 30분 방화문을 설치하되, 연소의 우려가 있는 외벽에 설치하는 출입구에는 수시로 열 수 있는 자동폐쇄식의 60분+방화문 또는 60분 방화문을 설치하여야 한다.

제조소 건축물 구조의 기준(위험물안전관리법 시행규칙 별표 4)

- 지하층이 없도록 함
- 벽, 기둥, 바닥, 보, 서까래 및 계단 : 불연재료
- 연소의 우려가 있는 외벽 : 내화구조
- 지붕 : 폭발력이 위로 방출될 정도의 가벼운 불연재료
- 출입구의 방화문
  - 출입구 : 60분+방화문 · 60분 방화문 또는 30분 방화문 설치
  - 연소의 우려가 있는 외벽에 설치하는 출입구 : 자동폐쇄식 60분+방화문 또는 60분 방화문 설치

20 금속분의 화재 시 주수해서는 안 되는 이유로 가장 옳은 것은?

① 산소가 발생하기 때문에

② 수소가 발생하기 때문에

③ 질소가 발생하기 때문에

④ 유독가스가 발생하기 때문에

해설

금속분은 물과 반응하여 수소를 발생시켜 위험성이 높아진다.

정답 17 ④ 18 ④ 19 ③ 20 ②

21 이산화탄소소화기의 특징에 대한 설명으로 틀린 것은?

① 소화약제에 의한 오손이 거의 없다.
② 약제 방출 시 소음이 없다.
③ 전기화재에 유효하다.
④ 장시간 저장해도 물성의 변화가 거의 없다.

해설

이산화탄소소화기의 장단점

- 장 점
  - 오손, 부식, 손상의 우려가 없고 소화 후 흔적이 없다.
  - 화재 시 가스이므로 구석까지 침투하므로 소화효과가 좋다.
  - 자체 압력으로 소화가 가능하므로 가압할 필요가 없다.
  - 증거보존이 양호하여 화재원인 조사 및 잔유물이 남지 않아 현장 청소 등 기타 불편함이 없다.
- 단 점
  - 사용 시 산소의 농도를 저하시키므로 질식의 우려가 있다.
  - 방사 시 영하에 액체상태로 저장 후 기화되므로 동상의 우려가 있다.
  - 자체압력으로 소화가 가능하므로 고압 저장 시 주의를 요한다.
  - CO_2 방사 시 소음이 크다.

22 BCF 소화기의 약제를 화학식으로 옳게 나타낸 것은?

① CCl_4 ② CH_2ClBr
③ CF_3Br ④ CF_2ClBr

해설

BCF는 탄소를 포함하면서 Br, Cl, F를 모두 포함하는 것을 의미한다.

23 휘발유, 등유, 경유 등의 제4류 위험물에 화재가 발생하였을 때 소화방법으로 가장 옳은 것은?

① 포소화설비로 질식소화시킨다.
② 다량의 물을 위험물에 직접 주수하여 소화한다.
③ 강산화성 소화제를 사용하여 중화시켜 소화한다.
④ 염소산칼륨 또는 염화나트륨이 주성분인 소화약제로 표면을 덮어 소화한다.

해설

제4류 위험물은 소화분말, 포말, 할로젠화합물에 의한 질식소화를 한다.

24 자기반응성 물질의 화재 예방법으로 가장 거리가 먼 것은?

① 마찰을 피한다.
② 불꽃의 접근을 피한다.
③ 고온체로 건조시켜 보관한다.
④ 운반용기 외부에 “화기엄금” 및 “충격주의”를 표시한다.

해설

고온체의 접근을 피한다.

자기반응성 물질의 저장 및 취급방법

- 점화원, 열기 및 분해를 촉진시키는 물질로부터 멀리한다.
- 용기의 파손 및 균열방지와 함께 실온, 습기, 통풍에 주의한다.
- 화재발생 시 소화가 곤란하므로 소분하여 저장한다.
- 용기는 밀전, 밀봉하고 포장 외부에 화기엄금, 충격주의 등 주의사항 표시를 한다.
- 다른 위험물과 같은 장소에 저장하지 않도록 한다.
- 눈이나 피부에 접촉 시 비누액 또는 다량의 물로 씻는다.
- 유기과산화물이 새거나 오염한 것 또는 낡은 것은 질석이나 진주암 같은 불연성 물질을 사용하여 흡수 또는 혼합해서 제거한다. 유기과산화물을 흡수한 흡수제를 모을 경우에 강철제의 공구를 사용해서는 안 된다.

25 트라이나이트로톨루엔에 대한 설명으로 가장 거리가 먼 것은?

① 물에 녹지 않으나 알코올에 녹는다.
② 직사광선에 노출되면 다갈색으로 변한다.
③ 공기 중에 노출되면 쉽게 가수분해한다.
④ 이성질체가 존재한다.

해설

트라이나이트로톨루엔은 가수분해하지 않으며 자연발화의 위험도 없다.

21 ③ 22 ④ 23 ① 24 ③ 25 ③ 정답

26 동식물유류에 관한 내용이다. ( )에 알맞은 수치는?

> 동물의 지육 등 또는 식물의 종자나 과육으로부터 추출한 것으로서 1기압에서 인화점이 ( )℃ 미만인 것을 말한다.

① 21 ② 200
③ 250 ④ 300

해설
동식물유류의 인화점은 250℃ 미만이다.

27 지정수량의 10배 이상의 위험물을 취급하는 제조소에는 피뢰침을 설치하여야 하지만 제 몇 류 위험물을 취급하는 경우는 이를 제외할 수 있는가?

① 제2류 위험물 ② 제4류 위험물
③ 제5류 위험물 ④ 제6류 위험물

해설
피뢰설비(위험물안전관리법 시행규칙 별표 4) : 지정수량의 10배 이상의 위험물을 취급하는 제조소(제6류 위험물을 취급하는 위험물제조소를 제외한다)에는 피뢰침을 설치하여야 한다.

28 과망가니즈산칼륨의 일반적인 성질에 관한 설명 중 틀린 것은?

① 강한 살균력과 산화력이 있다.
② 금속성 광택이 있는 무색의 결정이다.
③ 가열분해시키면 산소를 방출한다.
④ 비중은 약 2.7이다.

해설
과망가니즈산칼륨은 흑자색의 결정이다.

29 위험물의 유별에 따른 성질과 해당 품명의 예가 잘못 연결된 것은?

① 제1류 : 산화성 고체 – 무기과산화물
② 제2류 : 가연성 고체 – 금속분
③ 제3류 : 자연발화성 물질 및 금수성 물질 – 황화인
④ 제5류 : 자기반응성 물질 – 하이드록실아민염류

해설
황화인은 제2류 위험물이며 제3류의 자연발화성 물질 및 금수성 물질은 황린이다.

30 위험물안전관리법에서 사용하는 용어의 정의 중 틀린 것은?

① "지정수량"은 위험물의 종류별로 위험성을 고려하여 대통령령이 정하는 수량이다.
② "제조소"라 함은 위험물을 제조할 목적으로 지정수량 이상의 위험물을 취급하기 위하여 규정에 따라 허가를 받은 장소이다.
③ "저장소"라 함은 지정수량 이상의 위험물을 저장하기 위한 대통령령이 정하는 장소로서 규정에 따라 허가를 받은 장소를 말한다.
④ "제조소 등"이라 함은 제조소, 저장소 및 이동탱크를 말한다.

해설
"제조소 등"이라 함은 제조소, 저장소 및 취급소를 말한다(위험물안전관리법 제2조).

31 주유취급소에 다음과 같이 전용탱크를 설치하였다. 최대로 저장·취급할 수 있는 용량은 얼마인가?(단, 고속도로 외의 도로변에 설치하는 자동차용 주유취급소인 경우이다)

- 간이탱크 : 2기
- 폐유탱크 등 : 1기
- 고정주유설비 및 급유설비를 접속하는 전용탱크 : 2기

① 103,200L

② 104,600L

③ 123,200L

④ 124,200L

해설

간이탱크(600L), 폐유탱크(2,000L), 고정주유설비 및 급유 설비를 접속하는 전용탱크(50,000L)

∴ 탱크 최대 용량 = (600 × 2) + 2,000 + (50,000 × 2)

= 103,200L

32 옥외저장소에 덩어리 상태의 황만을 지반면에 설치한 경계표시의 안쪽에서 저장할 경우 하나의 경계표시의 내부면적은 몇 m^2 이하여야 하는가?

① 75 ② 100

③ 300 ④ 500

해설

옥외저장소에 덩어리 상태의 황만을 경계표시의 안쪽에 저장하는 경우의 기준(위험물안전관리법 시행규칙 별표 11)

- 하나의 경계표시의 내부면적 : $100m^2$ 이하
- 2개 이상의 경계표시 내부면적 전체의 합 : $1,000m^2$ 이하
- 인접하는 경계표시와 경계표시와의 간격 : 보유공지 너비의 1/2 이상
- 저장 또는 취급하는 위험물의 최대수량이 지정수량의 200배 이상인 경계표시끼리의 간격 : 10m 이상
- 경계표시의 높이 : 1.5m 이하

33 제4류 위험물의 일반적 성질에 대한 설명으로 틀린 것은?

① 발생증기가 가연성이며 공기보다 무거운 물질이 많다.

② 정전기에 의하여도 인화할 수 있다.

③ 상온에서 액체이다.

④ 전기도체이다.

해설

제4류 위험물은 전기의 불량도체로서 정전기의 축적이 용이하여 점화원인 경우가 있다.

34 자동화재탐지설비 일반점검표의 점검내용이 "변형·손상의 유무, 표시의 적부, 경계구역일람도의 적부, 기능의 적부"인 점검항목은?

① 감지기 ② 중계기

③ 수신기 ④ 발신기

해설

자동화재탐지설비 일반점검표 점검내용(위험물안전관리에 관한 세부기준 별지 제24호)

점검항목	점검내용
감지기	변형·손상의 유무, 감지장해의 유무, 기능의 적부
중계기	변형·손상의 유무, 표시의 적부, 기능의 적부
수신기	변형·손상의 유무, 표시의 적부, 경계구역일람도의 적부, 기능의 적부
발신기	변형·손상의 유무, 기능의 적부

31 ① 32 ② 33 ④ 34 ③ 정답

35 탄화칼슘에 대한 설명으로 틀린 것은?

① 시판품은 흑회색이며 불규칙한 형태의 고체이다.
② 물과 작용하여 산화칼슘과 아세틸렌을 만든다.
③ 고온에서 질소와 반응하여 칼슘사이안아마이드(석회질소)가 생성된다.
④ 비중은 약 2.2이다.

해설

물과 반응하여 수산화칼슘과 아세틸렌을 생성한다.
수산화칼슘과 물의 반응식 : $CaC_2 + 2H_2O \rightarrow Ca(OH)_2 + C_2H_2$
수산화칼슘 아세틸렌

36 주유취급소의 벽(담)에 유리를 부착할 수 있는 기준에 대한 설명으로 옳은 것은?

① 유리 부착 위치는 주입구, 고정주유설비로부터 2m 이상 이격되어야 한다.
② 지반면으로부터 50cm를 초과하는 부분에 한하여 설치하여야 한다.
③ 하나의 유리판 가로의 길이는 2m 이내로 한다.
④ 유리의 구조는 기준에 맞는 강화유리로 하여야 한다.

해설

주유취급소의 담 또는 벽에 유리를 설치하는 기준
- 지반면으로부터 70cm를 초과하는 부분에 한하여 설치해야 한다.
- 하나의 유리판 가로의 길이는 2m 이내로 한다.
- 유리 부착 위치는 주입구, 고정주유설비 및 고정급유설비로부터 4m 이상 거리를 둘 것
- 유리 구조는 접합유리로 하되, 유리구획 부분의 내화시험방법(KS F 2845)에 따라 시험하여 비차열 30분 이상의 방화성능이 인정될 것
- 유리 부착 범위는 담 또는 벽 길이의 2/10를 초과하지 아니한다.

37 알킬알루미늄 등 또는 아세트알데하이드 등을 취급하는 제조소의 특례기준으로서 옳은 것은?

① 알킬알루미늄 등을 취급하는 설비에는 불활성 기체 또는 수증기를 봉입하는 장치를 설치한다.
② 알킬알루미늄 등을 취급하는 설비에는 은·수은·동·마그네슘을 성분으로 하는 것을 만들지 않는다.
③ 아세트알데하이드 등을 취급하는 탱크에는 냉각장치 또는 보냉장치 및 불활성 기체 봉입장치를 설치한다.
④ 아세트알데하이드 등을 취급하는 설비의 주위에는 누설범위를 국한하기 위한 설비와 누설되었을 때 안전한 장소에 설치된 저장실에 유입시킬 수 있는 설비를 갖춘다.

해설

위험물의 성질에 따른 제조소의 특례
- 알킬알루미늄 등을 취급하는 설비에는 불활성 기체를 봉입하는 장치를 설치한다.
- 아세트알데하이드 등을 취급하는 제조소의 설비에는 은·수은·구리(동)·마그네슘을 성분으로 하는 합금으로 만들지 않는다.
- 알킬알루미늄 등을 취급하는 설비의 주위에는 누설범위를 국한하기 위한 설비와 누설되었을 때 안전한 장소에 설치된 저장실에 유입시킬 수 있는 설비를 갖춘다.

38 주유취급소에 설치하는 "주유 중 엔진정지"라는 표시를 한 게시판의 바탕과 문자의 색상을 차례대로 옳게 나타낸 것은?

① 황색, 흑색
② 흑색, 황색
③ 백색, 흑색
④ 흑색, 백색

해설

주유취급소 표지 및 게시판(위험물안전관리법 시행규칙 별표 13)
- "위험물 주유취급소" : 백색바탕에 흑색문자
- "주유 중 엔진정지" : 황색바탕에 흑색문자

정답 35 ② 36 ③ 37 ③ 38 ①

39 **위험물안전관리법령상 이동탱크저장소에 의한 위험물의 운송 시 장거리에 걸친 운송을 하는 때에는 2명 이상의 운전자로 하는 것이 원칙이다. 다음 중 예외적으로 1명의 운전자가 운송하여도 되는 경우의 기준으로 옳은 것은?**

① 운송 도중에 2시간 이내마다 10분 이상씩 휴식하는 경우
② 운송 도중에 2시간 이내마다 20분 이상씩 휴식하는 경우
③ 운송 도중에 4시간 이내마다 10분 이상씩 휴식하는 경우
④ 운송 도중에 4시간 이내마다 20분 이상씩 휴식하는 경우

해설

운전자를 1명으로 할 수 있는 경우(위험물안전관리법 시행규칙 별표 21)

- 운송책임자를 동승시킨 경우
- 운송하는 위험물이 제2류 위험물, 제3류 위험물(칼슘 또는 알루미늄의 탄화물과 이것만을 함유한 것에 한함) 또는 제4류 위험물(특수인화물 제외)인 경우
- 운송 도중에 2시간 이내마다 20분 이상씩 휴식하는 경우

40 **위험물제조소의 환기설비 중 급기구는 급기구가 설치된 실의 바닥면적 몇 m^2마다 1개 이상으로 설치하여야 하는가?**

① 100
② 150
③ 200
④ 800

해설

환기설비의 기준(위험물안전관리법 시행규칙 별표4) : 급기구가 설치된 실의 바닥면적 150m^2마다 1개 이상 설치하여야 한다.

41 **벤젠을 저장하는 옥외탱크저장소의 액표면적이 45m^2인 경우 소화난이도등급은?**

① 소화난이도등급 I
② 소화난이도등급 II
③ 소화난이도등급 III
④ 제시된 조건으로 판단할 수 없음

해설

액표면적이 40m^2 이상인 경우 소화난이도등급 I 에 해당한다.

42 **위험물제조소에 설치하는 안전장치 중 위험물의 성질에 따라 안전밸브의 작동이 곤란한 가압설비에 한하여 설치하는 것은?**

① 파괴판
② 안전밸브를 병용하는 경보장치
③ 감압측에 안전밸브를 부착한 감압밸브
④ 연성계

해설

압력계 및 안전장치(위험물안전관리법 시행규칙 별표 4) : 위험물을 가압하는 설비 또는 그 취급하는 위험물의 압력이 상승할 우려가 있는 설비에는 압력계 및 다음에 해당하는 안전장치를 설치하여야 한다. 다만, 파괴판은 위험물의 성질에 따라 안전밸브의 작동이 곤란한 가압설비에 한한다.

- 압력계
- 자동적으로 압력의 상승을 정지시키는 장치
- 감압측에 안전밸브를 부착한 감압밸브
- 안전밸브를 겸하는 경보장치
- 파괴판

39 ② 40 ② 41 ① 42 ① 정답

43 위험물안전관리법령상 옥내저장소 저장창고의 바닥은 물이 스며 나오거나 스며들지 아니하는 구조로 하여야 한다. 다음 중 반드시 이 구조로 하지 않아도 되는 위험물은?

① 제1류 위험물 중 알칼리금속의 과산화물
② 제4류 위험물
③ 제5류 위험물
④ 제2류 위험물 중 철분

해설

옥내저장소 저장창고의 물의 침투를 막는 구조로 해야 하는 위험물(위험물안전관리법 시행규칙 별표 5)

- 제1류 위험물 중 알칼리금속의 과산화물
- 제2류 위험물 중 철분, 금속분, 마그네슘
- 제3류 위험물 중 금수성 물질
- 제4류 위험물

44 그림의 시험장치는 제 몇 류 위험물의 위험성 판정을 위한 것인가?(단, 고체물질의 위험성 판정이다)

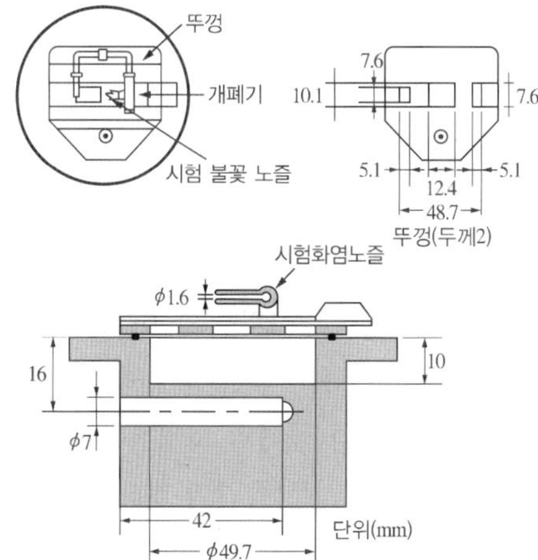

① 제1류　　② 제2류
③ 제3류　　④ 제4류

해설

그림의 시험장치는 고체의 인화위험성 시험방법으로 가연성 고체(제2류 위험물)의 시험방법 및 판정기준에 사용된다.

45 비스코스레이온 원료로서, 비중이 약 1.3, 인화점이 약 −30℃이고, 연소 시 유독한 아황산가스를 발생시키는 위험물은?

① 황 린　　② 이황화탄소
③ 테레빈유　　④ 장뇌유

해설

이황화탄소(CS_2)의 성질

- 제4류 위험물의 특수인화물로 실을 만드는 비스코스레이온의 원료이다.
- 물보다 무겁고 인화점이 −30℃이다.
- 연소 시 이산화탄소(CO_2)와 아황산가스(SO_2)가 발생한다.

46 주유취급소의 고정주유설비에서 펌프기기의 주유관 선단에서 최대토출량으로 틀린 것은?

① 휘발유는 분당 50L 이하
② 경유는 분당 180L 이하
③ 등유는 분단 80L 이하
④ 제1석유류(휘발유 제외)는 분당 100L 이하

해설

제1석유류(휘발유 제외)의 최대토출량은 분당 50L 이하이다.

47 2mol의 브로민산칼륨이 모두 열분해 되어 생긴 산소의 양은 2기압 27℃에서 약 몇 L인가?

① 32.42　　② 36.92
③ 41.34　　④ 45.64

해설

이상기체 상태방정식

열분해 반응식 : $2KBrO_3 \rightarrow 2KBr + 3O_2$

$PV = nRT$

여기서, P : 압력, V : 부피, n : 몰수, R : 기체상수, T : 절대온도

$$V = \frac{nRT}{P} \times 1.5$$

$$= \frac{2\text{mol} \times 0.082\text{atm}\cdot\text{L/mol}\cdot\text{K} \times (273+27)\text{K}}{2\text{atm}} \times 1.5$$

$$= 36.9\text{L}$$

(2mol의 브로민산칼륨이 열분해 되어 산소가 3mol 생성되므로 1.5의 배수를 취한다.)

정답 43 ③ 44 ② 45 ② 46 ④ 47 ②

48 이산화탄소소화기 사용 시 줄-톰슨 효과에 의해서 생성되는 물질은?

① 포스겐　② 일산화탄소
③ 드라이아이스　④ 수성가스

해설

이산화탄소 속에 함유되어 있는 수분·기름 등을 분리시킨 다음, 저온에서 가압하여 급격히 팽창시키면 줄-톰슨 효과에 의해서 냉각되어 액체인 이산화탄소가 되고, 그 일부분을 증발시키면 잠열에 의해서 나머지는 눈송이 모양의 드라이아이스가 된다.
줄-톰슨 효과(Joule-Thomson 효과) : 압축한 기체를 가는 구멍으로 내뿜어 갑자기 팽창시킬 때 그 온도가 오르거나 내리는 현상

49 8L 용량의 소화전용물통의 능력단위는?

① 0.3　② 0.5
③ 1.0　④ 1.5

해설

기타 소화설비의 능력단위(위험물안전관리법 시행규칙 별표 17)

소화설비	용 량	능력단위
소화전용물통	8L	0.3
수조(소화전용물통 3개 포함)	80L	1.5
수조(소화전용물통 6개 포함)	190L	2.5
마른모래(삽 1개 포함)	50L	0.5
팽창질석 또는 팽창진주암(삽 1개 포함)	160L	1.0

50 건축물의 1층 및 2층 부분만을 방사능력범위로 하고 지하층 및 3층 이상의 층에 대하여 다른 소화설비를 설치해야 하는 소화설비는?

① 스프링클러설비
② 포소화설비
③ 옥외소화전설비
④ 물분무소화설비

해설

소화설비의 설치기준(위험물안전관리법 시행규칙 별표 17) : 옥외소화전은 방호대상물(해당 소화설비에 의하여 소화하여야 할 제조소 등의 건축물, 그 밖의 공작물 및 위험물을 말한다)의 각 부분(건축물의 경우에는 해당 건축물의 1층 및 2층의 부분에 한한다)에서 하나의 호스접속구까지의 수평거리가 40m 이하가 되도록 설치한다.

51 다음 중 발화점이 달라지는 요인으로 가장 거리가 먼 것은?

① 가연성가스와 공기의 조성비
② 발화를 일으키는 공간의 형태와 크기
③ 가열속도와 가열시간
④ 가열도구의 내구연한

해설

발화점(착화점)은 가열속도, 가열시간, 가열방식 등에 의해서 달라진다.
※ 발화점(착화점) : 외부 점화원이 없이 자체 보유열만으로 가연물이 스스로 연소하기 시작하는 최저온도

48 ③　49 ①　50 ③　51 ④ **정답**

52 염소산나트륨의 성상에 대한 설명으로 옳지 않은 것은?

① 자신은 불연성 물질이지만 강한 산화제이다.
② 유리를 녹이므로 철제용기에 저장한다.
③ 열분해하여 산소를 발생한다.
④ 산과 반응하면 유독성의 이산화염소를 발생한다.

해설

염소산나트륨($NaClO_3$)은 제1류 위험물(산화성 고체)로 철제용기를 부식시키므로 저장용기로 부적합하다.

53 다음 중 제6류 위험물로서 분자량이 약 63인 것은?

① 과염소산
② 질산
③ 과산화수소
④ 삼플루오린화브로민

해설

질산(HNO_3)
원자량 H : 1, N : 14, O : 16 이므로 $1+14+(16\times3)=63$이다.
※ 제6류 위험물(산화성 액체)

성 질	품 명	지정수량	위험등급	표 시
산화성 액체	과산화수소	300kg	I	가연물 접촉주의
	과염소산			
	질 산			

54 다음 중 폭발범위가 가장 넓은 물질은?

① 메테인
② 톨루엔
③ 에틸알코올
④ 에틸에터

해설

폭발범위

가스 종류	하한값(%)	상한값(%)
메테인	5.0	15
톨루엔	1.27	7.0
에틸알코올	3.1	27.7
다이에틸에터	1.7	48

55 분말소화약제의 식별색을 옳게 나타낸 것은?

① $KHCO_3$: 백색
② $NH_4H_2PO_4$: 담홍색
③ $NaHCO_3$: 보라색
④ $KHCO_3+(NH_2)_2CO$: 초록색

해설

분말소화약제

종 별	분자식	약제의 착색된 색상
제1종 분말	$NaHCO_3$	백색(불꽃은 황색)
제2종 분말	$KHCO_3$	담회색 또는 보라색 (불꽃은 보라색)
제3종 분말	$NH_4H_2PO_4$	담홍색
제4종 분말	$KHCO_3+(NH_2)_2CO$	회 색

정답 52 ② 53 ② 54 ④ 55 ②

56 다음 중 강화액 소화약제의 주된 소화 원리에 해당하는 것은?

① 냉각소화
② 절연소화
③ 제거소화
④ 발포소화

해설

강화액의 주성분은 탄산칼륨(K_2CO_3)을 물에 용해시켜 사용하며, 냉각소화의 원리에 해당된다.
- 점성을 갖게 된다.
- 알칼리성(pH 12)으로 응고점이 낮아 잘 얼지 않는다.
- 물보다 1.4배 무겁고, 한랭지역에 많이 쓰인다.

57 금속화재에 마른모래를 피복하여 소화하는 방법은?

① 제거소화
② 질식소화
③ 냉각소화
④ 억제소화

해설

금속화재 : 마른모래, 건조된 소금, 탄산수소염류분말 등으로 질식소화(피복소화)

58 가연물이 되기 쉬운 조건이 아닌 것은?

① 산소가 친화력이 클 것
② 열전도율이 클 것
③ 발열량이 클 것
④ 활성화에너지가 작을 것

해설

열전도율이 크면 자신은 열을 적게 가지므로 가연물의 조건에 부적합하다.

59 다이에틸에터의 성질에 대한 설명으로 옳은 것은?

① 발화온도는 400℃이다.
② 증기는 공기보다 가볍고, 액상은 물보다 무겁다.
③ 알코올에 용해되지 않지만 물에 잘 녹는다.
④ 폭발범위는 1.7~48% 정도이다.

해설

① 발화온도는 160℃, 인화점이 −40℃로 증기는 제4류 위험물 중 인화성이 가장 강하다.
② 다이에틸에터의 증기비중은 2.6이다.
③ 물에 미량 녹고, 알코올, 에터에 잘 녹는다.

60 다음 중 지정수량이 가장 큰 것은?

① 과염소산칼륨
② 과염소산
③ 황 린
④ 황

해설

② 과염소산 : 제6류 위험물(300kg, 위험등급Ⅰ)
① 과염소산칼륨 : 제1류 위험물(50kg, 위험등급Ⅰ)
③ 황린 : 제3류 위험물(20kg, 위험등급Ⅰ)
④ 황 : 제2류 위험물(100kg, 위험등급Ⅱ)

56 ① 57 ② 58 ② 59 ④ 60 ② **정답**

2023년 제1회 과년도 기출복원문제

01 취급하는 제4류 위험물의 수량이 지정수량의 50만 배 이상인 옥외탱크저장소가 있는 사업장에 자체소방대를 설치함에 있어서 화학소방차와 자체소방대원의 수는?

① 1대, 5인
② 2대, 10인
③ 3대, 15인
④ 4대, 20인

해설

자체소방대에 두는 화학소방자동차 및 인원(위험물안전관리법 시행령 별표 8)

사업소의 구분	화학소방자동차	자체소방대원의 수
제조소 또는 일반취급소에서 취급하는 제4류 위험물의 최대수량의 합이 지정수량의 3,000배 이상 12만배 미만의 사업소	1대	5인
제조소 또는 일반취급소에서 취급하는 제4류 위험물의 최대수량의 합이 지정수량의 12만배 이상 24만배 미만인 사업소	2대	10인
제조소 또는 일반취급소에서 취급하는 제4류 위험물의 최대수량의 합이 지정수량의 24만배 이상 48만배 미만인 사업소	3대	15인
제조소 또는 일반취급소에서 취급하는 제4류 위험물의 최대수량의 합이 지정수량의 48만배 이상인 사업소	4대	20인
옥외탱크저장소에 저장하는 제4류 위험물의 최대수량이 지정수량의 50만배 이상인 사업소	2대	10인

02 다음 중 위험물안전관리법에서 정의한 "저장소"의 의미로 가장 옳은 것은?

① 위험물을 저장할 목적으로 대통령령이 정하는 장소로서 허가를 받은 장소
② 위험물을 지정수량 이상으로 저장하기 위해 관할소방청장의 허가를 받은 장소
③ 지정수량 이상의 위험물을 저장하기 위해 관할지방청장의 허가를 받은 장소
④ 지정수량 이상의 위험물을 저장하기 위해 대통령령이 정하는 장소로서 허가를 받은 장소

해설

- 위험물 : 인화성 또는 발화성 등의 성질을 가지는 것으로서 대통령령이 정하는 물품
- 지정수량 : 위험물의 종류별로 위험성을 고려하여 대통령령이 정하는 수량으로서 제조소 등의 설치허가 등에 있어서 최저의 기준이 되는 수량
- 제조소 : 위험물을 제조할 목적으로 지정수량 이상의 위험물을 취급하기 위하여 허가를 받은 장소
- 저장소 : 지정수량 이상의 위험물을 저장하기 위한 대통령령이 정하는 장소로서 허가를 받은 장소
- 취급소 : 지정수량 이상의 위험물을 제조 외의 목적으로 취급하기 위한 대통령령이 정하는 장소로서 허가를 받은 장소

정답 1 ② 2 ④

03 **강화액소화기에 대한 설명으로 옳지 않은 것은?**

① A급 화재에 적응성이 있다.

② 어는점이 낮아서 동절기에도 사용이 가능하다.

③ 액체로 되어 있어 굳을 일이 없고 장기보관이 가능하다.

④ 물의 표면장력을 강화시킨 것으로 심부화재에 효과적이다.

해설

강화액의 주성분은 탄산칼륨(K_2CO_3)을 물에 용해시켜 사용한 것으로 표면화재에 효과적이다.

04 **위험물제조소 게시판의 색상이 나머지와 다른 것은?**

① 제2류 위험물 중 인화성 고체

② 제3류 위험물 중 금수성 물질

③ 제4류 위험물

④ 제5류 위험물

해설

제조소 표지 및 게시판

위험물의 종류	주의사항	게시판의 색상
제1류 위험물 중 알칼리금속의 과산화물과 이를 함유한 것 제3류 위험물 중 금수성 물질	"물기엄금"	청색바탕에 백색문자
제2류 위험물(인화성 고체를 제외)	"화기주의"	적색바탕에 백색문자
• 제2류 위험물 중 인화성 고체 • 제3류 위험물 중 자연발화성 물질 • 제4류 위험물 • 제5류 위험물	"화기엄금"	

05 **금속리튬이 물과 반응하여 생성되는 물질은?**

① 산화리튬과 수소

② 산화리튬과 산소

③ 수산화리튬과 수소

④ 수산화리튬과 산소

해설

금속리튬과 물의 반응식 : $2Li + 2H_2O \rightarrow 2LiOH + H_2\uparrow$

06 **그림과 같이 종으로 설치한 원통형 위험물탱크에 대하여 탱크의 용량을 구하면 약 몇 m^3인가?(단, 공간용적은 탱크 내용적의 5/100로 하며, π는 3.14로 한다)**

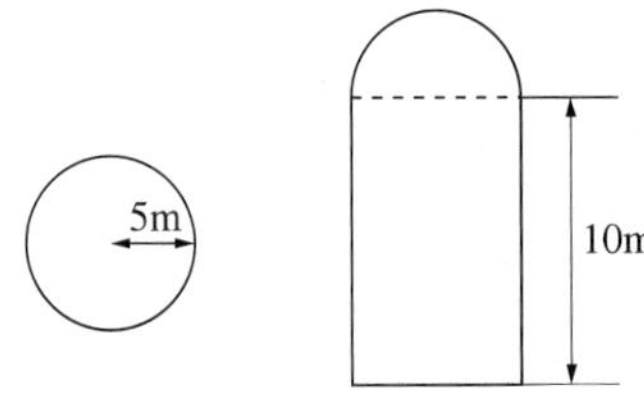

① $392.5m^3$ ② $706.5m^3$

③ $745.75m^3$ ④ $785m^3$

해설

• 종으로 설치한 원통형 탱크의 내용적
$= \pi r^2 L = \pi \times (5m)^2 \times 10m = 785m^3$

• 탱크의 용량 = 탱크의 내용적 − 탱크의 공간용적
$= 785m^3 - (785 \times 0.05)m^3 = 745.75m^3$

3 ④ 4 ② 5 ③ 6 ③ **정답**

07 위험물안전관리법령 제4류 위험물에 적응성이 있는 소화설비는?

① 이산화탄소소화기　② 봉상수소화기
③ 물통 또는 수조　④ 옥내소화전

해설

위험물의 성질에 따른 소화설비의 적응성

소화설비의 구분		건축물·그 밖의 공작물	전기설비	제1류 위험물: 알칼리금속 과산화물 등	제1류 위험물: 그 밖의 것	제2류 위험물: 철분·금속분·마그네슘 등	제2류 위험물: 인화성 고체	제2류 위험물: 그 밖의 것	제3류 위험물: 금수성 물품	제3류 위험물: 그 밖의 것	제4류 위험물	제5류 위험물	제6류 위험물
옥내소화전 또는 옥외소화전설비		○			○		○	○		○		○	○
물분무등소화설비	물분무소화설비	○	○		○		○	○		○	△	○	○
물분무등소화설비	포소화설비	○			○		○	○		○	○	○	○
물분무등소화설비	불활성가스 소화설비		○				○				○		
물분무등소화설비	할로젠화합물 소화설비		○				○				○		
물분무등소화설비	분말소화설비: 인산염류 등	○	○		○		○	○			○		○
물분무등소화설비	분말소화설비: 탄산수소염류 등		○	○		○	○		○		○		
물분무등소화설비	분말소화설비: 그 밖의 것			○		○			○				
대형·소형수동식소화기	봉상수(棒狀水) 소화기	○			○		○	○		○		○	○
대형·소형수동식소화기	무상수(霧狀水) 소화기	○	○		○		○	○		○		○	○
대형·소형수동식소화기	봉상강화액 소화기	○			○		○	○		○		○	○
대형·소형수동식소화기	무상강화액 소화기	○	○		○		○	○		○	○	○	○
대형·소형수동식소화기	포소화기	○			○		○	○		○	○	○	○
대형·소형수동식소화기	이산화탄소 소화기		○				○				○		△
대형·소형수동식소화기	할로젠화합물 소화기		○				○				○		
기타	물통 또는 수조	○			○		○	○		○		○	○
기타	건조사			○	○	○	○	○	○	○	○	○	○
기타	팽창질석 또는 팽창진주암			○	○	○	○	○	○	○	○	○	○

08 다음 중 위험물안전관리법이 적용되는 영역은?

① 항공기에 의한 위험물의 저장, 취급 및 운반
② 선박에 의한 위험물의 저장, 취급 및 운반
③ 철도에 의한 위험물의 저장, 취급 및 운반
④ 자동차에 의한 위험물의 저장, 취급 및 운반

해설

항공기, 선박, 철도 및 궤도에 의한 위험물의 저장 및 취급, 운반은 위험물안전관리법의 규제 대상이 아니다(위험물안전관리법 제3조).

09 나이트로화합물과 같은 가연성 물질이 자체 내에 산소를 함유하고 있어 공기 중의 산소를 필요로 하지 않고 자체의 산소에 의해서 연소되는 현상은?

① 자기연소
② 등심연소
③ 작열연소
④ 분해연소

해설

나이트로화합물은 제5류 위험물(자기반응성 물질)로 자체 내에 산소를 함유하여, 열분해 시 가연성 가스와 산소를 발생시켜 공기 중의 산소가 필요하지 않는 자기연소를 한다.

② 등심연소 : 석유스토브나 램프에서와 같이 연료를 심지로 빨아 올려 심지표면에서 증발시켜 확산연소 시키는 것이다.
③ 훈소연소(작열연소) : 화재가 본격적인 단계에 이르기 전인 초기단계로 이때는 주변의 산소 농도에 크게 영향을 안 받는 속불 형태의 연소 상태이다.
④ 분해연소 : 목재, 석탄, 종이, 섬유, 플라스틱, 합성수지, 고무류 등이 열분해를 일으켜 나온 분해가스 등이 연소하는 형태이다.

정답 7 ① 8 ④ 9 ①

10 이송취급소의 배관이 하천을 횡단하는 경우 하천 밑에 매설하는 배관의 외면과 계획하상(계획하상이 최심하상보다 높은 경우에는 최심하상)과의 거리는?

① 1.2m 이상 ② 2.5m 이상
③ 3.0m 이상 ④ 4.0m 이상

해설

하천 등 횡단 설치
- 하천을 횡단하는 경우 : 4.0m 이상
- 수로를 횡단하는 경우
  - 하수도 또는 운하 : 2.5m 이상
  - 기타 : 1.2m 이상

11 수소화나트륨 120g과 충분한 물이 완전 반응하였을 때 발생하는 수산화나트륨의 부피는?(단, 표준상태를 가정하며 나트륨의 원자량은 23이다)

① $11.2m^3$ ② 11.2L
③ $112m^3$ ④ 112L

해설

수산화나트륨과 물의 반응식 : $NaH + H_2O \rightarrow NaOH + H_2\uparrow$
수소화나트륨의 분자량은 24g/mol이므로 120g은 120g ÷ 24g/mol = 5mol에 해당한다. NaH : NaOH = 1 : 1이므로 NaH 5mol이 반응하면 NaOH 5mol이 발생한다. 표준상태에서 1mol이 차지하는 부피는 22.4L이므로 발생하는 수산화나트륨의 부피는 112L가 된다.

12 질산이 공기 중에서 분해되어 발생하는 유독한 갈색 증기의 분자량은?

① 16 ② 40
③ 46 ④ 71

해설

질산의 분해 반응식 : $4HNO_3 \rightarrow 2H_2O + 4NO_2\uparrow$(갈색 증기) $+ O_2\uparrow$
갈색 증기인 이산화질소의 분자량은 $14 + (16 \times 2) = 46$이다.

13 제조소 등의 설치자가 사망하거나 그 제조소 등을 양도 · 인도한 때 또는 법인인 제조소 등의 설치자의 합병으로 지위승계를 받는 자는 승계한 날로부터 며칠 이내에 시 · 도지사에게 그 사실을 신고해야 하는가?

① 7일 ② 10일
③ 30일 ④ 60일

해설

제조소 등의 설치자의 지위를 승계한 자는 행정안전부령이 정하는 바에 따라 승계한 날부터 30일 이내에 시 · 도지사에게 그 사실을 신고해야 한다.

14 시 · 도의 조례가 정하는 바에 따라 관할소방서장의 승인을 받아 지정수량 이상의 위험물을 제조소 등이 아닌 장소에서 임시로 저장 또는 취급하는 기간은 최대 며칠 이내인가?

① 30일 ② 60일
③ 90일 ④ 120일

해설

위험물 임시저장 취급기간 : 90일

15 업무상 과실로 제조소 등 또는 허가를 받지 않고 지정수량 이상의 위험물을 저장 또는 취급하는 장소에서 위험물을 유출 · 방출 또는 확산시켜 사람의 생명 · 신체 또는 재산에 대하여 위험을 발생시킨 자에 대한 벌칙 기준으로 옳은 것은?

① 1년 이하의 금고 또는 1천만원 이하의 벌금
② 3년 이하의 금고 또는 3천만원 이하의 벌금
③ 5년 이하의 금고 또는 5천만원 이하의 벌금
④ 7년 이하의 금고 또는 7천만원 이하의 벌금

해설

업무상 과실로 제조소 등 또는 허가를 받지 않고 지정수량 이상의 위험물을 저장 또는 취급하는 장소에서 위험물을 유출 · 방출 또는 확산시켜 사람의 생명 · 신체 또는 재산에 대하여 위험을 발생시킨 자는 7년 이하의 금고 또는 7천만원 이하의 벌금에 처한다.

10 ④ 11 ④ 12 ③ 13 ③ 14 ③ 15 ④ **정답**

16 다음 위험물 중 옥외저장소에 저장할 수 없는 물질은?

① 황　② 경 유
③ 아세톤　④ 에틸알코올

해설

제4류 위험물 중 인화점이 0℃ 이상인 것에 한해 저장할 수 있으므로, 인화점이 −18℃인 아세톤은 저장할 수 없다.

옥외저장소에 저장할 수 있는 위험물의 종류

- 제2류 위험물 중 황 또는 인화성 고체(인화점이 0℃ 이상인 것에 한한다)
- 제4류 위험물 중 제1석유류(인화점이 0℃ 이상인 것에 한한다)·알코올류·제2석유류·제3석유류·제4석유류 및 동식물유류
- 제6류 위험물
- 제2류 위험물 및 제4류 위험물 중 특별시·광역시·특별자치시·도 또는 특별자치도의 조례로 정하는 위험물(관세법 제154조의 규정에 의한 보세구역 안에 저장하는 경우로 한정한다)
- 국제해사기구에 관한 협약에 의하여 설치된 국제해사기구가 채택한 국제해상위험물규칙(IMDG Code)에 적합한 용기에 수납된 위험물

17 과염소산칼륨의 일반적인 성질에 대한 설명 중 틀린 것은?

① 강한 산화제이다.
② 불연성 물질이다.
③ 과일향이 나는 보라색 결정이다.
④ 가열하여 완전 분해시키면 산소를 발생한다.

해설

과염소산칼륨($KClO_4$)은 제1류 위험물(산화성 고체)로 무색, 무취의 백색 결정이다.
분해 반응식 : $KClO_4 \rightarrow KCl + 2O_2\uparrow$

18 염소산나트륨에 대한 설명으로 틀린 것은?

① 조해성이 크므로 보관용기는 밀봉하는 것이 좋다.
② 무색, 무취의 입방정계 결정이다.
③ 산과 반응하여 유독성의 이산화나트륨 가스를 발생한다.
④ 알코올, 에터, 물에 녹는다.

해설

제1류 위험물(산화성 고체)인 염소산나트륨은 조해성과 흡습성을 가진 무색, 무취의 결정으로 물, 알코올, 글리세린에 잘 녹으며, 산과 반응하면 이산화염소(ClO_2) 가스가 발생한다.

19 다음 중 분진폭발의 위험성이 가장 낮은 것은?

① 석회분말　② 밀가루
③ 마그네슘분말　④ 알루미늄분말

해설

분진폭발의 위험성이 없는 것 : 시멘트가루, 석회분말, 가성소다

20 다음 중 지정수량이 가장 작은 것은?

① 이황화탄소　② 아세톤
③ 클로로벤젠　④ 경 유

해설

지정수량

이황화탄소	아세톤	클로로벤젠	경 유
50L	400L	1,000L	1,000L

정답 16 ③　17 ③　18 ③　19 ①　20 ①

21 분말소화약제 중 인산염류를 주성분으로 하는 것은 몇 종 분말인가?

① 제1종 분말　　② 제2종 분말
③ 제3종 분말　　④ 제4종 분말

해설

분말소화약제

종 별	적응화재 주성분
제1종 분말	탄산수소나트륨($NaHCO_3$)
제2종 분말	탄산수소칼륨($KHCO_3$)
제3종 분말	제1인산암모늄($NH_4H_2PO_4$)
제4종 분말	탄산수소칼륨과 요소와의 혼합물 [$KHCO_3 + (NH_2)_2CO$]

22 물과 접촉 시 가연성 가스를 발생하여 위험성이 증가하는 물질은?

① 트라이에틸알루미늄
② 황 린
③ 과염소산나트륨
④ 과산화벤조일

해설

트라이에틸알루미늄은 물과 반응 시 가연성 가스인 에테인을 발생한다.

$$(C_2H_5)_3Al + 3H_2O \rightarrow \underset{\text{수산화알루미늄}}{Al(OH)_3} + \underset{\text{에테인}}{3C_2H_6}\uparrow$$

23 단백질과 잔토프로테인 반응을 일으켜 노란색으로 반응하는 물질로 단백질 검출에 이용되는 것은?

① $HClO_4$　　② H_2O_2
③ H_2SO_4　　④ HNO_3

해설

잔토프로테인 반응 : 단백질 검출 반응의 하나로서 아미노산 또는 단백질에 진한 질산을 가하여 가열하면 황색을 띠고, 냉각하여 염기성이 되면 등황색을 띤다.

24 위험물안전관리법령상 위험물 운반에 관한 기준에서 적재방법으로 틀린 것은?

① 고체 위험물은 운반용기의 내용적 95% 이하의 수납률로 수납할 것
② 액체 위험물은 운반용기의 내용적 98% 이하의 수납률로 수납할 것
③ 알킬알루미늄은 운반용기 내용적의 95% 이하의 수납률로 수납하되, 50℃의 온도에서 5% 이상의 공간용적을 유지할 것
④ 제3류 위험물 중 자연발화성 물질에 있어서는 불활성 기체를 봉입하여 밀봉하는 등 공기와 접하지 않도록 할 것

해설

자연발화성 물질 중 알킬알루미늄 등은 운반용기의 내용적 90% 이하의 수납률로 수납하되, 50℃의 온도에서 5% 이상의 공간용적을 유지하도록 할 것

25 자연발화의 방지법이 아닌 것은?

① 습도를 높게 유지할 것
② 저장실의 온도를 낮출 것
③ 퇴적 및 수납 시 열축적이 없을 것
④ 통풍을 잘 시킬 것

해설

자연발화는 공기 중의 물질이 상온에서 저절로 발화하여 연소하는 현상이다.

자연발화 방지법

- 저장실의 온도를 낮춘다.
- 통풍과 환기가 잘 되는 곳에 보관한다.
- 퇴적 및 수납 시 열이 축적되는 것을 방지한다.
- 가연성 물질을 제거한다.
- 습도를 낮춘다(물질에 따라 촉매 작용을 할 수 있음).

※ 칼륨(K)과 칼슘(Ca)은 습기나 물과 접촉하면 급격히 발화한다.

21 ③ 22 ① 23 ④ 24 ③ 25 ① **정답**

26 위험물제조소의 건축물 구조기준 중 연소의 우려가 있는 외벽은 출입구 외의 개구부가 없는 내화구조의 벽으로 해야 한다. 이때 연소의 우려가 있는 외벽은 제조소가 설치된 부지의 경계선에서 몇 m 이내에 있는 외벽을 말하는가?(단, 단층 건물일 경우이다)

① 3m　② 4m
③ 5m　④ 6m

해설

연소의 우려가 있는 외벽(위험물안전관리에 관한 세부기준 제41조)
연소의 우려가 있는 외벽은 다음에 정한 선을 기산점으로 하여 3m(2층 이상의 층에 대해서는 5m) 이내에 있는 제조소 등의 외벽을 말한다. 다만, 방화상 유효한 공터, 광장, 하천, 수면 등에 면한 외벽은 제외한다.

- 제조소 등이 설치된 부지의 경계선
- 제조소 등에 인접한 도로의 중심선
- 제조소 등의 외벽과 동일부지 내의 다른 건축물의 외벽 간의 중심선

27 하이드록실아민을 취급하는 제조소에 두어야 하는 최소한의 안전거리(D)를 구하는 계산식으로 옳은 것은?(단, N은 해당 제조소에서 취급하는 하이드록실아민의 지정수량 배수를 나타낸다)

① $D=40\sqrt[3]{N}$　② $D=51.1\sqrt[3]{N}$
③ $D=55\sqrt[3]{N}$　④ $D=62.1\sqrt[3]{N}$

28 위험물안전관리법상 소화설비에 해당하지 않는 것은?

① 옥외소화전설비
② 스프링클러설비
③ 할로젠화합물 소화설비
④ 연결살수설비

해설

연결살수설비는 소화활동설비이다.

29 물과 반응하여 가연성 가스를 발생하지 않는 것은?

① 나트륨
② 과산화나트륨
③ 탄화알루미늄
④ 트라이에틸알루미늄

해설

- 나트륨 + 물 → 수산화나트륨 + 수소
- 과산화나트륨 + 물 → 산화나트륨 + 산소
- 탄화알루미늄 + 물 → 수산화알루미늄 + 메테인
- 트라이에틸알루미늄 + 물 → 수산화알루미늄 + 에테인

30 지정수량의 10배 이상의 위험물을 취급하는 제조소에는 피뢰침을 설치해야 하지만 제 몇 류 위험물을 취급하는 경우는 이를 제외할 수 있는가?

① 제2류 위험물
② 제4류 위험물
③ 제5류 위험물
④ 제6류 위험물

해설

피뢰설비(위험물안전관리법 시행규칙 별표 4) : 지정수량의 10배 이상의 위험물을 취급하는 제조소(제6류 위험물을 취급하는 위험물제조소를 제외한다)에는 피뢰침을 설치해야 한다.

31 다음 중 무색 투명한 휘발성 액체로서 물에 녹지 않고 물보다 무거워서 물속에 보관하는 위험물은?

① 경 유　② 황 린
③ 황　④ 이황화탄소

해설

이황화탄소는 제4류 위험물로 가연성 증기 발생 억제를 위해 물속에 저장한다.

정답 26 ① 27 ② 28 ④ 29 ② 30 ④ 31 ④

32 용량 50만L 이상의 옥외탱크저장소에 대하여 변경 허가를 받고자 할 때 한국소방산업기술원으로부터 탱크의 기초·지반 및 탱크 본체에 대한 기술검토를 받아야 한다. 다만, 소방방재청장이 고시하는 부분적인 사항의 변경하는 경우에는 기술검토가 면제되는데 다음 중 기술검토가 면제되는 경우가 아닌 것은?

① 노즐, 맨홀을 포함한 동일한 형태의 지붕판의 교체
② 탱크 밑판에 있어서 밑판 표면적의 50% 미만의 육성보수공사
③ 탱크의 옆판 중 최하단 옆판에 있어서 옆판 표면적의 30% 이내의 교체
④ 옆판 중심선의 600mm 이내의 밑판에 있어서 밑판의 원주길이 10% 미만에 해당하는 밑판의 교체

해설

탱크의 옆판 중 최하단 옆판에 있어서 옆판 표면적의 10% 이내의 교체일 때 기술검토가 면제된다.

기술검토를 받지 않는 변경(위험물안전관리에 관한 세부기준 제24조)

㉠ 옥외저장탱크의 지붕판(노즐, 맨홀 등 포함)의 교체(동일한 형태의 것으로 교체하는 경우에 한한다)
㉡ 옥외저장탱크의 옆판(노즐, 맨홀 등 포함)의 교체 중 다음에 해당하는 경우
- 최하단 옆판을 교체하는 경우에는 옆판 표면적의 10% 이내의 교체
- 최하단 외의 옆판을 교체하는 경우에는 옆판 표면적의 30% 이내의 교체

㉢ 옥외저장탱크의 밑판(옆판의 중심선으로부터 600mm 이내의 밑판에 있어서는 해당 밑판의 원주길이의 10% 미만에 해당하는 밑판에 한한다)의 교체
㉣ 옥외저장탱크의 밑판 또는 옆판(노즐, 맨홀 등 포함)의 정비(밑판 또는 옆판의 표면적 50% 미만의 겹침보수공사 또는 육성보수공사를 포함)
㉤ 옥외탱크저장소의 기초·지반의 정비
㉥ 암반탱크 내벽의 정비
㉦ 제조소 또는 일반취급소의 구조·설비를 변경하는 경우에 변경에 의한 위험물 취급량의 증가가 지정수량의 1,000배 미만인 경우
㉧ ㉠ 내지 ㉥의 경우와 유사한 경우로서 한국소방산업기술원(이하 "기술원"이라 함)이 부분적 변경에 해당한다고 인정하는 경우

33 산화프로필렌의 성상에 대한 설명 중 틀린 것은?

① 청색의 휘발성이 강한 액체이다.
② 인화점이 낮은 인화성 액체이다.
③ 물에 잘 녹는다.
④ 에터 향의 냄새를 가진다.

해설

산화프로필렌은 무색의 휘발성이 강한 액체이다.

34 다음 중 물이 소화약제로 쓰이는 이유가 아닌 것은?

① 변질의 우려가 없고 장기간 보관이 가능하다.
② 쉽게 구할 수 있다.
③ 화재 진화 후 오염이 없다.
④ 펌프, 배관, 호스 등을 통해 유체의 이송이 용이하다.

해설

물에 의한 소화는 화재 진화 후 오염이 크고, 물에 의한 2차 피해가 발생할 수 있다.

35 팽창질석(삽 1개 포함) 160L의 능력단위는?

① 0.5 ② 1.0
③ 1.5 ④ 2.0

해설

기타 소화설비의 능력단위(위험물안전관리법 시행규칙 별표 17)

소화설비	용 량	능력단위
소화전용물통	8L	0.3
수조(소화전용물통 3개 포함)	80L	1.5
수조(소화전용물통 6개 포함)	190L	2.5
마른모래(삽 1개 포함)	50L	0.5
팽창질석 또는 팽창진주암(삽 1개 포함)	160L	1.0

32 ③ 33 ① 34 ③ 35 ② 정답

36 트라이나이트로톨루엔에 관한 설명으로 옳지 않은 것은?

① 일광을 쪼이면 갈색으로 변한다.

② 녹는점은 약 81℃이다.

③ 아세톤에 잘 녹는다.

④ 비중은 약 1.8인 액체이다.

해설

비중이 약 1.66인 고체이다.

트라이나이트로톨루엔(TNT, $C_6H_2CH_3(NO_2)_3$)의 성질

- 순수한 것은 무색 결정이며 햇빛에 의해 다갈색으로 변한다.
- 발화점은 300℃이고, 물에 녹지 않고, 알코올, 벤젠, 아세톤 등에 잘 녹는다.
- 강력한 폭약으로, 충격을 가하면 폭발하고 연소 시 다량의 흑연을 발생한다.

37 위험물안전관리법령상 자동화재탐지기의 설치기준으로 옳지 않은 것은?

① 경계구역은 건축물의 최소 2 이상의 층에 걸치지 않도록 할 것

② 하나의 경계구역의 면적은 600m^2 이하로 하고 광전식분리형 감지기를 설치할 경우에는 그 한 변의 길이를 50m로 할 것

③ 감지기는 지붕 또는 벽의 옥내에 면한 부분에 유효하게 화재의 발생을 감지할 수 있도록 설치할 것

④ 비상전원을 설치할 것

해설

하나의 경계구역이 500m^2 이하이면 2개 층을 하나의 경계구역으로 할 수 있다.

제조소 및 일반취급소에 설치하는 자동화재탐지설비의 설치기준

- 자동화재탐지설비의 경계구역은 건축물, 그 밖의 공작물의 2 이상의 층에 걸치지 않도록 할 것. 다만, 하나의 경계구역의 면적이 500m^2 이하이면서 해당 경계구역이 2개의 층에 걸치는 경우이거나 계단・경사로・승강기의 승강로, 그 밖에 이와 유사한 장소에 연기감지기를 설치하는 경우에는 그렇지 않다.
- 하나의 경계구역의 면적은 600m^2 이하로 하고 그 한 변의 길이는 50m 이하로 할 것. 다만, 해당 건축물, 그 밖의 공작물의 주요한 출입구에서 그 내부의 전체를 볼 수 있는 경우에 있어서는 그 면적을 1,000m^2 이하로 할 수 있다.
- 자동화재탐지설비의 감지기는 지붕(상층이 있는 경우에는 상층의 바닥) 또는 벽의 옥내에 면한 부분에 유효하게 화재의 발생을 감지할 수 있도록 설치할 것
- 자동화재탐지설비에는 비상 전원을 설치할 것

38 이동탱크저장소에 의한 위험물의 운송 시 준수해야 하는 기준에서 다음 중 어떤 위험물을 운송할 때 위험물운송자는 위험물안전카드를 휴대해야 하는가?

① 특수인화물 및 제1석유류

② 알코올류 및 제2석유류

③ 제3석유류 및 동식물류

④ 제4석유류

해설

제4류 위험물 중 특수인화물 및 제1석유류를 운송하게 하는 자는 위험물안전카드를 위험물운송자로 하여금 휴대하게 해야 한다.

39 황린과 적린의 공통성질이 아닌 것은?

① 물에 녹지 않는다.

② 이황화탄소에 잘 녹는다.

③ 연소 시 오산화인을 생성한다.

④ 화재 시 물을 사용하여 소화를 할 수 있다.

해설

황린은 이황화탄소에 녹지만 적린은 녹지 않는다.

황린과 적린의 공통성질

- 적린(P)과 황린은 동소체이다.
- 연소 시 오산화인을 생성한다.
- 화재 시 물을 사용하여 소화를 할 수 있다.
- 비중이 1보다 크다.
- 연소와 산화하기 쉽다.
- 물에 녹지 않는다.

정답 36 ④ 37 ② 38 ① 39 ②

40 같은 위험등급의 위험물로만 이루어지지 않은 것은?

① Fe, Sb, Mg

② Zn, Al, S

③ 황화인, 적린, 칼슘

④ 메틸알코올, 에틸알코올, 벤젠

해설

- 위험등급 Ⅰ : Fe, Sb, Mg, S
- 위험등급 Ⅱ : Zn, Al, 황화인, 적린, 칼슘, 메틸알코올, 에틸알코올, 벤젠

위험물의 위험등급

- 위험등급 Ⅰ의 위험물
  - 제1류 위험물 중 아염소산염류, 염소산염류, 과염소산염류, 무기과산화물, 그 밖에 지정수량이 50kg인 위험물
  - 제3류 위험물 중 칼륨, 나트륨, 알킬알루미늄, 알킬리튬, 황린 그 밖에 지정수량이 10kg 또는 20kg인 위험물
  - 제4류 위험물 중 특수인화물
  - 제5류 위험물 중 지정수량이 10kg인 위험물
  - 제6류 위험물
- 위험등급 Ⅱ의 위험물
  - 제1류 위험물 중 브로민산염류, 질산염류, 아이오딘산염류, 그 밖에 지정수량이 300kg인 위험물
  - 제2류 위험물 중 황화인, 적린, 황, 그 밖에 지정수량이 100kg인 위험물
  - 제3류 위험물 중 알칼리금속(칼륨 및 나트륨을 제외한다) 및 알칼리토금속, 유기금속화합물(알킬알루미늄 및 알킬리튬을 제외한다), 그 밖에 지정수량이 50kg인 위험물
  - 제4류 위험물 중 제1석유류 및 알코올류
  - 제5류 위험물 중 Ⅰ에서 정하는 위험물 외의 것
- 위험등급 Ⅲ의 위험물 : Ⅰ, Ⅱ에 정하지 않은 위험물

41 제5류 위험물 중 유기과산화물을 함유한 것으로서 위험물에서 제외되는 것의 기준이 아닌 것은?

① 과산화벤조일의 함유량이 35.5wt% 미만인 것으로서 전분가루, 황산칼슘2수화물 또는 인산1수소칼슘2수화물의 혼합물

② 비스(4클로로벤조일)퍼옥사이드의 함유량이 30wt% 미만인 것으로서 불활성 고체와의 혼합물

③ 1-4비스(2-터셔리부틸퍼옥시아이소프로필)벤젠의 함유량이 40wt% 미만인 것으로서 불활성 고체와의 혼합물

④ 사이클로헥사놀퍼옥사이드의 함유량이 40wt% 미만인 것으로서 불활성 고체와의 혼합물

해설

사이클로헥사놀퍼옥사이드의 함유량이 30wt% 미만인 것으로서 불활성 고체와의 혼합물

42 위험물 저장탱크의 공간용적은 탱크 내용적의 얼마 이상, 얼마 이하로 하는가?

① $\frac{2}{100}$ 이상, $\frac{3}{100}$ 이하

② $\frac{2}{100}$ 이상, $\frac{5}{100}$ 이하

③ $\frac{5}{100}$ 이상, $\frac{10}{100}$ 이하

④ $\frac{10}{100}$ 이상, $\frac{20}{100}$ 이하

해설

탱크의 공간용적은 탱크 내용적의 $\frac{5}{100}$ 이상 $\frac{10}{100}$ 이하의 용적으로 한다.

40 ② 41 ④ 42 ③ **정답**

43 하나의 위험물저장소에 다음과 같이 2가지 위험물을 저장하고 있다. 지정수량 이상에 해당하는 것은?

① 브로민산칼륨 80kg, 염소산칼륨 40kg
② 질산 100kg, 과산화수소 150kg
③ 질산칼륨 120kg, 다이크로뮴산나트륨 500kg
④ 휘발유 20L, 윤활유 2,000L

해설

2가지 위험물의 지정수량 배수의 합이 1 이상이어야 지정수량 이상이 된다.

종 류	저장수량	지정수량	종 류	저장수량	지정수량
브로민산칼륨	80	300	염소산칼륨	40	50
질 산	100	300	과산화수소	150	300
질산칼륨	120	300	다이크로뮴산나트륨	500	1,000
휘발유	20	200	기계유	2,000	6,000

① $\frac{80}{300}+\frac{40}{50}=1.07$
② $\frac{100}{300}+\frac{150}{300}=0.83$
③ $\frac{120}{300}+\frac{500}{1,000}=0.9$
④ $\frac{20}{200}+\frac{2,000}{6,000}=0.43$

44 인화성 또는 가연성 액체 저장탱크 주위에서 화재가 발생한 경우 화재열에 의해 탱크 내의 액체 온도 상승과 압력 증가로 그 부분의 강도가 약해져서 탱크가 파열되어 폭발하는 현상은?

① 슬롭오버(Slop Over)
② 플래시오버(Flash Over)
③ 블레비(BLEVE)
④ 보일오버(Boil Over)

해설

① 슬롭오버(Slop Over) : 액체 위험물 화재 시 연소 유면이 가열된 상태에서 물이 포함된 소화약제를 방사할 경우 물이 비등·기화하면서 액체 위험물을 탱크 밖으로 비산시키는 현상
② 플래시오버(Flash Over) : 화재 시 성장기에서 최성기로 넘어갈 때 실내 온도가 급격히 상승하여 화염이 실내 전체로 급격히 확대되는 연소 현상
④ 보일오버(Boil Over) : 고온층이 형성된 유류화재의 탱크 밑면에 물이 고여 있는 경우, 화재의 진행에 따라 바닥의 물이 급격히 증발하여 불붙은 기름을 분출시키는 위험현상

45 다음 중 화재 시 내알코올포소화약제를 사용하는 것이 가장 적합한 위험물은?

① 아세톤 ② 휘발유
③ 경 유 ④ 등 유

해설

아세톤은 제4류 위험물 중 수용성 물질로 일반 포는 포가 소멸하는 성질(소포성) 때문에 효과가 없으므로 내알코올포소화약제를 사용한다.

46 위험물안전관리법령상 위험물의 운반에 관한 기준에 따르면 지정수량 얼마 이하의 위험물에 대하여는 "유별을 달리하는 위험물의 혼재기준"을 적응하지 않아도 되는가?

① 1/2 ② 1/3
③ 1/5 ④ 1/10

해설

지정수량의 1/10 이하의 위험물의 양에 대해서는 운반에 관한 유별을 달리하는 위험물이 혼재기준을 적용하지 않아도 된다.

47 위험물안전관리자를 해임한 후 며칠 이내에 후임자를 선임해야 하는가?

① 14일 ② 15일
③ 20일 ④ 30일

해설

안전관리자를 선임한 제조소 등의 관계인은 그 안전관리자를 해임하거나 안전관리자가 퇴직한 때에는 해임하거나 퇴직한 날부터 30일 이내에 다시 안전관리자를 선임해야 한다(위험물안전관리법 제15조).

정답 43 ① 44 ③ 45 ① 46 ④ 47 ④

48 1몰의 이황화탄소와 고온의 물이 반응하여 생성되는 유독한 기체 물질의 부피는 표준상태에서 얼마인가?

① 22.4L ② 44.8L
③ 67.2L ④ 134.4L

해설

이황화탄소와 물의 반응식 : $CS_2 + 2H_2O \rightarrow 2H_2S + CO_2$
1몰의 이황화탄소는 반응 시 2몰의 황화수소(유독성)를 생성한다.
$\therefore$ 22.4L × 2 = 44.8L

49 위험물안전관리법상 제조소 등에 대한 긴급 사용정지 명령에 관한 설명으로 옳은 것은?

① 시·도지사는 명령을 할 수 없다.
② 제조소 등의 관계인뿐만 아니라 해당 시설을 사용하는 자에게도 명령할 수 있다.
③ 제조소 등의 관계자에게 위법 사유가 없는 경우에도 명령할 수 있다.
④ 제조소 등의 위험물취급설비의 중대한 결함이 발견되거나 사고우려가 인정되는 경우에만 명령할 수 있다.

해설

긴급 사용정지 명령이란 위법 사유가 없더라도 사고를 방지하기 위해 시·도지사가 제조소 등의 관계인에 대하여 내릴 수 있는 명령이다.

50 제2류 위험물을 수납하는 운반용기의 외부에 표시해야 하는 주의사항으로 옳은 것은?

① 제2류 위험물 중 철분·금속분·마그네슘 또는 이들 중 어느 하나 이상을 함유한 것에 있어서는 "화기주의" 및 "물기주의", 인화성 고체에 있어서는 "화기엄금", 그 밖의 것에 있어서는 "화기주의"
② 제2류 위험물 중 철분·금속분·마그네슘 또는 이들 중 어느 하나 이상을 함유한 것에 있어서는 "화기주의" 및 "물기엄금", 인화성 고체에 있어서는 "화기주의", 그 밖의 것에 있어서는 "화기엄금"
③ 제2류 위험물 중 철분·금속분·마그네슘 또는 이들 중 어느 하나 이상을 함유한 것에 있어서는 "화기주의" 및 "물기엄금", 인화성 고체에 있어서는 "화기엄금", 그 밖의 것에 있어서는 "화기주의"
④ 제2류 위험물 중 철분·금속분·마그네슘 또는 이들 중 어느 하나 이상을 함유한 것에 있어서는 "화기엄금" 및 "물기엄금", 인화성 고체에 있어서는 "화기엄금", 그 밖의 것에 있어서는 "화기주의"

해설

위험물 수납하는 운반용기의 외부에 표시해야 하는 주의사항

위험물의 종류		주의사항
제1류 위험물	알칼리금속의 과산화물 또는 이를 함유한 것	"화기·충격주의", "물기엄금" 및 "가연물접촉주의"
	그 밖의 것	"화기·충격주의" 및 "가연물접촉주의"
제2류 위험물	철분·금속분·마그네슘 또는 이들 중 어느 하나 이상을 함유한 것	"화기주의" 및 "물기엄금"
	인화성 고체	"화기엄금"
	그 밖의 것	"화기주의"
제3류 위험물	자연발화성 물질	"화기엄금" 및 "공기접촉엄금"
	금수성 물질	"물기엄금"
제4류 위험물		"화기엄금"
제5류 위험물		"화기엄금" 및 "충격주의"
제6류 위험물		"가연물접촉주의"

48 ② 49 ③ 50 ③ **정답**

51 금속분의 화재 시 주수해서는 안 되는 이유로 가장 옳은 것은?

① 산소가 발생하기 때문에
② 수소가 발생하기 때문에
③ 질소가 발생하기 때문에
④ 유독가스가 발생하기 때문에

해설

금속분은 물과 반응하여 수소를 발생시켜 위험성이 높아진다.

52 벤젠의 저장 및 취급 시 주의사항에 대한 설명으로 틀린 것은?

① 정전기 발생에 주의한다.
② 피부에 닿지 않도록 주의한다.
③ 증기는 공기보다 가벼워 높은 곳에 체류하므로 환기에 주의한다.
④ 통풍이 잘되는 서늘하고 어두운 곳에 저장한다.

해설

발생된 증기는 대부분 공기보다 무거워 낮은 곳에 체류하므로 환기에 주의한다.

$$증기비중 = \frac{측정물질\ 분자량}{평균대기\ 분자량} = \frac{78g/mol}{29g/mol} \fallingdotseq 2.69$$

• 평균대기 분자량 : N_2(80%) : 28 × 0.8 = 22.4
O_2(20%) : 32 × 0.2 = 6.4
질소와 산소 분자량의 합 : 28.8 ≒ 29

• 측정물질(벤젠) 분자량 : 78(C_6H_6)

53 메틸알코올의 연소범위를 더 좁게 하기 위하여 첨가하는 물질이 아닌 것은?

① 질 소 ② 산 소
③ 이산화탄소 ④ 아르곤

해설

헬륨(He), 네온(Ne), 아르곤(Ar), 크립톤(Kr), 제논(Xe) 등과 같은 불활성 기체나 질소(N_2), 물(H_2O), 이산화탄소(CO_2)와 같은 불연성 물질을 첨가하면 산소와 결합하지 못해 연소범위가 좁아진다.

54 공정 및 장치에서 분진폭발을 예방하기 위한 조치로서 가장 거리가 먼 것은?

① 플랜트는 공정별로 분류하고 폭발의 파급을 피할 수 있도록 분진취급 공정을 습식으로 한다.
② 분진이 물과 반응하는 경우는 물 대신 휘발성이 작은 유류를 사용하는 것이 좋다.
③ 배관의 연결부위나 기계가동에 의해 분진이 누출될 염려가 있는 곳은 흡인이나 밀폐를 철저히 한다.
④ 가연성 분진을 취급하는 장치류는 밀폐하지 말고 분진이 외부로 누출되도록 한다.

해설

가연성 분진을 취급하는 장치는 완전 밀폐하고 분진이 외부로 누출되지 않도록 한다.

55 다음 위험물 중 지정수량이 가장 큰 것은?

① 나이트로글리콜
② 과산화수소
③ 트라이나이트로톨루엔
④ 피크르산

해설

지정수량

나이트로글리콜	과산화수소	트라이나이트로톨루엔	피크르산
10kg	300kg	10kg	100kg

정답 51 ② 52 ③ 53 ② 54 ④ 55 ②

56 동식물유류에 대한 설명으로 틀린 것은?

① 아마인유는 건성유이다.

② 불포화결합이 적을수록 자연발화의 위험이 커진다.

③ 아이오딘값이 100 이하인 것을 불건성유라 한다.

④ 건성유는 공기 중 산화중합으로 생긴 고체가 도막을 형성할 수 있다.

해설

동식물유

분 류	건성유	반건성유	불건성유
아이오딘값	130 이상	100~130	100 이하
동물유	정어리유, 기타 생선류	청어유	소기름, 돼지기름, 고래기름
식물유	동유, 해바라기유, 아마인유, 들기름	쌀겨기름, 면실유, 채종유, 옥수수기름, 참기름	올리브유, 동백유, 피마자유, 야자유

57 CaC_2의 저장 장소로서 적합한 곳은?

① 가스가 발생하므로 밀전을 하지 않고 공기 중에 보관한다.

② HCl 수용액 속에 저장한다.

③ CCl_4 분위기의 수분이 많은 장소에 보관한다.

④ 건조하고 환기가 잘 되는 장소에 보관한다.

해설

CaC_2(탄산칼슘)은 공기 중 수분과 반응하여 아세틸렌가스를 발생하므로 건조하고 환기가 잘되는 장소에 밀폐하여 보관한다.

58 연소의 종류와 가연물을 다르게 연결한 것은?

① 증발연소 – 가솔린, 알코올

② 표면연소 – 코크스, 목탄

③ 분해연소 – 목재, 종이

④ 자기연소 – 에터, 나프탈렌

해설

자기연소 : 나이트로셀룰로스, TNT, 나이트로글리세린, 질산에틸 등의 제5류 위험물 등

59 공기 중에서 갈색 연기를 내는 물질은?

① 다이크로뮴산암모늄 ② 톨루엔

③ 벤 젠 ④ 발연질산

해설

발연질산은 상온에서 적갈색의 연기를 낸다.

60 위험물의 화재위험에 관한 제반 조건을 설명한 것으로 옳은 것은?

① 인화점이 높을수록, 연소범위가 넓을수록 위험하다.

② 인화점이 낮을수록, 연소범위가 좁을수록 위험하다.

③ 인화점이 높을수록, 연소범위가 좁을수록 위험하다.

④ 인화점이 낮을수록, 연소범위가 넓을수록 위험하다.

해설

화재위험이 높아지는 조건

- 인화점, 발화점, 착화점이 낮을수록
- 증발열, 비열, 표면장력이 작을수록
- 온도 및 압력이 높을수록
- 연소범위가 넓을수록

56 ② 57 ④ 58 ④ 59 ④ 60 ④ 정답

2023년 제2회 과년도 기출복원문제

01 위험물안전관리법령에 따라 제조소 등의 관계인이 예방규정을 정해야 하는 제조소 등에 해당하지 않는 것은?

① 지하탱크저장소
② 암반탱크저장소
③ 지정수량의 10배 이상의 위험물을 취급하는 제조소
④ 지정수량의 200배 이상의 위험물을 저장하는 옥외탱크저장소

해설

지하탱크저장소는 제조소 등의 관계인이 예방규정을 정해야 하는 제조소 등에 해당하지 않는다.

관계인이 예방규정을 정해야 하는 제조소 등(위험물안전관리법 시행령 제15조)

- 지정수량의 10배 이상의 위험물을 취급하는 제조소
- 지정수량의 100배 이상의 위험물을 저장하는 옥외저장소
- 지정수량의 150배 이상의 위험물을 저장하는 옥내저장소
- 지정수량의 200배 이상의 위험물을 저장하는 옥외탱크저장소
- 암반탱크저장소
- 이송취급소
- 지정수량의 10배 이상의 위험물을 취급하는 일반취급소. 다만, 제4류 위험물(특수인화물을 제외한다)만을 지정수량의 50배 이하로 취급하는 일반취급소(제1석유류 · 알코올류의 취급량이 지정수량의 10배 이하인 경우에 한한다)로서 다음에 해당하는 것을 제외한다.
  - 보일러 · 버너 또는 이와 비슷한 것으로서 위험물을 소비하는 장치로 이루어진 일반취급소
  - 위험물을 용기에 옮겨 담거나 차량에 고정된 탱크에 주입하는 일반취급소

02 폭발의 종류에 따른 물질이 잘못 짝지어진 것은?

① 분해폭발 – 아세틸렌, 산화에틸렌
② 분진폭발 – 금속분, 밀가루
③ 중합폭발 – 사이안화수소, 염화비닐
④ 산화폭발 – 하이드라진, 과산화수소

해설

제4류 위험물(인화성 액체)인 하이드라진은 분해폭발, 제6류 위험물(산화성 액체)인 과산화수소는 분해폭발을 한다.
※ 성질이 다른 위험물은 폭발 형태가 다르다.

03 위험물안전관리법령에 따른 자동화재탐지설비의 설치기준에서 하나의 경계구역의 면적은 얼마 이하로 해야 하는가?(단, 해당 건축물, 그 밖의 공작물의 주요한 출입구에서 그 내부의 전체를 볼 수 없는 경우이다)

① $500m^2$ ② $600m^2$
③ $800m^2$ ④ $1,000m^2$

해설

경계구역의 면적기준

- 하나의 경계구역은 $600m^2$ 이하로 하며 한 변의 길이는 50m 이하로 할 것(광전식분리형 감지기를 설치할 경우에는 100m 이하)
- 주된 출입구에서 그 내부 전체가 보이는 것에 있어서는 $1,000m^2$ 이하로 할 수 있다.

정답 1 ① 2 ④ 3 ④

04 제2류 위험물인 황의 대표적인 연소형태는?

① 표면연소 ② 분해연소
③ 증발연소 ④ 자기연소

해설

연소의 형태

- 확산연소 : 메테인, 프로페인, 수소, 아세틸렌 등의 가연성 가스가 확산하여 생성된 혼합가스가 연소하는 것(발염연소, 불꽃연소)
- 증발연소 : 황, 알코올, 나프탈렌, 파라핀(양초), 왁스 등이 열분해를 일으키지 않고 증발된 증기가 연소하는 현상(가연성 액체인 제4류 위험물은 대부분 증발연소를 함)
- 분해연소 : 목재, 석탄, 종이, 섬유, 플라스틱, 합성수지, 고무류 등이 열분해를 일으켜 나온 분해가스 등이 연소하는 형태
- 표면연소 : 목탄, 코크스, 금속(분, 박, 리본 포함) 등이 고체 표면에서 산소와 급격히 산화 반응하여 연소하는 현상
- 자기연소 : 셀룰로이드, TNT, 나이트로글리세린, 질산에틸 등의 제5류 위험물 등이 자체 내에 산소를 함유하여, 열분해 시 가연성 가스와 산소를 발생시켜 공기 중의 산소를 필요치 않고 연소하는 현상

05 제1종, 제2종, 제3종 분말소화약제의 주성분에 해당하지 않는 것은?

① 탄산수소나트륨 ② 황산마그네슘
③ 탄산수소칼륨 ④ 인산암모늄

해설

분말소화약제

분말종류	주성분	적응화재	착 색
제1종 분말	탄산수소나트륨 (중탄산나트륨, 중조)	B급, C급	백 색
제2종 분말	탄산수소칼륨 (중탄산칼륨)	B급, C급	보라색
제3종 분말	제1인산암모늄	A급, B급, C급	담홍색
제4종 분말	탄산수소칼륨과 요소의 혼합물	B급, C급	회 색

06 Halon 1211에 해당하는 물질의 분자식은?

① CBr_2FCl ② CF_2ClBr
③ CCl_2FBr ④ FC_2BrCl

해설

할론넘버는 C–F–Cl–Br 순의 개수를 말한다. C 1개, F 2개, Cl 1개, Br 1개이므로 CF_2ClBr가 된다.

소화효과

- 1040 < 1011 < 2402 < 1211 < 1301
- 할론소화약제는 메테인(CH_4)에서 파생된 물질로 할론 1301(CF_3Br), 할론 1211(CF_2ClBr), 할론 2402($C_2F_4Br_2$)가 있다.

07 위험물을 저장할 때 필요한 보호물질을 옳게 연결한 것은?

① 황린 – 석유
② 금속칼슘 – 에탄올
③ 이황화탄소 – 물
④ 금속나트륨 – 산소

해설

제4류 위험물 중 특수인화물인 이황화탄소(CS_2)는 비수용성이며, 저장 시 가연성 증기 발생을 억제하기 위해 물탱크에 저장한다.

① 황린 – 물
② 금속칼슘 – 밀폐용기에 보관
④ 금속나트륨 – 석유류(등유, 경유)

08 옥내저장탱크의 상호 간에는 특별한 경우를 제외하고 최소 몇 m 이상의 간격을 유지해야 하는가?

① 0.1 ② 0.2
③ 0.3 ④ 0.5

해설

옥내저장탱크와 탱크전용실의 벽과의 사이 및 옥내저장탱크의 상호 간에는 0.5m 이상의 간격을 유지한다.

4 ③ 5 ② 6 ② 7 ③ 8 ④ 정답

09 제4류 위험물을 저장하는 이동탱크저장소의 탱크 용량이 19,000L일 때 탱크의 칸막이는 최소 몇 개를 설치해야 하는가?

① 2　　② 3
③ 4　　④ 5

해설

안전칸막이는 4,000L 이하마다 설치해야 하므로
19,000L ÷ 4,000L = 4.75 ⇒ 5칸이다.
∴ 19,000L 탱크의 칸은 5칸이고 안전칸막이는 4개이다.

10 메틸알코올 8,000L에 대한 소화능력으로 삽을 포함한 마른모래를 몇 L 설치해야 하는가?

① 100　　② 200
③ 300　　④ 400

해설

메틸알코올의 지정수량은 400L이고 소요단위는 지정수량의 10배인 4,000L이므로,

메틸알코올의 소요단위 : $\frac{8,000\text{L}}{400\text{L}\times10}$ = 2단위

소화설비	용 량	능력단위
마른모래(삽 1개 포함)	50L	0.5

∴ $\frac{2}{0.5}$ × 50L = 200L

11 연소의 3요소를 모두 포함하는 것은?

① 과염소산, 산소, 불꽃
② 마그네슘분말, 연소열, 수소
③ 아세톤, 수소, 산소
④ 불꽃, 아세톤, 질산암모늄

해설

연소의 3요소 : 불꽃(점화원), 아세톤(가연물), 질산암모늄(산소공급원)
① 과염소산(산소공급원), 산소(산소공급원), 불꽃(점화원)
② 마그네슘분말(가연물), 연소열(점화원), 수소(가연물)
③ 아세톤(가연물), 수소(가연물), 산소(산소공급원)
※ 제1류 위험물(산화성 고체)인 질산암모늄의 분해・폭발 반응식
$2NH_4NO_3 \rightarrow 4H_2O + 2N_2 + O_2\uparrow$
※ 연소의 4요소 : 가연물(산화제), 점화원, 산소공급원(환원제), 연쇄반응

12 그림과 같은 위험물 저장탱크의 내용적은 약 몇 m^3인가?

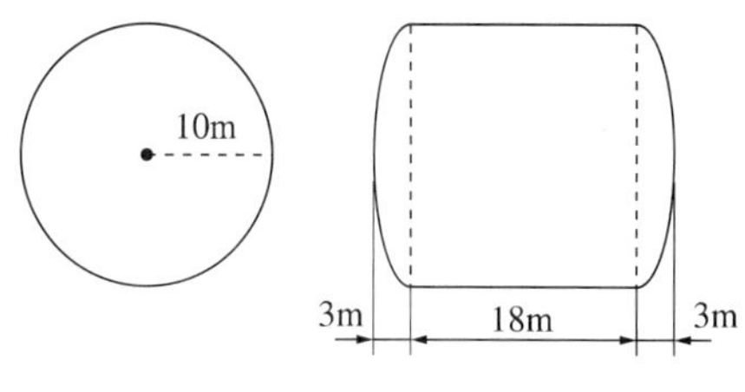

① 4,681　　② 5,482
③ 6,283　　④ 7,080

해설

횡으로 설치한 원통형 탱크의 내용적 $= \pi r^2\left(l + \frac{l_1 + l_2}{3}\right)$

$= \pi \times 10^2 \times \left(18 + \frac{3+3}{3}\right)$

$= 6,283\text{m}^3$

※ 공간용적 고려 시
탱크의 용량 = 탱크의 내용적 − 탱크의 공간용적(공간용적은 제시됨)

정답 9 ③ 10 ② 11 ④ 12 ③

13 위험물안전관리자의 책무에 해당하지 않는 것은?

① 화재 등의 재난이 발생한 경우 소방관서 등에 대한 연락업무
② 화재 등의 재난이 발생한 경우 응급조치
③ 위험물의 취급에 관한 일지의 작성·기록
④ 위험물안전관리자의 선임·신고

해설

위험물안전관리자의 선임·신고는 제조소 등의 관계인이 한다.

14 위험물안전관리법령상 특수인화물의 정의에 대해 다음 ( ) 안에 알맞은 수치를 차례대로 옳게 나열한 것은?

> "특수인화물"이라 함은 이황화탄소, 다이에틸에터, 그 밖에 1기압에서 발화점이 ( )℃ 이하인 것 또는 인화점이 영하 ( )℃ 이하이고 비점이 40℃ 이하인 것을 말한다.

① 100, 20 ② 25, 0
③ 100, 0 ④ 25, 20

해설

- 특수인화물이라 함은 이황화탄소, 다이에틸에터, 그 밖에 1기압에서 발화점이 100℃ 이하인 것 또는 인화점이 영하 20℃ 이하이고 비점이 40℃ 이하인 것을 말한다.
- 성질에 의한 품명 분류

특수인화물	1기압에서 인화점이 −20℃ 이하, 비점이 40℃ 이하 또는 발화점이 100℃ 이하인 것
제1석유류	1기압에서 액체로서 인화점이 21℃ 미만인 것
제2석유류	1기압에서 액체로서 인화점이 21℃ 이상 70℃ 미만인 것(가연성 액체량이 40wt% 이하이면서 인화점이 40℃ 이상인 동시에 연소점이 60℃ 이상은 제외)
제3석유류	1기압에서 액체로서 인화점이 70℃ 이상 200℃ 미만인 것(가연성 액체량이 40wt% 이하인 것은 제외)
제4석유류	1기압에서 액체로서 인화점이 200℃ 이상 250℃ 미만인 것(가연성 액체량이 40wt% 이하인 것은 제외)

15 위험물안전관리법령상에 따른 다음에 해당하는 동식물유류의 규제에 관한 설명으로 틀린 것은?

> 행정안전부령이 정하는 용기기준과 수납·저장기준에 따라 수납되어 저장·보관되고 용기의 외부에 물품의 통칭명, 수량 및 화기엄금(화기엄금과 동일한 의미를 갖는 표시를 포함한다)의 표시가 있는 경우

① 위험물에 해당하지 않는다.
② 제조소 등이 아닌 장소에 지정수량 이상 저장할 수 있다.
③ 지정수량 이상을 저장하는 장소도 제조소 등 설치 허가를 받을 필요가 없다.
④ 화물자동차에 적재하여 운반하는 경우 위험물안전관리법상 운반기준이 적용되지 않는다.

해설

동식물유류를 화물자동차에 적재하여 운반하는 경우 위험물안전관리법상 운반기준이 적용된다.

16 다음 ( ) 안에 알맞은 수치를 차례대로 옳게 나열한 것은?

> 위험물 암반탱크의 공간용적은 해당 탱크 내에 용출하는 ( )일간의 지하수 양에 상당하는 용적과 해당 탱크 내용적의 100분의 ( )의 용적 중에서보다 큰 용적을 공간용적으로 한다.

① 1, 1 ② 7, 1
③ 1, 5 ④ 7, 5

해설

위험물 암반탱크의 공간용적은 해당 탱크 내에 용출하는 7일간의 지하수 양에 상당하는 용적과 해당 탱크 내용적의 1/100의 용적 중에서보다 큰 용적을 공간용적으로 한다.

13 ④ 14 ① 15 ④ 16 ② **정답**

17 위험물안전관리법령상 자동화재탐지설비의 경계구역 하나의 면적은 몇 m^2 이하여야 하는가?(단, 원칙적인 경우에 한한다)

① 250 ② 300
③ 400 ④ 600

해설

자동화재탐지설비의 경계구역

- 건축물의 2 이상의 층에 걸치지 않도록 할 것(경계구역의 면적이 $500m^2$ 이하이면 그렇지 않다)
- 하나의 경계구역의 면적은 $600m^2$ 이하로 할 것
- 한 변의 길이는 50m(광전식 분리형 감지기의 경우에는 100m) 이하로 할 것
- 건축물의 주요한 출입구에서 그 내부 전체를 볼 수 있는 경우는 면적을 $1,000m^2$ 이하로 할 것
- 자동화재탐지설비의 감지기는 지붕 또는 벽의 옥내에 면한 부분에 화재발생을 감지할 수 있도록 설치할 것
- 자동화재탐지설비에는 비상전원을 설치할 것

18 액화 이산화탄소 1kg이 25℃, 2atm에서 방출되어 모두 기체가 되었다. 방출된 기체상의 이산화탄소 부피는 약 몇 L인가?

① 238 ② 278
③ 308 ④ 340

해설

이상기체 상태방정식

$PV = nRT = \frac{W}{M}RT$

이산화탄소(CO_2)의 분자량 : $\{(12\times1)+(16\times2)\}=44\text{kg/kmol}$

여기서, P : 압력, V : 부피, n : mol수(무게/분자량), W : 무게, M : 분자량, R : 기체상수(0.08205atm · m^3/kmol · K), T : 절대온도(273 + ℃)]

$\therefore V = \frac{WRT}{PM} = \frac{1\times0.08205\times(25+273)\text{K}}{2\times44} = 0.2779\text{m}^3$

$\rightarrow 278\text{L}(1\text{m}^3 = 1,000\text{L})$

※ 기체상수(R)의 표현

$R = 0.08205\text{atm}\cdot\text{m}^3/\text{kmol}\cdot\text{K} = 8.314\text{kJ/kmol}\cdot\text{K}$
$= 1.987\text{kcal/kmol}\cdot\text{K}$

19 시약(고체)의 명칭이 불분명한 시약병의 내용물을 확인하려고 뚜껑을 열어 시계접시에 소량을 담아 놓고 공기 중에서 햇빛을 받는 곳에 방치하던 중 시계접시에서 갑자기 연소현상이 일어났다. 다음 물질 중 이 시약의 명칭으로 예상할 수 있는 것은?

① 황 ② 황 린
③ 적 린 ④ 질산암모늄

해설

방치 중 연소현상이 일어났다는 것은 자연발화성 물질(제3류 위험물)임을 알 수 있다.

- 제1류 위험물 : 질산암모늄
- 제2류 위험물 : 황, 적린
- 제3류 위험물인 황린은 공기 중에서 격렬하게 연소하여 유독성 가스인 오산화인의 백연을 낸다($P_4 + 5O_2 \rightarrow 2P_2O_5$).

20 제3류 위험물에 해당하는 것은?

① 황 ② 적 린
③ 황 린 ④ 삼황화인

해설

황, 적린, 삼황화인은 제2류 위험물이다.

21 위험물제조소에서 다음과 같이 위험물을 취급하고 있는 경우 각각의 지정수량 배수의 총합은 얼마인가?

- 브로민산나트륨 300kg
- 과산화나트륨 150kg
- 다이크로뮴산나트륨 500kg

① 3.5 ② 4.0
③ 4.5 ④ 5.0

해설

지정수량 : 브로민산나트륨(300kg), 과산화나트륨(50kg), 다이크로뮴산나트륨(1,000kg)

지정수량의 배수 $= \frac{\text{저장수량}}{\text{지정수량}}$

$\therefore \frac{300}{300} + \frac{150}{50} + \frac{500}{1,000} = 4.5$

22 다음에 해당하는 직무를 수행할 수 있는 자는?

> 위험물의 운송자격을 확인하기 위하여 필요하다고 인정하는 경우에는 주행 중의 이동탱크저장소를 정지시켜 해당 이동탱크저장소에 승차하고 있는 자에 대하여 위험물의 취급에 관한 국가기술자격증 또는 교육수료증의 제시를 요구할 수 있고, 국가기술자격증 또는 교육수료증을 제시하지 않은 경우에는 주민등록증, 여권, 운전면허증 등 신원확인을 위한 증명서를 제시할 것을 요구하거나 신원확인을 위한 질문을 할 수 있다.

① 소방공무원, 국가공무원
② 지방공무원, 국가공무원
③ 소방공무원, 경찰공무원
④ 국가공무원, 경찰공무원

해설

운송책임자는 위험물 운송의 감독 또는 지원을 하는 자로 소방공무원 및 경찰공무원을 말한다.

23 3차 알코올인 제3부틸알코올 $(CH_3)_3COH$의 증기비중은 얼마인가?

① 2.55 ② 2.95
③ 4.26 ④ 7.28

해설

$$증기비중 = \frac{측정물질\ 분자량}{평균대기\ 분자량} = \frac{74g/mol}{29g/mol} \fallingdotseq 2.552 = 2.55$$

- 평균대기 분자량 : N_2(80%) : $28 \times 0.8 = 22.4$
  O_2(20%) : $32 \times 0.2 = 6.4$
  질소와 산소 분자량의 합은 28.8 ≒ 29
- 측정물질(제3부틸알코올) 분자량 : $(12 \times 4) + 10 + 16 = 74$

24 위험물안전관리법령상의 위험물 운반에 관한 기준에서 액체 위험물은 운반용기 내용적의 몇 % 이하의 수납률로 수납해야 하는가?

① 80 ② 85
③ 90 ④ 98

해설

운반용기 수납률
- 고체 위험물은 운반용기 내용적의 95% 이하의 수납률로 수납할 것
- 액체 위험물은 운반용기 내용적의 98% 이하의 수납률로 수납하되, 55℃의 온도에서 누설되지 않도록 충분한 공간용적을 유지하도록 할 것
- 자연발화성 물질 중 알킬알루미늄 등은 운반용기의 내용적의 90% 이하의 수납률로 수납하되, 50℃의 온도에서 5% 이상의 공간용적을 유지하도록 할 것

25 다음 중 D급 화재에 해당하는 것은?

① 플라스틱화재 ② 나트륨화재
③ 휘발유화재 ④ 전기화재

해설

가연물의 종류와 성상에 따른 화재의 분류

종 류	소화기 표시		적용대상
일반화재	백 색	A급 화재	일반가연물(나무, 옷, 종이, 고무, 플라스틱 등)
유류화재	황 색	B급 화재	가연성 액체(가솔린, 오일, 라커, 알코올, 페인트 등)
전기화재	청 색	C급 화재	전류가 흐르는 상태에서의 전기기구 화재
금속화재	무 색	D급 화재	가연성 금속(마그네슘, 나트륨, 세슘, 리튬, 칼륨 등)

22 ③ 23 ① 24 ④ 25 ② 정답

26 위험물안전관리법령상 전기설비에 대하여 적응성이 없는 소화설비는?

① 물분무소화설비
② 불활성가스소화설비
③ 포소화설비
④ 할로젠화합물소화설비

해설

포소화설비는 거품을 이용하므로 전기화재 시 합선, 누전 등이 발생할 수 있어 사용을 금해야 한다.

소화설비의 적응성

소화설비의 구분 \ 대상물 구분		건축물·그 밖의 공작물	전기설비	제1류 위험물		제2류 위험물			제3류 위험물		제4류 위험물	제5류 위험물	제6류 위험물
				알칼리금속 과산화물 등	그 밖의 것	철분·금속분·마그네슘 등	인화성 고체	그 밖의 것	금수성 물품	그 밖의 것			
옥내소화전 또는 옥외소화전설비		○			○		○	○		○		○	○
스프링클러설비		○			○		○	○		○	△	○	○
물분무 등 소화설비	물분무소화설비	○	○		○		○	○		○	○	○	○
	포소화설비	○			○		○	○		○	○	○	○
	불활성가스 소화설비		○				○				○		
	할로젠화합물 소화설비		○				○				○		
	분말소화설비 - 인산염류 등	○	○		○		○	○			○		○
	분말소화설비 - 탄산수소염류 등		○	○		○	○		○		○		
	분말소화설비 - 그 밖의 것			○		○			○				

27 제4류 위험물에 속하지 않는 것은?

① 아세톤
② 실린더유
③ 트라이나이트로톨루엔
④ 나이트로벤젠

해설

트라이나이트로톨루엔은 제5류 위험물의 나이트로화합물에 속한다.

28 위험물을 운반용기에 수납하여 적재할 때 차광성이 있는 피복으로 가려야 하는 위험물이 아닌 것은?

① 제1류 위험물
② 제2류 위험물
③ 제5류 위험물
④ 제6류 위험물

해설

운반 시 차광성이 있는 피복으로 가릴 위험물

- 제1류 위험물
- 제3류 위험물 중 자연발화성 물질
- 제4류 위험물 중 특수인화물
- 제5류 위험물
- 제6류 위험물

방수성이 있는 피복으로 덮을 위험물

- 제1류 위험물 중 알칼리금속의 과산화물 또는 이를 함유한 것
- 제2류 위험물 중 철분, 금속분, 마그네슘 또는 이들 중 어느 하나 이상을 함유한 것
- 제3류 위험물 중 금수성 물질

정답 26 ③ 27 ③ 28 ②

29 인화점이 21℃ 미만인 액체 위험물의 옥외저장탱크 주입구에 설치하는 "옥외저장탱크 주입구"라고 표시한 게시판의 바탕 및 문자색을 옳게 나타낸 것은?

① 백색바탕 – 적색문자

② 적색바탕 – 백색문자

③ 백색바탕 – 흑색문자

④ 흑색바탕 – 백색문자

해설

화기엄금(적색바탕, 백색문자) 및 물기엄금(청색바탕, 백색문자) 등의 주의사항을 제외하고 주입구 등 장소를 표시하는 게시판의 색상은 백색바탕에 흑색문자로 한다.

주유취급소 표지 및 게시판(위험물안전관리법 시행규칙 별표 13)

- 위험물 주유취급소 : 백색바탕 흑색문자
- 주유 중 엔진정지 : 황색바탕에 흑색문자

30 석유류가 연소할 때 발생하는 가스로 강하고 자극적인 냄새가 나며 취급하는 장치를 부식시키는 것은?

① H_2　　② CH_4

③ NH_3　　④ SO_2

해설

이산화황[아황산가스(SO_2)]은 무색의 자극성 냄새를 가진 유독성 기체로 눈 및 호흡기 등에 점막을 상하게 하고 질식사할 우려가 있다.

31 위험물안전관리법상 제조소 등의 허가 취소 또는 사용정지의 사유에 해당하지 않는 것은?

① 안전교육 대상자가 교육을 받지 않은 때

② 완공검사를 받지 않고 제조소 등을 사용한 때

③ 위험물안전관리자를 선임하지 않은 때

④ 제조소 등의 정기검사를 받지 않은 때

해설

제조소 등 설치허가의 취소와 사용정지 등(위험물안전관리법 제12조)

- 변경허가를 받지 않고 제조소 등의 위치·구조 또는 설비를 변경한 때
- 완공검사를 받지 않고 제조소 등을 사용한 때
- 안전조치 이행명령을 따르지 않은 때
- 수리·개조 또는 이전의 명령을 위반한 때
- 위험물안전관리자를 선임하지 않은 때
- 대리자를 지정하지 않은 때
- 규정에 따른 정기점검을 하지 않은 때
- 제조소 등의 정기검사를 받지 않은 때
- 저장·취급기준 준수명령을 위반한 때

32 경유에 대한 설명으로 틀린 것은?

① 물에 녹지 않는다.

② 비중은 1 이하이다.

③ 발화점이 인화점보다 높다.

④ 인화점은 상온 이하이다.

해설

경유의 인화점은 50~70℃로 상온 이상이다.

29 ③ 30 ④ 31 ① 32 ④ **정답**

33 상온에서 액체인 물질로만 조합된 것은?

① 질산메틸, 나이트로글리세린
② 피크르산, 질산메틸
③ 트라이나이트로톨루엔, 다이나이트로벤젠
④ 나이트로글리콜, 테트릴

해설

① 질산메틸, 나이트로글리세린 – 무색 투명한 액체
② 피크르산 – 결정, 질산메틸 – 무색 투명한 액체
③ 트라이나이트로톨루엔, 다이나이트로벤젠 – 결정
④ 나이트로글리콜 – 액체, 테트릴 – 결정

34 위험물안전관리법령상 소화전용물통 8L의 능력단위는?

① 0.3 ② 0.5
③ 1.0 ④ 1.5

해설

소화설비의 용량 및 능력단위

소화설비	용 량	능력단위
소화전용(轉用)물통	8L	0.3
수조(소화전용물통 3개 포함)	80L	1.5
수조(소화전용물통 6개 포함)	190L	2.5
마른모래(삽 1개 포함)	50L	0.5
팽창질석 또는 팽창진주암(삽 1개 포함)	160L	1.0

35 [보기]에서 설명하는 물질은 무엇인가?

보기
- 살균제 및 소독제로도 사용된다.
- 분해할 때 발생하는 발생기산소 [O]는 난분해성 유기물질을 산화시킬 수 있다.

① $HClO_4$ ② CH_3OH
③ H_2O_2 ④ H_2SO_4

해설

과산화수소
- $H_2O_2 \rightarrow H_2O + [O]$ 발생기산소(표백작용)
- 강산화제이나 환원제로도 사용된다.
- 단독 폭발 농도는 60% 이상이다.
- 시판품의 농도는 30~40% 수용액이다.

36 다음은 제1종 분말소화약제의 열분해 반응식이다. ( ) 안에 들어가는 물질은?

$2NaHCO_3 \rightarrow Na_2CO_3 + H_2O + (\quad)$

① 2Na ② O_2
③ HCO_3 ④ CO_2

해설

분말소화약제의 열분해 반응식
- 제1종 분말 : $2NaHCO_3 \rightarrow Na_2CO_3 + H_2O + CO_2\uparrow$
- 제2종 분말 : $2KHCO_3 \rightarrow K_2CO_3 + H_2O + CO_2\uparrow$
- 제3종 분말 : $NH_4H_2PO_4 \rightarrow HPO_3 + NH_3\uparrow + H_2O\uparrow$
- 제4종 분말 : $2KHCO_3 + (NH_2)_2CO \rightarrow K_2CO_3 + 2NH_3\uparrow + 2CO_2\uparrow$

정답 33 ① 34 ① 35 ③ 36 ④

37 다음 ( ) 안에 들어갈 수치를 순서대로 올바르게 나열한 것은?(단, 제4류 위험물에 적응성을 갖기 위한 살수밀도기준을 적용하는 경우를 제외한다)

> 위험물제조소 등에 설치하는 폐쇄형 헤드의 스프링클러설비는 30개의 헤드를 동시에 사용할 경우 각 끝부분의 방사압력이 ( )kPa 이상이고, 방수량이 1분당 ( )L 이상이어야 한다.

① 100, 80 ② 120, 80
③ 100, 100 ④ 120, 100

해설

소화설비의 설치 기준 : 비상전원을 설치할 것

구 분	규정 방수압	규정 방수량	수원의 양	수평 거리	배관·호수
옥내 소화전	350kPa 이상	260L/분 이상	7.8m³ × 개수 (최대5개)	층마다 25m 이내	40mm
옥외 소하전 설비	350kPa 이상	450L/분 이상	13.5m³ × 갯수(최대 4개)	40m 이하	65mm
스프링 클러 설비	100kPa 이상	80L/분 이상	2.4m³ × 개수 (폐쇄형 최대30)	헤드 간격 1.7m 이내	방사 구역은 150m² 이상
물분무 소화 설비	350kPa 이상	해당 소화 설비의 헤드의 설계 압력에 의한 방사량	1m²당 1분당 20L의 비율로 계산한 양으로 30분간 방사할 수 있는 양		

38 위험물제조소 등별로 설치해야 하는 경보설비의 종류에 해당하지 않는 것은?

① 비상방송설비 ② 비상조명등설비
③ 자동화재탐지설비 ④ 비상경보설비

해설

경보설비의 종류 : 자동화재탐지설비·비상경보설비(비상벨장치 또는 경종을 포함)·확성장치(휴대용 확성기를 포함) 및 비상방송설비
※ 비상조명등설비는 피난설비에 해당한다.

39 다음 아세톤의 완전 연소반응에서 ( )에 알맞은 계수를 차례대로 옳게 나타낸 것은?

> CH_3COCH_3 + ( )O_2 → ( )CO_2 + $3H_2O$

① 3, 4 ② 4, 3
③ 6, 3 ④ 3, 6

해설

완전 연소반응식

CH_3COCH_3 + (4)O_2 → (3)CO_2 + $3H_2O$
- C : 3+0=3+0
- H : 6+0=0+6
- O : 1+8=6+3

40 위험물을 유별로 정리하여 상호 1m 이상의 간격을 유지하는 경우에도 동일한 옥내저장소에 저장할 수 없는 것은?

① 제1류 위험물(알칼리금속의 과산화물 또는 이를 함유한 것을 제외한다)과 제5류 위험물
② 제1류 위험물과 제6류 위험물
③ 제1류 위험물과 제3류 위험물 중 황린
④ 인화성 고체를 제외한 제2류 위험물과 제4류 위험물

해설

인화성 고체를 제외한 제2류 위험물과 제4류 위험물은 동일한 옥내저장소에 저장이 불가하다.

유별이 다른 위험물끼리 동일한 저장소에 저장할 수 있는 경우(단, 1m 이상의 간격 유지)
- 제1류 위험물(알칼리금속의 과산화물 또는 이를 함유한 것을 제외)과 제5류 위험물
- 제1류 위험물과 제6류 위험물
- 제1류 위험물과 제3류 위험물 중 자연발화성 물질(황린 또는 이를 함유한 것)
- 제2류 위험물 중 인화성 고체와 제4류 위험물
- 제3류 위험물 중 알킬알루미늄 등과 제4류 위험물(알킬알루미늄 또는 알킬리튬을 함유한 것)
- 제4류 위험물 중 유기과산화물 또는 이를 함유하는 것과 제5류 위험물 중 유기과산화물 또는 이를 함유한 것

37 ① 38 ② 39 ② 40 ④ 정답

41 열의 이동 원리 중 복사에 관한 예로 적당하지 않은 것은?

① 그늘이 시원한 이유
② 더러운 눈이 빨리 녹는 현상
③ 보온병 내부를 거울벽으로 만드는 것
④ 해풍과 육풍이 일어나는 원리

해설

해풍과 육풍이 일어나는 원리는 대류현상이다.
열의 이동 원리
- 전도 : 열이 물질 속으로 전해져 가는 현상으로 온도가 높은 부분에서 낮은 부분으로 이동한다.
- 복사 : 물질을 매개로 하지 않고 직접 열을 전달한다.
- 대류 : 액체나 기체에서 분자가 순환하면서 열을 전달한다.

42 화재 시 이산화탄소를 사용하여 공기 중 산소의 농도를 21vol%에서 13vol%로 낮추려면 공기 중 이산화탄소의 농도는 몇 vol%가 되어야 하는가?

① 34.3　　② 38.1
③ 42.5　　④ 45.8

해설

공기 중 21%의 공간을 차지하는 산소 농도를 13vol%로 낮추려면 이산화탄소가 38.1vol%를 차지해야 한다.

$$\therefore \frac{\text{이산화탄소}}{\text{이산화탄소}+\text{산소}} \times 100\% = \frac{8}{8+13} \times 100\% = 38.1\text{vol}\%$$

43 다음 중 "인화점 50℃"의 의미를 가장 옳게 설명한 것은?

① 주변의 온도가 50℃ 이상이 되면 자발적으로 점화원 없이 발화한다.
② 액체의 온도가 50℃ 이상이 되면 가연성 증기를 발생하여 점화원에 의해 인화한다.
③ 액체를 50℃ 이상으로 가열하면 발화한다.
④ 주변의 온도가 50℃일 경우 액체가 발화한다.

해설

가연성 액체의 인화점은 공기 중에서 그 액체의 표면 부근에서 불꽃의 전파가 일어나기에 충분한 농도의 증기가 발생하는 최저의 온도를 말한다. 인화점 50℃의 의미는 액체의 온도가 50℃ 이상이 되면 가연성 증기가 발생하여 점화원에 의해 인화한다는 것이다.

44 메탄올과 에탄올의 공통점에 대한 설명으로 틀린 것은?

① 증기비중이 같다.
② 무색 투명한 액체이다.
③ 비중이 1보다 작다.
④ 물에 잘 녹는다.

해설

증기비중 : 메탄올(1.1), 에탄올(1.6)

45 위험물안전관리법령에서 정한 아세트알데하이드 등을 취급하는 제조소의 특례에 관한 내용이다. (　) 안에 해당하는 물질이 아닌 것은?

아세트알데하이드 등을 취급하는 설비는 (　)·(　)·(　)·(　) 또는 이들을 성분으로 하는 합금으로 만들지 않을 것

① 동　　② 은
③ 금　　④ 마그네슘

해설

아세트알데하이드 등을 취급하는 설비는 은·수은·동·마그네슘 또는 이들을 성분으로 하는 합금으로 만들지 않을 것

정답 41 ④ 42 ② 43 ② 44 ① 45 ③

46 위험물안전관리법령상 옥내저장소에서 기계에 의하여 하역하는 구조로 된 용기만을 겹쳐 쌓아 위험물을 저장하는 경우 그 높이는 몇 m를 초과하지 않아야 하는가?

① 2 ② 4
③ 6 ④ 8

해설

옥내저장소에서 위험물을 저장하는 경우에는 다음의 규정에 의한 높이를 초과하여 용기를 겹쳐 쌓지 않아야 한다.

- 기계에 의하여 하역하는 구조로 된 용기만을 겹쳐 쌓는 경우에 있어서는 6m이다.
- 제4류 위험물 중 제3석유류, 제4석유류 및 동식물유류를 수납하는 용기만을 겹쳐 쌓는 경우에 있어서는 4m이다.
- 그 밖의 경우에 있어서는 3m이다.

47 인화칼슘이 물과 반응하였을 때 발생하는 가스는?

① 수 소 ② 포스겐
③ 포스핀 ④ 아세틸렌

해설

인화칼슘과 물의 반응식

$Ca_3P_2 + 6H_2O \rightarrow 3Ca(OH)_2 + 2PH_3\uparrow$ (포스핀)

※ 포스겐가스($COCl_2$)는 사염화탄소(CCl_4)가 물 또는 연소할 때 발생하는 독성가스이다.

- 연소반응 : $CCl_4 + 0.5O_2 \rightarrow COCl_2 + Cl_2$
- 물과의 반응 : $CCl_4 + H_2O \rightarrow COCl_2 + 2HCl$

48 다이에틸에터에 대한 설명으로 틀린 것은?

① 일반식은 R–CO–R′이다.
② 연소범위는 약 1.7~48%이다.
③ 증기비중 값이 비중 값보다 크다.
④ 휘발성이 높고 마취성을 가진다.

해설

다이에틸에터

- 일반식 : R–O–R′(R 및 R′는 알킬기를 의미)
- 구조식

```
     H    H         H    H
     |    |         |    |
H —  C —  C — O —   C —  C — H
     |    |         |    |
     H    H         H    H
```

또는

```
 /\  /\
/  \/  \
    O
```

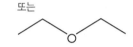

49 다음 중 유류저장 탱크화재에서 일어나는 현상으로 거리가 먼 것은?

① 보일오버 ② 플래시오버
③ 슬롭오버 ④ BLEVE

해설

화재 현상

- 보일오버 : 고온층(Hot Zone)이 형성된 유류화재의 탱크 밑면에 물이 고여 있는 경우, 화재의 진행에 따라 바닥의 물이 급격히 증발하여 불붙은 기름을 분출시키는 위험 현상
- 플래시백 : 불꽃이 연소기 내로 전파되어 연소하는 현상으로 가스의 분출속도(공급속도)보다 연소속도가 클 때 발생된다.
- 플래시오버 : 연료지배형 화재(화재가 가연물에 의해 좌우되는 단계)에서 환기지배형 화재(실내환기에 의해 좌우되는 단계)로의 전이 되는 화재로 화염이 순간적으로 실내 전체로 확대되는 현상
- 백드래프트 : 산소가 부족하거나 훈소상태에 있는 실내에 산소가 일시적으로 다량 공급될 때 연소가스가 순간적으로 발화하는 현상
- 슬롭오버 : 탱크 화재 시 소화약제를 유류 표면에 분사할 때 약제에 포함된 수분이 끓어 부피가 팽창함으로써 기름을 함께 분출시키는 현상
- 블레비 : 가연성 액화가스의 탱크 주위에서 화재가 발생한 경우에 탱크의 가열로 인하여 그 부분의 강도가 약해져 탱크가 파열됨으로 내부의 가열된 액화가스가 급속히 팽창하면서 폭발하는 현상

46 ③ 47 ③ 48 ① 49 ② **정답**

50 위험물안전관리법령상 혼재할 수 없는 위험물은? (단, 위험물은 지정수량의 1/10을 초과하는 경우이다)

① 적린과 황린
② 질산염류와 질산
③ 칼륨과 특수인화물
④ 유기과산화물과 황

해설

적린(제2류 위험물 – 가연성·환원성 고체)과 황린(제3류 위험물 – 자연발화성 물질 및 금수성 물질)은 혼재할 수 없다.

혼재 가능한 위험물

- 제1류 위험물(산화성 고체) : 제6류 위험물(산화성 액체)
- 제4류 위험물(인화성 액체) : 제2류 위험물(가연성·환원성 고체), 제3류 위험물(자연발화성 물질 및 금수성 물질)
- 제5류 위험물(자기반응성 물질) : 제2류 위험물(가연성 고체), 제4류 위험물(인화성 액체)

51 위험물탱크의 용량은 탱크의 내용적에서 공간용적을 뺀 용적으로 한다. 이 경우 소화약제 방출구를 탱크 안의 윗부분에 설치하는 탱크의 공간용적은 해당 소화설비의 소화약제 방출구 아래의 어느 범위의 면으로부터 윗부분의 용적으로 하는가?

① 0.1m 이상 0.5m 미만 사이의 면
② 0.3m 이상 1m 미만 사이의 면
③ 0.5m 이상 1m 미만 사이의 면
④ 0.5m 이상 1.5m 미만 사이의 면

해설

탱크의 공간용적은 탱크 내용적의 5/100 이상 10/100 이하의 용적으로 한다. 다만, 소화설비(소화약제 방출구를 탱크 안의 윗부분에 설치하는 것에 한한다)를 설치하는 탱크의 공간용적은 해당 소화설비의 소화약제 방출구 아래의 0.3m 이상 1m 미만 사이의 면으로부터 윗부분의 용적으로 한다.

52 위험물안전관리법령상 옥외저장탱크 중 압력탱크 외의 탱크에 통기관을 설치해야 할 때 밸브 없는 통기관인 경우 통기관의 직경은 몇 mm 이상으로 해야 하는가?

① 10 ② 15
③ 20 ④ 30

해설

옥외저장탱크 중 밸브 없는 통기관 설치기준(위험물안전관리법 시행규칙 별표 6)

- 직경은 30mm 이상일 것
- 선단은 수평면보다 45° 이상 구부려 빗물 등의 침투를 막는 구조로 할 것
- 가는 눈의 구리망 등으로 인화방지장치를 할 것. 다만, 인화점 70℃ 이상의 위험물만을 해당 위험물의 인화점 미만의 온도로 저장 또는 취급하는 탱크에 설치하는 통기관에 있어서는 그렇지 않다.

53 트라이나이트로톨루엔의 작용기에 해당하는 것은?

① $-NO$ ② $-NO_2$
③ $-NO_3$ ④ $-NO_4$

해설

트라이나이트로톨루엔(TNT, $C_6H_2CH_3(NO_2)_3$)

CH_3, O_2N, NO_2, NO_2

정답 50 ① 51 ② 52 ④ 53 ②

54 위험물안전관리법령상 제5류 위험물의 화재발생 시 적응성이 있는 소화설비는?

① 분말소화설비
② 물분무소화설비
③ 불활성가스소화설비
④ 할로젠화합물소화설비

해설

제5류 위험물(자기반응성 물질)은 자체적으로 산소공급원을 포함하고 있어 이산화탄소, 분말, 포소화약제 등에 의한 질식소화는 효과가 없으며, 다량의 냉각주수소화가 적당하다. 단, 화재 초기 또는 소형화재 이외에는 소화가 어렵다.

55 2가지 물질을 섞었을 때 수소가 발생하는 것은?

① 칼륨과 에탄올
② 과산화마그네슘과 염화수소
③ 과산화칼륨과 탄산가스
④ 오황화인과 물

해설

반응식(필답형 유형)

① 칼륨과 에탄올
$2K + 2C_2H_5OH$(에탄올) → $2C_2H_5OK$(칼륨에틸레이트) + H_2 ↑
② 과산화마그네슘과 염화수소
$MgO_2 + 2HCl$ → $MgCl_2$(염화마그네슘) + H_2O_2 ↑ (과산화수소)
③ 과산화칼륨과 탄산가스
$2K_2O_2 + 2CO_2$ → $2K_2CO_3$(탄산칼륨) + O_2 ↑
④ 오황화인과 물
$P_2S_5 + 8H_2O$ → $5H_2S$(황화수소) + $2H_3PO_4$(인산)

56 소화기 속에 압축되어 있는 이산화탄소 1.1kg을 표준상태에서 분사하였다. 이산화탄소의 부피는 몇 m^3가 되는가?

① 0.56 ② 5.6
③ 11.2 ④ 24.6

해설

이산화탄소(CO_2)의 분자량은 44g이므로 1.1kg의 몰수는

$$몰수 = \frac{질량}{분자량} = \frac{1,100}{44} = 25몰$$

기체 1몰의 부피는 22.4L이므로
$22.4L \times 25 = 560L = 0.56m^3$

57 다음 중 지정수량이 나머지 셋 다른 물질은?

① 황화인 ② 적 린
③ 칼 슘 ④ 황

해설

지정수량

종 류	황화인	적 린	칼 슘	황
지정수량	100kg	100kg	50kg	100kg

54 ② 55 ① 56 ① 57 ③ 정답

58 다음은 위험물안전관리법령에 따른 판매취급소에 대한 정의이다. (   )에 알맞은 말은?

> 판매취급소라 함은 점포에서 위험물을 용기에 담아 판매하기 위하여 지정수량의 (㉮)배 이하의 위험물을 (㉯)하는 장소

① ㉮ 20 ㉯ 취급
② ㉮ 40 ㉯ 취급
③ ㉮ 20 ㉯ 저장
④ ㉮ 40 ㉯ 저장

해설

위험물을 제조 외의 목적으로 취급하기 위한 장소와 그에 따른 취급소의 구분

위험물을 제조 외의 목적으로 취급하기 위한 장소	취급소의 구분
고정된 주유설비(항공기에 주유하는 경우에는 차량에 설치된 주유설비를 포함한다)에 의하여 자동차・항공기 또는 선박 등의 연료탱크에 직접 주유하기 위하여 위험물(석유 및 석유대체연료 사업법 제29조의 규정에 의한 가짜석유제품에 해당하는 물품을 제외한다)을 취급하는 장소(위험물을 용기에 옮겨 담거나 차량에 고정된 5,000L 이하의 탱크에 주입하기 위하여 고정된 급유설비를 병설한 장소를 포함한다)	주유 취급소
점포에서 위험물을 용기에 담아 판매하기 위하여 지정수량의 40배 이하의 위험물을 취급하는 장소	판매 취급소

59 다음 점화 에너지 중 물리적 변화에서 얻어지는 것은?

① 압축열 ② 산화열
③ 중합열 ④ 분해열

해설

점화 에너지의 종류
- 화학적 에너지 : 분해열, 산화열, 연소열, 중합열
- 물리적 에너지 : 마찰열, 압축열
- 전기적 에너지 : 정전기열, 전기저항열, 낙뢰에 의한 열

60 적린에 관한 설명 중 틀린 것은?

① 물에 잘 녹는다.
② 화재 시 물로 냉각소화를 할 수 있다.
③ 황린에 비해 안정하다.
④ 황린과 동소체이다.

해설

황린과 적린의 비교

성 질	황린(P_4)	적린(P)
분 류	제3류 위험물	제2류 위험물
외 관	백색 또는 담황색의 자연발화성 고체	암적색 무취의 분말
착화온도	34℃ (물속에 저장)	약 260℃ (산화제 접촉금지)
CS_2 용해성	용해된다(녹는다).	용해되지 않는다.
공기 중	자연발화하여 인광을 낸다.	자연발화하지 않고 인광을 내지 않는다.
독 성	맹독성	치사량 0.15g
공통점	• 적린(P)과 황린은 동소체이다. • 연소 시 오산화인을 생성한다. • 화재 시 물을 사용하여 소화할 수 있다. • 1보다 크다. • 연소, 산화하기 쉽다. • 물에 녹지 않는다.	

정답 58 ② 59 ① 60 ①

2024년 제1회 최근 기출복원문제

01 위험물안전관리법령상 전기설비에 대하여 적응성이 없는 소화설비는?

① 물분무소화설비
② 불활성가스소화설비
③ 포소화설비
④ 할로젠화합물소화설비

해설

포소화설비는 거품을 이용하므로 전기화재 시 합선, 누전 등이 발생할 수 있어 사용을 금해야 한다.

소화설비의 적응성

소화설비의 구분 \ 대상물 구분	건축물·그 밖의 공작물	전기설비	제1류 위험물: 알칼리금속 과산화물 등	제1류 위험물: 그 밖의 것	제2류 위험물: 철분·금속분·마그네슘 등	제2류 위험물: 인화성 고체	제2류 위험물: 그 밖의 것	제3류 위험물: 금수성 물품	제3류 위험물: 그 밖의 것	제4류 위험물	제5류 위험물	제6류 위험물
옥내소화전 또는 옥외소화전설비	○			○		○	○		○		○	○
스프링클러설비	○			○		○	○		○	△	○	○
물분무 등 소화설비: 물분무소화설비	○	○		○		○	○		○	○	○	○
물분무 등 소화설비: 포소화설비	○			○		○	○		○	○	○	○
물분무 등 소화설비: 불활성기체 소화설비		○				○				○		
물분무 등 소화설비: 할로젠화합물 소화설비		○				○				○		
물분무 등 소화설비: 분말소화설비: 인산염류 등	○	○		○		○	○			○		○
물분무 등 소화설비: 분말소화설비: 탄산수소염류 등		○	○		○	○		○		○		
물분무 등 소화설비: 분말소화설비: 그 밖의 것			○		○			○				

02 지하탱크저장소에서 인접한 2개의 지하저장탱크 용량의 합계가 지정수량이 200배일 경우 탱크 상호 간의 최소거리는?

① 0.1m
② 0.3m
③ 0.5m
④ 1m

해설

지하저장탱크를 2 이상 인접해 설치하는 경우에는 그 상호 간에 1m(해당 2 이상의 지하저장탱크의 용량의 합계가 지정수량의 100배 이하인 때에는 0.5m) 이상의 간격을 유지하여야 한다(필답형 유형).

03 위험성 예방을 위해 물속에 저장하는 것은?

① 칠황화인
② 이황화탄소
③ 오황화인
④ 톨루엔

해설

이황화탄소는 비수용성이며 가연성 증기발생을 억제하기 위해 물속에 저장한다.

1 ③ 2 ④ 3 ② 정답

04 그림과 같은 위험물 저장탱크의 내용적은 약 몇 m^3 인가?

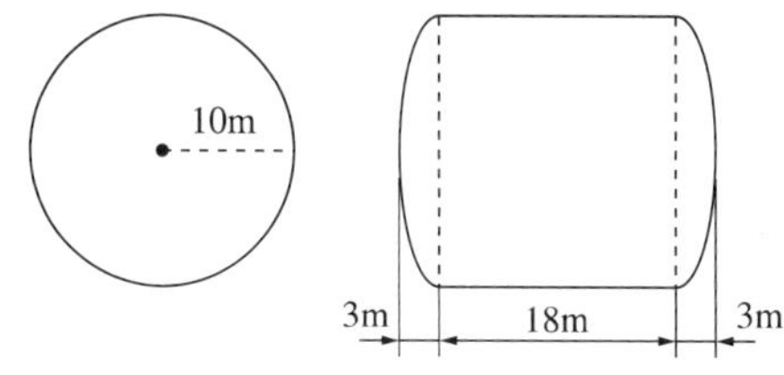

① 4,681　　② 6,283
③ 6,883　　④ 7,080

해설

횡으로 설치한 원통형 탱크의 내용적 $= \pi r^2\left(L + \frac{L_1 + L_2}{3}\right)$

$= \pi 10^2\left(18 + \frac{3+3}{3}\right)$

$= 6,283\text{m}^3$

※ 공간용적 고려 시
탱크의 용량=탱크의 내용적－탱크의 공간용적

05 제2류 위험물에 대한 설명 중 틀린 것은?

① 황은 물에 녹지 않는다.
② 오황화인은 CS_2에 녹는다.
③ 삼황화인은 가연성 물질이다.
④ 칠황화인은 더운물에 분해되어 이산화황을 발생한다.

해설

칠황화인은 냉수에서는 서서히 분해되고, 온수에서는 급격히 분해하여 황화수소와 인산을 발생시킨다.

06 수소화나트륨의 소화약제로 적당하지 않은 것은?

① 물
② 건조사
③ 팽창질석
④ 팽창진주암

해설

수소화나트륨(NaH)은 제3류 위험물(금수성 물질) 중 금속의 수소화합물(300kg/위험등급Ⅲ)이다. 은백색의 결정으로 물과 반응하여 수산화나트륨과 수소를 발생한다.
물과의 반응식 : $NaH + H_2O \rightarrow NaOH + H_2\uparrow + 21kcal$

07 위험물저장소에 해당하지 않는 것은?

① 옥외저장소
② 지하탱크저장소
③ 이동탱크저장소
④ 판매저장소

해설

판매저장소는 위험물저장소에 해당하지 않는다.

08 전기화재의 급수와 표시색상을 옳게 나타낸 것은?

① C급－백색
② D급－백색
③ C급－청색
④ D급－청색

해설

적응화재에 따른 소화기의 표시색상

적응화재	소화기 표시색상
A급(일반화재)	백 색
B급(유류화재)	황 색
C급(전기화재)	청 색
D급(금속화재)	무 색

09 제3종 분말 소화약제의 열분해 반응식을 옳게 나타낸 것은?

① $NH_4H_2PO_4 \rightarrow HPO_3 + NH_3 + H_2O$

② $2KNO_3 \rightarrow 2KNO_2 + O_2$

③ $KClO_4 \rightarrow KCl + 2O_2$

④ $2CaHCO_3 \rightarrow 2CaO + H_2CO_3$

해설

분말 소화약제의 열분해 반응식

- 제1종 분말 : $2NaHCO_3 \rightarrow Na_2CO_3 + H_2O + CO_2\uparrow$
- 제2종 분말 : $2KHCO_3 \rightarrow K_2CO_3 + H_2O\uparrow + CO_2\uparrow$
- 제3종 분말 : $NH_4H_2PO_4 \rightarrow HPO_3 + NH_3\uparrow + H_2O\uparrow$
- 제4종 분말 : $2KHCO_3 + (NH_2)_2CO \rightarrow K_2CO_3 + 2NH_3\uparrow + 2CO_2\uparrow$

제3종 분말 소화약제의 효과

- HPO_3 : 메타인산의 방진효과
- NH_3 : 불연성 가스에 의한 질식효과
- H_2O : 냉각효과
- 열분해 시 유리된 암모늄이온과 분말 표면의 흡착에 의한 부촉매 효과

10 분말소화약제와 함께 트윈 에이전트 시스템으로 사용할 수 있는 소화약제는?

① 마른모래

② 이산화탄소소화약제

③ 포소화약제

④ 할로젠화화합 소화약제

해설

트윈 에이전트 시스템(Twin agent System)이란 2약제 소화 방식으로 분말소화제와 포소화제를 조합하여 화재에 대한 소화성능을 높인 것이다.

- TWIN 20/20 : ABC 분말약제 20kg + 수성막포 20L
- TWIN 40/40 : ABC 분말약제 40kg + 수성막포 40L

11 위험물제조소에 옥외소화전이 5개가 설치되어 있다. 이 경우 확보하여야 하는 수원의 법정 최소량은 몇 m^3인가?

① 28

② 35

③ 54

④ 67.5

해설

옥외소화전의 수원의 수량 = N(소화전의 수, 최대 4개) × $13.5m^3$
= 4 × $13.5m^3$ = $54m^3$

소화설비의 배치기준

구 분	규정 방수압	규정 방수량	수원의 양	수평 거리	배관 · 호수
옥내 소화전	350kPa 이상	260L/min 이상	$7.8m^3$× 갯수(최대 5개)	층마다 25m 이내	40mm
옥외 소화전 설비	350kPa 이상	450L/min 이상	$13.5m^3$× 갯수(최대 4개)	40m 이하	65mm
스프링 클러 설비	100kPa 이상	80L/min 이상	$2.4m^3$× 갯수 (폐쇄형 최대 30)	헤드간격 1.7m 이내	방사 구역은 $150m^2$ 이상
물분무 소화 설비	350kPa 이상	해당 소화 설비의 헤드의 설계 압력에 의한 방사량	$1m^2$당 1분당 20L의 비율로 계산한 양으로 30분간 방사할 수 있는 양		

9 ① 10 ③ 11 ③ 정답

12 인화점이 21℃ 미만인 액체위험물의 옥외저장탱크 주입구에 설치하는 "옥외저장탱크 주입구"라고 표시한 게시판의 바탕 및 문자색을 옳게 나타낸 것은?

① 백색바탕 – 적색문자
② 적색바탕 – 백색문자
③ 백색바탕 – 흑색문자
④ 흑색바탕 – 백색문자

해설

화기엄금(적색바탕, 백색문자) 및 물기엄금(청색바탕, 백색문자) 등의 주의사항을 제외하고 주입구 등 장소를 표시하는 게시판의 색상은 백색바탕에 흑색문자로 한다.

주유취급소 표지 및 게시판(위험물안전관리법 시행규칙 별표 13)
- 위험물 주유취급소 : 백색바탕 흑색문자
- 주유 중 엔진정지 : 황색바탕에 흑색문자

13 나이트로셀룰로스 5kg과 트라이나이트로페놀을 함께 저장하려고 한다. 이때 지정수량 1배로 저장하려면 트라이나이트로페놀을 몇 kg 저장하여야 하는가?

① 5　　② 10
③ 50　　④ 100

해설

지정수량 : 질산에스테르류인 나이트로셀룰로스(10kg), 나이트로화합물인 트라이나이트로페놀(100kg)

$$\frac{\text{저장수량}}{\text{지정수량}} = \frac{5}{10} + \frac{x}{100} = 1$$

$\therefore x = 50\text{kg}$

14 위험물안전관리법령상 철분, 금속분, 마그네슘에 적응성이 있는 소화설비는?

① 불활성가스소화설비
② 할로젠화합물소화설비
③ 포소화설비
④ 탄산수소염류소화설비

해설

제2류 위험물(가연성 고체)의 철분, 금속분, 마그네슘의 화재에는 탄산수소염류분말 및 마른모래, 팽창질석 또는 팽창진주암을 사용한다.
※ 금속분을 제외하고 주수에 의한 냉각소화를 한다.

15 위험물 저장탱크의 내용적이 300L일 때 탱크에 저장하는 위험물의 용량의 범위로 적합한 것은?(단, 원칙적인 경우에 한한다)

① 240~270L　　② 270~285L
③ 290~295L　　④ 295~298L

해설

$300 \times 0.05 = 15$, $300 \times 0.1 = 30$이므로,
$300 - 30 = 270$, $300 - 15 = 285$이다.
따라서, 탱크에 저장하는 위험물의 용량 범위는 270~285L이다.
※ 위험물 저장탱크의 허가용량은 최대 용적에서 5/100 이상 10/100 이하의 용적을 제외한 용적으로 한다.

16 물과 친화력이 있는 수용성 용매의 화재에 보통의 포소화약제를 사용하면 포가 파괴되기 때문에 소화효과를 잃게 된다. 이와 같은 단점을 보완한 소화약제로 가연성인 수용성 용매의 화재에 유효한 효과를 가지고 있는 것은?

① 알코올형포소화약제
② 단백포소화약제
③ 합성계면활성제포소화약제
④ 수성막포소화약제

해설

소포성(포를 소멸시키는 성질)을 견딜 수 있는 소화약제는 알코올형포소화약제이다.

정답 12 ③ 13 ③ 14 ④ 15 ② 16 ①

17 [보기]에서 설명하는 물질은 무엇인가?

보기

- 살균제 및 소독제로도 사용된다.
- 분해할 때 발생하는 발생기산소 [O]는 난분해성 유기물질을 산화시킬 수 있다.

① $HClO_4$　② CH_3OH
③ H_2O_2　④ H_2SO_4

해설

과산화수소

- H_2O_2 → H_2O + [O] 발생기산소(표백작용)
- 강산화제이나 환원제로도 사용된다.
- 단독 폭발 농도는 60% 이상이다.
- 시판품의 농도는 30~40% 수용액이다.

18 다음은 어떤 화합물의 구조식인가?

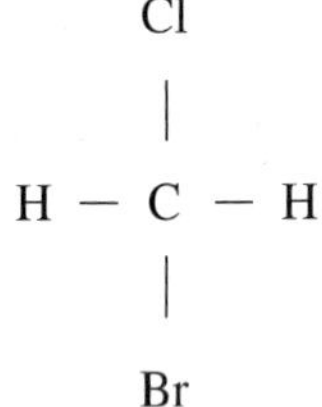

① 할론 1301　② 할론 1201
③ 할론 1011　④ 할론 2402

해설

할론은 C–F–Cl–Br의 순서대로 개수를 표시하며, H의 개수는 할론번호에 포함하지 않는다.

19 위험물안전관리법령상 옥내저장소에서 기계에 의하여 하역하는 구조로 된 용기만을 겹쳐 쌓아 위험물을 저장하는 경우 그 높이는 몇 m를 초과하지 않아야 하는가?

① 2　② 4
③ 6　④ 8

해설

옥내저장소에서 위험물을 저장하는 경우에는 다음의 규정에 의한 높이를 초과하여 용기를 겹쳐 쌓지 아니하여야 한다.

- 기계에 의하여 하역하는 구조로 된 용기만을 겹쳐 쌓는 경우에 있어서는 6m이다.
- 제4류 위험물 중 제3석유류, 제4석유류 및 동식물유류를 수납하는 용기만을 겹쳐 쌓는 경우에 있어서는 4m이다.
- 그 밖의 경우에 있어서는 3m이다.

20 위험물제조소에서 지정수량 이상의 위험물을 취급하는 건축물(시설)에는 원칙상 최소 몇 m 이상의 보유공지를 확보하여야 하는가?(단, 최대수량은 지정수량의 10배이다)

① 1m 이상
② 3m 이상
③ 5m 이상
④ 7m 이상

해설

제조소의 보유공지(필답형 유형)

취급하는 위험물의 최대수량	공지의 너비
지정수량의 10배 이하	3m 이상
지정수량의 10배 초과	5m 이상

17 ③　18 ③　19 ③　20 ②　정답

21 제4류 위험물인 클로로벤젠의 지정수량으로 옳은 것은?

① 200L ② 400L
③ 1,000L ④ 2,000L

해설

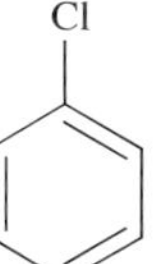

클로로벤젠(C_6H_5Cl)은 제2석유류 비수용성으로 지정수량은 1,000L이다.
- 무색의 액체로 물보다 무거우며, 유기용제에 녹는다.
- 증기는 공기보다 무겁고 마취성이 있다.
- DDT의 원료로 사용된다.

22 다음은 P_2S_5와 물의 화학반응이다. ( )에 알맞은 숫자를 차례대로 나열한 것은?

P_2S_5 + ( )H_2O → ( )H_2S + ( )H_3PO_4

① 2, 8, 5 ② 2, 5, 8
③ 8, 5, 2 ④ 8, 2, 5

해설

오황화인과 물의 반응

P_2S_5 + (8)H_2O → (5)H_2S + (2)H_3PO_4

- P : 2+0 = 0+2
- S : 5+0 = 5+0
- H : 0+16 = 10+6
- O : 0+8 = 0+8

23 메테인 1g이 완전연소하면 발생되는 물은 몇 g인가?

① 1.25 ② 5.5
③ 14 ④ 44

해설

메테인의 완전 연소 반응식 : $CH_4 + 2O_2 \rightarrow CO_2 + 2H_2O$
- 1몰의 메테인으로 2몰의 물 발생
- 메테인 1g으로(메테인 1g의 몰수 : 1g × 1mol/16g = $\frac{1}{16}$ mol)

  물 $(2 \times \frac{1}{16})$mol 생성
- 발생된 물의 질량은 $\frac{1}{8}$mol × 44g/mol = 5.5g이 된다.

24 위험물안전관리법령상의 위험물 운반에 관한 기준에서 액체위험물은 운반용기 내용적의 몇 % 이하의 수납률로 수납하여야 하는가?

① 80 ② 85
③ 90 ④ 98

해설

운반용기 수납률
- 고체위험물은 운반용기 내용적의 95% 이하의 수납률로 수납할 것
- 액체위험물은 운반용기 내용적의 98% 이하의 수납률로 수납하되, 55℃의 온도에서 누설되지 아니하도록 충분한 공간용적을 유지하도록 할 것
- 자연발화성 물질 중 알킬알루미늄 등은 운반용기의 내용적의 90% 이하의 수납률로 수납하되, 50℃의 온도에서 5% 이상의 공간용적을 유지하도록 할 것

25 2가지 물질을 섞었을 때 수소가 발생하는 것은?

① 칼륨과 에탄올
② 과산화마그네슘과 염화수소
③ 과산화칼륨과 탄산가스
④ 오황화인과 물

해설

반응식(필답형 유형)

① 칼륨과 에탄올
$2K + 2C_2H_5OH$(에탄올) → $2C_2H_5OK$(칼륨에틸레이트) + H_2↑

② 과산화마그네슘과 염화수소
$MgO_2 + 2HCl$ → $MgCl_2$(염화마그네슘) + H_2O_2↑(과산화수소)

③ 과산화칼륨과 탄산가스
$2K_2O_2 + 2CO_2$ → $2K_2CO_3$(탄산칼륨) + O_2↑

④ 오황화인과 물
$P_2S_5 + 8H_2O$ → $5H_2S$(황화수소) + $2H_3PO_4$(인산)

정답 21 ③ 22 ③ 23 ② 24 ④ 25 ①

26 지정수량이 10kg인 물질은?

① 질 산　② 피크르산
③ 테트릴　④ 과산화벤조일

해설

지정수량

질산 (제6류)	피크르산 (제5류)	테트릴 (제5류)	과산화벤조일 (제5류)
300kg	100kg	10kg	100kg

27 정기점검 대상 제조소 등에 해당하지 않는 것은?

① 이동탱크저장소
② 지정수량 100배의 위험물을 저장하는 옥외저장소
③ 지정수량 100배의 위험물을 저장하는 옥내저장소
④ 이송취급소

해설

정기점검의 대상인 제조소 등

- 지정수량의 10배 이상의 위험물을 취급하는 제조소
- 지정수량의 100배 이상의 위험물을 저장하는 옥외저장소
- 지정수량의 150배 이상의 위험물을 저장하는 옥내저장소
- 지정수량의 200배 이상의 위험물을 저장하는 옥외탱크저장소
- 암반탱크저장소
- 이송취급소

28 다음 중 연소에 필요한 산소의 공급원을 차단하는 것은?

① 억제소화　② 냉각소화
③ 질식소화　④ 제거소화

해설

공기 중의 산소 농도를 15% 이하로 낮추면 질식소화에 의해 소화가 된다.

29 위험물안전관리법령상 자동화재탐지설비를 설치하지 않고 비상경보설비로 대신할 수 있는 것은?

① 일반취급소로서 연면적 $600m^2$인 것
② 지정수량 20배를 저장하는 옥내저장소로서 처마 높이가 6m인 단층건물
③ 단층건물 외에 건축물이 설치된 지정수량 15배의 옥내탱크저장소로서 소화난이도등급Ⅱ에 속하는 것
④ 지정수량 20배를 저장 취급하는 옥내주유취급소

해설

단층건물 외의 건축물에 설치된 옥내탱크저장소로서 소화난이도등급Ⅰ에 해당하는 옥내탱크저장소는 자동화재탐지설비를 설치해야 하나 소화난이도등급Ⅱ는 비상경보설비로 대체 가능하다.

제조소 등의 경보설비 설치기준(위험물안전관리법 시행규칙 별표 17)

제조소 등의 구분	제조소 등의 규모, 저장 또는 취급하는 위험물의 종류 및 최대수량 등	경보설비
가. 제조소 및 일반취급소	• 연면적이 $500m^2$ 이상인 것 • 옥내에서 지정수량의 100배 이상을 취급하는 것(고인화점 위험물만을 100℃ 미만의 온도에서 취급하는 것은 제외)	자동화재탐지설비
나. 옥내저장소	• 지정수량의 100배 이상을 저장 또는 취급하는 것(고인화점위험물만을 저장 또는 취급하는 것은 제외) • 저장창고의 연면적이 $150m^2$를 초과하는 것[연면적 $150m^2$ 이내마다 불연재료의 격벽으로 개구부 없이 완전히 구획된 저장창고와 제2류 위험물(인화성 고체는 제외) 또는 제4류 위험물(인화점이 70℃ 미만인 것은 제외)만을 저장 또는 취급하는 저장창고는 그 연면적이 $500m^2$ 이상인 것에 한한다] • 처마 높이가 6m 이상인 단층건물의 것	
다. 옥내탱크저장소	단층건물 외의 건축물에 설치된 옥내탱크저장소로서 소화난이도등급Ⅰ에 해당하는 것	
라. 주유취급소	옥내주유취급소	

26 ③ 27 ③ 28 ③ 29 ③ **정답**

30 플래시오버(Flash Over)에 대한 설명으로 옳은 것은?

① 대부분 화재 초기(발화기)에 발생한다.
② 대부분 화재 중기(쇠퇴기)에 발생한다.
③ 내장재의 종류와 개구부의 크기에 영향을 받는다.
④ 산소의 공급이 주요 요인이 되어 발생한다.

해설

플래시오버(Flash Over)
- 화재 시 성장기에서 최성기로 넘어갈 때 실내온도가 급격히 상승하여 화염이 실내 전체로 급격히 확대되는 연소 현상이다.
- 축적된 가연성 가스가 착화하면 실내 전체가 화염에 휩싸인다.
- 물체의 표면 또는 전체의 온도가 발화온도에 이르면 전면에 걸쳐 거의 동시에 타오르는 화재의 단계이다.
- 내장재의 종류와 개구부의 크기에 따라 영향을 받는다.

31 셀룰로이드에 관한 설명 중 틀린 것은?

① 물에 잘 녹으며, 자연발화의 위험이 있다.
② 지정수량은 100kg이다.
③ 탄력성이 있는 고체의 형태이다.
④ 장시간 방치된 것은 햇빛, 고온 등에 의해 분해가 촉진된다.

해설

물에 녹지 않지만, 알코올, 아세톤 등에 녹는다. 장기간 방치된 것은 햇빛, 고온, 고습 등에 의해 분해가 촉진되고 이때 분해열이 축적되면 자연발화의 위험이 있다.

32 소화기 속에 압축되어 있는 이산화탄소 1.1kg을 표준상태에서 분사하였다. 이산화탄소의 부피는 몇 m^3가 되는가?

① 0.56　　② 5.6
③ 11.2　　④ 24.6

해설

이산화탄소(CO_2)의 분자량은 44g이므로 1.1kg의 몰수는

$$몰수 = \frac{질량}{분자량} = \frac{1,100}{44} = 25몰$$

기체 1몰의 부피는 22.4L이므로
$\therefore$ $22.4L \times 25 = 560L = 0.56m^3$

33 제2석유류에 해당하는 물질로만 짝 지워진 것은?

① 등유, 경우
② 등유, 중유
③ 글리세린, 기계유
④ 글리세린, 장뇌유

해설

등유와 경유는 제2석유류

제4류 위험물(인화성 액체)

구분	물질
제1석유류	아세톤, 휘발유, 벤젠, 톨루엔, 피리딘, 사이안화수소, 초산메틸 등
제2석유류	등유, 경유, 장뇌유, 테레빈유, 포름산 등
제3석유류	중유, 클레오소트유, 글리세린, 나이트로벤젠 등
제4석유류	기어유, 실린더유, 터빈유, 모빌유, 엔진오일 등

34 위험물안전관리법령상 염소화아이소시아누르산은 제 몇 류 위험물인가?

① 제1류　　② 제2류
③ 제5류　　④ 제6류

해설

행정안전부령이 정하는 제1류 위험물이다.

정답 30 ③ 31 ① 32 ① 33 ① 34 ①

35 다음 (　)안에 적합한 숫자를 차례대로 나열한 것은?

> 자연발화성물질 중 알킬알루미늄 등은 운반용기의 내용적의 (　)% 이하의 수납률로 수납하되, 50℃의 온도에서 (　)% 이상의 공간용적을 유지하도록 할 것

① 90, 5　② 90, 10
③ 95, 5　④ 95, 10

해설

알칼알루미늄은 운반용기 내용적의 90% 이하에서 수납하되 50℃에서 5% 이상의 공간용적을 유지해야 한다.

운반용기의 수납률

- 고체 위험물 : 운반용기 내용적의 95% 이하
- 액체 위험물 : 운반용기 내용적의 98% 이하(55℃에서 누설되지 않도록 공간용적을 유지)

36 폭발의 종류에 따른 물질이 잘못 짝지어진 것은?

① 분해폭발 – 아세틸렌, 산화에틸렌
② 분진폭발 – 금속분, 밀가루
③ 중합폭발 – 사이안화수소, 염화비닐
④ 산화폭발 – 하이드라진, 과산화수소

해설

제4류 위험물(인화성 액체)인 하이드라진은 분해폭발, 제6류 위험물(산화성 액체)인 과산화수소는 분해폭발을 한다.

※ 성질이 다른 위험물은 폭발형태가 다르다.

37 0.99atm, 55℃에서 이산화탄소의 밀도는 약 몇 g/L인가?

① 0.63　② 1.62
③ 9.65　④ 12.65

해설

이상기체 상태방정식

$$PV=\frac{W}{M}RT$$

여기서, P : 압력(atm)　V : 부피(L)
W : 질량(g)　M : 분자량(g, CO_2 = 44)
R : 기체상수　T : 절대온도

$$밀도=\frac{질량}{부피}=\frac{W}{V}$$

$$\therefore \frac{W}{V}=\frac{PM}{RT}=\frac{0.99\times 44}{0.082\times(273+55)}=1.62\text{g/L}$$

38 다음은 위험물안전관리법령에 따른 판매취급소에 대한 정의이다. (　)에 알맞은 말은?

> 판매취급소라 함은 점포에서 위험물을 용기에 담아 판매하기 위하여 지정수량의 (㉮)배 이하의 위험물을 (㉯)하는 장소

① ㉮ 20　㉯ 취급
② ㉮ 40　㉯ 취급
③ ㉮ 20　㉯ 저장
④ ㉮ 40　㉯ 저장

해설

위험물을 제조 외의 목적으로 취급하기 위한 장소와 그에 따른 취급소의 구분

위험물을 제조 외의 목적으로 취급하기 위한 장소	취급소의 구분
고정된 주유설비(항공기에 주유하는 경우에는 차량에 설치된 주유설비를 포함한다)에 의하여 자동차·항공기 또는 선박 등의 연료탱크에 직접 주유하기 위하여 위험물(석유 및 석유대체연료 사업법 제29조의 규정에 의한 유사석유제품에 해당하는 물품을 제외한다)을 취급하는 장소(위험물을 용기에 옮겨 담거나 차량에 고정된 3천리터 이하의 탱크에 주입하기 위하여 고정된 급유설비를 병설한 장소를 포함한다)	주유 취급소
점포에서 위험물을 용기에 담아 판매하기 위하여 지정수량의 40배 이하의 위험물을 취급하는 장소	판매 취급소

35 ① 36 ④ 37 ② 38 ② 정답

39 취급하는 제4류 위험물의 수량이 지정수량의 30만 배인 일반취급소가 있는 사업장에 자체소방대를 설치함에 있어서 전체 화학소방차 중 포수용액을 방사하는 화학소방차는 몇 대 이상 두어야 하는가?

① 필수적인 것은 아니다.

② 1

③ 2

④ 3

해설

지정수량이 30만배이므로 화학소방자동차가 3대 필요하다. 이 중 포수용액을 방사하는 화학소방차 수는 전체 대수의 2/3 이상이어야 하므로 2대 이상이다.

자체소방대에 두는 화학소방자동차 및 인원

사업소의 구분	화학소방 자동차	자체 소방대원 수
지정수량의 12만배 미만	1대	5인
지정수량의 12만배 이상 24만배 미만	2대	10인
지정수량의 24만배 이상 48만배 미만	3대	15인
지정수량의 48만배 이상	4대	20인

40 피크르산 제조에 사용되는 물질과 가장 관계가 있는 것은?

① C_6H_6

② $C_6H_5CH_3$

③ $C_3H_5(OH)_3$

④ C_6H_5OH

해설

페놀(C_6H_5OH)을 황산과 질산에서 나이트로화하면 모노 및 다이나이트로페놀을 거쳐서 트라이나이트로페놀(피크르산)이 된다.

트라이나이트로페놀(TNP)

OH
NO_2 NO_2
NO_2

41 다음 중 유류저장 탱크화재에서 일어나는 현상으로 거리가 먼 것은?

① 보일오버 ② 플래시오버

③ 슬롭오버 ④ BLEVE

해설

화재 현상

- 보일오버 : 고온층(Hot Zone)이 형성된 유류화재의 탱크 밑면에 물이 고여 있는 경우, 화재의 진행에 따라 바닥의 물이 급격히 증발하여 불붙은 기름을 분출시키는 위험 현상
- 플래시백 : 불꽃이 연소기 내로 전파되어 연소하는 현상으로 가스의 분출속도(공급속도)보다 연소속도가 클 때 발생된다.
- 플래시오버 : 연료지배형 화재(화재가 가연물에 의해 좌우되는 단계)에서 환기지배형 화재(실내환기에 의해 좌우되는 단계)로 전이되는 화재로 화염이 순간적으로 실내 전체로 확대되는 현상
- 백드래프트 : 산소가 부족하거나 훈소상태에 있는 실내에 산소가 일시적으로 다량 공급될 때 연소가스가 순간적으로 발화하는 현상
- 슬롭오버 : 탱크 화재 시 소화약제를 유류 표면에 분사할 때 약제에 포함된 수분이 끓어 부피가 팽창함으로써 기름을 함께 분출시키는 현상
- 블레비 : 가연성 액화가스의 탱크 주위에서 화재가 발생한 경우에 탱크의 가열로 인하여 그 부분의 강도가 약해져 탱크가 파열됨으로써 내부의 가열된 액화가스가 급속히 팽창하면서 폭발하는 현상

42 다음 중 제6류 위험물에 해당하는 것은?

① IF_5 ② $HClO_3$

③ NO_3 ④ H_2O

해설

IF_5(오플루오린화아이오딘)는 행정안전부령이 정하는 제6류 위험물(할로젠간화합물)에 속한다. 나머지는 위험물이 아니다.

정답 39 ③ 40 ④ 41 ② 42 ①

43 가솔린의 연소범위에 가장 가까운 것은?

① 1.2~7.6%

② 2.0~23.0%

③ 1.8~36.5%

④ 1.0~50.0%

해설

제4류 위험물(인화성 액체) 중 제1석유류인 가솔린은 연소범위가 1.2~7.6%이다.

44 지하탱크저장소에 대한 설명으로 옳지 않은 것은?

① 탱크전용실 벽의 두께는 0.3m 이상이어야 한다.

② 지하저장탱크의 윗부분은 지면으로부터 0.6m 이상 아래에 있어야 한다.

③ 지하저장탱크와 탱크전용실 안쪽과의 간격이 0.1m 이상의 간격을 유지한다.

④ 지하저장탱크에는 두께 0.1m 이상의 철근콘크리트조로 된 뚜껑을 설치한다.

해설

탱크의 세로 및 가로보다 각각 0.6cm 이상 크고 두께가 0.3m 이상인 철근콘크리트조의 뚜껑을 설치

45 다음 위험물 중 지정수량이 가장 큰 것은?

① 나이트로글리콜

② 과산화수소

③ 트라이나이트로톨루엔

④ 피크르산

해설

② 과산화수소 : 제6류 위험물(300kg/위험등급Ⅰ)
① 나이트로글리콜 : 제5류 위험물(10kg/위험등급Ⅰ)
③ 트라이나이트로톨루엔 : 제5류 위험물(100kg/위험등급Ⅱ)
④ 피크르산(트라이나이트로페놀) : 제5류 위험물(100kg/위험등급Ⅱ)

46 위험물에 대한 유별 구분이 잘못된 것은?

① 브로민산염류 – 제1류 위험물

② 황 – 제2류 위험물

③ 금속의 인화물 – 제3류 위험물

④ 무기과산화물 – 제5류 위험물

해설

무기과산화물은 제1류 위험물(50kg/위험등급Ⅰ)에 해당한다.

47 메틸알코올 8,000L에 대한 소화능력으로 삽을 포함한 마른 모래를 몇 L 설치하여야 하는가?

① 100

② 200

③ 300

④ 400

해설

메틸알코올의 지정수량은 400L이고 소요단위는 지정수량의 10배인 4,000L이므로,

메틸알코올의 소요단위 : $\frac{8,000L}{400L \times 10} = 2$단위

소화설비	용 량	능력단위
마른 모래(삽 1개 포함)	50L	0.5

$\therefore \frac{2}{0.5} \times 50L = 200L$

43 ① 44 ④ 45 ② 46 ④ 47 ② **정답**

48 위험물안전관리자를 해임한 후 며칠 이내에 후임자를 선임하여야 하는가?

① 14일　　② 15일
③ 20일　　④ 30일

해설

안전관리자를 해임한 때에는 14일 이내에 소방서장에게 해임신고하고 해임한 날부터 30일 이내에 선임하고, 선임한 날부터 14일 이내에 소방서장에게 선임신고를 한다.

49 위험물 옥외저장탱크의 통기관에 관한 사항으로 옳지 않은 것은?

① 밸브 없는 통기관의 직경은 30mm 이상으로 한다.
② 대기 밸브 부착 통기관은 항시 열려 있어야 한다.
③ 밸브 없는 통기관의 선단은 수평면보다 45° 이상 구부려 빗물 등의 침투를 막는 구조로 한다.
④ 대기 밸브 부착 통기관은 5kPa 이하의 압력 차이로 작동할 수 있어야 한다.

해설

대기 밸브 부착 통기관은 대기밸브라는 장치가 부착되어 있는 통기관으로서 평소에는 닫혀 있지만, 5kPa의 압력 차이로 작동하게 된다.

옥외저장탱크 중 밸브 없는 통기관 설치기준(위험물안전관리법령 시행규칙 별표 6)

- 지름은 30mm 이상일 것
- 끝부분은 수평면보다 45° 이상 구부려 빗물 등의 침투를 막는 구조로 할 것
- 인화점이 38℃ 미만인 위험물만을 저장 또는 취급하는 탱크에 설치하는 통기관에는 화염방지장치를 설치하고, 그 외의 탱크에 설치하는 통기관에는 40메시(mesh) 이상의 구리망 또는 동등 이상의 성능을 가진 인화방지장치를 설치할 것. 다만, 인화점이 70℃ 이상인 위험물만을 해당 위험물의 인화점 미만의 온도로 저장 또는 취급하는 탱크에 설치하는 통기관에는 인화방지장치를 설치하지 않을 수 있다.

50 강화액소화기에 대한 설명이 아닌 것은?

① 알칼리 금속염류가 포함된 고농도의 수용액이다.
② A급 화재에 적응성이 있다.
③ 어는점이 낮아서 동절기에도 사용이 가능하다.
④ 물의 표면장력을 강화시킨 것으로 심부화재에 효과적이다.

해설

강화액의 주성분은 탄산칼륨(K_2CO_3)으로 물에 용해시켜 사용한 것으로 표면화재에 효과적이다.

- 점성을 갖게 된다.
- 알칼리성(pH 12)으로 응고점이 낮아 잘 얼지 않는다.
- 물보다 1.4배 무겁고, 한랭지역에 많이 쓰인다.

51 소화난이도등급 Ⅰ의 옥내저장소에 설치하여야 하는 소화설비에 해당하지 않는 것은?

① 옥외소화전설비　　② 연결살수설비
③ 스프링클러설비　　④ 물분무소화설비

해설

소화난이도등급 Ⅰ의 제조소 등에 설치하여야 하는 소화설비

제조소 등의 구분		소화설비
옥내 저장소	처마높이가 6m 이상인 단층건물 또는 다른 용도의 부분이 있는 건축물에 설치한 옥내저장소	스프링클러설비 또는 이동식 외의 물분무 등 소화설비
	그 밖의 것	옥외소화전설비, 스프링클러설비, 이동식 외의 물분무 등 소화설비 또는 이동식 포소화설비(포소화전을 옥외에 설치하는 것에 한한다)

52 다음 중 지정수량이 나머지 셋과 다른 물질은?

① 황화인　　② 적 린
③ 칼 슘　　④ 황

해설

지정수량

구 분	황화인	적 린	칼 슘	황
지정수량	100kg	100kg	50kg	100kg

정답 48 ④ 49 ② 50 ④ 51 ② 52 ③

53 위험물 옥외탱크저장소와 병원과는 안전거리를 얼마 이상 두어야 하는가?

① 10m ② 20m
③ 30m ④ 50m

해설

제조소의 안전거리(필답형 유형)

- 건축물 그 밖의 공작물로서 주거용으로 사용되는 것(제조소가 설치된 부지 내에 있는 것을 제외한다) : 10m 이상
- 학교・병원・극장 그 밖에 다수인을 수용하는 시설 : 30m 이상
- 문화재보호법의 규정에 의한 유형문화재와 기념물 중 지정문화재 : 50m 이상
- 고압가스, 액화석유가스 또는 도시가스를 저장 또는 취급하는 시설(다만, 해당 시설의 배관 중 제조소가 설치된 부지 내에 있는 것은 제외한다) : 20m 이상
- 사용전압이 7,000V 초과 35,000V 이하의 특고압가공전선 : 3m 이상
- 사용전압이 35,000V를 초과하는 특고압가공전선 : 5m 이상

54 위험물안전관리법령에 의해 옥외저장소에 저장을 허가받을 수 없는 위험물은?

① 제2류 위험물 중 황(금속제드럼에 수납)
② 제4류 위험물 중 가솔린(금속제드럼에 수납)
③ 제6류 위험물
④ 국제해상위험물 규칙(IMDG Code)에 적합한 용기에 수납된 위험물

해설

제4류 위험물 중 가솔린은 인화점이 -43~-20℃이므로 저장할 수 없다.

옥외저장소에 저장할 수 있는 위험물 종류

- 제2류 위험물 중 황 또는 인화성 고체(인화점이 0℃ 이상인 것에 한한다)
- 제4류 위험물 중 제1석유류(인화점이 0℃ 이상인 것에 한한다)・알코올류・제2석유류・제3석유류・제4석유류 및 동식물유류
- 제6류 위험물
- 제2류 위험물 및 제4류 위험물 중 특별시・광역시・특별자치시・도 또는 특별자치도의 조례로 정하는 위험물(관세법 제154조의 규정에 의한 보세구역안에 저장하는 경우로 한한다)
- 국제해사기구에 관한 협약에 의하여 설치된 국제해사기구가 채택한 국제해상위험물 규칙(IMDG Code)에 적합한 용기에 수납된 위험물

55 다음 중 위험물안전관리법령상 지정수량의 $\frac{1}{10}$을 초과하는 위험물을 운반할 때 혼재할 수 없는 경우는?

① 제1류 위험물과 제6류 위험물
② 제2류 위험물과 제4류 위험물
③ 제4류 위험물과 제5류 위험물
④ 제5류 위험물과 제3류 위험물

해설

제5류 위험물과 제3류 위험물은 혼재할 수 없다.

혼재 가능한 위험물(위험물안전관리법 시행규칙 별표 19 부표 2)

- 제1류 위험물(산화성 고체) : 제6류 위험물(산화성 액체)
- 제4류 위험물(인화성 액체) : 제2류 위험물(가연성 고체), 제3류 위험물(자연발화성 물질 및 금수성 물질), 제5류 위험물(자기반응성 물질)
- 제5류 위험물(자기반응성 물질) : 제2류 위험물(가연성 고체), 제4류 위험물(인화성 액체)

56 유류화재 소화 시 분말소화약제를 사용할 경우 소화 후에 재발화 현상이 가끔씩 발생한다. 다음 중 이러한 현상을 예방하기 위하여 병용하여 사용하면 가장 효과적인 포소화약제는?

① 단백포소화약제
② 수성막포소화약제
③ 알코올형포소호약제
④ 합성계면활성제포소화약제

해설

수성막포소화약제는 기름의 표면에 거품과 수성의 막을 형성하기 때문에 질식과 냉각작용이 우수하다.

53 ③ 54 ② 55 ④ 56 ② **정답**

57 옥외저장소에 덩어리 상태의 황만을 지반면에 설치한 경계표시의 안쪽에서 저장할 경우 하나의 경계표시의 내부면적은 몇 m^2 이하여야 하는가?

① 75　② 100
③ 300　④ 500

해설

옥외저장소에 덩어리 상태의 황만을 경계표시의 안쪽에 저장하는 경우의 기준(위험물안전관리법 시행규칙 별표 11)

- 하나의 경계표시의 내부면적 : $100m^2$ 이하
- 2개 이상의 경계표시 내부면적 전체의 합 : $1,000m^2$ 이하
- 인접하는 경계표시와 경계표시와의 간격 : 보유공지 너비의 1/2 이상
- 저장하는 위험물의 최대수량이 지정수량의 200배 이상인 경계표시끼리의 간격 : 10m 이상
- 경계표시의 높이 : 1.5m

58 자동화재탐지설비 일반점검표의 점검내용이 "변형 · 손상의 유무, 표시의 적부, 경계구역일람도의 적부, 기능의 적부"인 점검항목은?

① 감지기　② 중계기
③ 수신기　④ 발신기

해설

자동화재탐지설비 일반점검표 점검내용(위험물안전관리에 관한 세부기준 별지 제24호)

점검항목	점검내용
감지기	변형 · 손상의 유무, 감지장애의 유무, 기능의 적부
중계기	변형 · 손상의 유무, 표시의 적부, 기능의 적부
수신기	변형 · 손상의 유무, 표시의 적부, 경계구역일람도의 적부, 기능의 적부
발신기	변형 · 손상의 유무, 기능의 적부

59 위험물제조소의 환기설비 중 급기구는 급기구가 설치된 실의 바닥면적 몇 m^2마다 1개 이상으로 설치하여야 하는가?

① 100　② 150
③ 200　④ 800

해설

환기설비의 기준(위험물안전관리법 시행규칙 별표4) : 급기구가 설치된 실의 바닥면적 $150m^2$마다 1개 이상 설치하여야 한다.

60 시약(고체)의 명칭이 불분명한 시약병의 내용물을 확인하려고 뚜껑을 열어 시계접시에 소량을 담아 놓고 공기 중에서 햇빛을 받는 곳에 방치하던 중 시계접시에서 갑자기 연소현상이 일어났다. 다음 물질 중 이 시약의 명칭으로 예상할 수 있는 것은?

① 황　② 황 린
③ 적 린　④ 질산암모늄

해설

방치 중 연소현상이 일어났다는 것은 자연발화성 물질(제3류 위험물)임을 알 수 있다.

- 제1류 위험물 : 질산암모늄
- 제2류 위험물 : 황, 적린
- 제3류 위험물인 황린은 공기 중에서 격렬하게 연소하여 유독성 가스인 오산화인의 백연을 낸다($P_4 + 5O_2 \rightarrow 2P_2O_5$).

정답 57 ② 58 ③ 59 ② 60 ②

2024년 제2회 최근 기출복원문제

01 위험물안전관리법령상 제조소 등의 관계인이 위험물안전관리자를 선임하는 것에 대한 설명으로 옳지 않은 것은?

① 사용 중지신고에 따라 제조소 등의 사용을 중지하는 기간에도 위험물안전관리자를 선임해야 한다.

② 다수의 제조소 등을 동일인이 설치한 경우에는 관계인은 대통령령이 정하는 바에 따라 1인의 안전관리자를 중복하여 선임할 수 있다.

③ 안전관리자를 선임한 경우에는 선임한 날부터 14일 이내에 행정안전부령으로 정하는 바에 따라 소방본부장 또는 소방서장에게 신고하여야 한다.

④ 안전관리자를 선임한 제조소 등의 관계인은 그 안전관리자를 해임하거나 안전관리자가 퇴직한 때에는 해임하거나 퇴직한 날부터 30일 이내에 다시 안전관리자를 선임하여야 한다.

해설

제조소 등의 사용을 중지하는 기간에는 위험물안전관리자를 선임하지 아니할 수 있다(위험물안전관리법 제11조의2(제조소 등의 사용 중지 등) 〈신설 2020. 10. 20.〉).

02 화학식과 Halon 번호를 옳게 연결한 것은?

① CBr_2F_2 – 1202

② $C_2Br_2F_2$ – 2422

③ $CBrClF_2$ – 1102

④ $C_2Br_2F_4$ – 1242

해설

할론의 명명법

C–F–Cl–Br의 순서대로 개수를 표시한다.

위치가 바뀌어도 C–F–Cl–Br 순서대로 명명한다.

화학식	CBr_2F_4	$C_2Br_2F_2$	$CBrClF_2$	$C_2Br_2F_4$
할론번호	1202	존재안함	1211	2402

03 액체연료의 연소형태가 아닌 것은?

① 증발연소

② 액면연소

③ 자기연소

④ 분무연소

해설

- 기체연소 : 확산연소, 예혼합연소, 폭발연소
- 액체연소 : 증발연소, 액면연소, 분무연소(액적연소)
- 고체연소 : 표면연소, 분해연소, 자기연소(내부연소), 증발연소

1 ① 2 ① 3 ③ 정답

04 다음 중 지정수량이 나머지와 다른 것은?

① 나이트로셀룰로스

② 셀룰로이드

③ 테트릴

④ 트라이나이트로톨루엔(TNT)

해설

5류 위험물의 분류에 따른 지정수량 〈개정 2024. 4. 30.〉

위험물 분류	물질명	지정수량
질산에스터류 (1종)	나이트로셀룰로스	10kg
	나이트로글리세린	
	나이트로글리콜	
	펜타에리트리톨테트라나이트레이트	
질산에스터류 (2종)	셀룰로이드	100kg
유기과산화물 (2종)	과산화벤조일(벤조일퍼옥사이드)	100kg
	과산화메틸에틸케톤 (메틸에틸케톤퍼옥사이드)	
	과산화아세트산	
	다이큐밀퍼옥사이드	
하이드록실아민염류(2종)	황산하이드록실아민	100kg
	염산하이드록실아민	
하이드록실아민(2종)	하이드록실아민	100kg
나이트로화합물(1종)	테트릴	10kg
	트라이나이트로톨루엔(TNT)	
나이트로화합물(2종)	트라이나이트로페놀 [TNP(피크르산)]	100kg
아조화합물 (2종)	아조벤젠	100kg
	아조비스이소부티로니트릴	
	아조다이카본아마이드	

05 다음 중 500만원 이하의 과태료가 부과되는 경우가 아닌 것은?

① 제조소 등에서 지정된 장소가 아닌 곳에서 흡연을 한 자

② 제조소 등에서의 위험물의 저장 또는 취급에 관한 세부 기준을 위반한 자

③ 제조소 등의 사용정지명령을 위반한 자

④ 시·도지사의 시정 조치에 따라 일정 기간 안에 금역구역 알림 표지를 설치하지 아니하거나 보완하지 아니한 자

해설

제조소 등의 사용정지명령을 위반한 자는 1천 500만원 이하의 벌금이 부과된다.

500만원 이하의 과태료 부과 내용에 아래 항목이 추가된다(위험물안전관리법 제39조 제1항 9호 〈개정 2024. 1. 30.〉).

- 제조소 등에서 지정된 장소가 아닌 곳에서 흡연을 한 자
- 시·도지사의 시정 조치에 따라 일정 기간 안에 금연구역 알림 표지를 설치하지 아니하거나 보완하지 아니한 자

정답 4 ② 5 ③

06 **취급하는 제4류 위험물의 수량이 지정수량의 50만 배 이상인 옥외탱크저장소가 있는 사업장에 자체소방대를 설치함에 있어서 화학소방차와 자체소방대원의 수는?**

① 1대, 5인　　② 2대, 10인
③ 3대, 15인　　④ 4대, 20인

해설

자체소방대에 두는 화학소방자동차 및 인원(위험물안전관리법 시행령 별표 8)

사업소의 구분	화학소방자동차	자체소방대원의 수
제조소 또는 일반취급소에서 취급하는 제4류 위험물의 최대수량의 합이 지정수령의 3,000배 이상 12만배 미만의 사업소	1대	5인
제조소 또는 일반취급소에서 취급하는 제4류 위험물의 최대수량의 합이 지정수량의 12만배 이상 24만배 미만인 사업소	2대	10인
제조소 또는 일반취급소에서 취급하는 제4류 위험물의 최대수량의 합이 지정수량의 24만배 이상 48만배 미만인 사업소	3대	15인
제조소 또는 일반취급소에서 취급하는 제4류 위험물의 최대수량의 합이 지정수량의 48만배 이상인 사업소	4대	20인
옥외탱크저장소에 저장하는 제4류 위험물의 최대수량이 지정수량의 50만배 이상인 사업소	2대	10인

※ 옥외탱크저장소에 대한 기준이 22년 1월 법 개정으로 추가됨

07 **소화작용에 대한 설명 중 옳지 않은 것은?**

① 물의 주된 소화작용 중 하나는 냉각작용이다.
② 가연물의 온도를 낮추는 소화는 냉각작용이다.
③ 가스화재 시 밸브를 차단하는 것은 제거작용이다.
④ 연소에 필요한 산소의 공급원을 차단하는 소화는 제거작용이다.

해설

화재의 소화방법

- 물리적 소화 : 제거소화(가연물 제거), 질식소화(산소공급원 제거), 냉각소화, 희석소화, 유화소화
- 화학적 소화 : 억제소화(부촉매소화)

08 **유기과산화물의 화재예방상 주의사항으로 틀린 것은?**

① 열원으로부터 멀리 한다.
② 직사광선을 피해야 한다.
③ 용기의 파손에 의해서 누출되면 위험하므로 정기적으로 점검하여야 한다.
④ 산화제와 격리하고 환원제와 접촉시켜야 한다.

해설

유기과산화물은 가연물질인 동시에 강한 산화제이므로 산화제와 환원제 모두를 격리해야 한다.

09 **연소 위험성이 큰 휘발유 등은 배관을 통하여 이송할 경우 안전을 위하여 유속을 느리게 해주는 것이 바람직하다. 이는 배관 내에서 발생할 수 있는 어떤 에너지를 억제하기 위함인가?**

① 유도에너지　　② 분해에너지
③ 정전기에너지　　④ 아크에너지

해설

유체의 마찰로 인한 정전기에너지를 억제하기 위함이다.

6 ② 7 ④ 8 ④ 9 ③ 정답

10 위험물안전관리법령상 안전관리자를 선임한 제조소 등의 관계인은 안전관리자가 여행·질병 그 밖의 사유로 인하여 일시적으로 직무를 수행할 수 없을 경우 국가기술자격법에 따른 위험물의 취급에 관한 자격취득자 또는 위험물 안전에 관한 기본지식과 경험이 있는 자로서 행정안전부령이 정하는 자를 대리자로 지정하여 그 직무를 대행하게 하여야 한다. 이 경우 대리자가 안전관리자의 직무를 대행하는 기간은 며칠을 초과할 수 없는가?

① 7일　② 14일
③ 30일　④ 60일

해설

대리자가 안전관리자의 직무를 대행하는 기간은 30일을 초과할 수 없다.

11 1몰의 이황화탄소와 고온의 물이 반응하여 생성되는 독성 기체물질의 부피는 표준상태에서 얼마인가?

① 22.4L　② 44.8L
③ 67.2L　④ 134.4L

해설

CS_2(이황화탄소) + $2H_2O$(150℃ 이상의 물) → $2H_2S$(황화수소) + CO_2(이산화탄소)

반응식에 의해 1몰의 이황화탄소에 고온의 물이 반응하면 2몰의 황화수소가 생성되므로 $2 \times 22.4L = 44.8L$이다.

12 제4류 위험물 중 특수인화물로만 나열된 것은?

① 아세트알데하이드, 산화프로필렌, 염화아세틸
② 산화프로필렌, 염화아세틸, 부틸알데하이드
③ 부틸알데하이드, 아이소프로필아민, 다이에틸에터
④ 이황화탄소, 황화다이메틸, 아이소프로필아민

해설

제4류 특수인화물

다이에틸에터, 이황화탄소, 아세트알데하이드, 산화프로필렌, 아이소프로필아민, 황화다이메틸(다이메틸설파이드)

※ 염화아세틸, 부틸알데하이드 → 제1석유류

13 위험성 예방을 위해 물속에 저장하는 것은?

① 칠황화인　② 이황화탄소
③ 오황화인　④ 톨루엔

해설

이황화탄소는 비수용성이며 가연성 증기발생을 억제하기 위해 물속에 저장한다.

14 건축물 외벽이 내화구조이며 연면적 300m^2인 위험물 옥내저장소의 건축물에 대하여 소화설비의 소화능력 단위는 최소한 몇 단위 이상이 되어야 하는가?

① 1단위　② 2단위
③ 3단위　④ 4단위

해설

- 저장소의 건축물은 외벽이 내화구조인 것은 연면적 150m^2를 1소요단위로 한다.
- 소요단위

구 분	내화구조 외벽	비내화구조 외벽
위험물제조소 및 취급소	연면적 100m^2	연면적 50m^2
위험물저장소	연면적 150m^2	연면적 75m^2
위험물	지정수량의 10배	

정답 10 ③ 11 ② 12 ④ 13 ② 14 ②

15 동식물유류에 대한 설명으로 틀린 것은?

① 아마인유는 건성유이다.
② 아이오딘값이 100 이하인 것을 불건성유라 한다.
③ 불포화결합이 적을수록 자연발화의 위험성이 커진다.
④ 건성유는 공기 중 산화중합으로 생긴 고체가 도막을 형성할 수 있다.

해설

동식물유류

구 분	건성유	반건성유	불건성유
아이오딘값	130 이상	100~130	100 이하
동물유	정어리유, 기타 생선류	청어유	소기름, 돼지기름, 고래기름
식물유	동유, 해바라기유, 아마인유, 들기름	쌀겨기름, 면실유, 채종유, 옥수수기름, 참기름	올리브유, 동백유, 피마자유, 야자유

16 다음 중 인화점이 가장 낮은 것은?

① 아이소펜테인　② 아세톤
③ 다이에틸에터　④ 이황화탄소

해설

인화점

아이소펜테인	아세톤	다이에틸에터	이황화탄소
-51℃	-18.5℃	-40℃	-30℃

17 위험물안전관리에 관한 세부기준에서 정한 위험물의 유별에 따른 위험성 시험방법을 옳게 연결한 것은?

① 제1류 – 작은불꽃착화시험
② 제2류 – 철관시험
③ 제4류 – 물과의 반응성 시험
④ 제5류 – 열분석시험

해설

위험물별 시험종류 및 항목

위험물 분류	시험종류	시험항목
제1류 산화성 고체	산화성 시험	연소시험
		대량연소시험
	충격민감성 시험	낙구타격감도시험
		철관시험
제2류 가연성 고체	착화성 시험	작은불꽃착화시험
	인화성 시험	인화점측정시험
제3류 자연발화성 및 금수성 물질	자연발화성 시험	자연발화성 시험
	금수성 시험	물과의 반응성 시험
제4류 인화성 액체	인화성 시험	인화점측정시험(태그밀폐식인화점측정기, 클리블랜드개방컵인화점측정기, 신속평형법인화점측정기)
제5류 자기반응성 물질	폭발성 시험	열분석시험
	가열분해성 시험	압력용기시험
제6류 산화성 액체	산화성 시험	연소시험

15 ③ 16 ① 17 ④ 정답

18 **위험물안전관리법상 제조소 등의 예방규정에 대한 설명으로 옳지 않은 것은?**

① 암반탱크저장소, 이송취급소 등은 예방규정을 정해야 한다.

② 대통령령에 따른 제조소 등의 관계인과 그 종업원은 예방규정을 충분히 잘 익히고 준수하여야 한다.

③ 소방청장은 대통령령으로 정하는 제조소 등 가운데 저장 또는 취급하는 위험물의 최대수량의 합이 지정수량의 1천배 이상인 제조소 등에 대하여 행정안전부령으로 정하는 바에 따라 예방규정의 이행 실태를 정기적으로 평가할 수 있다.

④ 대통령령이 정하는 제조소 등의 관계인은 해당 제조소 등의 화재예방과 화재 등 재해발생 시의 비상조치를 위하여 행정안전부령이 정하는 바에 따라 예방규정을 정하여 해당 제조소 등의 사용을 시작하기 전에 시・도지사에게 제출하여야 한다.

해설

소방청장은 대통령령으로 정하는 제조소 등 가운데 저장 또는 취급하는 위험물의 최대수량의 합이 지정수량의 3천배 이상인 제조소 등에 대하여 행정안전부령으로 정하는 바에 따라 예방규정의 이행 실태를 정기적으로 평가할 수 있다(위험물안전관리법 시행령 제15조 제2항 〈신설 2024. 7. 2.〉).

19 **위험물안전관리법령에서 정한 경보설비가 아닌 것은?**

① 자동화재탐지설비 ② 비상조명설비

③ 비상경보설비 ④ 비상방송설비

해설

비상조명설비는 피난설비에 해당한다.

위험물안전관리법령에서 정한 경보설비의 종류

- 자동화재탐지설비
- 비상경보설비
- 확성장치
- 비상방송설비

20 **제3류 위험물을 취급하는 제조소는 300명 이상을 수용할 수 있는 극장으로부터 몇 m 이상의 안전거리를 유지하여야 하는가?**

① 5 ② 10

③ 30 ④ 70

해설

300명 이상을 수용하는 극장으로부터 30m 이상 안전거리를 유지해야 한다.

위험물제조소의 안전거리

- 주거용 건축물(제조소가 설치된 부지 내에 있는 것은 제외) : 10m 이상
- 학교・병원・극장(300명 이상 수용) 그 밖에 다수인을 수용하는 시설 : 30m 이상
- 유형문화재와 기념물 중 지정문화재 : 50m 이상
- 고압가스, 액화석유가스 또는 도시가스를 저장 또는 취급하는 시설(다만, 해당 시설의 배관 중 제조소가 설치된 부지 내에 있는 것은 제외) : 20m 이상
- 사용전압이 7,000V 초과 35,000V 이하의 특고압가공전선 : 3m 이상
- 사용전압이 35,000V를 초과하는 특고압가공전선 : 5m 이상

21 **다음 중 산화성 액체위험물의 화재예방상 가장 주의해야 할 점은?**

① 0℃ 이하로 냉각시킨다.

② 공기와의 접촉을 피한다.

③ 가연물과의 접촉을 피한다.

④ 금속용기에 저장한다.

해설

산화성 액체는 물, 가연물, 유기물, 고체의 산화제와의 접촉을 피해야 한다.

정답 18 ③ 19 ② 20 ③ 21 ③

22 금수성 물질 저장시설에 설치하는 주의사항 게시판의 바탕색과 문자색을 옳게 나타낸 것은?

① 적색바탕에 백색문자
② 백색바탕에 적색문자
③ 청색바탕에 백색문자
④ 백색바탕에 청색문자

해설

제조소 표지 및 게시판

위험물의 종류	주의사항	게시판의 색상
제1류 위험물 중 알칼리금속의 과산화물과 이를 함유한 것 또는 제3류 위험물 중 금수성 물질	물기엄금	청색바탕에 백색문자
제2류 위험물(인화성 고체 제외)	화기엄금	적색바탕에 백색문자
• 제2류 위험물 중 인화성 고체 • 제3류 위험물 중 자연발화성 물질 • 제4류 위험물 • 제5류 위험물	화기엄금	

23 서로 반응할 때 수소가 발생하지 않는 것은?

① 리튬 + 염산　　② 탄화칼슘 + 물
③ 수소화칼슘 + 물　　④ 루비듐 + 물

해설

탄산칼슘은 물과 반응하여 수산화칼슘과 아세틸렌을 발생한다.
탄산칼슘과 물의 반응식 : $CaC_2 + 2H_2O \rightarrow Ca(OH)_2$(수산화칼슘) $+ C_2H_2$(아세틸렌)

24 다음 중 화재 시 사용하면 독성의 $COCl_2$ 가스를 발생시킬 위험이 가장 높은 소화약제는?

① 액화이산화탄소　　② 제1종 분말
③ 사염화탄소　　④ 공기포

해설

사염화탄소는 연소 및 물과의 반응에서 독성의 포스겐($COCl_2$)을 발생시킨다.
• 연소반응식 : $CCl_4 + 0.5O_2 \rightarrow COCl_2 + Cl_2$
• 물과 반응식 : $CCl_4 + H_2O \rightarrow COCl_2 + 2HCl$

25 소화기에 'A-2'로 표시되어 있다면 숫자 '2'가 의미하는 것은 무엇인가?

① 소화기의 제조번호
② 소화기의 소요단위
③ 소화기의 능력단위
④ 소화기의 사용순서

해설

A-2에서 A는 화재의 종류(일반화재), 2는 능력단위이다.

26 위험물안전관리법령상 탄산수소염류의 분말소화기가 적응성을 갖는 위험물이 아닌 것은?

① 과염소산
② 철 분
③ 톨루엔
④ 아세톤

해설

과염소산은 제6류 위험물로 화재 시 인산염류 분말소화약제를 사용한다.
탄산수소염류 분말소화기 적응화재
전기설비, 알칼리금속과산화물 등, 철분·금속분·마그네슘 등, 인화성 고체, 금수성 물품, 제4류 위험물

22 ③　23 ②　24 ③　25 ③　26 ①　정답

27 소화약제에 따른 주된 소화효과로 틀린 것은?

① 수성막포소화약제 : 질식효과
② 제2종 분말소화약제 : 탈수탄화효과
③ 이산화탄소소화약제 : 질식효과
④ 할로젠화합물소화약제 : 화학억제효과

해설

제2종 분말소화약제 : 질식효과

소화효과별 소화약제

- 질식효과 : 포소화약제, 이산화탄소소화약제, 분말소화약제
- 억제효과 : 할로젠화합물소화약제
- 냉각효과 : 물을 이용한 소화약제

28 위험물의 운반에 관한 기준에 따르면 아세톤의 위험등급은 얼마인가?

① 위험등급 I
② 위험등급 II
③ 위험등급 III
④ 위험등급 IV

해설

아세톤은 제4류 위험물 중 제1석유류로 위험등급 II의 위험물이다.

29 소화설비의 설치기준에서 하이드록실아민 1,000kg은 몇 소요단위에 해당하는가?

① 1　② 10
③ 20　④ 30

해설

$$\text{소요단위} = \frac{\text{저장수량}}{\text{지정수량} \times 10} = \frac{1,000}{100 \times 10} = 1\text{단위}$$

(하이드록실아민 지정수량 : 100kg)

30 물질의 발화온도가 낮아지는 경우는?

① 발열량이 작을 때
② 산소의 농도가 낮을 때
③ 화학적 활성도가 클 때
④ 산소와 친화력이 작을 때

해설

발화점(착화점)이 낮아지는 조건

- 압력이 클수록
- 발열량이 클수록
- 화학적 활성이 클수록
- 산소와 친화력이 좋을수록
- 열전도율이 낮을수록
- 습도가 낮을수록

31 경찰공무원이 위험물 운반 차량 주행 중 위험물운반자 또는 위험물운송자의 요건을 확인하기 위해 자격을 증명하는 서류를 제출 요구하였을 때 경우 인정되지 않는 증명서는?

① 해당 국가기술자격증
② 모바일 주민등록증
③ 재직증명서
④ 여 권

해설

출입 · 검사 등(위험물안전관리법 제22조)

소방공무원 또는 경찰공무원은 위험물운반자 또는 위험물운송자의 요건을 확인하기 위하여 필요하다고 인정하는 경우에는 주행 중인 위험물 운반 차량 또는 이동탱크저장소를 정지시켜 해당 위험물운반자 또는 위험물운송자에게 그 자격을 증명할 수 있는 국가기술자격증 또는 교육수료증의 제시를 요구할 수 있으며, 이를 제시하지 아니한 경우에는 주민등록증(모바일 주민등록증을 포함한다), 여권, 운전면허증 등 신원확인을 위한 증명서를 제시할 것을 요구하거나 신원확인을 위한 질문을 할 수 있다. 이 직무를 수행하는 경우에 있어서 소방공무원과 경찰공무원은 긴밀히 협력하여야 한다. 〈개정 2023. 12. 26.〉

정답 27 ② 28 ② 29 ① 30 ③ 31 ③

32 메테인 1g이 완전연소하면 발생되는 이산화탄소는 몇 g인가?

① 1.25 ② 2.75
③ 14 ④ 44

해설

메테인의 완전연소 반응식 : $CH_4 + 2O_2 \rightarrow CO_2 + 2H_2O$

- 1몰의 메테인으로 1몰의 이산화탄소 발생
- 메테인 1g으로(메테인 1g의 몰수 : $1g \times 1mol/16g = \frac{1}{16}mol$) 이산화탄소 $\frac{1}{16}mol$ 생성
- 발생된 이산화탄소의 질량은 $\frac{1}{16}mol \times 44g/mol = 2.75g$이 된다(메테인 분자량 : 16g/mol, 이산화탄소 분자량 : 44g/mol).

33 전기설비에 적응성이 없는 소화설비는?

① 불활성기체소화설비
② 물분무소화설비
③ 포소화설비
④ 할로젠화합물소화설비

해설

전기화재

- 포소화설비는 거품을 이용한 것으로 합선, 누전 등이 발생되므로 절대 사용을 금한다.
- 질식소화 방식을 사용한다.
  - 이산화탄소 및 할로젠화합물소화설비
  - 물분무소화설비 : 물이 포함되어 있긴 하나, 분무형태이기 때문에 질식효과를 갖는다.

34 팽창질석(삽 1개 포함) 160L의 소화능력 단위는?

① 0.5 ② 1.0
③ 1.5 ④ 2.0

해설

소화설비의 능력단위

소화설비	용 량	능력단위
소화전용(轉用)물통	8L	0.3
수조(소화전용물통 3개 포함)	80L	1.5
수조(소화전용물통 6개 포함)	190L	2.5
마른모래(삽 1개 포함)	50L	0.5
팽창질석 또는 팽창진주암(삽 1개 포함)	160L	1.0

35 B-3 소화기의 소화능력은 B-1 소화기의 소화능력의 몇 배인가?

① 1 ② 1.5
③ 2.25 ④ 3

해설

소화기의 소화능력은 숫자가 1단위 커질 때마다 1.5배씩 증가한다.
$1.5 \times 1.5 = 2.25$배

36 플래시오버(Flash Over)에 관한 설명이 아닌 것은?

① 실내화재에서 발생하는 현상
② 순간적인 연소확대 현상
③ 발생지점은 초기에서 성장기로 넘어가는 분기점
④ 화재로 인하여 온도가 급격히 상승하여 화재가 순간적으로 실내 전체에 확산되어 연소되는 현상

해설

플래시오버(Flash Over)

화재 시 성장기에서 최성기로 넘어갈 때 실내온도가 급격히 상승하여 화염이 실내 전체로 급격히 확대되는 연소 현상

- 축적된 가연성 가스가 착화하면 실내 전체가 화염에 휩싸임
- 물체의 표면 또는 전체의 온도가 발화온도에 이르면 전면에 걸쳐 거의 동시에 타오르는 화재의 단계
- 내장재의 종류와 개구부의 크기에 따라 영향을 받음

32 ② 33 ③ 34 ② 35 ③ 36 ③ 정답

37 [보기]에서 소화기의 사용방법을 옳게 설명한 것을 모두 나열한 것은?

보기
- ㉠ 적응화재에만 사용할 것
- ㉡ 불과 최대한 멀리 떨어져서 사용할 것
- ㉢ 바람을 마주보고 풍하에서 풍상 방향으로 사용할 것
- ㉣ 양옆으로 비로 쓸 듯이 골고루 사용할 것

① ㉠, ㉡　② ㉠, ㉢
③ ㉠ ,㉣　④ ㉠, ㉢, ㉣

해설

㉡ 소화기가 불과 멀리 떨어질 경우 기능을 제대로 발휘할 수 없다.
㉢ 소화기는 바람을 등지고 풍상(바람이 불어오는 쪽)에서 풍하(바람이 불어나가는 쪽) 방향으로 사용한다.

38 국소방출방식의 불활성기체소화설비의 분사헤드에서 방출되는 소화약제의 방사기준은?

① 10초 이내에 균일하게 방사할 수 있을 것
② 15초 이내에 균일하게 방사할 수 있을 것
③ 30초 이내에 균일하게 방사할 수 있을 것
④ 60초 이내에 균일하게 방사할 수 있을 것

해설

국소방출방식의 불활성기체소화설비는 30초 이내로 방사해야 한다. 전역방출방식인 경우 60초 이내로 방사해야 한다.

39 다음 고온체의 색깔을 낮은 온도부터 옳게 나열한 것은?

① 암적색 < 황적색 < 백적색 < 휘적색
② 휘적색 < 백적색 < 황적색 < 암적색
③ 휘적색 < 암적색 < 황적색 < 백적색
④ 암적색 < 휘적색 < 황적색 < 백적색

해설

고온체는 온도가 낮을수록 어두운 색을 온도가 높을수록 밝은 색을 띤다.

고온체의 색깔과 온도

담암적색	암적색	적 색	휘적색
522℃	700℃	850℃	950℃
황적색	**백적색**	**휘백색**	
1,100℃	1,300℃	1,500℃	

40 위험물안전관리법령상 탱크시험자로 등록하거나 탱크시험자의 업무에 종사할 수 없는 자는?

① 피성년후견인
② 화재의 예방 및 안전관리에 관한 법률에 따라 금고 이상의 실형을 선고 받고 그 집행이 종료된 날부터 3년이 지나지 아니한 자
③ 화재의 예방 및 안전관리에 관한 법률에 따라 금고 이상의 형의 집행유예를 선고 받고 그 유예기간 중에 있는 자
④ 등록증을 다른 자에게 빌려주어 탱크시험자의 등록이 취소된 후 2년이 지나지 아니한 자

해설

소방기본법, 화재의 예방 및 안전관리에 관한 법률, 소방시설 설치 및 관리에 관한 법률 또는 소방시설공사업법 화재의 예방 및 안전관리에 관한 법률에 따라 금고 이상의 실형을 선고 받고 그 집행이 종료되거나 집행이 면제된 날부터 2년이 지나지 아니한 자는 탱크시험자로 등록할 수 없다.

정답 37 ③ 38 ③ 39 ④ 40 ②

41 **위험물안전관리법령상 제조소 등에서의 흡연 금지에 관한 설명으로 옳지 않은 것은?**

① 제조소 등에서는 지정된 장소가 아닌 곳에서는 흡연을 해서는 안 된다.

② 제조소 등의 관계인은 해당 제조소 등이 금연구역임을 알리는 표지를 설치해야 한다.

③ 금역구역의 지정 기준·방법은 행정안전부령으로 정한다.

④ 관계인이 금연구역임을 알리는 표지를 설치하지 않은 경우 시·도지사는 일정한 기간을 정하여 그 시정을 명할 수 있다.

해설

금연구역의 지정 기준·방법은 대통령령으로 정하고, 표지를 설치하는 기준·방법 등은 행정안전부령으로 정한다. 〈신설 2024. 1. 30.〉

42 **폭발 시 연소파의 전파속도 범위에 가장 가까운 것은?**

① 0.1~10m/s

② 100~1,000m/s

③ 2,000~3,500m/s

④ 5,000~10,000m/s

해설

연소파의 전파속도 범위는 0.1~10m/s, 폭굉의 전파속도는 1,000~3,500m/s이다.

43 **스프링클러설비의 장점이 아닌 것은?**

① 화재의 초기 진압에 효율적이다.

② 사용 약제를 쉽게 구할 수 있다.

③ 자동으로 화재를 감지하고 소화할 수 있다.

④ 다른 소화설비보다 구조가 간단하고 시설비가 적다.

해설

다른 소화설비보다 구조가 복잡하고 시설비가 많이 든다.

스프링클러설비의 장단점

장 점	단 점
• 초기 진화에 절대적인 효과가 있다. • 경제적이고 소화 후 복구가 용이하다. • 오동작이나 오보가 적다. • 조작이 간편하여 안전하다. • 완전 자동으로 사람이 없는 야간이라도 자동적으로 화재를 감지하여 소화 및 경보를 해준다.	• 초기 시설비가 많이 든다. • 시공이 다른 시설보다 복잡하다. • 물로 인한 피해가 심하다.

44 **과산화마그네슘에 대한 설명으로 옳은 것은?**

① 산화제, 표백제, 살균제 등으로 사용된다.

② 물에 녹지 않기 때문에 습기와 접촉해도 무방하다.

③ 물과 반응하여 금속마그네슘을 생성한다.

④ 염산과 반응하면 산소와 수소를 발생한다.

해설

과산화마그네슘의 성질

- 무색, 무취의 백색분말로 물에 녹지 않는다.
- 가열시 또는 습기와 물이 존재 시 산소를 방출한다.
- 염산이나 초산 등의 산과 반응하여 과산화수소(제6류 위험물)가 발생한다.
- 산화제, 표백제, 살균제 등으로 사용한다.

41 ③ 42 ① 43 ④ 44 ① 정답

45 위험물 옥외저장탱크의 통기관에 관한 사항으로 옳지 않은 것은?

① 밸브 없는 통기관의 지름은 30mm 이상으로 한다.
② 대기 밸브 부착 통기관은 항시 열려 있어야 한다.
③ 밸브 없는 통기관의 끝부분은 수평면보다 45° 이상 구부려 빗물 등의 침투를 막는 구조로 한다.
④ 대기 밸브 부착 통기관은 5kPa 이하의 압력 차이로 작동할 수 있어야 한다.

해설

• 대기 밸브 부착 통기관은 대기밸브라는 장치가 부착되어 있는 통기관으로서 평소에는 닫혀 있지만, 5kPa의 압력 차이로 작동하게 된다.

옥외저장탱크 중 밸브 없는 통기관 설치기준(위험물안전관리법령 시행규칙 별표 6)

• 지름은 30mm 이상일 것
• 끝부분은 수평면보다 45° 이상 구부려 빗물 등의 침투를 막는 구조로 할 것
• 인화점이 38℃ 미만인 위험물만을 저장 또는 취급하는 탱크에 설치하는 통기관에는 화염방지장치를 설치하고, 그 외의 탱크에 설치하는 통기관에는 40메시(mesh) 이상의 구리망 또는 동등 이상의 성능을 가진 인화방지장치를 설치할 것. 다만, 인화점이 70℃ 이상인 위험물만을 해당 위험물의 인화점 미만의 온도로 저장 또는 취급하는 탱크에 설치하는 통기관에는 인화방지장치를 설치하지 않을 수 있다.

46 클레오소트유에 대한 설명으로 틀린 것은?

① 제3석유류에 속한다.
② 무취이고 증기는 독성이 없다.
③ 상온에서 액체이다.
④ 물보다 무겁고 물에 녹지 않는다.

해설

클레오소트유는 황색 또는 암녹색의 액체로 독특한 냄새가 나며 독성이 있다.

47 위험물의 품명과 지정수량이 잘못 짝지어진 것은?

① 과산화벤조일 – 10kg
② 마그네슘 – 500kg
③ 알킬알루미늄 – 10kg
④ 황화인 – 100kg

해설

과산화벤조일 – 100kg(5류 위험물 중 유기과산화물 2종)

※ 위험물안전관리법 시행령 〈개정 2024. 4. 30.〉에 의거 5류 위험물의 지정수량이 위험등급 Ⅰ, Ⅱ에 의해 분리되지 않고 위험성 유무와 등급에 따라 1종, 2종에 의해 구분됨

48 복수의 성상을 가지는 위험물에 대한 품명지정의 기준상 유별의 연결이 틀린 것은?

① 산화성 고체의 성상 및 가연성 고체의 성상을 가지는 경우 : 가연성 고체
② 산화성 고체의 성상 및 자기반응성 물질의 성상을 가지는 경우 : 자기반응성 물질
③ 가연성 고체의 성상 및 자연발화성의 성상 및 금수성 물질의 성상을 가지는 경우 : 자연발화성 물질 및 금수성 물질
④ 인화성 액체의 성상 및 자기반응성 물질의 성상을 가지는 경우 : 인화성 액체

해설

• 인화성 액체의 성상 및 자기반응성 물질의 성상을 가지는 경우 : 자기반응성 물질
• 복수의 성상을 가지는 위험물의 유별 기준 : 제1류 < 제2류 < 제4류 < 제3류 < 제5류
  – 제1류 : 산화성 고체
  – 제2류 : 가연성 고체
  – 제3류 : 자연발화성 물질 및 금수성 물질
  – 제4류 : 인화성 액체
  – 제5류 : 자기반응성 물질

49 **알코올에 관한 설명으로 옳지 않은 것은?**

① 1차 알코올은 OH기의 수가 1개인 알코올을 말한다.

② 2차 알코올은 1차 알코올이 산화된 것이다.

③ 2차 알코올이 수소를 잃으면 케톤이 된다.

④ 알데하이드가 환원되면 1차 알코올이 된다.

해설

- 2차 알코올은 알킬의 수가 2개이며, 1차 알코올은 알킬의 수가 1개인 것으로 1차 알코올이 산화되어도 알킬의 수는 같으므로 2차 알코올로 변하지 않는다.

$$\underset{\text{1차 알코올}}{R-OH} \underset{\text{환원}}{\overset{\text{산화}}{\rightleftarrows}} \underset{\text{알데하이드}}{R-CHO} \underset{\text{환원}}{\overset{\text{산화}}{\rightleftarrows}} \underset{\text{카복실산}}{R-COOH}$$

- 2가 알코올은 OH기의 수가 2개(에틸렌글리콜-제3석유류), 3가 알코올은 OH기가 3개(글리세린-제3석유류)인 알코올을 말한다.

50 **위험물안전관리법령에 의한 제조소 예방규정에 대한 설명으로 옳지 않은 것은?**

① 제조소 등의 관계인은 예방규정을 정하여 해당 제조소 등의 사용을 시작하기 전에 시・도지사에게 제출하여야 한다.

② 시・도지사는 제조소 관계인이 제출한 예방규정이 기준에 적합하지 아니하거나 화재예방이나 재해발생 시의 비상조치를 위하여 필요하다고 인정하는 때에는 이를 반려하거나 그 변경을 명할 수 있다.

③ 제조소 등의 관계인과 그 종업원은 예방규정을 충분히 잘 익히고 준수하여야 한다.

④ 시・도지사는 대통령령으로 정하는 제조소 등에 대하여 행정안전부령으로 정하는 바에 따라 예방규정의 이행 실태를 정기적으로 평가할 수 있다.

해설

소방청장은 대통령령으로 정하는 제조소 등에 대하여 행정안전부령으로 정하는 바에 따라 예방규정의 이행 실태를 정기적으로 평가할 수 있다(위험물안전관리법 제17조 제4항 〈신설 2023. 1. 3.〉).

51 **다음 물질 중 물에 대한 용해도가 가장 낮은 것은?**

① 아크릴산

② 아세트알데하이드

③ 벤 젠

④ 글리세린

해설

제4류 위험물(인화성 액체)

- 수용성 : 아세트알데하이드(특수인화물), 아크릴산(제2석유류), 글리세린(제3석유류)
- 비수용성 : 벤젠(제1석유류)

52 **위험물안전관리법상 제조소 등에 대한 긴급 사용정지 명령에 관한 설명으로 옳은 것은?**

① 시・도지사는 명령할 수 없다.

② 제조소 등의 관계인뿐만 아니라 해당시설을 사용하는 자에게도 명령할 수 있다.

③ 제조소 등의 관계자에게 위법사유가 없는 경우에도 명령할 수 있다.

④ 제조소 등의 위험물취급설비의 중대한 결함이 발견되거나 사고우려가 인정되는 경우에만 명령할 수 있다.

해설

긴급 사용정지 명령이란 위법사유가 없더라도 사고를 방지하기 위해 시・도지사가 제조소 등의 관계인에 대하여 내릴 수 있는 명령이다.

49 ② 50 ④ 51 ③ 52 ③ **정답**

53 공정 및 장치에서 분진폭발을 예방하기 위한 조치로서 가장 거리가 먼 것은?

① 플랜트는 공정별로 분류하고 폭발의 파급을 피할 수 있도록 분진취급 공정을 습식으로 한다.
② 분진이 물과 반응하는 경우는 물 대신 휘발성이 적은 유류를 사용하는 것이 좋다.
③ 배관의 연결 부위나 기계가동에 의해 분진이 누출될 염려가 있는 곳은 흡인이나 밀폐를 철저히 한다.
④ 가연성 분진을 취급하는 장치류는 밀폐하지 말고 분진이 외부로 누출되도록 한다.

해설

가연성 분진을 취급하는 장치는 완전밀폐하고 분진이 외부로 누출되지 않도록 한다.

54 금속분의 연소 시 주수소화하면 위험한 원인으로 옳은 것은?

① 물에 녹아 산이 된다.
② 물과 작용하여 유독가스를 발생한다.
③ 물과 작용하여 수소가스를 발생한다.
④ 물과 작용하여 산소가스를 발생한다.

해설

제2류 위험물(가연성 고체) 중 금속분(알루미늄, 아연 등)은 물과 반응하면 수소기체를 발생한다.
$2Al + 6H_2O \rightarrow 2Al(OH)_3 + 3H_2 \uparrow$

55 위험물 저장탱크의 공간용적은 탱크 내용적의 얼마 이상, 얼마 이하로 하는가?

① $\frac{2}{100}$ 이상, $\frac{3}{100}$ 이하
② $\frac{2}{100}$ 이상, $\frac{5}{100}$ 이하
③ $\frac{5}{100}$ 이상, $\frac{10}{100}$ 이하
④ $\frac{10}{100}$ 이상, $\frac{20}{100}$ 이하

해설

탱크의 공간용적은 탱크 내용적의 5/100분 이상 10/100 이하의 용적으로 한다.

56 휘발유를 저장하던 이동저장탱크에 등유나 경유를 탱크 상부로부터 주입할 때 액 표면이 일정 높이가 될 때까지 위험물의 주입관 내 유속을 몇 m/s 이하로 하여야 하는가?

① 1 ② 2
③ 3 ④ 4

해설

휘발유를 저장하던 이동저장탱크로 등유나 경유를 탱크 상부로부터 주입할 때 액 표면이 일정 높이가 될 때까지 위험물의 주입관 내 유속을 1m/s 이하로 해야 한다. 정전기로 인한 재해발생을 방지하기 위함이다.

정답 53 ④ 54 ③ 55 ③ 56 ①

57 제6류 위험물의 위험성에 대한 설명으로 틀린 것은?

① 질산을 가열할 때 발생하는 적갈색 증기는 무해하지만 가연성이며 폭발성이 강하다.
② 고농도의 과산화수소는 충격, 마찰에 의해서 단독으로도 분해 폭발할 수 있다.
③ 과염소산은 유기물과 접촉 시 발화 또는 폭발할 위험성이 있다.
④ 과산화수소는 햇빛에 의해서 분해되며, 촉매(MnO_2) 하에서 분해가 촉진된다.

해설
질산을 가열하면 적갈색의 유독한 이산화질소가 발생한다.

58 나이트로셀룰로스에 관한 설명으로 옳은 것은?

① 용제에는 전혀 녹지 않는다.
② 질화도가 클수록 위험성이 증가한다.
③ 물과 작용하여 수소를 발생한다.
④ 화재발생 시 질식소화가 가장 적합하다.

해설
질화도가 클수록 폭발도, 위험도, 분해도가 커진다.

59 공장 창고에 보관되었던 톨루엔이 유출되어 미상의 점화원에 의해 착화되어 화재가 발생하였다면 이 화재의 분류로 옳은 것은?

① A급 화재
② B급 화재
③ C급 화재
④ D급 화재

해설
톨루엔은 물보다 가볍고 비수용성으로 B급 유류화재에 해당한다.

60 위험물안전관리자를 해임한 후 며칠 이내에 후임자를 선임하여야 하는가?

① 14일
② 15일
③ 20일
④ 30일

해설
안전관리자를 해임한 때에는 14일 이내에 소방서장에게 해임신고하고 해임한 날부터 30일 이내에 선임하고, 선임한 날부터 14일 이내에 소방서장에게 선임신고를 한다.

57 ① 58 ② 59 ② 60 ④ 정답

우리 인생의 가장 큰 영광은 결코 넘어지지 않는 데 있는 것이 아니라
넘어질 때마다 일어서는 데 있다.

- 넬슨 만델라 -

교육이란 사람이 학교에서 배운 것을 잊어버린 후에 남은 것을 말한다.

– 알버트 아인슈타인 –

Win-Q 위험물기능사 필기

개정8판1쇄 발행	2025년 01월 10일 (인쇄 2024년 09월 13일)
초 판 발 행	2017년 05월 10일 (인쇄 2017년 03월 16일)
발 행 인	박영일
책 임 편 집	이해욱
편 저	박종찬 · 권정남
편 집 진 행	윤진영 · 김지은
표지디자인	권은경 · 길전홍선
편집디자인	정경일 · 박동진
발 행 처	(주)시대고시기획
출 판 등 록	제10-1521호
주 소	서울시 마포구 큰우물로 75 [도화동 538 성지 B/D] 9F
전 화	1600-3600
팩 스	02-701-8823
홈 페 이 지	www.sdedu.co.kr

I S B N	979-11-383-7754-6(13570)
정 가	25,000원

시대에듀 화학 초보자도 합격한다!

위험물기능사
기초화학특강
무료 제공!

초보자도 쏙쏙 쉽게 이해하는

기초화학

01

기초화학특강 1교시

02

기초화학특강 2교시

03

기초화학특강 3교시

04

기초화학특강 4교시

05

기초화학특강 5교시

시대에듀